Lineare Algebra 1

Stefan Waldmann

Lineare Algebra 1

Grundlagen für Studierende der
Mathematik und Physik

2. Auflage

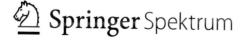 Springer Spektrum

Stefan Waldmann
Institut für Mathematik
Universität Würzburg
Würzburg, Deutschland

ISBN 978-3-662-63262-8   ISBN 978-3-662-63263-5   (eBook)
https://doi.org/10.1007/978-3-662-63263-5

Die Deutsche Nationalbibliothek verzeichnet diese Publikation in der Deutschen Nationalbibliografie;
detaillierte bibliografische Daten sind im Internet über http://dnb.d-nb.de abrufbar.

Springer Spektrum

Planung/Lektorat: Lisa Edelhäuser
Springer Spektrum ist ein Imprint der eingetragenen Gesellschaft Springer-Verlag GmbH, DE und ist ein
Teil von Springer Nature.
Die Anschrift der Gesellschaft ist: Heidelberger Platz 3, 14197 Berlin, Germany

Für meine Lieben:
Robert, Sonja, Richard, Silvia und Viola

Vorwort

Es gibt viele Lehrbücher zur linearen Algebra wie etwa [3–5, 12–17, 22] und viele andere mehr, wieso also noch ein weiteres? Hierfür gibt es verschiedene Gründe: Zum einen sind verschiedene gute Lehrbücher nicht länger im Handel erhältlich, andere setzen deutlich unterschiedliche innermathematische Schwerpunkte als das vorliegende, wieder andere nehmen andere Bezüge zu Anwendungen außerhalb der Mathematik. In den meisten Lehrbüchern ist lediglich das Material für ein Semester lineare Algebra vorgegeben, das zweite Semester bleibt dann den Vorlieben des jeweiligen Dozenten vorbehalten.

Eine Motivation für dieses zweibändige Lehrbuch ist nun die folgende: Es gibt wenige Lehrbücher der linearen Algebra, die zum einen die Bedürfnisse der reinen Mathematik gut abbilden, zum anderen aber auch die Erfordernisse eines mathematisch ausgerichteten Physikstudiums bedienen. An vielen Universitäten besuchen Studierende der Physik entweder die selben Vorlesungen wie die Studierenden der Mathematik, ohne hier wirklich die relevanten Probleme aus der Physik zu sehen, oder aber sie besuchen eigene Mathematikvorlesungen, die oftmals den mathematisch interessierteren Studierenden der Physik zu wenig Tiefgang bieten. Ein Ziel ist es daher, die mathematischen Erfordernisse der Physik angemessen innerhalb der Mathematik darzustellen, nicht zuletzt auch deshalb, um Studierenden der Mathematik die ungemein wichtigen Ideen aus der Physik zu verdeutlichen. Eine zweite Motivation ist, dass es unter den neueren Lehrbüchern viele gibt, die die Anwendungsseite der linearen Algebra besonders gut und ausführlich hervorheben, die eher konzeptuellen Aspekte aber kürzer halten. Der Gang in die Abstraktion aber ist ein wesentlicher Schritt der Mathematik, den man im ersten Semester niemandem ersparen kann. Mit diesem Lehrbuch soll nun insofern eine Alternative geboten werden, als dass die Abstraktion als ein Vorteil, eine Erleichterung gesehen wird, die es erlaubt, aus der unübersichtlichen Lage eines konkreten Beispiels die charakteristischen Eigenschaften zu destillieren. Gerade im Hinblick auf neuere Bachelor-Studiengänge, wie etwa den Studiengang *Mathematische Physik* in Würzburg, besteht zwischen den beiden Zielen keineswegs ein Widerspruch: Im Gegenteil, in der mathematischen Physik wird die Gänze der Mathematik benötigt, nicht nur die anwendungsbezogeneren Aspekte. Das vorliegende Lehrbuch versucht nun, diese Brücke zu schlagen und damit ein Lücke zu schließen.

Die Zielgruppe für dieses Lehrbuch sind also Studentinnen und Studenten der verschiedenen Bachelor-Studiengänge der Mathematik (Mathematik, Wirtschaftsmathematik, etc.), des Lehramts Mathematik für Gymnasien, sowie der Physik und mathematischen Physik. Es eignet sich zum einen als Vorlesungsbegleiter, zum anderen aber auch zum Selbststudium, sofern dieses mit der nötigen Konsequenz betrieben wird.

Das Lehrbuch ist in zwei Bände aufgeteilt, die etwa den beiden Semestern entsprechen, die eine typische Vorlesung zur linearen Algebra dauert. Der vorliegende Band 1 ist dabei etwas umfangreicher und wird vielleicht nicht komplett in einem Semester behandelt werden können. Er umfasst die kanonischen Themen der linearen Algebra. In Band 2 werden dann weiterführende Themen angeboten.

Nach einer ersten Erinnerung an das Schulwissen zu Vektoren im $\mathbb{R}^3$ in Kapitel 1 werden in Kapitel 3 die grundlegenden Begriffe zu Gruppen, Ringen und Körpern vorgestellt und mit Beispielen untermauert. Als erstes großes Resultat werden die komplexen Zahlen aus den reellen konstruiert.

Als Nächstes werden in Kapitel 4 Vektorräume mit ihren Basen als die zentrale Arena der linearen Algebra vorgestellt: Als Motivation dient hier die Lösungstheorie von linearen Gleichungssystemen. Es gilt nun, den Begriff der Dimension zu klären und verschiedene Konstruktionen wie etwa die direkte Summe zu erläutern. Es wird konsequent auch der unendlich-dimensionale Fall mit diskutiert, da unzählige Anwendungen wie etwa in der Funktionalanalysis diese Situation erfordern.

Ein durchgehendes Thema im gesamten Lehrbuch ist die konsequente Betonung von strukturerhaltenden Abbildungen: Auch wenn dies manchmal etwas altmodisch und sogar pedantisch scheint, stellt es doch ein derart mächtiges Werkzeug in der Mathematik dar, dass man es Studierenden im ersten Jahr kaum vorenthalten mag. Kapitel 5 handelt daher ausführlich von den linearen Abbildungen. Auch diese werden durch Basen der zugrunde liegenden Vektorräume beschreibbar, was auf die Matrizen führt. Erst das Wechselspiel von basisabhängiger Beschreibung durch Matrizen und basisunabhängiger und damit intrinsischer Form offenbart die tatsächliche Natur linearer Abbildungen. Als wichtiges Resultat wird die Smith-Normalform von linearen Abbildungen diskutiert und die Beziehung zur Lösungstheorie von linearen Gleichungssystemen aufgezeigt. Die Klassifikation von Vektorräumen bezüglich Isomorphie anhand der Mächtigkeit der Basis wird im Detail vorgestellt. Der Dualraum behandelt schließlich eine spezielle Klasse von linearen Abbildungen, die linearen Funktionale.

Das darauffolgende Kapitel 6 beinhaltet die Theorie der Determinanten sowie die Eigenwerttheorie, vornehmlich in endlichen Dimensionen. Nach einer kurzen Übersicht zu Eigenschaften der symmetrischen Gruppe wird die Determinante definiert und konstruiert sowie deren erste wichtige Eigenschaften vorgestellt. Als Kriterium für die Invertierbarkeit wird sie entsprechend bei der Suche nach Eigenwerten eine zentrale Rolle spielen: Diese Fragestellung wird durch die Normalform bezüglich der Ähnlichkeit von Matrizen motiviert. Die Frage nach der Diagonalisierbarkeit führt über das charakteristische Polynom dann zum Minimalpolynom einer Matrix (oder eines Endomorphismus), welches als zentrales Instrument beim Beweis des Spektralsatzes und der Jordan-Zerlegung herangezogen wird. Als Formulierung wurde hier eine auf Projektoren basierende gewählt, da diese den Ausgangspunkt für Verallgemeinerungen in unendlichen Dimensionen in der Funktionalanalysis darstellt. Die Jordan-Normalform hilft schließlich, auch die nilpotenten Anteile auf eine besonders einfache Form zu bringen.

In Kapitel 7 geht es dann um Vektorräume mit zusätzlicher Struktur: Innere Produkte und Skalarprodukte werden definiert und erste allgemeine Eigenschaften vorgestellt. Es wird dann der spezielle Fall der endlich-dimensionalen euklidischen oder unitären Vektorräume, also der endlich-dimensionalen reellen oder komplexen Hilbert-Räume eingehend diskutiert, wobei aber immer der Blick auf die unendlich-dimensionale Situation offen gehalten wird, um zu sehen, dass viele scheinbar leichte Probleme letztlich auf sehr nichttriviale Weise Gebrauch von der Endlich-Dimensionalität machen. Als zentraler Satz wird auch in diesem Kapitel der Spektralsatz formuliert, nun für normale Abbildungen. Anschließend wird die Rolle der Positivität und der Polarzerlegung besonders betont. Dies mag in anderen Zugängen zur linearen Algebra eine eher untergeordnete Rolle spielen, ist aber für weiterführende Vorlesungen in der Lie-Theorie, den Operatoralgebren und der mathematischen Physik von zentraler Bedeutung. Daher wird bereits hier die Chance ergriffen, diese Themen in den einfachen endlichen Dimensionen vorzustellen. Auch die Diskussion der Singulärwertzerlegung ist in diesem Sinne zu verstehen, wobei mit den Approximationszahlen eine weitere wichtige Interpretation der Singulärwerte vorgestellt wird, die dann auch in unendlichen Dimensionen Bestand haben wird.

Abschließend werden in zwei Anhängen kleine Einführungen in die mathematische Logik sowie in die Sprache der Mengenlehre gegeben. Diese Anhänge sind jedoch nicht als solide Kurse in diesen mathematischen Disziplinen zu verstehen, sondern geben lediglich eine Übersicht.

Sowohl im Haupttext als auch in den Übungen wird gelegentlich Gebrauch von einfachen Resultaten aus der Analysis gemacht. In den allermeisten Fällen wird parallel zu einer linearen Algebra auch die Analysis als Einführungsvorlesung zur Mathematik gehört. In diesem Fall sollten die benötigten Ergebnisse zeitnah bereitgestellt sein, sodass es keinerlei Schwierigkeiten geben sollte. Anderenfalls müssen gewisse Ergebnisse vorweggenommen werden: Bis auf einige Eigenschaften des Supremums bei der Definition der Operatornorm sind dies aber alles Themen, die zumindest heuristisch und auf Schulniveau bekannt sein sollten. Auch in diesem Fall kann man gegebenenfalls das eine oder andere Detail eines Beweises hintenanstellen und zu einem späteren Zeitpunkt darauf zurückkommen.

In Band 2 werden dann etwas speziellere Themen behandelt: lineare Differentialgleichungen als Anwendung für die Matrix-Exponentialfunktion, verschiedene Quotientenkonstruktionen, sehr ausführlich die multilineare Algebra und Tensorprodukte und schließlich Bilinearformen. Gerade der Themenkomplex zu Tensorprodukten ist in vielen Lehrbüchern nur sehr stiefmütterlich vertreten, was seiner Bedeutung in der Mathematik keineswegs gerecht wird: Techniken der multilinearen Algebra werden in jeder fortgeschrittenen Vorlesung in der theoretischen Mathematik benötigt, wie etwa in der Algebra, der Lie-Theorie, der algebraischen Topologie, der Differentialgeometrie, der Funktionalanalysis und der homologischen Algebra. Aber auch in den Anwendungen wie beispielsweise in der Quanteninformationstheorie und in der mathematischen Physik sind Tensorprodukte nicht wegzudenken. Die Gliederung von Band 2 ist nun folgende:

- Lineare Differentialgleichungen und Exponentialabbildung
- Quotienten
- Multilineare Abbildungen und Tensorprodukte
- Bilinearformen und Quadriken

In diesem Lehrbuch finden sich nur recht wenige mathematische Sachverhalte, die als *Satz* gekennzeichnet werden. Zusammen mit den *Definitionen* stellen diese die Essenz und das absolute Minimum dar, das es im Laufe eines Kurses zur linearen Algebra zu bewältigen gilt. Die meisten Resultate werden als *Proposition* formuliert, dies sind allein stehende Ergebnisse. Schließlich gibt es noch *Lemmata*, welche als Vorbereitung für die Beweise einer größeren Proposition oder eines Satzes dienen, und die *Korollare*, die eine unmittelbare Folgerung zur davor stehenden Proposition darstellen. In diesem Sinne ist der Text in sehr klassischer Weise geschrieben. Aufgelockert wird er durch Beispiele und weitere Bemerkungen, die oft einen weiterführenden Aspekt diskutieren oder einfach nur die wichtigen Sätze umformulieren und rekapitulieren.

Die Mathematik ist wie Schwimmen: Man erlernt sie sicherlich nicht durch Zuschauen. Vielmehr muss selbst Hand angelegt werden. Diese Erfahrung machen Studierende im ersten Jahr oftmals auf schmerzliche Weise: Anders als in der Schule ist es nun wirklich ein täglicher Kampf und eine große Herausforderung, der Vorlesung zu folgen, die Hausaufgaben zu machen, sich auf Klausuren vorzubereiten. Dies kann leider niemandem erspart bleiben, alle Versuche, dies zu beschönigen, sind unredlich und unseriös. Aus diesem Grunde werden viele Übungen (insgesamt über 200) in den einzelnen Kapiteln angeboten: Diese zum Teil sehr detailliert in etlichen Unterfragen ausformulierten Aufgaben sollten bearbeitet werden und können als Richtschnur dafür dienen, was in Klausuren und mündlichen Prüfungen von den Prüflingen verlangt werden wird. Zum anderen stellen die Übungen weiterführende Themen vor, auf die man vielleicht später wieder zurückkommen mag, auch wenn sie im ersten Jahr noch nicht relevant erscheinen. Hier besteht die Hoffnung, dass das vorliegende Buch ein Ideengeber und ein Nachschlagewerk auch für höhere Semester sein kann. Es gibt bei den schwierigeren Übungen Hinweise, durch die Aufteilung in kleinere separate Problemstellungen sollte es jedoch immer möglich sein, die richtigen Antworten zu finden. Aus diesem Grunde wurde auch darauf verzichtet, ausführliche Lösungen der Übungen bereitzustellen: Der Erfahrung nach ist die Versuchung, diese nach nur kurzem Probieren zu lesen und dann zu sagen, „Ach ja, so wollte ich das ja auch machen.", doch zu groß.

Es gibt neben vielen Standardaufgaben, die auf die eine oder andere Weise in jedem Buch und in jeder Vorlesung zur linearen Algebra zu finden sind, einige besondere Übungen: Zunächst werden am Ende jedes Abschnitts kleine Kontrollfragen gestellt. Diese sollen dazu dienen, sich nochmals klar zu machen, um welche Inhalte es gerade ging und wie diese einzuordnen sind. Weiter gibt es eine Reihe von Übungen mit starker Motivation aus der Physik. Auch wenn diese vielleicht in parallelen Physikkursen erst später relevant werden, können die Probleme immer schon jetzt behandelt und gelöst werden. Dies ist insbesondere auch dann interessant, wenn die Physik nicht unbedingt im Zentrum des Interesses liegt: Der Wert dieser Übungen ist davon unabhängig. Es gibt ebenfalls eine Reihe von Übungen zum Erstellen von Übungen. Diese Meta-Übungen wurden deshalb eingefügt, da die Erstellung von konkreten Zahlenbeispielen oftmals viel interessanter ist, als das Lösen der resultierenden Rechenaufgaben selbst. Letztere sind eigentlich langweilig und haben in einem Mathematikstudium sehr wenig oder gar nichts verloren. Das Erstellen von sinnvollen Aufgaben dagegen ist nicht zuletzt für die Lehramtsstudierenden von zentraler Bedeutung für ihren späteren Beruf. Es werden in diesen Übungen also die „Tricks" der Aufgabensteller verraten, die es einem selbst ermöglichen, sich Zahlenbeispiele zu konstruieren, deren Lösungen gut kontrolliert werden können. Als letzte Übung in jedem Kapitel gibt es eine „Beweisen oder widerlegen"-Übung. Hier sollen typischerweise schnelle und einfache Argumente oder Gegenbeispiele gefunden werden. Diese Fragen sind gleichsam auch typische Prüfungsfragen, wie sie in mündlichen Prüfungen (oder auch in Klausuren) auftreten können.

Kein Buch ist fehlerfrei, so sind auch in diesem Lehrbuch möglicherweise noch an einigen Stellen Fehler und Unklarheiten. Ich werde diese auf meiner homepage

https://www.mathematik.uni-wuerzburg.de/mathematicalphysics

kontinuierlich klarstellen. Kommentare hierzu sind selbstverständlich sehr willkommen.

Dieses Lehrbuch entstand wie viele andere auch aus einem Skript zu einer Vorlesung, die ich zuerst in Erlangen 2012/2013 gehalten habe. Dort wurde auch die erste Version des Skripts erstellt, wobei ich Benjamin Lotter und Josias Reppekus für die Mithilfe beim Schreiben der LATEX-Dateien zu großem Dank verpflichtet bin. Weiter möchte ich mich bei meinen Assistenten Bas Janssen, Stéphane Merigon, und Christoph Zellner in Erlangen für das Erstellen der Übungen bedanken. Viele ihrer Übungen haben den Weg in dieses Buch gefunden. Meine Kollegen Peter Fiebig und Karl-Hermann Neeb in Erlangen haben mit vielen Diskussionen meine Sicht auf die lineare Algebra wesentlich beeinflusst. Ihnen gebührt dafür ebenfalls großer Dank. Beim zweiten Durchlauf der Vorlesung 2015/2016, nun in Würzburg, wurden verschiedene Aspekte geringfügig geändert und neue sowie andere Übungen hinzugenommen. Hier halfen mir Marvin Dippell, Chiara Esposito, Stefan Franz, Thorsten Reichert, Jonas Schnitzer, Matthias Schötz, Paul Stapor und Thomas Weber auf tatkräftige Weise. Ihnen allen schulde ich großen Dank, nicht nur für die Mithilfe bei den Übungen sondern auch für die vielen Kommentare und Diskussionen zur Gestaltung der Vorlesung und dieses Buches.

Den meisten Dank schulde ich jedoch meiner Familie: Meine Kinder wie auch meine Frau Viola waren mir die entscheidende moralische Stütze bei diesem Projekt.

Würzburg, Februar 2016   *Stefan Waldmann*

Vorwort zur zweiten Auflage

Eine zweite Auflage ist zunächst eine große Chance, mit Fehlern, Ungenauigkeiten und Auslassungen der ersten Auflage aufzuräumen. So habe auch ich diese Gelegenheit genutzt, auf zahlreiche Kommentare und Antworten von Kolleginnen, Kollegen und auch von vielen Studierenden der Mathematik zu reagieren. Die zweite Auflage ist damit nun hoffentlich stabiler und richtiger geworden. Darüber hinaus habe ich für diese Auflage den Text insgesamt überarbeitet, an vielen Stellen, in vielen kleinen Details, um die Lesbarkeit zu erhöhen, Unklarheiten zu bereinigen und mehr Erklärungen zu geben. Die größte Änderung aber stellen die vielen neuen Übungen dar. Hier wurden über 30 komplett neue Übungen sowie zahlreiche neue Aufgabenteile in bereits vorhandenen Übungen hinzugefügt.

Großer Dank gebührt wieder allen, die zum Gelingen dieser zweiten Auflage beigetragen haben, allen voran den vielen Leserinnen und Lesern der ersten Auflage, die mir die gefundenen Fehler mitgeteilt haben. Auch dem Team vom Springer-Verlag sei an dieser Stelle für die große Hilfe gedankt. Gerade in diesen schwierigen Zeiten war mir meine Familie die wichtigste Unterstützung, wofür ich mich hier besonders bedanken möchte.

Würzburg, März 2021   *Stefan Waldmann*

Symbolverzeichnis

$\mathbb{N}$, $\mathbb{N}_0$	Natürliche Zahlen und natürliche Zahlen mit Null
$\mathbb{Z}$	Ring der ganzen Zahlen
$\mathbb{Q}$, $\mathbb{R}$, $\mathbb{C}$	Körper der rationalen, reellen und komplexen Zahlen
$\vec{a} \in \mathbb{R}^3$	Vektoren im Anschauungsraum $\mathbb{R}^3$
$\langle \vec{a}, \vec{b} \rangle$, $\|\vec{a}\|$	Euklidisches Skalarprodukt und Norm im $\mathbb{R}^3$
$\vec{a} \times \vec{b}$	Kreuzprodukt im Anschauungsraum
$\diamond$ (auch $\circ$, $\cdot$)	Verknüpfung
$\mathrm{Morph}(M, N)$	Morphismen von M nach N
$\mathrm{End}(M)$	Endomorphismen von M
e, $\mathbb{1}$, 1	Neutrales Element (Einselement)
$M^\times$	Gruppe der invertierbaren Elemente eines Monoids M
$(G, \cdot, 1)$	Multiplikativ geschriebene Gruppe
$(G, +, 0)$	Additiv geschriebene (abelsche) Gruppe
$\mathrm{Bij}(M)$	Gruppe der Bijektionen von M
$\mathrm{Aut}(M)$	Gruppe der Automorphismen von M
$\boldsymbol{n}$	Menge der ersten n natürlichen Zahlen
$S_n = \mathrm{Bij}(\boldsymbol{n})$	Permutationsgruppe (symmetrische Gruppe)
$\mathbb{Z}_p$	Zyklische Gruppe der Ordnung p
$\ker \phi$, $\mathrm{im}\, \phi$	Kern und Bild von ϕ
$\mathsf{R}[x]$	Polynomring mit Koeffizienten in Ring R
$\deg(p)$	Grad eines Polynoms p
$\mathrm{char}(\Bbbk)$	Charakteristik eines Körpers $\Bbbk$
$\mathrm{Re}(z)$, $\mathrm{Im}(z)$	Real- und Imaginärteil von $z \in \mathbb{C}$

$\overline{z}$, $|z|$	Komplexe Konjugation und Betrag von $z \in \mathbb{C}$
$\mathbb{S}^1$	Einheitskreis in $\mathbb{C}$
$\mathsf{R}[[x]]$	Formale Potenzreihen mit Koeffizienten in R
Lös(A, b)	Lösungsmenge von linearem Gleichungssystem
$\Bbbk^n$	Vektorraum der Spaltenvektoren der Länge n
δ_{ab}	Kronecker-Symbol
ℓ^∞	Vektorraum der beschränkten Folgen
c, $c_\circ$	Vektorraum der konvergenten Folgen, Nullfolgen
$\mathrm{Abb}_0(M, \Bbbk)$	Abbildungen mit endlichem Träger
span W	Spann der Teilmenge W
$\sum_{i \in I} U_i$	Summe der Unterräume $\{U_i\}_{i \in I}$
$\mathrm{e}_1, \ldots, \mathrm{e}_n \in \Bbbk^n$	Standardbasis von $\Bbbk^n$
v_b	Koordinaten von v bezüglich $b \in B$
dim V	Dimension des Vektorraums V
$\prod_{i \in I} V_i$	Kartesisches Produkt von Vektorräumen
$\bigoplus_{i \in I} V_i$	Direkte Summe von Vektorräumen
$\Bbbk^B$	Kartesisches Produkt von B Kopien von $\Bbbk$
$\Bbbk^{(B)}$	Direkte Summe von B Kopien von $\Bbbk$
$\mathscr{C}([a, b], \mathbb{R})$	Stetige Funktionen auf dem Intervall $[a, b]$
$V_\mathbb{C}$	Komplexifizierter Vektorraum zu reellem V
Hom(V, W)	Lineare Abbildungen (Homomorphismen) von V nach W
rank Φ	Rang der linearen Abbildung Φ
$V \cong W$	Isomorphie von Vektorräumen
$_B[v] \in \Bbbk^{(B)}$	Koordinaten von v bezüglich einer Basis B
$_B[\Phi]_A$	Matrix der linearen Abbildung Φ bezüglich der Basen A und B
$\Bbbk^{(B) \times A}$	$B \times A$-Matrizen mit Endlichkeitsbedingung
$\mathbb{1}_{A \times A}$	$A \times A$-Einheitsmatrix
$\mathrm{M}_{n \times m}(\Bbbk)$, $\mathrm{M}_n(\Bbbk)$	$n \times m$-Matrizen, $n \times n$-Matrizen über $\Bbbk$
$\mathbb{1}_n$ (oft nur $\mathbb{1}$)	$n \times n$-Einheitsmatrix
$\mathrm{GL}_n(\Bbbk) = \mathrm{M}_n(\Bbbk)^\times$	Allgemeine lineare Gruppe
$\mathrm{GL}(V) = \mathrm{End}(V)^\times$	Allgemeine lineare Gruppe eines Vektorraums V
E_{ij}	(i, j)-Elementarmatrix
$V_{ii'}$, $R_{i,\lambda}$, S_{ij}	Matrizen der elementaren Umformungen

A^{T} Transponierte Matrix zu A

$A \sim B$ Äquivalenz von Matrizen

$V^* = \mathrm{Hom}(V, \Bbbk)$ Dualraum von V

$b^* \in V^*$ Koordinatenfunktional zum Basisvektor $b \in B \subseteq V$.

Φ^* Duale Abbildung zu Φ

$\iota : V \longrightarrow V^{**}$ Kanonische Einbettung in den Doppeldualraum

$[A, B] = AB - BA$ Kommutator von A und B

$\ell(\sigma), \mathrm{sign}(\sigma)$ Länge und Signum der Permutation σ

τ_{ij} Transposition $i \leftrightarrow j$

$\det(A) = \det(a_1, \ldots, a_n)$ Determinante von $A = (a_1, \ldots, a_n) \in \mathrm{M}_n(\Bbbk)$

$\mathrm{SL}_n(\Bbbk)$ Spezielle lineare Gruppe

$A^{\#}$ Komplementäre Matrix zu A

$V(\lambda_1, \ldots, \lambda_n)$ Vandermonde-Matrix

$A \approx B$ Ähnlichkeit von Matrizen

$\mathrm{diag}(\lambda_1, \ldots, \lambda_n)$ Diagonalmatrix mit Einträgen $\lambda_1, \ldots, \lambda_n$

V_λ Eigenraum zum Eigenwert λ

$\chi_A(x) = \det(A - x\mathbb{1})$ Charakteristisches Polynom von A

$\mathrm{tr}(A)$ Spur von A

$P_1 + \cdots + P_k = \mathbb{1}$ Zerlegung der Eins

m_A Minimalpolynom von A

$\tilde{V}_\lambda$ Verallgemeinerter Eigenraum zum Eigenwert λ

$A = A_{\mathrm{S}} + A_{\mathrm{N}}$ Jordan-Zerlegung in halbeinfachen und nilpotenten Teil

$\mathrm{spec}(A)$ Spektrum von A

J_n $n \times n$-Jordan-Matrix

$\mathbb{K}$ Alternativ $\mathbb{R}$ oder $\mathbb{C}$

$\langle \cdot, \cdot \rangle$ Inneres Produkt, Skalarprodukt

$\flat : V \longrightarrow V^*$ Musikalischer Homomorphismus bezüglich $\langle \cdot, \cdot \rangle$

$\mathrm{Bil}(V)$ Bilinearformen auf V

$[\langle \cdot, \cdot \rangle]_{B,B}$ Matrix der Bilinearform $\langle \cdot, \cdot \rangle$ bezüglich einer Basis B

$\| \cdot \|$ Norm

$U^\perp$ Orthogonalkomplement der Teilmenge $U \subseteq V$

$v = v_{\|} + v_\perp$ Orthogonale Zerlegung von v

P_U Orthogonalprojektor auf U

$O(n)$, $U(n)$	Orthogonale und unitäre Gruppe
$SO(n)$, $SU(n)$	Spezielle orthogonale und spezielle unitäre Gruppe
A^*	Adjungierte Abbildung von A
$\sharp$	Inverses des musikalischen Isomorphismus $\flat$
$\sqrt{A}$	Positive Wurzel von positivem A
E_v	Erwartungswert im Zustand v
$|A|$, A_+, A_-	Absolutbetrag, Positivteil und Negativteil von A
$s_k(A)$	k-ter Singulärwert von A
$\|A\|$, $\|A\|_2$	Operatornorm und Hilbert-Schmidt-Norm von A
$a_k(A)$	k-te Approximationszahl von A
$A \leq B$	Partielle Ordnung selbstadjungierter Abbildungen
$\neg p$, $p \wedge q$, $p \vee q$	Logische Negation, logisches Und, logisches Oder
$p|q$	Schefferscher Strich (logisches Nicht-Und)
$\forall$, $\exists$	Quantoren „für alle" und „es existiert"
$\cup$, $\cap$, $\setminus$	Vereinigung, Durchschnitt und Komplement
$M \times N$	Kartesisches Produkt der Mengen M und N
$\mathrm{Abb}(M, N)$	Abbildungen von M nach N
2^M	Potenzmenge der Menge M
$\mathrm{graph}(f)$	Graph der Abbildung f
$f \circ g$	Verkettung der Abbildungen f und g
$f^{-1}(U)$	Urbild der Teilmenge U
$\prod_{i \in I} M_i$	Kartesisches Produkt der Mengen $\{M_i\}_{i \in I}$
$\mathrm{pr}_i \colon \prod_{j \in I} M_j \longrightarrow M_i$	Projektion auf i-te Komponente
$\#M$	Mächtigkeit der Menge M

Inhaltsverzeichnis

Kapitel 1
Elementare Geometrie im Anschauungsraum $\mathbb{R}^3$

In diesem ersten Kapitel wollen wir an das Schulwissen zur linearen Algebra und elementaren Geometrie anknüpfen und unsere unmittelbare Anschauung dazu verwenden, einige erste mathematische Definitionen zu Vektoren, Geraden und Ebenen im $\mathbb{R}^3$ zu motivieren. Dieses Kapitel wird daher weitgehend als Heuristik zu verstehen sein – einen systematischeren und vor allem mathematisch exakteren Zugang zu den verschiedenen Begriffen der linearen Algebra werden wir uns in den folgenden Kapiteln erarbeiten müssen.

Dieses Kapitel dient weiterhin auch dazu, sich mit den verschiedenen, in der linearen Algebra und auch darüber hinaus in der Mathematik üblichen Schreib- und Sprechweisen vertraut zu machen. Insbesondere wird konsequent bereits hier von einer mengentheoretischen Schreibweise Gebrauch gemacht. Wer hiermit nicht vertraut ist, findet die nötigen Details in Anhang B.

1.1 Vektoren im Anschauungsraum

Um einen Punkt p im Raum festzulegen, benötigen wir zunächst einen fest gewählten, aber ansonsten willkürlichen Ursprungspunkt, den wir mit 0 bezeichnen. Weiter müssen wir drei Richtungen, die Koordinatenrichtungen, auszeichnen. Vom Punkt 0 aus benötigen wir dann drei Zahlen, die Koordinaten (x, y, z) des Punktes p, um von 0 eindeutig zu p zu finden. Dazu bewegt man sich zunächst x Einheiten in Richtung der ersten Koordinatenachse, dann y Einheiten in Richtung der zweiten und schließlich z Einheiten in Richtung der dritten Koordinatenachse. Wir können daher die Punkte im Anschauungsraum mit den Tripeln (x, y, z) von reellen Zahlen identifizieren. Der Ursprung 0 besitzt somit die Koordinaten $(0, 0, 0)$. Die Menge aller solcher Zahlentripel bezeichnen wir mit $\mathbb{R}^3$. Oft werden diese Tripel auch in Spaltenform geschrieben und *Vektoren* im Anschauungsraum $\mathbb{R}^3$ genannt, siehe auch Abb. 1.1. Weiter ist auch die Schreibweise $\vec{p}$ anstelle von p üblich, insbesondere eben für Vektoren im Anschauungsraum $\mathbb{R}^3$. Wir schreiben daher

© Springer-Verlag GmbH Deutschland, ein Teil von Springer Nature 2021
S. Waldmann, *Lineare Algebra 1*, https://doi.org/10.1007/978-3-662-63263-5_1

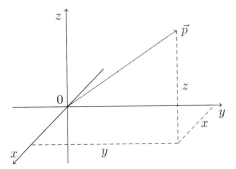

Abb. 1.1 Vektor $\vec{p}$ mit den Koordinaten (x, y, z) im $\mathbb{R}^3$

auch

$$\vec{p} = \begin{pmatrix} x \\ y \\ z \end{pmatrix} \quad \text{oder} \quad \vec{p} = \begin{pmatrix} p_x \\ p_y \\ p_z \end{pmatrix} \quad \text{oder} \quad \vec{p} = \begin{pmatrix} p_1 \\ p_2 \\ p_3 \end{pmatrix}. \tag{1.1.1}$$

Letzteres stellt offenbar eine geschicktere Notation dar, sobald wir mehrere Vektoren mit ihren Komponenten bezeichnen wollen. Oft werden in der Mathematik sehr verschiedene Bezeichnungen und Schreibweisen verwendet. Es ist daher wichtig, sich früh daran zu gewöhnen und flexibel zwischen verschiedenen Traditionen wechseln zu können. Wir werden dies noch an vielen weiteren Stellen sehen.

Es gibt nun verschiedene einfache Operationen, wie wir aus bereits gegebenen Vektoren neue erhalten können. Zunächst können wir einen Vektor $\vec{p}$ strecken und stauchen, indem wir ihn mit einem Skalenfaktor $\lambda \in \mathbb{R}$ skalieren, siehe auch Abb. 1.2. Die neuen Koordinaten des mit λ skalierten Vektors sind dann λp_1, λp_2 und λp_3, weshalb wir diesen Vektor auch mit $\lambda \cdot \vec{p}$ bezeichnen werden.

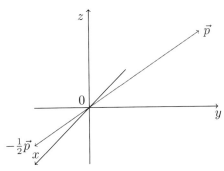

Abb. 1.2 $-\frac{1}{2}$-Faches des Vektors $\vec{p}$

Ebenfalls kann man einen Vektor $\vec{p}$ an einen anderen Vektor $\vec{q}$ anheften, also zunächst vom Ursprung nach $\vec{q}$ gehen und anschließend noch um $\vec{p}$ weitergehen, siehe Abb. 1.3. Eine elementare Überlegung zeigt, dass der resultierende Punkt die Koordinaten $p_1 + q_1$, $p_2 + q_2$ und $p_3 + q_3$ besitzt. Wir bezeichnen diesen Punkt daher mit $\vec{p} + \vec{q}$.

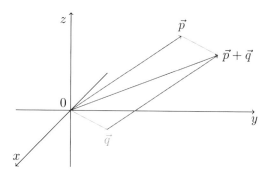

Abb. 1.3 Die Summe der Vektoren $\vec{p}$ und $\vec{q}$

Diese beiden Konstruktionen erfüllen nun einige einfache Rechenregeln, die wir hier zusammentragen wollen.

Proposition 1.1. *Seien* $\lambda, \mu \in \mathbb{R}$ *und* $\vec{p}, \vec{q}, \vec{r} \in \mathbb{R}^3$.

i.) Es gilt $\lambda \cdot (\mu \cdot \vec{p}) = (\lambda\mu) \cdot \vec{p}$.

ii.) Es gilt $(\lambda + \mu) \cdot \vec{p} = \lambda \cdot \vec{p} + \mu \cdot \vec{p}$.

iii.) Es gilt $\lambda \cdot (\vec{p} + \vec{q}) = \lambda \cdot \vec{p} + \lambda \cdot \vec{q}$.

iv.) Es gilt $1 \cdot \vec{p} = \vec{p}$.

v.) Es gilt $0 + \vec{p} = \vec{p}$.

vi.) Es gilt $\vec{p} + \vec{q} = \vec{q} + \vec{p}$.

vii.) Es gilt $(\vec{p} + \vec{q}) + \vec{r} = \vec{p} + (\vec{q} + \vec{r})$.

viii.) Es gilt $\vec{p} + (-\vec{p}) = 0$ *wobei* $-\vec{p} = \begin{pmatrix} -p_1 \\ -p_2 \\ -p_3 \end{pmatrix} = (-1) \cdot \vec{p}$.

Der Nachweis dieser Rechenregeln ist elementar und folgt unmittelbar aus den Eigenschaften der Addition und Multiplikation von reellen Zahlen. Nichts desto trotz sollte man sich dies als Übung im Detail klarmachen, siehe auch Übung 1.1. Wir werden zukünftig auch die abkürzende Schreibweise $\lambda\vec{p}$ anstelle von $\lambda \cdot \vec{p}$ verwenden. Dies ist erneut eine übliche Konvention in der Mathematik: Wenn man eine neue Struktur betonen möchte, verdeutlicht man dies in der Notation. Hat man sich bereits daran gewöhnt, vernachlässigt man dies und wendet sich neuen Betonungen in der Bezeichnung zu.

Aus naheliegenden Gründen nennen wir $\vec{p}$ und $\vec{q}$ *parallel*, falls es ein $\lambda \in \mathbb{R}$ gibt, sodass $\vec{p} = \lambda\vec{q}$ oder $\vec{q} = \lambda\vec{p}$. Insbesondere ist $\vec{0}$ zu allen Vektoren parallel.

Eine besondere Rolle kommt nun den drei *Einheitsvektoren* in Richtung der Koordinatenachsen zu. Wir definieren

$$\vec{e}_1 = \begin{pmatrix} 1 \\ 0 \\ 0 \end{pmatrix}, \quad \vec{e}_2 = \begin{pmatrix} 0 \\ 1 \\ 0 \end{pmatrix}, \quad \text{und} \quad \vec{e}_3 = \begin{pmatrix} 0 \\ 0 \\ 3 \end{pmatrix}. \tag{1.1.2}$$

Mit diesen speziellen Vektoren können wir nun einen beliebigen Punkt $\vec{p} \in \mathbb{R}^3$ als

$$\vec{p} = p_1 \vec{e}_1 + p_2 \vec{e}_2 + p_3 \vec{e}_3 \tag{1.1.3}$$

schreiben. Dies formalisiert nun unsere eingangs gemachte Vorstellung, dass wir erst p_1 Einheiten in Richtung der ersten Koordinate gehen müssen, dann p_2 Einheiten in Richtung der zweiten und zum Schluss p_3 Einheiten in Richtung der dritten, um letztlich zu $\vec{p}$ zu gelangen. Im Hinblick auf die gefundenen Rechenregeln in Proposition 1.1 ist es nun unerheblich, in welcher Reihenfolge wir dies tun.

1.2 Geraden und Ebenen

Aufbauend auf den Operationen $+$ und $\cdot$ für Vektoren gemäß Proposition 1.1 wollen wir nun Geraden und Ebenen im Anschauungsraum $\mathbb{R}^3$ charakterisieren. Hier werden wir jeweils zwei äquivalente Beschreibungen kennenlernen, die *gleichungsbasierte* und die *parametrisierte* Version.

Eine Ebene können wir als den geometrischen Ort $E \subseteq \mathbb{R}^3$ beschreiben, dessen Punkte $\vec{p} \in E$ man folgendermaßen erhält: Zunächst gibt es drei Vektoren $\vec{a}, \vec{b}, \vec{c} \in \mathbb{R}^3$, wobei $\vec{a}$ und $\vec{b}$ nicht Vielfache voneinander sein dürfen. Mit anderen Worten, $\vec{a}$ und $\vec{b}$ sind nicht parallel. Dann ist $\vec{p} \in E$, falls es $\mu, \lambda \in \mathbb{R}$ mit

$$\vec{p} = \lambda \vec{a} + \mu \vec{b} + \vec{c} \tag{1.2.1}$$

gibt, siehe Abb. 1.4. Dies ist die *Parameterdarstellung einer Ebene*: Ausgehend von einem Punkt $\vec{c}$ in der Ebene (man wähle $\lambda = \mu = 0$ in (1.2.1), um $\vec{c} \in E$ zu erhalten), findet man alle anderen Punkte der Ebene, indem man geeignete Vielfache der Vektoren $\vec{a}$ und $\vec{b}$ zu $\vec{c}$ hinzuzählt. Man sagt auch, dass $\vec{a}$ und $\vec{b}$ die Ebene E durch den Aufpunkt $\vec{c}$ aufspannen. Die Bedingung, dass $\vec{a}$ und $\vec{b}$ nicht parallel sein dürfen, ist klar, da man sonst nur eine Richtung anstelle der zwei für eine Ebene notwendigen Richtungen zur Verfügung hätte.

Dieser entartete Fall führt auch sofort zur *Parameterdarstellung einer Geraden*: Hier soll es zwei Vektoren $\vec{a}, \vec{b} \in \mathbb{R}^3$ geben, sodass $\vec{a} \neq 0$. Dann ist die Gerade G durch $\vec{b}$ in Richtung $\vec{a}$ durch diejenigen Punkte $\vec{p} \in \mathbb{R}^3$ gegeben, für die es ein $\lambda \in \mathbb{R}$ mit

$$\vec{p} = \lambda \vec{a} + \vec{b} \tag{1.2.2}$$

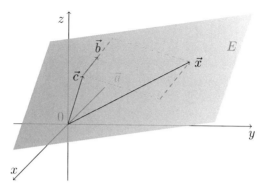

Abb. 1.4 Parameterdarstellung einer Ebene E

gibt, siehe Abb. 1.5. Offenbar ist $\vec{b}$ auf dieser Gerade, nämlich für $\lambda = 0$.

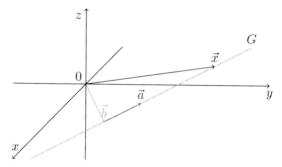

Abb. 1.5 Parameterdarstellung einer Geraden G

Man kann sich die Parameterdarstellung so vorstellen, dass ein Teilchen zur Zeit $\lambda = 0$ im Punkt $\vec{b}$ startet, und dann mit der konstanten Geschwindigkeit $\vec{a}$ davonfliegt. Zu einer späteren Zeit λ befindet es sich dann bei $\lambda\vec{a} + \vec{b}$. Wir fassen diese geometrischen Vorüberlegungen nun in folgender Definition zusammen.

Definition 1.2 (Parameterdarstellung von Ebene und Gerade). Seien $\vec{a}, \vec{b}, \vec{c} \in \mathbb{R}^3$.

i.) Gilt $\vec{a} \neq 0$, so ist die Gerade G durch $\vec{b}$ in Richtung $\vec{a}$ als

$$G = \left\{ \vec{p} \in \mathbb{R}^3 \ \middle|\ \text{es gibt ein } \lambda \in \mathbb{R} \text{ mit } \vec{p} = \lambda\vec{a} + \vec{b} \right\} \qquad (1.2.3)$$

definiert.

ii.) Sind $\vec{a}, \vec{b}$ nicht parallel, so ist die von $\vec{a}$ und $\vec{b}$ aufgespannte Ebene E durch $\vec{c}$ als

$$E = \left\{ \vec{p} \in \mathbb{R}^3 \mid \text{es gibt } \lambda, \mu \in \mathbb{R} \text{ mit } \vec{p} = \lambda\vec{a} + \mu\vec{b} + \vec{c} \right\} \qquad (1.2.4)$$

definiert.

Bemerkung 1.3. Die Parameterdarstellungen von Geraden oder Ebenen sind nicht eindeutig: Es gibt viele $\vec{a}$, $\vec{b}$ und $\vec{a}'$, $\vec{b}'$, sodass die Geraden $\{\vec{p} \in \mathbb{R}^3 \mid \vec{p} = \lambda\vec{a} + \vec{b}\}$ und $\{\vec{p} \in \mathbb{R}^3 \mid \vec{p} = \lambda\vec{a}' + \vec{b}'\}$ übereinstimmen. So können wir etwa $\vec{a}' = \frac{1}{2}\vec{a}$ erklären und $\vec{b}' = \vec{b}$ belassen. Dann müssen wir die Zeit $\lambda' = 2\lambda$ entsprechend reskalieren und erhalten die gleiche Teilmenge von $\mathbb{R}$. Ebenso können wir auch $\vec{b}' = \vec{a} + \vec{b}'$ setzen und $\vec{a}' = \vec{a}$, dann müssen wir $\lambda' = \lambda - 1$ wählen, um denselben Punkt $\vec{p} = \lambda\vec{a} + \vec{b} = \lambda'\vec{a}' + \vec{b}'$ zu erhalten. Wir werden noch sehen, wie diese Vieldeutigkeit genau verstanden werden kann. Für eine parametrische Ebene erhalten wir ähnliche Vieldeutigkeiten.

Wir wollen nun eine zweite Möglichkeit zur Beschreibung einer Ebene und einer Gerade untersuchen: die *gleichungsdefinierte Variante*. Wir beginnen wieder mit der Ebene.

Seien dazu $\vec{n} \in \mathbb{R}^3$ ein von 0 verschiedener Vektor und $r \in \mathbb{R}$ eine reelle Zahl. Wir betrachten dann die Gleichung

$$n_1 p_1 + n_2 p_2 + n_3 p_3 = r \qquad (1.2.5)$$

für einen Vektor $\vec{p} \in \mathbb{R}^3$, wobei p_1, p_2 und p_3 die jeweiligen Komponenten des Vektors $\vec{p}$ seien.

Proposition 1.4. *Seien $\vec{n} \in \mathbb{R}^3 \setminus \{0\}$ und $r \in \mathbb{R}$. Dann gibt es $\vec{a}, \vec{b}, \vec{c} \in \mathbb{R}^3$ mit $\vec{a}$ nicht parallel zu $\vec{b}$, sodass $\vec{p} \in \mathbb{R}^3$ die Gleichung (1.2.5) genau dann erfüllt, wenn $\vec{p}$ in der durch $\vec{a}$ und $\vec{b}$ aufgespannten Ebene durch $\vec{c}$ liegt.*

Beweis. Wir müssen zunächst gute Kandidaten für $\vec{a}$, $\vec{b}$ und $\vec{c}$ finden. Da diese ja *nicht* eindeutig durch die Ebene bestimmt sind, ist es schwierig, welche zu finden. Dies ist ein allgemeines Phänomen in der Mathematik: Lösungen eines Problems zu finden, ist typischerweise umso schwieriger, je *mehr* es davon gibt. Eine eindeutige Lösung zu finden, ist dagegen oftmals vergleichbar einfach. Da $\vec{n} \neq 0$, können wir ohne Beschränkung der Allgemeinheit annehmen, dass beispielsweise $n_3 \neq 0$ gilt. Wäre $n_3 = 0$, könnten wir die folgenden Formeln einfach modifizieren. In diesem Fall gilt für $\vec{p} \in \mathbb{R}^3$ die Gleichung (1.2.5) genau dann, wenn

$$p_3 = -\frac{n_1}{n_3}p_1 - \frac{n_2}{n_3}p_2 + \frac{r}{n_3}. \qquad (1.2.6)$$

Wir setzen nun beispielsweise

$$\vec{a} = \begin{pmatrix} 1 \\ 0 \\ -\frac{n_1}{n_3} \end{pmatrix}, \quad \vec{b} = \begin{pmatrix} 0 \\ 1 \\ -\frac{n_2}{n_3} \end{pmatrix}, \quad \text{und} \quad \vec{c} = \begin{pmatrix} 0 \\ 0 \\ \frac{r}{n_3} \end{pmatrix}.$$

Für diese Vektoren $\vec{a}, \vec{b}, \vec{c} \in \mathbb{R}^3$ gilt zunächst, dass $\vec{a}$ und $\vec{b}$ nicht parallel sind, dies ist durch die jeweiligen ersten beiden Komponenten bereits ausgeschlossen. Damit definieren diese drei Vektoren eine Ebene

$$E = \left\{ \vec{p} \in \mathbb{R}^3 \;\middle|\; \text{es gibt } \lambda, \mu \in \mathbb{R} \text{ mit } \vec{p} = \lambda\vec{a} + \mu\vec{b} + \vec{c} \right\}.$$

Wir behaupten nun, dass $\vec{p} \in E$ genau dann gilt, wenn $\vec{p}$ die Gleichung (1.2.5) oder äquivalent dazu die Gleichung (1.2.6) erfüllt. Gilt nämlich (1.2.6) für $\vec{p} \in \mathbb{R}^3$, so gilt

$$p_1\vec{a} + p_2\vec{b} + \vec{c} = \begin{pmatrix} p_1 \\ 0 \\ -\frac{n_1 p_1}{n_3} \end{pmatrix} + \begin{pmatrix} 0 \\ p_2 \\ -\frac{n_2 p_2}{n_3} \end{pmatrix} + \begin{pmatrix} 0 \\ 0 \\ \frac{r}{n_3} \end{pmatrix} = \begin{pmatrix} p_1 \\ p_2 \\ -\frac{n_1 p_1}{n_3} - \frac{n_2 p_2}{n_3} + \frac{r}{n_3} \end{pmatrix} = \vec{p},$$

womit $\vec{p} \in E$ mittels der Wahl $\lambda = p_1$ und $\mu = p_2$ gezeigt ist. Sei umgekehrt $\vec{p} \in E$ mit gewissen $\lambda, \mu \in \mathbb{R}$, sodass $\vec{p} = \lambda\vec{a} + \mu\vec{b} + \vec{c}$ gilt. Dann gilt also

$$p_1 = \lambda, \quad p_2 = \mu \quad \text{und} \quad p_3 = -\frac{n_1}{n_3}\lambda - \frac{n_1}{n_3}\mu + \frac{r}{n_3},$$

was man anhand der expliziten Formeln für $\vec{a}$, $\vec{b}$ und $\vec{c}$ direkt abliest. Einsetzen von λ und μ liefert daher

$$p_3 = -\frac{n_1}{n_3}p_1 - \frac{n_2}{n_3}p_2 + \frac{r}{n_3},$$

und damit ist (1.2.6) erfüllt. Dies zeigt die gewünschte Äquivalenz. $\qquad\square$

Die Gleichungen der Form (1.2.5) beschreiben also ebenfalls Ebenen im $\mathbb{R}^3$, wobei der Zusammenhang der beiden Darstellungen (1.2.5) und (1.2.4) etwas technisch ist.

Für eine Gerade erhalten wir ebenfalls eine gleichungsdefinierte Variante, welche man auf folgende Weise erhalten kann: Sind zwei Ebenen E_1 und E_2 im $\mathbb{R}^3$ gegeben, so können diese auf folgende drei Weisen zueinander stehen:

1. Die Ebenen sind gleich.
2. Die Ebenen sind parallel, aber nicht gleich.
3. Die Ebenen sind nicht parallel.

Im ersten Fall ist der Schnitt $E_1 \cap E_2$ wieder eine Ebene, nämlich $E_1 = E_2$. Im zweiten Fall ist der Schnitt leer, $E_1 \cap E_2 = \emptyset$. Im dritten Fall ist der Schnitt schließlich eine Gerade. Wir wollen diese geometrischen und heuristischen Überlegungen nicht im Detail begründen, dies wird insbesondere in Abschn. 4.3 in viel größerer Allgemeinheit noch geschehen. Vielmehr nehmen wir diese Überlegungen als Motivation dafür, folgende Situation zu betrachten: Seien $\vec{n}, \vec{m} \in \mathbb{R}^3$ zwei Vektoren, die nicht parallel sind, und seien $r, s \in \mathbb{R}$ zwei reelle Zahlen. Dann betrachten wir die beiden durch die Gleichungen

$$n_1 p_1 + n_2 p_2 + n_3 p_3 = r \qquad (1.2.7)$$

und

$$m_1 p_1 + m_2 p_2 + m_3 p_3 = s \qquad (1.2.8)$$

definierten Ebenen E_1 und E_2. Bis jetzt haben wir die geometrische Bedeutung der Vektoren $\vec{n}$ und $\vec{m}$ noch nicht diskutiert, aber die Voraussetzung, dass $\vec{n}$ und $\vec{m}$ nicht parallel sind, wird hinreichend dafür sein, dass der Schnitt von E_1 und E_2 eine Gerade ist.

Proposition 1.5. *Seien $\vec{n}, \vec{m} \in \mathbb{R}^3$ nicht parallel und seien $r, s \in \mathbb{R}$. Dann gibt es $\vec{a}, \vec{b} \in \mathbb{R}^3$ mit $\vec{a} \neq 0$, sodass $\vec{p} \in \mathbb{R}^3$ genau dann die beiden Gleichungen (1.2.7) und (1.2.8) erfüllt, falls $\vec{p}$ auf der Geraden durch $\vec{b}$ in Richtung $\vec{a}$ liegt.*

Beweis. Wir müssen wieder Kandidaten $\vec{a}, \vec{b} \in \mathbb{R}^3$ finden. Dazu formen wir die Bedingungen (1.2.7) und (1.2.8) geeignet um. Wir wissen $\vec{n} \neq 0 \neq \vec{m}$, und es gibt *kein* $\lambda \in \mathbb{R}$ mit $\lambda \vec{n} = \vec{m}$. Man überlegt sich nun, dass dies äquivalent dazu ist, dass von den drei Zahlen

$$a_1 = n_2 m_3 - n_3 m_2, \quad a_2 = n_3 m_1 - n_1 m_3 \quad \text{und} \quad a_3 = n_1 m_2 - n_2 m_1$$

mindestens eine ungleich 0 ist, der Vektor $\vec{a} \in \mathbb{R}^3$ mit diesen Komponenten also nicht der Nullvektor ist. Wir beweisen dies durch eine Fallunterscheidung: Sei zunächst $n_1 \neq 0$. Dann folgt aus $\vec{a} = 0$

$$m_1 = \frac{m_1}{n_1} n_1, \quad m_2 = \frac{m_1}{n_1} n_2 \quad \text{und} \quad m_3 = \frac{m_1}{n_1} n_3,$$

also $\vec{m} = \lambda \vec{n}$ mit $\lambda = \frac{m_1}{n_1}$. Der Fall $n_1 = 0$ führt auf $n_2 \neq 0$ oder $n_3 \neq 0$, welche analog behandelt werden. Gilt umgekehrt $\vec{m} = \lambda \vec{n}$, so folgt $\vec{a} = 0$ direkt durch eine Rechnung, was die Behauptung zeigt. Nun können wir ohne Einschränkung beispielsweise $a_3 \neq 0$ annehmen. Dann folgt aus (1.2.7) und (1.2.8) die Gleichung $m_1(1.2.7) - n_1(1.2.8)$, explizit gegeben durch

$$m_1 n_2 p_2 - n_1 m_2 p_2 + m_1 n_3 p_3 - n_1 m_3 p_3 = m_1 r - n_1 s.$$

Also gilt $-a_3 p_2 + a_2 p_3 = m_1 r - n_1 s$. Da $a_3 \neq 0$ nach Annahme, folgt

$$p_2 = \frac{a_2}{a_3} p_3 - \frac{m_1 r - n_1 s}{a_3}.$$

Da $a_3 \neq 0$, können nicht beide Zahlen n_1 und m_1 die Null sein. Sei also beispielsweise $n_1 \neq 0$. Dann folgt aus (1.2.7) weiter durch Einsetzen

$$\begin{aligned}
p_1 &= \frac{1}{n_1}(-n_2 p_2 - n_3 p_3 + r) \\
&= \frac{1}{n_1}\left(-\frac{n_2 a_2}{a_3} - n_3\right) p_3 + \frac{n_2}{n_1}\left(\frac{m_1 r - n_1 s}{a_3}\right) + \frac{r}{n_1}
\end{aligned}$$

$$= \frac{a_1}{a_3} p_3 + \frac{n_2 m_1 r - n_2 n_1 s + a_3 r}{n_1 a_3}.$$

Wir betrachten nun den Punkt

$$\vec{b} = \begin{pmatrix} \frac{n_2 m_1 r - n_2 n_1 s + a_3 r}{n_1 a_3} \\ -\frac{m_1 r - n_1 s}{a_3} \\ 0 \end{pmatrix}.$$

Dann gilt für $\vec{p}$ die Gleichung

$$\vec{p} = \lambda \vec{a} + \vec{b}$$

mit $\lambda = \frac{p_3}{a_3}$. Damit liegt $\vec{p}$ also auf der Geraden durch $\vec{b}$ in Richtung $\vec{a}$. Sei umgekehrt ein Punkt $\vec{p}$ auf dieser Geraden gegeben, so gibt es also ein $\lambda \in \mathbb{R}$ mit $\vec{p} = \lambda \vec{a} + \vec{b}$. Wir behaupten, dass dann $\vec{p}$ die beiden Gleichungen (1.2.7) und (1.2.8) erfüllt. Dies ist nun im Wesentlichen durch ausdauerndes und stures Nachrechnen zu verifizieren. Als Hinweis mag nützlich sein, sich zunächst

$$n_1 a_1 + n_2 a_2 + n_3 a_3 = 0 \quad \text{und} \quad m_1 a_1 + m_2 a_2 + m_3 a_3 = 0$$

zu überlegen. Die verbleibenden Rechnungen sind dann einfach und können als Übung durchgeführt werden. Die Fälle, in denen $n_1 = 0$ oder $a_3 = 0$ gilt, behandelt man schließlich analog. $\qquad \square$

Bemerkung 1.6. Der obige Beweis lehrt nun mindestens zwei Dinge: Zum einen haben wir ein erstes Beispiel dafür gefunden, wie ein geometrisches Problem auf algebraische Weise beschrieben und dann gelöst werden kann: Der geometrische Schnitt zweier Ebenen liefert eine Gerade. Zum anderen haben wir ein Beispiel für eine völlig konzeptionslose und unschöne Beweisführung kennengelernt. Das Problem wird zwar durch „rohe Gewalt" mit vielen Fallunterscheidungen und etlichen Rechnungen gelöst, es bleibt aber ein fahler Nachgeschmack: Es scheinen verborgene Gründe dafür verantwortlich zu sein, dass alles so gut funktioniert. Im Laufe dieses Buches werden wir sehen, dass dies tatsächlich der Fall ist. Wir werden sehr viel klarere und konzeptionellere Beweise finden, welche das gleiche Resultat und noch viel allgemeinere Resultate liefern werden, ohne solche undurchsichtigen Rechnungen durchführen zu müssen.

Schließlich wäre auch eine Umkehrung der Aussage wünschenswert: Eine Ebene in Parameterdarstellung lässt sich auch durch eine Gleichung der Form (1.2.5) beschreiben, sofern $\vec{n}$ und r geschickt gewählt werden, ebenso für eine Gerade in Parameterdarstellung. Wir könnten durch „reverse engineering" eine derartige Aussage im gleichen Stil nun auch beweisen, verschieben dies aber auf etwas später, um zuerst eine bessere geometrische Einsicht in die Bedeutung von $\vec{n}$ und r zu erlangen.

Kontrollfragen. Wie können Sie Geraden und Ebenen im $\mathbb{R}^3$ beschreiben? Welche Parameter benötigen Sie, um eine Gerade und welche um eine Ebene festzulegen?

1.3 Abstände und Winkel

Bis jetzt haben wir von Vektoren als Elemente von $\mathbb{R}^3$ gesprochen, ohne ihnen eine Länge zuordnen zu können. Die elementare Geometrie lehrt uns nun, dass wir die Länge eines Vektors $\vec{p}$ als Abstand von 0 zu $\vec{p}$ im $\mathbb{R}^3$ mit dem Satz des Pythagoras ausrechnen können. Wir bezeichnen die *euklidische Länge* von $\vec{p}$ mit

$$\|\vec{p}\| = \sqrt{p_1^2 + p_2^2 + p_3^2}, \tag{1.3.1}$$

siehe auch Abb. 1.6. Der *euklidische Abstand* zwischen zwei beliebigen Punk-

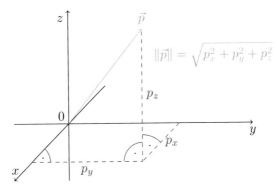

Abb. 1.6 Euklidische Länge eines Vektors

ten $\vec{p}, \vec{q} \in \mathbb{R}^3$ ist dann entsprechend durch

$$d(\vec{p}, \vec{q}) = \|\vec{p} - \vec{q}\| = \sqrt{(p_1 - q_1)^2 + (p_2 - q_2)^2 + (p_3 - q_3)^2} \tag{1.3.2}$$

gegeben.

Wir wollen nun die Bestimmung von Längen etwas konzeptioneller fassen. Dazu ist folgender Begriff des (kanonischen) Skalarprodukts sehr hilfreich.

Definition 1.7 (Skalarprodukt im $\mathbb{R}^3$). Für zwei Vektoren $\vec{p}, \vec{q} \in \mathbb{R}^3$ definiert man ihr Skalarprodukt durch

$$\langle \vec{p}, \vec{q} \rangle = p_1 q_1 + p_2 q_2 + p_3 q_3. \tag{1.3.3}$$

Wir können das Skalarprodukt also als Abbildung $\langle\,\cdot\,,\,\cdot\,\rangle\colon \mathbb{R}^3 \times \mathbb{R}^3 \longrightarrow \mathbb{R}$ auffassen. Als alternative Schreibweisen sind auch $\vec{p} \cdot \vec{q}$ sowie $(\vec{p}, \vec{q})$ in der Literatur gebräuchlich.

Proposition 1.8. *Das Skalarprodukt* (1.3.3) *besitzt folgende Eigenschaften:*
i.) Für alle $\vec{p}, \vec{q}, \vec{r} \in \mathbb{R}^3$ und $\lambda, \mu \in \mathbb{R}$ gilt

$$\langle \vec{p}, \lambda\vec{q} + \mu\vec{r}\rangle = \lambda\langle\vec{p}, \vec{q}\rangle + \mu\langle\vec{p}, \vec{r}\rangle. \tag{1.3.4}$$

ii.) Für alle $\vec{p}, \vec{q} \in \mathbb{R}^3$ gilt

$$\langle\vec{p}, \vec{q}\rangle = \langle\vec{q}, \vec{p}\rangle. \tag{1.3.5}$$

iii.) Für alle $\vec{p} \in \mathbb{R}^3$ gilt

$$\langle\vec{p}, \vec{p}\rangle \geq 0 \quad und \quad \langle\vec{p}, \vec{p}\rangle = 0 \iff \vec{p} = 0. \tag{1.3.6}$$

Alle drei Eigenschaften verifiziert man mühelos anhand der expliziten Formel. Für (1.3.6) verwendet man, dass eine Summe von Quadraten von reellen Zahlen genau dann 0 ist, wenn jedes einzelne Quadrat 0 ist. Durch Kombination von (1.3.4) und (1.3.5) erhält man

$$\langle\lambda\vec{p} + \mu\vec{q}, \vec{r}\rangle = \lambda\langle\vec{p}, \vec{r}\rangle + \mu\langle\vec{q}, \vec{r}\rangle \tag{1.3.7}$$

für alle $\vec{p}, \vec{q}, \vec{r} \in \mathbb{R}^3$ und $\lambda, \mu \in \mathbb{R}$. Insbesondere folgt

$$\langle 0, \vec{q}\rangle = 0 = \langle\vec{p}, 0\rangle \tag{1.3.8}$$

für alle $\vec{p}, \vec{q} \in \mathbb{R}^3$. Man beachte, dass das Symbol 0 hier in zweierlei Bedeutungen auftritt.

Die euklidische Länge aus (1.3.1), auch die *Norm* des Vektors genannt, lässt sich dann als

$$\|\vec{p}\| = \sqrt{\langle\vec{p}, \vec{p}\rangle} \tag{1.3.9}$$

schreiben.

Wir wollen nun ein erstes nichttriviales Resultat für das Skalarprodukt beweisen, die Cauchy-Schwarz-Ungleichung:

Proposition 1.9 (Cauchy-Schwarz-Ungleichung, $\mathbb{R}^3$). *Seien $\vec{p}, \vec{q} \in \mathbb{R}^3$, dann gilt*

$$|\langle\vec{p}, \vec{q}\rangle|^2 \leq \langle\vec{p}, \vec{p}\rangle\langle\vec{q}, \vec{q}\rangle. \tag{1.3.10}$$

Beweis. Die Ungleichung ist trivialerweise erfüllt, wenn einer der beiden Vektoren 0 ist. Seien also die Vektoren $\vec{p}$ und $\vec{q}$ von 0 verschieden. Dann betrachten wir das quadratische Polynom

$$f(\lambda) = \langle\lambda\vec{p} + \vec{q}, \lambda\vec{p} + \vec{q}\rangle = \lambda^2\langle\vec{p}, \vec{p}\rangle + 2\lambda\langle\vec{p}, \vec{q}\rangle + \langle\vec{q}, \vec{q}\rangle$$

für $\lambda \in \mathbb{R}$. Nach Proposition 1.8, *iii.),* gilt für alle λ

$$f(\lambda) \geq 0.$$

Wir setzen nun den speziellen Wert

$$\lambda = -\frac{\langle \vec{p}, \vec{q} \rangle}{\langle \vec{p}, \vec{p} \rangle}$$

ein und erhalten

$$0 \leq \frac{|\langle \vec{p}, \vec{q} \rangle|^2}{\langle \vec{p}, \vec{p} \rangle^2} \langle \vec{p}, \vec{p} \rangle - 2 \frac{|\langle \vec{p}, \vec{q} \rangle|^2}{\langle \vec{p}, \vec{p} \rangle} + \langle \vec{q}, \vec{q} \rangle = -\frac{|\langle \vec{p}, \vec{q} \rangle|^2}{\langle \vec{p}, \vec{p} \rangle} + \langle \vec{q}, \vec{q} \rangle.$$

Da nach Voraussetzung $\langle \vec{p}, \vec{p} \rangle > 0$ gilt, folgt (1.3.10) nach Multiplikation mit $\langle \vec{p}, \vec{p} \rangle$. $\square$

Wir verwenden die Cauchy-Schwarz-Ungleichung nun, um für zwei Vektoren einen *Winkel* zwischen ihnen zu definieren.

Definition 1.10 (Winkel im $\mathbb{R}^3$). Seien $\vec{p}, \vec{q} \in \mathbb{R}^3 \setminus \{0\}$ Vektoren ungleich 0. Dann definiert man den Winkel $\varphi \in [0, \pi]$ zwischen $\vec{p}$ und $\vec{q}$ durch

$$\cos \varphi = \frac{\langle \vec{p}, \vec{q} \rangle}{\|\vec{p}\| \|\vec{q}\|}. \qquad (1.3.11)$$

Die Vektoren $\vec{p}$ und $\vec{q}$ heißen orthogonal (senkrecht), falls $\varphi = \frac{\pi}{2}$.

Bemerkung 1.11. An dieser Stelle verwenden wir zum einen das Vorwissen, dass die Kosinusfunktion jedem $\varphi \in [0, \pi]$ eine eindeutig bestimmte Zahl $\cos \varphi \in [-1, 1]$ zuordnet und jede Zahl in diesem Intervall auch genau einem Winkel in $[0, \pi]$ entspricht, siehe auch Abb. 1.7. Diese Tatsache ist aus der Schule bekannt und wird in der Analysis eingehend diskutiert und bewiesen. Weiter benutzen wir die Cauchy-Schwarz-Ungleichung (1.3.10), um zu sehen, dass die rechte Seite in (1.3.11) tatsächlich eine Zahl zwischen -1 und $+1$ ist. Damit können wir die rechte Seite nun wirklich als Kosinus eines Winkels auffassen. Schließlich bemerken wir, dass $\vec{p}$ und $\vec{q}$ genau dann orthogonal zueinander stehen, wenn

$$\langle \vec{p}, \vec{q} \rangle = 0 \qquad (1.3.12)$$

gilt. Damit haben wir also ein einfaches Mittel zur Überprüfung der Orthogonalität gefunden.

Bemerkung 1.12. Es bedarf an dieser Stelle noch einer Argumentation, dass der durch (1.3.11) definierte Winkel φ wirklich mit der elementargeometrischen Vorstellung des Winkels zwischen $\vec{p}$ und $\vec{q}$ übereinstimmt. Wir wollen dies aus zwei Gründen nicht ausführen. Zum einen ist die Rechnung mittels bekannter Resultate aus der Dreiecksgeometrie eher langweilig und technisch. Zum anderen, und das ist der relevante Grund, ist die Dreiecksgeometrie aus der Schule mathematisch gesehen recht schlecht begründet. Insbesondere ist

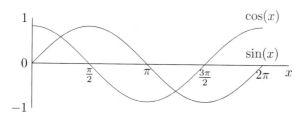

Abb. 1.7 Winkelfunktionen $\sin(x)$ und $\cos(x)$

mit Schulmitteln eigentlich keine mathematisch befriedigende Definition eines Winkels möglich. Es ist daher der empfehlenswertere und auch übliche Weg, die Definition 1.10 als Grundlage eines Winkelbegriffs zu nehmen und daraus die Sätze der Dreiecksgeometrie *herzuleiten*, siehe etwa [1, Abschnitt III.6].

Einen Vektor $\vec{e} \in \mathbb{R}^3$ nennt man *Einheitsvektor*, falls

$$\|\vec{e}\| = 1. \tag{1.3.13}$$

Insbesondere ist 0 sicherlich kein Einheitsvektor. Ist nun $\vec{a} \in \mathbb{R}^3$ ein von null verschiedener Vektor, so ist

$$\vec{e} = \frac{\vec{a}}{\|\vec{a}\|} \tag{1.3.14}$$

ein Einheitsvektor, denn

$$\|\vec{e}\| = \sqrt{\langle \vec{e}, \vec{e} \rangle} = \sqrt{\left\langle \frac{\vec{a}}{\|\vec{a}\|}, \frac{\vec{a}}{\|\vec{a}\|} \right\rangle} = \sqrt{\frac{1}{\|\vec{a}\|^2} \langle \vec{a}, \vec{a} \rangle} = \sqrt{1} = 1 \tag{1.3.15}$$

gilt nach den Rechenregeln (1.3.4) und (1.3.7) für das Skalarprodukt. Die Ersetzung von $\vec{a}$ durch $\frac{\vec{a}}{\|\vec{a}\|}$ nennt man aus naheliegenden Gründen auch *Normieren* des Vektors $\vec{a}$.

Die Vektoren $\vec{a}$ und $\frac{\vec{a}}{\|a\|}$ sind offenbar parallel. Eine kleine Anwendung ist nun, dass wir für eine Gerade in Parameterdarstellung

$$G = \left\{ \vec{p} \in \mathbb{R}^3 \;\middle|\; \text{es gibt ein } \lambda \in \mathbb{R} \text{ mit } \vec{p} = \lambda \vec{a} + \vec{b} \right\} \tag{1.3.16}$$

immer annehmen können, dass $\vec{a}$ ein Einheitsvektor ist. Ist nämlich $\vec{a}$ kein Einheitsvektor, so können wir $\vec{a}$ durch $\frac{\vec{a}}{\|a\|}$ ersetzen, was die gleiche Gerade in einer anderen Parametrisierung liefert.

Für eine Ebene in Parameterdarstellung können wir entsprechend erreichen, dass die Vektoren $\vec{a}$ und $\vec{b}$ beide Einheitsvektoren sind. Es geht aber sogar noch mehr:

Proposition 1.13. *Sei E die von $\vec{a}, \vec{b} \in \mathbb{R}^3$ aufgespannte Ebene durch $\vec{c} \in \mathbb{R}^3$. Dann gibt es Vektoren $\vec{e}, \vec{f} \in \mathbb{R}^3$ mit der Eigenschaft*

$$\|\vec{e}\| = 1, \quad \|\vec{f}\| = 1 \quad und \quad \langle \vec{e}, \vec{f} \rangle = 0, \tag{1.3.17}$$

welche die gleiche Ebene E durch $\vec{c}$ aufspannen.

Beweis. Wir wollen zunächst den Vektor $\vec{b}$ in eine Parallel- und eine Orthogonalkomponente bezüglich $\vec{a}$ zerlegen. Wir definieren

$$\vec{b}_\| = \frac{\langle \vec{a}, \vec{b} \rangle}{\langle \vec{a}, \vec{a} \rangle} \vec{a} \quad und \quad \vec{b}_\perp = \vec{b} - \vec{b}_\|,$$

siehe auch Abb. 1.8. Der Vektor $\vec{b}_\|$ ist offenbar parallel zu $\vec{a}$. Für $\vec{b}_\perp$ gilt nun

$$\langle \vec{b}_\perp, \vec{a} \rangle = \langle \vec{b} - \vec{b}_\|, \vec{a} \rangle = \langle \vec{b}, \vec{a} \rangle - \left\langle \frac{\langle \vec{a}, \vec{b} \rangle}{\langle \vec{a}, \vec{a} \rangle} \vec{a}, \vec{a} \right\rangle = \langle \vec{b}, \vec{a} \rangle - \frac{\langle \vec{a}, \vec{b} \rangle}{\langle \vec{a}, \vec{a} \rangle} \langle \vec{a}, \vec{a} \rangle = 0$$

unter Verwendung der Eigenschaften des Skalarprodukts gemäß Proposition 1.8. Damit ist $\vec{b}_\perp$ also tatsächlich orthogonal zu $\vec{a}$, und es gilt

$$\vec{b} = \vec{b}_\| + \vec{b}_\perp.$$

Da $\vec{b}$ nach Voraussetzung nicht parallel zu $\vec{a}$ ist, muss $\vec{b}_\perp \neq 0$ sein. Ist nun $\vec{p} = \lambda \vec{a} + \mu \vec{b} + \vec{c} \in E$, so gilt

$$\vec{p} = \lambda \vec{a} + \mu \vec{b}_\| + \mu \vec{b}_\perp + \vec{c} = \left(\lambda + \mu \frac{\langle \vec{a}, \vec{b} \rangle}{\langle \vec{a}, \vec{a} \rangle} \right) \vec{a} + \mu \vec{b}_\perp + \vec{c}.$$

Daher ist $\vec{p}$ auch in der Ebene, die von $\vec{a}$ und $\vec{b}_\perp$ aufgespannt wird. Gilt umgekehrt

$$\vec{p} = \lambda' \vec{a} + \mu' \vec{b}_\perp + \vec{c},$$

so folgt

$$\vec{p} = \lambda' \vec{a} - \mu' \vec{b}_\| + \mu' \vec{b}_\| + \mu' \vec{b}_\perp + \vec{c} = \left(\lambda' - \mu' \frac{\langle \vec{a}, \vec{b} \rangle}{\langle \vec{a}, \vec{a} \rangle} \right) \vec{a} + \mu' \vec{b} + \vec{c},$$

also $\vec{p} \in E$. Daher sind beide Ebenen gleich. Wir können nun $\vec{a}$ und $\vec{b}_\perp$ auch noch normieren und setzen

$$\vec{e} = \frac{\vec{a}}{\|\vec{a}\|} \quad und \quad \vec{f} = \frac{\vec{b}_\perp}{\|\vec{b}_\perp\|}.$$

Dann gilt nach wie vor die Orthogonalität

$$\langle \vec{e}, \vec{f} \rangle = \frac{1}{\|\vec{a}\|} \frac{1}{\|\vec{b}_\perp\|} \langle \vec{a}, \vec{b}_\perp \rangle = 0.$$

Wir werden in Satz 7.45 diese Konstruktion nochmals aufgreifen und in einen größeren Zusammenhang stellen.   □

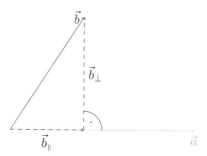

Abb. 1.8 Die Zerlegung von $\vec{b}$ in einen Parallel- und einen Orthogonalanteil bezüglich $\vec{a}$

Kontrollfragen. Wie können Sie die Norm eines Vektors bestimmen? Was besagt die Cauchy-Schwarz-Ungleichung? Wie werden Winkel definiert? Wann sind zwei Vektoren orthogonal? Wie können Sie den Parallel- und den Orthogonalanteil eines Vektors bezüglich eines anderen ausrechnen?

1.4 Das Kreuzprodukt

Als letztes wichtiges Werkzeug der Geometrie im $\mathbb{R}^3$ wollen wir das *Vektorprodukt* oder auch *Kreuzprodukt* oder *äußeres Produkt* vorstellen. Implizit haben wir im Beweis von Proposition 1.5 bereits davon Gebrauch gemacht.

Definition 1.14 (Vektorprodukt). Seien $\vec{a}, \vec{b} \in \mathbb{R}^3$. Dann definiert man das Vektorprodukt $\vec{a} \times \vec{b} \in \mathbb{R}^3$ durch

$$\vec{a} \times \vec{b} = \begin{pmatrix} a_2 b_3 - a_3 b_2 \\ a_3 b_1 - a_1 b_3 \\ a_1 b_2 - a_2 b_1 \end{pmatrix}. \tag{1.4.1}$$

Für die Einheitsvektoren in Richtung der Koordinatenachsen gilt also beispielsweise

$$\vec{e}_1 \times \vec{e}_2 = \vec{e}_3, \quad \vec{e}_2 \times \vec{e}_3 = \vec{e}_1, \quad \text{und} \quad \vec{e}_3 \times \vec{e}_1 = \vec{e}_2. \tag{1.4.2}$$

Wir können das Vektorprodukt nun als eine Abbildung

$$\times : \mathbb{R}^3 \times \mathbb{R}^3 \longrightarrow \mathbb{R}^3 \tag{1.4.3}$$

auffassen. Im Gegensatz zum Skalarprodukt nimmt das Vektorprodukt seine Werte wieder im $\mathbb{R}^3$ an, was die Bezeichnung erklärt. Wir sammeln nun einige erste algebraische Eigenschaften des Vektorprodukts.

Proposition 1.15. *Seien $\vec{a}, \vec{b}, \vec{c} \in \mathbb{R}^3$ und $\lambda, \mu \in \mathbb{R}$.*

i.) Es gilt $\vec{a} \times (\lambda \vec{b} + \mu \vec{c}) = \lambda(\vec{a} \times \vec{b}) + \mu(\vec{a} \times \vec{c})$.

ii.) Es gilt die Antisymmetrie $\vec{a} \times \vec{b} = -\vec{b} \times \vec{a}$.

iii.) Es gilt genau dann $\vec{a} \times \vec{b} = 0$, wenn $\vec{a}$ und $\vec{b}$ parallel sind.

iv.) Der Vektor $\vec{a} \times \vec{b}$ steht senkrecht auf $\vec{a}$ und auf $\vec{b}$.

v.) Es gilt die Graßmann-Identität $(\vec{a} \times \vec{b}) \times \vec{c} = \langle \vec{a}, \vec{c} \rangle \vec{b} - \langle \vec{b}, \vec{c} \rangle \vec{a}$.

vi.) Es gilt die Jacobi-Identität $\vec{a} \times (\vec{b} \times \vec{c}) = (\vec{a} \times \vec{b}) \times \vec{c} + \vec{b} \times (\vec{a} \times \vec{c})$.

Beweis. Die erste Aussage rechnet man komponentenweise nach, also etwa für die erste Komponente

$$
\begin{aligned}
\left(\vec{a} \times (\lambda \vec{b} + \mu \vec{c}) \right)_1 &= a_2 (\lambda \vec{b} + \mu \vec{c})_3 - a_3 (\lambda \vec{b} + \mu \vec{c})_2 \\
&= a_2 (\lambda b_3 + \mu c_3) - a_3 (\lambda b_2 + \mu c_2) \\
&= \lambda a_2 b_3 - \lambda a_3 b_2 + \mu a_2 c_3 - \mu a_3 c_2 \\
&= \lambda (\vec{a} \times \vec{b})_1 + \mu (\vec{a} \times \vec{b})_1.
\end{aligned}
$$

Die beiden anderen Komponenten behandelt man analog. Die Antisymmetrie des Kreuzprodukts ist klar nach Definition, denn

$$
(\vec{a} \times \vec{b})_1 = a_2 b_3 - a_3 b_2 = -(b_2 a_3 - b_3 a_2) = -(\vec{b} \times \vec{a})_1
$$

und analog für die zweite und dritte Komponente. Der dritte Teil wurde bereits im Beweis von Proposition 1.5 gezeigt. Für den vierten Teil rechnen wir nach, dass

$$
\begin{aligned}
\langle \vec{a}, (\vec{a} \times \vec{b}) \rangle &= a_1 (\vec{a} \times \vec{b})_1 + a_2 (\vec{a} \times \vec{b})_2 + a_3 (\vec{a} \times \vec{b})_3 \\
&= a_1 a_2 b_3 - a_1 a_3 b_2 + a_2 a_3 b_1 - a_2 a_1 b_3 + a_3 a_1 b_2 - a_3 a_2 b_1 \\
&= 0.
\end{aligned}
$$

Also steht $\vec{a}$ senkrecht auf $\vec{a} \times \vec{b}$. Ebenso gilt mit *ii.)*

$$
\langle \vec{b}, \vec{a} \times \vec{b} \rangle = -\langle \vec{b}, \vec{b} \times \vec{a} \rangle = 0.
$$

Die Graßmann-Identität und die Jacobi-Identität werden in den Übungen nachgerechnet, siehe Übung 1.9. $\square$

Insbesondere folgt $\vec{a} \times \vec{a} = 0$ und $\vec{a} \times 0 = 0$. Um eine geometrische Interpretation von $\vec{a} \times \vec{b}$ zu finden, bestimmen wir die Länge von $\vec{a} \times \vec{b}$:

Proposition 1.16. *Seien* $\vec{a}, \vec{b} \in \mathbb{R}^3 \setminus \{0\}$ *und sei* $\varphi \in [0, \pi]$ *der Winkel zwischen* $\vec{a}$ *und* $\vec{b}$ *gemäß Definition 1.10. Dann gilt*

$$\|\vec{a} \times \vec{b}\| = \|\vec{a}\| \|\vec{b}\| \sin \varphi. \tag{1.4.4}$$

Beweis. Dies ist eine einfache Rechnung. Es gilt

$$
\begin{aligned}
\langle \vec{a} \times \vec{b}, \vec{a} \times \vec{b} \rangle &= (a_2 b_3 - a_3 b_2)^2 + (a_3 b_1 - a_1 b_3)^2 + (a_1 b_2 - a_2 b_1)^2 \\
&= a_2{}^2 b_3{}^2 - 2 a_2 a_3 b_2 b_3 + a_3^2 b_2^2 + a_3^2 b_1^2 - 2 a_1 a_3 b_1 b_3 + a_1^2 b_3^2 \\
&\quad + a_1^2 b_2^2 - 2 a_1 a_2 b_1 b_2 + a_2^2 b_1^2 \\
&= \left(a_1^2 + a_2^2 + a_3^2 \right)\left(b_1^2 + b_2^2 + b_3^2 \right) - (a_1 b_1 + a_2 b_2 + a_3 b_3)^2 \\
&= \langle \vec{a}, \vec{a} \rangle \langle \vec{b}, \vec{b} \rangle - \langle \vec{a}, \vec{b} \rangle^2 \\
&= \|\vec{a}\|^2 \|\vec{b}\|^2 \left(1 - \frac{\langle \vec{a}, \vec{b} \rangle^2}{\|\vec{a}\|^2 \|\vec{b}\|^2} \right) \\
&= \|\vec{a}\|^2 \|\vec{b}\|^2 \left(1 - (\cos \varphi)^2 \right),
\end{aligned}
$$

womit die Behauptung folgt, da $\sin \varphi \geq 0$ für $\varphi \in [0, \pi]$ und somit $\sin \varphi = \sqrt{1 - (\cos \varphi)^2}$. $\qquad \square$

Damit ist der Vektor $\vec{a} \times \vec{b}$ bis auf ein Vorzeichen vollständig bestimmt. Seine Länge ist durch Proposition 1.16 festgelegt, seine Richtung durch Proposition 1.15, *iv.)*, bis auf ein Vorzeichen. Diese beiden Charakteristiken lassen noch nicht zu, zwischen $\vec{a} \times \vec{b}$ und $-\vec{a} \times \vec{b}$ zu unterscheiden. Diese letzte Freiheit wird durch die Eigenschaft fixiert, dass die drei Vektoren $\vec{a}$, $\vec{b}$ und $\vec{a} \times \vec{b}$ ein *rechtshändiges System* von Vektoren bilden. Eine anschauliche Definition von „rechtshändig" besteht darin, dem ersten Vektor $\vec{a}$ den Daumen der *rechten* Hand, $\vec{b}$ den Zeigefinger und $\vec{a} \times \vec{b}$ schließlich den Mittelfinger zuzuordnen, sodass die Vektoren in Richtung der jeweiligen Fingerspitzen zeigen, siehe Abb. 1.9. Eine präzise mathematische Definition eines rechtshändigen Systems ist dies leider noch nicht: Wir können zu diesem Zeitpunkt jedoch „rechtshändig" dadurch definieren, dass eben Vektoren der Form $\vec{a}$, $\vec{b}$ und $\vec{a} \times \vec{b}$ in dieser Reihenfolge rechtshändig heißen sollen. Später werden wir den Begriff der *Orientierung* in Band 2 kennenlernen, der dies allgemeiner und auch konzeptionell befriedigender fasst.

Zum Abschluss wollen wir nun die gleichungsbasierte Beschreibung einer Ebene mithilfe des Kreuzprodukts geometrisch interpretieren. Seien also $\vec{a}, \vec{b}, \vec{c} \in \mathbb{R}^3$ gegeben und $\vec{a}$ nicht parallel zu $\vec{b}$. Die zugehörige Ebene bezeichnen wir, wie gehabt, mit E. Nach Proposition 1.15 ist $\vec{a} \times \vec{b}$ von null verschieden und senkrecht auf $\vec{a}$ und $\vec{b}$. Wir können daher diesen Vektor noch normieren und setzen

$$\vec{n} = \frac{\vec{a} \times \vec{b}}{\|\vec{a} \times \vec{b}\|} = \frac{\vec{a}}{\|\vec{a}\|} \times \frac{\vec{b}}{\|\vec{b}\|} \frac{1}{\sin \varphi}. \tag{1.4.5}$$

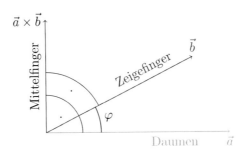

Abb. 1.9 Die drei Vektoren $\vec{a}$, $\vec{b}$ und $\vec{a} \times \vec{b}$ bilden ein rechtshändiges System

Wir erhalten also einen *Einheitsnormalenvektor* der Ebene.

Ist nun $\vec{p} = \lambda\vec{a} + \mu\vec{b} + \vec{c} \in E$, so ist der Vektor $\vec{p} - \vec{c} = \lambda\vec{a} + \mu\vec{b}$ parallel zur Ebene. Es folgt

$$\langle \vec{n}, \vec{p} - \vec{c} \rangle = \langle \vec{n}, \lambda\vec{a} + \mu\vec{b} \rangle = 0 \qquad (1.4.6)$$

oder

$$\langle \vec{n}, \vec{p} \rangle = \langle \vec{n}, \vec{c} \rangle. \qquad (1.4.7)$$

Setzen wir $\langle \vec{n}, \vec{c} \rangle = r$, so erhalten wir die Gleichung

$$n_1 p_1 + n_2 p_2 + n_3 p_3 = r \qquad (1.4.8)$$

für alle Punkte $\vec{p} \in E$. Zudem haben wir erreicht, dass $\vec{n}$ ein Einheitsvektor ist: Die Gleichung (1.4.8) kann offenbar durch eine äquivalente Gleichung ersetzt werden, indem wir $\vec{n}$ reskalieren, siehe Abb. 1.10.

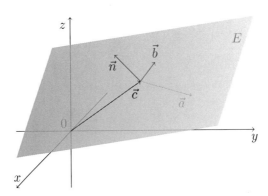

Abb. 1.10 Einheitsnormalenvektor $\vec{n}$ auf die Ebene E

Als Letztes wollen wir eine geometrische Interpretation des Parameters r erhalten. Indem wir $\vec{n}$ eventuell durch $-\vec{n}$ ersetzen, können wir erreichen, dass $r \geq 0$ gilt. Wir betrachten nun den Abstand des Ursprungs $0 \in \mathbb{R}^3$ zur Ebene E, welchen wir als

$$d(0, E) = \min\{\|\vec{p}\| \mid \vec{p} \in E\} \tag{1.4.9}$$

definieren. Wir werden zu zeigen haben, dass dieses Minimum tatsächlich existiert, was zunächst nur anschaulich klar ist. Sei also $\vec{p} \in E$, dann definieren wir

$$\vec{p}_\perp = \langle \vec{n}, \vec{p} \rangle \vec{n} \quad \text{und} \quad \vec{p}_\| = \vec{p} - \vec{p}_\perp. \tag{1.4.10}$$

Wie bereits zuvor folgt

$$\langle \vec{n}, \vec{p}_\| \rangle = \langle \vec{n}, \vec{p} \rangle - \langle \vec{n}, \vec{p}_\perp \rangle = \langle \vec{n}, \vec{p} \rangle - \underbrace{\langle \vec{n}, \vec{n} \rangle}_{1} \langle \vec{n}, \vec{p} \rangle = 0, \tag{1.4.11}$$

womit $\vec{p}_\|$ also parallel zur Ebene liegt. Es ist klar, dass damit auch $\langle \vec{p}_\perp, \vec{p}_\| \rangle = 0$ gilt. Für die Länge von $\vec{p}$ erhalten wir

$$\|\vec{p}\|^2 = \langle \vec{p}, \vec{p} \rangle = \langle \vec{p}_\perp + \vec{p}_\|, \vec{p}_\perp + \vec{p}_\| \rangle = \langle \vec{p}_\perp, \vec{p}_\perp \rangle + \langle \vec{p}_\|, \vec{p}_\| \rangle = \|\vec{p}_\perp\|^2 + \|\vec{p}_\|\|^2, \tag{1.4.12}$$

was also gerade der Satz des Pythagoras für die orthogonalen Vektoren $\vec{p}_\perp$ und $\vec{p}_\|$ ist. Wir wissen nun, dass

$$\langle \vec{p}_\perp, \vec{p}_\perp \rangle = \langle \vec{n}, \vec{p} \rangle \langle \vec{n}, \vec{n} \rangle \langle \vec{n}, \vec{p} \rangle = \langle \vec{n}, \vec{p} \rangle^2 = r^2 \tag{1.4.13}$$

unabhängig von $\vec{p}$ ist. Damit gilt also

$$\|\vec{p}\| = \sqrt{r^2 + \|\vec{p}_\|\|^2}, \tag{1.4.14}$$

was offenbar genau dann minimal wird, wenn

$$\vec{p}_\| = 0. \tag{1.4.15}$$

Geometrisch bedeutet dies, dass $\vec{p} \in E$ derjenige Vektor ist, für den $\vec{p} = \vec{p}_\perp = \langle \vec{n}, \vec{p} \rangle \vec{n}$ gilt. In diesem Fall haben wir $\|\vec{p}\| = r$ und daher lautet die Ebenengleichung also

$$\langle \vec{n}, \vec{p} \rangle = d(0, E), \tag{1.4.16}$$

was die geometrische Interpretation von r liefert. Man beachte, dass wir hier die Orientierung von $\vec{n}$ entsprechend wählen mussten. Es bleibt nun noch zu zeigen, dass wir tatsächlich einen Vektor $\vec{p} \in E$ finden können, für welchen $\vec{p}_\| = 0$ gilt. Die Idee ist, mit einem beliebigen Punkt in der Ebene E wie beispielsweise $\vec{c}$ zu starten und dann $\vec{p} = \vec{c}_\perp$ zu verwenden. Hier ist nun also zu zeigen, dass $\vec{c}_\perp$ nach wie vor in der Ebene liegt. Anschaulich ist dies klar, erfordert aber etwas mehr Theorie, als uns momentan zur Verfügung steht.

Kontrollfragen. Welche Rechenregeln erfüllt das Kreuzprodukt? Was ist der Einheitsnormalenvektor einer Ebene? Welche Länge hat das Kreuzprodukt zweier Vektoren?

1.5 Übungen

Übung 1.1 (Vektorraum $\mathbb{R}^3$). Verifizieren Sie die Behauptungen in Proposition 1.1 durch eine komponentenweise Rechnung.

Hinweis: Achten Sie insbesondere darauf, an welcher Stelle Sie welche Rechenregeln für reelle Zahlen benutzen und verwenden Sie beim Aufschreiben Begriffe wie *Assoziativität*, *Kommutativität*, etc.

Übung 1.2 (Parameterdarstellung der Koordinatenebenen). Finden Sie jeweils eine möglichst einfache und eine davon verschiedene Parameterdarstellung für die drei Koordinatenebenen im $\mathbb{R}^3$, also die drei Ebenen durch den Ursprung, die senkrecht auf einer der drei Koordinatenachsen sind. Bestimmen Sie zudem die Normalenvektoren.

Übung 1.3 (Vektoren in einer Ebene). Betrachten Sie die Ebene $E \subseteq \mathbb{R}^3$, welche durch die drei Punkte

$$y_1 = \begin{pmatrix} 0 \\ 0 \\ 0 \end{pmatrix}, \quad y_2 = \begin{pmatrix} 1 \\ 3 \\ 5 \end{pmatrix} \quad \text{und} \quad y_3 = \begin{pmatrix} -1 \\ 1 \\ -3 \end{pmatrix} \qquad (1.5.1)$$

geht.

i.) Bestimmen Sie eine Parameterdarstellung der Ebene E.

ii.) Bestimmen Sie den Normalenvektor und die gleichungsbasierte Darstellung der Ebene E.

iii.) Prüfen Sie, ob die beiden Vektoren

$$a_1 = \begin{pmatrix} 0 \\ 6 \\ 3 \end{pmatrix} \quad \text{und} \quad a_2 = \begin{pmatrix} 5 \\ -1 \\ 2 \end{pmatrix} \qquad (1.5.2)$$

in der Ebene E liegen.

Übung 1.4 (Nochmal Proposition 1.4). Betrachten Sie nochmals den Beweis von Proposition 1.4. Dort wurde ohne Einschränkung angenommen, dass die Komponente n_3 von Null verschieden ist. Diskutieren Sie, wie man die konkreten Rechnungen im Beweis ändern muss, wenn stattdessen $n_2 \neq 0$ oder $n_1 \neq 0$ gilt. Finden Sie in diesem Fall die entsprechende Parametrisierung.

Übung 1.5 (Schnittpunkte von Geraden). Betrachten Sie folgende Geraden G_i durch die Punkte $\vec{b}_i$ in die Richtungen $\vec{a}_i$ für $i = 1, 2, 3$, wobei

$$\vec{b}_1 = \begin{pmatrix} 0 \\ 1 \\ 2 \end{pmatrix}, \quad \vec{b}_2 = \begin{pmatrix} 9 \\ 12 \\ 8 \end{pmatrix} \quad \text{und} \quad \vec{b}_3 = \begin{pmatrix} -3 \\ -6 \\ 5 \end{pmatrix} \qquad (1.5.3)$$

sowie

$$\vec{a}_1 = \begin{pmatrix} 1 \\ 1 \\ 1 \end{pmatrix}, \quad \vec{a}_2 = \begin{pmatrix} 5 \\ 7 \\ 2 \end{pmatrix} \quad \text{und} \quad \vec{a}_3 = \begin{pmatrix} 2 \\ 4 \\ -1 \end{pmatrix}. \qquad (1.5.4)$$

Bestimmen Sie die Schnittpunkte dieser Geraden durch eine explizite Rechnung.

Übung 1.6 (Schnitt zweier Ebenen). Betrachten Sie die beiden Ebenen E_i durch die Vektoren $\vec{c}_i$, welche durch die Vektoren $\vec{a}_i$ und $\vec{b}_i$ für $i = 1, 2$ aufgespannt werden, wobei

$$\vec{a}_1 = \begin{pmatrix} 0 \\ 1 \\ 2 \end{pmatrix}, \quad \vec{b}_1 = \begin{pmatrix} -1 \\ 0 \\ 0 \end{pmatrix} \quad \text{und} \quad \vec{c}_1 = \begin{pmatrix} 2 \\ 0 \\ 0 \end{pmatrix} \qquad (1.5.5)$$

sowie

$$\vec{a}_2 = \begin{pmatrix} 3 \\ 0 \\ 1 \end{pmatrix}, \quad \vec{b}_2 = \begin{pmatrix} 2 \\ 1 \\ 3 \end{pmatrix} \quad \text{und} \quad \vec{c}_2 = \begin{pmatrix} 0 \\ 1 \\ 2 \end{pmatrix}. \qquad (1.5.6)$$

i.) Bestimmen Sie zunächst die auf 1 normierten Normalenvektoren $\vec{n}_i$ der beiden Ebenen und weisen Sie so nach, dass die Vektoren $\vec{a}_i$ und $\vec{b}_i$ nicht parallel sind.

ii.) Bestimmen Sie eine parametrisierte Darstellung der Schnittgerade $E_1 \cap E_2$.

Übung 1.7 (Nochmal Proposition 1.5). Im Beweis von Proposition 1.5 wurden verschiedene Fallunterscheidungen notwendig, so etwa $a_3 \neq 0$ und $n_1 \neq 0$. Diskutieren Sie die verbleibenden Fälle und bestimmen Sie die entsprechenden Formeln für die Parameterdarstellung der Schnittgerade auch für diese Situationen. Machen Sie sich dabei insbesondere klar, wieso die Idee jedes Mal die gleiche ist und daher ein „ohne Einschränkung" tatsächlich gerechtfertigt war.

Übung 1.8 (Parametrisierte Geraden in Parameterdarstellung). Sei $\varphi \in [0, 2\pi)$ ein Winkel. Für jeden Wert φ betrachtet man die beiden Vektoren

$$\vec{a}_\varphi = \begin{pmatrix} \cos(\varphi) \\ -\sin(\varphi) \\ 0 \end{pmatrix} \quad \text{und} \quad \vec{b}_\varphi = \begin{pmatrix} \sin(\varphi) \\ \cos(\varphi) \\ 0 \end{pmatrix} \qquad (1.5.7)$$

sowie die Gerade G_φ durch $\vec{b}_\varphi$ in Richtung $\vec{a}_\varphi$.

i.) Beschreiben Sie die Lage der Geraden G_φ im $\mathbb{R}^3$.

ii.) Betrachten Sie die Vereinigung $K = \bigcup_{\varphi \in [0, 2\pi)} G_\varphi$ aller dieser Geraden und beschreiben Sie die resultierende Teilmenge von $\mathbb{R}^3$.

iii.) Für welche Werte von φ ist der Punkt $\vec{c} = \begin{pmatrix} x \\ 0 \\ 0 \end{pmatrix}$ auf der Geraden G_φ, wobei $x \geq 0$ fest gewählt sei?

Übung 1.9 (Eigenschaften des Vektorprodukts). Zeigen Sie, dass das Vektorprodukt $\times$ die Graßmann-Identität und die Jacobi-Identität erfüllt, indem Sie beide Identitäten komponentenweise überprüfen.

Übung 1.10 (Mehrfache Vektorprodukte). Seien $\vec{a}, \vec{b} \in \mathbb{R}^3$ gegeben. Zeigen Sie, dass das n-fache Kreuzprodukt mit $\vec{a}$ durch

$$\vec{a} \times (\cdots \times (\vec{a} \times \vec{b}) \cdots) = \begin{cases} (-1)^{k-1} \langle \vec{a}, \vec{a} \rangle^{k-1} \vec{a} \times \vec{b} & \text{falls } n = 2k-1 \\ (-1)^{k-1} \langle \vec{a}, \vec{a} \rangle^{k-1} \left(\langle \vec{a}, \vec{b} \rangle \vec{a} - \langle \vec{a}, \vec{a} \rangle \vec{b} \right) & \text{falls } n = 2k \end{cases}$$
$$(1.5.8)$$

gegeben ist, wobei $n \in \mathbb{N}$.

Hinweis: Hier bietet sich ein Induktionsbeweis an.

Übung 1.11 (Normalenvektor einer Ebene). Betrachten Sie die Ebene E durch den Punkt $\vec{c}$, welche durch $\vec{a}$ und $\vec{b}$ aufgespannt wird, wobei

$$\vec{a} = \begin{pmatrix} 1 \\ 2 \\ 3 \end{pmatrix}, \quad \vec{b} = \begin{pmatrix} 4 \\ 6 \\ 4 \end{pmatrix}, \quad \text{und} \quad \vec{c} = \begin{pmatrix} 1 \\ 3 \\ -3 \end{pmatrix}. \quad (1.5.9)$$

i.) Bestimmen Sie den Normalenvektor $\vec{n}$ von E explizit, wobei Sie die Orientierung von $\vec{n}$ so wählen sollen, dass $\vec{a}$, $\vec{b}$, und $\vec{n}$ positiv orientiert sind.

ii.) Bestimmen Sie denjenigen Vektor $\vec{p} \in E$, der den kleinsten Abstand zum Ursprung 0 besitzt. Verifizieren Sie durch eine explizite Rechnung, dass der Vektor $\vec{p}$ tatsächlich in der Ebene E liegt.

Übung 1.12 (Erstellen von Übungen 1). Um eine mit vertretbarem Aufwand zu bewältigende Übung (etwa eine Klausuraufgabe) zu erstellen, wollen Sie drei Geraden im $\mathbb{R}^3$ angeben, deren Schnittpunkte zu bestimmen sind. Dazu geben Sie die Schnittpunkte $\vec{s}_1$, $\vec{s}_2$, und $\vec{s}_3$ mit einfachen Koordinaten (also beispielsweise kleine, ganze Zahlen) vor.

i.) Wie können Sie nun eine kompliziertere Parametrisierung der Geraden erhalten, die sich in den drei Punkten schneiden, wobei man die Schnittpunkte selbst aber nicht unmittelbar ablesen kann?

ii.) Finden Sie für jede der drei Geraden mindestens 10 verschiedene Parametrisierungen, so dass Sie individuelle Klausuren stellen können, die trotzdem leicht zu korrigieren sind.

iii.) Überlegen Sie sich entsprechende Konstruktionen für andere einfache geometrische Probleme wie den Schnitt von Ebenen, Durchstoßpunkte von Geraden durch Ebenen etc. Finden Sie auch hier viele verschiedene Parametrisierungen, welche alle auf das gleiche Ergebnis führen aber trotzdem unterschiedlich genug aussehen, dass ein Abschreiben unrentabel wird.

iv.) Finden Sie konkret mindestens 50 verschiedene Parametrisierungen derjenigen Ebene im $\mathbb{R}^3$, die durch die Einheitsvektoren $\vec{e}_1$, $\vec{e}_2$ und $\vec{e}_3$ geht, wobei nur kleine ganze Zahlen als Einträge in den Vektoren auftreten sollen. Die Klausuraufgabe wäre dann, die Schnittpunkte dieser Ebene mit den drei Koordinatenachsen zu bestimmen. Alternativ könnte man den jeweiligen Normalenvektor bestimmen.

v.) Versuchen Sie, das Erstellen der Aufgaben mit etwas einfachem Programmieren zu automatisieren.

Übung 1.13 (Orthogonal- und Parallelkomponente). Betrachten Sie die Vektoren

$$\vec{a}_1 = \begin{pmatrix} 3 \\ 4 \\ -2 \end{pmatrix}, \quad \vec{a}_2 = \begin{pmatrix} 2 \\ -4 \\ 3 \end{pmatrix}, \quad \vec{a}_3 = \begin{pmatrix} 1 \\ -3 \\ 2 \end{pmatrix} \quad \text{sowie} \quad \vec{b} = \begin{pmatrix} 1 \\ -1 \\ 3 \end{pmatrix}. \quad (1.5.10)$$

Bestimmen Sie die Orthogonal- und die Parallelkomponenten von $\vec{a}_1$, $\vec{a}_2$ und $\vec{a}_3$ bezüglich $\vec{b}$.

Übung 1.14 (Spatprodukt). Für drei Vektoren $\vec{a}, \vec{b}, \vec{c} \in \mathbb{R}^3$ definiert man das *Spatprodukt* $\mathrm{vol}(\vec{a}, \vec{b}, \vec{c}) \in \mathbb{R}$ durch

$$\mathrm{vol}(\vec{a}, \vec{b}, \vec{c}) = \langle \vec{a}, \vec{b} \times \vec{c} \rangle. \quad (1.5.11)$$

i.) Zeigen Sie

$$\mathrm{vol}(\lambda_1 \vec{a}_1 + \lambda_2 \vec{a}_2, \vec{b}, \vec{c}) = \lambda_1 \mathrm{vol}(\vec{a}_1, \vec{b}, \vec{c}) + \lambda_2 \mathrm{vol}(\vec{a}_2, \vec{b}, \vec{c}) \quad (1.5.12)$$

für alle $\lambda_1, \lambda_2 \in \mathbb{R}$ und $\vec{a}_1, \vec{a}_2, \vec{b}, \vec{c} \in \mathbb{R}^3$.

ii.) Zeigen Sie die Antisymmetrie

$$\mathrm{vol}(\vec{a}, \vec{b}, \vec{c}) = -\mathrm{vol}(\vec{b}, \vec{a}, \vec{c}) = -\mathrm{vol}(\vec{a}, \vec{c}, \vec{b}) \quad (1.5.13)$$

für $\vec{a}, \vec{b}, \vec{c} \in \mathbb{R}^3$.

iii.) Zeigen Sie, dass das Spatprodukt verschwindet, falls zwei Vektoren parallel sind.

iv.) Zeigen Sie die Invarianz des Spatprodukts unter Scherung: Für alle $\alpha, \beta \in \mathbb{R}$ gilt

$$\mathrm{vol}(\vec{a}, \vec{b}, \vec{c} + \alpha \vec{a} + \beta \vec{b}) = \mathrm{vol}(\vec{a}, \vec{b}, \vec{c}) \quad (1.5.14)$$

Hinweis: Benutzen Sie die bereits gezeigten Eigenschaften anstatt die Identität in Komponenten nachzurechnen.

v.) Geben Sie eine elementargeometrische Interpretation des Spatprodukts.

Hinweis: Bestimmen Sie dazu $\mathrm{vol}(\vec{e}_1, \vec{e}_2, \vec{e}_3)$ und benutzen Sie anschließend die Eigenschaften des Spatprodukts, um auch für den allgemeinen Fall eine Interpretation zu erhalten. Hier ist vor allem *iv.)* hilfreich. Führen Sie so den allgemeine Fall auf den Spezialfall von drei paarweise orthogonalen Vektoren zurück.

Übung 1.15 (Nochmals das Kreuzprodukt). Seien $\vec{a}, \vec{b}, \vec{c}, \vec{d} \in \mathbb{R}^3$. Bestimmen Sie $\langle \vec{a} \times \vec{b}, \vec{c} \times \vec{d} \rangle$ explizit, ohne die einzelnen Komponenten auszuschreiben. Verwenden Sie dieses Resultat, um $\|\vec{a} \times \vec{b}\|$ zu berechnen und so einen alternativen Beweis von Proposition 1.16 zu erhalten.

Übung 1.16 (Beweisen oder widerlegen). Beweisen oder widerlegen Sie folgende Aussagen:

i.) Von drei Geraden im $\mathbb{R}^3$ haben mindestens zwei einen gemeinsamen Schnittpunkt.

ii.) Zwei nicht parallele Ebenen im $\mathbb{R}^3$ haben immer unendlich viele gemeinsame Punkte.

iii.) Es gibt zwei Ebenen im $\mathbb{R}^3$, die sich in genau einem Punkt schneiden.

iv.) Die erste Komponente eines Kreuzprodukts ist immer größer oder gleich null.

v.) Es gibt drei Vektoren im $\mathbb{R}^3$ mit erster Komponente gleich 1, die paarweise senkrecht stehen.

Kapitel 2
Intermezzo

Wir haben in Kap. 1 nun einen Zustand des Verständnisses erreicht, der mehr Fragen aufwirft als beantwortet. Eigentlich ein gutes Zeichen dafür, dass es sich um interessante Probleme handelt.

Wir wollen nun kurz innehalten und rekapitulieren, welche Fragen noch zu klären sind, welche Verallgemeinerungen wünschenswert sind und wohin die Reise nun gehen soll.

1. Zunächst ist klar, dass wir Geraden auch in der *Zahlenebene* $\mathbb{R}^2$ anstelle im Anschauungsraum $\mathbb{R}^3$ betrachten können. Auch hier wollen wir eine effektive Beschreibung von geometrischen Problemen durch algebraische Techniken erreichen. Warum sollten wir uns jedoch mit 2 oder 3 Dimensionen zufriedengeben? In der Tat gibt es hierfür weder eine Veranlassung noch eine technische Schwierigkeit. Im Gegenteil, viele Probleme aus den Naturwissenschaften erfordern definitiv mehr als 3 Dimensionen: Die spezielle Relativitätstheorie benötigt eine 4-dimensionale *Raumzeit* als Arena, verschiedene moderne physikalische Theorien postulieren wahlweise 10, 11 oder gar 26 Dimensionen für unsere Raumzeit. Die klassische Mechanik von n Punktteilchen benötigt einen $3n$-dimensionalen *Konfigurationsraum* und einen $6n$-dimensionalen *Phasenraum*. Denkt man an thermodynamische Systeme wie etwa ein Glas Wasser, so hat man Teilchenzahlen in der Größenordnung von $n = 10^{26}$. In der Quantenmechanik schließlich sind sogar unendlich viele Dimensionen erforderlich.

2. Bevor wir also diese Verallgemeinerungen in Angriff nehmen, stellt sich die fundamentale Frage, was *Dimension* überhaupt bedeuten soll? Die naive Definition „Es ist die 3 im Symbol $\mathbb{R}^3$." führt spätestens bei unendlich vielen Dimensionen in eine Sackgasse. Es wird sich herausstellen, dass der Begriff der Dimension auf eine intrinsischere Weise definiert werden muss.

3. Es stellt sich weiter die Frage, welche Eigenschaften von $\mathbb{R}^3$ eigentlich benötigt wurden, um die Ergebnisse zu Geraden und Ebenen zu formulieren und zu beweisen. Es zeigt sich, dass die wesentlichen Eigenschaften diejenigen aus Proposition 1.1 sind. Wir werden diese Rechenregeln für

© Springer-Verlag GmbH Deutschland, ein Teil von Springer Nature 2021
S. Waldmann, *Lineare Algebra 1*, https://doi.org/10.1007/978-3-662-63263-5_2

Vektoren im $\mathbb{R}^3$ daher benutzen, um den allgemeinen Begriff des *Vektorraums* zu definieren.

4. Eng mit der konzeptuellen Definition eines Vektorraums verknüpft ist die Frage, welche Eigenschaften der reellen Zahlen $\mathbb{R}$ in Proposition 1.1 zum Einsatz gekommen sind. Die Rechenregeln zur Multiplikation von Vektoren mit Zahlen nehmen ja explizit Bezug auf die Addition und Multiplikation reeller Zahlen. Welche Eigenschaften von $+$ und $\cdot$ sind also notwendig, damit die angestrebte Definition eines Vektorraums mit Leben gefüllt werden kann? Diese Frage wird uns auf den Begriff des *Körpers* führen. Es zeigt sich nun, dass es durchaus andere Körper als $\mathbb{R}$ gibt, viele davon sind von unmittelbarem Interesse. So ist $\mathbb{Q}$ ein Körper, aber eben auch die komplexen Zahlen $\mathbb{C}$, welche wir im Detail kennenlernen werden. Darüber hinaus gibt es viele weitere Körper, die ihren Platz in Theorie und Anwendung gefunden haben, sodass eine allgemeine Theorie von Körpern und Vektorräumen nicht nur ein Gebot der ökonomischen Herangehensweise, sondern unbedingt erforderlich ist. Auf dem Weg zu einer allgemeinen Definition des Körpers werden wir weitere grundlegende algebraische Strukturen wie die der Gruppe, des Rings und der Polynome kennenlernen.

5. Zur Bestimmung von Schnitten etwa zweier Ebenen mussten wir die Lösungstheorie von einer besonderen Art von Gleichungen verstehen: den *linearen Gleichungssystemen.* Dieser Typ von Gleichung ist aus vielerlei Gründen fundamental in (fast) allen Bereichen der Mathematik. Aber nicht nur in der Mathematik, sondern darüber hinaus auch in den vielfältigsten Anwendungen in den Natur-, Ingenieurs- und Wirtschaftswissenschaften spielen die linearen Gleichungen eine zentrale Rolle. Neben der Omnipräsenz linearer Gleichungen haben diese den erheblichen Vorteil, in endlichen Dimensionen algorithmisch lösbar zu sein. Wir werden mit dem *Gauß-Algorithmus* ein Verfahren kennenlernen, das erlaubt, die Fallunterscheidungen und Rechnungen in Kap. 1 systematisch und konzeptionell klar durchzuführen. Hier erwarten uns dann auch viele konkrete Anwendungen weit jenseits der Geometrie.

6. Bei der Identifikation des (physikalischen) Anschauungsraums mit den Zahlentripeln $\mathbb{R}^3$ war die Wahl der Koordinatenachsen sehr willkürlich. Der Art der bisherigen Präsentation ist es nicht unmittelbar anzusehen, inwieweit die Resultate von dieser Wahl tatsächlich abhängen oder nicht. Es gilt also zu untersuchen, was ein Wechsel des Koordinatensystems bedeutet und wie man zwischen verschiedenen Koordinatensystemen umrechnen kann. Hierzu müssen wir zum einen klären, was wir mit einem *Koordinatensystem* überhaupt meinen, zum anderen müssen wir Wechsel von Koordinatensystemen als geeignete Abbildungen verstehen. Letzterer Punkt ist ein ganz allgemeines und durchgehendes Thema in der Mathematik: Wann immer man eine neue mathematische Struktur, wie beispielsweise die Vektorräume, eingeführt hat, ist es unabdingbar, gleich-

zeitig auch die *strukturerhaltenden Abbildungen* zu studieren. In unserem Fall werden dies die *linearen Abbildungen* sein.

7. Lineare Abbildungen werden ein zentrales Thema der linearen Algebra sein. Daher ist ein tiefergehendes Verständnis ihrer Natur eine unerlässliche Voraussetzung beim weiterführenden Studium der linearen Algebra. Die wesentlichen Begriffe, um dies zu bewerkstelligen, werden die *Determinante* und die *Eigenwerte* mit ihren zugehörigen Eigenvektoren einer linearen Abbildung sein: Diese Techniken stehen leider im Allgemeinen nur in endlichen Dimensionen zur Verfügung, spielen dann aber eine herausragende Rolle. Auch wenn gewisse Fragestellungen in beliebigen Dimensionen sinnvoll sind, ist hierfür eine vernünftige Theorie nur mit einem nicht unerheblichen Aufwand an analytischen Techniken verbunden. Diese zu entwickeln, bleibt der Funktionalanalysis vorbehalten. Die Frage nach einer besonders einfachen Form für die Beschreibung einer linearen Abbildung hingegen wird uns auf die Problematik der Diagonalisierbarkeit führen, für welche wir in endlichen Dimensionen mittels der Jordanschen Normalform eine sehr weitreichende Antwort finden werden.

8. Das kanonische *Skalarprodukt* im $\mathbb{R}^3$ hat sich als probates Mittel bei der Formulierung und Lösung geometrischer Probleme im $\mathbb{R}^3$ erwiesen. Allerdings bezog sich seine Definition stark auf das kartesische Koordinatensystem, welches ja eine gewisse willkürliche Wahl darstellt. Es muss also auch hier untersucht werden, wie eindeutig diese Wahl ist und wie das Skalarprodukt unter Koordinatenwechsel umgerechnet werden kann. Da wir an allgemeinen Vektorräumen interessiert sind, wollen wir auch in allgemeineren Situationen von Skalarprodukten sprechen können. Auch hier stellt sich dann die Frage nach den strukturerhaltenden Abbildungen, was uns auf das Studium der orthogonalen und unitären Abbildungen führen wird. Wie zuvor konzentrieren wir uns vornehmlich auf die endlichdimensionale Situation, obwohl gerade die unendlich-dimensionale Variante in der Funktionalanalysis der Hilbert-Räume eine fundamental wichtige Fortführung findet, die nicht zuletzt in der Quantenmechanik eine ihrer zentralen Anwendungen besitzt.

9. Die lineare Theorie wird am Ende nur ein erster Schritt sein, auch *nichtlineare* Probleme zu formulieren und zu lösen. Wir werden hier erste Beispiele beim Studium quadratischer Formen kennenlernen, um geometrische Objekte wie Kreise, Parabeln, Ellipsen und Hyperbeln zu beschreiben. Erste Schritte in diese Richtung werden wir (in Band 2) mit dem Studium der multilinearen Abbildungen gehen, was uns dann unmittelbar auf Tensorprodukte und Tensoren führen wird.

Neben diesen sehr konkreten Fragestellungen wollen wir auch etwas Neues über Mathematik an sich lernen: Ausgehend von einzelnen interessanten Beispielen versucht man in der Mathematik immer eine möglichst große Allgemeinheit zu erreichen. Es gilt also, die wesentlichen Eigenschaften eines Beispiels zu erkennen und zu abstrahieren. Ist dies erreicht, versucht man, eine allgemeine axiomatische Formulierung des Problems vorzunehmen, in der das zuvor betrachtete Beispiel tatsächlich als Beispiel auftritt. Eine erfolgreiche *Axiomatisierung* zeichnet sich nun dadurch aus, dass bestimmte wichtige, aber schwierige Eigenschaften der Beispiele einfach und leicht verständlich werden, sobald erkannt wird, dass das Beispiel in den allgemeinen Rahmen passt.

Diesen Weg in die Abstraktion zu gehen, ist nun ein zentrales Anliegen der Mathematik, aber beileibe nicht das einzige. Jede noch so raffinierte und ausgefeilte mathematische Theorie bleibt kraftlos und leer ohne ihre Beispiele: Hat man den Axiomatisierungsprozess durchlaufen, gilt es, die ursprünglichen Beispiele wieder im Lichte der neu gewonnenen Erkenntnisse zu betrachten. Zudem sollte eine gut verstandene Abstraktion nun in der Lage sein, neue Beispiele zu generieren und dort Querverbindungen herzustellen, wo zuvor keine offensichtlichen Beziehungen gewesen sind.

Diese Vorgehensweise werden wir nun am großen Themenkomplex der linearen Algebra exemplifizieren, sowohl die Axiomatisierung und den teilweise durchaus mühsamen Weg in die Abstraktion als auch die Anwendung der allgemeinen Theorie auf verschiedene Beispiele und Situationen jenseits der elementaren Geometrie im $\mathbb{R}^3$.

Kapitel 3
Von Gruppen, Ringen und Körpern

In diesem Kapitel schaffen wir zum einen die Grundlagen dafür, welche Sorte von Skalaren wir bei der angestrebten Definition eines Vektorraums verwenden werden. Gleichzeitig lernen wir mit Gruppen, Ringen und Körpern einige der wichtigsten algebraischen Strukturen der Mathematik kennen. Die generelle Strategie wird sein, verschiedene Verknüpfungen auf einer gegebenen Menge zu studieren. Dazu wollen wir diesen Verknüpfungen axiomatisch Eigenschaften auferlegen, die wir von den Zahlen wie etwa $\mathbb{Z}$, $\mathbb{Q}$ oder $\mathbb{R}$ kennen. Im gleichen Schritt soll dann auch immer studiert werden, was die entsprechenden strukturerhaltenden Abbildungen zwischen solchen Mengen mit (spezifischer) Verknüpfung vom selben Typ sein sollen. Diese Sichtweise hat sich in der Mathematik als sehr erfolgreich erwiesen und wird uns auch jenseits dieses Kapitels weiter begleiten: Wann immer eine neue Struktur erforderlich ist, sollte man gleichzeitig auch die strukturverträglichen Abbildungen betrachten.

Der Begriff der Gruppe ist nun der erste wirklich interessante und grundlegende für alle Bereiche der Mathematik. Zum einen axiomatisieren Gruppen die Rechenregeln von $+$ und $\cdot$ aus den rationalen oder reellen Zahlen und bieten daher weitreichende Verallgemeinerungen, wie wir sie für das spätere Studium der Vektorräume benötigen. Zum anderen liefern Gruppen einen Zugang zu Symmetriebegriffen in der Mathematik und sind daher auch aus diesem Grunde von fundamentaler Bedeutung. Während in einer Gruppe nur eine Verknüpfung vorhanden ist, vereinen Ringe nun die Rechenregeln von $+$ und $\cdot$ und bieten daher eine stärkere Struktur, welche näher an den üblichen Zahlen sind. Aber auch hier gibt es drastische Verallgemeinerungen, die sich insbesondere aus der möglichen Nichtkommutativität der Multiplikation ergeben. Für einen Körper fordert man schließlich noch zusätzliche Invertierbarkeitseigenschaften bezüglich der Multiplikation, die man in einem allgemeinen Ring nicht hat. Als erstes wichtiges Beispiel eines Körpers jenseits der rationalen oder reellen Zahlen werden wir die komplexen Zahlen kennenlernen. Polynome sind nicht nur ein wichtiges Beispiel dafür, wie man aus einem bereits vorliegenden Ring, und damit insbesondere für einen Körper,

S. Waldmann, *Lineare Algebra 1*, https://doi.org/10.1007/978-3-662-63263-5_3

einen neuen Ring konstruieren kann. Vielmehr ist das Studium ihrer Nullstellen und Teilbarkeitseigenschaften von fundamentaler Bedeutung für das
Verständnis linearer Abbildungen zwischen endlich-dimensionalen Vektorräumen. Hierzu werden wir die nötigen Grundlagen kennenlernen.

Weiterführende Informationen zu diesen und vielen weiteren algebraischen
Strukturen werden dann in Lehrbüchern der Algebra diskutiert. Hier sei beispielsweise auf [7, 10, 11, 18] verwiesen.

3.1 Algebraische Strukturen und Morphismen

In Kap. 1 haben wir verschiedene Arten von Verknüpfungen gesehen, wie aus
gegebenen Vektoren im $\mathbb{R}^3$ neue Vektoren oder auch Skalare erhalten werden
können. Da dieser Aspekt der Mathematik so grundlegend ist, wollen wir nun
Verknüpfungen auf einem etwas allgemeineren Niveau studieren.

Definition 3.1 (Verknüpfungen). Sei M eine Menge. Eine (innere) Verknüpfung (oder algebraische Struktur) auf M ist eine Abbildung

$$\diamond \colon M \times M \longrightarrow M, \tag{3.1.1}$$

welche wir als $(a, b) \mapsto a \diamond b$ für $a, b \in M$ schreiben.

Besteht die Gefahr einer Verwechslung mit einer anderen Verknüpfung, so
verwenden wir auch andere Symbole wie etwa $\star$, $\cdot$ oder $\circ$, um die Verknüpfung
zu bezeichnen. Eine Menge $(M, \diamond)$ mit einer Verknüpfung wird gelegentlich
auch ein *Magma* genannt.

Es geht an dieser Stelle also noch nicht um irgendwelche Eigenschaften
einer Verknüpfung, sondern nur um ihr bloßes Vorhandensein. Wir wollen
nun zeigen, dass sogar für eine derartige „strukturlose" Struktur bereits einige nichttriviale Schlüsse und Konstruktionen möglich sind. Die Idee ist dabei,
dass diese Resultate dann auch für Strukturen in deutlich konkreteren Beispielen gelten und von Nutzen sein werden.

Zunächst fragen wir uns nach solchen Abbildungen, die die Verknüpfung
respektieren, also strukturerhaltend sind.

Definition 3.2 (Morphismen). Seien $(M_1, \diamond_1)$ und $(M_2, \diamond_2)$ Mengen mit
Verknüpfungen. Eine Abbildung

$$\phi \colon (M_1, \diamond_1) \longrightarrow (M_2, \diamond_2) \tag{3.1.2}$$

heißt Morphismus von $(M_1, \diamond_1)$ nach $(M_2, \diamond_2)$, falls

$$\phi(a \diamond_1 b) = \phi(a) \diamond_2 \phi(b) \tag{3.1.3}$$

für alle $a, b \in M_1$. Die Menge aller Morphismen von $(M_1, \diamond_1)$ nach $(M_2, \diamond_2)$
bezeichnen wir mit

$$\text{Morph}\big((M_1, \diamond_1), (M_2, \diamond_2)\big) = \big\{\phi\colon M_1 \longrightarrow M_2 \mid \phi \text{ ist Morphismus}\big\}. \quad (3.1.4)$$

Oftmals ist die Verknüpfung aus dem Kontext klar, dann schreiben wir einfach $\text{Morph}(M_1, M_2)$, sofern keine Verwechslung möglich ist. Weiter setzen wir

$$\text{End}(M, \diamond) = \text{Morph}\big((M, \diamond), (M, \diamond)\big) \quad (3.1.5)$$

für die *Endomorphismen* von einer Menge M mit Verknüpfung $\diamond$. Ist aus dem Kontext klar, um welche Verknüpfung $\diamond$ es sich gerade handelt, so schreiben wir wieder nur $\text{End}(M)$. Anstelle des Begriffes Morphismus wird auch *Homomorphismus* verwendet. Die Terminologie leitet sich aus dem Griechischen „gleiche Gestalt" her.

Proposition 3.3. *Seien $(M_1, \diamond_1)$, $(M_2, \diamond_2)$ und $(M_3, \diamond_3)$ Mengen mit Verknüpfungen.*

i.) Sind $\phi\colon (M_1, \diamond_1) \longrightarrow (M_2, \diamond_2)$ und $\psi\colon (M_2, \diamond_2) \longrightarrow (M_3, \diamond_3)$ Morphismen, so ist auch die Hintereinanderausführung

$$\psi \circ \phi\colon (M_1, \diamond_1) \longrightarrow (M_3, \diamond_3) \quad (3.1.6)$$

ein Morphismus.

ii.) Die Identitätsabbildung $\text{id}_{M_1}\colon (M_1, \diamond_1) \longrightarrow (M_1, \diamond_1)$ ist ein Morphismus.

iii.) Ist $\phi\colon (M_1, \diamond_1) \longrightarrow (M_2, \diamond_2)$ ein bijektiver Morphismus mit Umkehrabbildung $\phi^{-1}\colon M_2 \longrightarrow M_1$, so ist auch

$$\phi^{-1}\colon (M_2, \diamond_2) \longrightarrow (M_1, \diamond_1) \quad (3.1.7)$$

ein Morphismus.

Beweis. Seien $a, b \in M_1$, dann gilt durch zweimaliges Anwenden der Morphismuseigenschaften

$$\begin{aligned}
(\psi \circ \phi)(a \diamond_1 b) &= \psi(\phi(a \diamond_1 b)) \\
&= \psi(\phi(a) \diamond_2 \phi(b)) \\
&= \psi(\phi(a)) \diamond_3 \psi(\phi(b)) \\
&= ((\psi \circ \phi)(a)) \diamond_3 ((\psi \circ \phi)(b)),
\end{aligned}$$

womit der erste Teil folgt. Der zweite Teil ist klar, da

$$\text{id}_{M_1}(a \diamond_1 b) = a \diamond_1 b = (\text{id}_{M_1}(a)) \diamond_1 (\text{id}_{M_1}(b))$$

für alle $a, b \in M_1$. Schließlich gilt für $c, d \in M_2$

$$\begin{aligned}
\phi^{-1}(c \diamond_2 d) &= \phi^{-1}((\phi \circ \phi^{-1})(c) \diamond_2 (\phi \circ \phi^{-1})(d)) \\
&= \phi^{-1}(\phi(\phi^{-1}(c) \diamond_1 \phi^{-1}(d))) \\
&= \phi^{-1}(c) \diamond_1 \phi^{-1}(d),
\end{aligned}$$

da ϕ ein Morphismus ist und $\phi \circ \phi^{-1} = \mathrm{id}_{M_2}$ gilt. Dies zeigt den dritten Teil. $\qquad\square$

Das vielleicht Überraschende an dieser Proposition ist, dass über die weitere Natur der Verknüpfungen $\diamond_1$, $\diamond_2$ und $\diamond_3$ keinerlei Aussagen oder Voraussetzungen gemacht werden müssen.

Ein bijektiver Morphismus heißt auch *Isomorphismus*, und ein bijektiver Endomorphismus heißt auch *Automorphismus*.

Beispiel 3.4 (Verknüpfungen und Morphismen).

i.) Die Addition $\diamond = +$ von Zahlen liefert eine Verknüpfung im obigen Sinne. So sind etwa $(\mathbb{N}, +)$, $(\mathbb{Z}, +)$, $(\mathbb{Q}, +)$ und $(\mathbb{R}, +)$ Mengen mit Verknüpfungen. Die Inklusionsabbildungen

$$(\mathbb{N}, +) \longrightarrow (\mathbb{Z}, +) \longrightarrow (\mathbb{Q}, +) \longrightarrow (\mathbb{R}, +) \qquad (3.1.8)$$

sind dann Morphismen. In diesem Fall verbirgt sich hinter dieser Aussage also lediglich die Tatsache, dass die Addition von natürlichen Zahlen dasselbe Resultat liefert, egal ob man sie als natürliche oder ganze Zahlen auffasst etc.

ii.) Die Multiplikation von Zahlen ist ebenfalls eine Verknüpfung, und die Inklusionsabbildungen

$$(\mathbb{N}, \cdot) \longrightarrow (\mathbb{Z}, \cdot) \longrightarrow (\mathbb{Q}, \cdot) \longrightarrow (\mathbb{R}, \cdot) \qquad (3.1.9)$$

sind wieder Morphismen.

iii.) Die Addition $+$ von Vektoren im $\mathbb{R}^3$ ist ebenfalls eine Verknüpfung, ebenso das Kreuzprodukt $\times$. Das Skalarprodukt hingegen liefert als Resultat keinen Vektor und ist damit keine (innere) Verknüpfung im Sinne von Definition 3.1. Natürlich können wir unsere Definition einer Verknüpfung dahingehend verallgemeinern, dass wir auch Abbildungen der Form $\diamond \colon M_1 \times M_2 \longrightarrow M_3$ für drei eventuell verschiedene Mengen M_1, M_2 und M_3 zulassen. Weiter können wir auch mehr als nur zwei Elemente miteinander verknüpfen und somit Abbildungen vom Typ

$$\diamond \colon M_1 \times \cdots \times M_k \longrightarrow N \qquad (3.1.10)$$

für Mengen $M_1, \ldots, M_k$ und N betrachten. Wir werden Abbildungen dieser Art durchaus noch kennenlernen, wollen dann aber dabei nicht von inneren Verknüpfungen sprechen.

iv.) Ist $M = \{x, y\}$ eine zweielementige Menge, so können wir eine Verknüpfung $\diamond$ beispielsweise durch

$$x \diamond x = y, \quad x \diamond y = x, \quad y \diamond x = y \quad \text{und} \quad y \diamond y = y \qquad (3.1.11)$$

definieren. Dies ist selbstverständlich nur eine von vielen Möglichkeiten (insgesamt 2^4), welche für sich genommen nicht weiter interessant ist. Sie illustriert aber Folgendes: Im Allgemeinen gelten weder $a \diamond b = b \diamond a$ noch $a \diamond (b \diamond c) = (a \diamond b) \diamond c$.

v.) Sei M eine Menge. Dann sind sowohl $\cup$ als auch $\cap$ Verknüpfungen für die Potenzmenge 2^M.

Während die Addition in den Beispielen 3.4, *i.)* und *iii.)*, ebenso wie die Multiplikation in Beispiel 3.4, *ii.)*, sowohl assoziativ als auch kommutativ ist, zeigen das Kreuzprodukt und das Beispiel 3.4, *iv.)*, dass dies nicht notwendigerweise so sein muss. Daher lohnt es sich, diese Situationen genauer zu betrachten.

Definition 3.5 (Halbgruppe und neutrales Element). Sei $(M, \diamond)$ eine Menge mit Verknüpfung.

i.) Die Verknüpfung heißt assoziativ, falls

$$a \diamond (b \diamond c) = (a \diamond b) \diamond c \tag{3.1.12}$$

für alle $a, b, c \in M$ gilt. In diesem Fall heißt $(M, \diamond)$ Halbgruppe, und wir nennen $\diamond$ auch Produkt oder Multiplikation.

ii.) Die Verknüpfung heißt kommutativ, falls

$$a \diamond b = b \diamond a \tag{3.1.13}$$

für alle $a, b \in M$ gilt.

iii.) Ein Element $e \in M$ heißt neutral bezüglich $\diamond$, falls

$$a \diamond e = a = e \diamond a \tag{3.1.14}$$

für alle $a \in M$ gilt.

Ist $(M, \diamond)$ eine Halbgruppe, so können wir dank (3.1.12) auch in längeren Produkten beliebig umklammern, siehe auch Übung 3.13. In diesem Fall ist es daher sinnvoll und auch üblich, ein n-faches Produkt $a_1 \diamond \cdots \diamond a_n$ gänzlich ohne Klammern zu schreiben. Auf die Reihenfolge der Faktoren kommt es natürlich sehr wohl an!

Proposition 3.6. *Sei $(M, \diamond)$ eine Menge mit Verknüpfung. Dann besitzt $(M, \diamond)$ höchstens ein neutrales Element.*

Beweis. Angenommen, $e, e' \in M$ seien neutrale Elemente, dann gilt $e = e \diamond e'$, da e' ein neutrales Element ist, sowie $e \diamond e' = e'$, da e ein neutrales Element ist. Also folgt $e = e'$. □

Die Existenz eines neutralen Elements wird besonders dann interessant, wenn $\diamond$ assoziativ ist. Dieser Fall verdient erneut einen eigenen Namen:

Definition 3.7 (Monoid). Sei $(M, \diamond)$ eine Menge mit assoziativer Verknüpfung. Besitzt $(M, \diamond)$ ein neutrales Element e, so heißt $(M, \diamond, e)$ Monoid. Ein Monoidmorphismus ist ein Morphismus, der zudem das neutrale Element auf das neutrale Element abbildet.

Wenn der Kontext klar ist, werden wir bei einem Monoidmorphismus ebenfalls kurz nur von „Morphismus" sprechen. Dies ist aufgrund des folgenden
Korollars nicht ganz falsch:

Korollar 3.8. *Seien* $(M_1, \diamond_1, e_1)$ *und* $(M_2, \diamond_2, e_2)$ *Monoide. Sei* $\phi\colon (M_1, \diamond_1)$
$\longrightarrow (M_2, \diamond_2)$ *ein Morphismus von Halbgruppen. Ist* ϕ *surjektiv, so ist* ϕ *sogar*
ein Morphismus von Monoiden.

Beweis. Sei $b \in M_2$ beliebig. Dann gibt es ein $a \in M_1$ mit $\phi(a) = b$. Daher
folgt sowohl

$$\phi(e_1) \diamond_2 b = \phi(e_1) \diamond_2 \phi(a) = \phi(e_1 \diamond_1 a) = \phi(a) = b$$

als auch
$$b \diamond_2 \phi(e_1) = \phi(a) \diamond_2 \phi(e_1) = \phi(a \diamond_1 e_1) = \phi(a) = b,$$

womit $\phi(e_1)$ ein neutrales Element bezüglich $\diamond_2$ ist, also nach Proposition 3.6
mit e_2 übereinstimmt. $\square$

Es gibt aber Beispiele von Halbgruppenmorphismen zwischen Monoiden,
die keine Monoidmorphismen sind. Wir werden hierfür später einfache Beispiele in Übung 5.29 sehen.

Beispiel 3.9 (Monoide).

i.) Die Zahlen $(\mathbb{N}_0, +)$, $(\mathbb{Z}, +)$, $(\mathbb{Q}, +)$ und $(\mathbb{R}, +)$ sind kommutative Monoide mit 0 als neutralem Element. Die natürlichen Zahlen $(\mathbb{N}, +)$ bilden
dagegen nur eine kommutative Halbgruppe. Auch $(\mathbb{N}_0, \cdot)$, $(\mathbb{Z}, \cdot)$, $(\mathbb{Q}, \cdot)$
und $(\mathbb{R}, \cdot)$ sind kommutative Monoide mit neutralem Element 1.

ii.) Die Vektoren $(\mathbb{R}^3, +)$ bilden ein kommutatives Monoid mit dem Nullvektor als neutralem Element. Das Kreuzprodukt hingegen ist weder assoziativ noch kommutativ, noch besitzt es ein neutrales Element. Dies folgt
sofort aus den Eigenschaften von $\vec{a} \times \vec{b}$ in Proposition 1.15, *ii.)*, *iv.)* und
vi.), siehe auch Übung 3.2.

iii.) Ist M eine Menge, so ist $(2^M, \cup)$ ein kommutatives Monoid mit neutralem
Element $\emptyset$. Ebenso ist $(2^M, \cap, M)$ ein kommutatives Monoid. Dies folgt
aus den Rechenregeln für Vereinigung und Durchschnitt von Mengen,
siehe auch Abschn. B.1 sowie Proposition B.8.

iv.) Ist M eine Menge, so ist die Menge $\mathrm{Abb}(M)$ der Abbildungen von M nach
M ein (im Allgemeinen nichtkommutatives) Monoid bezüglich der Hintereinanderausführung $\circ$ von Abbildungen und der Identität id_M als neutralem Element. Hier ist die entscheidende Beobachtung, dass die Verkettung
von Abbildungen immer assoziativ ist, siehe auch Proposition B.21, *i.)*.

v.) Ist $(M, \diamond)$ eine Menge mit Verknüpfung $\diamond$, so ist $(\mathrm{End}(M, \diamond), \circ, \mathrm{id}_M)$ ein
(im Allgemeinen nichtkommutatives) Monoid. Hierfür benutzen wir zum
einen Proposition 3.3, *i.)* und *iii.)*, um zu sehen, dass die Verkettung
von Endomorphismen wieder ein Endomorphismus und die Identitätsabbildung wirklich ein Endomorphismus ist. Zum anderen verwenden wir,

dass die Verkettung von Abbildungen generell assoziativ ist und id_M das zugehörige neutrale Element darstellt. Man beachte, dass bezüglich der Natur der Verknüpfung $\diamond$ auf M keinerlei Voraussetzungen gemacht werden müssen.

Gerade das letzte Beispiel legt nahe, auch im Allgemeinen *Unterstrukturen* von einer Menge mit Verknüpfung zu betrachten:

Definition 3.10 (Unterstruktur). Sei $(M, \diamond)$ eine Menge mit Verknüpfung. Eine (nichtleere) Teilmenge $N \subseteq M$ heißt Unterstruktur von $(M, \diamond)$, wenn die Einschränkung von $\diamond$ auf $N \times N$ nur Werte in N annimmt.

Mit anderen Worten, für $a, b \in N \subseteq M$ soll auch $a \diamond b \in N$ gelten. In diesem Fall ist $(N, \diamond|_{N \times N})$ ebenfalls eine Menge mit Verknüpfung. Auf diese Weise definiert man etwa eine Unterhalbgruppe etc. Für den Fall, dass man an einem neutralen Element interessiert ist, verlangt man *zudem*, dass $e \in N$ gilt. So ist also ein *Untermonoid* eines Monoids $(M, \diamond, e)$ eine Teilmenge N mit $\diamond|_{N \times N} : N \times N \longrightarrow N$ *und* $e \in N$.

Beispiel 3.11 (Untermonoid).

i.) Ist $(M, \diamond)$ eine Menge mit Verknüpfung, so bilden die Endomorphismen $\mathrm{End}(M) \subseteq \mathrm{Abb}(M)$ von $(M, \diamond)$ ein Untermonoid aller Abbildungen bezüglich der Verkettung von Abbildungen. Dies ist gerade die Aussage von Beispiel 3.9, *v.)*.

ii.) Ist $(M, \diamond)$ ein Monoid und sind $U_1, U_2 \subseteq M$ Teilmengen, sodass $(U_1, \diamond)$ und $(U_2, \diamond)$ Untermonoide sind, so ist auch $(U_1 \cap U_2, \diamond)$ ein Untermonoid. Etwas allgemeiner sieht man, dass auch ein beliebiger Durchschnitt $\bigcap_{i \in I} U_i$ von Untermonoiden $U_i \subseteq M$ für $i \in I$ wieder ein Untermonoid bezüglich $\diamond$ ist.

iii.) Ist $\phi \colon (M_1, \diamond_1, e_1) \longrightarrow (M_2, \diamond_2, e_2)$ ein Monoidmorphismus, so ist der *Kern* von ϕ

$$\ker \phi = \left\{ a \in M_1 \mid \phi(a) = e_2 \right\} \subseteq M_1 \qquad (3.1.15)$$

ein Untermonoid: Es gilt $e_1 \in \ker \phi$, da ja definitionsgemäß $\phi(e_1) = e_2$ für einen Monoidmorphismus erfüllt ist. Weiter gilt mit $a, b \in \ker \phi$ auch $\phi(a \diamond_1 b) = \phi(a) \diamond_2 \phi(b) = e_2 \diamond_2 e_2 = e_2$, womit $a \diamond_1 b \in \ker \phi$ folgt.

Kontrollfragen. Wieso ist die Verkettung von Morphismen ein Morphismus? Was ist ein neutrales Element und wieso ist es eindeutig? Was sind Beispiele für Monoide und Untermonoide? Was ist der Kern eines Monoidmorphismus?

3.2 Invertierbarkeit und Gruppen

Wir wollen nun der Frage nachgehen, ob wir in einer Menge $(M, \diamond)$ mit Verknüpfung Gleichungen der Form

$$a \diamond x = b \quad \text{oder} \quad x \diamond a = b \qquad (3.2.1)$$

lösen können, wobei $a, b \in M$ vorgegeben und $x \in M$ gesucht ist. Im Allgemeinen wird dies nicht möglich sein: Das Beispiel 3.4, *iv.)*, liefert bei geeigneter Wahl der fest vorgegebenen Elemente schnell ein Gegenbeispiel. Darüber hinaus kann es auch sein, dass (3.2.1) mehrere Lösungen besitzt.

Wir müssen daher etwas mehr über die Verknüpfung voraussetzen: Ist $\diamond$ nicht assoziativ, so ist die Situation sehr unübersichtlich. Wir werden also vornehmlich an einer Halbgruppe interessiert sein. Selbst in einer Halbgruppe können wir noch nicht sehr viel Substanzielles über (3.2.1) sagen. Die Situation ändert sich, wenn wir zudem ein neutrales Element e voraussetzen, also für ein Monoid. In diesem Fall können wir zunächst den Spezialfall $b = e$ betrachten:

Definition 3.12 (Invertierbarkeit). Sei $(M, \diamond, e)$ ein Monoid und $a \in M$.

i.) Gibt es ein $b \in M$ mit $a \diamond b = e$, so heißt a rechtsinvertierbar mit Rechtsinversem b.

ii.) Gibt es ein $b \in M$ mit $b \diamond a = e$, so heißt a linksinvertierbar mit Linksinversem b.

iii.) Ist a sowohl links- als auch rechtsinvertierbar, so heißt a invertierbar.

Bemerkung 3.13 (Invertierbarkeit). Sei $(M, \diamond, e)$ ein Monoid.

i.) Ist a rechtsinvertierbar mit Rechtsinversem b, so ist dieses b linksinvertierbar mit Linksinversem a und umgekehrt.

ii.) Im Allgemeinen kann es für ein rechtsinvertierbares Element a mehrere Rechtsinverse geben. Im Fall eines kommutativen Monoids stimmen natürlich alle drei Begriffe überein.

iii.) Ist a sowohl rechtsinvertierbar mit $a \diamond b = e$ als auch linksinvertierbar mit $c \diamond a = e$, so gilt

$$c = c \diamond e = c \diamond (a \diamond b) = (c \diamond a) \diamond b = e \diamond b = b, \qquad (3.2.2)$$

womit das Linksinverse mit dem Rechtsinversen übereinstimmt. Dies zeigt auch, dass je zwei Rechtsinverse beziehungsweise je zwei Linksinverse übereinstimmen, falls a invertierbar ist. Man beachte, dass die Assoziativität entscheidend verwendet wurde.

Diese letzte Beobachtung gestattet es daher, folgende Definition aufzustellen:

Definition 3.14 (Inverses). Sei $(M, \diamond, e)$ ein Monoid. Ist $a \in M$ invertierbar, so heißt das eindeutig bestimmte Element $a^{-1} \in M$ mit $a \diamond a^{-1} = e = a^{-1} \diamond a$ das Inverse von a.

Die Lösbarkeit der Gleichungen (3.2.1) lässt sich mit diesen neuen Begriffen nun folgendermaßen verstehen:

Proposition 3.15. *Sei* $(M, \diamond, e)$ *ein Monoid und* $a, b \in M$.

i.) *Die Gleichung* $a \diamond x = b$ *besitzt genau dann für jedes* b *Lösungen, wenn* a *rechtsinvertierbar ist. Ist* a' *ein Rechtsinverses von* a *, so ist* $x = a' \diamond b$ *eine Lösung.*

ii.) *Die Gleichung* $x \diamond a = b$ *besitzt genau dann für jedes* b *Lösungen, wenn* a *linksinvertierbar ist. Ist* a' *ein Linksinverses von* a, *so ist* $x = b \diamond a'$ *eine Lösung.*

iii.) *Die Gleichung* $a \diamond x = b$ *besitzt genau dann für jedes* b *eine eindeutige Lösung, wenn* a *invertierbar ist. In diesem Fall ist* $x = a^{-1} \diamond b$ *die eindeutige Lösung.*

iv.) *Die Gleichung* $x \diamond a = b$ *besitzt genau dann für jedes* b *eine eindeutige Lösung, wenn* a *invertierbar ist. In diesem Fall ist* $x = b \diamond a^{-1}$ *die eindeutige Lösung.*

Beweis. Wir zeigen *i.)* und *iii.)*. Die Aussagen *ii.)* und *iv.)* beweist man dann analog. Sei also zunächst a rechtsinvertierbar mit $a \diamond a' = e$. Einsetzen von $x = a' \diamond b$ liefert

$$a \diamond (a' \diamond b) = (a \diamond a') \diamond b = e \diamond b = b,$$

womit x eine Lösung ist. Ist umgekehrt $a \diamond x = b$ für jedes b lösbar, so auch insbesondere für $b = e$. Die zugehörige Lösung ist ein Rechtsinverses, womit der erste Teil gezeigt ist. Sei nun zudem a invertierbar und $c \in M$ eine Lösung von $a \diamond x = b$. Dann gilt mit der Assoziativität von $\diamond$

$$c = e \diamond c = (a^{-1} \diamond a) \diamond c = a^{-1} \diamond (a \diamond c) = a^{-1} \diamond b,$$

womit $a^{-1} \diamond b$ die eindeutige Lösung ist. Ist umgekehrt $a \diamond x = b$ für jedes b eindeutig lösbar, so auch für $b = e$. Es gibt also ein eindeutiges Rechtsinverses a' zu a. Dann gilt wieder unter Verwendung der Assoziativität

$$a \diamond (a' \diamond a) = (a \diamond a') \diamond a = e \diamond a = a,$$

womit $a' \diamond a$ die nach Voraussetzung eindeutige Lösung der Gleichung $a \diamond x = a$ ist. Da $x = e$ aber ebenfalls eine Lösung ist, folgt $a' \diamond a = e$, also ist a' ein Linksinverses von a, und a ist invertierbar nach Bemerkung 3.13, *iii.)*. $\square$

Da Inverse eine derart große Rolle spielen werden, listen wir hier noch einige elementare Rechenregeln für Inverse auf.

Proposition 3.16. *Sei* $(M, \diamond, e)$ *ein Monoid.*

i.) *Das neutrale Element* e *ist invertierbar mit* $e^{-1} = e$.

ii.) *Ist* $a \in M$ *invertierbar, so ist auch das Inverse* a^{-1} *invertierbar mit Inversem* $(a^{-1})^{-1} = a$.

iii.) *Sind* $a, b \in M$ *invertierbar, so ist auch* $a \diamond b$ *invertierbar mit Inversem* $(a \diamond b)^{-1} = b^{-1} \diamond a^{-1}$.

Beweis. Der erste Teil ist klar, da $e \diamond e = e$. Der zweite ist ebenfalls klar, da in $a \diamond a^{-1} = e = a^{-1} \diamond a$ die Elemente a und a^{-1} symmetrisch eingehen, siehe auch Bemerkung 3.13, *i.)*. Für den dritten Teil rechnet man nach, dass

$$(b^{-1} \diamond a^{-1}) \diamond (a \diamond b) = b^{-1} \diamond a^{-1} \diamond a \diamond b = b^{-1} \diamond e \diamond b = e$$

ebenso wie $(a \diamond b) \diamond (b^{-1} \diamond a^{-1}) = e$. Dies zeigt, dass $b^{-1} \diamond a^{-1}$ ein Inverses und damit das eindeutige Inverse von $a \diamond b$ ist. Auch hier ist die Assoziativität von $\diamond$ entscheidend. $\qquad\square$

Man beachte, dass sich die Reihenfolge in $(a \diamond b)^{-1} = b^{-1} \diamond a^{-1}$ für invertierbare Elemente $a, b \in M$ *umkehrt*, was im nichtkommutativen Fall wichtig ist.

Korollar 3.17. *Sei $(M, \diamond, e)$ ein Monoid. Dann ist*

$$M^{\times} = \left\{ a \in M \mid a \text{ ist invertierbar} \right\} \tag{3.2.3}$$

ein Untermonoid von M, in dem jedes Element invertierbar ist. Insbesondere gilt $e \in M^{\times}$.

Das Untermonoid $M^{\times}$ von M besteht also nur aus invertierbaren Elementen. Ein derartiges Monoid ist nun eine Gruppe.

Definition 3.18 (Gruppe). Eine Gruppe ist ein Tripel $(G, \diamond, e)$ von einer Menge G mit assoziativer Verknüpfung $\diamond$ und neutralem Element e derart, dass jedes Element in G invertierbar ist. Ist zudem $\diamond$ kommutativ, so heißt die Gruppe abelsch. Ein Gruppenmorphismus ϕ von $(G_1, \diamond_1, e_1)$ nach $(G_2, \diamond_2, e_2)$ ist ein Monoidmorphismus der zugrunde liegenden Monoide.

Mit anderen Worten, eine Gruppe ist ein Monoid, für welches $G^{\times} = G$ gilt. Die Aussage von Korollar 3.17 können wir entsprechend nun so umformulieren, dass für ein Monoid $(M, \diamond, e)$ das Untermonoid $M^{\times}$ der invertierbaren Elemente in M eine Gruppe bildet.

Mithilfe der Charakterisierung von invertierbaren Elementen nach Proposition 3.15 ergeben sich einige weitere äquivalente Formulierungen des Gruppenbegriffs.

Korollar 3.19. *Sei $(G, \diamond, e)$ ein Monoid. Dann sind äquivalent:*

i.) Das Monoid $(G, \diamond, e)$ ist eine Gruppe.

ii.) Für alle $a, b \in G$ ist die Gleichung

$$a \diamond x = b \tag{3.2.4}$$

eindeutig lösbar.

iii.) Für alle $a, b \in G$ ist die Gleichung

$$x \diamond a = b \tag{3.2.5}$$

eindeutig lösbar.

Bemerkung 3.20 (Additive und multiplikative Gruppen). Für eine Gruppe $(G, \diamond, e)$ ist meistens aus dem Zusammenhang klar, welche Verknüpfung $\diamond$ man auf G betrachtet. Daher müssen wir typischerweise $\diamond$ nicht spezifizieren. Zudem ist das neutrale Element e nach Proposition 3.16 ohnehin eindeutig bestimmt, sodass wir auch dieses nicht explizit erwähnen müssen. Daher schreibt man oft für eine Gruppe auch einfach G. Ist die Gruppe nun abelsch, so schreibt man anstelle der Verknüpfung $\diamond$ auch $+$. Das neutrale Element e wird in diesem Fall mit 0 bezeichnet, und das inverse Element zu a bezeichnet man mit $-a$ anstelle von a^{-1}. In diesem Fall sagen wir, dass die Gruppe G *additiv* geschrieben wird. Ist G hingegen nicht abelsch, so schreiben wir abkürzend ab für $a \diamond b$ und bezeichnen das neutrale Element auch mit 1 anstelle von e. Für das inverse Element behalten wir die Schreibweise a^{-1} bei. Diesen Fall nennt man dann die *multiplikative* Schreibweise für G. Man beachte jedoch, dass dies nur eine *Konvention* ist: Im Zweifelsfall sollte man nicht von der Notation darauf schließen, ob die Gruppe abelsch ist oder nicht, sondern dies konkret überprüfen.

Wir geben nun einige Beispiele für Gruppen, die uns in der Mathematik immer wieder begegnen werden:

Beispiel 3.21 (Gruppen).

i.) Die Zahlen $(\mathbb{Z}, +)$, $(\mathbb{Q}, +)$ und $(\mathbb{R}, +)$ sind (additiv geschriebene) Gruppen bezüglich der üblichen Addition und mit 0 als neutralem Element.

ii.) In den Monoiden $(\mathbb{N}, \cdot)$, $(\mathbb{Z}, \cdot)$, $(\mathbb{Q}, \cdot)$ und $(\mathbb{R}, \cdot)$ findet man nun folgende (multiplikativ geschriebene) Gruppen von invertierbaren Elementen

$$\mathbb{N}^{\times} = \{1\}, \quad \mathbb{Z}^{\times} = \{+1, -1\}, \quad \mathbb{Q}^{\times} = \mathbb{Q} \setminus \{0\}, \quad \text{und} \quad \mathbb{R}^{\times} = \mathbb{R} \setminus \{0\}, \tag{3.2.6}$$

jeweils bezüglich der üblichen Multiplikation von Zahlen und mit 1 als neutralem Element. Alle diese Gruppen sind abelsch.

iii.) Sei M eine nichtleere Menge und $\mathrm{Abb}(M)$ das Monoid der Abbildungen von M nach M. Die Gruppe der invertierbaren Elemente von $\mathrm{Abb}(M)$ gemäß Korollar 3.17 ist dann

$$\mathrm{Abb}(M)^{\times} = \{\phi \in \mathrm{Abb}(M) \mid \phi \text{ ist bijektiv}\}. \tag{3.2.7}$$

Dies folgt aus der Tatsache, dass $\phi \colon M \longrightarrow M$ genau dann invertierbar bezüglich der Hintereinanderausführung ist, wenn ϕ bijektiv ist, siehe Proposition B.25, *iii.)*. Man schreibt auch

$$\mathrm{Bij}(M) = \mathrm{Abb}(M)^{\times} \tag{3.2.8}$$

für diese Gruppe der Bijektionen. Im Allgemeinen ist $\mathrm{Bij}(M)$ nicht abelsch, was man sich anhand geeigneter Beispiele für eine Menge mit mindestens *drei* Elementen klarmacht, siehe Übung 3.1.

iv.) Ist $(M, \diamond)$ eine Menge mit Verknüpfung, so bilden die Endomorphismen von $(M, \diamond)$ nach Beispiel 3.9, *v.)*, ein Monoid $\mathrm{End}(M, \diamond)$ bezüglich der Verkettung von Abbildungen als Verknüpfung, welches ein Untermonoid von $\mathrm{Abb}(M)$ ist. Ist $\phi \in \mathrm{End}(M, \diamond)$ nun sogar invertierbar, so gibt es also $\phi^{-1} \in \mathrm{End}(M, \diamond)$ mit $\phi \circ \phi^{-1} = \mathrm{id}_M = \phi^{-1} \circ \phi$. Man beachte, dass die Abbildungen mittels der Hintereinanderausführung $\circ$ verknüpft werden, welche nichts mit der Verknüpfung von $(M, \diamond)$ zu tun hat. Der Endomorphismus ϕ^{-1} ist insbesondere als Abbildung invertierbar und damit $\phi^{-1} \in \mathrm{Abb}(M)^{\times}$. Ist umgekehrt ϕ in $\mathrm{Abb}(M)$ invertierbar, so ist $\phi^{-1} \in \mathrm{Abb}(M)^{\times}$ wieder ein Morphismus nach Proposition 3.3, *iii.)*. Es folgt daher für die *Automorphismengruppe* $\mathrm{Aut}(M, \diamond) = \mathrm{End}(M, \diamond)^{\times}$ von $(M, \diamond)$ die Beziehung

$$\mathrm{Aut}(M, \diamond) = \mathrm{End}(M, \diamond) \cap \mathrm{Abb}(M)^{\times} = \left\{ \phi \in \mathrm{End}(M, \diamond) \mid \phi \text{ ist bijektiv} \right\}. \tag{3.2.9}$$

Im Allgemeinen ist $\mathrm{Aut}(M, \diamond)$ nicht abelsch. Diese große Beispielklasse zeigt eine weitere fundamentale Bedeutung des Gruppenbegriffs auf: Wir können Gruppen als *Symmetrien* eines anderen mathematischen Objekts wie etwa einer Menge mit Verknüpfung auffassen. Dieser Gesichtspunkt der Gruppentheorie wird uns insbesondere in der Geometrie noch oft begegnen, wo die anschauliche Vorstellung von Symmetrie besonders klar ist.

v.) Die kleinste Gruppe G ist die *triviale Gruppe* $G = \{e\}$ mit der eindeutig bestimmten Verknüpfung $e \diamond e = e$. Als vielleicht etwas unglückliche, aber sehr gebräuchliche Schreibweise wird oft 1 oder 0 für die triviale Gruppe verwendet, je nachdem ob man sie additiv oder multiplikativ schreiben möchte.

vi.) Sei $\boldsymbol{n} = \{1, \ldots, n\}$ die Menge der ersten n natürlichen Zahlen. Die Gruppe der Bijektionen $\mathrm{Abb}(\boldsymbol{n})^{\times}$ bezeichnet man in diesem Fall als die *symmetrische Gruppe* S_n oder auch *Permutationsgruppe*

$$S_n = \left\{ \phi \colon \boldsymbol{n} \longrightarrow \boldsymbol{n} \mid \phi \text{ ist bijektiv} \right\}. \tag{3.2.10}$$

Die Elemente von S_n nennt man auch *Permutationen*. Ist $\sigma \in S_n$, so ist σ durch die Werte $\sigma(1), \ldots, \sigma(n)$ festgelegt. Hier muss jede Zahl von 1 bis n genau einmal als Wert auftreten. Eine gebräuchliche Schreibweise ist

$$\sigma = \begin{pmatrix} 1 & 2 & \ldots & n \\ \sigma(1) & \sigma(2) & \ldots & \sigma(n) \end{pmatrix}. \tag{3.2.11}$$

So ist etwa

$$\sigma = \begin{pmatrix} 1 & 2 & 3 \\ 3 & 1 & 2 \end{pmatrix} \in S_3$$

eine Permutation, während

$$\begin{pmatrix} 1 \ 2 \ 3 \\ 1 \ 2 \ 2 \end{pmatrix}$$

keine Permutation ist. Wir werden die Eigenschaften der Gruppe S_n noch eingehend zu studieren haben, siehe Abschn. 6.1.

vii.) Sei $p \in \mathbb{N}$ vorgegeben. Dann betrachten wir eine Menge mit p Elementen

$$\mathbb{Z}_p = \{\underline{0}, \dots, \underline{p-1}\}, \tag{3.2.12}$$

welche wir nun mit einer Gruppenstruktur versehen wollen. Die Idee ist, dass wir die Addition der natürlichen Zahlen *zyklisch* oder *periodisch* gestalten wollen, wie dies beispielsweise die Addition der Stunden auf einer Uhr ist, siehe Abb. 3.1. Konkret definiert man daher

$$\underline{k} + \underline{\ell} = \left\{ \begin{matrix} \underline{k+\ell} & \text{falls } k + \ell < p \\ \underline{k+\ell-p} & \text{falls } k + \ell \geq p \end{matrix} \right\} = \underline{(k+\ell) \bmod p}. \tag{3.2.13}$$

Hier bedeutet allgemein $n \bmod p$, gesprochen n *modulo* p, den ganzzahligen Rest der Division n/p. Man verifiziert nun durch eine explizite Fallunterscheidung oder etwas konzeptueller anhand der Rechenregeln für $n \bmod p$, dass $\mathbb{Z}_p$ tatsächlich eine sogar abelsche Gruppe bezüglich $+$ mit $\underline{0}$ als neutralem Element ist. Die Gruppe $\mathbb{Z}_p$ heißt auch *zyklische Gruppe der Ordnung* p.

Abb. 3.1 Arithmetik in $\mathbb{Z}_{12}$: Sieben Stunden nach 6 Uhr ist es $\underline{6} + \underline{7} = \underline{1}$

Gegenüber einem Monoidmorphismus ergibt sich im Fall von Gruppenmorphismen folgende Vereinfachung:

Proposition 3.22. *Seien G_1 und G_2 Gruppen und sei $\phi \colon G_1 \longrightarrow G_2$ ein Morphismus der zugrunde liegenden Halbgruppen. Dann ist ϕ ein Gruppenmorphismus, und es gilt*

$$\phi(g^{-1}) = \phi(g)^{-1} \tag{3.2.14}$$

für alle $g \in G_1$.

Beweis. Wir müssen zeigen, dass $\phi(e_1) = e_2$ automatisch erfüllt ist, sobald $\phi(g \diamond_1 h) = \phi(g) \diamond_2 \phi(h)$ für alle $g, h \in G_1$ gilt. Da $\phi(e_1)$ invertierbar in

G_2 ist, gilt $e_2 = \phi(e_1)^{-1} \diamond_2 \phi(e_1) = \phi(e_1)^{-1} \diamond_2 \phi(e_1 \diamond_1 e_1) = \phi(e_1)^{-1} \diamond_2$ $\phi(e_1) \diamond_2 \phi(e_1) = \phi(e_1)$, womit ϕ tatsächlich ein Monoidmorphismus ist. Für ein beliebiges $g \in G_1$ gilt dann

$$e_2 = \phi(e_1) = \phi(g \diamond_1 g^{-1}) = \phi(g) \diamond_2 \phi(g^{-1}),$$

sodass also $\phi(g^{-1})$ ein Rechtsinverses zu $\phi(g)$ ist. Da in einer Gruppe jedes Element invertierbar ist, muss dieses Rechtsinverse also bereits das eindeutig bestimmte Inverse $\phi(g)^{-1}$ sein, womit (3.2.14) folgt. $\square$

Um unsere Notation zu entlasten, wollen wir zukünftig eine Gruppe multiplikativ schreiben und das Symbol $\diamond$ für die Gruppenmultiplikation unterdrücken.

In einer Gruppe G kann man Untermonoide betrachten, also Teilmengen $H \subseteq G$, welche unter der Gruppenmultiplikation abgeschlossen sind und $e \in H$ erfüllen. Das Beispiel $(\mathbb{N}_0, +) \subseteq (\mathbb{Z}, +)$ zeigt, dass ein Untermonoid selbst noch keine Gruppe zu sein braucht: Die nötigen Inversen liegen zwar in G, aber eventuell nicht in H. Für einen sinnvollen Begriff einer Untergruppe müssen wir dies also zusätzlich fordern:

Definition 3.23 (Untergruppe). Sei G eine Gruppe. Eine Untergruppe H von G ist ein Untermonoid mit der zusätzlichen Eigenschaft, dass $g^{-1} \in H$ für alle $g \in H$ gilt.

So ist also etwa $(\mathbb{Z}, +) \subseteq (\mathbb{Q}, +)$ eine Untergruppe, aber $(\mathbb{N}_0, +) \subseteq (\mathbb{Z}, +)$ nicht. In Beispiel 3.11, *iii.)*, haben wir gesehen, dass der Kern eines Monoidmorphismus immer ein Untermonoid ist. Im Falle von Gruppen liefert dies sogar eine Untergruppe.

Proposition 3.24 (Kern und Bild von Gruppenmorphismus). *Sei* $\phi \colon G_1 \longrightarrow G_2$ *ein Gruppenmorphismus.*

i.) Dann ist $\ker \phi \subseteq G_1$ *eine Untergruppe mit der zusätzlichen Eigenschaft*

$$\forall g \in G_1 \forall h \in \ker \phi \quad gilt \quad ghg^{-1} \in \ker \phi. \tag{3.2.15}$$

ii.) Das Bild $\operatorname{im} \phi \subseteq G_2$ *ist eine Untergruppe.*

Beweis. Sei $h \in \ker \phi$, also $\phi(h) = e_2$. Dann gilt mit (3.2.14) auch $\phi(h^{-1}) = \phi(h)^{-1} = e_2^{-1} = e_2$, also $h^{-1} \in \ker \phi$, womit $\ker \phi$ eine Untergruppe ist. Sei nun $g \in G_1$ beliebig und $h \in \ker \phi$. Dann gilt

$$\phi(ghg^{-1}) = \phi(g)\phi(h)\phi(g^{-1}) = \phi(g)e_2\phi(g)^{-1} = \phi(g)\phi(g)^{-1} = e_2,$$

also (3.2.15). Für den zweiten Teil wissen wir zunächst, dass $e_2 = \phi(e_1) \in \operatorname{im}\phi$, womit das Bild das Einselement enthält. Weiter gilt für $\phi(g), \phi(h) \in \operatorname{im}\phi$ auch $\phi(g)\phi(h) = \phi(gh) \in \operatorname{im}\phi$ ebenso wie $\phi(g)^{-1} = \phi(g^{-1}) \in \operatorname{im}\phi$. Damit ist $\operatorname{im}\phi$ eine Untergruppe. $\square$

Untergruppen mit der Eigenschaft (3.2.15) spielen allgemein eine große Rolle und verdienen daher wiederum einen eigenen Namen:

Definition 3.25 (Normale Untergruppe). Sei G eine Gruppe und $H \subseteq G$ eine Untergruppe. Dann heißt H normale Untergruppe, falls $ghg^{-1} \in H$ für alle $g \in G$ und $h \in H$.

Wir werden später in Band 2 die wahre Bedeutung normaler Untergruppen studieren. Insbesondere werden wir sehen, dass jede normale Untergruppe auch als Kern eines geeigneten Gruppenmorphismus auftritt.

Der Kern eines Gruppenmorphismus ist nun ein Maß dafür, wie sehr der Morphismus nicht injektiv ist. Es gilt nämlich folgende Äquivalenz:

Proposition 3.26. *Sei* $\phi \colon G_1 \longrightarrow G_2$ *ein Gruppenmorphismus. Dann sind äquivalent:*

i.) Es gilt $\ker \phi = \{e_1\}$.

ii.) Der Gruppenmorphismus ϕ *ist injektiv.*

Beweis. Zuerst nehmen wir an, ϕ sei injektiv. Gilt dann $g \in \ker \phi$, so folgt $\phi(g) = e_2 = \phi(e_1)$, womit $g = e_1$. Daher gilt $\ker \phi = \{e_1\}$. Sei umgekehrt $\ker \phi = \{e_1\}$ und $g, h \in G_1$ mit $\phi(g) = \phi(h)$ gegeben. Dann gilt $\phi(gh^{-1}) = \phi(g)\phi(h)^{-1} = e_2$, also $gh^{-1} \in \ker \phi$ und damit $gh^{-1} = e_1$. Daher folgt $g = h$, was die Injektivität von ϕ zeigt. $\qquad\square$

Kontrollfragen. Was ist ein Inverses in einem Monoid und wieso ist es eindeutig? Was ist der Zusammenhang von Invertierbarkeit und Lösbarkeit von Gleichungen? Was ist eine Gruppe? Wann ist ein Monoid eine Gruppe? Was ist der Kern eines Gruppenmorphismus und wieso ist er eine normale Untergruppe?

3.3 Ringe und Polynome

Die Zahlen $\mathbb{Z}$, $\mathbb{Q}$, $\mathbb{R}$ etc. besitzen neben der Addition, welche $\mathbb{Z}, \mathbb{Q}$ und $\mathbb{R}$ zu abelschen Gruppen macht, noch eine weitere Verknüpfung, die Multiplikation. Wir wollen diese Situation nun auch abstrahieren und die wesentlichen Eigenschaften von $\mathbb{Z}$, $\mathbb{Q}$ und $\mathbb{R}$ extrahieren. Eine noch recht allgemeine Variante ist dabei durch den Begriff des Rings gegeben:

Definition 3.27 (Ring). Ein Ring ist ein Tripel $(\mathsf{R}, +, \cdot)$ von einer Menge R mit zwei Verknüpfungen $+$ und $\cdot$ mit folgenden Eigenschaften:

i.) Bezüglich der ersten Verknüpfung ist $(\mathsf{R}, +)$ eine abelsche Gruppe.

ii.) Die Verknüpfung $\cdot$ ist assoziativ.

iii.) Für alle $a, b, c \in \mathsf{R}$ gelten die Distributivgesetze

$$a \cdot (b + c) = a \cdot b + a \cdot c \quad \text{und} \quad (a + b) \cdot c = a \cdot c + b \cdot c. \qquad (3.3.1)$$

Ist zudem $(R, \cdot)$ ein Monoid, so nennt man das neutrale Element von $(R, \cdot)$ die Eins $\mathbb{1}$ von R, und R heißt Ring mit Eins. Ist $\cdot$ kommutativ, so heißt R ein kommutativer Ring.

Wir folgen der üblichen Konvention von *Punkt vor Strich* in (3.3.1), sodass wir auf Klammern in der rechten Seite verzichten können. Weiter werden wir oftmals das Symbol für die Multiplikation $\cdot$ in unserer Notation unterdrücken und einfach ab anstelle von $a \cdot b$ schreiben. Das neutrale Element der abelschen Gruppe $(R, +)$ schreiben wir gemäß Bemerkung 3.20 als Null 0.

Man kann die Assoziativität der Multiplikation $\cdot$ eines Rings auch aufgeben und erhält dann einen nichtassoziativen Ring. Hierfür gibt es wichtige Beispielklassen, wie die Lie-Ringe oder Jordan-Ringe. Wir werden aber ausschließlich assoziative Ringe betrachten und daher die Assoziativität der Multiplikation als Teil der Definition eines Rings ansehen.

Beispiel 3.28 (Ringe).

i.) Die Zahlen $\mathbb{Z}, \mathbb{Q}$ und $\mathbb{R}$ sind Ringe mit Eins bezüglich der üblichen Addition und Multiplikation. Die entsprechenden neutralen Elemente sind die Zahlen 0 und 1. Diese Ringe sind zudem *kommutativ*.

ii.) Die natürlichen Zahlen $\mathbb{N}$ beziehungsweise auch $\mathbb{N}_0$ bilden keinen Ring. Zwar haben wir auch hier die beiden erforderlichen Verknüpfungen $+$ und $\cdot$ und die neutralen Elemente 0 und 1 (zumindest im Falle von $\mathbb{N}_0$), aber die Inversen bezüglich der Addition fehlen.

iii.) Der einfachste Ring ist der *Nullring* $R = \{0\}$. Hier hat man für die Definition von $+$ und $\cdot$ offenbar keine Wahl, es gilt $0 + 0 = 0$ und $0 \cdot 0 = 0$. Damit sind alle Axiome eines Rings erfüllt. Der Nullring ist kommutativ und besitzt eine Eins, nämlich

$$\mathbb{1} = 0. \tag{3.3.2}$$

Gerade die Eigenschaft (3.3.2) des Nullrings mutet auf den ersten Blick doch eher seltsam an. Es lohnt sich daher, die Rolle der Null und einige ihrer Eigenschaften zu untersuchen:

Proposition 3.29. *Sei R ein Ring. Dann gilt für alle $a \in R$*

$$0 \cdot a = 0 = a \cdot 0. \tag{3.3.3}$$

Beweis. Zunächst gilt $0 = 0 + 0$ in der abelschen Gruppe $(R, +)$. Daher schreiben wir

$$0 \cdot a = (0 + 0) \cdot a = 0 \cdot a + 0 \cdot a.$$

Da nun $0 \cdot a$ ein additives Inverses in $(R, +)$ hat, folgt $0 = 0 \cdot a$ nach Proposition 3.15, *iii.)*. Die andere Gleichung zeigt man analog. $\square$

Korollar 3.30. *Ist R ein Ring mit $\mathbb{1} = 0$, so ist R der Nullring.*

Beweis. Klar, denn für $a \in R$ gilt $a = \mathbb{1} \cdot a = 0 \cdot a = 0$. $\square$

Korollar 3.31. *Ist* R *ein Ring mit* $\mathbb{1}$*, sodass auch* $(R, \cdot)$ *eine Gruppe ist, so ist* R *der Nullring.*

Beweis. Angenommen, 0 besitzt ein multiplikatives Inverses $0^{-1} \in R$, dann gilt $\mathbb{1} = 0^{-1} \cdot 0 = 0$. Die Behauptung folgt aus Korollar 3.30. $\qquad\square$

Damit sieht man, dass die seltsame Eigenschaft $\mathbb{1} = 0$ tatsächlich *nur* im Nullring auftritt und in allen andere Ringen mit Eins das Nullelement 0 *kein* multiplikatives Inverses haben kann. Weitere Rechenregeln in Ringen werden in Übung 3.17 diskutiert.

Wie immer wollen wir auch für Ringe die richtige Version eines Morphismus finden. Die folgende Definition ist dabei naheliegend:

Definition 3.32 (Ringmorphismus). Seien R_1 und R_2 Ringe. Eine Abbildung $\phi \colon R_1 \longrightarrow R_2$ heißt Ringmorphismus von R_1 nach R_2, wenn ϕ ein Gruppenmorphismus bezüglich der jeweiligen Additionen und ein Halbgruppenmorphismus bezüglich der Multiplikationen ist, also wenn

$$\phi(a + b) = \phi(a) + \phi(b) \tag{3.3.4}$$

und

$$\phi(a \cdot b) = \phi(a) \cdot \phi(b) \tag{3.3.5}$$

für alle $a, b \in R_1$ gilt. Sind zudem R_1 und R_2 Ringe mit Eins und gilt zudem

$$\phi(\mathbb{1}_1) = \mathbb{1}_2, \tag{3.3.6}$$

so heißt ϕ einserhaltend.

Bemerkung 3.33. Man beachte, dass (3.3.4) ausreicht, um ϕ als Gruppenmorphismus bezüglich $+$ zu charakterisieren, siehe Proposition 3.22. Es folgt also automatisch

$$\phi(0) = 0 \quad \text{und} \quad \phi(-a) = -\phi(a) \tag{3.3.7}$$

für alle $a \in R_1$. Weiter wissen wir nach Anwendung von Proposition 3.3 auf sowohl $+$ als auch $\cdot$, dass id_R ein Ringmorphismus ist und sowohl die Verknüpfung von Ringmorphismen als auch die inverse Abbildung eines bijektiven Ringmorphismus wieder Ringmorphismen sind. Es sei hier noch angemerkt, dass es bei Ringen mit Eins auch die Konvention gibt, die Eigenschaft (3.3.6) automatisch für einen Morphismus zu fordern. Hier sollte man in der Literatur also im Zweifelsfall genau prüfen, welcher Konvention gefolgt wird.

Durch Kombination unserer bisherigen Ergebnisse ist klar, was eine sinnvolle Definition eines *Unterrings* ist. Insbesondere ist der *Kern eines Ringmorphismus* $\phi \colon R_1 \longrightarrow R_2$

$$\ker \phi = \big\{ a \in R_1 \mid \phi(a) = 0 \big\} \tag{3.3.8}$$

ein Unterring. Hier verwendet man Proposition 3.29, um zu sehen, dass $\ker \phi$ auch bezüglich $\cdot$ abgeschlossen ist, siehe auch Übung 3.18. Wir werden später in Band 2 noch weitere Eigenschaften des Kerns eines Ringmorphismus diskutieren.

Wir wollen nun eine Konstruktion von Ringen vorstellen, die wir im Folgenden noch mehrfach verwenden werden: Aus der Schule bekannt sind *Polynome* als Funktionen der Form

$$f(x) = a_n x^n + a_{n-1} x^{n-1} + \cdots + a_1 x + a_0 \tag{3.3.9}$$

mit reellen Koeffizienten $a_0, a_1, \ldots, a_n \in \mathbb{R}$ und $n \in \mathbb{N}_0$. Wir wollen den Begriff des Polynoms nun etwas genauer und auch etwas allgemeiner fassen. Die gesamte Information über f ist offenbar in den Koeffizienten $a_0, a_1, \ldots, a_n$ enthalten. Der *Grad* des Polynoms ist das größte auftretende $n \in \mathbb{N}_0$ mit $a_n \neq 0$. Die wesentlichen Eigenschaften von Polynomen sind nun, dass wir sie addieren und multiplizieren können. Um dies etwas effektiver aufschreiben zu können, verwenden wir hier nun zum ersten Mal folgende *Summenschreibweise*

$$\sum_{k=0}^{n} a_k x^k = a_0 + a_1 x + \cdots + a_n x^n. \tag{3.3.10}$$

Dies wird als „Summe über k von 0 bis n" gelesen und stellt einfach eine Abkürzung für die rechte Seite dar. Sind nun zwei Polynome

$$f(x) = \sum_{k=0}^{n} a_k x^k \quad \text{und} \quad g(x) = \sum_{\ell=0}^{m} b_\ell x^\ell \tag{3.3.11}$$

gegeben, so ist ihre Summe und ihr Produkt folgendermaßen zu berechnen: Es gilt

$$(f + g)(x) = \sum_{k=0}^{\max(n,m)} (a_k + b_k) x^k \tag{3.3.12}$$

mit der Konvention, dass wir $a_k = 0$ beziehungsweise $b_\ell = 0$ setzen, sofern $k > n$ beziehungsweise $\ell > m$ gilt. Weiter haben wir durch Ausmultiplizieren

$$\begin{aligned}
(f \cdot g)(x) &= \left(\sum_{k=0}^{n} a_k x^k \right) \left(\sum_{\ell=0}^{m} b_\ell x^\ell \right) \\
&= \sum_{k=0}^{n} \sum_{\ell=0}^{m} a_k b_\ell x^{k+\ell} \\
&= \sum_{r=0}^{n+m} \left(\sum_{k+\ell=r} a_k b_\ell \right) x^r \\
&= \sum_{r=0}^{n+m} c_r x^r, \tag{3.3.13}
\end{aligned}$$

womit also die Koeffizienten c_r des Produktes durch

$$
\begin{aligned}
c_0 &= a_0 b_0 \\
c_1 &= a_0 b_1 + a_1 b_0 \\
c_2 &= a_0 b_2 + a_1 b_1 + a_2 b_0 \\
&\vdots \\
c_{n+m} &= a_n b_m
\end{aligned}
\tag{3.3.14}
$$

gegeben sind. Um nun die Formeln zu vereinfachen und die Fallunterscheidungen nach dem jeweils höheren Grad zu umgehen, bietet sich folgende Begriffsbildung an: Zunächst ersetzen wir die Koeffizienten aus $\mathbb{R}$ durch solche in einem beliebigen Ring R und definieren dann die Polynome folgendermaßen:

Definition 3.34 (Polynome). Sei R ein Ring. Die Polynome in der Variablen x mit Koeffizienten in R sind die Menge

$$
\mathsf{R}[x] = \big\{ a \colon \mathbb{N}_0 \longrightarrow \mathsf{R} \mid a(k) = 0 \text{ bis auf endlich viele } k \in \mathbb{N}_0 \big\}. \tag{3.3.15}
$$

Elemente in $\mathsf{R}[x]$ schreiben wir als

$$
a = \sum_{k=0}^{\infty} a_k x^k \quad \text{mit} \quad a_k = a(k), \tag{3.3.16}
$$

wobei also nur endlich viele der Koeffizienten a_k von Null verschieden sind. Für $a, b \in \mathsf{R}[x]$ definiert man ihre Summe und ihr Produkt durch

$$
a + b = \sum_{k=0}^{\infty} (a_k + b_k) x^k \tag{3.3.17}
$$

und

$$
ab = \sum_{r=0}^{\infty} (ab)_r x^r \quad \text{mit} \quad (ab)_r = \sum_{k=0}^{r} a_k b_{r-k}. \tag{3.3.18}
$$

Der Grad $\deg(a)$ von $a \in \mathsf{R}[x] \setminus \{0\}$ ist die größte Zahl $k \in \mathbb{N}_0$ mit $a_k \neq 0$. Für das Nullpolynom 0 setzen wir $\deg(0) = -\infty$.

Als weitere übliche und alternative Schreibweise bei Summen verwenden wir auch

$$
\sum_{k+\ell = r} a_k b_\ell = \sum_{k=0}^{r} a_k b_{r-k} \tag{3.3.19}
$$

für den r-ten Beitrag $(ab)_r$ zum Produkt ab. Die Sprechweise ist hier, dass die Summe über alle Indizes k und ℓ läuft, die zusammen r ergeben. Man unterdrückt hier oftmals den Bereich (in unserem Fall $0, \ldots, r$) über den die einzelnen Indizes laufen dürfen, wenn dies aus dem Zusammenhang klar ist. Mit gleicher Interpretation werden auch andere Bedingungen an die Summati-

onsindizes gestellt, um kompliziertere Summen abzukürzen, wie beispielsweise
mit Ungleichungen $k + \ell \leq r$ und vieles mehr.

Man beachte, dass wir Polynome ausdrücklich *nicht* als spezielle Abbildungen $f \colon \mathsf{R} \longrightarrow \mathsf{R}$ definieren. Der Grund ist, dass es im Allgemeinen zwei verschiedene Polynome f und g gibt, die dieselbe Abbildung induzieren, wenn der zugrunde liegende Ring nicht genügend viele Elemente besitzt oder eine ausreichend pathologische Multiplikation hat. Beispiele hierfür werden wir später in (3.3.27) sowie in (6.3.51) sehen.

Wir nennen ein Polynom $a = \sum_{k=0}^{\infty} a_k x^k$ ein *konstantes Polynom*, wenn $a_k = 0$ für alle $k \geq 1$ gilt.

Satz 3.35 (Polynomring). *Sei* R *ein Ring.*

i.) Die Addition und Multiplikation von Polynomen liefert Abbildungen

$$+, \cdot \colon \mathsf{R}[x] \times \mathsf{R}[x] \longrightarrow \mathsf{R}[x]. \tag{3.3.20}$$

ii.) Die Polynome $\mathsf{R}[x]$ *werden bezüglich* $+$ *und* $\cdot$ *ein Ring. Das neutrale Element bezüglich* $+$ *ist das Nullpolynom.*

iii.) Besitzt R *ein Einselement, so ist das konstante Polynom mit* $a_0 = \mathbb{1}$ *das Einselement von* $\mathsf{R}[x]$.

iv.) Ist R *kommutativ, so ist auch* $\mathsf{R}[x]$ *kommutativ.*

v.) Der Ring R *lässt sich als Unterring von* $\mathsf{R}[x]$ *auffassen, indem man Elemente von* R *als konstante Polynome interpretiert.*

Beweis. Für den ersten Teil ist nur zu prüfen, ob in (3.3.17) und (3.3.18) wieder nur endlich viele Koeffizienten von Null verschieden sind. Dies ist aber klar, denn für $k > \deg(a)$ oder $\ell > \deg(b)$ folgt $a_k b_\ell = 0$. Damit ist für $r > \deg(a) + \deg(b)$ und alle k und ℓ mit $k + \ell = r$ offenbar $(ab)_r = 0$, da jeder einzelne Beitrag in (3.3.18) verschwindet. Damit ist $ab \in \mathsf{R}[x]$. Für die Summe ist klar, dass $a_k + b_k = 0$, sofern $k > \max(\deg(a), \deg(b))$. Für den zweiten Teil müssen wir nachrechnen, dass $+$ assoziativ und kommutativ ist sowie das Nullpolynom als neutrales Element besitzt. Weiter müssen wir zeigen, dass die Distributivgesetze gelten und dass $\cdot$ assoziativ ist. Wir zeigen exemplarisch einige dieser Forderungen, die übrigen verbleiben als eine Übung. Seien $a, b, c \in \mathsf{R}[x]$ Polynome. Dann gilt

$$a(bc) = \sum_{r=0}^{\infty} (a(bc))_r x^r$$

$$= \sum_{r=0}^{\infty} \left(\sum_{k+\ell=r} a_k (bc)_\ell \right) x^r$$

$$= \sum_{r=0}^{\infty} \left(\sum_{k+\ell=r} a_k \left(\sum_{s+t=\ell} b_s c_t \right) \right) x^r$$

$$= \sum_{r=0}^{\infty} \left(\sum_{k+s+t=r} a_k(b_s c_t) \right) x^r,$$

wobei wir im letzten Schritt das Distributivgesetz in R benutzt haben, um

$$a_k \left(\sum_{s+t=\ell} b_s c_t \right) = \sum_{s+t=\ell} a_k(b_s c_t)$$

zu schreiben. Für die andere Klammerung erhält man analog

$$(ab)c = \sum_{r=0}^{\infty} \left(\sum_{k+s+t=r} (a_k b_s) c_t \right) x^r.$$

Damit folgt $a(bc) = (ab)c$ aus der Assoziativität der Multiplikation in R, denn $a_k(b_s c_t) = (a_k b_s) c_t$. Weiter gilt etwa

$$(a+b)c = \left(\sum_{k=0}^{\infty} (a_k + b_k) x^k \right) \cdot \left(\sum_{\ell=0}^{\infty} c_\ell x^\ell \right)$$

$$= \sum_{r=0}^{\infty} \left(\sum_{k+\ell=r} (a_k + b_k) c_\ell \right) x^r$$

$$= \sum_{r=0}^{\infty} \left(\sum_{k+\ell=r} a_k c_\ell + \sum_{k+\ell=r} b_k c_\ell \right) x^r$$

$$= ac + bc,$$

etc. Der dritte und fünfte Teil sind einfacher. Ist $a = a_0 = \mathbb{1}$ das konstante Polynom $\mathbb{1}$, so zeigt die Definition des Produkts in (3.3.18), dass

$$(ab)_r = a_0 b_r$$

der einzige Beitrag ist, also $\mathbb{1} \cdot b = b$. Entsprechend gilt auch $b \cdot \mathbb{1} = b$ für alle $b \in \mathsf{R}[x]$. Sind sowohl $a = a_0$ als auch $b = b_0$ konstante Polynome, so gilt nach (3.3.17) für die Summe $a + b = a_0 + b_0$ und nach (3.3.18) für das Produkt

$$ab = \sum_{r=0}^{\infty} (a_0 b_r + \cdots + a_r b_0) x^r = a_0 b_0,$$

was zeigt, dass die konstanten Polynome einen Unterring von $\mathsf{R}[x]$ bilden. Im kommutativen Fall gilt

$$(ab)_r = \sum_{k+\ell=r} a_k b_\ell = \sum_{k+\ell=r} b_\ell a_k = (ba)_r,$$

was mit (3.3.18) den vierten Teil zeigt.   □

Korollar 3.36. *Sei* R *ein Ring und* $a, b \in R[x]$. *Dann gilt*

$$\deg(a + b) \leq \max(\deg(a), \deg(b)) \tag{3.3.21}$$

und

$$\deg(ab) \leq \deg(a) + \deg(b). \tag{3.3.22}$$

Da es in einem beliebigen Ring R durchaus Elemente a, b mit $ab = 0$, aber $a \neq 0 \neq b$ geben kann, ist im allgemeinen Fall in (3.3.22) nur eine *Ungleichung* zu erwarten, siehe auch Beispiel 5.53. Wir werden später in Abschn. 3.5 noch eine speziellere Situation kennenlernen, wo in (3.3.22) immer die Gleichheit gilt.

Bemerkung 3.37. Die Wahl der Variable x ist natürlich willkürlich. Wir werden auch oft λ oder t anstelle von x verwenden. Sind die Grade der Polynome nicht zu groß, so ist die Schreibweise

$$a = a_n x^n + \cdots + a_1 x + a_0 \tag{3.3.23}$$

manchmal einfacher. Trotzdem sollte man sich an die Summenschreibweise (3.3.10) gut gewöhnen und eine große Vertrautheit mit ihr erwerben.

Eine wichtige Eigenschaft von Polynomen ist nun, dass wir für die Variable x ein Element aus dem zugrunde liegenden Ring einsetzen können.

Definition 3.38 (Nullstellen). Sei R ein Ring und $a \in R[x]$ ein Polynom.

i.) Für $\lambda \in R$ definieren wir $a(\lambda) \in R$ durch

$$a(\lambda) = \sum_{k=0}^{\infty} a_k \lambda^k = a_n \lambda^n + \cdots + a_1 \lambda + a_0, \tag{3.3.24}$$

wobei $n = \deg(a)$.

ii.) Das Ringelement $\lambda \in R$ heißt Nullstelle von a, falls

$$a(\lambda) = 0. \tag{3.3.25}$$

Im nichtkommutativen Fall spielt es offenbar eine Rolle, ob wir $a_k \lambda^k$ oder $\lambda^k a_k$ schreiben, oder gar $\lambda^{k-1} a_k \lambda$ etc. Daher stellt (3.3.24) in diesem Fall eine *Wahl* bei der Definition von $a(\lambda)$ dar. In den für uns wichtigen Anwendungen wird diese Situation jedoch *nie problematisch*: Selbst wenn der Ring R nichtkommutativ sein wird, werden wir typischerweise nur solche Kombinationen $a_k \lambda^k$ zu betrachten haben, für die die Reihenfolge unerheblich ist: Es wird nur die spezielle Situation auftreten, in der $a_k \lambda = \lambda a_k$ gilt.

Alternativ werden auch die Schreibweisen $a\big|_{x=\lambda}$ oder $a\big|_{\lambda}$ für die Auswertung eines Polynoms a bei $x = \lambda$ verwendet.

Wir sehen nun, dass ein Polynom $a \in R[x]$ auch als Abbildung

$$a \colon R \ni \lambda \mapsto a(\lambda) \in R \tag{3.3.26}$$

verstanden werden kann. Dies ist aber im Allgemeinen nicht ohne Informationsverlust möglich. Ist nämlich etwa R eine abelsche Gruppe, so können wir einfach alle Produkte als 0 definieren. Man sieht leicht, dass dies R zu einem kommutativen Ring ohne Eins macht. Ist nun $a(x) = a_n x^n + \cdots + a_0$ ein nichttriviales Polynom, so ist die zugehörige Abbildung einfach die konstante Abbildung

$$a\colon \lambda \mapsto a_n \lambda^n + \cdots + a_1 \lambda + a_0 = a_0, \qquad (3.3.27)$$

da ja alle Produkte als Null definiert sind. Damit vergisst die Abbildung (3.3.27) also die gesamte Information in den Koeffizienten $a_n, \ldots, a_1$.

Kontrollfragen. Welche Rolle spielt die 0 in einem Ring? Was ist der Zusammenhang von Injektivität und Kern eines Ringmorphismus? Was ist der Unterschied zwischen einer polynomialen Abbildung R $\longrightarrow$ R und einem Polynom in R$[x]$? Welche Eigenschaften hat der Grad deg eines Polynoms? Wieso ist der Begriff Nullstelle eines Polynoms im nichtkommutativen Fall problematisch?

3.4 Körper und die komplexen Zahlen

Als Verallgemeinerung der Zahlen $\mathbb{Z}$, $\mathbb{Q}$ und $\mathbb{R}$ bieten allgemeine (kommutative) Ringe eine gute Alternative: Es sind beide Verknüpfungen + und · vorhanden, und es gelten die analogen Rechenregeln. Es zeigt sich aber, dass für verschiedene Anwendungen allgemeine Ringe noch gewisse Defizite besitzen: In einem Ring R mit Eins kann es Elemente a geben, die kein multiplikatives Inverses a^{-1} besitzen. Nach Korollar 3.31 wissen wir, dass 0 nie ein multiplikatives Inverses hat, außer R ist der Nullring. Die berechtigte Hoffnung ist daher, dass vielleicht zumindest die übrigen Elemente in R$\setminus\{0\}$ solche Inverse besitzen. Zusammen mit der Kommutativität der Multiplikation liefert dies den Begriff des Körpers:

Definition 3.39 (Körper). Ein Körper $\Bbbk$ ist ein kommutativer Ring mit Eins, sodass $\Bbbk \setminus \{0\}$ eine Gruppe bezüglich der Multiplikation ist. Ein Körpermorphismus ist ein einserhaltender Ringmorphismus.

Da definitionsgemäß eine Gruppe ein neutrales Element besitzt, ist also insbesondere $\Bbbk \setminus \{0\}$ nicht leer und deshalb $\Bbbk$ nicht der Nullring. Also gilt für das Einselement $1 \in \Bbbk \setminus \{0\}$ bezüglich der Multiplikation in jedem Körper

$$1 \neq 0. \qquad (3.4.1)$$

Beispiel 3.40 (Körper).

i.) Die ganzen Zahlen $\mathbb{Z}$ sind kein Körper, da etwa $2 \in \mathbb{Z}$ von 0 verschieden ist und kein multiplikatives Inverses besitzt.

ii.) Die rationalen und reellen Zahlen $\mathbb{Q}$ und $\mathbb{R}$ dagegen sind Körper.

iii.) Die zyklische Gruppe $\mathbb{Z}_2 = \{\underline{0}, \underline{1}\}$ wird zu einem Körper, indem man

$$\underline{1} \cdot \underline{1} = \underline{1} \quad \text{und} \quad \underline{0} \cdot \underline{1} = \underline{0} \tag{3.4.2}$$

setzt. Dies ist offenbar die einzige Möglichkeit, $\mathbb{Z}_2$ zu einem Ring mit Eins zu machen. Die Verifikation der Körpereigenschaften erzielt man nun am einfachsten durch ein explizites Nachprüfen aller möglichen (endlich vielen) Fälle. Bemerkenswert an diesem Körper ist, dass

$$\underline{1} + \underline{1} = \underline{0} \tag{3.4.3}$$

gilt.

Gerade dieses letzte Beispiel zeigt, dass ein Körper $\Bbbk$ die ganzen Zahlen keineswegs enthalten muss. Als bestmöglichen Ersatz definieren wir für $n \in \mathbb{N}$ und einen Ring R für ein fest gewähltes Ringelement $a \in \mathsf{R}$ die neuen Ringelemente

$$n \cdot a = \underbrace{a + \cdots + a}_{n\text{-mal}} \in \mathsf{R}. \tag{3.4.4}$$

Man beachte, dass dies *nicht* ein Produkt von zwei Ringelementen in R ist, da ja n nicht unbedingt ein Element von R sein muss. Weiter setzen wir in Übereinstimmung mit Proposition 3.29

$$0 \cdot a = 0 \tag{3.4.5}$$

sowie

$$n \cdot a = \underbrace{-a - \cdots - a}_{|n|\text{-mal}} \in \mathsf{R} \tag{3.4.6}$$

für $-n \in \mathbb{N}$. Auf diese Weise können wir von $n \cdot a$ für alle $n \in \mathbb{Z}$ sprechen. Es gelten dann die Rechenregeln

$$n \cdot a + m \cdot a = (n + m) \cdot a \tag{3.4.7}$$

sowie

$$(nm) \cdot a = n \cdot (m \cdot a) \tag{3.4.8}$$

für alle $n, m \in \mathbb{Z}$. Für den Nachweis dieser Regeln siehe Übung 3.14. Besitzt R eine Eins, erhalten wir somit für $a = \mathbb{1}$ einen kanonischen Ringmorphismus:

Proposition 3.41. *Sei* R *ein Ring mit Eins. Dann ist*

$$\mathbb{Z} \ni n \mapsto n \cdot \mathbb{1} \in \mathsf{R} \tag{3.4.9}$$

ein einserhaltender Ringmorphismus.

Beweis. Wegen $\mathbb{1} \cdot \mathbb{1} = \mathbb{1}$ in jedem Ring gilt $(n \cdot \mathbb{1}) \cdot (m \cdot \mathbb{1}) = (nm) \cdot \mathbb{1}$, siehe auch Übung 3.17, *vi.)*, für weitere Details. □

Das Phänomen von Beispiel 3.40, *iii.)*, ist nun die Motivation für folgende Definition:

Definition 3.42 (Charakteristik). Sei $\mathbb{k}$ ein Körper. Dann definiert man die Charakteristik von $\mathbb{k}$ durch $\mathrm{char}(\mathbb{k}) = 0$, falls $n \cdot 1 \neq 0$ für alle $n \in \mathbb{N}$, oder

$$\mathrm{char}(\mathbb{k}) = \min\{n \in \mathbb{N} \mid n \cdot 1 = 0\} \tag{3.4.10}$$

anderenfalls.

Bemerkung 3.43 (Charakteristik).

i.) Im Prinzip ist Definition 3.42 auch für einen Ring mit Eins sinnvoll, sodass wir auch in diesem Fall von der Charakteristik eines Rings sprechen können.

ii.) Charakteristik 0 bedeutet also gerade, dass der Ringmorphismus (3.4.9) *injektiv* ist. In diesem Fall können wir $\mathbb{Z} \subseteq \mathbb{k}$ als Unterring auffassen.

iii.) Das Beispiel 3.40, *iii.)*, liefert einen Körper mit Charakteristik

$$\mathrm{char}(\mathbb{Z}_2) = 2. \tag{3.4.11}$$

Proposition 3.44. *Sei $\mathbb{k}$ ein Körper mit Charakteristik $\mathrm{char}(\mathbb{k}) = p \neq 0$. Dann ist p eine Primzahl.*

Beweis. Wir nehmen an, dass p keine Primzahl ist. Dann gibt es also $n, m \in \mathbb{N}$ mit $p = nm$ und $1 < n, m < p$. Nach Definition von p gilt $n \cdot 1, m \cdot 1 \in \mathbb{k} \setminus \{0\}$. Damit liegen diese beiden Elemente in der multiplikativen Gruppe $\mathbb{k} \setminus \{0\}$. Somit ist auch ihr Produkt

$$(n \cdot 1)(m \cdot 1) = (nm) \cdot 1 = p \cdot 1 \in \mathbb{k} \setminus \{0\}$$

in der multiplikativen Gruppe $\mathbb{k} \setminus \{0\}$ enthalten. Da aber $p \cdot 1 = 0$ gilt, haben wir einen Widerspruch erreicht. □

Umgekehrt kann man zeigen, dass es zu jeder Primzahl p auch Körper mit Charakteristik p gibt. Ohne den genauen (und nicht schweren) Beweis zu geben, seien die zyklischen Gruppen $\mathbb{Z}_p$ genannt. Ist p eine Primzahl, so sind die $\mathbb{Z}_p$ Körper mit

$$\mathrm{char}(\mathbb{Z}_p) = p. \tag{3.4.12}$$

Diese *endlichen* Körper spielen durchaus eine wichtige Rolle, etwa in der Zahlentheorie, der Algebra, der Kryptografie und auch der algebraischen Topologie. Sie sind also keineswegs als „mathematische Spielerei" abzutun. Trotzdem werden die meisten für uns interessanten Körper die Charakteristik 0 haben. Zumindest $\mathrm{char}(\mathbb{k}) \neq 2$ ist oftmals eine wünschenswerte Eigenschaft, da in diesem Fall

$$- 1 \neq 1 \qquad\qquad (3.4.13)$$

gilt. Im Falle von Charakteristik 2 ergeben sich etliche zum Teil unerwünschte Effekte, wenn es um Vorzeichen, Symmetrie und Antisymmetrie geht. Für Charakteristik 0 dagegen ist $\mathbb{Q}$ immer ein Unterkörper:

Proposition 3.45. *Sei* $\mathbb{k}$ *ein Körper der Charakteristik* 0. *Dann liefert*

$$\mathbb{Q} \ni \frac{n}{m} \mapsto (n \cdot 1)(m \cdot 1)^{-1} \in \mathbb{k} \qquad\qquad (3.4.14)$$

einen injektiven Körpermorphismus.

Beweis. Zunächst ist $m \cdot 1 \in \mathbb{k} \setminus \{0\}$, da nach Annahme char($\mathbb{k}$) $= 0$ gilt. Damit ist $(n \cdot 1)(m \cdot 1)^{-1}$ als Element von $\mathbb{k}$ überhaupt definiert. Ist $\frac{n}{m} = \frac{nk}{mk}$ mit $k \in \mathbb{N}$, so gilt

$$\begin{aligned}
(nk \cdot 1)(mk \cdot 1)^{-1} &= (n \cdot 1)(k \cdot 1)((m \cdot 1)(k \cdot 1))^{-1} \\
&= (n \cdot 1)(k \cdot 1)(k \cdot 1)^{-1}(m \cdot 1)^{-1} \\
&= (n \cdot 1)(m \cdot 1)^{-1}, \qquad\qquad (3.4.15)
\end{aligned}$$

womit die rechte Seite nicht davon abhängt, wie wir die rationale Zahl als Quotient von $n \in \mathbb{Z}$ und $m \in \mathbb{N}$ geschrieben haben. Dies zeigt, dass (3.4.14) *wohldefiniert* ist. Seien nun $n, n' \in \mathbb{Z}$ und $m, m' \in \mathbb{N}$ gegeben. Wir können annehmen, dass $\frac{n}{m}$ und $\frac{n'}{m'}$ schon auf einen gemeinsamen Nenner $m = m'$ gebracht wurden, da (3.4.14) nach (3.4.15) ja invariant unter Kürzen und Erweitern ist. Dann gilt

$$((n+n') \cdot 1)(m \cdot 1)^{-1} \overset{(3.4.7)}{=} (n \cdot 1 + n' \cdot 1)(m \cdot 1)^{-1} = (n \cdot 1)(m \cdot 1)^{-1} + (n' \cdot 1)(m \cdot 1)^{-1}$$

mithilfe des Distributivgesetzes in $\mathbb{k}$. Damit bildet (3.4.14) aber $\frac{n}{m} + \frac{n'}{m}$ auf die Summe der Bilder von $\frac{n}{m}$ und $\frac{n'}{m}$ ab. Also ist (3.4.14) ein Gruppenmorphismus der additiven Gruppe $(\mathbb{Q}, +)$ nach $(\mathbb{k}, +)$. Die $1 \in \mathbb{Q}$ wird nach Definition auf $1 \in \mathbb{k}$ abgebildet. Mit der Kommutativität gilt

$$\begin{aligned}
\frac{n}{m} \cdot \frac{n'}{m'} = \frac{nn'}{mm'} &\mapsto (nn' \cdot 1)(mm' \cdot 1)^{-1} \\
&= (n \cdot 1)(n' \cdot 1)(m \cdot 1)^{-1}(m' \cdot 1)^{-1} \\
&= (n \cdot 1)(m \cdot 1)^{-1}(n' \cdot 1)(m' \cdot 1)^{-1},
\end{aligned}$$

womit auch Produkte auf Produkte abgebildet werden. Damit ist (3.4.14) ein Ringmorphismus, der die Eins erhält. Zum Prüfen der Injektivität seien nun $\frac{n}{m}, \frac{n'}{m'} \in \mathbb{Q}$ mit $(n \cdot 1)(m \cdot 1)^{-1} = (n' \cdot 1)(m' \cdot 1)^{-1}$ gegeben. Dann folgt

$$(nm' \cdot 1) = (n \cdot 1)(m' \cdot 1) = (n' \cdot 1) \cdot (m \cdot 1) = (n'm \cdot 1).$$

Damit gilt also $(nm' - n'm) \cdot 1 = 0$ und wegen $\mathrm{char}(\Bbbk) = 0$, folgt $nm' = n'm$. Dies zeigt aber $\frac{n}{m} = \frac{n'}{m'}$ in $\mathbb{Q}$, womit die Injektivität folgt, siehe auch Übung 3.27 für ein deutlich konzeptuelleres Argument. $\qquad\square$

Bemerkung 3.46 (Charakteristik Null). Hat $\Bbbk$ die Charakteristik 0, so besagt Proposition 3.45, dass wir die rationalen Zahlen mittels (3.4.14) als *Unterkörper* von $\Bbbk$ auffassen können. Um unsere Notation nun nicht unnötig zu erschweren, werden wir in diesem Fall einfach $\frac{n}{m} \in \Bbbk$ anstelle von $(n \cdot 1)(m \cdot 1)^{-1}$ schreiben.

Nach diesem Exkurs in die allgemeine Theorie der Körper wollen wir im verbleibenden Teil dieses Abschnittes einen neuen Körper konstruieren: die *komplexen Zahlen* $\mathbb{C}$. Es wird dabei vorausgesetzt, dass eine gewisse Vertrautheit mit den reellen Zahlen $\mathbb{R}$ vorliegt: Diese werden in der Analysis aus den rationalen Zahlen konstruiert, beispielsweise als Menge aller Cauchy-Folgen in $\mathbb{Q}$ modulo der Nullfolgen. Details findet man etwa in [1, Abschnitt I.10].

Definition 3.47 (Die komplexen Zahlen). Die komplexen Zahlen sind definiert als die Menge

$$\mathbb{C} = \mathbb{R} \times \mathbb{R} \tag{3.4.16}$$

mit den beiden Verknüpfungen $+, \cdot : \mathbb{C} \times \mathbb{C} \longrightarrow \mathbb{C}$ mit

$$(a, b) + (a', b') = (a + a', b + b') \tag{3.4.17}$$

und

$$(a, b) \cdot (a', b') = (aa' - bb', ab' + ba'). \tag{3.4.18}$$

Wir schreiben 0 für $(0, 0)$ und 1 für $(1, 0)$.

Lemma 3.48. *Die komplexen Zahlen bilden bezüglich $+$ eine abelsche Gruppe mit neutralem Element 0.*

Beweis. Dies ist noch nicht weiter spannend, da diese Eigenschaften direkt aus denen der Addition reeller Zahlen folgen. $\qquad\square$

Lemma 3.49. *Die Multiplikation von komplexen Zahlen ist assoziativ, kommutativ und besitzt 1 als neutrales Element.*

Beweis. Die Kommutativität ist klar, da die Multiplikation von reellen Zahlen kommutativ ist und a, b sowie a', b' symmetrisch in (3.4.18) eingehen. Weiter gilt

$$\begin{aligned}
&(a, b) \cdot ((a', b') \cdot (a'', b'')) \\
&= (a, b) \cdot (a'a'' - b'b'', a'b'' + b'a'') \\
&= (a(a'a'' - b'b'') - b(a'b'' + b'a''), a(a'b'' + b'a'') + b(a'a'' - b'b'')) \\
&= (aa'a'' - ab'b'' - ba'b'' - bb'a'', aa'b'' + ab'a'' + ba'a'' - bb'b'')
\end{aligned}$$

sowie

$$
\begin{aligned}
&((a,b) \cdot (a',b')) \cdot (a'',b'') \\
&= (aa' - bb', ab' + ba') \cdot (a'',b'') \\
&= (aa'a'' - bb'a'' - ab'b'' - ba'b'', aa'b'' - bb'b'' + ab'a'' + ba'a''),
\end{aligned}
$$

womit die Assoziativität folgt. Schließlich gilt

$$
(1,0) \cdot (a,b) = (1 \cdot a - 0 \cdot b, 1 \cdot b + 0 \cdot a) = (a,b),
$$

womit $(1,0)$ tatsächlich das gesuchte Einselement ist. $\qquad\square$

Lemma 3.50. *Die komplexen Zahlen* $\mathbb{C}$ *sind ein kommutativer Ring mit Eins.*

Beweis. Es verbleibt lediglich, die Distributivgesetze (3.3.1) zu zeigen. Aufgrund der Kommutativität genügt eines, also

$$
\begin{aligned}
&((a,b) + (a',b')) \cdot (a'',b'') \\
&= (a + a', b + b') \cdot (a'',b'') \\
&= (aa'' + a'a'' - bb'' - b'b'', ab'' + a'b'' + ba'' + b'a'') \\
&= (a,b) \cdot (a'',b'') + (a',b') \cdot (a'',b''),
\end{aligned}
$$

wobei wir das Distributivgesetz für reelle Zahlen verwendet haben. $\qquad\square$

Lemma 3.51. *Jede komplexe Zahl* $(a,b) \neq 0$ *besitzt ein multiplikatives Inverses, nämlich*

$$
(a,b)^{-1} = \left(\frac{a}{a^2 + b^2}, -\frac{b}{a^2 + b^2} \right). \tag{3.4.19}
$$

Beweis. Hier verwenden wir eine entscheidende Eigenschaft der reellen Zahlen $\mathbb{R}$, die in einem beliebigen Körper falsch sein kann: Die Summe von (zwei) Quadraten ist genau dann 0, wenn jeder Summand 0 ist. Aus diesem Grunde ist die rechte Seite von (3.4.19) überhaupt definiert, denn für $(a,b) \neq 0$ muss mindestens eine der beiden reellen Zahlen a und b von null verschieden sein, weshalb $a^2 + b^2 > 0$ folgt. Der Nachweis, dass (3.4.19) das Inverse ist, gestaltet sich nun einfach, nämlich

$$
(a,b) \cdot (a,b)^{-1} = \left(a\frac{a}{a^2 + b^2} - b\frac{-b}{a^2 + b^2}, a\frac{-b}{a^2 + b^2} + \frac{a}{a^2 + b^2}b \right) = (1,0) = 1.
$$

Dank der Kommutativität von $\cdot$ gilt auch $(a,b)^{-1} \cdot (a,b) = 1$. $\qquad\square$

Lemma 3.52. *Die Abbildung*

$$
\mathbb{R} \ni a \mapsto (a,0) \in \mathbb{C} \tag{3.4.20}
$$

ist ein injektiver, einserhaltender Ringmorphismus.

Beweis. Offenbar ist (3.4.20) einserhaltend und injektiv und es gilt

$$a + b \mapsto (a+b, 0) = (a, 0) + (b, 0) \quad \text{sowie} \quad ab \mapsto (ab, 0) = (a, 0) \cdot (b, 0),$$

was alles ist, was wir zeigen müssen.   □

Satz 3.53 (Der Körper $\mathbb{C}$). *Die komplexen Zahlen $\mathbb{C}$ bilden einen Körper, der $\mathbb{R}$ als Unterkörper mittels (3.4.20) umfasst. Es gilt* char($\mathbb{C}$) = 0.

Wir wollen nun einige Eigenschaften dieses Körpers diskutieren. Zunächst nennen wir das spezielle Element $(0, 1)$ die *imaginäre Einheit*

$$\mathrm{i} = (0, 1) \in \mathbb{C}. \tag{3.4.21}$$

Für die imaginäre Einheit gilt dann

$$\mathrm{i}^2 = -1. \tag{3.4.22}$$

Weiter schreiben wir anstelle von (a, b) nun

$$(a, b) \rightsquigarrow a + \mathrm{i}b, \tag{3.4.23}$$

was mit der Addition (3.4.17) und der Multiplikation (3.4.18) sowie (3.4.22) konsistent ist. Diese Schreibweise und (3.4.22) erklären auch die Formel für die Multiplikation, denn formales Ausmultiplizieren unter Berücksichtigung von $\mathrm{i}^2 = -1$ liefert

$$(a + \mathrm{i}b)(a' + \mathrm{i}b') = aa' + \mathrm{i}ba' + \mathrm{i}ab' + \mathrm{i}^2bb' = aa' - bb' + \mathrm{i}(ab' + ba'), \tag{3.4.24}$$

also wieder (3.4.18). Wir nennen $a = \mathrm{Re}(a+\mathrm{i}b)$ den *Realteil* und $b = \mathrm{Im}(a+\mathrm{i}b)$ den *Imaginärteil* von $a + \mathrm{i}b$.

Definition 3.54 (Komplexe Konjugation). Die komplexe Konjugation für $\mathbb{C}$ ist die Abbildung

$$\overline{}: \mathbb{C} \ni z = a + \mathrm{i}b \mapsto \overline{z} = a - \mathrm{i}b \in \mathbb{C}. \tag{3.4.25}$$

Proposition 3.55. *Die komplexe Konjugation ist ein involutiver Körperautomorphismus von $\mathbb{C}$, es gilt also*

$$\overline{\overline{z}} = z, \quad \overline{z + w} = \overline{z} + \overline{w} \quad \text{und} \quad \overline{zw} = \overline{z}\,\overline{w} \tag{3.4.26}$$

für alle $z, w \in \mathbb{C}$. Weiter gilt

$$\overline{z}z \geq 0 \quad \text{und} \quad \overline{z}z = 0 \iff z = 0. \tag{3.4.27}$$

Beweis. Die Rechenregeln $\overline{\overline{z}} = z$ und $\overline{z + w} = \overline{z} + \overline{w}$ sind klar. Weiter gilt mit $z = a + \mathrm{i}b$ und $w = a' + \mathrm{i}b'$

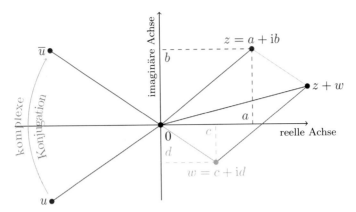

Abb. 3.2 Addition und komplexe Konjugation in $\mathbb{C}$

$$\begin{aligned}
\overline{zw} &= \overline{(a + \mathrm{i}b)(a' + \mathrm{i}b')} \\
&= \overline{(aa' - bb' + \mathrm{i}(ab' + ba'))} \\
&= aa' - bb' - \mathrm{i}(ab' + ba') \\
&= (a - \mathrm{i}b)(a' - \mathrm{i}b') \\
&= \overline{z}\,\overline{w}.
\end{aligned}$$

Schließlich gilt

$$\overline{z}z = (a - \mathrm{i}b)(a + \mathrm{i}b) = a^2 + b^2 - \mathrm{i}ab + \mathrm{i}ab = a^2 + b^2 \geq 0.$$

Offenbar folgt $\overline{z}z = 0 \iff a = 0 = b$, was aber $z = 0$ bedeutet.   □

Diese Eigenschaften der komplexen Konjugation erlauben nun folgende Definition:

Definition 3.56 (Betrag und Phase). Sei $z \in \mathbb{C}$. Dann heißt

$$|z| = \sqrt{\overline{z}z} \tag{3.4.28}$$

der Betrag von z. Für $z \neq 0$ heißt $\frac{z}{|z|}$ die Phase von z.

Die folgenden Eigenschaften von Betrag und Phase sind klar.

Proposition 3.57. *Für $z, w \in \mathbb{C}$ gilt*

$$|z| \geq 0 \quad und \quad |z| = 0 \iff z = 0, \tag{3.4.29}$$

$$|z + w| \leq |z| + |w|, \tag{3.4.30}$$

$$|zw| = |z||w|, \tag{3.4.31}$$

$$|\overline{z}| = |z| \tag{3.4.32}$$

und für $z \neq 0$

$$\left| \frac{z}{|z|} \right| = 1. \tag{3.4.33}$$

Wir kommen nun zu einer grafischen Darstellung der komplexen Zahlen und ihrer algebraischen Eigenschaften. Die komplexen Zahlen $\mathbb{C}$ identifizieren wir mit Punkten der reellen Ebene $\mathbb{R}^2$, indem wir den Realteil als x-Koordinate und den Imaginärteil als y-Koordinate aufzeichnen. Die Addition von komplexen Zahlen ist dann einfach die übliche Vektoraddition in der Ebene. Die komplexe Konjugation entspricht der Spiegelung an der x-Achse, siehe auch Abb. 3.2. Der Betrag $|z|$ ist die euklidische Länge, und die Phase ist der Schnittpunkt der Halbgeraden von 0 nach z mit dem *Einheitskreis*

$$\mathbb{S}^1 = \left\{ z \in \mathbb{C} \mid |z| = 1 \right\}, \tag{3.4.34}$$

siehe Abb. 3.3. Die komplexe Multiplikation ist etwas schwieriger zu visuali-

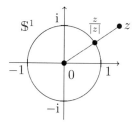

Abb. 3.3 Einheitskreis und Phase in $\mathbb{C}$

sieren. Zunächst liefert (3.4.31) das Resultat, dass zw die euklidische Länge $|z||w|$ hat: Es werden also die Längen von z und w multipliziert. Ist eine der Zahlen z oder w null, so auch zw. Dieser Fall ist trivial. Wegen

$$zw = |z||w| \frac{z}{|z|} \frac{w}{|w|} \tag{3.4.35}$$

für $z, w \in \mathbb{C} \setminus \{0\}$ bleibt zu bestimmen, welche Phase $\frac{zw}{|zw|} = \frac{z}{|z|} \frac{w}{|w|}$ das Produkt hat. Es genügt dazu offenbar $z, w \in \mathbb{S}^1$ zu betrachten. Für $z, w \in \mathbb{S}^1$ gilt mithilfe elementarer Dreiecksgeometrie

$$z = \cos \phi + \mathrm{i} \sin \phi \quad \text{und} \quad w = \cos \psi + \mathrm{i} \sin \psi, \tag{3.4.36}$$

wobei $\phi, \psi \in [0, 2\pi)$ die jeweiligen Winkel von z beziehungsweise w zur x-Achse sind. Dann gilt also

$$\begin{aligned} zw &= \cos \phi \cos \psi - \sin \phi \sin \psi + \mathrm{i}(\cos \phi \sin \psi + \cos \psi \sin \phi) \\ &= \cos(\phi + \psi) + \mathrm{i} \sin(\phi + \psi) \end{aligned} \tag{3.4.37}$$

nach den *Additionstheoremen* für cos und sin. Für die Multiplikation von komplexen Zahlen werden also die *Winkel addiert*, die man aus den zugehörigen Phasen erhält, siehe auch Abb. 3.4.

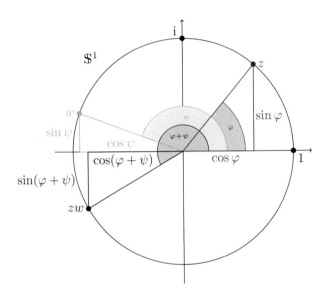

Abb. 3.4 Multiplikation von komplexen Phasen

Bemerkung 3.58. Zum jetzigen Stand der Dinge ist dies jedoch als Heuristik einzuschätzen, da wir noch nicht über eine mathematisch adäquate Definition von Kosinus und Sinus verfügen, geschweige denn die Additionstheoreme (3.4.37) wirklich beweisen können. Dies und vieles Weitere geschieht im Laufe eines Analysiskurses und eines Kurses zur Funktionentheorie. Tatsächlich werden Eigenschaften der Multiplikation der komplexen Zahlen und der komplexen Exponentialfunktion dazu verwendet, die Additionstheoreme zu beweisen, siehe beispielsweise [1, Abschnitt III.6] oder [19].

Wir kommen nun zu einem vorerst letzten Aspekt der komplexen Zahlen. Für reelle Zahlen $a \neq 0$ ist $a^2 > 0$. Daher kann eine Gleichung der Form

$$x^2 + 1 = 0 \tag{3.4.38}$$

keine reelle Lösung besitzen. Es kann daher passieren, dass ein reelles Polynom $p \in \mathbb{R}[x]$ *keine* reelle Nullstelle besitzt. Das ist aus vielerlei Gründen manchmal sehr unerfreulich. Wir werden bei der Behandlung des Eigenwertproblems in Abschn. 6.5 konkrete Gründe dafür sehen. Die komplexen Zahlen wurden historisch gesehen insbesondere deshalb „erfunden", um dieses Defizit zu beheben. Wir haben schon gesehen, dass i und −i die Gleichung (3.4.38) lösen, also *komplexe Nullstellen* des Polynoms $p(z) = z^2 + 1$ sind. Der folgende nichttriviale Satz zeigt nun, dass im Komplexen *alle* Polynome Nullstellen haben.

Satz 3.59 (Fundamentalsatz der Algebra). *Sei $p \in \mathbb{C}[z]$ ein nichtkonstantes Polynom mit komplexen Koeffizienten. Dann besitzt p eine komplexe Nullstelle.*

Der Beweis kann auf verschiedene Weisen erbracht werden, am einfachsten vermutlich mit Methoden aus der Funktionentheorie, siehe etwa [19, Kap. 9, §1]. Wir werden an dieser Stelle keinen Beweis geben, das Resultat selbst aber an vielen Stellen benutzen. Einen Körper mit dieser Eigenschaft nennt man auch algebraisch abgeschlossen:

Definition 3.60 (Algebraisch abgeschlossener Körper). Sei $\mathbb{k}$ ein Körper. Besitzt jedes nichtkonstante Polynom $p \in \mathbb{k}[x]$ eine Nullstelle, so heißt $\mathbb{k}$ algebraisch abgeschlossen.

Kontrollfragen. Wann ist ein Ring ein Körper? Wieso ist die Charakteristik eines Körpers eine Primzahl? Was ist ein Körpermorphismus und wieso sind solche immer injektiv? Wieso bilden die komplexen Zahlen wieder einen Körper? Wieso kann eine analoge Konstruktion von „komplexen Zahlen" $\mathbb{k} \times \mathrm{i}\mathbb{k}$ für einen beliebigen Körper $\mathbb{k}$ Schwierigkeiten bereiten? Ist $\mathbb{R}$ algebraisch abgeschlossen?

3.5 Nochmals Polynome

In diesem kleinen Abschnitt wollen wir einige weitere Eigenschaften von Polynomen untersuchen. Anders als im allgemeinen Fall sind wir nun an $\mathbb{k}[x]$ mit einem *Körper* $\mathbb{k}$ anstelle eines beliebigen Rings interessiert.

Ist nun $\mathbb{k}$ ein Körper, so können wir die Abschätzung aus Korollar 3.36 zu einer Gleichheit verbessern:

Lemma 3.61. *Seien $p, q \in \mathbb{k}[x]$ ungleich dem Nullpolynom. Dann gilt*

$$\deg(pq) = \deg(p) + \deg(q). \tag{3.5.1}$$

Beweis. Seien $p(x) = a_n x^n + \cdots + a_0$ und $q(x) = b_m x^m + \cdots + b_0$ mit $a_n, \ldots, a_0, b_m, \ldots, b_0 \in \mathbb{k}$ gegeben. Da wir $p \neq 0 \neq q$ annehmen, können wir ohne Einschränkung $a_n \neq 0 \neq b_m$ annehmen. Es gilt also $\deg(p) = n$ und $\deg(q) = m$. Dann gilt weiter

$$(pq)(x) = a_n b_m x^{n+m} + (a_n b_{m-1} + a_{n-1} b_m) x^{m+n-1} + \cdots + a_0 b_0.$$

Da $\mathbb{k}$ ein Körper ist, folgt $a_n b_m \neq 0$, womit (3.5.1) gezeigt ist. □

Mit der Konvention, dass $-\infty + n = -\infty$ für alle $n \in \mathbb{N}_0 \cup \{-\infty\}$, behält das Lemma seine Gültigkeit auch für den Fall, dass eines oder beide

Polynome das Nullpolynom sind. Dies erklärt die Konvention, dass wir dem Nullpolynom den Grad $-\infty$ zuordnen wollen.

Man beachte, dass jenseits eines Körpers mögliche Nullteiler in einem Ring R das Lemma zunichte machen können und nur die Abschätzung aus Korollar 3.36 allgemeinen Bestand hat: Hier heißt $a \in$ R ein *Nullteiler*, wenn $a \neq 0$ und wenn es ein $b \in$ R $\setminus \{0\}$ mit $ab = 0$ gibt. Im nichtkommutativen Fall sollte man zudem zwischen Rechts- und Linksnullteilern unterscheiden.

Das nächste wichtige Konzept ist die Polynomdivision mit Rest. Diese kann in viel allgemeineren Zusammenhängen konstruiert werden als nur für den Polynomring $\Bbbk[x]$. Wir wollen aber an dieser Stelle nur den einfachen Fall von Polynomringen betrachten:

Proposition 3.62 (Polynomdivision). *Seien* $p, d \in \Bbbk[x]$ *mit* $d \neq 0$ *gegeben. Dann gibt es eindeutig bestimmte Polynome* $q, r \in \Bbbk[x]$ *mit*

$$p = qd + r \quad und \quad \deg r < \deg d. \tag{3.5.2}$$

Beweis. Der Beweis ist sogar konstruktiv und liefert einen Algorithmus zur schnellen Berechnung von q und r. Zunächst überlegt man sich die Eindeutigkeit: Seien q, q' sowie r, r' alternative Polynome mit (3.5.2). Dann gilt also $qd + r = q'd + r'$ und damit

$$(q - q')d = r' - r.$$

Für die Grade gilt dann für $q - q' \neq 0$ nach Lemma 3.61

$$\deg(r' - r) = \deg(q - q') + \deg(d) > \deg(d),$$

was nicht sein kann, da $\deg(r), \deg(r') < \deg(d)$ gefordert war und somit auch $\deg(r' - r') < \deg(d)$ gilt. Also muss $q = q'$ gewesen sein. Damit folgt aber auch $r = r'$. Für $p = 0$ ist $q = 0$ und $r = 0$ eine und damit die eindeutige Lösung, da wir ja $\deg(0) = -\infty$ gesetzt haben. Zur Berechnung von q und r für $p \neq 0$ schreiben wir

$$p(x) = a_n x^n + \cdots + a_0 \quad und \quad d(x) = b_m x^m + \cdots + b_0$$

jeweils mit $a_n \neq 0 \neq b_m$. Gilt nun $\deg(d) = m > n = \deg(p)$, so ist mit $q = 0$ und $r = p$ die Gleichung (3.5.2) offenbar eindeutig gelöst. Gilt $n \geq m$, so setzen wir zuerst

$$q_1(x) = \frac{a_n}{b_m} x^{n-m}.$$

Dann ist

$$(q_1 d)(x) = a_n x^n + \frac{b_{m-1} a_n}{b_m} x^{n-1} + \cdots + \frac{b_0 a_n}{b_m} x^{n-m}.$$

Wir betrachten nun $p_1 = p - q_1 d$, was ein Polynom vom Grade (mindestens) eins kleiner als p ist, da sich die führenden Terme gerade herausheben. Nun ist entweder $\deg(p_1) < \deg(d)$, und wir können $r = p_1$ und $q = q_1$ setzen, oder $\deg(p_1) \geq \deg(d)$, und wir können den vorherigen Schritt wiederholen, um q_2 zu definieren. Nach endlich vielen Schritten sind somit $p_1, \ldots, p_k$ und $q_1, \ldots, q_k$ konstruiert, sodass $\deg(p_k) < \deg(d)$ erreicht ist. Dann ist

$$p = (q_1 + \cdots + q_k)d + p_k$$

nach Konstruktion, womit $q = q_1 + \cdots + q_k$ und $r = p_k$ die gesuchte Lösung liefert. $\qquad\square$

Beispiel 3.63. Wir illustrieren den Algorithmus am besten durch ein Beispiel. Seien

$$p(x) = 4x^4 + 3x^3 - 7x^2 + 2 \quad \text{und} \quad d(x) = 8x^2 - 2x \qquad (3.5.3)$$

gegeben. Im ersten Schritt erhält man daher

$$q_1(x) = \frac{1}{2}x^2 \qquad (3.5.4)$$

und somit $(q_1 d)(x) = 4x^4 - x^3$. Der Rest ist dann

$$p_1(x) = (p - q_1 d)(x) = 4x^3 - 7x^2 + 2. \qquad (3.5.5)$$

Da $\deg(p_1) = 3 \geq 2 = \deg(d)$, ist ein weiterer Schritt nötig. Wir erhalten

$$q_2(x) = \frac{1}{2}x \qquad (3.5.6)$$

und somit $(q_2 d)(x) = 4x^3 - x^2$. Dies liefert

$$p_2(x) = (p_1 - q_2 d)(x) = -6x^2 + 2. \qquad (3.5.7)$$

Es gilt immer noch $\deg(p_2) \geq \deg(d)$, weshalb wir einen dritten Schritt benötigen mit

$$q_3(x) = -\frac{3}{4} \qquad (3.5.8)$$

und entsprechend $(q_3 d)(x) = -6x^2 + \frac{3}{2}x$. Dies liefert

$$p_3(x) = (p_2 - q_3 d)(x) = -\frac{3}{2}x + 2. \qquad (3.5.9)$$

Nun ist $\deg(p_3) < \deg(d)$ erreicht, womit wir fertig sind. Wir erhalten daher die Polynomdivision mit Rest

$$(4x^4 + 3x^3 - 7x^2 + 2) = \left(\frac{1}{2}x^2 + \frac{1}{2}x - \frac{3}{4}\right) \cdot \left(8x^2 - 2x\right) - \frac{3}{2}x + 2 \quad (3.5.10)$$

beziehungsweise

$$q(x) = \frac{1}{2}x^2 + \frac{1}{2}x - \frac{3}{4} \quad \text{und} \quad r(x) = -\frac{3}{2}x + 2 \qquad (3.5.11)$$

für den Quotienten und den Rest.

Bemerkung 3.64. Da im Algorithmus zur Polynomdivision immer nur durch den Koeffizienten b_m des Nennerpolynoms d geteilt werden muss, kann man den Algorithmus auch auf folgende Situation erweitern: Man kann den Körper k durch einen kommutativen Ring R mit Eins ersetzen und muss nun zusätzlich zu $d \neq 0$ fordern, dass der höchste Koeffizient b_m von d in R invertierbar ist. Für unsere Zwecke ist jedoch der Fall eines Körpers der entscheidende.

Im Sinne der Polynomdivision können wir nun auch formulieren, wann Polynome teilerfremd heißen sollen:

Definition 3.65 (Teilerfremd). Seien $p_1, \ldots, p_k \in \Bbbk[x]$ Polynome. Dann heißen die Polynome $p_1, \ldots, p_k$ teilerfremd, wenn die einzigen Polynome, die alle $p_1, \ldots, p_k$ teilen, die konstanten Polynome sind.

Als erste Anwendung der Polynomdivision mit Rest zeigen wir, wie man Nullstellen eines Polynoms zur *Faktorisierung* verwenden kann. Ist nämlich $\lambda \in \Bbbk$ und $q \in \Bbbk[x]$, so hat das Polynom

$$p(x) = (x - \lambda)q(x) \qquad (3.5.12)$$

eine Nullstelle bei λ. Die Umkehrung ist ebenfalls richtig:

Korollar 3.66. *Sei $p \in \Bbbk[x]$ ein nicht konstantes Polynom und $\lambda \in \Bbbk$ eine Nullstelle von p. Dann gibt es ein eindeutig bestimmtes Polynom $q \in \Bbbk[x]$ mit $\deg(q) = \deg(p) - 1$ und*

$$p(x) = (x - \lambda)q(x). \qquad (3.5.13)$$

Beweis. Wir betrachten $d(x) = x - \lambda$ und finden q und r gemäß Proposition 3.62. Da $\deg(d) = 1$, muss $\deg(r) \leq 0$ gelten. Also ist $r(x) = r_0$ ein konstantes Polynom. Einsetzen von λ liefert

$$0 = p(\lambda) = (\lambda - \lambda) \cdot q(\lambda) + r(\lambda) = 0 + r_0,$$

was $r_0 = 0$ zeigt. Nach Lemma 3.61 folgt nun $\deg(p) = \deg(d) + \deg(q) = 1 + \deg(q)$ und daher $\deg(q) = \deg(p) - 1$. $\qquad \Box$

Korollar 3.67. *Ein nicht konstantes Polynom $p \in \Bbbk[x]$ vom Grad $\deg(p) = n$ hat höchstens n Nullstellen.*

Korollar 3.68. *Sei $p \in \Bbbk[x]$ ein Polynom vom Grad $n \in \mathbb{N}$ mit Koeffizienten in einem algebraisch abgeschlossenen Körper. Dann gibt es Zahlen $\lambda_1, \ldots, \lambda_n \in \Bbbk$ mit*

$$p(x) = a_n(x - \lambda_1) \cdots (x - \lambda_n), \qquad (3.5.14)$$

wobei a_n der führende Koeffizient von p ist und die $\lambda_1, \ldots, \lambda_n$ nicht notwendigerweise verschieden sind.

Dies trifft nach Satz 3.59 insbesondere für *komplexe* Polynome $p \in \mathbb{C}[x]$ zu: Ein komplexes Polynom zerfällt in *Linearfaktoren*.

Der nächste wichtige Satz über Polynome ist eine Variante des Lemmas von Bezout. Dieses kann in einem viel größeren Kontext konzeptionell klarer formuliert und bewiesen werden. Wir werden uns hier jedoch mit einer einfachen Version in der Sprache der Polynome begnügen.

Satz 3.69 (Lemma von Bezout). *Sei $k \in \mathbb{N}$, und seien $p_1, \ldots, p_k \in \mathbb{k}[x]$ vorgegeben. Sind die einzigen gemeinsamen Teiler der Polynome $p_1, \ldots, p_k$ die Konstanten, so gibt es Polynome $q_1, \ldots, q_k \in \mathbb{k}[x]$ mit*

$$p_1 q_1 + \cdots + p_k q_k = 1. \tag{3.5.15}$$

Beweis. Wir betrachten alle Polynome der Form

$$\mathcal{J} = \left\{ p_1 a_1 + \cdots + p_k a_k \mid a_1, \ldots, a_k \in \mathbb{k}[x] \right\} \subseteq \mathbb{k}[x].$$

Es gilt dann zu zeigen, dass $1 \in \mathcal{J}$. Da die Polynome $p_1, \ldots, p_k$ teilerfremd sein sollen, können nicht alle von ihnen verschwinden, da sonst jedes Polynom ein Teiler wäre. Damit gilt $\mathcal{J} \neq \{0\}$. Unter den Polynomen in $\mathcal{J} \setminus \{0\}$ wählen wir eines mit minimalem Grad aus: Eine solche Wahl d ist sicher möglich, aber nicht unbedingt eindeutig. Da nach Voraussetzung $d \neq 0$ gelten soll, finden wir zu einem $p \in \mathcal{J}$ eindeutig bestimmte $q, r \in \mathbb{k}[x]$ mit

$$p = qd + r \quad \text{mit} \quad \deg(r) < \deg(d).$$

Nun bemerken wir, dass $\mathcal{J}$ ein Unterring von $\mathbb{k}[x]$ ist: Dies ist eine einfache Verifikation anhand der expliziten Form der Elemente von $\mathcal{J}$. Es gilt sogar, dass $\mathcal{J}$ ein *Ideal* ist: Für $f \in \mathcal{J}$ und $g \in \mathbb{k}[x]$ gilt $fg \in \mathcal{J}$. Auch diese Eigenschaft ist anhand der Definition von $\mathcal{J}$ unmittelbar klar. Den Begriff des Ideals werden wir in Band 2 noch eingehender studieren. Mit $d, p \in \mathcal{J}$ und der Idealeigenschaft folgt nun auch $r = p - qd \in \mathcal{J}$. Da d aber bereits minimalen Grad unter allen Elementen in $\mathcal{J} \setminus \{0\}$ hat, muss wegen $\deg(r) < \deg(d)$ also $r = 0$ gelten. Damit gilt aber $p = qd$, womit d *alle* Polynome aus $\mathcal{J}$ teilt. Insbesondere teilt d alle Polynome $p_1, \ldots, p_k$, die nach Voraussetzung aber nur die konstanten Polynome als gemeinsame Teiler haben. Es folgt, dass $d(x) = d_0$ ein konstantes Polynom sein muss. Weiter wissen wir zum einen $d \neq 0$, also $d_0 \neq 0$, und zum anderen $d \in \mathcal{J}$. Durch Reskalieren von d_0 erhalten wir damit $1 \in \mathcal{J}$, was den Beweis abschließt. $\square$

Man beachte, dass die Polynome $q_1, \ldots, q_k$ im Allgemeinen keineswegs eindeutig sind: Es gibt viele Lösungen des obigen Problems, wie eine einfache Überlegung zeigt, siehe Übung 3.35.

Kontrollfragen. Welche Eigenschaft hat der Grad von Polynomen mit Koeffizienten in einem Körper im Vergleich zur allgemeinen Situation bei Ringen?

Was ist Polynomdivision? Kann man Polynomdivision auch bei Koeffizienten in einem Ring durchführen? Wie viele Nullstellen hat ein Polynom vom Grad $n \geq 0$ mit Koeffizienten in einem Körper höchstens?

3.6 Übungen

Übung 3.1 (Nichtabelsche Bijektionen). Zeigen Sie, dass die Gruppe Bij(M) der Bijektionen einer Menge M nichtabelsch ist, sofern M mindestens drei Elemente besitzt. Was gilt für ein oder zwei Elemente?

Übung 3.2 (Kreuzprodukt liefert kein Monoid). Betrachten Sie erneut $\mathbb{R}^3$ mit dem Kreuzprodukt $\times$ als Verknüpfung.

i.) Zeigen Sie durch ein Gegenbeispiel, dass $\times$ nicht assoziativ ist.

ii.) Beweisen Sie, dass es bezüglich $\times$ kein neutrales Element gibt.

Übung 3.3 (Eckmann-Hilton-Argument). Sei M eine Menge mit zwei Verknüpfungen $\circ$ und $\diamond$, derart, dass es für beide Verknüpfungen Einselemente $1_\circ, 1_\diamond \in M$ gibt. Weiter gelte

$$(a \circ b) \diamond (c \circ d) = (a \diamond b) \circ (c \diamond d) \tag{3.6.1}$$

für alle $a, b, c, d \in M$. Zeigen Sie, dass dann $\diamond = \circ$ gilt, dass $\diamond$ sowohl kommutativ als auch assoziativ ist und dass $1_\circ = 1_\diamond$ gilt.

Übung 3.4 (Kleine Monoide). Wir betrachten Mengen mit wenigen Elementen und alle möglichen Monoidstrukturen auf ihnen.

i.) Bestimmen Sie alle Monoidstrukturen auf einer Menge M mit einem sowie mit zwei Elementen.

ii.) Zeigen Sie, dass $M = \{0, 1, -1\} \subseteq \mathbb{Q}$ ein Monoid bezüglich der Multiplikation von Zahlen ist. Ist dieses Monoid auch eine Gruppe? Bestimmen Sie $M^\times$.

Übung 3.5 (Die symmetrische Gruppe). Sei M eine Menge mit $n \in \mathbb{N}$ Elementen. Zeigen Sie, dass Bij(M) genau $n!$ Elemente besitzt.

Hinweis: Induktion ist eine gute Strategie.

Übung 3.6 (Eine abelsche Gruppe). Betrachten Sie das offene Intervall $I = (-1, 1) \subseteq \mathbb{R}$. Definieren Sie eine Verknüpfung $\diamond \colon I \times I \longrightarrow I$ durch

$$x \diamond y = \frac{x + y}{1 + xy} \tag{3.6.2}$$

für $x, y \in I$.

i.) Zeigen Sie, dass $x \diamond y \in I$ für $x, y \in I$.

ii.) Zeigen Sie, dass $(I, \diamond)$ eine abelsche Gruppe wird. Was ist das Inverse zu x, was das neutrale Element?

iii.) Zeigen Sie, dass die Gruppe $(I, \diamond)$ zur Gruppe $(\mathbb{R}, +)$ isomorph ist, indem Sie einen expliziten Isomorphismus angeben.

Hinweis: Hier ist Ihr Schulwissen zu den hyperbolischen Funktionen gefragt.

Diese Gruppe hat eine Anwendung in der speziellen Relativitätstheorie, wo sie das (skalare) Additionsgesetz von Geschwindigkeiten liefert.

Übung 3.7 (Untergruppen). Sei G eine Gruppe.

i.) Zeigen Sie, dass der Schnitt $\bigcap_{i \in I} G_i$ von Untergruppen $G_i \subseteq G$ mit $i \in I$ wieder eine Untergruppe von G ist.

ii.) Zeigen Sie, dass der Schnitt von normalen Untergruppen wieder eine normale Untergruppe ist.

Übung 3.8 (Inversion und Konjugation). Sei G eine Gruppe.

i.) Zeigen Sie, dass die *Inversion*

$$^{-1} : G \ni g \mapsto g^{-1} \in G \tag{3.6.3}$$

eine Bijektion ist, und bestimmen Sie die zugehörige inverse Abbildung.

ii.) Zeigen Sie, dass für jedes $g \in G$ die *Linksmultiplikation*

$$\ell_g : G \ni h \mapsto gh \in G \tag{3.6.4}$$

eine Bijektion ist, und bestimmen Sie deren Inverses. Bestimmen Sie $\ell_g \circ \ell_h$ für $g, h \in G$ sowie ℓ_e. Zeigen Sie die analogen Aussagen für die *Rechtsmultiplikation* r_g mit g.

iii.) Vergleichen Sie $\ell_g \circ \mathrm{r}_h$ und $\mathrm{r}_h \circ \ell_g$ für $g, h \in G$.

iv.) Die *Konjugation* Conj_g mit g ist nun als $\mathrm{Conj}_g = \ell_g \circ \mathrm{r}_{g^{-1}}$ definiert. Zeigen Sie, dass $\mathrm{Conj}_g : G \longrightarrow G$ für jedes $g \in G$ ein Gruppenautomorphismus ist. Bestimmen Sie $\mathrm{Conj}_g \circ \mathrm{Conj}_h$.

v.) Zeigen Sie, dass $g \mapsto \mathrm{Conj}_g$ ein Gruppenmorphismus $\mathrm{Conj} : G \longrightarrow \mathrm{Aut}(G)$ ist. Welche Gruppenstruktur von $\mathrm{Aut}(G)$ verwenden Sie dazu?

Übung 3.9 (Zentrum). Für eine Gruppe G definiert man das *Zentrum* $\mathscr{Z}(G)$ von G durch

$$\mathscr{Z}(G) = \big\{ g \in G \mid gh = hg \text{ für alle } h \in G \big\}. \tag{3.6.5}$$

i.) Zeigen Sie, dass das Zentrum $\mathscr{Z}(G)$ eine normale Untergruppe von G ist.

ii.) Zeigen Sie, dass $\mathscr{Z}(G)$ abelsch ist.

iii.) Zeigen Sie, dass das Zentrum der Durchschnitt von allen Kernen der Konjugationsmorphismen Conj_g ist, also

$$\mathscr{Z}(G) = \bigcap_{g \in G} \ker \mathrm{Conj}_g, \qquad (3.6.6)$$

siehe Übung 3.8, *iv.).*

Übung 3.10 (Produktgruppe). Seien G und H zwei Gruppen. Definieren Sie auf dem kartesischen Produkt $G \times H$ eine Verknüpfung komponentenweise durch

$$(g, h) \diamond (g', h') = (gg', hh'), \qquad (3.6.7)$$

wobei $g, g' \in G$ und $h, h' \in H$.

i.) Zeigen Sie, dass $G \times H$ durch diese Verknüpfung $\diamond$ zu einer Gruppe wird. Was ist das Einselement von $G \times H$, und wie erhält man die Inversen?

ii.) Zeigen Sie, dass die kanonischen Projektionen $\mathrm{pr}_G \colon G \times H \longrightarrow G$ und $\mathrm{pr}_H \colon G \times H \longrightarrow H$ Gruppenmorphismen sind.

iii.) Bestimmen Sie den Kern von pr_G und pr_H explizit, und überprüfen Sie durch eine konkrete Rechnung, dass es sich dabei um normale Untergruppen handelt.

iv.) Zeigen Sie, dass die Abbildungen

$$G \ni g \; \mapsto \; (g, e_H) \in G \times H \qquad (3.6.8)$$

und $H \ni h \mapsto (e_G, h) \in G \times H$ injektive Gruppenmorphismen sind.

v.) Zeigen Sie, dass die Bilder von G mit den Bildern von H in $G \times H$ kommutieren.

vi.) Verallgemeinern Sie diese Konstruktion auf eine beliebige indizierte Menge $\{G_i\}_{i \in I}$ von Gruppen.

Übung 3.11 (Nicht isomorphe Gruppen). Betrachten Sie die beiden Gruppen $G_1 = \mathbb{Z}_2 \times \mathbb{Z}_2$ und $G_2 = \mathbb{Z}_4$, wobei für G_1 die Produktstruktur aus Übung 3.10 verwendet wird.

i.) Zeigen Sie, dass G_1 und G_2 gleich viele Elemente haben.

ii.) Zeigen Sie, dass beide Gruppen abelsch sind.

iii.) Fertigen Sie eine Tabelle mit allen Produkten der Gruppe G_1 und G_2 an. Woran sehen Sie in einer solchen Multiplikationstabelle, dass die Gruppen abelsch sind?

iv.) Zeigen Sie, dass G_1 und G_2 nicht isomorph sind.

Übung 3.12 (Untergruppen der symmetrischen Gruppe). Seien $n, m \in \mathbb{N}$.

i.) Für eine Permutation $\sigma \in S_n$ definiert man eine Permutation $\iota(\sigma) \in S_{n+1}$ durch

$$\iota(\sigma) = \begin{pmatrix} 1 & \ldots & n & n+1 \\ \sigma(1) & \ldots & \sigma(n) & n+1 \end{pmatrix}. \qquad (3.6.9)$$

Zeigen Sie, dass $\iota\colon S_n \longrightarrow S_{n+1}$ ein injektiver Gruppenmorphismus ist.

ii.) Für $(\sigma,\tau) \in S_n \times S_m$ definiert man die Permutation $\phi(\sigma,\tau) \in S_{n+m}$ durch

$$\phi(\sigma,\tau) = \begin{pmatrix} 1 & \dots & n & n+1 & \dots & n+m \\ \sigma(1) & \dots & \sigma(n) & \tau(1) & \dots & \tau(m) \end{pmatrix}. \tag{3.6.10}$$

Zeigen Sie, dass $\phi\colon S_n \times S_m \longrightarrow S_{n+m}$ ein injektiver Gruppenmorphismus ist, wobei $S_n \times S_m$ mit der Produktstruktur aus Übung 3.10 versehen sei.

iii.) Sei nun G eine Gruppe mit n Elementen $g_1,\dots,g_n$. Zeigen Sie, dass die Abbildung

$$G \ni g \mapsto \sigma_g \in S_n \tag{3.6.11}$$

ein injektiver Gruppenmorphismus ist, wobei $\sigma_g \in S_n$ durch $\ell_g(g_j) = g_{\sigma_g(j)}$ für alle $j = 1,\dots,n$ festgelegt wird. Damit kann also jede endliche Gruppe als Untergruppe einer Permutationsgruppe S_n aufgefasst werden.

Hinweis: Wieso gibt es überhaupt eine eindeutige Permutation $\sigma_g \in S_n$ mit dieser Eigenschaft?

Übung 3.13 (Assoziativität). Sei $(M,\diamond)$ eine Menge mit einer assoziativen Verknüpfung $\diamond$. Sei weiter $n \in \mathbb{N}$ und $x_1,\dots,x_n \in M$.

i.) Auf wie viele Weisen K_n können Sie in einem Produkt $x_1 \diamond \cdots \diamond x_n$ mit n Faktoren Klammern anbringen, um die Reihenfolge der Multiplikationen festzulegen? Zeigen Sie hierzu eine Rekursionsformel für K_n.

ii.) Betrachten Sie $n = 4$ und $n = 5$. Zeigen Sie durch explizite Anwendung der Assoziativität für $\diamond$, dass Sie jedes Produkt mit n Faktoren auf die Form $x_1 \diamond (x_2 \diamond \cdots (x_{n-1} \diamond x_n) \cdots)$ bringen können.

iii.) Wie können Sie diese Tatsache auch für beliebiges $n \in \mathbb{N}$ zeigen? Dies ist in der Tat nicht ganz einfach.

Hinweis: Führen Sie einen Induktionsbeweis nach n. Gilt die Aussage für $n-1$ Faktoren, dann ist die letzte Klammerung in einem Produkt von n Faktoren von der Form $X_m = (x_1 \diamond \cdots \diamond x_m) \diamond (x_{m+1} \diamond \cdots \diamond x_n)$ mit $1 \le m < n$, wobei wir bei m beziehungsweise $n-m$ Faktoren ja nicht mehr auf die Klammerung achten müssen. Zeigen Sie nun, dass $X_1 = X_2 = \cdots = X_{n-1}$.

Übung 3.14 (Rechenregeln in Gruppen). Sei G eine nicht notwendigerweise abelsche Gruppe, die wir multiplikativ schreiben. Ist $g \in G$, so definieren wir für $n \in \mathbb{Z}$

$$g^n = \begin{cases} \underbrace{g \cdots g}_{n\text{-mal}} & \text{falls } n > 0 \\ e & \text{falls } n = 0 \\ \underbrace{g^{-1} \cdots g^{-1}}_{n\text{-mal}} & \text{falls } n < 0. \end{cases} \tag{3.6.12}$$

Ist G abelsch und additiv geschrieben, so schreibt man anstelle g^n auch $n \cdot g$ oder einfach nur ng. Man beachte, dass n hier ein Element von $\mathbb{Z}$ und mitnichten ein Element in G ist.

i.) Zeigen Sie, dass die Abbildung $\mathbb{Z} \ni n \mapsto g^n \in G$ ein Gruppenmorphismus ist.

ii.) Zeigen Sie, dass für $g, h \in G$ in einer *abelschen* Gruppe zusätzlich

$$(gh)^n = g^n h^n \tag{3.6.13}$$

für alle $n \in \mathbb{Z}$ gilt.

iii.) Wie schreiben sich die Rechenregeln im additiven Fall?

Übung 3.15 (Große und kleine Bijektionen). Sei M eine unendliche Menge. Wir betrachten die Gruppe der Bijektionen $\mathrm{Bij}(M)$. Eine Bijektion $\Phi \in \mathrm{Bij}(M)$ heißt *klein*, falls $\Phi(p) = p$ für alle bis auf höchstens endlich viele Punkte $p \in M$ und *groß* anderenfalls.

i.) Geben Sie Beispiele für kleine und große Bijektionen $\mathbb{N} \longrightarrow \mathbb{N}$.

ii.) Zeigen Sie, dass allgemein die Menge $\mathrm{Bij}_0(M)$ der kleinen Bijektionen eine normale Untergruppe von $\mathrm{Bij}(M)$ bildet.

Übung 3.16 (Gruppenwirkung). Eigentlich sind Gruppenwirkungen von zu großer Bedeutung in der Mathematik, als dass man diese in einer Übung abhandeln könnte. Hier sollen also nur die ersten Begriffe und Eigenschaften bereitgestellt werden. Sei M eine nichtleere Menge und G eine Gruppe. Eine *Wirkung* von G auf M ist eine Abbildung

$$\Phi \colon G \times M \longrightarrow M \tag{3.6.14}$$

mit den Eigenschaften, dass

$$\Phi(e, p) = p \quad \text{und} \quad \Phi(g, \Phi(h, p)) = \Phi(gh, p) \tag{3.6.15}$$

für alle $g, h \in G$ und $p \in M$. Man schreibt nun $\Phi_g \colon M \longrightarrow M$ für die Abbildung $p \mapsto \Phi_g(p) = \Phi(g, p)$ für ein festes $g \in G$.

i.) Zeigen Sie, dass $g \mapsto \Phi_g$ einen Gruppenmorphismus von G in die Gruppe der Bijektionen auf M definiert. Zeigen Sie umgekehrt, dass jeder solche Gruppenmorphismus eine Gruppenwirkung liefert.

Hinweis: Wieso ist die Abbildung Φ_g überhaupt invertierbar?

ii.) Sei $p \in M$. Zeigen Sie, dass

$$G_p = \left\{ g \in G \mid \Phi_g(p) = p \right\} \tag{3.6.16}$$

eine Untergruppe von G ist. Diese Untergruppe heißt auch die *Stabilisatorgruppe* (oder *Isotropiegruppe*) von p.

iii.) Die *Bahn* (oder der *Orbit*) von $p \in M$ unter G ist als

$$G \cdot p = \left\{ \Phi_g(p) \in M \mid g \in G \right\} \tag{3.6.17}$$

definiert. Zeigen Sie, dass zwei Bahnen $G \cdot p$ und $G \cdot q$ mit $p, q \in M$ entweder gleich oder disjunkt sind.

iv.) Zeigen Sie, dass $p \sim q$, falls $p \in G \cdot q$, eine Äquivalenzrelation auf M definiert. Man nennt dies die *Orbitrelation* bezüglich der Gruppenwirkung. Gibt es nur einen Orbit, so heißt die Gruppenwirkung *transitiv*.

v.) Seien $p, q \in M$ im gleichen Orbit. Zeigen Sie, dass jedes $g \in G$ mit $\Phi_g(p) = q$ einen Gruppenisomorphismus

$$\mathrm{Conj}_g \colon G_p \ni h \mapsto \mathrm{Conj}_g(h) = ghg^{-1} \in G_q \qquad (3.6.18)$$

liefert.

vi.) Diskutieren Sie Ihre Ergebnisse von Übung 3.8 im Lichte dieser neuen Begriffe.

Hinweis: Sowohl die Linksmultiplikationen als auch die Konjugationen liefern eine Wirkung von G auf sich selbst. Was sind die Stabilisatorgruppen, was sind die Orbits?

Übung 3.17 (Rechenregeln in Ringen). Sei R ein Ring.

i.) Zeigen Sie $(-a)b = -ab = a(-b)$ für alle $a, b \in \mathsf{R}$.

Hinweis: Machen Sie sich in jedem Rechenschritt klar, welche Eigenschaft eines Ringes Sie benutzen müssen.

ii.) Zeigen Sie $(-a)(-b) = ab$ für alle $a, b \in \mathsf{R}$.

iii.) Seien $a, b_1, \ldots, b_n \in \mathsf{R}$ für $n \in \mathbb{N}$. Zeigen Sie die verallgemeinerten Distributivitätsgesetze

$$a(b_1 + \cdots + b_n) = ab_1 + \cdots + ab_n \quad \text{und} \quad (b_1 + \cdots + b_n)a = b_1 a + \cdots + b_n a. \qquad (3.6.19)$$

Hinweis: Induktion ist immer eine gute Idee.

iv.) Zeigen Sie für $n, m \in \mathbb{N}$ und $a_1, \ldots, a_m, b_1, \ldots, b_n \in \mathsf{R}$

$$(a_1 + \cdots + a_m)(b_1 + \cdots + b_n) = \sum_{i=1}^{n} \sum_{j=1}^{m} a_i b_j. \qquad (3.6.20)$$

Hinweis: Entweder nochmal Induktion oder ein geschicktes Benutzen von *iii.)*.

v.) Sei $a \in \mathsf{R}$ fest gewählt. Dann betrachtet man den Gruppenmorphismus $\mathbb{Z} \ni n \mapsto n \cdot a \in \mathsf{R}$ aus (3.6.12) in Übung 3.14. Zeigen Sie, dass

$$n \cdot (m \cdot a) = (nm) \cdot a \qquad (3.6.21)$$

für alle $n, m \in \mathbb{Z}$. Zeigen Sie weiter, dass

$$(n \cdot a)(m \cdot a) = (nm) \cdot a^2. \qquad (3.6.22)$$

vi.) Folgern Sie, dass für einen Ring mit Eins $\mathbb{1} \in \mathsf{R}$ die Abbildung $n \mapsto n \cdot \mathbb{1}$ ein einserhaltender Ringmorphismus ist.

vii.) Zeigen Sie, dass

$$\mathbb{Z} \times \mathsf{R} \ni (n, a) \;\mapsto\; a^n \in \mathsf{R} \tag{3.6.23}$$

eine Gruppenwirkung von $\mathbb{Z}$ auf R liefert. Finden Sie Beispiele für interessante Stabilisatorgruppen und Bahnen.

An welchen Stellen haben Sie die Assoziativität der Multiplikation von R verwenden müssen?

Übung 3.18 (Ringmorphismen). Sei $\phi \colon \mathsf{R}_1 \longrightarrow \mathsf{R}_2$ ein Ringmorphismus.

i.) Zeigen Sie, dass der Kern $\ker(\phi) \subseteq \mathsf{R}_1$ ein Unterring ist.

ii.) Zeigen Sie, dass auch das Bild $\operatorname{im}(\phi) \subseteq \mathsf{R}_2$ ein Unterring ist.

iii.) Zeigen Sie, dass ϕ genau dann injektiv ist, wenn $\ker(\phi) = \{0\}$ gilt.

Übung 3.19 (Binomialsatz). Sei R ein Ring und seien $a, b \in \mathsf{R}$ mit $ab = ba$. Zeigen Sie, dass

$$(a + b)^n = \sum_{k=0}^{n} \binom{n}{k} a^k b^{n-k} \tag{3.6.24}$$

für alle $n \in \mathbb{N}$ gilt. Hierbei sind die beiden Randterme als $a^n b^0 = a^n$ und $a^0 b^n = b^n$ zu verstehen, womit (3.6.24) auch erklärt ist, wenn R keine Eins hat.

Hinweis: Induktion nach n. Vorsicht: Der Binomialkoeffizient $\binom{n}{k} = \frac{n!}{k!(n-k)!}$ ist im Allgemeinen *kein* Element von R. Anstelle dessen muss man Übung 3.17, *v.)*, verwenden.

Übung 3.20 (Funktionenringe). Sei R ein Ring und M eine nichtleere Menge. Betrachten Sie dann die Menge der Abbildungen $\operatorname{Abb}(M, \mathsf{R})$ und definieren Sie

$$(f + g)(x) = f(x) + g(x) \tag{3.6.25}$$

und

$$(f \cdot g)(x) = f(x) \cdot g(x) \tag{3.6.26}$$

für $f, g \in \operatorname{Abb}(M, \mathsf{R})$ und $x \in M$. Auf diese Weise erhalten Sie also Verknüpfungen $+$ und $\cdot$ für Elemente in $\operatorname{Abb}(M, \mathsf{R})$ aus den entsprechenden Verknüpfungen von R. Man sagt auch, dass man die Verknüpfungen *punktweise* in M definiert hat. Weiter definiert man

$$\operatorname{Abb}_0(M, \mathsf{R}) = \big\{ f \in \operatorname{Abb}(M, \mathsf{R}) \mid f(x) = 0 \text{ für alle bis auf endlich viele } x \in M \big\}. \tag{3.6.27}$$

i.) Zeigen Sie, dass mit diesen Verknüpfungen $\operatorname{Abb}(M, \mathsf{R})$ ein Ring wird. Was ist das Nullelement von $\operatorname{Abb}(M, \mathsf{R})$?

ii.) Zeigen Sie, dass $\operatorname{Abb}(M, \mathsf{R})$ wieder kommutativ wird, wenn R kommutativ war. Besitzt $\operatorname{Abb}(M, \mathsf{R})$ ein Einselement, wenn R eine Eins hat?

iii.) Zeigen Sie, dass R als Unterring von $\operatorname{Abb}(M, \mathsf{R})$ aufgefasst werden kann, indem man $a \in \mathsf{R}$ als *konstante* Funktion auf M auffasst.

iv.) Zeigen Sie, dass $\mathrm{Abb}_0(M, \mathsf{R})$ ein Unterring ist. Wann besitzt dieser Unterring ein Einselement?

v.) Zeigen Sie, dass es $f, g \in \mathrm{Abb}(M, \mathsf{R})$ mit $f \neq 0 \neq g$ aber $fg = 0$ gibt, sobald R nicht der Nullring ist und M mindestens zwei Elemente hat. Es gibt also in $\mathrm{Abb}(M, \mathsf{R})$ im Allgemeinen Nullteiler.

vi.) Sei nun N eine weitere nichtleere Menge und $\phi \colon N \longrightarrow M$ eine Abbildung. Definieren Sie den *pull-back* mit ϕ durch

$$\phi^* \colon \mathrm{Abb}(M, \mathsf{R}) \ni f \; \mapsto \; \phi^*(f) = f \circ \phi \in \mathrm{Abb}(N, \mathsf{R}), \qquad (3.6.28)$$

und zeigen Sie, dass ϕ^* ein Ringmorphismus ist.

vii.) Sei nun $\varPhi \colon \mathsf{R} \longrightarrow \mathsf{S}$ ein Ringmorphismus in einen weiteren Ring S. Zeigen Sie, dass dann die punktweise definierte Abbildung

$$(\varPhi(f))(p) = \varPhi(f(p)) \qquad (3.6.29)$$

für $f \in \mathrm{Abb}(M, \mathsf{R})$ und $p \in M$ einen Ringmorphismus $\varPhi \colon \mathrm{Abb}(M, \mathsf{R}) \longrightarrow \mathrm{Abb}(M, \mathsf{S})$ definiert. Zeigen Sie, dass solch ein $\varPhi$ mit beliebigen pull-backs ϕ^* vertauscht.

Übung 3.21 (Invertierbarkeit und nilpotente Elemente). Sei R ein Ring mit Eins $\mathbb{1} \neq 0$. Ein Element $a \in \mathsf{R}$ heißt *nilpotent*, falls es ein $n \in \mathbb{N}$ mit $a^n = 0$ gibt.

i.) Zeigen Sie, dass $\mathbb{1} + a$ für ein nilpotentes Element a invertierbar ist.

Hinweis: Betrachten Sie zunächst $n = 2$ und $n = 3$ und raten Sie dann geschickt die Formel für das Inverse. Der erforderliche Nachweis ist dann eine einfache Rechnung, siehe auch Übung A.4, *i.)*.

ii.) Zeigen Sie, dass ein nilpotentes Element a sowohl ein Linksnullteiler als auch ein Rechtsnullteiler ist.

iii.) Zeigen Sie, dass in einem Körper die Null das einzige nilpotente Element ist.

Übung 3.22 (Ring mit nilpotenten Elementen). Betrachten Sie auf $\mathbb{R}^2$ die übliche komponentenweise Addition $(a, b) + (c, d) = (a + c, b + d)$ sowie die Multiplikation

$$(a, b) \diamond (c, d) = (ac, ad + bc). \qquad (3.6.30)$$

i.) Zeigen Sie, dass $\mathbb{R}^2$ mit dieser Multiplikation $\diamond$ zu einem assoziativen und kommutativen Ring mit Eins wird. Was ist das Einselement?

ii.) Bestimmen Sie alle nilpotenten Elemente in diesem Ring.

Übung 3.23 (Formale Potenzreihen). Sei R ein Ring. In der Konstruktion des Polynomrings $\mathsf{R}[x]$ wurden diejenigen Abbildungen $a \colon \mathbb{N}_0 \longrightarrow \mathsf{R}$ verwendet, die nur bei endlich viele Zahlen $k \in \mathbb{N}_0$ Werte $a(k) = a_k$ ungleich null besitzen. Diese Einschränkung kann man auch fallen lassen und erhält somit die *formalen Potenzreihen* R[[x]]. Wir schreiben wie bei den Polynomen für eine solche Abbildung

$$a = \sum_{k=0}^{\infty} a_k x^k, \tag{3.6.31}$$

wobei eben $a_k = a(k) \in$ R gilt. Man definiert nun Addition und Multiplikation für $a, b \in$ R[[x]] wie schon bei Polynomen durch

$$a + b = \sum_{k=0}^{\infty} (a_k + b_k) x^k \quad \text{und} \quad a \cdot b = \sum_{k=0}^{\infty} \left(\sum_{\ell=0}^{k} a_\ell b_{k-\ell} \right) x^k. \tag{3.6.32}$$

i.) Zeigen Sie, dass durch (3.6.32) Verknüpfungen + und · auf R[[x]] definiert werden.

ii.) Zeigen Sie, dass + assoziativ und kommutativ ist und R[[x]] so zu einer abelschen Gruppe wird. Was ist das Nullelement? Zeigen Sie weiter, dass + und · die Distributivgesetze erfüllen, sodass R[[x]] ein Ring wird.

iii.) Zeigen Sie, dass der Polynomring R[x] ein Unterring von R[[x]] ist.

iv.) Zeigen Sie, dass R[[x]] genau dann kommutativ ist, wenn R kommutativ ist.

Anders als bei Polynomen gibt es nun im Allgemeinen keinen Grad mehr: Es können eben beliebig hohe Grade auftreten. Als Ersatz ist es dagegen manchmal nützlich, folgende *Ordnung* zu betrachten: Für $a \in$ R[[x]] definiert man die Ordnung $o(a) \in \mathbb{N}_0 \cup \{-\infty\}$ durch

$$o(a) = \begin{cases} \min\{k \mid a_k \neq 0\} & \text{falls } a \neq 0 \\ +\infty & \text{falls } a = 0. \end{cases} \tag{3.6.33}$$

v.) Zeigen Sie, dass die Ordnung $o(a) = \infty \iff a = 0$ sowie

$$o(a + b) \geq \min(o(a), o(b)) \quad \text{und} \quad o(a \cdot b) \geq o(a) + o(b) \tag{3.6.34}$$

für $a, b \in$ R[[x]] erfüllt.

vi.) Zeigen Sie, dass für einen Körper $\Bbbk$ sogar $o(a \cdot b) = o(a) + o(b)$ für $a, b \in \Bbbk[[x]]$ gilt. Finden Sie einen Ring R, für den in (3.6.34) die echte Ungleichung bei der Ordnung eines Produkts steht.

Hinweis: Übung 3.22.

Übung 3.24 (Der Körper $\mathbb{Z}_5$). Wir betrachten die zyklische Gruppe $(\mathbb{Z}_5, +)$ mit der Addition wie in Beispiel 3.21, *vii.)*.

i.) Erstellen Sie eine Additionstabelle für $\mathbb{Z}_5$, um die Gruppeneigenschaften explizit zu verifizieren.

ii.) Definieren Sie für Elemente $\underline{k}, \underline{\ell} \in \mathbb{Z}_5$ eine Multiplikation durch $\underline{k} \cdot \underline{\ell} = \underline{(k\ell) \bmod 5}$. Zeigen Sie, dass $\mathbb{Z}_5$ auf diese Weise ein assoziativer kommutativer Ring wird.

Hinweis: Erstellen Sie eine Multiplikationstabelle. Dann müssen Sie neben der Assoziativität auch die Distributivität explizit zeigen.

iii.) Zeigen Sie, dass auf diese Weise $\mathbb{Z}_5$ sogar ein Körper wird.

Hinweis: Benutzen Sie die Multiplikationstabelle.

iv.) Was ist $\mathrm{char}(\mathbb{Z}_5)$?

Übung 3.25 (Invertierbarkeit von Polynomen und Potenzreihen).
Betrachten Sie einen Ring R mit Eins $1 \neq 0$.

i.) Sei $a \in \mathsf{R}[x]$ ein Polynom. Zeigen Sie, dass a in $\mathsf{R}[x]$ invertierbar ist, wenn $a = a_0$ ein konstantes Polynom mit $a_0 \in \mathsf{R}^\times$, also a_0 invertierbar in R ist.

ii.) Ist R sogar ein Körper, so ist a genau dann invertierbar, wenn $a = a_0$ mit $a_0 \neq 0$.

iii.) Können Sie ein Beispiel für einen Ring angeben, der ein invertierbares und nicht konstantes Polynom zulässt?

Hinweis: Übung 3.21 und Übung 3.22.

iv.) Sei nun $a \in \mathsf{R}[[x]]$ eine formale Potenzreihe. Zeigen Sie, dass a genau dann invertierbar ist, wenn a_0 invertierbar ist.

Hinweis: Nehmen Sie zunächst $a_0 = 1$ an, und schreiben Sie $a = 1 + b$ mit $b \in \mathsf{R}[[x]]$. Was ist die Ordnung von b? Betrachten Sie die formale Potenzreihe $c = 1 - b + b^2 - b^3 + \cdots$. Zeigen Sie, dass dies wirklich eine wohldefinierte formale Potenzreihe $c \in \mathsf{R}[[x]]$ liefert. Wieso ist hierbei tatsächlich eine Schwierigkeit zu überwinden? Berechnen Sie nun ac und ca. Wie können Sie nun zum allgemeinen Fall $a_0 \in \mathsf{R}^\times$ übergehen?

v.) Sei nun erneut R sogar ein Körper. Zeigen Sie, dass $a \in \mathsf{R}[[x]]$ genau dann invertierbar ist, wenn $a_0 \neq 0$.

vi.) Diskutieren Sie diese Ergebnisse im Hinblick auf *i.)*.

Übung 3.26 (Polynome in mehreren Variablen).
Sei R ein Ring und $k \in \mathbb{N}$. Rekursiv definiert man den Ring der Polynome in den Variablen $x_1, \ldots, x_k$ mit Koeffizienten in R durch

$$\mathsf{R}[x_1, \ldots, x_k] = (\mathsf{R}[x_1, \ldots, x_{k-1}])[x_k], \qquad (3.6.35)$$

wobei $\mathsf{R}[x_1]$ wie bisher die Polynome in einer Variablen sind.

i.) Zeigen Sie, dass die Abbildung

$$\mathrm{Abb}_0(\mathbb{N}_0^k, \mathsf{R}) \ni \left((n_1, \ldots, n_k) \mapsto a_{n_1 \ldots n_k}\right)$$
$$\mapsto \sum_{n_1, \ldots, n_k = 0}^{\infty} a_{n_1 \ldots n_k} x_1^{n_1} \cdots x_k^{n_k} \in \mathsf{R}[x_1, \ldots, x_k] \qquad (3.6.36)$$

ein Isomorphismus von abelschen Gruppen bezüglich der punktweisen Addition von $\mathrm{Abb}_0(\mathbb{N}_0^k, \mathsf{R})$ aus Übung 3.20, *iv.)*, und der Addition im Ring $\mathsf{R}[x_1, \ldots, x_k]$ ist.

Hinweis: Überlegen Sie sich zuerst, wieso Sie ein Element $a \in \mathsf{R}[x_1, \ldots, x_k]$ als eine solche Reihe (mit nur endlich vielen von null verschiedenen Termen) schreiben können.

ii.) Finden Sie eine explizite Formel für das Produkt von $a, b \in \mathsf{R}[x_1, \ldots, x_k]$, wenn diese Elemente als Polynom wie in (3.6.36) geschrieben sind.

iii.) Vergleich Sie dieses Produkt mit dem Produkt von $\mathrm{Abb}_0(\mathbb{N}_0^k, \mathsf{R})$ aus Übung 3.20, *iv.)*.

Übung 3.27 (Körpermorphismen). Sei $\phi \colon \mathbb{k}_1 \longrightarrow \mathbb{k}_2$ ein Morphismus zwischen zwei Körpern.

i.) Zeigen Sie, dass ϕ injektiv ist.

ii.) Zeigen Sie, dass $\mathrm{char}(\mathbb{k}_1) = \mathrm{char}(\mathbb{k}_2)$ gelten muss.

iii.) Zeigen Sie, dass es keinen Körpermorphismus von $\mathbb{Z}_2$ nach $\mathbb{R}$ gibt.

Übung 3.28 (Rechnen mit komplexen Zahlen). Betrachten Sie den Körper $\mathbb{C}$ der komplexen Zahlen.

i.) Zeigen Sie, dass $z \in \mathbb{C}$ genau dann reell ist (also im Unterkörper $\mathbb{R} \subseteq \mathbb{C}$ liegt), wenn $\overline{z} = z$.

ii.) Bestimmen Sie den Realteil und Imaginärteil von $\overline{z}$, $\mathrm{i}z$ sowie $\frac{1}{z}$ und $\frac{1}{\overline{z}}$ für $z \in \mathbb{C} \setminus \{0\}$.

iii.) Visualisieren Sie die Lage von $\frac{1}{z}$ und $\frac{1}{\overline{z}}$ für einige typische $z \in \mathbb{C} \setminus \{0\}$ in der komplexen Ebene.

iv.) Bestimmen Sie den Realteil, den Imaginärteil, den Betrag und das komplex Konjugierte von

$$3\mathrm{i} - (4 + \mathrm{i})^2, \quad (1 + \mathrm{i})(1 - \mathrm{i}), \quad \frac{1 + \mathrm{i}}{1 - \mathrm{i}}, \quad \frac{2}{3 + 2\mathrm{i}}, \quad \frac{4 - 3\mathrm{i}}{2 + \mathrm{i}}. \qquad (3.6.37)$$

Übung 3.29 (Die rechte Halbebene als Gruppe). Sei $\mathbb{H}_+ = \{z \in \mathbb{C} \mid \mathrm{Re}(z) > 0\}$ die rechte Halbebene in $\mathbb{C}$. Betrachten Sie folgende Verknüpfung

$$\star \colon \mathbb{H}_+ \times \mathbb{H}_+ \ni (v, w) \mapsto v \star w = \frac{v + \overline{v}}{2} w + \frac{v - \overline{v}}{2} \in \mathbb{H}_+. \qquad (3.6.38)$$

i.) Zeigen Sie, dass tatsächlich $v \star w \in \mathbb{H}_+$ gilt, sofern $v, w \in \mathbb{H}_+$.

ii.) Zeigen Sie, dass $\mathbb{H}_+$ mit der Verknüpfung $\star$ zu einer Gruppe wird, indem Sie das Einselement und eine explizite Formel für das Inverse finden sowie die Assoziativität nachprüfen.

iii.) Ist $(\mathbb{H}_+, \star)$ eine abelsche Gruppe?

Übung 3.30 (Einheitswurzeln). Betrachten Sie den Körper $\mathbb{C}$ der komplexen Zahlen. Sei weiter $n \in \mathbb{N}$.

i.) Verwenden Sie die Zerlegung einer komplexen Zahl in Betrag und Phase sowie die aus der Schule bekannten Rechenregeln für Sinus und Kosinus, um alle komplexen Nullstellen des Polynoms $p(z) = z^n - 1$ zu finden. Diese n verschiedenen Nullstellen heißen auch *Einheitswurzeln*.

ii.) Visualisieren Sie die Lage der Einheitswurzeln für $n = 2, 3, 4, 5$ in der komplexen Ebene und finden Sie so eine grafische Erklärung für die Gültigkeit Ihrer Berechnungen.

Übung 3.31 (Polynomdivision). Sei $\Bbbk$ ein Körper mit $\mathrm{char}(\Bbbk) = 0$.

i.) Führen Sie folgende Polynomdivisionen mit Rest durch:

$$(7x^7 + 5x^5 + 3x^3 + x)/(x^2 + 1),$$
$$(3x^5 - 2x^4 + 3x^2 - 2x)/(x^3 + 1),$$
$$(x^4 + x^3 + 4x^2 + 3x + 4)/(x^2 + x + 1).$$

Bestimmen Sie die Grade der Quotienten und der jeweiligen Reste.

ii.) Sei $a \in \Bbbk$ und $p_n(x) = x^n - a^n \in \Bbbk[x]$ mit $n \in \mathbb{N}$. Berechnen Sie $p(x)/(x - a)$, indem Sie zunächst $n = 2$ und $n = 3$ betrachten und dann geschickt raten.

Hinweis: Raten ist in der Mathematik immer dann legitim, wenn anschließend ein Beweis, hier beispielsweise durch Induktion, erfolgt.

Übung 3.32 (Auswertung von Polynomen). Sei R ein Ring und $\lambda \in R$. Zeigen Sie, dass die Auswertung von Polynomen $p \in R[x]$ bei $x = \lambda$ einen Ringmorphismus

$$\delta_\lambda \colon R[x] \ni p \mapsto p(\lambda) \in R \tag{3.6.39}$$

liefert.

Übung 3.33 (Nullteiler in $\Bbbk[x]$). Zeigen Sie, dass für einen Körper $\Bbbk$ die Polynome $\Bbbk[x]$ keine Nullteiler besitzen. Gilt dies auch für formale Potenzreihen und für Polynome in mehreren Variablen?

Hinweis: Benutzen Sie den Grad beziehungsweise die Ordnung.

Übung 3.34 (Ringmorphismen zwischen Polynomen). Sei R ein Ring und $R[x]$ der Polynomring mit Koeffizienten in R. Betrachten Sie nun die geraden und ungeraden Polynome

$$R[x]_{\mathrm{gerade}} = \big\{p \in R[x] \mid p(x) = a_{2n}x^{2n} + a_{2n-2}x^{2n-2} + \cdots + a_2 x^2 + a_0\big\} \tag{3.6.40}$$

und

$$R[x]_{\mathrm{ungerade}} = \big\{p \in R[x] \mid p(x) = a_{2n+1}x^{2n+1} + a_{2n-1}x^{2n-1} + \cdots + a_1 x\big\}. \tag{3.6.41}$$

i.) Zeigen Sie, dass $R[x]_{\mathrm{gerade}}$ ein Unterring aller Polynome ist. Zeigen Sie weiter, dass das Produkt eines geraden mit einem ungeraden Polynom wieder ein ungerades Polynom ist und dass das Produkt zweier ungerader Polynome gerade ist.

ii.) Sei $p \in R[x]$. Zeigen Sie, dass p genau dann ungerade ist, wenn es ein gerades Polynom $q \in R[x]_{\mathrm{gerade}}$ mit $p(x) = xq(x)$ gibt.

iii.) Zeigen Sie, dass der Unterring $\mathsf{R}[x]_{\text{gerade}}$ zu $\mathsf{R}[x]$ isomorph ist.

Übung 3.35 (Nichteindeutigkeit beim Lemma von Bezout). Seien $p_1, \ldots, p_k \in \Bbbk[x]$ teilerfremde Polynome. Zeigen Sie, dass es dann viele Polynome $q_1, \ldots, q_k \in \Bbbk[x]$ mit $p_1 q_1 + \cdots + p_k q_k = 1$ gibt.

Hinweis: Betrachten Sie zunächst $k = 2$: Ist q_1, q_2 eine Lösung, so ist $\tilde{q}_1 = q_1 + a p_2$ und $\tilde{q}_2 = q_2 - a p_1$ ebenfalls eine Lösung, wobei $a \in \Bbbk[x]$ beliebig ist. Verallgemeinern Sie diese Konstruktion nun für beliebige $k \in \mathbb{N}$.

Übung 3.36 (Beweisen oder widerlegen). Beweisen oder widerlegen Sie folgende Aussagen. Finden Sie gegebenenfalls zusätzliche Bedingungen, unter denen falsche Aussagen richtig werden.

i.) Der Binomialsatz aus Übung 3.19 gilt allgemein auch ohne die Voraussetzung $ab = ba$.

ii.) Sei G eine Gruppe und $a \in G$. Dann ist auch $(G, \diamond)$ mit $g \diamond h = gah$ eine Gruppe.

iii.) Eine Produktgruppe $G = \prod_{i \in I} G_i$ ist genau dann abelsch, wenn jeder Faktor G_i abelsch ist.

iv.) In einer abelschen Gruppe ist jede Untergruppe normal.

v.) Die Stabilisatorgruppe G_p von einer Gruppenwirkung $\Phi \colon G \times M \longrightarrow M$ ist für alle $p \in M$ normal.

vi.) Für einen Ringmorphismus $\phi \colon \mathsf{R} \longrightarrow \mathsf{S}$ und $a \in \ker \phi$ gilt für alle $b \in \mathsf{R}$ auch $ab, ba \in \ker \phi$.

vii.) Der Körper $\mathbb{Z}_2$ ist algebraisch abgeschlossen.

viii.) Es existiert ein endlicher Körper mit Charakteristik null.

ix.) Es gibt eine Möglichkeit, die abelsche Gruppe $(\mathbb{Z}_3, +)$ zu einem Körper zu machen.

x.) Es gibt zwei verschiedene Möglichkeiten, die abelsche Gruppe $(\mathbb{Z}_3, +)$ zu einem Körper zu machen.

xi.) Es existiert eine Gruppe G mit zwei Elementen $g \neq h$ mit $g^2 = h^2$.

xii.) In einer endlichen abelschen Gruppe G mit n Elementen $g_1, \ldots, g_n$ gilt

$$(g_1 \cdots g_n)^2 = e. \tag{3.6.42}$$

xiii.) Gilt $g^2 = e$ für alle Elemente g in einer Gruppe G, so ist G abelsch.

xiv.) Für $a_1, \ldots, a_n \in \Bbbk$ mit $a_1^2 + \cdots + a_n^2 = 0$ folgt in einem Körper $a_1 = \cdots = a_n = 0$.

xv.) Es gibt ein reelles Polynom dritten Grades, welches bei allen ganzen Zahlen irrationale Werte annimmt.

xvi.) Für einen kommutativen Ring R (einen Körper) ist jeder Ringmorphismus $\phi \colon \mathsf{R}[x] \longrightarrow \mathsf{R}$ ein Auswertungsfunktional δ_λ mit $\lambda \in \mathsf{R}$.

Kapitel 4
Lineare Gleichungssysteme und Vektorräume

In diesem Kapitel werden wir den in der linearen Algebra zentralen Begriff des Vektorraums vorstellen und erste Eigenschaften diskutieren. Als erste Motivation hierfür wollen wir lineare Gleichungssysteme systematisch behandeln. Anschließend werden wir verschiedene Beispiele von Vektorräumen kennenlernen und den Begriff der linearen Unabhängigkeit und des Erzeugendensystems einführen. Maximale Systeme von linear unabhängigen Vektoren entsprechen minimalen Erzeugendensystemen und werden Basen eines Vektorraums genannt. Wir zeigen, welche Eigenschaften die Basen eines Vektorraums besitzen, und weisen deren Existenz nach. Es stellt sich heraus, dass je zwei Basen die gleiche Mächtigkeit besitzen, was es erlaubt, die Dimension eines Vektorraums zu definieren. Schließlich präsentieren wir einige grundlegende Konstruktionen wie das kartesische Produkt und die direkte Summe von Vektorräumen. In diesem Kapitel ist $\Bbbk$ ein fest gewählter Körper.

4.1 Lineare Gleichungssysteme und Gauß-Algorithmus

Ziel dieses Abschnitts ist es, die Lösungstheorie von linearen Gleichungssystemen zu etablieren. Dazu geben wir Koeffizienten $a_{ij} \in \Bbbk$ mit $i = 1, \ldots, n$ und $j = 1, \ldots, m$ sowie $b_1, \ldots, b_n \in \Bbbk$ vor. Dann können wir das System

$$
\begin{aligned}
a_{11}x_1 + a_{12}x_2 + \cdots + a_{1m}x_m &= b_1 \\
a_{21}x_1 + a_{22}x_2 + \cdots + a_{2m}x_m &= b_2 \\
&\vdots \\
a_{n1}x_1 + a_{n2}x_2 + \cdots + a_{nm}x_m &= b_n
\end{aligned}
\tag{4.1.1}
$$

von n Gleichungen für die m Variablen $x_1, \ldots, x_m$ betrachten. Gesucht sind also $x_1, \ldots, x_m \in \Bbbk$, sodass (4.1.1) gelöst wird. Die Bedeutung der Indizes merkt man sich nach der Regel „Zuerst die Zeile, später die Spalte".

© Springer-Verlag GmbH Deutschland, ein Teil von Springer Nature 2021
S. Waldmann, *Lineare Algebra 1*, https://doi.org/10.1007/978-3-662-63263-5_4

Derartige Gleichungen mussten wir in Kap. 1 bereits mehrmals lösen, um etwa die Schnitte von Ebenen zu bestimmen. Dort war $\Bbbk = \mathbb{R}$ und n, m waren 1, 2 oder 3. Wir wollen nun also den allgemeinen Fall (4.1.1) systematisch diskutieren. Die Sammlung der nm Koeffizienten wollen wir abkürzend mit

$$A = (a_{ij})_{\substack{i=1,\dots,n \\ j=1,\dots,m}} \in \Bbbk^{nm} \qquad (4.1.2)$$

bezeichnen. Das n-Tupel der $b_1, \dots, b_n$ bezeichnen wir mit $b \in \Bbbk^n$. Schließlich fassen wir auch $x_1, \dots, x_m$ in einem m-Tupel $x \in \Bbbk^m$ zusammen. Wir suchen also diejenigen $x \in \Bbbk^m$, sodass (4.1.1) gilt. Die Lösungsmenge bezeichnen wir mit

$$\text{Lös}(A, b) = \big\{ x \in \Bbbk^m \mid x_1, \dots, x_m \text{ erfüllen (4.1.1)} \big\}. \qquad (4.1.3)$$

Wir wollen nun drei Arten von Umformungen des Gleichungssystems (4.1.1) vorstellen, die die Lösungsmenge invariant lassen:

(I) Wir vertauschen zwei Gleichungen.

(II) Wir ersetzen eine Gleichung durch eine Summe mit einer anderen Gleichung.

(III) Wir multiplizieren eine Gleichung mit $\lambda \in \Bbbk \setminus \{0\}$.

Lemma 4.1. *Gehen die Koeffizienten* $A' = (a'_{ij})_{\substack{i=1,\dots,n \\ j=1,\dots,m}}$ *und das* n-*Tupel* $b' \in \Bbbk^n$ *durch eine der drei Operationen* ((I)), ((II)) *oder* ((III)) *aus* A *und* b *hervor, so gilt*

$$\text{Lös}(A', b') = \text{Lös}(A, b). \qquad (4.1.4)$$

Beweis. Für das Vertauschen der Gleichungen ist dies trivialerweise richtig. Seien also $i, \tilde{i} \in \{1, \dots, n\}$ gegeben und $x \in \text{Lös}(A, b)$. Dann gilt insbesondere

$$a_{i1}x_1 + \cdots + a_{im}x_m = b_i \quad \text{und} \quad a_{\tilde{i}1}x_1 + \cdots + a_{\tilde{i}m}x_m = b_{\tilde{i}}.$$

Damit gilt also

$$a_{i1}x_1 + \cdots + a_{im}x_m + a_{\tilde{i}1}x_1 + \cdots + a_{\tilde{i}m}x_m = b_i + b_{\tilde{i}},$$

was der Umformung ((II)) angewandt auf die i-te beziehungsweise $\tilde{i}$-te Gleichung entspricht. Also löst x auch das durch ((II)) erhaltene neue Gleichungssystem, da die übrigen Gleichungen ja nicht verändert werden. Ist umgekehrt x eine Lösung in $\text{Lös}(A', b')$, wobei

$$a'_{ij} = a_{ij} + a_{\tilde{i}j} \quad \text{und} \quad b'_i = b_i + b_{\tilde{i}}$$

für das spezielle i gelte und alle anderen Koeffizienten gleich seien, so gilt

$$a_{i1}x_1 + \cdots + a_{im}x_m = a'_{i1}x_1 - a_{\tilde{i}1}x_1 + \cdots + a'_{im}x_m - a_{\tilde{i}m}x_m = b'_i - b_{\tilde{i}} = b_i,$$

womit $x \in \text{Lös}(A, b)$ gezeigt ist. Sei schließlich $\lambda \in \Bbbk \setminus \{0\}$ und $x \in \text{Lös}(A, b)$. Dann gilt

$$\lambda a_{i1}x_1 + \cdots + \lambda a_{im}x_m = \lambda(a_{i1}x_1 + \cdots + a_{im}x_m) = \lambda b_i,$$

womit x auch das neue Gleichungssystem löst, in dem die i-te Gleichung mit λ multipliziert wurde. Da dies für jedes $\lambda \in \Bbbk \setminus \{0\}$ möglich ist, können wir zur ursprünglichen Gleichung zurückkehren, indem wir mit $\frac{1}{\lambda}$ multiplizieren. Hierbei ist es also entscheidend, einen Körper zu haben und nicht nur einen Ring. $\qquad\square$

Wir wollen die drei Umformungen ((I)), ((II)) und ((III)) *elementare Umformungen* nennen. Die Idee ist nun, eine geschickte und systematische Kombination von elementaren Umformungen so durchzuführen, dass wir das lineare Gleichungssystem (4.1.1) in ein äquivalentes (also mit gleicher Lösungsmenge) überführen, dessen Lösungsmenge trivial zu bestimmen ist. Dies wird durch die Zeilenstufenform erreicht. Für die i-te Zeile definieren wir s_i als den kleinsten Spaltenindex $j \in \{1, \ldots, m\} \cup \{+\infty\}$, für den der Koeffizient a_{ij} von null verschieden ist, also formal

$$s_i = \begin{cases} \infty & \text{falls alle } a_{ij} = 0 \\ \min\{j \mid a_{ij} \neq 0\} & \text{sonst.} \end{cases} \tag{4.1.5}$$

Definition 4.2 (Zeilenstufenform). Das lineare Gleichungssystem (4.1.1) hat Zeilenstufenform, falls

$$1 \leq s_1 < s_2 < s_3 < \cdots < s_n, \tag{4.1.6}$$

wobei wir hier konventionsmäßig $k < \infty$ für alle $k \in \{1, \ldots, n\} \cup \{\infty\}$ verabreden.

Der Grund für die Bezeichnung sollte klar sein, so ist etwa

$$\begin{aligned} 2x_1 \quad\ + 7x_3 &= 5 \\ x_2 +\ x_3\ &= 7 \\ -\ x_3\ &= 0 \end{aligned} \tag{4.1.7}$$

auf Zeilenstufenform, während

$$\begin{aligned} 7x_2 \qquad &= 1 \\ x_1 - 8x_2 + x_3 &= 0 \\ x_3 &= 4 \end{aligned} \tag{4.1.8}$$

dies nicht ist. Man beachte, dass in (4.1.6) ein *echt* kleiner gefordert wird und nicht nur ein kleiner gleich. Sei nun (4.1.1) tatsächlich in Zeilenstufenform. Damit lässt sich (4.1.1) also als

$$a_{1s_1}x_{s_1} + \cdots\cdots\cdots\cdots\cdots\cdots\cdots\cdots\cdots\cdots\cdots + a_{1m}x_m = b_1$$
$$a_{2s_2}x_{s_2} + \cdots\cdots\cdots\cdots\cdots\cdots\cdots\cdots + a_{2m}x_m = b_2 \qquad (4.1.9)$$
$$\vdots$$
$$a_{ns_n}x_{s_n} + \cdots + a_{nm}x_m = b_n$$

schreiben, wobei im Falle von einem (und damit allen späteren) $s_j = \infty$ die j-te Gleichung und alle folgenden von der Form

$$0 = b_j$$
$$\vdots \qquad\qquad (4.1.10)$$
$$0 = b_n$$

sein können. Wir können ein solches lineares Gleichungssystem nun einfach lösen, indem man bei der letzten Gleichung beginnt. Hier sind offenbar verschiedene Fälle möglich:

i.) Es gilt $s_n = \infty$ und $b_n \neq 0$. Dann hat die zugehörige Gleichung $0 = b_n$ sicherlich keine Lösung und damit folgt

$$\text{Lös}(A, b) = \emptyset \qquad\qquad (4.1.11)$$

für diesen Fall.

ii.) Es gilt $s_n = \infty$ und $b_n = 0$. Dann ist die zugehörige Gleichung $0 = 0$ trivialerweise immer richtig und wir können diese n-te Gleichung ignorieren. Sie beeinflusst die Lösungsmenge $\text{Lös}(A, b)$ nicht weiter. Ist die n-te Gleichung bereits die erste (also $n = 1$), so folgt $\text{Lös}(A, b) = \Bbbk^m$, da keines der $x_1, \ldots, x_m$ einer Einschränkung unterliegt.

iii.) Es gilt $s_n \neq \infty$. Dies ist der interessante Fall. Die letzte Gleichung lautet also

$$a_{ns_n}x_{s_n} + a_{ns_n+1}x_{s_n+1} + \cdots + a_{nm}x_m = b_n. \qquad (4.1.12)$$

Wir können diese Gleichung nach x_{s_n} auflösen und erhalten

$$x_{s_n} = \frac{1}{a_{ns_n}}(b_n - a_{ns_n+1}x_{s_n+1} - \cdots - a_{nm}x_m) \qquad (4.1.13)$$

als eindeutige Lösung für x_{s_n} bei beliebig vorgegebenen $x_{s_n+1}, \ldots, x_m \in \Bbbk$. Hier benutzen wir entscheidend, dass $\Bbbk$ ein Körper ist und wir deshalb durch a_{ns_n} teilen dürfen. Damit sind also in diesem Fall $x_{s_n+1}, \ldots, x_m$ *frei wählbar* und x_{s_n} ist eindeutig durch diese Wahl festgelegt. Die Lösungsmenge wird also durch diese Parameter $x_{s_n+1}, \ldots, x_m$ parametrisiert.

Jetzt können wir die gefundenen Lösungen (sofern wir nicht im Fall *i.)* waren) in (4.1.1) einsetzen und erhalten somit ein lineares Gleichungssystem für die Variablen $x_1, \ldots, x_{s_n-1}$ im Falle *iii.)* oder $x_1, \ldots, x_m$ im Falle *ii.)*, welches nur noch $n-1$ Gleichungen besitzt, aber immer noch in *Zeilenstufenform* ist: Durch das Einsetzen werden lediglich die Koeffizienten $b_1, \ldots, b_{n-1}$ geändert, und zwar zu

$$b'_1 = b_1 - a_{1s_n}x_{s_n} - \cdots - a_{1m}x_m$$
$$\vdots$$
$$b'_{n-1} = b_{n-1} - a_{n-1s_n}x_{s_n} - \cdots - a_{n-1m}x_m$$

$$(4.1.14)$$

im Falle *iii.)* und

$$b'_1 = b_1$$
$$\vdots$$
$$b'_{n-1} = b_{n-1}$$

$$(4.1.15)$$

im Falle *ii.)*. Nach insgesamt n Schritten erzielen wir daher eine endgültige Beschreibung der Lösungsmenge. Man beachte, dass Fall *i.)* nur ganz zu Beginn auftreten kann, die Frage nach der Lösbarkeit an sich also gleich am Anfang entschieden wird. Die interessante Frage ist also, ob wir von einem beliebigen linearen Gleichungssystem (4.1.1) immer auf Zeilenstufenform gelangen können, ohne die Lösungsmenge zu ändern. Nach Lemma 4.1 wissen wir, dass die elementaren Umformungen die Lösungsmenge nicht ändern. Der folgende Gauß-Algorithmus zeigt nun, dass die elementaren Umformungen auch tatsächlich ausreichen: Wir beginnen mit der ersten Spalte. Hier gibt es verschiedene Möglichkeiten:

i.) Alle $a_{11}, \ldots, a_{n1}$ sind null. In diesem Fall tritt die Variable x_1 nicht auf und wir haben Zeilenstufenform in der ersten Spalte mit $s_1 \geq 2$ erreicht.

ii.) Nicht alle $a_{11}, \ldots, a_{n1}$ sind null. Dann können wir durch Vertauschen der Gleichungen erreichen, dass $a_{11} \neq 0$. Multiplizieren der ersten Gleichung mit $\frac{1}{a_{11}}$ liefert dann einen Koeffizienten 1 vor x_1: Wir können also ohne Einschränkung annehmen, dass $a_{11} = 1$ gilt. Ist nun $a_{i1} \neq 0$, so können wir auch diese Gleichung mit $-\frac{1}{a_{i1}}$ multiplizieren und daher annehmen, dass alle $a_{21}, \ldots, a_{n1}$ entweder -1 oder 0 sind. Schließlich können wir dann durch Addition der ersten Gleichung erreichen, dass der Koeffizient vor x_1 in allen anderen Gleichungen $2, \ldots, n$ null wird, falls er nicht schon sowieso null war. Alle diese Manipulationen sind Kombinationen von elementaren Umformungen, welche $\text{Lös}(A, b)$ nicht ändern. Wir erreichen auf diese Weise Zeilenstufenform mit $s_1 = 1$.

Indem man nun von links alle Spalten durchläuft und immer die oberste Gleichung weglässt, erreicht man schließlich Zeilenstufenform für das ganze Gleichungssystem nach $\min(n, m)$ Schritten. Dieses Vorgehen nennt man den Gauß-Algorithmus:

Satz 4.3 (Gauß-Algorithmus). *Seien* $(a_{ij})_{\substack{i=1,\ldots,n \\ j=1,\ldots,m}}$ *Koeffizienten in* $\Bbbk$ *und* $b_1, \ldots, b_n \in \Bbbk$. *Dann liefert der Gauß-Algorithmus durch wiederholtes Anwenden von elementaren Umformungen für das lineare Gleichungssystem* (4.1.1) *Zeilenstufenform. Für die resultierenden Koeffizienten* $(a'_{ij})_{\substack{i=1,\ldots,n \\ j=1,\ldots,m}}$ *und* $b'_1, \ldots, b'_n$ *kann zudem erreicht werden, dass*

$$a'_{is_i} = 1 \qquad (4.1.16)$$

für alle $i = 1, \ldots, n$ *und alle Spaltenindizes* s_i *der Zeilenstufenform gilt.*

Beispiel 4.4. Wir betrachten $\Bbbk = \mathbb{Q}$ und das lineare Gleichungssystem

$$x_1 + 2x_2 - x_3 = \tfrac{2}{3}$$
$$3x_1 - 3x_2 - 9x_3 = 8 \qquad\qquad (4.1.17)$$
$$-3x_1 - 6x_2 + 4x_3 = 1.$$

Die Koeffizienten (a_{ij}) und die b_i können wir zu einem Schema

$$\begin{pmatrix} 1 & 2 & -1 & \bigm| & \tfrac{2}{3} \\ 3 & -3 & -9 & \bigm| & 8 \\ -3 & -6 & 4 & \bigm| & 1 \end{pmatrix} \qquad\qquad (4.1.18)$$

zusammenfassen. Wir führen nun den Gauß-Algorithmus durch. Da $a_{11} = 1$ ist, müssen wir im ersten Schritt keine Vertauschung vornehmen. Wir skalieren daher die zweite und dritte Gleichung und erhalten

$$\begin{pmatrix} 1 & 2 & -1 & \bigm| & \tfrac{2}{3} \\ -1 & 1 & 3 & \bigm| & -\tfrac{8}{3} \\ -1 & -2 & \tfrac{4}{3} & \bigm| & \tfrac{1}{3} \end{pmatrix}. \qquad\qquad (4.1.19)$$

Nun addieren wir die erste Gleichung zur zweiten und dritten. Dies liefert

$$\begin{pmatrix} 1 & 2 & -1 & \bigm| & \tfrac{2}{3} \\ 0 & 3 & 2 & \bigm| & -2 \\ 0 & 0 & \tfrac{1}{3} & \bigm| & 1 \end{pmatrix}. \qquad\qquad (4.1.20)$$

Glücklicherweise haben wir nun bereits Zeilenstufenform mit $s_1 = 1$, $s_2 = 2$ und $s_3 = 3$ erreicht. Die Lösungsmenge ist damit das 3-Tupel

$$x_3 = 3 \quad x_2 = -\frac{8}{3} \quad \text{und} \quad x_1 = 9, \qquad\qquad (4.1.21)$$

was man durch sukzessives Einsetzen nun leicht erhält.

Kontrollfragen. Was ist der Gauß-Algorithmus und wieso benötigt man dafür einen Körper? Welche drei elementaren Umformungen gibt es? Was ist die Zeilenstufenform?

4.2 Vektorräume

Die elementaren Umformungen ((I)) und ((II)) liefern Operationen mit den „n-Tupeln aus $\Bbbk^n$", die wir schon aus $\mathbb{R}^3$ kennen: Es sind analoge Konstruktionen zur Addition und Multiplikation mit Skalaren von Vektoren des Anschauungsraums. Wir nehmen dies nun als Motivation für folgende allgemeine Definition eines Vektorraums über dem Körper $\Bbbk$.

Definition 4.5 (Vektorraum). Ein Vektorraum über einem Körper $\Bbbk$ ist ein Tripel $(V, +, \cdot)$ von einer abelschen Gruppe $(V, +)$ und einer Abbildung

$$\cdot : \Bbbk \times V \longrightarrow V \tag{4.2.1}$$

derart, dass für alle $\lambda, \mu \in \Bbbk$ und $v, w \in V$

i.) $\lambda \cdot (v + w) = \lambda v + \lambda w$,

ii.) $\lambda \cdot (\mu \cdot v) = (\lambda\mu) \cdot v$,

iii.) $(\lambda + \mu) \cdot v = \lambda \cdot v + \mu \cdot v$,

iv.) $1 \cdot v = v$

gilt. Die Abbildung $\cdot$ heißt auch Multiplikation mit Skalaren.

Bemerkung 4.6. Wie auch schon für Ringe verabreden wir die Regel *Punkt vor Strich*, um in Ausdrücken wie $\lambda \cdot v + \mu \cdot w$ auf die Klammerung verzichten zu können. Weiter schreiben wir auch kurz λv anstelle von $\lambda \cdot v$. Die abelsche Gruppe $(V, +)$ schreiben wir additiv, und ihr neutrales Element $0 \in V$ heißt der *Nullvektor* von V. Die Elemente von V heißen dann *Vektoren*, während wir Elemente des Körpers auch *Skalare* nennen. Wie zuvor schreiben wir auch oft nur V anstelle des Tripels $(V, +, \cdot)$, wenn klar ist, um welche Strukturabbildungen $+$ und $\cdot$ es sich handelt.

Einige elementare Rechenregeln, die über die bisherigen Rechenregeln zu Gruppen hinausgehen, sind folgende:

Proposition 4.7. *Sei V ein Vektorraum über $\Bbbk$. Für alle $v \in V$ und $\lambda \in \Bbbk$ gilt*

i.) $0 \cdot v = 0$,

ii.) $\lambda \cdot 0 = 0$,

iii.) $(-\lambda) \cdot v = \lambda \cdot (-v) = -(\lambda \cdot v)$.

Beweis. Die einzige Schwierigkeit der Aussagen besteht darin, sich klarzumachen, um welche „0" und um welches Inverses es sich jeweils handelt. Wir schreiben dies der Deutlichkeit wegen mit Indizes und rechnen nach, dass

$$0_\Bbbk \cdot v = (0_\Bbbk + 0_\Bbbk) \cdot v = 0_\Bbbk \cdot v + 0_\Bbbk \cdot v,$$

wobei hier also die Null im Körper $0_\Bbbk \in \Bbbk$ gemeint ist. Da $(V, +)$ eine abelsche Gruppe ist, folgt $0_\Bbbk \cdot v = 0_V$, wobei hier jetzt $0_V \in V$ der Nullvektor ist. Genauso einfach gilt

$$\lambda \cdot 0_V = \lambda \cdot (0_V + 0_V) = \lambda \cdot 0_V + \lambda \cdot 0_V,$$

woraus ebenfalls $\lambda \cdot 0_V = 0_V$ folgt. Schließlich gilt

$$0_V = 0_{\Bbbk} \cdot v = (\lambda - \lambda) \cdot v = \lambda \cdot v + (-\lambda) \cdot v,$$

womit $(-\lambda) \cdot v$ das additive Inverse zu $\lambda \cdot v$ ist, also $(-\lambda) \cdot v = -(\lambda \cdot v)$. Ebenso gilt

$$0_V = \lambda \cdot 0_V = \lambda \cdot (v + (-v)) = \lambda \cdot v + \lambda \cdot (-v)$$

und daher $\lambda \cdot (-v) = -(\lambda \cdot v)$. $\square$

Es ist nun Zeit für einige Beispiele und Konstruktionen von Vektorräumen, die von fundamentaler Bedeutung sind.

Beispiel 4.8 (Der Vektorraum $\Bbbk^n$). Sei $n \in \mathbb{N}$. Auf dem kartesischen Produkt $\Bbbk^n$ definiert man eine Addition komponentenweise durch

$$\begin{pmatrix} v_1 \\ \vdots \\ v_n \end{pmatrix} + \begin{pmatrix} w_1 \\ \vdots \\ w_n \end{pmatrix} = \begin{pmatrix} v_1 + w_1 \\ \vdots \\ v_n + w_n \end{pmatrix} \tag{4.2.2}$$

und eine Multiplikation mit Skalaren durch

$$\lambda \cdot \begin{pmatrix} v_1 \\ \vdots \\ v_n \end{pmatrix} = \begin{pmatrix} \lambda v_1 \\ \vdots \\ \lambda v_n \end{pmatrix}. \tag{4.2.3}$$

Es ist durchaus nützlich, die n-Tupel in $\Bbbk^n$ als *Spaltenvektoren* aufzuschreiben. An der Struktur von $\Bbbk^n$, $+$ und $\cdot$ ändert sich hierdurch natürlich nichts. Man hätte ebenso gut Zeilenvektoren $(v_1, \ldots, v_n)$ verwenden können. Völlig analog zum Fall von $\mathbb{R}^3$ zeigt man nun, dass $\Bbbk^n$ mit diesen Verknüpfungen $+$ und $\cdot$ zu einem Vektorraum über $\Bbbk$ wird. Insbesondere für $n = 1$ sieht man, dass $\Bbbk$ immer ein Vektorraum über sich selbst ist.

Beispiel 4.9 (Der Nullraum). Wir betrachten die triviale Gruppe $V = \{0\}$ und definieren $\lambda \cdot 0 = 0$ in Einklang mit Proposition 4.7 für $\lambda \in \Bbbk$. Es ist nun leicht zu sehen, dass V damit ein Vektorraum über $\Bbbk$ wird. Wir nennen ihn den *Nullraum*. Um eine einheitliche Schreibweise im Hinblick auf Beispiel 4.8 zu erzielen, werden wir auch $\Bbbk^0$ für den Nullraum schreiben. Oftmals wird der Nullraum ebenfalls mit dem Symbol 0 bezeichnet, auch wenn dies natürlich einen gewissen Notationsmissbrauch darstellt.

Etwas interessanter ist nun folgende Konstruktion, welche die vorherigen drastisch verallgemeinert:

Beispiel 4.10 (Der Vektorraum $\Bbbk^M$). Sei M eine beliebige nichtleere Menge. Dann betrachten wir die Menge aller Abbildungen von M nach $\Bbbk$, und bezeichnen diese auch mit

$$\Bbbk^M = \text{Abb}(M, \Bbbk). \tag{4.2.4}$$

Man beachte, dass dies wirklich nur eine Bezeichnung ist und nicht mehr. Seien nun $f, g \colon M \longrightarrow \Bbbk$ solche Abbildungen und $\lambda \in \Bbbk$. Dann definieren wir $f + g$ und $\lambda \cdot f$ *punktweise* in M durch

$$(f + g)(p) = f(p) + g(p) \tag{4.2.5}$$

und

$$(\lambda \cdot f)(p) = \lambda f(p) \tag{4.2.6}$$

für alle $p \in M$. Wichtig ist hier, dass die Menge M *keinerlei* weitere Strukturen besitzen muss. Vielmehr erbt $\text{Abb}(M, \Bbbk)$ alle relevanten Eigenschaften vom Ziel $\Bbbk$ und nicht vom Urbild M. Man überlegt sich nun leicht, dass diese Operationen $\text{Abb}(M, \Bbbk)$ zu einem Vektorraum über $\Bbbk$ machen. Der Nullvektor ist dabei die 0-Abbildung, also die Abbildung mit

$$0_{\text{Abb}(M,\Bbbk)}(p) = 0_{\Bbbk} \tag{4.2.7}$$

für alle $p \in M$. Der konkrete Nachweis der Vektorraumeigenschaften wird in Übung 4.4 erbracht. In diesem Vektorraum gibt es spezielle Vektoren, die wir durch die Elemente von M indizieren können. Wir definieren für $p \in M$ die Abbildung

$$\mathrm{e}_p \colon q \mapsto \begin{cases} 1 & \text{für } p = q \\ 0 & \text{für } p \neq q. \end{cases} \tag{4.2.8}$$

Dies liefert eine spezielle Abbildung $\mathrm{e}_p \in \text{Abb}(M, \Bbbk)$ für jedes $p \in M$, siehe auch Abb. 4.1. Zur Abkürzung können wir an dieser Stelle das *Kronecker-*

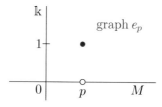

Abb. 4.1 Schematische Darstellung des Graphen der Abbildung e_p

Symbol

$$\delta_{ab} = \begin{cases} 1 & \text{für } a = b \\ 0 & \text{für } a \neq b \end{cases} \tag{4.2.9}$$

einführen, welches eine oft verwendete Abkürzung darstellt. Hier sind a und b irgendwelche Elemente einer Menge, die typischerweise aus dem Zusammenhang klar ist. Die Vektoren e_p können daher durch $e_p(q) = \delta_{pq}$ charakterisiert werden. Wir können auf diese Weise die Punkte in M mit diesen Abbildungen identifizieren, da die Abbildung

$$M \in p \mapsto e_p \in \text{Abb}(M, \Bbbk) \qquad (4.2.10)$$

offenbar injektiv ist: Die beiden Abbildungen e_p und $e_{p'}$ sind genau dann gleich, falls $p = p'$. Die Bedeutung dieses Beispiels lässt sich kaum überschätzen: Wir werden auf diesen Vektorraum und daraus abgeleitete Konstruktionen noch öfter zurückkommen.

Beispiel 4.11 (Der Vektorraum $\text{Abb}(M, V)$). Sei wieder M eine nicht leere Menge und V ein Vektorraum über $\Bbbk$. Analog zu Beispiel 4.10 versehen wir $\text{Abb}(M, V)$ durch die *punktweise* erklärten Vektorraumoperationen mit der Struktur eines Vektorraums über $\Bbbk$, siehe Übung 4.4. Da $\Bbbk$ als Vektorraum über $\Bbbk$ gesehen werden kann, ist dies eine Verallgemeinerung von Beispiel 4.10. Auch dieses Beispiel wird in vielen Varianten noch mehrfach auftreten.

Beispiel 4.12 (Folgen). Eine Folge von reellen Zahlen (oder analog für komplexe Zahlen) ist eine Abbildung

$$a \colon \mathbb{N} \ni n \mapsto a(n) \in \mathbb{R}, \qquad (4.2.11)$$

welche wir typischerweise als $(a_n)_{n \in \mathbb{N}}$ mit $a_n = a(n)$ schreiben. Nach Beispiel 4.10 ist also der *Raum aller reellen Folgen* $\mathbb{R}^{\mathbb{N}} = \text{Abb}(\mathbb{N}, \mathbb{R})$ ein reeller Vektorraum. Die Vektorraumoperationen bestehen in diesem Fall aus der gliedweisen Addition und der gliedweisen Multiplikation mit Skalaren, also

$$(a_n)_{n \in \mathbb{N}} + (b_n)_{n \in \mathbb{N}} = (a_n + b_n)_{n \in \mathbb{N}} \qquad (4.2.12)$$

und

$$\lambda \cdot (a_n)_{n \in \mathbb{N}} = (\lambda a_n)_{n \in \mathbb{N}}. \qquad (4.2.13)$$

Zur Vorsicht sei hier bemerkt, dass zwar $\mathbb{N}$ ebenfalls über eine Addition verfügt, für eine Folge $(a_n)_{n \in \mathbb{N}}$ aber *keinerlei* Voraussetzungen über die Beziehung der Werte a_n, a_m und a_{n+m} gemacht werden. Die Vektorraumstruktur bezieht sich eben auf die Werte a_n, nicht auf deren Urbilder n.

Beispiel 4.13 (Polynome). Wir betrachten den Ring $\Bbbk[x]$ der Polynome in der Variablen x mit Koeffizienten in $\Bbbk$. Für Polynome $p, q \in \Bbbk[x]$ haben wir bereits eine Addition erklärt, sodass $(\Bbbk[x], +)$ eine abelsche Gruppe ist: Dies war Teil der Daten der Ringstruktur. Weiter konnten wir $\Bbbk$ als Unterring von $\Bbbk[x]$ interpretieren, indem wir Skalare $\lambda \in \Bbbk$ als konstante Polynome $p(x) = \lambda$ auffassen, siehe Satz 3.35, *v.).* Damit können wir also $\lambda \in \Bbbk$ mit $p \in \Bbbk[x]$ multiplizieren und erhalten eine Multiplikation mit Skalaren

$$\Bbbk \times \Bbbk[x] \ni (\lambda, p) \;\mapsto\; \lambda p \in \Bbbk[x], \tag{4.2.14}$$

welche $\Bbbk[x]$ zu einem Vektorraum über $\Bbbk$ macht. Dass dies tatsächlich einen Vektorraum liefert, folgt sofort aus der Tatsache, dass $\Bbbk[x]$ ein Ring und $\Bbbk \subseteq \Bbbk[x]$ ein Unterring ist.

Gerade das letzte Beispiel können wir drastisch verallgemeinern:

Proposition 4.14. *Sei* $\Bbbk$ *ein Körper und* R *ein Ring mit* 1. *Sei weiter* $\phi\colon \Bbbk \longrightarrow \mathsf{R}$ *ein einserhaltender Ringmorphismus. Dann liefert*

$$\cdot\colon \Bbbk \times \mathsf{R} \ni (\lambda, a) \;\mapsto\; \lambda \cdot a = \phi(\lambda)a \in \mathsf{R} \tag{4.2.15}$$

eine Multiplikation mit Skalaren, sodass R *mit seiner Addition und diesem* $\cdot$ *zu einem Vektorraum über* $\Bbbk$ *wird.*

Beweis. Der Beweis wird in Übung 4.6 diskutiert. $\qquad\qquad\qquad\square$

Korollar 4.15. *Die reellen Zahlen* $\mathbb{R}$ *sind ein Vektorraum über* $\mathbb{Q}$. *Die komplexen Zahlen* $\mathbb{C}$ *sind sowohl ein Vektorraum über* $\mathbb{R}$ *als auch über* $\mathbb{Q}$.

Kontrollfragen. Was ist ein Vektorraum? Welche wichtigen Beispiele von Vektorräumen kennen Sie? Was bedeutet das Kronecker-Symbol δ_{ab}? Wieso ist $\mathrm{Abb}(M, V)$ für eine Menge M und einen Vektorraum V wieder ein Vektorraum?

4.3 Untervektorräume

Wie auch schon bei Monoiden, Gruppen, Ringen etc. wollen wir auch bei Vektorräumen einen adäquaten Begriff des Untervektorraums etablieren. Dies ist nun leicht zu bewerkstelligen:

Definition 4.16 (Untervektorraum). Sei V ein Vektorraum über $\Bbbk$ und $U \subseteq V$ eine Teilmenge. Dann heißt U Untervektorraum (auch Unterraum oder Teilraum) von V, falls U eine Untergruppe von $(V, +)$ ist und für die Multiplikation mit Skalaren gilt, dass $\lambda \cdot u \in U$ für alle $u \in U$ und $\lambda \in \Bbbk$.

Mit anderen Worten, die Vektorraumoperationen von V schränken sich auf U ein, sodass U selbst ein Vektorraum bezüglich der eingeschränkten Vektorraumoperationen wird. Man beachte, dass notwendigerweise

$$0 \in U \tag{4.3.1}$$

gelten muss, da sonst $(U, +) \subseteq (V, +)$ keine Untergruppe wäre.

Im Falle von Untergruppen mussten wir explizit prüfen, dass die inversen Elemente in der Untergruppe liegen: Es gibt Untermonoide von Gruppen wie etwa $(\mathbb{N}_0, +) \subseteq (\mathbb{Z}, +)$, welche keine Untergruppen sind, siehe nochmals die Diskussion nach Definition 3.23. Im Falle eines Untervektorraums ist die Situation etwas einfacher:

Proposition 4.17. *Sei V ein Vektorraum über $\Bbbk$. Eine Teilmenge $U \subseteq V$ ist genau dann ein Untervektorraum von V, falls*

i.) $U \neq \emptyset$,

ii.) für alle $u, v \in U$ gilt $u + v \in U$,

iii.) für alle $u \in U$ und $\lambda \in \Bbbk$ gilt $\lambda \cdot u \in U$.

Beweis. Für einen Unterraum $U \subseteq V$ sind die Eigenschaften *i.)* – *iii.)* sicherlich erfüllt. Sei also U eine Teilmenge mit diesen drei Eigenschaften. Da $U \neq \emptyset$, gibt es ein $u \in U$. Da dann $0 \cdot u = 0$, folgt zunächst aus *iii.)*, dass $0 \in U$. Ist nun $u \in U$, so auch $(-1) \cdot u = -u$ nach *iii.)* und der Rechenregel aus Proposition 4.7, *iii.)*. Damit ist also gezeigt, dass $(U, +)$ eine Untergruppe ist, da *ii.)* die Abgeschlossenheit bezüglich $+$ liefert. $\qquad\square$

Man beachte, dass die Kombination von *ii.)* und *iii.)* alleine noch *nicht* ausreicht, um einen Unterraum zu liefern, da die leere Menge $\emptyset \subseteq V$ diese Eigenschaften erfüllt: Da es keine Elemente in $\emptyset$ gibt, sind die Eigenschaften *ii.)* und *iii.)* tatsächlich für *alle* Elemente der leeren Menge richtig. Äquivalent zur Kombination *ii.)* und *iii.)* kann man auch das Kriterium

iv.) für alle $\lambda, \mu \in \Bbbk$ und für alle $u, v \in U$ gilt $\lambda \cdot u + \mu \cdot v \in U$

verwenden. Dann ist U genau dann ein Unterraum, wenn *i.)* und *iv.)* gilt. Auch hier ist es aus dem gleichen Grunde unerlässlich, $U \neq \emptyset$ zusätzlich zu fordern.

Korollar 4.18. *Sei V ein Vektorraum über $\Bbbk$ und seien $\{U_i\}_{i \in I}$ Unterräume von V. Dann ist auch*

$$U = \bigcap_{i \in I} U_i \tag{4.3.2}$$

ein Unterraum von V.

Beweis. Da $0 \in U_i$ für alle $i \in I$, gilt $0 \in U$, womit U nicht leer ist. Für $u, v \in U$ gilt $u, v \in U_i$ für alle $i \in I$, also $u + v \in U_i$ für alle $i \in I$ und damit $u + v \in U$. Schließlich gilt für $u \in U$ und $\lambda \in \Bbbk$ zunächst $\lambda \cdot u \in U_i$ für alle $i \in I$ und daher auch $\lambda \cdot u \in U$. $\qquad\square$

Beispiel 4.19. Der Nullraum $\{0\} \subseteq V$ ist immer ein Untervektorraum von V.

Beispiel 4.20 (Lineare Gleichungssysteme). Seien Zahlen $A = (a_{ij})_{\substack{i=1,\ldots,n \\ j=1,\ldots,m}}$ und $b_1, \ldots, b_n$ aus $\Bbbk$ vorgegeben. Wir nennen das lineare Gleichungssystem

$$\begin{aligned} a_{11}x_1 + \cdots + a_{1m}x_m &= b_1 \\ &\vdots \\ a_{n1}x_1 + \cdots + a_{nm}x_m &= b_n \end{aligned} \tag{4.3.3}$$

homogen, wenn der Spaltenvektor $b \in \Bbbk^n$ verschwindet, also $b = 0$ gilt, und *inhomogen*, falls $b \neq 0$. Ist die Lösungsmenge Lös(A, b) nicht leer, so liegt eine nichtleere Teilmenge von $\Bbbk^m$ vor. Hier gilt nun, dass im homogenen Fall Lös$(A, 0) \subseteq \Bbbk^m$ ein Untervektorraum ist: Dies ist einfach zu sehen, denn für $x, y \in$ Lös$(A, 0)$ und $\lambda \in \Bbbk$ gilt

$$a_{i1}(x_1+y_1)+\cdots+a_{im}(x_m+y_m) = a_{i1}x_1+\cdots+a_{im}x_m+a_{i1}y_1+\cdots+a_{im}y_m = 0$$

für alle $i = 1, \ldots, n$. Somit ist $x + y \in$ Lös$(A, 0)$. Weiter gilt für alle $i = 1, \ldots, n$

$$a_{i1}(\lambda x_1) + \cdots + a_{im}(\lambda x_m) = \lambda(a_{i1}x_1 + \cdots + a_{im}x_m) = \lambda \cdot 0 = 0$$

und daher $\lambda x \in$ Lös$(A, 0)$. Schließlich besitzt das homogene lineare Gleichungssystem immer die triviale Lösung $x = 0$, womit Lös$(A, 0) \neq \emptyset$ folgt. Nach Proposition 4.17 ist Lös$(A, 0)$ ein Untervektorraum. Ist nun $b \neq 0$, so kann Lös$(A, b) = \emptyset$ vorkommen. Im Fall, dass Lös$(A, b) \neq \emptyset$, können wir die Lösungsmenge folgendermaßen charakterisieren: Sind $x, y \in$ Lös(A, b), so ist $z = x - y \in$ Lös$(A, 0)$ eine Lösung des homogenen Systems. Es gilt ja

$$
\begin{aligned}
a_{i1}(x_1 - y_1) &+ \cdots + a_{im}(x_m - y_m) \\
&= a_{i1}x_1 + \cdots + a_{im}x_m - a_{i1}y_1 - \cdots - a_{im}y_m \\
&= b_i - b_i \\
&= 0
\end{aligned}
$$

für alle $i = 1, \ldots, n$. Ist umgekehrt $x \in$ Lös(A, b) und $z \in$ Lös$(A, 0)$, so ist auch $y = x + z$ eine Lösung des inhomogenen Systems, denn

$$a_{i1}(x_1 + z_1) + \cdots + a_{im}(x_m + z_m) = a_{i1}x_1 + \cdots + a_{im}x_m = b_i$$

für alle $i = 1, \ldots, n$. Wir erhalten so eine vollständige Beschreibung von Lös(A, b) durch eine *spezielle Lösung* (sofern diese denn überhaupt existiert) und die Lösungsmenge Lös$(A, 0)$. Wir kommen noch öfters auf dieses fundamentale Beispiel zurück und werden verschiedene weitere Facetten des Problems kennenlernen.

Folgende Aussagen zum homogenen Fall erhalten wir leicht aus der Zeilenstufenform:

Proposition 4.21. *Seien $a_{ij} \in \Bbbk$ mit $i = 1, \ldots, n$ und $j = 1, \ldots, m$ sowie $m > n$. Dann besitzt das homogene Gleichungssystem*

$$
\begin{aligned}
a_{11}x_1 + \cdots + a_{1m}x_m &= 0 \\
&\vdots \\
a_{n1}x_1 + \cdots + a_{nm}x_m &= 0
\end{aligned}
\tag{4.3.4}
$$

nichttriviale Lösungen: Lös$(A, 0) \subseteq \Bbbk^m$ *ist nicht der Nullraum.*

Beweis. Nach Satz 4.3 dürfen wir annehmen, dass (4.3.4) bereits auf Zeilenstufenform gebracht wurde. Man beachte, dass alle elementaren Umformungen homogene auf homogene Gleichungssysteme abbilden. Seien also $1 \leq s_1 < s_2 < \cdots < s_n$ die Spaltenindizes mit der Eigenschaft (4.1.5). Ist nun ein $s_j = \infty$, so auch alle späteren, und wir haben in diesem Fall einfach nur weniger Gleichungen zu berücksichtigen. Dadurch wird also n nur weiter verkleinert und die Relation $m > n$ bleibt bestehen. Insbesondere ist für $s_1 = \infty$ das gesamte lineare Gleichungssystem trivial, und Lös$(0,0) = \mathbb{k}^m$ ist ein nichttrivialer Unterraum. Wir können also $s_n \neq \infty$ annehmen. Gilt $s_n = m$, so lautet die letzte Gleichung einfach

$$a_{nm} x_m = 0$$

mit $a_{nm} \neq 0$, was die eindeutige Lösung $x_m = 0$ erfordert. Wir können also auch hier die letzte Gleichung zusammen mit der letzten Variablen x_m eliminieren. Damit ersetzen wir n durch $n-1$ und m durch $m-1$. Die Ungleichung $n-1 < m-1$ bleibt daher bestehen. Ist schließlich $s_n < m$, so lautet die letzte Gleichung

$$a_{ns_n} x_{s_n} + \cdots + a_{nm} x_m = 0$$

mit $a_{ns_n} \neq 0$. Hier können wir nun die Variablen $x_{s_n+1}, \ldots, x_m$ frei wählen und erhalten nach rekursivem Auflösen insgesamt eine nichttriviale Lösung. Der Fall $s_n < m$ muss aber irgendwann tatsächlich auftreten, nachdem wir in endlich vielen Schritten die anderen beiden Fälle abgearbeitet haben, da schlichtweg mehr Variablen als Gleichungen vorhanden sind. $\square$

Folgende Beispiele von Unterräumen sind ebenfalls von großer Bedeutung:

Beispiel 4.22 (Folgenräume). Wir betrachten $\mathbb{k} = \mathbb{R}$ und den Vektorraum $\mathbb{R}^{\mathbb{N}}$ aller reellen Folgen. Man definiert die *Menge der beschränkten Folgen*

$$\ell^\infty = \Big\{ (a_n)_{n \in \mathbb{N}} \in \mathbb{R}^{\mathbb{N}} \;\Big|\; \sup_{n \in \mathbb{N}} |a_n| < \infty \Big\}, \tag{4.3.5}$$

die *Menge der konvergenten Folgen*

$$c = \Big\{ (a_n)_{n \in \mathbb{N}} \in \mathbb{R}^{\mathbb{N}} \;\Big|\; \lim_{n \to \infty} a_n \text{ existiert} \Big\}, \tag{4.3.6}$$

und die *Menge der Nullfolgen*

$$c_\circ = \Big\{ (a_n)_{n \in \mathbb{N}} \in \mathbb{R}^{\mathbb{N}} \;\Big|\; \lim_{n \to \infty} a_n = 0 \Big\}. \tag{4.3.7}$$

Da eine konvergente Folge insbesondere beschränkt ist, finden wir die Inklusionen

$$c_\circ \subseteq c \subseteq \ell^\infty \subseteq \mathbb{R}^{\mathbb{N}}, \tag{4.3.8}$$

welche alle echt sind. Elementare Rechenregeln für das Supremum und den Limes aus der Analysis zeigen, dass (4.3.8) jeweils Unterräume sind, siehe auch Übung 4.5. In der Analysis werden noch viele weitere Folgenräume vorgestellt werden. Anstelle von reellen Folgen kann man selbstverständlich auch komplexe Folgen mit entsprechenden Eigenschaften betrachten.

Beispiel 4.23 (Der Unterraum $\mathrm{Abb}_0(M, \Bbbk)$*).* Sei M eine nichtleere Menge, dann betrachten wir die *Abbildungen mit endlichem Träger* und Werten in $\Bbbk$

$$\mathrm{Abb}_0(M, \Bbbk) = \big\{ f \in \mathrm{Abb}(M, \Bbbk) \mid \mathrm{supp}\, f \text{ ist endlich} \big\}, \qquad (4.3.9)$$

wobei der Träger von f als

$$\mathrm{supp}\, f = \big\{ p \in M \mid f(p) \neq 0 \big\} \qquad (4.3.10)$$

definiert ist, siehe auch Übung 3.20. Das Symbol supp kommt vom englischen *support*. In der mengen-theoretischen Topologie wird bei der Definition des Trägers noch der topologische Abschluss der rechten Seite in (4.3.10) gebildet, sofern M ein topologischer Raum ist. Unsere Definition ist daher eine vereinfachte Version, welche einem *diskreten* Raum M entspricht. Auch hier verifiziert man schnell mit Proposition 4.17, dass $\mathrm{Abb}_0(M, \Bbbk) \subseteq \mathrm{Abb}(M, \Bbbk)$ ein Unterraum ist. Dieser ist offenbar genau dann ein echter Unterraum, falls M unendlich ist. Die speziellen Funktionen e_p aus (4.2.8) in Beispiel 4.10 liegen offenbar alle in $\mathrm{Abb}_0(M, \Bbbk)$, da

$$\mathrm{supp}\, e_p = \{p\} \qquad (4.3.11)$$

gerade *ein* Element besitzt.

Die nächste Konstruktion wird uns eine Fülle von Untervektorräumen bescheren. Zur Motivation betrachten wir erneut ein lineares Gleichungssystem der Form

$$\begin{aligned} a_{11}x_1 + \cdots + a_{1m}x_m &= b_1 \\ &\vdots \\ a_{n1}x_1 + \cdots + a_{nm}x_m &= b_n, \end{aligned} \qquad (4.3.12)$$

welches wir nun auf folgende Weise interpretieren. Wir betrachten die Spaltenvektoren

$$a_1 = \begin{pmatrix} a_{11} \\ \vdots \\ a_{n1} \end{pmatrix}, \quad \ldots, \quad a_m = \begin{pmatrix} a_{1m} \\ \vdots \\ a_{nm} \end{pmatrix} \quad \text{und} \quad b = \begin{pmatrix} b_1 \\ \vdots \\ b_n \end{pmatrix} \qquad (4.3.13)$$

im Vektorraum $\Bbbk^n$. Dann besagt (4.3.12), dass wir die *Vektorgleichung*

$$x_1 a_1 + \cdots + x_m a_m = b \qquad (4.3.14)$$

lösen wollen. Der Vektor b soll also als eine *Linearkombination* der Vektoren $a_1, \ldots, a_m$ geschrieben werden. Ganz allgemein definieren wir daher den Begriff der Linearkombination folgendermaßen:

Definition 4.24 (Linearkombination). Sei V ein Vektorraum über $\Bbbk$ und seien $v_1, \ldots, v_n \in V$ sowie $\lambda_1, \ldots, \lambda_n \in \Bbbk$ gegeben. Dann heißt der Vektor

$$v = \lambda_1 v_1 + \cdots + \lambda_n v_n \tag{4.3.15}$$

eine Linearkombination der Vektoren $v_1, \ldots, v_n$.

Die Frage bei einem linearen Gleichungssystem ist also, ob und auf wie viele Weisen ein Vektor b als Linearkombination von gegebenen Vektoren $a_1, \ldots, a_m$ geschrieben werden kann. Man beachte, dass wir diese Art von Frage in einem beliebigen Vektorraum und nicht nur für Spaltenvektoren in $\Bbbk^n$ stellen können. In diesem Sinne werden wir von (4.3.14) als linearer Gleichung in einem Vektorraum sprechen, egal ob die Vektoren aus $\Bbbk^n$ oder einem beliebigen Vektorraum über $\Bbbk$ sind. Nun jedoch zu den neuen Beispielen von Untervektorräumen:

Beispiel 4.25 (Gerade). Sei $v \in V \setminus \{0\}$ ein Vektor ungleich null. Dann betrachten wir alle Linearkombinationen, die wir aus diesem Vektor bilden können: Da wir nur einen Vektor vorliegen haben, sind diese einfach die Vielfachen von v. Wir definieren

$$\Bbbk \cdot v = \{\lambda \cdot v \mid \lambda \in \Bbbk\} \subseteq V, \tag{4.3.16}$$

und erhalten so einen Untervektorraum $\Bbbk \cdot v$ in V. In Analogie zu unseren elementargeometrischen Überlegungen in Kap. 1 nennen wir $\Bbbk \cdot v$ die *Gerade durch v*. Ist $v = 0$, so ist $\Bbbk \cdot 0$ offenbar nur der Nullraum, $\Bbbk \cdot 0 = \{0\}$, und daher wenig geeignet, als Gerade angesehen zu werden.

Wir verallgemeinern diese Konstruktion nun auf beliebig viele Vektoren:

Definition 4.26 (Spann). Sei $W \subseteq V$ eine nichtleere Teilmenge von Vektoren in einem Vektorraum. Dann ist der Spann von W als

$$\operatorname{span} W$$
$$= \{v \in V \mid \exists n \in \mathbb{N}, \lambda_i \in \Bbbk, w_i \in W, 1 \le i \le n \text{ mit } v = \lambda_1 w_1 + \cdots + \lambda_n w_n\} \tag{4.3.17}$$

definiert. In diesem Fall sagen wir, dass W den Unterraum $\operatorname{span} W$ aufspannt oder erzeugt.

Eine alternative Schreibweise ist auch $\langle W \rangle$ oder $\langle w_1, \ldots, w_r \rangle$, wenn W aus r Vektoren $w_1, \ldots, w_r$ besteht. Zudem schreibt man gelegentlich auch $\operatorname{span}_{\Bbbk} W$, um den zugrunde liegenden Körper $\Bbbk$ zu betonen.

Der Spann von W ist also gerade die *Menge aller Linearkombinationen* von Vektoren aus W. Dies liefert nun einen Untervektorraum:

Proposition 4.27. *Sei $W \subseteq V$ eine nichtleere Teilmenge eines Vektorraums V über $\Bbbk$. Dann ist* $\operatorname{span} W \subseteq V$ *der kleinste Untervektorraum von V mit*

$$W \subseteq \operatorname{span} W. \tag{4.3.18}$$

Beweis. Wir müssen zwei Dinge zeigen. Zum einen, dass span W ein Unterraum ist, und zum anderen, dass span W der kleinste Unterraum mit (4.3.18) ist. Die Eigenschaft $W \subseteq \text{span}\, W$ ist offensichtlich, da wir $n = 1$ und $\lambda = 1$ in (4.3.17) wählen können, womit insbesondere span $W \neq \emptyset$ folgt. Sind $v, v' \in \text{span}\, W$, so gibt es $w_1, \ldots, w_n \in W$ und $\lambda_1, \ldots, \lambda_n \in \Bbbk$ sowie $w_1', \ldots, w_m' \in W$ und $\lambda_1', \ldots, \lambda_m' \in \Bbbk$ mit

$$v = \sum_{i=1}^{n} \lambda_i w_i \quad \text{und} \quad v' = \sum_{j=1}^{m} \lambda_j' w_j'.$$

Dann gilt

$$v + v' = \sum_{i=1}^{n} \lambda_i w_i + \sum_{j=1}^{m} \lambda_j' w_j' \in \text{span}\, W$$

und

$$\lambda \cdot v = \sum_{i=1}^{n} \lambda \lambda_i w_i \in \text{span}\, W$$

für $\lambda \in \Bbbk$. Nach Proposition 4.17 ist span W daher ein Unterraum. Ist nun $U \subseteq V$ ein anderer Unterraum von V mit $W \subseteq U$, so ist mit $w_1, \ldots, w_n \in W$ und $\lambda_1, \ldots, \lambda_n \in \Bbbk$ zunächst $\lambda_i w_i \in U$. Weiter ist $\lambda_1 w_1 + \lambda_2 w_2 \in U$, und mit Induktion folgt, dass auch $\lambda_1 w_1 + \cdots + \lambda_n w_n \in U$. Dies zeigt span $W \subseteq U$, womit span W also der kleinste Unterraum mit (4.3.18) ist. $\qquad\square$

Wir können den Spann nun dazu verwenden, eine vorerst letzte Konstruktion von Unterräumen anzugeben. Sind $U_1, U_2 \subseteq V$ Unterräume, so ist zwar deren Durchschnitt nach Korollar 4.18 wieder ein Unterraum, ihre Vereinigung typischerweise jedoch nicht: Man beachte etwa die beiden Geraden

$$U_1 = \Bbbk \cdot \begin{pmatrix} 1 \\ 0 \end{pmatrix} \quad \text{und} \quad U_2 = \Bbbk \cdot \begin{pmatrix} 0 \\ 1 \end{pmatrix} \tag{4.3.19}$$

in $\Bbbk^2$. Der Vektor $\begin{pmatrix} 1 \\ 1 \end{pmatrix} \in \Bbbk^2$ ist dann sicher nicht in der Vereinigung $U_1 \cup U_2$, die ja nur Vektoren der Form $\begin{pmatrix} \lambda \\ 0 \end{pmatrix}$ oder $\begin{pmatrix} 0 \\ \lambda \end{pmatrix}$ für $\lambda \in \Bbbk$ enthält, siehe auch Abb. 4.2.

Wir müssen die Vereinigung $U_1 \cup U_2$ daher weiter vergrößern, um einen Untervektorraum zu erhalten.

Definition 4.28 (Summe von Unterräumen). Seien $\{U_i\}_{i \in I}$ Unterräume eines Vektorraums V über $\Bbbk$. Dann ist ihre Summe definiert als

$$\sum_{i \in I} U_i = \text{span} \bigcup_{i \in I} U_i. \tag{4.3.20}$$

Korollar 4.29. *Sind $\{U_i\}_{i \in I}$ Unterräume eines Vektorraums V über $\Bbbk$, so ist ihre Summe $\sum_{i \in I} U_i$ der kleinste Unterraum von V, der alle U_i enthält.*

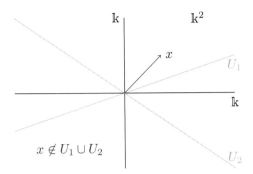

Abb. 4.2 Die Vereinigung $U_1 \cup U_2$ ist kein Unterraum mehr

Für endlich viele Unterräume $U_1, \ldots, U_n \subseteq V$ schreiben wir auch kurz $U_1 + \cdots + U_n$ anstelle von $\sum_{i \in I} U_i$.

Bemerkung 4.30 (Leere Linearkombinationen). Bei der Definition einer Linearkombination und dann bei der Definition des Spanns span W einer Teilmenge $W \subseteq V$ haben wir vorausgesetzt, dass $W \neq \emptyset$ gilt. Es ist nun sinnvoll und üblich, für $W = \emptyset$ den Spann über die Eigenschaft aus Proposition 4.27 zu definieren. Wir setzen daher

$$\text{span}\, \emptyset = \{0\}. \tag{4.3.21}$$

Dies entspricht der Konvention, dass eine leere Summe gleich 0 sein soll.

Kontrollfragen. Wie kann man Untervektorräume charakterisieren? Welche Beziehungen von linearen Gleichungssystemen und Unterräumen kennen Sie? Geben Sie Beispiele für Unterräume. Was ist eine Linearkombination, was ein linearer Spann? Wieso ist der Schnitt von Unterräumen ein Unterraum, die Vereinigung im Allgemeinen aber nicht?

4.4 Lineare Unabhängigkeit und Basen

Ist V ein Vektorraum über $\Bbbk$ und $U \subseteq V$ ein Unterraum, so besitzt U immer eine Teilmenge $W \subseteq U$ mit

$$U = \text{span}\, W. \tag{4.4.1}$$

Wir können ja beispielsweise $W = U$ selbst nehmen. Allgemeiner betrachten wir eine beliebige Teilmenge mit dieser Eigenschaft:

Definition 4.31 (Erzeugendensystem). Sei $U \subseteq V$ ein Unterraum eines Vektorraums über $\Bbbk$. Eine Teilmenge $W \subseteq U$ heißt Erzeugendensystem von U, falls (4.4.1) gilt.

Insbesondere können wir auch von einem Erzeugendensystem des ganzen Vektorraums V sprechen, da ja $V \subseteq V$ sicherlich auch ein Untervektorraum ist. Die Wahl von U als Erzeugendensystem von U ist sicherlich etwas *redundant*, da etwa mit $v \in U$ der Vektor $\lambda \cdot v$ nicht mehr extra benötigt wird, sondern durch die Definition des Spanns automatisch mit hinzukommt. Wir wollen nun also verstehen, wann ein Erzeugendensystem „so klein wie möglich" ist. Dazu erweist sich folgender Begriff als zentral.

Definition 4.32 (Lineare Unabhängigkeit). Sei $B \subseteq V$ eine Teilmenge von Vektoren eines Vektorraums V über $\Bbbk$. Dann heißt B linear abhängig, falls es ein $n \in \mathbb{N}$ und paarweise verschiedene Vektoren $b_1, \ldots, b_n \in W$ sowie Zahlen $\lambda_1, \ldots, \lambda_n \in \Bbbk$ gibt, die nicht alle 0 sind, sodass

$$\lambda_1 b_1 + \cdots + \lambda_n b_n = 0. \tag{4.4.2}$$

Andernfalls heißt W linear unabhängig.

Bemerkung 4.33 (Lineare Unabhängigkeit). Eine Teilmenge B ist also linear abhängig, wenn der Nullvektor auf nichttriviale Weise als Linearkombination aus Vektoren in W geschrieben werden kann. Gilt insbesondere $0 \in B$, so ist $1 \cdot 0 = 0$ eine nichttriviale Linearkombination im Sinne der obigen Definition. Daher ist W in diesem Fall linear abhängig. Lineare Unabhängigkeit einer Teilmenge bedeutet also, dass für jede Wahl von endlich vielen, paarweise verschiedenen Vektoren $b_1, \ldots, b_n \in W$ die Gleichung

$$\lambda_1 b_1 + \cdots + \lambda_n b_n = 0 \tag{4.4.3}$$

nur die triviale Lösung

$$\lambda_1 = \cdots = \lambda_n = 0 \tag{4.4.4}$$

besitzt.

Beispiel 4.34 (Lineare Unabhängigkeit). Sei V ein Vektorraum über $\Bbbk$.

i.) Die leere Menge $\emptyset \subseteq V$ ist linear unabhängig. Da es keine Elemente in $\emptyset$ gibt, können wir keine nichttriviale Linearkombination der 0 durch Elemente aus $\emptyset$ finden.

ii.) Gibt es Vektoren der Form b_1 und $b_2 = \lambda b_1$ in $B \subseteq V$, so ist B linear abhängig, da dann

$$\lambda b_1 - b_2 = \lambda b_1 - \lambda b_1 = 0 \tag{4.4.5}$$

eine nichttriviale Linearkombination der Null ist.

iii.) Die Menge der *Standardvektoren*

$$e_1 = \begin{pmatrix} 1 \\ 0 \\ \vdots \\ 0 \end{pmatrix}, \quad e_2 = \begin{pmatrix} 0 \\ 1 \\ \vdots \\ 0 \end{pmatrix}, \quad \ldots, \quad e_n = \begin{pmatrix} 0 \\ \vdots \\ 0 \\ 1 \end{pmatrix} \tag{4.4.6}$$

in $\mathbb{k}^n$ ist linear unabhängig. Dies ist klar, da die Gleichung

$$\lambda_1 e_1 + \cdots + \lambda_n e_n = 0 \tag{4.4.7}$$

sofort auf $\lambda_1 = 0, \ldots, \lambda_n = 0$ führt. Umgekehrt ist $\{e_1, \ldots, e_n\}$ auch ein Erzeugendensystem von $\mathbb{k}^n$, da für $a \in \mathbb{k}^n$

$$a = \begin{pmatrix} a_1 \\ a_2 \\ \vdots \\ a_n \end{pmatrix} = a_1 \begin{pmatrix} 1 \\ 0 \\ \vdots \\ 0 \end{pmatrix} + \cdots + a_n \begin{pmatrix} 0 \\ \vdots \\ 0 \\ 1 \end{pmatrix} = a_1 e_1 + \cdots + a_n e_n \tag{4.4.8}$$

gilt, wobei die a_i gerade die Koeffizienten des Spaltenvektors a sind.

iv.) Sei M eine nichtleere Menge und $\mathrm{Abb}_0(M, \mathbb{k})$ der Vektorraum der Abbildungen von M nach $\mathbb{k}$ mit endlichem Träger wie in Beispiel 4.23. Dann sind die Vektoren $\{e_p\}_{p \in M}$ eine linear unabhängige Teilmenge von $\mathrm{Abb}_0(M, \mathbb{k})$. Gilt nämlich für $f \in \mathrm{Abb}_0(M, \mathbb{k})$

$$f = \lambda_1 e_{p_1} + \cdots + \lambda_n e_{p_n} \tag{4.4.9}$$

mit paarweise verschiedenen $p_1, \ldots, p_n \in M$, so folgt wegen $e_i(p_j) = \delta_{ij}$

$$f(p_i) = \lambda_i \tag{4.4.10}$$

für alle $i = 1, \ldots, n$. Daher lässt sich die Nullfunktion $f = 0$ nur mit $\lambda_1 = \cdots = \lambda_n = 0$ erreichen. Weiter behaupten wir, dass

$$\mathrm{span}\{e_p\}_{p \in M} = \mathrm{Abb}_0(M, \mathbb{k}). \tag{4.4.11}$$

Ist nämlich $f \in \mathrm{Abb}_0(M, \mathbb{k})$ gegeben, so gibt es endlich viele Punkte $p_1, \ldots, p_n \in M$, auf denen f von null verschieden ist, und f ist null auf allen anderen Punkten. Daher gilt

$$f = f(p_1) e_{p_1} + \cdots + f(p_n) e_{p_n} \tag{4.4.12}$$

und somit $f \in \mathrm{span}\{e_p\}_{p \in M}$. Das zeigt die Inklusion „$\supseteq$" in (4.4.11). Die umgekehrte Inklusion „$\subseteq$" ist klar. Daher bilden die Vektoren $\{e_p\}_{p \in M}$ auch ein Erzeugendensystem von $\mathrm{Abb}_0(M, \mathbb{k})$.

v.) Seien $v \neq w \in V$. Dann ist $\{v, w\}$ linear abhängig, falls die Gleichung

$$\lambda_1 v + \lambda_2 w = 0 \tag{4.4.13}$$

eine nichttriviale Lösung besitzt. Sei also etwa $\lambda_1 \neq 0$, dann gilt

$$v = -\frac{\lambda_2}{\lambda_1} w. \tag{4.4.14}$$

Daher ist v parallel zu w, der andere Fall $\lambda_2 \neq 0$ führt zum gleichen Resultat. Man erhält insgesamt, dass $\{v, w\}$ genau dann linear abhängig ist, falls v und w parallel sind. Damit verallgemeinert lineare Abhängigkeit also unseren Begriff von „parallel" aus Kap. 1.

vi.) Fasst man $\mathbb{R}$ als Vektorraum über $\mathbb{Q}$ auf, siehe Korollar 4.15, so sind die Vektoren 1 und $\sqrt{2} \in \mathbb{R}$ linear unabhängig. Der Grund ist die Irrationalität von $\sqrt{2}$, siehe auch Übung 4.23.

Wir werden den Begriff der linearen Unabhängigkeit auch auf indizierte Mengen von Vektoren anwenden: Ist I eine Indexmenge und für jedes $i \in I$ ein Vektor $v_i \in V$ gegeben, so nennen wir $\{v_i\}_{i \in I}$ eine durch I *indizierte Menge von Vektoren*. Etwas formaler gesprochen, ist eine indizierte Menge von Vektoren eine Abbildung $I \longrightarrow V$. Hier darf es durchaus passieren, dass verschiedene Indizes $i \neq j$ zum gleichen Vektor $v_i = v_j$ führen. Wir nennen nun eine indizierte Menge $\{v_i\}_{i \in I}$ *linear abhängig*, wenn es ein $n \in \mathbb{N}$ und paarweise verschiedene Indizes $i_1, \dots, i_n \in I$ sowie Zahlen $\lambda_1, \dots, \lambda_n \in \mathbb{k}$ ungleich null gibt, sodass

$$\lambda_1 v_{i_1} + \dots + \lambda_n v_{i_n} = 0 \qquad (4.4.15)$$

gilt. Der feine Unterschied zur Definition 4.32 ist, dass in einer indizierten Menge nun der gleiche Vektor mehrmals auftreten darf. In diesem Fall ist $\{v_i\}_{i \in I}$ sicherlich linear abhängig, da wir $v_i - v_j = 0$ erreichen, sofern für $i \neq j$ trotzdem $v_i = v_j$ gilt.

Eine erste einfache Folgerung aus der obigen Begriffsbildung liefert nun eine Charakterisierung der Eindeutigkeit von Lösungen linearer Gleichungssysteme. Hierfür verwenden wir den Begriff der linearen Unabhängigkeit für eine indizierte Teilmenge:

Korollar 4.35. *Das homogene lineare Gleichungssystem*

$$\begin{aligned} a_{11}x_1 + \dots + a_{1m}x_m &= 0 \\ &\vdots \\ a_{n1}x_1 + \dots + a_{nm}x_m &= 0 \end{aligned} \qquad (4.4.16)$$

hat genau dann eine eindeutige Lösung, nämlich $x_1 = \dots = x_m = 0$, *wenn die indizierte Menge der Vektoren*

$$a_1 = \begin{pmatrix} a_{11} \\ \vdots \\ a_{n1} \end{pmatrix}, \quad \dots, \quad a_m = \begin{pmatrix} a_{1m} \\ \vdots \\ a_{nm} \end{pmatrix} \in \mathbb{k}^n \qquad (4.4.17)$$

linear unabhängig ist.

Wir sammeln nun einige allgemeine Resultate zur linearen Unabhängigkeit. Die folgenden Aussagen sind klar:

Proposition 4.36. *Sei V ein Vektorraum über $\Bbbk$, und seien $B_1 \subseteq B_2 \subseteq V$ Teilmengen von V.*

i.) Ist B_1 linear abhängig, so ist B_2 auch linear abhängig.

ii.) Ist B_2 linear unabhängig, ist B_1 auch linear unabhängig.

Wir können also linear abhängige Teilmengen beliebig vergrößern und linear unabhängige Teilmengen beliebig verkleinern.

Proposition 4.37. *Sei V ein Vektorraum über $\Bbbk$ und $U \subseteq V$ ein Unterraum. Für eine Teilmenge $B \subseteq V$ mit $U = \operatorname{span} B$ sind äquivalent:*

i.) Die Teilmenge B ist linear unabhängig.

ii.) Jeder Vektor $u \in U$ lässt sich bis auf Umnummerierung und triviale Koeffizienten auf genau eine Weise als Linearkombination

$$u = \lambda_1 b_1 + \cdots + \lambda_n b_n \qquad (4.4.18)$$

mit $\lambda_1, \ldots, \lambda_n \in \Bbbk$ und paarweise verschiedenen Vektoren $b_1, \ldots, b_n \in B$ schreiben.

iii.) Die Teilmenge B ist minimal bezüglich der Eigenschaft $U = \operatorname{span} B$: Gilt $B' \subseteq B$ und $\operatorname{span} B' = U$, so folgt $B' = B$.

Beweis. Wir zeigen *i.)* $\implies$ *ii.)* $\implies$ *iii.)* $\implies$ *i.)*. Sei also zunächst B linear unabhängig und $u \in U$ vorgegeben. Da nach Voraussetzung $U = \operatorname{span} B$ gilt, gibt es Linearkombinationen der Form (4.4.18). Wir müssen die Eindeutigkeit zeigen. Seien dazu

$$u = \lambda_1 b_1 + \cdots + \lambda_n b_n = \lambda_1' b_1' + \cdots + \lambda_m' b_m'$$

zwei Möglichkeiten, u darzustellen. Durch Umsortieren und Hinzunehmen von trivialen Koeffizienten, können wir $m = n$ und $b_1 = b_1', \ldots, b_n = b_n'$ erreichen. Dann gilt also

$$0 = u - u = (\lambda_1 - \lambda_1') b_1 + \cdots + (\lambda_1 - \lambda_n') b_n.$$

Da die $b_1, \ldots, b_n$ linear unabhängig sind, folgt $\lambda_1 = \lambda_1', \ldots, \lambda_n = \lambda_n'$. Dies zeigt *i.)* $\implies$ *ii.)*. Für *ii.)* $\implies$ *iii.)* nehmen wir an, $B' \subseteq B$ sei eine Teilmenge mit $\operatorname{span} B' = U$, aber $B' \neq B$. Dann gibt es also einen Vektor $b \in B \setminus B'$. Diesen können wir somit als Linearkombination

$$b = \lambda_1 b_1 + \cdots + \lambda_n b_n \qquad (4.4.19)$$

mit $b_1, \ldots, b_n \in B'$ schreiben, wobei wir ohne Einschränkung annehmen können, dass die $b_1, \ldots, b_n$ paarweise verschieden sind. Wegen $b \in B \setminus B'$ ist insbesondere keiner der Vektoren $b_1, \ldots, b_n$ gleich b. Damit haben wir aber zwei verschiedene Arten gefunden, b als Linearkombination von Vektoren in B zu schreiben, nämlich $b = b$ und (4.4.19), ein Widerspruch zur Annahme *ii.)*. Schließlich betrachten wir *iii.)* und nehmen an, B sei linear abhängig. Dann gibt es also eine nichttriviale Linearkombination

$$\lambda_1 b_1 + \cdots + \lambda_n b_n = 0.$$

Ohne Einschränkung können wir $\lambda_1 \neq 0$ annehmen, womit

$$b_1 = -\frac{\lambda_2}{\lambda_1} b_2 - \cdots - \frac{\lambda_n}{\lambda_1} b_n \tag{4.4.20}$$

folgt. Damit können wir aber in jeder Linearkombination von Vektoren aus B den Vektor b_1 durch (4.4.20) ersetzen. Es folgt, dass $B' = B \setminus \{b_1\}$ denselben Unterraum $U = \mathrm{span}\, B'$ aufspannt, im Widerspruch zu *iii.)*. Damit ist auch *iii.)* $\implies$ *i.)* gezeigt. $\qquad \square$

Korollar 4.38. *Sei $B \subseteq V$ eine linear unabhängige Teilmenge eines Vektorraums V über $\Bbbk$. Dann lässt sich jeder Vektor aus V auf höchstens eine Weise als Linearkombination von paarweise verschiedenen Vektoren aus B schreiben.*

Korollar 4.39. *Sei $B \subseteq V$ linear unabhängig und $v \in V \setminus B$. Dann ist $B \cup \{v\}$ genau dann linear unabhängig, wenn $v \notin \mathrm{span}\, B$.*

Beweis. Ist nämlich $v \in \mathrm{span}\, B$, so kann $B \cup \{v\}$ nicht linear unabhängig sein, da sonst ein Widerspruch zu beispielsweise *iii.)* aus Proposition 4.37 erreicht ist. Andererseits ist für $v \notin \mathrm{span}\, B$ die Gleichung

$$\lambda v + \lambda_1 b_1 + \cdots + \lambda_n b_n = 0$$

nur trivial lösbar: Gäbe es eine nichttriviale Lösung, so müsste insbesondere $\lambda \neq 0$ gelten, da ja

$$\lambda_1 b_1 + \cdots + \lambda_n b_n = 0$$

nur die triviale Lösung besitzt. Daher ist aber

$$v = -\frac{\lambda_1}{\lambda} b_1 - \cdots - \frac{\lambda_n}{\lambda} b_n \in \mathrm{span}\, B,$$

was im Widerspruch zur Annahme steht. $\qquad \square$

Eine linear unabhängige Teilmenge B spannt den Unterraum $\mathrm{span}\, B$ also auf besonders effektive Weise auf: B ist *minimal*, und wir erhalten eine *eindeutige* Art, jeden Vektor in $\mathrm{span}\, B$ zu schreiben. Dies motiviert nun folgende Begriffsbildung:

Definition 4.40 (Basis). Sei V ein Vektorraum über $\Bbbk$ und $U \subseteq V$ ein Untervektorraum. Eine Teilmenge $B \subseteq V$ heißt Basis von U, falls B linear unabhängig ist und $U = \mathrm{span}\, B$ gilt. Für $U = V$ sprechen wir einfach von einer Basis.

Beispiel 4.41 (Basis). Zwei fundamentale Beispiele für Basen sind nun die folgenden:

i.) Sei $n \in \mathbb{N}$. Dann bilden die Standardvektoren $e_1, \ldots, e_n \in \mathbb{k}^n$ eine Basis nach Beispiel 4.34, *iii.)*.

ii.) Sei M eine Menge und $V = \mathrm{Abb}(M, \mathbb{k})$ sowie $U = \mathrm{Abb}_0(M, \mathbb{k})$ wie in Beispiel 4.10 und Beispiel 4.23. Damit bilden die Vektoren $\{e_p\}_{p \in M}$ eine Basis des Unterraums $\mathrm{Abb}_0(M, \mathbb{k})$ nach Beispiel 4.34, *iv.)*. Ist nun M endlich, so gilt $\mathrm{Abb}_0(M, \mathbb{k}) = \mathrm{Abb}(M, \mathbb{k})$ und wir erhalten eine Basis des gesamten Vektorraums $\mathrm{Abb}(M, \mathbb{k})$. Ist dagegen M unendlich, so gilt $\mathrm{Abb}_0(M, \mathbb{k}) \neq \mathrm{Abb}(M, \mathbb{k})$ und die $\{e_p\}_{p \in M}$ sind *keine* Basis von $\mathrm{Abb}(M, \mathbb{k})$. In diesem Fall ist es typischerweise sehr schwierig, eine „explizite" Basis von $\mathrm{Abb}(M, \mathbb{k})$ anzugeben.

Aus Korollar 4.38 beziehungsweise Proposition 4.37 erhält man, dass sich für eine gegebene Basis $B \subseteq V$ jeder Vektor $v \in V$ auf eindeutige Weise als Linearkombination

$$v = \lambda_1 b_1 + \cdots + \lambda_n b_n \tag{4.4.21}$$

von Vektoren $b_1, \ldots, b_n \in B$ schreiben lässt. Die Eindeutigkeit gilt dabei natürlich wieder bis auf Umsortieren der Vektoren $b_1, \ldots, b_n$. Erlaubt man λ's mit Wert null, so lässt sich die unschöne Umnummerierung umgehen, indem wir die Basis B selbst zum Nummerieren verwenden. Wir finden zu $v \in V$ eindeutige Koeffizienten $v_b \in \mathbb{k}$ mit

$$v = \sum_{b \in B} v_b \cdot b, \tag{4.4.22}$$

wobei *alle bis auf endlich viele* v_b verschwinden. Die Summe in (4.4.22) ist also selbst bei unendlicher Basis immer insofern endlich, als dass wir immer nur endlich viele von null verschiedene Vektoren aufsummieren und dann noch eventuell unendlich viele Kopien des Nullvektors hinzuzählen. Die eindeutig bestimmten Koeffizienten v_b heißen dann auch die *Koordinaten* von v bezüglich der Basis B:

Definition 4.42 (Koordinaten). Sei V ein Vektorraum über $\mathbb{k}$ und $B \subseteq V$ eine Basis. Sei weiter $v \in V$. Die eindeutig bestimmten Zahlen $v_b \in \mathbb{k}$ mit (4.4.22) heißen die Koordinaten von v bezüglich der Basis B.

Satz 4.43 (Austauschsatz von Steinitz). *Sei V ein Vektorraum, und seien $v_1, \ldots, v_n \in V$ sowie $w_1, \ldots, w_m \in V$ mit $m \geq n$ jeweils linear unabhängig. Dann existieren Indizes $i_1, \ldots, i_{m-n}$, sodass auch $v_1, \ldots, v_n, w_{i_1}, \ldots, w_{i_{m-n}}$ linear unabhängig sind.*

Beweis. Wir betrachten zunächst den Fall $m = n+1$. Wir wollen zeigen, dass es einen Vektor w_{i_1} gibt, sodass die Vektoren $v_1, \ldots, v_n, w_{i_1}$ linear unabhängig sind. Angenommen, dies wäre nicht möglich: Für jede Wahl von i wären die Vektoren $v_1, \ldots, v_n, w_i$ linear abhängig. Nach Korollar 4.39 folgt also $w_i \in$

span$\{v_1, \ldots, v_n\}$ für alle i mit (sogar eindeutig bestimmten) Koeffizienten $(a_{ij})_{\substack{i=1,\ldots,n+1 \\ j=1,\ldots,n}}$, sodass

$$w_i = a_{i1}v_1 + \cdots + a_{in}v_n.$$

Da die Vektoren $\{w_1, \ldots, w_{n+1}\}$ linear unabhängig sind, ist die Gleichung

$$\lambda_1 w_1 + \cdots + \lambda_{n+1} w_{n+1} = 0 \qquad (4.4.23)$$

nur trivial lösbar, also durch $\lambda_1 = \cdots = \lambda_{n+1} = 0$. Einsetzen von w_i in (4.4.23) liefert daher die Gleichung

$$\left(\sum_{i=1}^{n+1} \lambda_i a_{i1} \right) v_1 + \cdots + \left(\sum_{i=1}^{n+1} \lambda_i a_{in} \right) v_n = 0.$$

Nun sind auch die $v_1, \ldots, v_n$ linear unabhängig, womit auch hier nur die triviale Lösung

$$\sum_{i=1}^{n+1} \lambda_i a_{i1} = 0, \quad \ldots, \quad \sum_{i=1}^{n+1} \lambda_i a_{in} = 0$$

möglich ist. Dieses lineare Gleichungssystem hat aber $n + 1$ Variablen λ_1, $\ldots$, λ_{n+1} und nur n Gleichungen. Da es homogen ist, gibt es nach Proposition 4.21 eine nichttriviale Lösung für die $\lambda_1, \ldots, \lambda_{n+1}$. Diese löst dann natürlich auch (4.4.23), ein Widerspruch. Damit ist also unsere ursprüngliche Annahme falsch und es muss ein i_1 geben, sodass $\{v_1, \ldots, v_n, w_{i_1}\}$ linear unabhängig ist. Dies zeigt den Fall $m = n + 1$. Den allgemeinen Fall erhält man dann durch wiederholtes Anwenden dieses „Austauschens". $\qquad\square$

Im Beweis hatten wir unter anderem folgendes Resultat gezeigt, welches auch für sich genommen interessant ist:

Korollar 4.44. *Sind $v_1, \ldots, v_n \in V$ linear unabhängig und $w_1, \ldots, w_m \in$* span$\{v_1, \ldots v_n\}$ *mit $m > n$, so sind die $w_1, \ldots, w_m$ linear abhängig.*

Beweis. Wären die $w_1, \ldots, w_m$ linear unabhängig, könnten wir austauschen und erhielten linear unabhängige Vektoren $v_1, \ldots, v_n, w_{i_1}, \ldots, w_{i_{m-m}}$. Da offenbar für $W = \{v_1, \ldots, v_n, w_{i_1}, \ldots, w_{i_n}\}$

$$\text{span } W = \text{span}\{v_1, \ldots, v_n\}$$

und $\{v_1, \ldots, v_n\} \subseteq W$, ist dies ein Widerspruch zur Charakterisierung von linearer Unabhängigkeit gemäß Proposition 4.37, *iii.*). $\qquad\square$

Korollar 4.45. *Hat V eine endliche Basis $v_1, \ldots, v_n$, so ist jede andere Basis ebenfalls endlich und hat ebenfalls n Elemente.*

Beweis. Sei nämlich B eine andere Basis. Diese kann nicht mehr als n linear unabhängige Vektoren enthalten, da ja $B \subseteq V = \text{span}\{v_1, \ldots, v_n\}$. Wir können also das vorherige Korollar 4.44 anwenden. Also ist $B = \{b_1, \ldots, b_m\}$ mit

$m \leq n$. Vertauschen wir nun die Rollen von $\{v_1, \ldots, v_n\}$ und $\{b_1, \ldots, b_m\}$, so folgt $n = m$. $\square$

Es stellt sich nun also die Frage, ob wir für jeden Vektorraum auch tatsächlich eine Basis finden können. Dies ist tatsächlich der Fall, auch wenn wir dies hier nicht im Detail beweisen wollen. Es erfordert das Auswahlaxiom der Mengenlehre in Form des Zornschen Lemmas, um diesen Satz in voller Allgemeinheit zu beweisen. Wir skizzieren daher zwei Varianten: den allgemeinen Fall und den Spezialfall, dass V *endlich erzeugt* ist:

Satz 4.46 (Existenz von Basen). *Sei V ein Vektorraum über $\Bbbk$.*

i.) Jedes Erzeugendensystem von V enthält eine Basis von V.

ii.) Ist $U \subseteq V$ ein Untervektorraum, so lässt sich jede Basis von U zu einer Basis von V ergänzen.

Beweis. Wir geben zunächst einen Beweis für ein *endliches* Erzeugendensystem $\{v_1, \ldots, v_n\}$ von V. Ist die Menge von paarweise verschiedenen Vektoren $\{v_1, \ldots, v_n\}$ sogar linear unabhängig, so bilden diese bereits eine Basis, und wir sind fertig. Sind sie hingegen linear abhängig, so gibt es eine nichttriviale Linearkombination

$$\lambda_1 v_1 + \cdots + \lambda_n v_n = 0.$$

Ohne Einschränkung können wir annehmen, dass $\lambda_n \neq 0$. Dann ist aber

$$v_n = -\frac{\lambda_1}{\lambda_n} v_1 - \cdots - \frac{\lambda_{n-1}}{\lambda_n} v_{n-1},$$

und es gilt

$$V = \operatorname{span}\{v_1, \ldots, v_n\} = \operatorname{span}\{v_1, \ldots, v_{n-1}\}.$$

Nach endlich vielen Schritten erreicht man so eine Basis von V. Insbesondere hat diese und damit auch jede andere Basis von V höchstens n Elemente. Sei nun $U \subseteq V$ ein Unterraum und V endlich erzeugt mit N Erzeugern. Sei weiter $\{u_1, \ldots, u_n\}$ eine Basis von U, welche als linear unabhängige Teilmenge in V ebenfalls höchstens $n \leq N$ Elemente hat. Gilt bereits $U = V$, so ist nichts mehr zu zeigen. Gilt nun $U \neq V$, so gibt es einen Vektor $v \in V \setminus U$, welcher nach Korollar 4.39 eine linear unabhängige Teilmenge $\{u_1, \ldots, u_n, v\}$ in V liefert. Ersetzt man nun U durch $\operatorname{span}\{u_1, \ldots, u_n, v\}$, erzielt man nach endlich vielen Schritten eine Basis von V, da es nicht mehr als N linear unabhängige Vektoren in V geben kann. Damit ist der Beweis für endlich erzeugte Vektorräume erbracht.

Den allgemeinen Fall zeigt man folgendermaßen: Sei $E \subseteq V$ ein Erzeugendensystem von V. Dann betrachten wir die Menge $\mathfrak{U}$ aller Teilmengen von E, die linear unabhängig sind. Da $\emptyset$ linear unabhängig ist, folgt $\emptyset \in \mathfrak{U}$ und $\mathfrak{U}$ ist nicht leer. Wir ordnen $\mathfrak{U}$ nun mittels der Relation „$\subseteq$", die eine partielle Ordnung auf $\mathfrak{U}$ liefert, da dies ja sogar für die Potenzmenge 2^E der Fall ist. Sei nun $\mathfrak{B} \subseteq \mathfrak{U}$ eine *linear geordnete* Teilmenge: Für zwei Elemente $B, B' \in \mathfrak{B}$ kann man also immer $B \subseteq B'$ oder $B' \subseteq B$ folgern. Jedes $B \in \mathfrak{B}$ besteht also insbesondere aus einer Menge von linear unabhängigen Vektoren. Wir behaupten, dass dann auch

$$B_\infty = \bigcup_{B \in \mathcal{B}} B$$

linear unabhängig ist. Sind nämlich endlich viele paarweise verschiedene $v_1, \ldots, v_n \in B_\infty$ gegeben, so gibt es $B_1, \ldots, B_n \in \mathcal{B}$ mit $v_i \in B_i$ für $i = 1, \ldots, n$. Da $\mathcal{B}$ aber linear geordnet ist, folgt durch paarweisen Vergleich der $B_1, \ldots, B_n$, dass es ein $i_0 \in \{1, \ldots, n\}$ mit

$$B_i \subseteq B_{i_0}$$

für alle $i = 1, \ldots, n$ gibt. Insbesondere gilt $v_1, \ldots, v_n \in B_{i_0}$. Da B_{i_0} linear unabhängig ist, hat die Gleichung

$$\lambda_1 v_1 + \cdots + \lambda_n v_n = 0$$

nur die triviale Lösung $\lambda_1 = \ldots = \lambda_n = 0$. Es folgt, dass B_∞ linear unabhängig ist und dass

$$B \subseteq B_\infty$$

für alle $B \in \mathcal{B}$. Offenbar ist B_∞ die kleinste Teilmenge von E, welche alle Teilmengen $B \in \mathcal{B}$ enthält. Da $B_\infty \in \mathcal{U}$ gilt, zeigt dies, dass jede linear geordnete Teilmenge von $\mathcal{U}$ ein Supremum in $\mathcal{U}$ besitzt. Damit ist nun das *Zornsche Lemma* einsetzbar: Nach Satz B.14 können wir schließen, dass $\mathcal{U}$ überhaupt Suprema besitzt. Sei $B_{\max} \in \mathcal{U}$ eine solches Supremum, also eine linear unabhängige Teilmenge des Erzeugendensystems E, die maximal bezüglich „$\subseteq$" ist. Wir behaupten dann, dass

$$\operatorname{span} B_{\max} = \operatorname{span} E = V \tag{4.4.24}$$

gilt. Wäre dem nicht so, so gäbe es Vektoren $v \in E \setminus \operatorname{span} B_{\max}$, für die $B_{\max} \cup \{v\}$ immer noch linear unabhängig wäre, siehe Korollar 4.39. Das steht aber im Widerspruch zur Maximalität von $B_{\max}$, da $B_{\max} \cup \{v\}$ ja echt größer ist. Damit folgt also (4.4.24) und $B_{\max}$ ist die gesuchte Basis. Den zweiten Teil zeigt man analog: Man betrachtet die Menge $\mathcal{U}$ all der Teilmengen von V, die linear unabhängig sind und die Basis $B \subseteq U$ des Unterraums $U \subseteq V$ enthalten. Wieder ist $\mathcal{U}$ nicht leer, da $B \in \mathcal{U}$. Wie zuvor ordnet man $\mathcal{U}$ mittels „$\subseteq$" partiell und wie zuvor zeigt man, dass linear geordnete Teilmengen von $\mathcal{U}$ ein Supremum besitzen. Nach dem Zornschen Lemma besitzt $\mathcal{U}$ Suprema, die dann eine Basis von V darstellen. □

Korollar 4.47. *Jeder Vektorraum V über* $\Bbbk$ *besitzt eine Basis.*

Wir können beispielsweise mit dem Erzeugendensystem $E = V$ und Teil *i.)* des Satzes argumentieren, oder mit dem Untervektorraum $U = \{0\}$ und Teil *ii.)*.

Im Falle endlich erzeugter Vektorräume haben wir in Korollar 4.45 gesehen, dass je zwei Basen gleich viele Elemente besitzen. Dies bleibt auch im Allgemeinen richtig (ohne Beweis):

Satz 4.48 (Mächtigkeit von Basen). *Sei V ein Vektorraum über $\Bbbk$. Dann haben je zwei Basen von V gleich viele Elemente.*

Gleich viele Elemente zu haben, ist hier im Sinne der Mächtigkeit von Mengen zu verstehen: Es gibt eine Bijektion zwischen den beiden Basen, siehe Anhang B.6. Dank Satz 4.48 beziehungsweise Korollar 4.45 können wir also einem Vektorraum eine Dimension zuschreiben:

Definition 4.49 (Dimension). Sei V ein Vektorraum über $\Bbbk$. Dann ist die Dimension $\dim_\Bbbk V$ von V die Mächtigkeit einer (und damit jeder) Basis von V. Gilt $\dim_\Bbbk V \in \mathbb{N}_0$, so heißt V endlich-dimensional, anderenfalls unendlich-dimensional. Ist der Bezug auf $\Bbbk$ klar, so schreiben wir auch $\dim V$ anstelle von $\dim_\Bbbk V$.

Entscheidend bei dieser Definition ist, dass wir zum einen immer eine Basis haben (Satz 4.46), und zum anderen, dass je zwei Basen die gleiche Mächtigkeit besitzen (Satz 4.48). Im Falle endlich erzeugter Vektorräume sind beide Sätze einfach und sogar bis zu einem gewissen Grade konstruktiv, im Allgemeinen müssen wir beim Auswahlaxiom in Form des Zornschen Lemmas Zuflucht suchen und erhalten deshalb keinen konstruktiven Beweis.

Beispiel 4.50 (Dimensionen).

i.) Für $n \in \mathbb{N}$ gilt

$$\dim \Bbbk^n = n. \tag{4.4.25}$$

Dies ist klar, da die Standardvektoren $e_1, \ldots, e_n \in \Bbbk^n$ eine Basis bilden.

ii.) Es gilt

$$\dim_\mathbb{R} \mathbb{R} = 1, \quad \dim_\mathbb{R} \mathbb{C} = 2 \quad \text{und} \quad \dim_\mathbb{Q} \mathbb{R} = \infty. \tag{4.4.26}$$

Hier fassen wir $\mathbb{C}$ als $\mathbb{R}$-Vektorraum und $\mathbb{R}$ als $\mathbb{Q}$-Vektorraum im Sinne von Korollar 4.15 auf. Es ist also entscheidend, den Körper der Skalare zu spezifizieren. Für die dritte Aussage verweisen wir auf Übung 4.23.

iii.) Für eine unendliche Menge M ist der Vektorraum der Abbildungen $\mathrm{Abb}(M, \Bbbk)$ sicherlich unendlich-dimensional: Die Vektoren $\{e_p\}_{p \in M}$ sind eine Basis des Unterraums $\mathrm{Abb}_0(M, \Bbbk)$, welcher damit eine Dimension der Mächtigkeit von M hat. Die Dimension von $\mathrm{Abb}(M, \Bbbk)$ ist noch größer.

Bemerkung 4.51. Wir haben nun also die angestrebte „intrinsische" Definition einer Dimension erreicht und können die Ergebnisse von Kap. 1 nun in diesem Lichte neu interpretieren: Geraden sind eindimensionale Unterräume, Ebenen sind zweidimensional.

Kontrollfragen. Was ist ein Erzeugendensystem? Wann ist eine Teilmenge eines Vektorraums linear unabhängig? Wieso ist eine Teilmenge von linear

unabhängigen Vektoren immer noch linear unabhängig? Wie viele linear unabhängige Vektoren können Sie im Spann von n Vektoren höchstens finden?
Wie kann man eine Basis charakterisieren? Was ist eine indizierte Basis? Hat
jeder Vektorraum eine Basis? Wieso sind zwei je Basen eines Vektorraums
gleich groß? Wieso ist die Definition der Dimension eines Vektorraums überhaupt sinnvoll?

4.5 Direkte Summen und Produkte

In diesem Abschnitt wollen wir nun einige kanonische und immer wieder-
kehrende Konstruktionen von neuen Vektorräumen aus bereits vorhandenen
aufzeigen. Wir beginnen mit dem kartesischen Produkt:

Sei I eine (nichtleere) Indexmenge und sei für jedes $i \in I$ ein Vektorraum
V_i über $\Bbbk$ gegeben. Dann betrachten wir deren *kartesisches Produkt*

$$V = \prod_{i \in I} V_i. \tag{4.5.1}$$

Elemente in V sind „große" Spaltenvektoren $(v_i)_{i \in I}$, deren Einträge durch I
indiziert werden, sodass für alle $i \in I$ der i-te Eintrag v_i im Vektorraum V_i
liegt. Wir erhalten auf V eine Vektorraumstruktur, indem wir die jeweiligen
Vektorraumstrukturen der Komponenten V_i verwenden, wie wir das bereits
beim endlichen kartesischen Produkt $\Bbbk^n$ getan haben:

Proposition 4.52 (Kartesisches Produkt). *Sei I eine nichtleere Indexmenge und V_i ein Vektorraum über $\Bbbk$ für alle $i \in I$. Dann wird das kartesische
Produkt*

$$V = \prod_{i \in I} V_i \tag{4.5.2}$$

vermöge der Addition

$$(v_i)_{i \in I} + (w_i)_{i \in I} = (v_i + w_i)_{i \in I} \tag{4.5.3}$$

und der Multiplikation mit Skalaren

$$\lambda \cdot (v_i)_{i \in I} = (\lambda \cdot v_i)_{i \in I} \tag{4.5.4}$$

zu einem Vektorraum über $\Bbbk$.

Beweis. Wir müssen die definierenden Eigenschaften eines Vektorraums über
$\Bbbk$ nachprüfen. Dies ist aber einfach: Zunächst bemerkt man, dass

$$0 = (0_i)_{i \in I}$$

das neutrale Element für $+$ gemäß (4.5.3) ist. Die Assoziativität von $+$ kann man komponentenweise nachprüfen und entsprechend auf die Assoziativität von $+$ in jedem einzelnen V_i zurückführen. Für $v = (v_i)_{i \in I}$ ist $-v = (-v_i)_{i \in I}$ der zu v inverse Vektor, da

$$v + (-v) = (v_i)_{i \in I} + (-v_i)_{i \in I} = (v_i - v_i)_{i \in I} = (0_i)_{i \in I} = 0.$$

Die benötigten Eigenschaften der Multiplikation mit Skalaren erhält man analog. $\square$

Wir werden das kartesische Produkt von Vektorräumen im Folgenden immer mit dieser Vektorraumstruktur versehen. In $\prod_{i \in I} V_i$ gibt es nun einen besonderen Untervektorraum: die *direkte Summe*.

Definition 4.53 (Direkte Summe). Sei I eine nichtleere Indexmenge und V_i für jedes $i \in I$ ein Vektorraum über $\Bbbk$. Dann ist die direkte Summe der V_i definiert als

$$\bigoplus_{i \in I} V_i = \left\{ (v_i)_{i \in I} \in \prod_{i \in I} V_i \;\middle|\; v_i = 0 \text{ für alle bis auf endlich viele } i \in I \right\}.$$
$$\tag{4.5.5}$$

Offenbar ist die direkte Summe ein Untervektorraum, und es gilt

$$\bigoplus_{i \in I} V_i \neq \prod_{i \in I} V_i, \tag{4.5.6}$$

sofern I unendlich ist und unendlich viele V_i nicht der Nullraum sind. Ist dagegen I endlich, so gilt in (4.5.6) die Gleichheit.

Beispiel 4.54 (Direkte Summe).

i.) Sei $n \in \mathbb{N}$, dann ist der Vektorraum $\Bbbk^n$ gerade das kartesische Produkt von n Kopien des Vektorraums $\Bbbk$. Da $n < \infty$ gilt, stimmt dies mit der direkten Summe überein. Es gilt also

$$\Bbbk^n = \Bbbk \times \cdots \times \Bbbk = \Bbbk \oplus \cdots \oplus \Bbbk, \tag{4.5.7}$$

wobei wir für endlich viele Summanden auch $V = V_1 \oplus \cdots \oplus V_n$ schreiben.

ii.) Der Raum aller Folgen $\Bbbk^{\mathbb{N}}$ mit Koeffizienten in $\Bbbk$ ist gerade das kartesische Produkt

$$\Bbbk^{\mathbb{N}} = \prod_{n=1}^{\infty} \Bbbk \tag{4.5.8}$$

von abzählbar vielen Kopien von $\Bbbk$. Hier ist die direkte Summe echt kleiner, denn

$$\bigoplus_{n=1}^{\infty} \Bbbk \neq \prod_{n=1}^{\infty} \Bbbk \tag{4.5.9}$$

besteht aus denjenigen Folgen $(a_n)_{n\in\mathbb{N}}$ mit $a_n \in \Bbbk$, sodass nur *endlich viele* $a_n \neq 0$. Wir bezeichnen diese direkte Summe mit $\Bbbk^{(\mathbb{N})}$, um sie vom kartesischen Produkt $\Bbbk^{\mathbb{N}}$ zu unterscheiden. Diese Notation werden wir in verschiedenen Varianten noch ausgiebig benutzen.

Proposition 4.55. *Sei I eine nichtleere Indexmenge, und seien $\{V_i\}_{i\in I}$ Vektorräume über $\Bbbk$. Seien weiter indizierte Basen $\{w_{ij}\}_{j\in J_i}$ von V_i für jedes $i \in I$ gegeben. Dann bilden die Vektoren*

$$e_{ij} = (v_{i'ji})_{i'\in I} \quad mit \quad v_{i'ji} = \delta_{i'i}w_{ij} \tag{4.5.10}$$

eine indizierte Basis $\{e_{ij}\}_{i\in I, j\in J_i}$ der direkten Summe der V_i.

Beweis. Sei $v = (v_i)_{i\in I} \in \bigoplus_{i\in I} V_i$ vorgegeben. Dann gibt es endlich viele eindeutig bestimmte Indizes $i_1,\ldots,i_n \in I$ mit $v_{i_1} \neq 0,\ldots,v_{i_n} \neq 0$, und alle anderen Einträgen v_i sind 0. Da $\{w_{i_k j}\}_{j\in J_{i_k}}$ für jedes $k = 1,\ldots,n$ eine Basis von V_{i_k} ist, gibt es eindeutig bestimmte Koeffizienten $\lambda_{i_k j_1},\ldots,\lambda_{i_k j_{m_k}} \in \Bbbk$ mit

$$v_{i_k} = \lambda_{i_k j_1}w_{i_k j_1} + \cdots + \lambda_{i_k j_{m_k}}w_{i_k j_{m_k}}.$$

Wir setzen dies nun zusammen und erhalten

$$v = \lambda_{i_1 j_1}e_{i_1 j_1} + \cdots + \lambda_{i_1 j_{m_1}}e_{i_1 j_{m_1}} + \cdots + \lambda_{i_n j_1}e_{i_n j_1} + \cdots + \lambda_{i_n j_{m_n}}e_{i_n j_{m_n}},$$

Dies zeigt zum einen, dass die $\{e_{ij}\}_{i\in I, j\in J_i}$ ein Erzeugendensystem bilden, zum anderen zeigt die Eindeutigkeit der Koeffizienten, dass die $\{e_{ij}\}_{i\in I, j\in J_i}$ linear unabhängig sind. Damit bilden sie, wie behauptet, eine Basis. $\square$

Korollar 4.56. *Sei $n \in \mathbb{N}$, und seien $V_1,\ldots,V_n$ endlich-dimensionale Vektorräume über $\Bbbk$. Dann ist $V_1 \oplus \cdots \oplus V_n$ ebenfalls endlich-dimensional, und es gilt*

$$\dim(V_1 \oplus \cdots \oplus V_n) = \dim V_1 + \cdots + \dim V_n. \tag{4.5.11}$$

Bemerkung 4.57. Selbst wenn Basen für alle V_i vorliegen, erhält man im Allgemeinen daraus noch keine Basis für das kartesische Produkt: hier benötigt man im Allgemeinen (viele) zusätzliche Basisvektoren. Am Beispiel des Folgenraums $\Bbbk^{\mathbb{N}}$ ist dies einfach zu sehen. Die Basis der direkten Summe gemäß Proposition 4.55, die man aus der Basis $\{1\}$ von $\Bbbk$ erhält, sind die Folgen

$$\begin{aligned}
\mathrm{e}_1 &= (1,0,0,\ldots),\\
\mathrm{e}_2 &= (0,1,0,\ldots),\\
\mathrm{e}_3 &= (0,0,1,\ldots),\ldots
\end{aligned} \tag{4.5.12}$$

Nun ist aber schnell zu sehen, dass etwa

$$\mathrm{e}_\infty = (1,1,1,\ldots) \tag{4.5.13}$$

davon linear unabhängig ist. Hier ist wichtig, dass wir natürlich immer nur *endliche* Linearkombinationen der $\{\mathrm{e}_i\}_{i\in\mathbb{N}}$ bilden dürfen und deshalb die unendlich vielen von null verschiedenen Einträge von e_∞ nicht erzeugen können. Ohne Beweis sei hier angemerkt, dass $\Bbbk^{\mathbb{N}}$ eine „sehr" große Basis erfordert, die im Gegensatz zur abzählbaren Basis der direkten Summe $\bigoplus_{n=0}^{\infty} \Bbbk$ im Allgemeinen überabzählbar ist, siehe Übung 4.24.

Für Unterräume $\{U_i\}_{i\in I}$ eines fest gewählten Vektorraums haben wir bereits in Definition 4.28 eine Summe definiert: Dies war der kleinste Unterraum $U \subseteq V$, der alle U_i enthält, also der Spann aller Vektoren aus allen U_i. Da die Unterräume Teilmengen eines großen Vektorraums V sind, können deren Durchschnitte $U_i \cap U_j$ für gewisse Indexpaare nichttrivial sein: Da beide Unterräume immer $0 \in V$ enthalten, gilt immer $0 \in U_i \cap U_j$. Nichttrivial meint hier also, dass $U_i \cap U_j$ *nicht nur* aus $\{0\}$ besteht. Weiter kann es passieren, dass bei mehr als zwei Unterräumen zwar die paarweisen Durchschnitte alle trivial sind, aber im Spann von einigen der Unterräume Vektoren aus einem weiteren, davon verschiedenen liegen. Auch in diesem Fall können wir im gesamten Spann gewisse Vektoren auf mehrfache Weise erzielen, was wir in der *direkten Summe von Unterräumen* ausschließen wollen:

Definition 4.58 (Direkte Summe von Unterräumen). Sei I eine nichtleere Indexmenge, und seien $\{U_i\}_{i\in I}$ paarweise verschiedene Unterräume eines Vektorraums V über $\Bbbk$. Ihre Summe $U = \sum_{i\in I} U_i$ heißt direkt, falls für alle $i \in I$ und alle endlich vielen $j_1, \ldots j_n \in I$ verschieden von i

$$U_i \cap \sum_{k=1}^{n} U_{j_k} = \{0\} \qquad (4.5.14)$$

gilt. In diesem Fall schreiben wir

$$\sum_{i\in I} U_i = \bigoplus_{i\in I} U_i. \qquad (4.5.15)$$

Eine erste Umformulierung erhalten wir folgendermaßen:

Proposition 4.59. *Sei I eine nichtleere Indexmenge, und seien $\{U_i\}_{i\in I}$ paarweise verschiedene Unterräume eines Vektorraums V über $\Bbbk$. Dann sind folgende Aussagen über die Summe $U = \sum_{i\in I} U_i$ äquivalent:*

i.) Die Summe U der U_i ist direkt.

ii.) Für alle Basen $B_i \subseteq U_i$ mit $i \in I$ ist $B = \bigcup_{i\in I} B_i$ eine Basis von U.

iii.) Für jedes $i \in I$ gibt es eine Basis $B_i \subseteq U_i$, sodass $B = \bigcup_{i\in I} B_i$ eine Basis von U ist.

iv.) Für jeden Vektor $u \in U$ gibt es eindeutig bestimmte Vektoren $u_i \in U_i$, sodass nur endlich viele ungleich null sind und dass $u = \sum_{i\in I} u_i$ gilt.

v.) Für alle $v_i \in U_i \setminus \{0\}$ ist $\{v_i\}_{i\in I}$ eine linear unabhängige Teilmenge von U.

Beweis. Wir zeigen *i.)* $\implies$ *ii.)* $\implies$ *iii.)* $\implies$ *iv.)* $\implies$ *v.)* $\implies$ *i.).* Sei zunächst die Summe direkt und sei $B_i \subseteq U_i$ eine beliebige Basis des i-ten Unterraums. Seien $u_{i_1}, \ldots, u_{i_n} \in B$ endlich viele, paarweise verschiedene Vektoren in $B = \bigcup_{i \in I} B_i$. Dann gibt es endlich viele paarweise verschiedene $j_1, \ldots, j_k \in I$, sodass ohne Einschränkung $u_{i_1}, \ldots, u_{i_{r_1}} \in B_{j_1}$, $u_{i_{r_1}+1}, \ldots, u_{i_{r_2}} \in B_{j_2}, \ldots, u_{i_{r_{k-1}+1}}, \ldots, u_{i_n} \in B_{j_k}$. Wir betrachten nun eine Linearkombination

$$\lambda_1 u_{i_1} + \cdots + \lambda_n u_{i_n} = 0 \qquad\qquad (4.5.16)$$

für gewisse $\lambda_1, \ldots, \lambda_n \in \Bbbk$. Wir setzen $v_1 = \lambda_1 u_{i_1} + \cdots + \lambda_{r_1} u_{i_{r_1}} \in U_{j_1}$ und analog für die übrigen Beiträge, sodass also $v_2 \in U_{j_2}, \ldots, v_k \in U_{j_k}$. Dann bedeutet (4.5.16) gerade

$$v_1 + \cdots + v_k = 0.$$

Wäre nun einer der Vektoren $v_1, \ldots, v_k$ von null verschieden, etwa $v_1 \ne 0$, so gälte also $v_1 \in U_{j_2} + \cdots + U_{j_k}$ sowie natürlich $v_1 \in U_{j_1}$. Da die Summe aber direkt ist, muss $v_1 = 0$ sein, ein Widerspruch. Daher gilt $v_1 = \cdots = v_k = 0$. Wir haben daher Linearkombinationen der Form

$$\lambda_1 u_{i_1} + \cdots + \lambda_{r_1} u_{i_{r_1}} = 0, \quad \ldots, \quad \lambda_{r_{k-1}+1} u_{i_{r_{k-1}+1}} + \cdots + \lambda_n u_{i_n} = 0$$

für alle k Teilräume. Da dort die Vektoren aber aus einer Basis und entsprechend linear unabhängig sind, folgt schließlich $\lambda_1 = \cdots = \lambda_n = 0$, was zeigt, dass B eine linear unabhängige Teilmenge von U ist. Da B aber trivialerweise ein Erzeugendensystem von U ist, haben wir die Implikation $i.) \implies ii.)$ gezeigt. Die Implikation $ii.) \implies iii.)$ ist trivial. Sei also nun $B_i \subseteq U_i$ eine Basis für jedes $i \in I$ derart, dass $B = \bigcup_{i \in I} B_i$ eine Basis von U ist. Sei weiter $u \in U$ vorgegeben. Dann hat u eine eindeutige Darstellung bezüglich der Basis B. Diese ist von der Form

$$u = \sum_{i \in I} \sum_{b_i \in B_i} \lambda_{i, b_i} b_i$$

mit eindeutig bestimmten Zahlen $\lambda_{i, b_i} \in \Bbbk$ für alle $i \in I$ und alle $b_i \in B_i$, derart, dass insgesamt nur endlich viele davon ungleich null sind. Wir behaupten, dass

$$u_i = \sum_{b_i \in B_i} \lambda_{i, b_i} b_i$$

die eindeutig bestimmten Vektoren in U_i mit $u = \sum_{i \in I} u_i$ sind. Dass die Summe der u_i gerade u ergibt, ist klar. Ebenfalls ist klar, dass $u_i \in U_i$ gilt. Weiter sind nur endlich viele u_i von null verschieden. Sei nun $v_i \in U_i$ eine andere Wahl von Vektoren mit $u = \sum_{i \in I} v_i$, dann gilt zum einen

$$v_i = \sum_{b_i \in B_i} \mu_{i, b_i} b_i$$

mit eindeutig bestimmten $\mu_{i, b_i} \in \Bbbk$ und zum anderen

$$0 = u - u = \sum_{i \in I} \sum_{b_i \in B_i} (\lambda_{i,b_i} - \mu_{i,b_i}) b_i.$$

Da die Gesamtheit der b_i gerade die Basis B ist, gibt es nur die triviale Möglichkeit, 0 als Linearkombination der b_i zu schreiben. Dies bedeutet aber $\lambda_{i,b_i} = \mu_{i,b_i}$ für alle $i \in I$ und $b_i \in B_i$, was $v_i = u_i$ und folglich die Eindeutigkeit der Vektoren u_i zeigt. Damit ist die Implikation *iii.)* $\implies$ *iv.)* gezeigt. Wir nehmen nun *iv.)* an und wählen $v_i \in U_i \setminus \{0\}$ für jedes $i \in I$. Seien dann endlich viele, paarweise verschiedene $v_{i_1}, \ldots, v_{i_n}$ und $\lambda_1, \ldots, \lambda_n \in \mathbb{k}$ mit

$$0 = \lambda_1 v_{i_1} + \cdots + \lambda_n v_{i_n}$$

gegeben. Nach Voraussetzung ist die Darstellung der $0 \in U$ aber eindeutig, womit $\lambda_1 v_{i_1} = \cdots = \lambda_n v_{i_n} = 0$ folgt. Da die Vektoren aber nicht Null sind, folgt $\lambda_1 = \cdots = \lambda_n = 0$, was die lineare Unabhängigkeit der Menge $\{v_i\}_{i \in I}$ beweist. Damit ist auch *iv.)* $\implies$ *v.)* gezeigt. Zum Schluss nehmen wir also an, dass *v.)* gilt. Seien $i \in I$ und $j_1, \ldots, j_k \in I \setminus \{i\}$ sowie $u \in U_i \cap (U_{j_1} + \cdots + U_{j_k})$ gegeben. Wir müssen zeigen, dass $u = 0$ gilt. Wäre dieser Vektor nicht null, so wäre $0 = u - u$ eine nichttriviale Linearkombination der 0. Da $u \in U_i$ ungleich null ist und $-u \in U_{j_1} + \cdots + U_{j_k}$ ebenfalls ungleich null ist, finden wir Vektoren $v_1 \in U_{j_1}, \ldots, v_k \in U_{j_k}$ mit $-u = v_1 + \cdots + v_k$. Es können offenbar nicht alle $v_1, \ldots, v_k$ verschwinden. Ohne Einschränkung seien alle $v_1, \ldots, v_k$ bereits von null verschieden, anderenfalls lassen wir die Indizes weg, für die der entsprechende Vektor null ist. Dann haben wir aber eine nichttriviale Linearkombination

$$0 = u + v_1 + \cdots + v_k$$

der Null gefunden, obwohl alle Vektoren $u, v_1, \ldots, v_k$ ungleich null sind. Dies widerspricht der Annahme *v.)*, womit die Summe doch direkt war. $\square$

Bemerkung 4.60 (Innere und äußere direkte Summe). Hierbei ist natürlich ein gewisser Notationsmissbrauch begangen worden, da wir die direkte Summe $\bigoplus_{i \in I} U_i$ zunächst ja auch gemäß Definition 4.53 als Unterraum des kartesischen Produkts $\prod_{i \in I} U_i$ definiert haben. Als solche ist $\bigoplus_{i \in I} U_i$ *kein* Unterraum von V. Trotzdem können wir beide Varianten identifizieren, da wir nämlich U_i auch als Untervektorraum von $\prod_{i \in I} U_i$ interpretieren können: Wir identifizieren $u_i \in U_i$ mit demjenigen Spaltenvektor aus dem kartesischen Produkt, der an i-ter Stelle u_i stehen hat und sonst an allen anderen Stellen nur 0 als Eintrag hat. In diesem Sinne ist dann die *äußere* direkte Summe der U_i gemäß Definition 4.53 gleich der Summe der Untervektorräume $U_i \subseteq \prod_{j \in I} U_j$. Da die Einträge an verschiedenen Stellen der Spaltenvektoren stehen, gilt in dieser Situation immer (4.5.14), womit innerhalb von $\prod_{i \in I} U_i$ die Summe tatsächlich direkt im Sinne von Definition 4.58 ist und somit mit der *inneren* direkten Summe identifiziert werden kann. Sobald wir den Begriff der linearen Abbildung und des Isomorphismus zur Verfügung haben, lässt sich diese Überlegung präzise formulieren, siehe auch Übung 5.18.

Wir wollen nun ein Analogon der Dimensionsformel aus Korollar 4.56 für Summen von Unterräumen finden. Hier ist im Allgemeinen natürlich die Dimension von $U_1 + U_2$ kleiner als $\dim U_1 + \dim U_2$: Man verwende beispielsweise einen nichttrivialen Unterraum $U = U_1 = U_2$, dann ist $U_1 + U_2 = U$, aber $\dim U < 2 \dim U$. Die Schwierigkeit rührt von einem eventuell nichttrivialen Durchschnitt her. Berücksichtigt man den Teilraum $U_1 \cap U_2$, so erhält man folgendes Ergebnis:

Satz 4.61 (Dimensionsformel für Unterräume). *Seien $U_1, U_2 \subseteq V$ Untervektorräume von einem Vektorraum V über $\Bbbk$. Dann gilt*

$$\dim U_1 + \dim U_2 = \dim(U_2 + U_2) + \dim(U_1 \cap U_2). \tag{4.5.17}$$

Beweis. Ist einer der beiden Unterräume unendlich-dimensional, so ist auch $U_1 + U_2$ unendlich-dimensional und (4.5.17) reduziert sich auf die wenig aussagekräftige Gleichung $\infty = \infty$. Wir können daher annehmen, dass $\dim U_1, \dim U_2 < \infty$. Dann ist $U_1 \cap U_2 \subseteq U_1$ als Teilraum eines endlich-dimensionalen Vektorraums ebenfalls endlich-dimensional. Wir wählen eine Basis $v_1, \ldots, v_n \in U_1 \cap U_2$ dieses Durchschnitts und ergänzen sie zu einer Basis $v_1, \ldots, v_n, w_1 \ldots, w_m$ von U_1. Es gilt also

$$\dim(U_1 \cap U_2) = n \quad \text{und} \quad \dim U_1 = n + m.$$

Genauso können wir die Vektoren $v_1, \ldots, v_n$ zu einer Basis $v_1, \ldots, v_n, u_1, \ldots, u_k \in U_2$ von U_2 ergänzen und erhalten daher

$$\dim U_2 = n + k.$$

Wir behaupten, dass $v_1, \ldots, v_n, w_1, \ldots, w_m, u_1, \ldots, u_k$ eine Basis von $U_1 + U_2$ ist. Da

$$U_1 = \mathrm{span}\{v_1, \ldots, v_n, w_1, \ldots, w_m\} \quad \text{und} \quad U_2 = \mathrm{span}\{v_1, \ldots, v_n, u_1, \ldots, u_k\}$$

gilt, folgt sofort

$$U_1 + U_2 = \mathrm{span}\{v_1, \ldots, v_n, w_1, \ldots, w_m, u_1, \ldots, u_k\}.$$

Es bleibt also zu zeigen, dass diese Menge von Vektoren auch linear unabhängig ist. Sei dazu eine Linearkombination

$$\underbrace{\lambda_1 v_1 + \cdots + \lambda_n v_n}_{v} + \underbrace{\mu_1 w_1 + \cdots + \mu_m w_m}_{w} + \underbrace{\vartheta_1 u_1 + \cdots + \vartheta_k u_k}_{u} = 0$$

der 0 gegeben. Es gilt also $v \in U_1 \cap U_2$, $w \in U_1$ und $u \in U_2$ sowie

$$v + w = -u \in U_2 \quad \text{und} \quad v + u - -w \in U_1$$

und daher $v + w \in U_1 \cap U_2$ sowie $v + u \in U_1 \cap U_2$. Da auch $v \in U_1 \cap U_2$, folgt schließlich, dass alle drei Vektoren v, w, u im Durchschnitt liegen. Damit ist also u eine Linearkombination der Basisvektoren $v_1, \ldots, v_n$. Auf diese Weise ist in

$$v + w + u = 0$$

eine nichttriviale Linearkombination der 0 in U_1 gefunden, sofern nicht $w = 0$ gilt, da ja die $v_1, \ldots, v_n, w_1, \ldots, w_m$ eine Basis von U_1 bilden. Es gilt also $w = 0$ und daher

$$v + u = 0.$$

Da die $v_1, \ldots, v_n, u_1, \ldots, u_k$ aber eine Basis von U_2 bilden, kann dies nur für $v = 0 = u$ gelten. Somit folgt $\lambda_1 = \cdots = \lambda_n = \mu_1 = \cdots = \mu_m = \vartheta_1 = \cdots = \vartheta_k = 0$ und daher die lineare Unabhängigkeit der obigen $n + m + k$ Vektoren. Es gilt also

$$\dim(U_1 + U_2) = n + m + k,$$

womit die Behauptung folgt. $\square$

Proposition 4.62. *Sei $U \subseteq V$ ein Unterraum eines Vektorraums V über $\Bbbk$. Dann gibt es einen Unterraum $W \subseteq V$ mit $U \cap W = \{0\}$ und*

$$U \oplus W = V. \tag{4.5.18}$$

Beweis. Wir wählen eine Basis $B_1 \subseteq U$ und ergänzen diese durch zusätzliche Vektoren $B_2 \subseteq V \setminus U$ zu einer Basis von V gemäß Satz 4.46. Dann gilt für

$$W = \operatorname{span} B_2$$

offenbar $U + W = V$ sowie $U \cap W = \{0\}$, da $B_1 \cup B_2$ als Basis linear unabhängig ist. Für zwei Unterräume ist dies aber gerade die Bedingung dafür, dass ihre Summe direkt ist. $\square$

Wir nennen einen Unterraum W mit (4.5.18) auch einen *Komplementärraum* zu U. Es gibt also zu jedem Unterraum einen Komplementärraum. Im Allgemeinen ist W aber durch diese Eigenschaft noch nicht eindeutig bestimmt, siehe Abb. 4.3.

Kontrollfragen. Was ist der Unterschied zwischen dem kartesischen Produkt und der äußeren direkten Summe von Vektorräumen? Wie können Sie eine Basis einer direkten Summe finden? Wie können Sie die innere direkte Summe von Unterräumen charakterisieren?

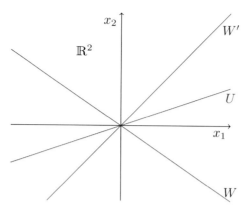

Abb. 4.3 Zwei zu U komplementäre Unterräume W und W' im $\mathbb{R}^2$

4.6 Übungen

Übung 4.1 (Elementare Umformung (IV)). Zeigen Sie, dass durch Kombination von elementaren Umformungen vom Typ (II) und (III) folgende Umformung erhalten werden kann:

(IV) Zu einer Gleichung wird das λ-Fache einer anderen Gleichung addiert, wobei $\lambda \in \Bbbk$ beliebig ist.

Diese Umformung ist in der Praxis manchmal zweckmäßiger, als die entsprechende Kombination der Umformungen (II) und (III) immer wieder durchzuführen.

Übung 4.2 (Lineare Gleichungssysteme). Bestimmen Sie die Lösungsmengen folgender linearer Gleichungssysteme über $\mathbb{C}$ mithilfe des Gauß-Algorithmus.

i.)

$$
\begin{aligned}
2x_1 &- x_2 && = 0 \\
-x_1 &+ 2x_2 &- x_3 &= 0 \\
-7x_1 &+ 8x_2 &- 3x_3 &= 0
\end{aligned}
\tag{4.6.1}
$$

ii.)

$$
\begin{aligned}
x + 2(x + z) - \mathrm{i}(2x + y) &= 1 \\
(y + z)\mathrm{i} + x + y &= -1 \\
y - \mathrm{i}x + z &= 2
\end{aligned}
\tag{4.6.2}
$$

iii.)

$$
\begin{aligned}
\mathrm{i}x_1 &+ 2\mathrm{i}x_2 &- 4x_3 &+ (2 - \mathrm{i})x_4 &= 1 \\
x_1 &- x_2 &+ 2\mathrm{i}x_3 &- x_4 &= 2 \\
(-2 + \mathrm{i})x_1 &+ 3x_2 &- 2x_3 & &= 0
\end{aligned}
\tag{4.6.3}
$$

iv.)

$$x_1 + x_2 = 0$$
$$x_2 + x_3 = 0$$
$$\vdots$$
$$x_{n-1} + x_n = 0$$
$$x_n + x_1 = 0$$

(4.6.4)

Übung 4.3 (Lineare Gleichungssysteme über verschiedenen Körpern). Betrachten Sie das lineare Gleichungssystem

$$x - y \qquad = 1$$
$$y - z = 0$$
$$x \qquad + z = 1$$

(4.6.5)

einmal über dem Körper $\mathbb{Z}_2$ und einmal über $\mathbb{C}$. Bestimmen Sie die Lösungen und vergleichen Sie.

Übung 4.4 (Der Vektorraum $\mathrm{Abb}(M, V)$**).** Sei M eine nichtleere Menge und sei V ein Vektorraum über $\Bbbk$. Wie schon bei Ringen in Übung 3.20 betrachten wir die Abbildungen $\mathrm{Abb}(M, V)$ von M nach V.

i.) Zeigen Sie, dass die punktweise erklärte Addition

$$(f + g)(p) = f(p) + g(p)$$

(4.6.6)

sowie die punktweise erklärte Multiplikation mit Skalaren $\lambda \in \Bbbk$

$$(\lambda f)(p) = \lambda f(p)$$

(4.6.7)

für $p \in M$ die Menge $\mathrm{Abb}(M, V)$ zu einem Vektorraum über $\Bbbk$ macht.

ii.) Zeigen Sie, dass diejenigen Abbildungen $f \in \mathrm{Abb}(M, V)$ mit $f(p) = 0$ für alle bis auf endlich viele $p \in M$ einen Unterraum $\mathrm{Abb}_0(M, V)$ bilden. Zeigen Sie weiter, dass für $\dim V \neq 0$ dieser Unterraum echt ist, wenn M unendlich viele Elemente hat.

Übung 4.5 (Folgenräume). Führen Sie die Details zu Beispiel 4.22 aus, indem Sie die nötigen Resultate zu Suprema und Grenzwerten der Analysis zitieren.

Übung 4.6 (Ringe als Vektorräume). Beweisen Sie Proposition 4.14.

Übung 4.7 (Summe von Unterräumen). Seien $U_i \subseteq V$ Unterräume eines Vektorraums V über $\Bbbk$ für $i \in I$. Zeigen Sie, dass der Spann der Vereinigung der U_i, also die Unterraumsumme gemäß Definition 4.28, bereits durch Summenbildung von Elementen aus den U_i erhalten werden kann.

Übung 4.8 (Indizierte Mengen von Vektoren). Sei V ein Vektorraum über $\Bbbk$, und sei $B \subseteq V$ linear unabhängig.

i.) Sei weiter I eine Indexmenge und $\phi\colon I \ni i \mapsto b_i \in B$ eine Abbildung. Zeigen Sie, dass die indizierte Menge $\{b_i\}_{i \in I}$ genau dann linear unabhängig ist, wenn ϕ injektiv ist.

ii.) Formulieren Sie insbesondere den Beweis von Korollar 4.35 in diesem Lichte.

Übung 4.9 (Nochmals Beispiel 4.41). In welchem Sinne ist der erste Teil des Beispiels 4.41 ein Spezialfall des zweiten Teils?

Übung 4.10 (Basen in $\mathbb{C}^4$). Betrachten Sie den komplexen Vektorraum $\mathbb{C}^4$ und folgenden Vektoren

$$v_1 = \begin{pmatrix} i \\ 3-i \\ 0 \\ 1 \end{pmatrix}, v_2 = \begin{pmatrix} 0 \\ -1 \\ -i \\ 4+3i \end{pmatrix}, v_3 = \begin{pmatrix} 0 \\ i \\ 2i \\ 1 \end{pmatrix}, v_4 = \begin{pmatrix} 2+i \\ 0 \\ 3i \\ 2 \end{pmatrix}, v_5 = \begin{pmatrix} 2+2i \\ 3-i \\ 3i \\ 3 \end{pmatrix}.$$

$$(4.6.8)$$

Welche Auswahl von Vektoren bildet ein Erzeugendensystem, welche eine Basis?

Übung 4.11 (Linear unabhängige Vektoren I). Seien $v_1, \ldots, v_n \in V$ Vektoren in einem Vektorraum V über $\Bbbk$. Seien weiter $a_{11}, a_{21}, a_{22}, \ldots, a_{n1}$, $\ldots, a_{n,n-1}, a_{nn} \in \Bbbk$ mit $a_{kk} \neq 0$ für $k = 1, \ldots, n$. Definieren Sie die Vektoren

$$\begin{aligned} w_1 &= a_{11}v_1 \\ w_2 &= a_{21}v_1 + a_{22}v_2 \\ &\ \ \vdots \\ w_n &= a_{n1}v_1 + \cdots + a_{n,n-1}v_{n-1} + a_{nn}v_n. \end{aligned}$$

$$(4.6.9)$$

Zeigen Sie, dass die Vektoren $v_1, \ldots, v_n$ genau dann linear unabhängig sind, wenn die Vektoren $w_1, \ldots, w_n$ linear unabhängig sind.

Übung 4.12 (Linear unabhängige Vektoren II). Für welche $a, b, c \in \mathbb{R}$ sind die Vektoren

$$\vec{x} = \begin{pmatrix} 1 \\ a \\ a^2 \end{pmatrix}, \quad \vec{y} = \begin{pmatrix} 1 \\ b \\ b^2 \end{pmatrix} \quad \text{und} \quad \vec{z} = \begin{pmatrix} 1 \\ c \\ c^2 \end{pmatrix} \qquad (4.6.10)$$

im $\mathbb{R}^3$ linear unabhängig?

Übung 4.13 (Lineare Unabhängigkeit und Spann). Sei V ein Vektorraum über $\Bbbk$. Seien $v_1, \ldots, v_n \in V$ und $w_1, \ldots, w_m \in \operatorname{span}_{\Bbbk}\{v_1, \ldots, v_n\}$. Zeigen Sie, dass die $w_1, \ldots, w_m$ linear abhängig sind, sobald $m > n$. Dies liefert eine kleine Verschärfung von Korollar 4.44.

Übung 4.14 (Basis der Polynome). Betrachten Sie den $\Bbbk$-Vektorraum $\Bbbk[x]$ der Polynome mit Koeffizienten in einem Körper $\Bbbk$.

i.) Zeigen Sie, dass die Monome $\{x^n\}_{n \in \mathbb{N}_0}$ eine Basis von $\Bbbk[x]$ bilden.

ii.) Seien $p_0(x) = 1$ und $p_n(x) = x^n + a_{n,n-1} x^{n-1}$ mit fest gewählten $a_{n,n-1} \in \Bbbk$ für $n \geq 1$ gegeben. Zeigen Sie, dass auch die Polynome $\{p_n\}_{n \in \mathbb{N}_0}$ eine Basis von $\Bbbk[x]$ bilden.

Übung 4.15 (Koordinaten der Basisvektoren). Sei $B \subseteq V$ eine Basis eines Vektorraums V über $\Bbbk$. Bestimmen Sie die Koordinaten b'_b eines der Basisvektoren $b' \in B$ für $b \in B$.

Übung 4.16 (Unterräume von $\mathbb{R}^{\mathbb{N}}$). Betrachten Sie erneut den reellen Vektorraum aller Folgen $\mathbb{R}^{\mathbb{N}}$ sowie die Teilmengen

$$U_1 = \left\{ (a_n)_{n \in \mathbb{N}} \mid 2a_n = a_{n+3} \text{ für alle } n \in \mathbb{N} \right\}, \tag{4.6.11}$$

$$U_2 = \left\{ (a_n)_{n \in \mathbb{N}} \mid (a_n)^2 = a_{n+3} \text{ für alle } n \in \mathbb{N} \right\}, \tag{4.6.12}$$

$$U_3 = \left\{ (a_n)_{n \in \mathbb{N}} \mid a_1 = a_2 = 4 \right\}, \tag{4.6.13}$$

$$U_4 = \left\{ (a_n)_{n \in \mathbb{N}} \mid a_{2n} = 0 \text{ für alle } n \in \mathbb{N} \right\}, \tag{4.6.14}$$

$$U_5 = \left\{ (a_n)_{n \in \mathbb{N}} \mid \lim_{n \to \infty} a_{3n} = 0 \right\}, \tag{4.6.15}$$

$$U_6 = \left\{ (a_n)_{n \in \mathbb{N}} \mid \lim_{n \to \infty} a_{2n} = 2 \right\}, \tag{4.6.16}$$

$$U_7 = \left\{ (a_n)_{n \in \mathbb{N}} \mid \sum_{n=0}^{\infty} |a_n| < \infty \right\}, \tag{4.6.17}$$

$$U_8 = \left\{ (a_n)_{n \in \mathbb{N}} \mid \sum_{n=0}^{\infty} |a_{2n}| = 2 \right\}. \tag{4.6.18}$$

Welche dieser Teilmengen sind Unterräume? Bestimmen Sie deren Dimension, sofern diese endlich ist.

Hinweis: Im Falle von unendlich-dimensionalen Unterräumen genügt es, ein (mindestens) abzählbar unendliches System von linear unabhängigen Vektoren anzugehen. Dieses muss nicht unbedingt eine Basis sein.

Übung 4.17 (Unterräume von $(\mathbb{Z}_2)^3$). Betrachten Sie den Vektorraum $(\mathbb{Z}_2)^3$ über dem Körper $\mathbb{Z}_2$, sowie die Teilmengen

$$U_1 = \left\{ a \in (\mathbb{Z}_2)^3 \mid a_1 = (a_2 - a_3)^2 + a_3 \text{ und } a_1 - a_2 = (a_3 - a_1)(a_3 + a_1) \right\} \tag{4.6.19}$$

und

$$U_2 = \left\{ a \in (\mathbb{Z}_2)^3 \mid a_1 = (a_2 - a_3)^2 + 1 \text{ und } a_1 - a_2 = (a_3 - a_1)(a_3 + a_1) \right\}. \tag{4.6.20}$$

i.) Wie viele Elemente haben diese Teilmengen?

ii.) Welche dieser Teilmengen ist ein Unterraum? Bestimmen Sie gegebenenfalls die Dimension.

Übung 4.18 (Unterräume von Funktionen I). Betrachten Sie den Vektorraum $\mathrm{Abb}(\mathbb{R}, \mathbb{R})$ aller Abbildungen von $\mathbb{R}$ nach $\mathbb{R}$. Seien weiter $\hbar, m, E \in \mathbb{R}$ fest gewählt, und sei $V \colon \mathbb{R} \longrightarrow \mathbb{R}$ eine fest gewählte stetige Funktion. Welche der folgenden Teilmengen

$$U_1 = \big\{ f \in \mathrm{Abb}(\mathbb{R}, \mathbb{R}) \; \big| \; f(1) = f(4) = f(\pi) = 0 \big\}, \tag{4.6.21}$$

$$U_2 = \big\{ f \in \mathrm{Abb}(\mathbb{R}, \mathbb{R}) \; \big| \; f(x) = a\sin(x) + b\cos(x) \text{ mit } a, b \in \mathbb{R} \big\}, \tag{4.6.22}$$

$$U_3 = \big\{ f \in \mathrm{Abb}(\mathbb{R}, \mathbb{R}) \; \big| \; f(x) = \mathrm{e}^{ax} \text{ mit } a \in \mathbb{R} \big\}, \tag{4.6.23}$$

$$U_4 = \Big\{ f \in \mathrm{Abb}(\mathbb{R}, \mathbb{R}) \; \Big| \; f \text{ ist } \mathscr{C}^2 \text{ und } -\frac{\hbar^2}{2m} f''(x) + V(x) f(x) = E f(x) \Big\}, \tag{4.6.24}$$

$$U_5 = \big\{ f \in \mathrm{Abb}(\mathbb{R}, \mathbb{R}) \; \big| \; f(x) = V(x) \text{ für } x > 0 \big\}, \tag{4.6.25}$$

$$U_6 = \big\{ f \in \mathrm{Abb}(\mathbb{R}, \mathbb{R}) \; \big| \; f \text{ ist } \mathscr{C}^1 \big\}, \tag{4.6.26}$$

$$U_7 = \big\{ f \in \mathrm{Abb}(\mathbb{R}, \mathbb{R}) \; \big| \; f \text{ ist } \mathscr{C}^1 \text{ und } f'(0) = 2 \big\}, \tag{4.6.27}$$

$$U_8 = \big\{ f \in \mathrm{Abb}(\mathbb{R}, \mathbb{R}) \; \big| \; f \text{ ist } \mathscr{C}^1 \text{ und } f'(x) = 0 \text{ für } x \leq 0 \big\} \tag{4.6.28}$$

sind Untervektorräume? Hier steht $\mathscr{C}^k$ mit $k \in \mathbb{N}$ für k-mal stetig differenzierbar. Verwenden und zitieren Sie die erforderlichen Ergebnisse aus der Analysis.

Übung 4.19 (Unterräume von Funktionen II). Betrachten Sie den Vektorraum $\mathrm{Abb}(\mathbb{R}^2, \mathbb{R})$ aller Abbildungen von $\mathbb{R}^2$ nach $\mathbb{R}$. Seien weiter f_1, f_2, f_3, $f_4 \in \mathrm{Abb}(\mathbb{R}^2, \mathbb{R})$ durch

$$f_1(x, y) = \max(x, y), \; f_2(x, y) = \min(x, y), \; f_3(x, y) = x, \text{ und } f_4(x, y) = y \tag{4.6.29}$$

definiert.

i.) Sind die Funktionen linear unabhängig?

ii.) Bestimmen Sie eine Basis und die Dimension von $\mathrm{span}\{f_1, f_2, f_3, f_4\}$.

Übung 4.20 (Vereinigung von Unterräumen). Sei V ein $\Bbbk$-Vektorraum, und seien $U_1, U_2 \subseteq V$ Unterräume von V. Zeigen Sie, dass deren Vereinigung $U_1 \cup U_2$ genau dann wieder ein Unterraum ist, wenn $U_1 \subseteq U_2$ oder $U_2 \subseteq U_1$ gilt.

Übung 4.21 (Komplementärraum). Bestimmen Sie einen möglichst einfachen Komplementärraum der Nullfolgen c_0 innerhalb aller konvergenten Folgen c. Was ist die Dimension des Komplementärraums?

Übung 4.22 (Gerade und ungerade Funktionen). Betrachten Sie den Vektorraum aller Funktionen $\mathrm{Abb}(\mathbb{R}, \mathbb{R})$ von $\mathbb{R}$ nach $\mathbb{R}$ mit seiner üblichen Vektorraumstruktur. Sei weiter

$$U_{\mathrm{gerade}} = \big\{ f \in \mathrm{Abb}(\mathbb{R}, \mathbb{R}) \; \big| \; f(x) = f(-x) \text{ für alle } x \in \mathbb{R} \big\} \tag{4.6.30}$$

und

$$U_{\mathrm{ungerade}} = \big\{ f \in \mathrm{Abb}(\mathbb{R}, \mathbb{R}) \; \big| \; f(x) = -f(-x) \text{ für alle } x \in \mathbb{R} \big\}. \tag{4.6.31}$$

i.) Veranschaulichen Sie sich graphisch die Bedeutung der Begriffe *gerade Funktion* und *ungerade Funktion*.

ii.) Zeigen Sie, dass U_{gerade} und U_{ungerade} Untervektorräume von $\text{Abb}(\mathbb{R}, \mathbb{R})$ sind.

iii.) Zeigen Sie $\text{Abb}(\mathbb{R}, \mathbb{R}) = U_{\text{gerade}} \oplus U_{\text{ungerade}}$.

iv.) Zeigen Sie, dass beide Unterräume unendlich-dimensional sind.

Übung 4.23 (Die reellen Zahlen als $\mathbb{Q}$-Vektorraum). Wir betrachten die reellen Zahlen $\mathbb{R}$ als Vektorraum über $\mathbb{Q}$ gemäß Korollar 4.15.

i.) Zeigen Sie, dass $\sqrt{p}$ für jede Primzahl p irrational ist.

Hinweis: Führen Sie die Annahme $\sqrt{p} = \frac{r}{s}$ für $r, s \in \mathbb{N}$ zu einem Widerspruch. Was können Sie ohne Einschränkung annehmen?

ii.) Zeigen Sie, dass 1 und $\sqrt{p}$ für eine Primzahl p linear unabhängig über $\mathbb{Q}$ sind.

Übung 4.24 (Dimension des Folgenraums). Betrachten Sie den Körper $\mathbb{k} = \mathbb{Z}_2$ als einfachsten und kleinsten Körper. Zeigen Sie, dass der Folgenraum $\mathbb{k}^{\mathbb{N}}$ der Folgen mit Werten in $\mathbb{k}$ keine abzählbare Basis hat.

Hinweis: Zeigen Sie zunächst, dass $\mathbb{k}^{\mathbb{N}}$ überabzählbar viele Elemente besitzt. Sei dann $\{e_n\}_{n \in \mathbb{N}}$ eine abzählbare Teilmenge von Folgen. Betrachten Sie

$$U_k = \left\{ v \in \mathbb{k}^{\mathbb{N}} \;\middle|\; v = \lambda_1 e_{n_1} + \cdots + \lambda_k e_{n_k} \text{ mit } \lambda_1, \ldots, \lambda_k \in \mathbb{k}, n_1, \ldots, n_k \in \mathbb{N} \right\}.$$

Zeigen Sie, dass U_k abzählbar ist und dass

$$\text{span}\{e_n\}_{n \in \mathbb{N}} = \bigcup_{k=1}^{\infty} U_k$$

gilt. Folgern Sie so, dass der Spann von abzählbar vielen Vektoren nicht ganz $\mathbb{k}^{\mathbb{N}}$ sein kann.

Übung 4.25 (Dimension von $\mathbb{R}$ über $\mathbb{Q}$). Zeigen Sie, dass $\mathbb{R}$ als $\mathbb{Q}$-Vektorraum keine abzählbare Basis besitzt.

Hinweis: Die richtige Idee finden Sie vielleicht in Übung 4.24. Versuchen Sie nicht, die Basis konstruktiv anzugeben.

Übung 4.26 (Dimension von $\mathscr{C}([a,b], \mathbb{R})$). Zeigen Sie, dass der Vektorraum $\mathscr{C}([a,b], \mathbb{R})$ der stetigen, reellwertigen Funktionen auf einem kompakten Intervall $[a, b]$ mit $a < b$ keine abzählbare Basis besitzt.

Hinweis: Sei $c \in (a, b)$. Konstruieren Sie eine stetige Funktion f_c mit der Eigenschaft, dass $f_c(x) > 0$ für $x < c$ und $f_c(x) = 0$ für $x \geq c$. Hierfür genügt ein Bild. Zeigen Sie dann, dass alle diese Funktionen $\{f_c\}_{c \in (a,b)}$ linear unabhängig sind. Können Sie f_c sogar unendlich-oft stetig differenzierbar einrichten, um zu zeigen, dass auch der Vektorraum der unendlich-oft stetig differenzierbaren Funktionen eine überabzählbare Basis haben muss?

Übung 4.27 (Lineare Unabhängigkeit über verschiedenen Körpern). Betrachten Sie $V = \mathbb{C}^2$ einmal als komplexen Vektorraum und einmal als reellen Vektorraum gemäß Übung 4.29. Seien weiter

$$v_1 = \begin{pmatrix} 1 + \mathrm{i} \\ 1 - \mathrm{i} \end{pmatrix} \quad \text{und} \quad v_2 = \begin{pmatrix} -1 \\ \mathrm{i} \end{pmatrix}. \tag{4.6.32}$$

i.) Zeigen Sie, dass $\{v_1, v_2\}$ über $\mathbb{C}$ linear abhängig ist, über $\mathbb{R}$ dagegen nicht.

ii.) Sei $U = \mathrm{span}_\mathbb{C}\{v_1, v_2\}$. Bestimmen Sie $\dim_\mathbb{R}(U)$ und $\dim_\mathbb{C}(U)$, indem Sie in beiden Fällen eine Basis angeben.

Übung 4.28 (Komplex-konjugierter Vektorraum I). Sei V ein komplexer Vektorraum. Definieren Sie auf der abelschen Gruppe $(V, +)$ durch

$$z \cdot v = \overline{z}v \tag{4.6.33}$$

eine neue Multiplikation mit Skalaren $z \in \mathbb{C}$ für $v \in V$. Zeigen Sie, dass $(V, +)$ mit diesem $\cdot$ ebenfalls ein komplexer Vektorraum ist. Man schreibt dann suggestiver $\overline{V}$ anstelle von V und bezeichnet die Elemente von $\overline{V}$ mit $\overline{v}$, sodass (4.6.33) zu $z \cdot \overline{v} = \overline{\overline{z}v}$ wird. Machen Sie sich klar, dass diese Schreibweise vernünftig ist.

Übung 4.29 (Vektorräume über Körpererweiterungen). Sei $\phi\colon \mathbb{k} \longrightarrow \mathbb{K}$ ein Körpermorphismus zwischen zwei Körpern. Sei weiter V ein Vektorraum über $\mathbb{K}$.

i.) Zeigen Sie, dass vermöge $x \cdot v = \phi(x)v$ für $x \in \mathbb{k}$ und $v \in V$ die abelsche Gruppe $(V, +)$ zu einem Vektorraum über $\mathbb{k}$ wird.

ii.) Sei $B \subseteq V$ ein Erzeugendensystem von V als $\mathbb{K}$-Vektorraum. Ist B dann auch ein Erzeugendensystem von V als $\mathbb{k}$-Vektorraum?

iii.) Sei $B \subseteq V$ linear unabhängig in V als $\mathbb{K}$-Vektorraum. Ist B dann auch linear unabhängig in V als $\mathbb{k}$-Vektorraum?

iv.) Wie verändern sich die Aussagen in Teil *ii.)* und *iii.)*, wenn man die Rollen von $\mathbb{k}$ und $\mathbb{K}$ vertauscht?

v.) Was können Sie über die Beziehung von $\dim_\mathbb{k} V$ und $\dim_\mathbb{K} V$ sagen? Finden Sie entsprechende Beispiele, um Ihre Behauptungen zu belegen.

vi.) Betrachten Sie nun $\mathbb{k} = \mathbb{K} = \mathbb{C}$ mit $\phi(z) = \overline{z}$. Zeigen Sie, dass die obige Konstruktion in diesem Fall den komplex-konjugierten Vektorraum $\overline{V}$ aus Übung 4.28 liefert. Finden Sie so Aussagen über die Dimension des komplex-konjugierten Vektorraums.

Hinweis: Für alle Teile ist Übung 3.27, *i.)*, von Bedeutung.

Übung 4.30 (Dimension von Unterräumen). Sei $U \subseteq V$ ein Unterraum eines $\mathbb{k}$-Vektorraums.

i.) Zeigen Sie $\dim U \le \dim V$.

ii.) Ist V endlich-dimensional, so gilt $\dim U = \dim V$ genau dann, wenn $U = V$.

iii.) Geben Sie ein Beispiel für einen unendlich-dimensionalen Vektorraum V mit einem echten Unterraum U, sodass $\dim U = \dim V$ gilt.

Übung 4.31 (Linearer Spann und Basen). Sei $W \subseteq V$ eine nichtleere Teilmenge eines Vektorraums über $\Bbbk$. Zeigen Sie, dass es für den Unterraum $\operatorname{span}_{\Bbbk} W$ eine Basis gibt, die aus Vektoren in W besteht.

Übung 4.32 (Reelle Dimension komplexer Vektorräume). Sei V ein komplexer Vektorraum.

i.) Zeigen Sie, dass V auf natürliche Weise auch ein reeller Vektorraum ist, indem Sie die reelle Vektorraumstruktur explizit angeben.

ii.) Sei $B \subseteq V$ eine Basis des komplexen Vektorraums. Zeigen Sie, dass die Menge

$$B_{\mathbb{R}} = B \cup \mathrm{i}B = B \cup \{\mathrm{i}b \mid b \in B\} \tag{4.6.34}$$

eine Basis des reellen Vektorraums V ist.

iii.) Sei $\dim_{\mathbb{C}} V < \infty$. Zeigen Sie, dass

$$\dim_{\mathbb{R}} V = 2 \dim_{\mathbb{C}} V. \tag{4.6.35}$$

Übung 4.33 (Komplexifizierung I). Sei V ein reeller Vektorraum.

i.) Zeigen Sie, dass dann $V_{\mathbb{C}} = V \oplus V$ mit der üblichen abelschen Gruppenstruktur sowie mit

$$\mathbb{C} \times V_{\mathbb{C}} \ni (z, (v, w)) \mapsto (\operatorname{Re}(z)v - \operatorname{Im}(z)w, \operatorname{Im}(z)v + \operatorname{Re}(z)w) \in V_{\mathbb{C}} \tag{4.6.36}$$

als Multiplikation mit Skalaren zu einem komplexen Vektorraum wird.

ii.) Sei $B \subseteq V$ eine Basis von V. Zeigen Sie, dass dann die Vektoren $(b, 0) \in V_{\mathbb{C}}$ für $b \in B$ eine Basis von $V_{\mathbb{C}}$ bilden. Gilt dies auch für die Vektoren $(0, b)$?

iii.) Interpretieren und rechtfertigen Sie die Schreibweise $V_{\mathbb{C}} = V \oplus \mathrm{i}V$.

iv.) Zeigen Sie, dass

$$\dim_{\mathbb{C}} V_{\mathbb{C}} = \dim_{\mathbb{R}} V. \tag{4.6.37}$$

Übung 4.34 (Basis von Unterräumen). Betrachten Sie den reellen Vektorraum $\mathbb{R}^3$ sowie

$$U_1 = \left\{ \begin{pmatrix} x_1 \\ x_2 \\ x_3 \end{pmatrix} \;\middle|\; x_1 + x_2 + x_3 = 0 \right\} \quad \text{und} \quad U_2 = \operatorname{span}\left\{ \begin{pmatrix} -2 \\ 3 \\ -1 \end{pmatrix}, \begin{pmatrix} -1 \\ -1 \\ -3 \end{pmatrix}, \begin{pmatrix} -4 \\ 1 \\ -7 \end{pmatrix} \right\}. \tag{4.6.38}$$

i.) Zeigen Sie, dass U_1 ein Unterraum von $\mathbb{R}^3$ ist.

ii.) Bestimmen Sie die Dimensionen von U_1, U_2, $U_1 + U_2$ und $U_1 \cap U_2$. Ist die Summe $U_1 + U_2$ direkt?

Übung 4.35 (Affine Räume I). In Kap. 1 hatten wir den Anschauungsraum mit dem Vektorraum $\mathbb{R}^3$ identifiziert, *nachdem* wir einen Ursprung des Koordinatensystems gewählt hatten. Dieser ist sowohl aus physikalischer als auch aus mathematischer Sicht sehr willkürlich gewählt. Der Begriff des affinen Raums trägt dieser Situation nun Rechnung. Wir betrachten dazu allgemein eine Gruppenwirkung

$$\Phi \colon G \times M \longrightarrow M \tag{4.6.39}$$

einer Gruppe G auf einer (nichtleeren) Menge M, siehe Übung 3.16. Die Wirkung heißt *frei*, falls alle Stabilisatorgruppen G_p für $p \in M$ trivial sind, also $\Phi_g(p) = p$ für ein $p \in M$ nur für $g = e$ gelten kann. Die Wirkung heißt *transitiv*, wenn es zu je zwei Punkten $p, q \in M$ ein Gruppenelement $g \in G$ mit $\Phi_g(p) = q$ gibt.

i.) Sei $\Phi \colon G \times M \longrightarrow M$ eine freie und transitive Wirkung. Zeigen Sie, dass für jedes $p \in M$ die Abbildung

$$\Phi_p \colon G \ni g \ \mapsto \ \Phi_g(p) \in M \tag{4.6.40}$$

eine Bijektion ist. Zeigen Sie weiter, dass diese Abbildung die kanonische Wirkung von G auf sich durch Linksmultiplikationen in die Wirkung Φ auf M übersetzt. Man kann also M mit der Gruppe als Menge mit G-Wirkung identifizieren. Allerdings ist die Identifikation *nicht* kanonisch, da sie ja von der willkürlichen Wahl p abhängt.

Ist nun V ein Vektorraum über einem Körper $\Bbbk$, so heißt eine Menge A mit einer Gruppenwirkung der abelschen Gruppe $(V, +)$ ein *affiner Raum* über V, falls die Wirkung frei und transitiv ist. Wir schreiben die Wirkung von V auf A daher auch als $\Phi_v(a) = a + v$ für $v \in V$ und $a \in A$. Nach Wahl eines *Ursprungs* $o \in A$ können wir A gemäß Teil *i.)* mit V identifizieren, sodass die Gruppenwirkung einfach die Addition in V wird.

ii.) Zeigen Sie, dass folgende Definition zu einem affinen Raum äquivalent ist: A heißt affiner Raum über V, wenn es eine Abbildung, die *Differenz*,

$$- \colon A \times A \longrightarrow V \tag{4.6.41}$$

gibt, welche für jedes $a \in A$ eine Bijektion $a - \cdot \colon A \longrightarrow V$ liefert und $a - b = -(b - a)$ und $a - c = (a - b) - (b - c)$ für alle $a, b, c \in A$ erfüllt. Man beachte die unterschiedlichen Bedeutungen von $-$ in diesen Bedingungen.

iii.) Zeigen Sie, dass jeder Vektorraum V ein affiner Raum über sich selbst ist.

iv.) Betrachten Sie ein lineares Gleichungssystem wie in (4.1.1). Zeigen Sie, dass Lös(A, b) entweder leer oder ein affiner Raum über Lös$(A, 0)$ ist.

v.) Sei $U \subseteq V$ ein Unterraum und $a \in V$ fest gewählt. Zeigen Sie, dass die Menge

$$a + U = \big\{ a + u \mid u \in U \big\} \tag{4.6.42}$$

auf kanonische Weise (wie?) zu einem affinen Raum über U wird. Zeigen Sie, dass $a + U = b + U$ genau dann gilt, wenn $a - b \in U$ gilt. Man nennt diese affinen Räume aus naheliegenden Gründen *affine Unterräume* von V.

vi.) Visualisieren Sie die Situation von *v.)* in geeigneten Farben.

vii.) Interpretieren Sie nun unsere Begriffsbildungen und Ergebnisse zu Geraden und Ebenen aus Kap. 1 im Lichte dieser neuen Erkenntnisse.

Übung 4.36 (Gemeinsames Komplement). Seien $U_1, U_2 \subseteq V$ Unterräume eines endlich-dimensionalen Vektorraums V über $\Bbbk$. Zeigen Sie, dass U_1 und U_2 genau dann die gleiche Dimension haben, wenn es ein gemeinsames Komplement $W \subseteq V$ gibt, also $U_1 \oplus W = V = U_2 \oplus W$.

Übung 4.37 (Direkte Summe von Unterräumen). Sei V ein Vektorraum über $\Bbbk$ mit Unterräumen $U_i \subseteq W_i \subseteq V$ für $i \in I$.

i.) Zeigen Sie, dass $\sum_{i \in I} W_i = V$ aus $\sum_{i \in I} U_i = V$ folgt.

ii.) Gilt $\bigoplus_{i \in I} U_i = V$, so folgt $W_i = U_i$ für alle $i \in I$.

Hinweis: In endlichen Dimensionen können Sie einfach die Dimensionen zählen. Mit welchem Argument erhalten Sie den allgemeinen Fall?

Übung 4.38 (Beweisen oder widerlegen). Beweisen oder widerlegen Sie folgende Aussagen. Finden Sie gegebenenfalls zusätzliche Bedingungen, unter denen falsche Aussagen richtig werden.

i.) Es gibt einen Vektorraum V über $\mathbb{Z}_2$ mit 15 (mit 16) Elementen.

ii.) Es gilt $\mathrm{span}\{0\} = \mathrm{span}\,\emptyset$.

iii.) Jede unendliche Teilmenge der Polynome $\Bbbk[x]$ enthält eine Basis.

iv.) Sei $A \subseteq \Bbbk[x]$ eine Teilmenge, sodass für jedes $n \in \mathbb{N}_0$ ein Polynom $p_n \in A$ mit Grad n existiert. Dann enthält A eine Basis von $\Bbbk[x]$.

v.) Es gibt einen Vektorraum V mit Unterräumen $\{U_n\}_{n \in \mathbb{N}}$ derart, dass $\bigcap_{n \in \mathbb{N}} U_n = \{0\}$, dass alle Unterräume isomorph zu V sind und dass $U_{n+1} \subseteq U_n$ für alle $n \in \mathbb{N}$ eine *echte* Inklusion ist.

vi.) Die Funktionen $f_1, f_2, f_3 \in \mathrm{Abb}(\mathbb{R}, \mathbb{R})$ mit $f_1(x) = x$, $f_2(x) = x + 1$ und $f_3(x) = |x|$ sind linear unabhängig.

vii.) Für Unterräume $U_1, U_2 \subseteq V$ gilt $U_1 \cup U_2 = U_1 + U_2$ genau dann, wenn $U_1 \subseteq U_2$ oder $U_2 \subseteq U_1$.

viii.) Die direkte Summe von 3 zweidimensionalen Unterräumen mit paarweise trivialem Schnitt im $\mathbb{R}^5$ (im $\mathbb{R}^6$) ist immer direkt (nie direkt, kann direkt sein).

ix.) Sind $U_i \subseteq V$ Unterräume mit $i = 1, \ldots, k$ und gilt $k > \dim V$, so ist $U_1 + \cdots + U_k$ nicht direkt.

x.) Die Unterraumsumme $U_1 + \cdots + U_k$ von zweidimensionalen Unterräumen $U_1, \ldots, U_k \subseteq V$ mit $U_i \cap U_j = \{0\}$ für $i \neq j$ ist direkt, wenn $2k \leq \dim V$.

xi.) Ein endlich-dimensionaler Unterraum U hat immer (nie) ein endlich-dimensionales Komplement.

xii.) In einem endlich-dimensionalen Vektorraum hat jeder Unterraum ein endlich-dimensionales Komplement.

Kapitel 5
Lineare Abbildungen und Matrizen

Wie auch schon für Monoide, Gruppen, Ringe und Körper wollen wir nun auch für Vektorräume den richtigen Begriff von *strukturerhaltender Abbildung* etablieren. Das wird auf die linearen Abbildungen führen, die wir in diesem Kapitel eingehend studieren werden. Nach einigen ersten Eigenschaften und Beispielen werden wir lineare Abbildungen in Bezug auf gewählte Basen durch Matrizen beschreiben. Matrizen sind uns implizit bei der Formulierung des Gauß-Algorithmus bereits begegnet. In diesem Kapitel werden wir nun Matrizen genauer betrachten. Eine spezielle Variante der linearen Abbildungen sind die linearen Funktionale, welche den Dualraum eines Vektorraums bilden. Die Beziehungen von Vektorraum und seinem Dualraum werden von fundamentaler Bedeutung sein, und ihr Studium zieht sich als roter Faden durch viele weiterführende Bereiche der Mathematik. In diesem Kapitel ist $\Bbbk$ wieder ein fest gewählter Körper.

5.1 Definition und erste Beispiele

Seien V und W Vektorräume über $\Bbbk$. Dann sind $(V, +)$ und $(W, +)$ insbesondere abelsche Gruppen, und wir können daher von Gruppenmorphismen $\Phi \colon (V, +) \longrightarrow (W, +)$ sprechen. Ist $\Phi \colon (V, +) \longrightarrow (W, +)$ ein Gruppenmorphismus, so nennen wir Φ auch *additiv*. Da aber ein Vektorraum noch eine weitere Struktur, nämlich die Multiplikation mit Skalaren, trägt, wollen wir auch eine Kompatibilität mit dieser erzielen. Die folgende Definition leistet das Gewünschte:

Definition 5.1 (Lineare Abbildung). Seien V und W Vektorräume über $\Bbbk$ und $\Phi \colon V \longrightarrow W$ eine Abbildung. Dann heißt Φ linear, falls Φ ein Gruppenmorphismus bezüglich der Addition in V und W ist und die Eigenschaft

$$\Phi(\lambda \cdot v) = \lambda \cdot \Phi(v) \tag{5.1.1}$$

© Springer-Verlag GmbH Deutschland, ein Teil von Springer Nature 2021
S. Waldmann, *Lineare Algebra 1*, https://doi.org/10.1007/978-3-662-63263-5_5

für alle $\lambda \in \Bbbk$ und $v \in V$ erfüllt. Die Menge der linearen Abbildungen von V nach W bezeichnen wir mit

$$\mathrm{Hom}_{\Bbbk}(V, W) = \{\Phi \colon V \longrightarrow W \mid \Phi \text{ ist linear}\}. \tag{5.1.2}$$

Ist der Bezug zum Körper $\Bbbk$ klar, so schreiben wir auch einfach $\mathrm{Hom}(V, W)$ anstelle von $\mathrm{Hom}_{\Bbbk}(V, W)$. Für lineare Abbildungen ist es weiterhin üblich, einfach

$$\Phi v = \Phi(v) \tag{5.1.3}$$

für die Anwendung der Abbildung Φ auf den Vektor $v \in V$ zu schreiben. Alternativ bezeichnen wir lineare Abbildungen auch als *lineare Operatoren* oder auch kurz als *Operatoren*. Die Verwendung von großen lateinischen Buchstaben A, B, ... anstelle von Φ, Ψ, ... ist ebenfalls üblich.

Die folgende leichte Umformulierung liefert ein einfaches Kriterium für die Linearität von Abbildungen.

Proposition 5.2. *Sei $\Phi \colon V \longrightarrow W$ eine Abbildung zwischen Vektorräumen über $\Bbbk$. Dann sind äquivalent:*

i.) Die Abbildung Φ ist linear.

ii.) Für alle $v, u \in V$ und $\lambda, \mu \in \Bbbk$ gilt

$$\Phi(\lambda v + \mu u) = \lambda \Phi(v) + \mu \Phi(u). \tag{5.1.4}$$

iii.) Für alle $n \in \mathbb{N}$ und alle $v_1, \ldots, v_n \in V$ und $\lambda_1, \ldots, \lambda_n \in \Bbbk$ gilt

$$\Phi\left(\sum_{k=1}^{n} \lambda_k v_k\right) = \sum_{k=1}^{n} \lambda_k \Phi(v_k). \tag{5.1.5}$$

Beweis. Offensichtlich gilt *iii.)* $\implies$ *ii.)*. Die Implikation *ii.)* $\implies$ *iii.)* erhält man durch wiederholtes Anwenden von (5.1.4). Sei also Φ linear und $v, u \in V$ und $\lambda, \mu \in \Bbbk$. Dann gilt

$$\Phi(\lambda v + \mu u) = \Phi(\lambda v) + \Phi(\mu u) = \lambda \Phi(v) + \mu \Phi(u),$$

da Φ ein Gruppenmorphismus bezüglich $+$ ist und (5.1.1) gilt. Dies zeigt *i.)* $\implies$ *ii.)*. Gelte umgekehrt *ii.)*. Dann setzt man zunächst $\lambda = 1 = \mu$ und erhält

$$\Phi(v + u) = \Phi(v) + \Phi(u),$$

womit Φ ein Gruppenmorphismus bezüglich $+$ ist. Setzt man $\mu = 0$, so folgt

$$\Phi(\lambda v) = \Phi(\lambda v + 0 \cdot u) = \lambda \Phi(v) + 0 \cdot \Phi(u) = \lambda \Phi(v),$$

also (5.1.1). $\qquad\square$

Bemerkung 5.3. Sei $\Phi \colon V \longrightarrow W$ eine lineare Abbildung. Dann gilt für alle $v \in V$

$$\Phi(-v) = -\Phi(v) \tag{5.1.6}$$

sowie

$$\Phi(0) = 0. \tag{5.1.7}$$

Dies folgt aus der Tatsache, dass Φ ein Gruppenmorphismus bezüglich der Addition ist, siehe Proposition 3.22.

Lineare Abbildungen verhalten sich gut bezüglich der Verkettung und Umkehrung. Dank der allgemeinen Proposition 3.3 ist dies für die Eigenschaften bezüglich $+$ klar, für die Multiplikation mit Skalaren muss noch etwas gezeigt werden:

Proposition 5.4. *Seien $\Phi\colon V \longrightarrow W$ und $\Psi\colon W \longrightarrow U$ lineare Abbildungen zwischen Vektorräumen V, U und W über $\Bbbk$.*

i.) Die Hintereinanderausführung $\Psi \circ \Phi\colon V \longrightarrow U$ ist wieder linear.

ii.) Die Identitätsabbildung $\mathrm{id}_V\colon V \longrightarrow V$ ist linear.

iii.) Ist Φ zudem bijektiv, so ist $\Phi^{-1}\colon W \longrightarrow V$ auch linear.

Beweis. Nach Proposition 3.3 wissen wir bereits, dass $\Psi \circ \Phi$, id und im invertierbaren Fall auch Φ^{-1} additiv sind. Sei also $v \in V$ und $\lambda \in \Bbbk$, dann gilt

$$(\Psi \circ \Phi)(\lambda v) = \Psi(\Phi(\lambda v)) = \Psi(\lambda \Phi(v)) = \lambda \Psi(\Phi(v)) = \lambda (\Psi \circ \Phi)(v)$$

und somit *i.)*. Für id_V ist die Linearität klar. Ist Φ nun invertierbar, und sei $\Phi^{-1}\colon W \longrightarrow V$ die zugehörige inverse Abbildung, so gilt für $w = \Phi(v) \in W$ und $\lambda \in \Bbbk$

$$\Phi^{-1}(\lambda w) = \Phi^{-1}(\lambda \Phi(v)) = \Phi^{-1}(\Phi(\lambda v)) = \lambda v = \lambda \Phi^{-1}(w),$$

da $w = \Phi(v)$ mit $v = \Phi^{-1}(w)$. $\qquad\square$

Bemerkung 5.5 (Isomorphie von Vektorräumen). Gemäß unserer allgemeinen Vorgehensweise nennen wir zwei Vektorräume V und W *isomorph*, wenn es einen *Isomorphismus* $\Phi\colon V \longrightarrow W$ gibt, also eine invertierbare lineare Abbildung Φ. In diesem Fall ist auch $\Phi^{-1}\colon W \longrightarrow V$ ein Isomorphismus, und wir erhalten eine Äquivalenzrelation, die wir als

$$V \cong W \tag{5.1.8}$$

schreiben. Eine wichtige Aufgabe wird also darin bestehen, Vektorräume über $\Bbbk$ bis auf Isomorphie zu klassifizieren.

Wir kommen nun zu einigen ersten Beispielen für lineare Abbildungen:

Beispiel 5.6 (Nullabbildung). Sind V und W Vektorräume über $\Bbbk$, so ist die Abbildung

$$0\colon V \ni v \mapsto 0 \in W \tag{5.1.9}$$

eine lineare Abbildung, die *Nullabbildung*. Diese entspricht dem trivialen Gruppenmorphismus.

Beispiel 5.7 (Auswertungsabbildung). Sei M eine nichtleere Menge. Für den Vektorraum $\mathrm{Abb}(M,\Bbbk)$ und einen Punkt $p \in M$ definiert man die Abbildung

$$\delta_p\colon \mathrm{Abb}(M,\Bbbk) \ni f \mapsto f(p) \in \Bbbk. \tag{5.1.10}$$

Diese ist offenbar linear, da die Vektorraumstruktur von $\mathrm{Abb}(M,\Bbbk)$ gerade punktweise erklärt wurde. Man nennt sie die *Auswertung* oder auch die *Evaluation* bei p.

Beispiel 5.8. Sei $\vec{a} \in \mathbb{R}^3$ ein fest gewählter Vektor. Dann ist die Abbildung

$$\mathbb{R}^3 \ni \vec{v} \mapsto \vec{a} \times \vec{v} \in \mathbb{R}^3 \tag{5.1.11}$$

eine lineare Abbildung. Diesen Sachverhalt haben wir in Proposition 1.15, *i.)*, wenn auch noch nicht unter dieser Bezeichnung, gezeigt.

Beispiel 5.9 (Limes). Wir betrachten den Vektorraum der reellen konvergenten Folgen c aus Beispiel 4.22. Dann ist

$$\lim\colon c \ni (a_n)_{n \in \mathbb{N}} \mapsto \lim_{n \longrightarrow \infty} a_n \in \mathbb{R} \tag{5.1.12}$$

eine lineare Abbildung. Dies folgt aus den Rechenregeln für den Grenzwert von konvergenten Folgen.

Beispiel 5.10 (Ableitung). Wir betrachten den Vektorraum der Polynome $\Bbbk[x]$ mit Koeffizienten in $\Bbbk$. Dann definiert man (rein algebraisch, ohne Einsatz von Analysis) die *Ableitung* von $p \in \Bbbk[x]$ durch

$$p' = na_n x^{n-1} + \cdots + 2a_2 x + a_1, \tag{5.1.13}$$

für $p = a_n x^n + \cdots + a_1 x + a_0$. Man schreibt auch $p' = \frac{\mathrm{d}}{\mathrm{d}x} p$ und erhält eine lineare Abbildung $\frac{\mathrm{d}}{\mathrm{d}x}\colon \Bbbk[x] \longrightarrow \Bbbk[x]$. Alternativ kann man etwa die k-mal stetig differenzierbaren Funktionen $\mathscr{C}^k(\mathbb{R},\mathbb{R})$ von $\mathbb{R}$ nach $\mathbb{R}$ betrachten. Die üblichen Regeln aus der Analysis besagen dann, dass $\mathscr{C}^k(\mathbb{R},\mathbb{R}) \subseteq \mathrm{Abb}(\mathbb{R},\mathbb{R})$ ein Unterraum ist mit

$$\mathscr{C}^k(\mathbb{R},\mathbb{R}) \subseteq \mathscr{C}^\ell(\mathbb{R},\mathbb{R}) \tag{5.1.14}$$

für alle $k,\ell \in \mathbb{N}_0$ mit $k \geq \ell$. Dann ist die Ableitung

$$\frac{\mathrm{d}}{\mathrm{d}x}\colon \mathscr{C}^k(\mathbb{R},\mathbb{R}) \longrightarrow \mathscr{C}^\ell(\mathbb{R},\mathbb{R}) \tag{5.1.15}$$

eine lineare Abbildung, sofern $k > \ell$.

Beispiel 5.11 (Integration). Wir betrachten den reellen Vektorraum der stetigen Funktionen $\mathscr{C}([a, b], \mathbb{R})$ auf einem abgeschlossenen Intervall $[a, b] \subseteq \mathbb{R}$. Aus der Analysis ist bekannt, dass diese integrierbar sind (beispielsweise im Riemann-Sinne). Das Integral

$$\int_a^b : \mathscr{C}([a, b], \mathbb{R}) \ni f \;\mapsto\; \int_a^b f(x)\mathrm{d}x \in \mathbb{R} \qquad (5.1.16)$$

ist dann eine lineare Abbildung.

Beispiel 5.12 (Koordinaten). Sei V ein Vektorraum und $B \subseteq V$ eine Basis. Für einen Vektor $v \in V$ betrachten wir die Koordinaten $v_b \in \Bbbk$, welche durch

$$v = \sum_{b \in B} v_b \cdot b \qquad (5.1.17)$$

eindeutig bestimmt sind, siehe Definition 4.42. Wir behaupten, dass die *Koordinatenabbildungen*

$$V \ni v \;\mapsto\; v_b \in \Bbbk \qquad (5.1.18)$$

linear sind. Um dies zu sehen, betrachten wir also $v, w \in V$ und $\lambda, \mu \in \Bbbk$. Dann gilt

$$\sum_{b \in B} (\lambda v + \mu w)_b \cdot b = \lambda v + \mu w = \lambda \sum_{b \in B} v_b \cdot b + \mu \sum_{b \in B} w_b \cdot b = \sum_{b \in B} (\lambda v_b + \mu w_b) \cdot b.$$

Da B eine Basis ist, sind die Entwicklungskoeffizienten eindeutig bestimmt. Es folgt daher für alle $b \in B$

$$(\lambda v + \mu w)_b = \lambda v_b + \mu w_b,$$

was die gewünschte Linearität von (5.1.18) ist. Man beachte, dass wie immer für ein festes $v \in V$ nur endlich viele Koeffizienten v_b ungleich null sind.

Kontrollfragen. Wieso ist die Verkettung von linearen Abbildungen linear? Was bedeutet Isomorphie von Vektorräumen? Was ist ein Auswertungsfunktional? Wieso sind die Koordinatenabbildungen linear?

5.2 Eigenschaften von linearen Abbildungen

Wir wollen nun verschiedene erste Eigenschaften von linearen Abbildungen zusammentragen. Wir beginnen mit dem Kern und dem Bild einer linearen Abbildung. Die Definition des Kerns nimmt dabei auf die Eigenschaft einer linearen Abbildung, ein Gruppenmorphismus bezüglich „+" zu sein, Bezug.

Definition 5.13 (Kern und Bild). Sei $\Phi \colon V \longrightarrow W$ eine lineare Abbildung zwischen Vektorräumen über $\Bbbk$.

i.) Der Kern von Φ ist definiert als

$$\ker \Phi = \big\{ v \in V \mid \Phi(v) = 0 \big\}. \tag{5.2.1}$$

ii.) Das Bild von Φ ist definiert als

$$\operatorname{im} \Phi = \big\{ w \in W \mid \text{es existiert ein } v \in V \text{ mit } w = \Phi(v) \big\}. \tag{5.2.2}$$

Mit anderen Worten, der Kern $\ker \Phi$ ist definiert wie im Beispiel 3.11, *iii.)*, und verwendet daher nur die Monoidstruktur von V bezüglich der Addition. Die Definition des Bildes $\operatorname{im} \Phi$ ist sogar gänzlich allgemein und stimmt mit der rein mengentheoretischen Definition aus (B.4.18) überein.

Proposition 5.14 (Kern und Bild). *Sei $\Phi\colon V \longrightarrow W$ eine lineare Abbildung zwischen Vektorräumen über $\Bbbk$.*

i.) Der Kern $\ker \Phi \subseteq V$ ist ein Untervektorraum von V.

ii.) Es gilt genau dann $\ker \Phi = \{0\}$, wenn Φ injektiv ist.

iii.) Das Bild $\operatorname{im} \Phi \subseteq W$ ist ein Untervektorraum von W.

iv.) Es gilt genau dann $\operatorname{im} \Phi = W$, wenn Φ surjektiv ist.

Beweis. Wir wissen bereits nach Proposition 3.24, *i.)*, dass $\ker \Phi$ eine Untergruppe der abelschen Gruppe $(V, +)$, also unter $+$ abgeschlossen ist und $0 \in \ker \Phi$ erfüllt. Sei also $\lambda \in \Bbbk$ und $v \in \ker \Phi$, dann gilt

$$\Phi(\lambda \cdot v) = \lambda \cdot \Phi(v) = \lambda \cdot 0 = 0,$$

womit auch $\lambda \cdot v \in \ker \Phi$ gilt. Dies ist aber bereits alles, was wir zeigen müssen, damit $\ker \Phi$ tatsächlich ein Unterraum wird. Die zweite Aussage gilt allgemein für Gruppenmorphismen. Da eine lineare Abbildung insbesondere ein Gruppenmorphismus bezüglich der Addition ist, können wir uns hierfür also auf Proposition 3.26 berufen. Nach Proposition 3.24, *ii.)*, wissen wir, dass $\operatorname{im} \Phi$ eine Untergruppe bezüglich der Addition ist. Sei nun $w = \Phi(v) \in \operatorname{im} \Phi$ mit $v \in V$ und $\lambda \in \Bbbk$. Dann gilt $\Phi(\lambda v) = \lambda \Phi(v) = \lambda w$, was $\lambda w \in \operatorname{im} \Phi$ zeigt. Damit ist $\operatorname{im} \Phi$ ein Unterraum von W. Der letzte Teil ist nach der Definition von Surjektivität klar. $\qquad\square$

Wir betrachten nun die Menge aller linearen Abbildungen $\operatorname{Hom}(V, W)$, die durch folgende Definition zu einem Vektorraum wird:

Proposition 5.15 (Der Vektorraum $\operatorname{Hom}(V, W)$). *Seien V und W Vektorräume über $\Bbbk$. Dann wird $\operatorname{Hom}(V, W)$ vermöge*

$$(\Phi + \Psi)(v) = \Phi(v) + \Psi(v) \tag{5.2.3}$$

und

$$(\lambda \cdot \Phi)(v) = \lambda \Phi(v) \tag{5.2.4}$$

ein Vektorraum über $\Bbbk$, wobei $\Phi, \Psi \in \operatorname{Hom}(V, W)$ sowie $v \in V$ und $\lambda \in \Bbbk$.

Beweis. Nach Beispiel 4.11 wissen wir, dass die Menge aller Abbildungen von einer Menge V in einen Vektorraum W selbst einen Vektorraum bildet, wenn man Addition und Multiplikation mit Skalaren punktweise erklärt. Was also zu zeigen ist, ist dass $\mathrm{Hom}(V, W) \subseteq \mathrm{Abb}(V, W)$ ein *Untervektorraum* ist. Nach Beispiel 5.6 wissen wir, dass die Nullabbildung $0 \in \mathrm{Abb}(V, W)$ linear ist. Damit ist $0 \in \mathrm{Hom}(V, W)$ und insbesondere $\mathrm{Hom}(V, W) \neq \emptyset$. Seien nun $\Phi, \Psi \in \mathrm{Hom}(V, W)$ und $v, v' \in V$ sowie $\mu, \lambda, \lambda' \in \Bbbk$. Dann gilt

$$
\begin{aligned}
(\Phi + \Psi)(\lambda v + \lambda' v') &= \Phi(\lambda v + \lambda' v) + \Psi(\lambda v + \lambda' v') \\
&\overset{(a)}{=} \lambda \Phi(v) + \lambda' \Phi(v') + \lambda \Psi(v) + \lambda' \Psi(v') \\
&= \lambda(\Phi(v) + \Psi(v)) + \lambda'(\Phi(v') + \Psi(v')) \\
&= \lambda(\Phi + \Psi)(v) + \lambda'(\Phi + \Psi)(v')
\end{aligned}
$$

sowie

$$
\begin{aligned}
(\mu \cdot \Phi)(\lambda v + \lambda' v') &= \mu \Phi(\lambda v + \lambda' v') \\
&\overset{(a)}{=} \mu(\lambda \Phi(v) + \lambda' \Phi(v')) \\
&= \lambda \mu \Phi(v) + \lambda' \mu \Phi(v') \\
&= \lambda(\mu \cdot \Phi)(v) + \lambda'(\mu \cdot \Phi)(v'),
\end{aligned}
$$

wobei wir jeweils in (a) die Linearität von Φ und Ψ beziehungsweise die von Φ verwendet haben. Damit folgt nach Proposition 5.2, dass sowohl $\Phi + \Psi$ als auch $\mu \cdot \Phi$ wieder lineare Abbildungen sind. Somit ist $\mathrm{Hom}(V, W)$ nicht leer und unter Addition und Multiplikation mit Skalaren abgeschlossen, also selbst ein Unterraum nach Proposition 4.17. $\square$

Diese Vektorraumstruktur von $\mathrm{Hom}(V, W)$ verträgt sich gut mit der Hintereinanderausführung von Abbildungen. Nach Proposition 5.4, *i.)*, wissen wir, dass

$$
\circ \colon \mathrm{Hom}(W, U) \times \mathrm{Hom}(V, W) \ni (\Psi, \Phi) \mapsto \Psi \circ \Phi \in \mathrm{Hom}(V, U) \qquad (5.2.5)
$$

gilt, wobei V, W und U Vektorräume über $\Bbbk$ seien. Wir haben nun folgende *Bilinearitätseigenschaften* der Verkettung $\circ$:

Proposition 5.16. *Seien V, W und U Vektorräume über $\Bbbk$. Dann ist die Hintereinanderausführung $\circ$ von linearen Abbildungen in jedem Argument linear, d.h., für $\Phi, \Phi' \in \mathrm{Hom}(V, W)$ und $\Psi, \Psi' \in \mathrm{Hom}(W, U)$ sowie für $\lambda, \lambda' \in \Bbbk$ gilt*

$$
\Psi \circ (\lambda \Phi + \lambda' \Phi') = \lambda(\Psi \circ \Phi) + \lambda'(\Psi \circ \Phi') \qquad (5.2.6)
$$

und

$$
(\lambda \Psi + \lambda' \Psi') \circ \Phi = \lambda(\Psi \circ \Phi) + \lambda'(\Psi' \circ \Phi). \qquad (5.2.7)
$$

Beweis. Um die Gleichheit von Abbildungen von V nach U zu zeigen, genügt es ganz allgemein, dass wir die Gleichheit der Werte in U für beliebige

Punkte aus V zeigen. Sei also $v \in V$, dann rechnen wir unter Verwendung der Definition und der Linearität der beteiligten Abbildungen nach, dass

$$
\begin{aligned}
(\Psi \circ (\lambda \Phi + \lambda' \Phi'))(v) &= \Psi((\lambda \Phi + \lambda' \Phi')(v)) \\
&= \Psi(\lambda \Phi(v) + \lambda' \Phi'(v)) \\
&= \lambda \Psi(\Phi(v)) + \lambda' \Psi(\Phi'(v)) \\
&= \lambda (\Psi \circ \Phi)(v) + \lambda' (\Psi \circ \Phi')(v)
\end{aligned}
$$

sowie

$$
\begin{aligned}
((\lambda \Psi + \lambda' \Psi') \circ \Phi)(v) &= (\lambda \Psi + \lambda' \Psi')(\Phi(v)) \\
&= \lambda \Psi(\Phi(v)) + \lambda' \Psi'(\Phi(v)) \\
&= \lambda (\Psi \circ \Phi)(v) + \lambda' (\Psi' \circ \Phi)(v).
\end{aligned}
$$

Man mache sich im Detail klar, wo die Linearität von Φ und die Linearität von Ψ verwendet wurde. $\square$

Nehmen wir nun die Resultate aus Proposition 5.4, Proposition 5.15 und Proposition 5.16 zusammen, so erhalten wir insbesondere folgendes Resultat:

Korollar 5.17 (Der Ring $\mathrm{End}(V)$**).** *Sei V ein Vektorraum über $\Bbbk$. Dann bilden die Endomorphismen $\mathrm{End}(V)$ bezüglich der Addition (5.2.3) und der Hintereinanderausführung $\circ$ einen Ring mit Einselement $\mathbb{1} = \mathrm{id}_V$.*

Man beachte, dass die Verkettung von Abbildungen prinzipiell assoziativ ist, also insbesondere auch für lineare Abbildungen. Bei linearen Abbildungen ist es nun üblich, das Symbol für die Verkettung zu unterdrücken und

$$
\Phi \Psi = \Phi \circ \Psi \tag{5.2.8}
$$

zu schreiben. Dies ist konsistent mit der Schreibweise $\lambda \Phi$ für einen Skalar $\lambda \in \Bbbk$ in dem Sinne, als dass wir λ mit $\lambda\,\mathrm{id}$ identifizieren wollen und dann $\lambda \Phi = (\lambda\,\mathrm{id}) \circ \Phi$ gilt, da id ja das Einselement für die Verkettung ist.

Die vorerst letzten wichtigen Eigenschaften von linearen Abbildungen liegen im Zusammenspiel mit linear unabhängigen Teilmengen und Basen. Hier betrachten wir zunächst folgende Charakterisierung von Injektivität und Surjektivität:

Proposition 5.18. *Sei $\Phi\colon V \longrightarrow W$ eine lineare Abbildung zwischen Vektorräumen über $\Bbbk$.*

i.) *Die Abbildung Φ ist genau dann injektiv, wenn für $n \in \mathbb{N}$ und für linear unabhängige Vektoren $v_1, \dots, v_n \in V$ die Vektoren $\Phi(v_1), \dots, \Phi(v_n) \in W$ auch linear unabhängig sind.*

ii.) *Die Abbildung Φ ist genau dann surjektiv, wenn für ein beliebiges Erzeugendensystem $U \subseteq V$ auch $\Phi(U) \subseteq W$ ein Erzeugendensystem ist.*

Beweis. Sei Φ mit der Eigenschaft gegeben, dass linear unabhängige Vektoren auf linear unabhängige Vektoren abgebildet werden. Ist $V = \{0\}$, so ist

Φ sicherlich injektiv. Ist $V \neq \{0\}$, so ist für einen Vektor $v \in V \setminus \{0\}$ die Menge $\{v\}$ linear unabhängig, nach Voraussetzung also auch $\{\Phi(v)\}$ linear unabhängig. Damit ist also $\Phi(v) \neq 0$, und es folgt $\ker \Phi = \{0\}$. Nach Proposition 5.14, *ii.)*, ist dies genau dann der Fall, wenn Φ injektiv ist. Sei umgekehrt Φ injektiv und seien $v_1, \ldots, v_n$ linear unabhängige Vektoren mit $n \in \mathbb{N}$. Seien nun $\lambda_1, \ldots, \lambda_n \in \mathbb{k}$ mit

$$\lambda_1 \Phi(v_1) + \cdots + \lambda \Phi(v_n) = 0$$

gegeben. Dann gilt aufgrund der Linearität auch

$$\Phi(\lambda_1 v_1 + \cdots + \lambda_n v_n) = 0,$$

und nach Voraussetzung folgt $\lambda_1 v_1 + \cdots + \lambda_n v_n = 0$. Dann liefert die lineare Unabhängigkeit der $v_1, \ldots, v_n$ aber $\lambda_1 = \cdots = \lambda_n = 0$, was die lineare Unabhängigkeit von $\Phi(v_1), \ldots, \Phi(v_n)$ zeigt. Für den zweiten Teil sei $U \subseteq V$ ein Erzeugendensystem. Ist Φ surjektiv und $w \in W$, so gibt es ein $v \in V$ mit $\Phi(v) = w$. Für dieses v finden wir $\lambda_1, \ldots, \lambda_n \in \mathbb{k}$ und $u_1, \ldots, u_n \in U$ mit

$$v = \lambda_1 u_1 + \cdots + \lambda_n u_n. \tag{5.2.9}$$

Dann gilt dank der Linearität von Φ auch

$$w = \lambda_1 \Phi(u_1) + \cdots + \lambda_n \Phi(u_n), \tag{5.2.10}$$

womit $\Phi(U)$ ein Erzeugendensystem ist. Ist umgekehrt $\Phi(U)$ ein Erzeugendensystem und $w \in W$ mit (5.2.10) gegeben, so gilt $w = \Phi(v)$ mit v wie in (5.2.9). Daher ist $\Phi(V) = W$. $\qquad\square$

Proposition 5.19. *Sei $\Phi \colon V \longrightarrow W$ eine lineare Abbildung. Dann sind äquivalent:*

i.) Die Abbildung Φ ist bijektiv.

ii.) Die Abbildung Φ ist ein Isomorphismus.

iii.) Die Abbildung Φ bildet eine Basis von V bijektiv auf eine Basis von W ab.

iv.) Die Abbildung Φ bildet jede Basis von V bijektiv auf eine Basis von W ab.

Beweis. Die Äquivalenz von *i.)* und *ii.)* ist bereits in Bemerkung 5.5 diskutiert worden. Sei nun zunächst Φ bijektiv und $B \subseteq V$ eine Basis. Dann ist $\Phi\big|_B \colon B \longrightarrow \Phi(B)$ ebenfalls bijektiv. Nach Proposition 5.18, *i.)*, ist $\Phi(B)$ eine linear unabhängige Teilmenge, da B linear unabhängig ist. Da B ein Erzeugendensystem von V ist, ist auch $\Phi(B)$ ein Erzeugendensystem von W nach Proposition 5.18, *ii.)*. Dies zeigt die Implikationen *i.)* $\implies$ *iii.)* sowie *i.)* $\implies$ *iv.)*. Sei nun also eine Basis $B \subseteq V$ gefunden, sodass $\Phi\big|_B \colon B \longrightarrow \Phi(B)$ bijektiv ist und eine Basis $\Phi(B)$ von W liefert. Nach Proposition 5.18, *ii.)*, ist

Φ surjektiv. Für die Injektivität können wir nicht direkt mit Proposition 5.18, *i.)*, argumentieren, da wir die Eigenschaft ja nur für *eine* spezielle Basis vorliegen haben, nicht aber für beliebige linear unabhängige Teilmengen. Sei also $v \in V$ ein Vektor mit $\Phi(v) = 0$. Wir schreiben

$$v = \sum_{b \in B} v_b \cdot b$$

mit den eindeutig bestimmten Koordinaten $v_b \in \Bbbk$ von v wie üblich. Dann gilt aufgrund der Linearität von Φ

$$0 = \Phi(v) = \sum_{b \in B} v_b \cdot \Phi(b). \tag{5.2.11}$$

Da nun $\Phi \colon B \longrightarrow \Phi(B)$ bijektiv ist, entspricht jedem $b' = \Phi(b) \in \Phi(B)$ genau ein $b \in B$. Daher können wir (5.2.11) auch als

$$0 = \Phi(v) = \sum_{b' \in \Phi(B)} v_{\Phi^{-1}(b')} \cdot b'$$

schreiben. Da nun $\Phi(B)$ linear unabhängig ist, folgt $v_{\Phi^{-1}(b')} = 0$ für alle $b' \in \Phi(B)$ und damit $v_b = 0$ für alle $b \in B$. Also gilt $v = 0$. Dies zeigt aber, dass Φ injektiv ist und dass die Implikation *iii.)* $\implies$ *i.)* gilt. Die Implikation *iv.)* $\implies$ *iii.)* ist trivial, womit alle Äquivalenzen gezeigt sind. $\square$

Bemerkung 5.20. Da wir Basen als linear unabhängige Teilmenge $B \subseteq V$ mit $\operatorname{span} B = V$ definiert hatten, ist hier etwas Vorsicht angebracht: Es genügt *nicht* zu sagen, dass Basen auf Basen abgebildet werden. Man betrachte beispielsweise die (lineare) Projektion

$$\operatorname{pr}_1 \colon \mathbb{R}^2 = \mathbb{R} \times \mathbb{R} \ni \begin{pmatrix} x \\ y \end{pmatrix} \mapsto x \in \mathbb{R} \tag{5.2.12}$$

auf den ersten Faktor, mit der Basis von $\mathbb{R}^2$ bestehend aus den beiden Vektoren $a = \left(\begin{smallmatrix} 1 \\ 0 \end{smallmatrix}\right)$ und $b = \left(\begin{smallmatrix} 1 \\ 1 \end{smallmatrix}\right)$. Dann gilt als *Menge*

$$\operatorname{pr}_1(\{a, b\}) = \{1\}, \tag{5.2.13}$$

und damit bildet pr_1 diese Basis von $\mathbb{R}^2$ auf eine Basis von $\mathbb{R}$ ab, nämlich die aus dem einen Vektor 1 bestehende. Es muss also zusätzlich gesagt werden, dass die Abbildung bijektiv ist, was hier natürlich nicht der Fall ist.

Bis jetzt ist noch nicht klar, dass es im Allgemeinen außer der Nullabbildung von V nach W überhaupt andere lineare Abbildungen gibt. Der folgende Satz garantiert nun die Existenz von vielen linearen Abbildungen:

Satz 5.21 (Lineare Abbildungen und Basen). *Seien V und W Vektorräume über $\Bbbk$, und sei $B \subseteq V$ eine Basis von V.*

i.) Ist $\Phi\colon V \longrightarrow W$ eine lineare Abbildung, so ist Φ durch die Menge der Werte $\Phi(b)$ für $b \in B$ bereits eindeutig bestimmt.

ii.) Sei für jedes $b \in B$ ein Vektor $\Phi(b) \in W$ vorgegeben. Dann gibt es (genau) eine lineare Abbildung $\Phi\colon V \longrightarrow W$ mit diesen Werten auf B.

Beweis. Seien $\Phi, \Psi\colon V \longrightarrow W$ zwei lineare Abbildungen mit $\Phi(b) = \Psi(b)$ für alle $b \in B$. Ist $v \in V$, so gibt es eindeutige Koordinaten $v_b \in \Bbbk$ von v bezüglich dieser Basis mit

$$v = \sum_{b \in B} v_b \cdot b, \tag{5.2.14}$$

wobei wie immer alle bis auf endlich viele v_b verschwinden. Da dies eine endliche Summe ist, folgt aus der Linearität von Φ und Ψ

$$\Phi(v) = \Phi\left(\sum_{b \in B} v_b \cdot b\right) = \sum_{b \in B} v_b \cdot \Phi(b) = \sum_{b \in B} v_b \cdot \Psi(b) = \Psi\left(\sum_{b \in B} v_b \cdot b\right) = \Psi(v),$$

und damit $\Phi = \Psi$. Seien nun Vektoren $\{\Phi(b)\}_{b \in B}$ in W vorgegeben. Dann definieren wir für v wie in (5.2.14) den Wert

$$\Phi(v) = \sum_{b \in B} v_b \cdot \Phi(b). \tag{5.2.15}$$

Wir behaupten, dass dies eine lineare Abbildung $\Phi\colon V \longrightarrow W$ liefert. Nach Beispiel 5.12 wissen wir, dass die Koordinaten $v \mapsto v_b$ lineare Abbildungen sind. Damit rechnen wir nach, dass für $v, v' \in V$ und $\mu, \mu' \in \Bbbk$

$$\begin{aligned}
\Phi(\mu v + \mu' v') &= \sum_{b \in B} (\mu v + \mu' v')_b \cdot \Phi(b) \\
&= \sum_{b \in B} (\mu v_b + \mu' v'_b) \cdot \Phi(b) \\
&= \mu \sum_{b \in B} v_b \cdot \Phi(b) + \mu' \sum_{b \in B} v'_b \cdot \Phi(b) \\
&= \mu \Phi(v) + \mu' \Phi(v')
\end{aligned}$$

gilt. Dies zeigt, dass Φ tatsächlich linear ist. Offenbar nimmt Φ wegen

$$b = \sum_{b' \in B} \delta_{bb'} \cdot b'$$

den vorgegebenen Wert $\Phi(b)$ auf $b \in B$ an, siehe auch Übung 4.15, was den zweiten Teil zeigt. $\qquad\square$

Dieser Satz ist von fundamentaler Bedeutung, da er uns eine Fülle von linearen Abbildungen beschert, sobald wir eine Basis des Urbildraumes vorliegen haben. Da nach Korollar 4.47 jeder Vektorraum eine Basis besitzt, erhalten wir auf diese Weise viele lineare Abbildungen.

Bemerkung 5.22. Wir können das Resultat auch folgendermaßen verstehen: Sei $B \subseteq V$ eine Basis, dann betrachten wir die Inklusionsabbildung $\iota\colon B \longrightarrow V$. Ist nun $\phi\colon B \longrightarrow W$ irgendeine Abbildung, so lässt sich diese auf eindeutige Weise zu einer linearen Abbildung $\Phi\colon V \longrightarrow W$ fortsetzen, sodass

$$\Phi \circ \iota = \phi \qquad\qquad (5.2.16)$$

gilt. Man arrangiert diese Abbildungen nun in einem Diagramm

$$(5.2.17)$$

und sagt, dass dieses *kommutiert*, also (5.2.16) gilt. Wir werden noch öfters *kommutierende Diagramme* von Abbildungen vorfinden, die durchaus auch eine etwas kompliziertere Geometrie als das obige Dreieck besitzen können.

Korollar 5.23. *Sei $U \subseteq V$ ein Untervektorraum von V und $\phi\colon U \longrightarrow W$ eine lineare Abbildung. Dann existiert eine lineare Abbildung $\Phi\colon V \longrightarrow W$ mit*

$$\Phi\big|_U = \phi. \qquad\qquad (5.2.18)$$

Beweis. Sei $B_1 \subseteq U$ eine Basis von U, welche wir zu einer Basis $B = B_1 \cup B_2$ von V ergänzen. Dies ist nach Satz 4.46 immer möglich. Die lineare Abbildung ϕ ist durch $\phi\big|_{B_1}$ nach Satz 5.21, *i.)*, eindeutig bestimmt. Wir definieren nun eine lineare Abbildung Φ mittels Satz 5.21, *ii.)*, auf eindeutige Weise, indem wir Φ durch

$$\Phi\big|_{B_1} = \phi\big|_{B_1} \quad \text{und} \quad \Phi\big|_{B_2} = 0$$

festlegen. $\square$

Während linear unabhängige Vektoren unter einer nicht injektiven linearen Abbildung durchaus auf linear abhängige Vektoren abgebildet werden können, verhält sich das Urbild hier einfacher:

Lemma 5.24. *Sei $\Phi\colon V \longrightarrow W$ eine lineare Abbildung und sei $B \subseteq \operatorname{im} \Phi$ eine linear unabhängige Teilmenge. Sei für jedes $b \in B$ ein Vektor $v(b) \in V$ mit $\Phi(v(b)) = b$ ausgewählt. Dann ist die Menge $\{v(b) \mid b \in B\} \subseteq V$ ebenfalls linear unabhängig.*

Beweis. Seien $n \in \mathbb{N}$ sowie $\lambda_1,\dots,\lambda_n \in \Bbbk$ und paarweise verschiedene $v(b_1),\dots,v(b_n)$ mit $b_1,\dots,b_n \in B$ vorgegeben. Dann sind auch die Vektoren

$b_1, \ldots, b_n$ paarweise verschieden, da zu jedem $b \in B$ *ein* $v(b) \in V$ ausgewählt wurde. Gilt $\lambda_1 v(b_1) + \cdots + \lambda_n v(b_n) = 0$, so gilt auch

$$
\begin{aligned}
0 &= \Phi(\lambda_1 v(b_1) + \cdots + \lambda_n v(b_n)) \\
&= \lambda_1 \Phi(v(b_1)) + \cdots + \lambda_n \Phi(v(b_n)) \\
&= \lambda_1 b_1 + \cdots + \lambda_n b_n,
\end{aligned}
$$

womit $\lambda_1 = \cdots = \lambda_n = 0$ folgt, weil B linear unabhängig ist.   □

Satz 5.25 (Dimensionsformel für Kern und Bild). *Sei* $\Phi \colon V \longrightarrow W$ *eine lineare Abbildung, und sei* V *endlich-dimensional. Dann sind* $\ker \Phi \subseteq V$ *und* $\operatorname{im} \Phi \subseteq W$ *ebenfalls endlich-dimensional, und es gilt*

$$
\dim V = \dim \ker \Phi + \dim \operatorname{im} \Phi. \tag{5.2.19}
$$

Beweis. Wir wählen eine Basis $B_1 \subseteq \ker \Phi$ des Unterraums $\ker \Phi$ sowie eine Basis $\tilde{B}_2 \subseteq \operatorname{im} \Phi$ des Bildes. Mit Lemma 5.24 sehen wir, dass eine Auswahl von Urbildern der Elemente in $\tilde{B}_2$ eine linear unabhängige Teilmenge von V liefert. Insbesondere folgt, dass es nicht mehr als $\dim V$-viele solche Urbilder und damit $\dim V$-viele Elemente in $\tilde{B}_2$ geben kann. Dies zeigt

$$
\dim \operatorname{im} \Phi \leq \dim V < \infty.
$$

Seien also $w_1, \ldots, w_n \in \tilde{B}_2$ die endlich vielen paarweise verschiedenen Elemente von $\tilde{B}_2$ und seien $v_1, \ldots, v_n$ entsprechende Urbilder dieser, also

$$
\Phi(v_k) = w_k \quad \text{für} \quad k = 1, \ldots, n.
$$

Wir setzen nun $B_2 = \{v_1, \ldots, v_n\} \subseteq V$. Seien weiter $u_1, \ldots, u_m \in B_1$ die paarweise verschiedenen Basisvektoren von $\ker \Phi$. Da $w_k \neq 0$ für alle $k = 1, \ldots, n$, folgt $v_k \notin \ker \Phi$ ebenso wie $u_\ell \notin B_2$ für alle $\ell = 1, \ldots, m$. Daher gilt $B_1 \cap B_2 = \emptyset$. Wir behaupten, dass

$$
B = B_1 \cup B_2
$$

eine Basis von V ist, damit folgt offenbar (5.2.19). Seien also $\lambda_1, \ldots, \lambda_m$ und $\mu_1, \ldots, \mu_n \in \Bbbk$ mit

$$
\lambda_1 u_1 + \cdots + \lambda_m u_m + \mu_1 v_1 + \cdots + \mu_n v_n = 0 \tag{5.2.20}
$$

gegeben. Anwenden von Φ liefert dann

$$
\lambda_1 \underbrace{\Phi(u_1)}_{=0} + \cdots + \lambda_m \underbrace{\Phi(u_m)}_{=0} + \mu_1 w_1 + \cdots + \mu_n w_n = 0
$$

und daher $\mu_1 = \cdots = \mu_n = 0$, da die $w_1, \ldots, w_n$ eine linear unabhängige Teilmenge bilden. Nach (5.2.20) liefert dies

$$\lambda_1 u_1 + \cdots + \lambda_m u_m = 0$$

und damit $\lambda_1 = \cdots = \lambda_m = 0$, da auch die $u_1, \ldots, u_m$ linear unabhängig sind. Es folgt, dass B linear unabhängig ist. Sei weiter $v \in V$. Dann gibt es $\mu_1, \ldots, \mu_n$ mit

$$\Phi(v) = \mu_1 w_1 + \cdots + \mu_n w_n,$$

da die Vektoren $w_1, \ldots, w_n$ das Bild aufspannen. Mit $\Phi(v_k) = w_k$ folgt daher, dass

$$\Phi(v - \mu_1 v_1 - \cdots - \mu_n v_n) = \Phi(v) - \mu_1 w_1 - \cdots - \mu_n w_n = 0,$$

womit $v - \mu_1 v_1 - \cdots - \mu_n v_n \in \ker \Phi$. Da die Vektoren $u_1, \ldots, u_m$ den Kern von Φ aufspannen, gibt es $\lambda_1, \ldots, \lambda_m \in \Bbbk$ mit

$$v - \mu_1 v_1 - \cdots - \mu_n v_n = \lambda_1 u_1 + \cdots + \lambda_m u_m.$$

Dies liefert aber $v \in \operatorname{span} B$ und damit $\operatorname{span} B = V$. Also ist B eine Basis. $\qquad\square$

Definition 5.26 (Rang). Sei $\Phi \colon V \longrightarrow W$ eine lineare Abbildung zwischen Vektorräumen über $\Bbbk$. Dann heißt

$$\operatorname{rank} \Phi = \dim \operatorname{im} \Phi \tag{5.2.21}$$

der Rang von Φ.

Die Dimensionsformel besagt also für einen endlich-dimensionalen Vektorraum V

$$\dim V = \dim \ker \Phi + \operatorname{rank} \Phi. \tag{5.2.22}$$

Anschaulich gesagt, liefert dies eine quantitative Formulierung der Vorstellung, dass umso weniger Vektoren in W ankommen, desto mehr Vektoren von Φ geschluckt werden.

Korollar 5.27. *Seien V und W endlich-dimensionale Vektorräume über $\Bbbk$ mit $\dim V = \dim W$. Dann sind für eine lineare Abbildung $\Phi \colon V \longrightarrow W$ äquivalent:*

i.) Die Abbildung Φ ist bijektiv.

ii.) Die Abbildung Φ ist injektiv.

iii.) Die Abbildung Φ ist surjektiv.

Beweis. Es gilt offenbar *i.)* $\implies$ *ii.)* und *i.)* $\implies$ *iii.)*. Sei also Φ injektiv. Nach Satz 5.25 und Proposition 5.14, *ii.)*, gilt daher $\dim V = \dim \operatorname{im} \Phi = \dim W$. Daher ist aber $\operatorname{im} \Phi = W$, also Φ surjektiv. Es folgt *ii.)* $\implies$ *iii.)*. Sei umgekehrt Φ surjektiv, also $\operatorname{im} \Phi = W$. Dann gilt entsprechend $\dim V = \dim \ker \Phi + \dim W = \dim \ker \Phi + \dim V$ und daher $\dim \ker \Phi = 0$. Also ist $\ker \Phi = \{0\}$ und Φ injektiv. Dies zeigt *iii.)* $\implies$ *ii.)*. Da *ii.)* und *iii.)* zusammen gerade *i.)* bedeutet, haben wir alles gezeigt. $\qquad\square$

Man beachte, dass diese Eigenschaft nur unter der Voraussetzung der *gleichen* und *endlichen* Dimension der beteiligten Vektorräume gilt. In unendlichen Dimensionen und auch bei unterschiedlicher Dimension gilt die Äquivalenz *nicht* mehr, siehe auch Übung 5.13.

Kontrollfragen. Welche Eigenschaften hat der Kern einer linearen Abbildung? Wieso bilden die linearen Abbildungen $\mathrm{Hom}(V, W)$ selbst einen Vektorraum? Wann bildet eine lineare Abbildung linear unabhängige Vektoren auf linear unabhängige Vektoren ab? Wodurch können Sie eine lineare Abbildung eindeutig spezifizieren? Was besagt die Dimensionsformel für den Rang?

5.3 Klassifikation von Vektorräumen

In diesem kurzen Abschnitt wollen wir als erste Anwendung der erzielten Ergebnisse die Vektorräume über $\Bbbk$ klassifizieren. Dies geschieht einfach durch die Mächtigkeit ihrer Basen, also durch die Dimension.

Satz 5.28 (Isomorphie von Vektorräumen). *Zwei Vektorräume über $\Bbbk$ sind genau dann isomorph, wenn sie gleiche Dimensionen besitzen.*

Beweis. Wir erinnern daran, dass dies im unendlich-dimensionalen Fall bedeutet, dass es eine Bijektion zwischen einer Basis des einen Vektorraums und einer Basis des anderen gibt. Sei also $\Phi\colon V \longrightarrow W$ ein Isomorphismus und $B \subseteq V$ eine Basis. Wir behaupten, dass dann auch $\Phi(B)$ eine Basis von W ist. Dies ist nach Proposition 5.19 tatsächlich der Fall. Da Φ insbesondere injektiv ist, erhalten wir also eine injektive Abbildung

$$\Phi\big|_B \colon B \longrightarrow \Phi(B)$$

auf das Bild $\Phi(B)$. Damit ist $\phi = \Phi\big|_B$ aber eine Bijektion zwischen B und der Basis $\Phi(B)$. Sei umgekehrt $\phi\colon B_1 \longrightarrow B_2$ eine Bijektion von einer Basis $B_1 \subseteq V$ auf eine Basis $B_2 \subseteq W$. Nach Satz 5.21, *ii.)*, gibt es genau eine lineare Abbildung $\Phi\colon V \longrightarrow W$ mit

$$\Phi\big|_{B_1} = \phi.$$

Da nach Konstruktion Φ die Basis B_1 bijektiv auf die Basis B_2 abbildet, ist Φ nach Proposition 5.19 ein Isomorphismus. Dies zeigt die andere Richtung. $\quad\square$

Korollar 5.29. *Sei $n \in \mathbb{N}_0$. Ein Vektorraum V ist genau dann isomorph zu $\Bbbk^n$, wenn $\dim V = n$.*

Korollar 5.30. *Seien $n, m \in \mathbb{N}_0$. Die Vektorräume $\Bbbk^n$ und $\Bbbk^m$ sind genau dann isomorph, wenn $n = m$ gilt.*

Vektorräume besitzen also eine bemerkenswert *einfache* Klassifikation: Allein die Dimension entscheidet, ob zwei $\Bbbk$-Vektorräume isomorph sind.

Beispiel 5.31. Sei $\Bbbk$ ein Körper.

i.) Es gilt $\mathbb{C} \cong \mathbb{R}^2$ als reelle Vektorräume.

ii.) Seien $x\Bbbk[x] \subseteq \Bbbk[x]$ diejenigen Polynome, welche keinen konstanten Term besitzen. Dann gilt als Vektorräume über $\Bbbk$ die Isomorphie

$$x\Bbbk[x] \cong \Bbbk[x]. \tag{5.3.1}$$

Die lineare Abbildung

$$\Bbbk[x] \ni p \longmapsto (x \mapsto xp(x)) \in x\Bbbk[x] \tag{5.3.2}$$

ist ein expliziter Isomorphismus. In unendlichen Dimensionen kann es also passieren, dass ein Vektorraum zu einem echten Teilraum isomorph ist.

iii.) Der Vektorraum $\mathrm{Abb}_0(M, \Bbbk)$ hat eine Basis der Mächtigkeit von M, siehe Beispiel 4.41, *ii.)*, sowie Übung 4.4, *iii.)*, für eine kleine Verallgemeinerung. Also gilt, dass ein beliebiger $\Bbbk$-Vektorraum zu $\mathrm{Abb}_0(B, \Bbbk)$ isomorph ist, wenn $B \subseteq V$ eine Basis von V ist. Umgekehrt zeigt dies auch, dass es zu jeder Menge B einen Vektorraum gibt, dessen Dimension gerade die Mächtigkeit von B ist. Da wir in $\mathrm{Abb}_0(B, \Bbbk)$ die kanonische Basis der Vektoren $\{\mathrm{e}_p\}_{p \in B}$ über $\mathrm{e}_p \leftrightarrow p$ sogar direkt mit B identifizieren können, können wir zu jeder Menge B einen Vektorraum angeben, der B als Basis besitzt.

Wir wollen diese Klassifikation nun noch etwas genauer betrachten und dazu verwenden, die Koordinaten eines Vektors wie in Definition 4.42 als Isomorphismus zu verstehen: Dies liefert einen expliziten Isomorphismus, der die Isomorphie im Beispiel 5.31, *iii.)*, realisiert.

Proposition 5.32 (Koordinaten). *Sei V ein Vektorraum über $\Bbbk$ und $B \subseteq V$ eine Basis von V.*

i.) Die Basisdarstellung

$$_B[\,\cdot\,] \colon V \ni v \;\mapsto\; {}_B[v] = (v_b)_{b \in B} \in \Bbbk^B \tag{5.3.3}$$

ist linear, wobei $v_b \in \Bbbk$ die Koordinaten von v bezüglich der Basis B sind, also durch

$$v = \sum_{b \in B} v_b \cdot b \tag{5.3.4}$$

bestimmt sind.

ii.) Die Basisdarstellung induziert einen linearen Isomorphismus

$$_B[\,\cdot\,] \colon V \ni v \;\mapsto\; {}_B[v] = (v_b)_{b \in B} \in \Bbbk^{(B)}, \tag{5.3.5}$$

wobei wir $\Bbbk^{(B)} \subseteq \Bbbk^B$ wie zuvor für die direkte Summe von B Kopien von $\Bbbk$ schreiben.

iii.) Das Inverse von (5.3.5) *ist durch*

$$\Bbbk^{(B)} \ni (v_b)_{b \in B} \mapsto \sum_{b \in B} v_b \cdot b \in V \tag{5.3.6}$$

gegeben.

Beweis. Dass die Entwicklungskoeffizienten v_b von v bezüglich der Basis B linear von v abhängen, haben wir in Beispiel 5.12 gezeigt. Damit ist (5.3.3) insgesamt linear. Da die Entwicklungskoeffizienten eindeutig sind, ist (5.3.3) injektiv: Dies folgt auch direkt aus der Definition der linearen Unabhängigkeit und Proposition 5.14, *ii.).* Da für jedes $v \in V$ alle bis auf endlich viele v_b verschwinden, ist das Bild von (5.3.3) in der direkten Summe $\Bbbk^{(B)}$ enthalten. Ist umgekehrt $(v_b)_{b \in B} \in \Bbbk^{(B)}$ ein beliebiger Vektor in der direkten Summe, so ist (5.3.6) eine endliche und daher wohldefinierte Linearkombination in V. Offenbar ist der Vektor $v = \sum_{b \in B} v_b \cdot b$ ein Urbild von $(v_b)_{b \in B}$, was zum einen die Surjektivität von (5.3.5) zeigt, zum anderen ist (5.3.6) die Umkehrabbildung zu (5.3.5). $\qquad\square$

Um die Schreibweise nun noch etwas weiter zu vereinfachen, wollen wir im Falle einer endlichen Basis B die Basisvektoren durchnummerieren. Wir betrachten also eine durch $\{1, \ldots, n\}$ indizierte Basis $B = \{b_i\}_{i=1,\ldots,n}$ und nennen das geordnete n-Tupel $(b_1, \ldots, b_n)$ eine *geordnete Basis.* Dies erlaubt es nun, die Koordinaten von $v \in V$ ebenfalls zu nummerieren. Wir können also

$$v_1 = v_{b_1}, \quad \ldots, \quad v_n = v_{b_n} \tag{5.3.7}$$

schreiben und erhalten dann einen Isomorphismus

$$V \ni v \mapsto {}_B[v] = \begin{pmatrix} v_1 \\ \vdots \\ v_n \end{pmatrix} \in \Bbbk^n \tag{5.3.8}$$

mit Inversem

$$\Bbbk^n \ni \begin{pmatrix} v_1 \\ \vdots \\ v_n \end{pmatrix} \mapsto \sum_{i=1}^{n} v_i b_i \in V. \tag{5.3.9}$$

Man beachte, dass allein die Angabe der *Menge* $B = \{b_1, \ldots, b_n\}$ nicht ausreicht, die Bedeutung der Zahlen $v_1, \ldots, v_n$ zu bestimmen. Im allgemeinen Fall müssen wir also die Koeffizienten durch die Basisvektoren selbst kennzeichnen. Für (5.3.8) gilt also insbesondere

$$_B[b_i] = \mathrm{e}_i \tag{5.3.10}$$

für alle $i = 1, \ldots, n$, wobei $\mathrm{e}_1, \ldots, \mathrm{e}_n \in \Bbbk^n$ die Standardbasis von $\Bbbk^n$ bezeichnet.

Kontrollfragen. Wodurch werden Vektorräume klassifiziert? Welche Rolle spielt $\Bbbk^{(B)}$ im Gegensatz zu $\Bbbk^B$? Welche Eigenschaften hat die Basisdarstellung?

5.4 Basisdarstellung und Matrizen

Im zentralen Satz 5.21 haben wir gesehen, dass lineare Abbildungen durch ihre Werte auf einer Basis eindeutig bestimmt sind und dass diese Werte beliebig vorgegeben werden können. Weiter lassen sich Vektoren nach Proposition 4.37 beziehungsweise (4.4.22) auf eindeutige Weise als Linearkombinationen von Basisvektoren schreiben. Auf diese Weise ist dann eine lineare Abbildung dadurch kodierbar, welche Linearkombination der Basisvektoren im Zielraum sie aus einer gegebenen Linearkombination im Urbildraum zusammenstellt. Dies ist nun die wesentliche Idee beim Zusammenhang von linearen Abbildungen und Matrizen, um den es in diesem Abschnitt gehen wird.

Seien also V und W Vektorräume über $\Bbbk$, und seien $A \subseteq V$ und $B \subseteq W$ Basen, deren Existenz nach Korollar 4.47 ja gesichert ist. Sei weiter

$$\Phi \colon V \longrightarrow W \tag{5.4.1}$$

eine lineare Abbildung. Nach Satz 5.21 ist Φ durch die Vektoren $\{\Phi(a)\}_{a \in A}$ eindeutig festgelegt, und jede Wahl von Vektoren in W, die durch A indiziert werden, definiert genau eine lineare Abbildung. Da nun auch B eine Basis ist, können wir für festes $a \in A$ den Vektor $\Phi(a) \in W$ als Linearkombination

$$\Phi(a) = \sum_{b \in B} (\Phi(a))_b \cdot b \tag{5.4.2}$$

schreiben, wobei die Zahlen $(\Phi(a))_b \in \Bbbk$ die Koordinaten des Vektors $\Phi(a)$ bezüglich der Basis B sind. Diese Zahlen $_B[\Phi(a)] = ((\Phi(a))_b)_{b \in B} \in \Bbbk^{(B)}$ legen dann den Vektor $\Phi(a)$ eindeutig fest, und jede solche Wahl eines B-Tupels von Zahlen in $\Bbbk^{(B)}$ definiert genau einen Vektor in W nach Proposition 5.32. Um die lineare Abbildung Φ festzulegen, genügt es daher, die Zahlen $\{(\Phi(a))_b\}_{b \in B, a \in A}$ zu kennen. Man beachte, dass für unendlich-dimensionale Vektorräume zwar unendlich viele Vektoren $\Phi(a)$ ungleich null sein dürfen, aber für ein festes $a \in A$ nur endlich viele $b \in B$ mit $(\Phi(a))_b \neq 0$ existieren.

Definition 5.33 (Matrix einer linearen Abbildung). Sei $\Phi \colon V \longrightarrow W$ eine lineare Abbildung, und seien $A \subseteq V$ sowie $B \subseteq W$ Basen der Vektorräume V und W. Die Menge der Zahlen

$$_B[\Phi]_A = \big((\Phi(a))_b\big)_{\substack{a \in A \\ b \in B}} \tag{5.4.3}$$

nennt man die Matrix von Φ bezüglich der Basen A und B. Alternativ nennt man diese Matrix die Basisdarstellung von Φ bezüglich der Basen A und B.

Wichtig ist natürlich, dass wir die Zahlen durch die Basisvektoren in A und B indiziert haben: Dies ist der entscheidende Teil der Information. Wir betrachten diese indizierte Menge von Zahlen nun als Element eines geeigneten großen kartesischen Produkts. Wir definieren hierzu

$$\Bbbk^{(B) \times A}$$

$$= \left\{ (\Phi_{ba})_{\substack{b \in B \\ a \in A}} \,\middle|\, \text{für alle } a \in A \text{ gibt es nur endlich viele } b \in B \text{ mit } \Phi_{ba} \neq 0 \right\}$$

$$(5.4.4)$$

als diejenige Teilmenge von $\Bbbk^{B \times A}$ aller $B \times A$-Tupel, welche als Matrix einer linearen Abbildung auftreten können. Man beachte, dass die genaue Anzahl, wie viele $b \in B$ es zu $a \in A$ mit $\Phi_{ba} \neq 0$ gibt, im Allgemeinen von a abhängt.

Lemma 5.34. *Seien A und B Mengen. Dann ist $\Bbbk^{(B) \times A} \subseteq \Bbbk^{B \times A}$ ein (im allgemeinen echter) Unterraum, der den Unterraum $\Bbbk^{(B \times A)}$ enthält.*

Beweis. Da die Vektorraumstruktur des kartesischen Produkts $\Bbbk^{B \times A}$ komponentenweise definiert ist, ist die Addition

$$(\Phi_{ba})_{\substack{b \in B \\ a \in A}} + (\Psi_{ba})_{\substack{b \in B \\ a \in A}} = (\Phi_{ba} + \Psi_{ba})_{\substack{b \in B \\ a \in A}}$$

sowie die Multiplikation mit Skalaren

$$\lambda \cdot (\Phi_{ba})_{\substack{b \in B \\ a \in A}} = (\lambda \Phi_{ba})_{\substack{b \in B \\ a \in A}}$$

mit der Endlichkeitsbedingung in der Definition von $\Bbbk^{(B) \times A}$ verträglich. Hat eine Matrix $(\Phi_{ba})_{\substack{b \in B \\ a \in A}}$ ohnehin insgesamt nur endlich viele von null verschiedene Einträge, so ist sie sicherlich in $\Bbbk^{(B) \times A}$ enthalten. Dies zeigt die zweite Behauptung. $\square$

Definition 5.35 (Matrizen, I). Seien A und B Mengen, so nennen wir die Elemente des Vektorraums $\Bbbk^{B \times A}$ Matrizen oder genauer $B \times A$-Matrizen.

Im Falle unendlich-dimensionaler Vektorräume treten also nicht alle Matrizen auch als Matrizen von linearen Abbildungen auf, sondern eben nur diejenigen in $\Bbbk^{(B) \times A}$. Für endliche A und B ist dagegen $\Bbbk^{(B) \times A} = \Bbbk^{B \times A}$ bereits das ganze kartesische Produkt. Unsere vorherige Diskussion mündet nun in folgender Aussage:

Satz 5.36 (Lineare Abbildung in Basisdarstellung). *Seien V, W und U Vektorräume über $\Bbbk$, und seien $A \subseteq V$, $B \subseteq W$ und $C \subseteq U$ Basen.*

i.) Die Basisdarstellung

$$_B[\,\cdot\,]_A\colon \mathrm{Hom}_{\Bbbk}(V,W) \ni \Phi \mapsto {}_B[\Phi]_A \in \Bbbk^{(B)\times A} \tag{5.4.5}$$

ist ein linearer Isomorphismus.

ii.) Für die Identitätsabbildung gilt

$$\mathrm{End}_{\Bbbk}(V) \ni \mathrm{id}_V \mapsto {}_A[\mathrm{id}_V]_A = \mathbb{1}_{A\times A} \in \Bbbk^{(A)\times A}, \tag{5.4.6}$$

wobei

$$\mathbb{1}_{A\times A} = (\delta_{aa'})_{a,a'\in A}. \tag{5.4.7}$$

iii.) Für die Verkettung von linearen Abbildungen $\Phi \in \mathrm{Hom}(V,W)$ und $\Psi \in \mathrm{Hom}(W,U)$ gilt

$$_C[\Psi \circ \Phi]_A = {}_C[\Psi]_B \cdot {}_B[\Phi]_A, \tag{5.4.8}$$

wobei

$$_C[\Psi]_B \cdot {}_B[\Phi]_A = \left(\sum_{b\in B} \Psi(b)_c \Phi(a)_b\right)_{\substack{a\in A \\ c\in C}}. \tag{5.4.9}$$

Beweis. Wir haben bereits gesehen, dass (5.4.5) eine Bijektion ist: Dies war im Wesentlichen eine Folge von Satz 5.21. Die Definition von $\Bbbk^{(B)\times A}$ wurde gerade so arrangiert, dass in (5.4.5) die Surjektivität gewährleistet ist. Wir zeigen nun die Linearität. Seien also $\lambda, \lambda' \in \Bbbk$ und $\Phi, \Phi' \in \mathrm{Hom}(V,W)$ gegeben. Dann gilt

$$\begin{aligned}
_B[\lambda\Phi + \lambda'\Phi']_A &= \big(((\lambda\Phi + \lambda'\Phi')(a))_b\big)_{\substack{a\in A\\b\in B}} \\
&= \big((\lambda\Phi(a) + \lambda'\Phi(a))_b\big)_{\substack{a\in A\\b\in B}} \\
&= \big(\lambda(\Phi(a))_b + \lambda'(\Phi'(a))_b\big)_{\substack{a\in A\\b\in B}} \\
&= \lambda\big((\Phi(a))_b\big)_{\substack{a\in A\\b\in B}} + \lambda'\big((\Phi'(a))_b\big)_{\substack{a\in A\\b\in B}},
\end{aligned}$$

wobei wir zuerst die Definition der Vektorraumstruktur von $\mathrm{Hom}_{\Bbbk}(V,W)$ und dann die Linearität der Koordinatenabbildung verwenden. Damit ist die Linearität von (5.4.5) gezeigt. Sei nun $\mathrm{id}_V \in \mathrm{End}_{\Bbbk}(V)$ die Identitätsabbildung. Dann gilt

$$\mathrm{id}_V(a) = a = \sum_{a'\in A} \delta_{aa'} \cdot a',$$

wobei $\delta_{aa'}$ wie immer das Kronecker-Symbol bezeichnet. Daher ist

$$(\mathrm{id}_V(a))_{a'} = \delta_{aa'},$$

was den zweiten Teil zeigt. Für den dritten Teil erinnern wir uns zunächst daran, dass $\Psi \circ \Phi \in \mathrm{Hom}(V,U)$ wieder linear ist. Dann gilt

$$(\Psi \circ \Phi)(a) = \Psi\left(\sum_{b \in B}(\Phi(a))_b \cdot b\right) = \sum_{b \in B}(\Phi(a))_b \cdot \Psi(b) = \sum_{b \in B}(\Phi(a))_b \sum_{c \in C}(\Psi(b))_c \cdot c,$$

wobei die Summe über B nur endlich viele Terme ungleich null enthält und die Summe über C bei festem $b \in B$ ebenfalls nur endlich viele Terme ungleich null enthält. Es gibt also für ein fest gewähltes $a \in A$ nur endlich viele $b \in B$ und daher auch nur endlich viele $c \in C$, sodass die Zahlen $(\Phi(a))_b (\Psi(b))_c$ ungleich null sind. Damit ist auch $\sum_{b \in B}(\Psi(b))_c (\Phi(a))_b$ für festes $a \in A$ nur für endlich viele $c \in C$ ungleich null, und es folgt

$$(\Psi \circ \Phi(a))_c = \sum_{b \in B}(\Psi(b))_c (\Phi(a))_b$$

durch Koeffizientenvergleich in der Basisdarstellung von $(\Psi \circ \Phi)(a) \in U$ bezüglich der Basis C. Dies zeigt aber den dritten Teil. $\qquad\square$

Inspiriert von Gleichung (5.4.9) definiert man nun die Matrixmultiplikation wie folgt: Man beachte, dass wir die Matrixmultiplikation im Allgemeinen nicht für beliebige Matrizen definieren können, da wir sicherstellen müssen, dass die auftretenden Summen alle *endlich* sind:

Definition 5.37 (Matrixmultiplikation). Seien A, B und C Mengen und seien $\Phi \in \Bbbk^{(B) \times A}$ sowie $\Psi \in \Bbbk^{C \times B}$ Matrizen. Dann definieren wir ihr Produkt $\Psi \cdot \Phi \in \Bbbk^{C \times A}$ durch

$$\Psi \cdot \Phi = \left(\sum_{b \in B}\Psi_{cb}\Phi_{ba}\right)_{\substack{a \in A \\ c \in C}}. \tag{5.4.10}$$

Wie üblich schreiben wir oft auch einfach $\Psi\Phi$ anstelle von $\Psi \cdot \Phi$ für das Matrixprodukt von Ψ und Φ. Erste Eigenschaften des Matrixprodukts liefert nun folgende Proposition:

Proposition 5.38. *Seien A, B, C und D nichtleere Mengen.*

i.) Die Matrixmultiplikation ist eine wohldefinierte $\Bbbk$-bilineare Abbildung

$$\cdot : \Bbbk^{C \times B} \times \Bbbk^{(B) \times A} \longrightarrow \Bbbk^{C \times A}. \tag{5.4.11}$$

Für $\Psi \in \Bbbk^{(C) \times B}$ und $\Phi \in \Bbbk^{(B) \times A}$ gilt sogar

$$\Psi \cdot \Phi \in \Bbbk^{(C) \times A}. \tag{5.4.12}$$

ii.) Für alle $\Phi \in \Bbbk^{(B) \times A}$ gilt

$$\mathbb{1}_{B \times B} \cdot \Phi = \Phi = \Phi \cdot \mathbb{1}_{A \times A}. \tag{5.4.13}$$

iii.) Die Matrixmultiplikation ist assoziativ im Sinne, dass

$$(\Xi \cdot \Psi) \cdot \Phi = \Xi \cdot (\Psi \cdot \Phi) \tag{5.4.14}$$

für $\Phi \in \Bbbk^{(B) \times A}$, $\Psi \in \Bbbk^{(C) \times B}$ *und* $\Xi \in \Bbbk^{(D) \times C}$ *gilt.*

Beweis. Zunächst bemerken wir, dass sich die Matrixmultiplikation wie in (5.4.9) auch auf solche Matrizen ausdehnen lässt, deren C-Indizes keine neuen Einschränkungen liefern. Die endliche Summation über die B-Indizes ist entscheidend, und diese wird durch $\Phi \in \Bbbk^{(B) \times A}$ bereits gewährleistet. Die Bilinearität ist klar, und auch (5.4.12) haben wir im Beweis von Satz 5.36 bereits gesehen. Für den zweiten Teil können wir einfach nachrechnen, dass

$$\mathbb{1}_{B \times B} \cdot \Phi = \left(\sum_{b' \in B} \delta_{bb'} \Phi_{b'a} \right)_{\substack{a \in A \\ b \in B}} = (\Phi_{ba})_{\substack{a \in A \\ b \in B}} = \Phi$$

und genauso $\Phi \cdot \mathbb{1}_{A \times A} = \Phi$. Oder wir argumentieren mit Satz 5.36: Wir wissen, dass $\mathrm{id}_W \circ \Phi = \Phi$ für Vektorräume V, W und jede lineare Abbildung $\Phi \colon V \longrightarrow W$. Wir nehmen nun $V = \mathrm{Abb}_0(A, \Bbbk)$ und $W = \mathrm{Abb}_0(B, \Bbbk)$, also die Vektorräume, die als Basis gerade die Mengen A beziehungsweise B haben, siehe Beispiel 5.31, *iii.*). Für $\Phi \in \mathrm{Hom}(V, W)$ nehmen wir diejenige lineare Abbildung, welche die vorgegebene Matrix $_B[\Phi]_A \in \Bbbk^{(B) \times A}$ besitzt. Dann ist (5.4.13) klar aufgrund von $\mathrm{id}_W \circ \Phi = \Phi$ und

$$_B[\mathrm{id}_W \circ \Phi]_A = {}_B[\mathrm{id}_W]_B \cdot {}_B[\Phi]_A = \mathbb{1}_{B \times B} \cdot {}_B[\Phi]_A$$

nach Satz 5.36. Für die Assoziativität (5.4.14) argumentieren wir genauso: Die Eigenschaft (5.4.14) entspricht gerade der Assoziativität der Verkettung von linearen Abbildungen unter dem Isomorphismus (5.4.5) aus Satz 5.36. Alternativ lässt sich (5.4.14) auch elementar nachrechnen, siehe auch Übung 5.8. $\qquad\square$

Korollar 5.39. *Sei V ein Vektorraum über $\Bbbk$ mit Basis $B \subseteq V$. Dann gilt:*

i.) Bezüglich der komponentenweisen Addition und des Matrixprodukts ist $\Bbbk^{(B) \times B}$ ein assoziativer Ring mit Einselement $\mathbb{1}_{B \times B}$.

ii.) Die Abbildung

$$\mathrm{End}_{\Bbbk}(V) \in \Phi \;\mapsto\; {}_B[\Phi]_B \in \Bbbk^{(B) \times B} \tag{5.4.15}$$

ist ein einserhaltender Ringisomorphismus.

Hier ist $\mathrm{End}_{\Bbbk}(V)$ natürlich mit der Ringstruktur aus Korollar 5.17 versehen. Der Beweis ist klar nach Satz 5.36 sowie nach Proposition 5.38.

Eine Basis A liefert einen Isomorphismus des Vektorraums V zum Vektorraum $\Bbbk^{(A)}$ gemäß Proposition 5.32. Zwei Basen A und B für V und W liefern einen Isomorphismus von $\mathrm{Hom}(V, W)$ zu $\Bbbk^{(B) \times A}$. Diese beiden Isomorphismen sind nun in folgendem Sinne kompatibel:

Proposition 5.40. *Seien $A \subseteq V$ und $B \subseteq W$ Basen der Vektorräume V und W über $\Bbbk$. Dann gilt für alle $v \in V$ und $\Phi \in \mathrm{Hom}(V, W)$*

$$_B[\Phi(v)] = {}_B[\Phi]_A \cdot {}_A[v], \tag{5.4.16}$$

wobei der Spaltenvektor auf der rechten Seite durch

$$_B[\Phi]_A \cdot {}_A[v] = \left(\sum_{a \in A} (\Phi(a))_b v_a\right)_{b \in B} \tag{5.4.17}$$

gegeben ist.

Beweis. Man beachte, dass (5.4.17) wieder eine Matrixmultiplikation der Matrix $_B[\Phi]_A \in \Bbbk^{(B) \times A}$ mit der „Matrix" $_A[v] \in \Bbbk^{(A)} \cong \Bbbk^{(A) \times \{1\}}$ ist. Die Rechnung zu (5.4.17) ist analog zum Beweis von Satz 5.36, *iii.).* Es gilt

$$\Phi(v) = \Phi\left(\sum_{a \in A} v_a \cdot a\right) = \sum_{a \in A} v_a \cdot \Phi(a) = \sum_{a \in A} v_a \sum_{b \in B} \Phi(a)_b \cdot b,$$

womit

$$\Phi(v)_b = \sum_{a \in A} v_a \Phi(a)_b$$

durch Koeffizientenvergleich folgt. Dies ist gerade (5.4.17). □

Bemerkung 5.41. Mit anderen Worten können wir also sagen, dass das Diagramm

$$\begin{array}{ccc}
V & \xrightarrow{\quad \Phi \quad} & W \\
{}_A[\cdot] \downarrow & & \downarrow {}_B[\cdot] \\
\Bbbk^{(A)} & \xrightarrow[{}_B[\Phi]_A]{} & \Bbbk^{(B)}
\end{array} \tag{5.4.18}$$

kommutiert. Wir können daher die Wirkung von Φ auf v vollständig durch die Wirkung der Matrix $_B[\Phi]_A$ auf den Spaltenvektor $_A[v]$ der Koordinaten von v beschreiben. Dies stellt offenbar die entscheidende Brücke zwischen abstrakt gegebenen Vektorräumen und linearen Abbildungen einerseits sowie rechentechnisch einfacher zugänglichen und konkret gegebenen Matrizen und Spaltenvektoren andererseits dar. Die Aussage *iii.)* von Satz 5.36 können wir ebenfalls als ein kommutatives Diagramm

$$\begin{array}{ccc}
\mathrm{Hom}(W,U) \times \mathrm{Hom}(V,W) & \xrightarrow{\quad \circ \quad} & \mathrm{Hom}(V,U) \\
{}_C[\cdot]_B \times {}_B[\cdot]_A \downarrow & & \downarrow {}_C[\cdot]_A \\
\Bbbk^{(C) \times B} \times \Bbbk^{(B) \times A} & \xrightarrow{\qquad \cdot \qquad} & \Bbbk^{(C) \times A}
\end{array} \tag{5.4.19}$$

auffassen, was besagt, dass die Verkettung von Homomorphismen in die Matrixmultiplikation der zugehörigen Matrizen übersetzt wird.

Die Wahl einer Basis für einen Vektorraum mag in konkreten Fällen wohl-
motiviert sein, stellt aber doch eine gewisse Willkür dar. Im Allgemeinen gibt
es schlichtweg keinen Grund, eine Basis einer anderen vorzuziehen. Wir wollen
daher untersuchen, wie sich ein *Wechsel der Basis* mit den Koordinaten und
Matrixdarstellungen von Vektoren und linearen Abbildungen verträgt.

Korollar 5.42 (Koordinatenwechsel). *Seien $B, B' \subseteq V$ Basen eines Vek-*
torraums über $\Bbbk$. Dann gilt für jeden Vektor $v \in V$

$$ {}_{B'}[v] = {}_{B'}[\mathrm{id}_V]_B \cdot {}_B[v]. \tag{5.4.20}$$

Beweis. Dies ist offenbar ein Spezialfall von Proposition 5.40 für $V = W$ und
$\Phi = \mathrm{id}_V$.   □

Es muss also die Darstellung der Identitätsabbildung $\mathrm{id}_V : V \longrightarrow V$ bezüglich zweier *verschiedener* Basen gefunden werden. Die Einträge dieser Matrix
${}_{B'}[\mathrm{id}_V]_B \in \Bbbk^{(B') \times B}$ sind durch

$$ b = \sum_{b' \in B'} b_{b'} \cdot b' \tag{5.4.21}$$

festgelegt, also

$$ {}_{B'}[\mathrm{id}_v]_B = (b_{b'})_{\substack{b' \in B' \\ b \in B}}. \tag{5.4.22}$$

Um diese zu bestimmen, müssen wir das lineare Gleichungssystem (5.4.21) für
die Unbekannten $b_{b'}$ für $b' \in B'$ lösen. Da B' eine Basis ist, gibt es tatsächlich
eine eindeutige Lösung für jedes vorgegebene $b \in B$. Ausgeschrieben bedeutet
die Gleichung (5.4.20) dann einfach, dass der b'-te Koeffizient von v durch

$$ v_{b'} = \sum_{b \in B} b_{b'} v_b \tag{5.4.23}$$

gegeben ist. Zur Überprüfung der Konsistenz betrachtet man

$$ \sum_{b' \in B} \left(\sum_{b \in B} v_b b_{b'} \right) b' = \sum_{b \in B} v_b \sum_{b' \in B'} b_{b'} \cdot b' = \sum_{b \in B} v_b \cdot b = v, \tag{5.4.24}$$

sodass die Zahlen $v_{b'}$ gemäß (5.4.23) tatsächlich die Koordinaten von v bezüglich der Basis B' sind.

Korollar 5.43 (Basiswechsel für Matrixdarstellung). *Seien $A, A' \subseteq V$*
und $B, B' \subseteq W$ Basen der Vektorräume V und W über $\Bbbk$. Sei weiter $\Phi \in$
$\mathrm{Hom}(V, W)$. *Dann gilt*

$$ {}_{B'}[\Phi]_{A'} = {}_{B'}[\mathrm{id}_W]_B \cdot {}_B[\Phi]_A \cdot {}_A[\mathrm{id}_V]_{A'}. \tag{5.4.25}$$

Auch dies ist eine triviale Folgerung aus den zuvor erhaltenen Ergebnissen in Satz 5.36, *iii.*). Man beachte hier jedoch die unterschiedliche Weise, wie die alten und neuen Basen in V und W in (5.4.25) auftreten.

Wieder lässt sich die Gleichung (5.4.25) in Form eines kommutativen Diagramms schreiben, diesmal ist das Diagramm

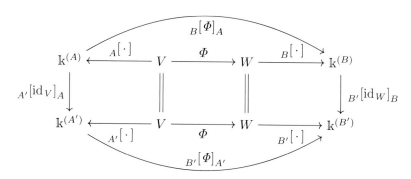

$$(5.4.26)$$

etwas aufwendiger, aber es kommutieren alle möglichen Wege in diesem Diagramm. Es ist sicherlich eine gute Übung, sich klarzumachen, warum welche Wege in diesem Diagramm wirklich kommutieren.

Während die bisherigen Resultate alle für beliebige Vektorräume gültig sind, wollen wir uns nun auf den zwar speziellen, aber in der Praxis ungemein wichtigen Fall von *endlich-dimensionalen* Vektorräumen konzentrieren. Hier haben wir bereits gesehen, dass es sinnvoll ist, anstelle einer beliebigen endlichen Basis $A \subseteq V$ eine geordnete Basis $(a_1, \ldots, a_n)$ von V zu verwenden. Wir schreiben die Koordinaten $_A[v]$ eines Vektors $v \in V$ bezüglich einer geordneten Basis daher als Spaltenvektor

$$_A[v] = \begin{pmatrix} v_1 \\ \vdots \\ v_n \end{pmatrix} \in \Bbbk^n \qquad (5.4.27)$$

und ebenso für $w \in W$ bezüglich einer geordneten Basis $(b_1, \ldots, b_m)$ von W, also

$$_B[w] = \begin{pmatrix} w_1 \\ \vdots \\ w_m \end{pmatrix} \in \Bbbk^m. \qquad (5.4.28)$$

Hier sind $n = \dim V$ und $m = \dim W$. Für die Matrix $_B[\Phi]_A$ einer linearen Abbildung wählen wir dann eine *Rechteckschreibweise*

$$_B[\Phi]_A = \begin{pmatrix} \Phi_{11} & \dots & \Phi_{1n} \\ \vdots & & \vdots \\ \Phi_{m1} & \dots & \Phi_{mn} \end{pmatrix}, \tag{5.4.29}$$

wobei die Einträge durch

$$\Phi_{ij} = \Phi(a_j)_{b_i} \tag{5.4.30}$$

mit $i = 1, \dots, m$ und $j = 1, \dots, n$ gegeben sind. Mit anderen Worten sind die Spalten der Matrix $_B[\Phi]_A$ gerade die Koordinaten der Bilder der Basisvektoren der Basis A unter Φ bezüglich der Basis B. Die Matrixmultiplikation (5.4.9) aus Satz 5.36 beziehungsweise aus Definition 5.37 wird dann für $\Xi = \Psi\Phi$ einfach

$$\begin{pmatrix} \Psi_{11} & \dots & \Psi_{1m} \\ \vdots & & \vdots \\ \Psi_{i1} & \dots & \Psi_{im} \\ \vdots & & \vdots \\ \Psi_{k1} & \dots & \Psi_{km} \end{pmatrix} \begin{pmatrix} \Phi_{11} & \dots & \Phi_{1j} & \dots & \Phi_{1n} \\ \vdots & & \vdots & & \vdots \\ \Phi_{m1} & \dots & \Phi_{mj} & \dots & \Phi_{mn} \end{pmatrix} = \begin{pmatrix} \Xi_{11} & \dots & \Xi_{1j} & \dots & \Xi_{1n} \\ & & \vdots & & \\ \Xi_{i1} & \dots & \Xi_{ij} & \dots & \Xi_{in} \\ & & \vdots & & \\ \Xi_{k1} & \dots & \Xi_{kj} & \dots & \Xi_{kn} \end{pmatrix}$$

$$\tag{5.4.31}$$

mit dem (i, j)-ten Eintrag Ξ_{ij}

$$\Xi_{ij} = (\Psi\Phi)_{ij} = \sum_{k=1}^{m} \Psi_{ik}\Phi_{kj}. \tag{5.4.32}$$

Als Merkregel kann man einfach *Zeile mal Spalte* verwenden. Die Anwendung von Φ auf einen Vektor erhält man ebenso als *Zeile mal Spalte*,

$$\begin{pmatrix} \Phi_{11} & \dots & \Phi_{1n} \\ \vdots & & \vdots \\ \Phi_{i1} & \dots & \Phi_{in} \\ \vdots & & \vdots \\ \Phi_{m1} & \dots & \Phi_{mn} \end{pmatrix} \begin{pmatrix} v_1 \\ \vdots \\ v_n \end{pmatrix} = \begin{pmatrix} (\Phi v)_1 \\ \vdots \\ (\Phi v)_i \\ \vdots \\ (\Phi v)_m \end{pmatrix}, \tag{5.4.33}$$

wobei nun jedoch nur *eine* Spalte vorhanden ist und der Eintrag $(\Phi v)_i$ durch

$$(\Phi v)_i = \sum_{k=1}^{n} \Phi_{ik} v_k \tag{5.4.34}$$

für alle $i = 1, \ldots, m$ gegeben ist.

Bemerkung 5.44. Es ist eine gute Übung und auch nicht ganz einfach, die Resultate von (5.4.9), (5.4.13), Korollar 5.39 und (5.4.17) direkt mit den Formeln (5.4.31) und (5.4.33) nachzurechnen. Auf diese Weise kann man einen expliziten und direkten Beweis der Eigenschaften der Matrixmultiplikation erbringen, siehe auch Übung 5.21.

Definition 5.45 (Matrizen, II). Seien $n, m \in \mathbb{N}$. Dann bezeichnen wir den Vektorraum über $\mathbb{k}$ der $(m \times n)$-Matrizen mit Einträgen in $\mathbb{k}$ als

$$\mathrm{M}_{m \times n}(\mathbb{k}) = \mathbb{k}^{mn}. \tag{5.4.35}$$

Die $n \times n$-Matrizen bezeichnen wir einfach mit

$$\mathrm{M}_n(\mathbb{k}) = \mathrm{M}_{n \times n}(\mathbb{k}). \tag{5.4.36}$$

Nach Korollar 5.17 wissen wir dass $\mathrm{M}_n(\mathbb{k})$ ein Ring mit Eins $\mathbb{1}_{n \times n}$ bezüglich der Matrixmultiplikation (5.4.31) ist. Ist die Basis von V unendlich aber dennoch abzählbar, wie beispielsweise bei den Polynomen, so schreiben wir für $_B[\Phi]_A$ trotzdem eine *unendliche rechteckige Matrix* wie in (5.4.29), natürlich immer unter der Berücksichtigung der Endlichkeitsbedingungen aus (5.4.4): In jeder Spalte sind nur endlich viele Einträge ungleich null, es dürfen aber in allen unendlich vielen Spalten nichttriviale Einträge auftreten.

Wir geben nun einige Beispiele für die explizite Berechnung von Matrizen von linearen Abbildungen bezüglich gewählter Basen an:

Beispiel 5.46. Sei $\Phi \colon \mathbb{k}^3 \longrightarrow \mathbb{k}^3$ das Kreuzprodukt mit einem fest gewählten Vektor $\vec{a} \in \mathbb{k}^3$ wie in Beispiel 5.8. Als Basis wählen wir die Standardbasis $B = (\vec{e}_1, \vec{e}_2, \vec{e}_3)$ und berechnen $_B[\Phi]_B$. Dazu berechnen wir

$$\vec{a} \times \vec{e}_1 = \begin{pmatrix} 0 \\ a_3 \\ -a_2 \end{pmatrix} = a_3 \vec{e}_2 - a_2 \vec{e}_3, \tag{5.4.37}$$

und finden analog

$$\vec{a} \times \vec{e}_2 = a_1 \vec{e}_3 - a_3 \vec{e}_1 \quad \text{und} \quad \vec{a} \times \vec{e}_3 = a_2 \vec{e}_1 - a_1 \vec{e}_2. \tag{5.4.38}$$

Ein einfacher Koeffizientenvergleich liefert dann die Matrix

$$_B[\Phi]_B = \begin{pmatrix} 0 & -a_3 & a_2 \\ a_3 & 0 & -a_1 \\ -a_2 & a_1 & 0 \end{pmatrix}. \tag{5.4.39}$$

Beispiel 5.47. Wir betrachten die Polynome $\mathbb{k}[x]$ mit der üblichen Basis $B = \{p_n(x) = x^n\}_{n \in \mathbb{N}_0}$ der Monome. Als lineare Abbildung betrachten wir dann die Translation um 1, also die Abbildung $T \colon \mathbb{k}[x] \longrightarrow \mathbb{k}[x]$ mit

$$(Tp)(x) = p(x-1). \tag{5.4.40}$$

Man beachte, dass $p(x-1)$ wieder ein Polynom vom gleichen Grad ist. Diese Abbildung ist offensichtlich linear in p. Es gilt nach dem Binomialsatz

$$(Tp_n)(x) = (x-1)^n = \sum_{k=0}^{n} \binom{n}{k} x^k (-1)^{n-k}, \tag{5.4.41}$$

womit der Koeffizient von Tp_n bezüglich des Basisvektors p_m durch

$$T_{mn} = \binom{n}{m}(-1)^{n-m} \tag{5.4.42}$$

gegeben ist. Man beachte, dass $\binom{n}{m} = 0$ für $m > n$. Die unendliche Matrix von T bezüglich der Basis der Monome ist daher

$$_B[T]_B = \begin{pmatrix} 1 & -\binom{1}{0} & \binom{2}{0} & -\binom{3}{0} & \cdots \\ 0 & 1 & -\binom{2}{1} & \binom{3}{1} & \cdots \\ 0 & 0 & 1 & -\binom{3}{2} & \cdots \\ 0 & 0 & 0 & 1 & \cdots \\ \vdots & \vdots & \vdots & \vdots & \ddots \end{pmatrix}. \tag{5.4.43}$$

Hier ist nun gut zu sehen, dass unendlich viele Einträge von $_B[T]_B$ von null verschieden, aber in jeder Spalte nur endlich viele Einträge ungleich null sind. Weiter sind in jeder Zeile durchaus unendlich viele Beiträge ungleich null (falls char$\Bbbk = 0$). An diesem Beispiel sollte auch klar werden, dass die scheinbar explizitere und konkretere Beschreibung einer linearen Abbildung durch ihre zugehörige Matrix bezüglich einer Basis nicht unbedingt einfacher zu handhaben ist. So ist es durchaus eine nichttriviale Rechnung für die Matrix (5.4.43), das Quadrat $_B[T]_B \cdot _B[T]_B$ im Sinne der Matrixmultiplikation zu bestimmen. Das Quadrat T^2 der Abbildung T aus (5.4.40) im Sinne der Verkettung ist natürlich ganz leicht zu erhalten: Es gilt nämlich

$$(T^2 p)(x) = p(x-2). \tag{5.4.44}$$

Ebenso einfach erhält man die inverse Abbildung als

$$(T^{-1} p)(x) = p(x+1) \tag{5.4.45}$$

und allgemein für $k \in \mathbb{Z}$

$$(T^k p)(x) = p(x-k). \tag{5.4.46}$$

Die zugehörigen Matrizen lassen sich von (5.4.46) aus einfach bestimmen, die konkrete Matrixpotenzierung ist dagegen sehr aufwendig. Ein Vergleich bei-

der liefert aber interessante Relationen zwischen Binomialkoeffizienten, siehe
auch Übung 5.23.

Kontrollfragen. Wieso ist die Matrix einer linearen Abbildung ein Element
von $\Bbbk^{(B) \times A}$ anstelle von $\Bbbk^{B \times A}$, und wann spielt dieser Unterschied eine Rolle?
Welche Eigenschaften hat die Matrixmultiplikation? Wie können Sie Matrizen
auf Spaltenvektoren anwenden? Wie beschreiben Sie einen Koordinatenwechsel?

5.5 Spezielle Matrizen und Normalformen

In diesem Abschnitt wollen wir für ein $n \in \mathbb{N}$ die Matrizen $\mathrm{M}_n(\Bbbk)$ genauer
betrachten.

Bemerkung 5.48. Im Folgenden werden wir Matrizen $A \in \mathrm{M}_{n \times m}(\Bbbk)$ direkt
mit linearen Abbildungen

$$A \colon \Bbbk^m \longrightarrow \Bbbk^n \tag{5.5.1}$$

identifizieren, da wir für $\Bbbk^n$ und $\Bbbk^m$ ja eine ausgezeichnete Wahl der Basis
vorliegen haben: die Standardbasen. Die Abbildung (5.5.1), die zur Matrix A
gehört, ist dann durch (5.4.33) gegeben. Wir schreiben die Abbildung $\Bbbk^m \ni
x \mapsto A(x) = Ax \in \Bbbk^n$ wie auch schon zuvor ohne Klammern als

$$Ax = \begin{pmatrix} a_{11} & \dots & a_{1m} \\ \vdots & & \vdots \\ a_{n1} & \dots & a_{nm} \end{pmatrix} \begin{pmatrix} x_1 \\ \vdots \\ x_m \end{pmatrix} = \begin{pmatrix} a_{11}x_1 + \dots + a_{1m}x_m \\ \vdots \\ a_{n1}x_1 + \dots + a_{nm}x_m \end{pmatrix}. \tag{5.5.2}$$

Bemerkung 5.49 (Lineare Gleichungssysteme). Die Anwendung einer Matrix
$A \in \mathrm{M}_{n \times m}(\Bbbk)$ auf einen Spaltenvektor $x \in \Bbbk^m$ liefert nun auch eine schöne Interpretation von linearen Gleichungssystemen: Ist $b \in \Bbbk^n$ und $A \in \mathrm{M}_{n \times m}(\Bbbk)$,
so ist die Gleichung

$$Ax = b \tag{5.5.3}$$

ausgeschrieben gerade das vertraute lineare Gleichungssystem

$$\begin{aligned} a_{11}x_1 + \dots + a_{1m}x_m &= b_1 \\ &\vdots \\ a_{n1}x_1 + \dots + a_{nm}x_m &= b_n. \end{aligned} \tag{5.5.4}$$

Wir können daher (5.5.4) als das Problem interpretieren, für einen gegebenen
Vektor b im Zielraum der Abbildung $A \colon \Bbbk^m \longrightarrow \Bbbk^n$ ein Urbild $x \in \Bbbk^m$ zu
finden: Es gilt also

$$\mathrm{L\ddot{o}s}(A, b) = \{ x \in \Bbbk^m \mid Ax = b \} = A^{-1}(\{b\}). \tag{5.5.5}$$

Zur Vorsicht sei hier nochmals daran erinnert, dass die Schreibweise $A^{-1}(\{b\})$ die Urbild*menge* der Menge $\{b\}$ bezeichnet und *keineswegs* die Invertierbarkeit der Abbildung A beinhaltet. Die Lösungen der homogenen Gleichung

$$Ax = 0 \tag{5.5.6}$$

sind also nichts anderes als die Vektoren des Kerns der Abbildung $A: \Bbbk^m \longrightarrow \Bbbk^n$. Es gilt daher

$$\mathrm{Lös}(A, 0) = \ker A. \tag{5.5.7}$$

Bemerkung 5.50. Da wir Matrizen $A \in \mathrm{M}_{n \times m}(\Bbbk)$ mit der zugehörigen Abbildung $A: \Bbbk^m \longrightarrow \Bbbk^n$ identifizieren, können wir verschiedene Begriffe, die wir für lineare Abbildungen etabliert haben, auch für Matrizen verwenden. Wir sprechen also beispielsweise vom *Kern einer Matrix* als demjenigen Unterraum $\ker A \subseteq \Bbbk^m$ mit $Ax = 0$ für $x \in \ker A$ und vom *Bild einer Matrix* als dem Unterraum $\mathrm{im}\, A \subseteq \Bbbk^n$ der Vektoren $y = Ax \in \Bbbk^n$ mit einem $x \in \Bbbk^m$. Schließlich können wir auch vom *Rang einer Matrix*

$$\mathrm{rank}\, A = \dim \mathrm{im}\, A \tag{5.5.8}$$

sprechen.

Wir kommen nun zu einigen speziellen Bezeichnungen. Die *Nullmatrix* $0 \in \mathrm{M}_{n \times m}(\Bbbk)$ ist die zur Nullabbildung $0: \Bbbk^m \longrightarrow \Bbbk^n$ gehörige Matrix. Sie hat bezüglich beliebiger Basen die Form

$$0 = \begin{pmatrix} 0 & \cdots & 0 \\ \vdots & & \vdots \\ 0 & \cdots & 0 \end{pmatrix}. \tag{5.5.9}$$

Die $n \times n$-*Einheitsmatrix* $\mathbb{1}_n \in \mathrm{M}_n(\Bbbk)$ ist die Matrix der Identitätsabbildung $\mathrm{id}: \Bbbk^n \longrightarrow \Bbbk^n$ und durch

$$\mathbb{1}_n = \begin{pmatrix} 1 & 0 & \cdots & 0 \\ 0 & \ddots & \ddots & \vdots \\ \vdots & \ddots & \ddots & 0 \\ 0 & \cdots & 0 & 1 \end{pmatrix} \tag{5.5.10}$$

gegeben, siehe auch (5.4.7). Oft schreiben wir einfach $\mathbb{1}$, wenn die Dimension $n \in \mathbb{N}$ aus dem Zusammenhang klar ist.

Da die Matrizen $\mathrm{M}_n(\Bbbk)$ einen Ring mit Einselement bilden, der zum Ring $\mathrm{End}_\Bbbk(\Bbbk^n)$ gemäß Korollar 5.39 isomorph ist, können wir von invertierbaren Matrizen sprechen:

Definition 5.51 (Allgemeine lineare Gruppe $\mathrm{GL}_n(\Bbbk)$). Sei $n \in \mathbb{N}$ und $\Bbbk$ ein Körper. Die Gruppe der invertierbaren Matrizen in $\mathrm{M}_n(\Bbbk)$ heißt allgemeine lineare Gruppe in n Dimensionen. Wir bezeichnen sie mit

$$\mathrm{GL}_n(\Bbbk) = \big\{A \in \mathrm{M}_n(\Bbbk) \mid A \text{ ist invertierbar}\big\}. \tag{5.5.11}$$

Bemerkung 5.52. Nach Proposition 3.16 bilden die invertierbaren Elemente in einem Monoid eine Gruppe. In unserem Fall ist das Monoid einfach $\mathrm{M}_n(\Bbbk)$ mit der Matrixmultiplikation als Verknüpfung und der Einheitsmatrix $\mathbb{1}$ als neutralem Element. Damit ist

$$\mathrm{GL}_n(\Bbbk) = \mathrm{M}_n(\Bbbk)^\times \tag{5.5.12}$$

tatsächlich eine Gruppe. Man beachte, dass $\mathrm{GL}_n(\Bbbk)$ für $n \geq 2$ nicht länger kommutativ ist. Für $n = 1$ gilt $\mathrm{GL}_1(\Bbbk) = \Bbbk^\times = \Bbbk \setminus \{0\}$. Wir bezeichnen die Gruppe der invertierbaren Endomorphismen eines Vektorraums V auch mit

$$\mathrm{GL}(V) = \mathrm{End}(V)^\times, \tag{5.5.13}$$

siehe auch Übung 5.10.

Beispiel 5.53. Wir betrachten $n = 2$ und folgende Matrizen

$$A = \begin{pmatrix} 1 & 1 \\ 0 & 1 \end{pmatrix}, \quad B = \begin{pmatrix} 0 & 0 \\ 1 & 0 \end{pmatrix} \quad \text{und} \quad C = \begin{pmatrix} 1 & -1 \\ 0 & 1 \end{pmatrix}. \tag{5.5.14}$$

Einfache Rechnungen zeigen

$$AB = \begin{pmatrix} 1 & 0 \\ 1 & 0 \end{pmatrix} \neq \begin{pmatrix} 0 & 0 \\ 1 & 1 \end{pmatrix} = BA, \tag{5.5.15}$$

$$AC = \mathbb{1} = CA \quad \text{und} \quad B^2 = 0. \tag{5.5.16}$$

Bemerkenswert ist hier $B^2 = 0$, da wir ein Beispiel für einen Ring erhalten, in dem ein Produkt verschwindet, obwohl beide Faktoren ungleich null sind: $\mathrm{M}_2(\Bbbk)$ besitzt also Nullteiler. Weiter zeigt (5.5.15), dass $\mathrm{M}_2(\Bbbk)$ nicht kommutativ ist. Schließlich ist die Matrix C die zu A inverse Matrix $C = A^{-1}$.

Proposition 5.54. *Sei $n \in \mathbb{N}$. Dann sind folgende Aussagen für $A \in \mathrm{M}_n(\Bbbk)$ äquivalent:*

i.) Die Matrix A ist invertierbar.

ii.) Es gibt eine Matrix $B \in \mathrm{M}_n(\Bbbk)$ mit $BA = \mathbb{1}$, d.h., A hat ein Linksinverses.

iii.) Es gibt eine Matrix $C \in \mathrm{M}_n(\Bbbk)$ mit $AC = \mathbb{1}$, d.h., A hat ein Rechtsinverses.

iv.) Es gilt $\ker A = \{0\}$.

v.) Es gilt $\mathrm{im}\, A = \Bbbk^n$.

vi.) Es gilt $\mathrm{rank}\, A = n$.

Beweis. Zunächst kennen wir ganz allgemein die Implikationen *i.)* $\implies$ *ii.)*, *i.)* $\implies$ *iii.)* und *v.)* $\iff$ *vi.)*. Weiter bedeutet *iv.)* gerade, dass die Abbildung $A\colon \Bbbk^n \longrightarrow \Bbbk^n$ injektiv ist, wobei wir Proposition 5.14, *iii.)*, verwenden. Eine Abbildung ist nun genau dann injektiv, wenn sie (bezüglich der Verkettung) ein Linksinverses besitzt, siehe auch Proposition B.25. Wieder auf Matrizen übertragen liefert dies die Implikation *ii.)* $\implies$ *iv.)*. Genauso erhalten wir die Äquivalenz von *v.)* und der Surjektivität von A und daher die Implikation *iii.)* $\implies$ *v.)*. Da wir in endlichen Dimensionen arbeiten, folgt aus der Dimensionsformel (5.2.19), siehe auch Korollar 5.27, die Äquivalenz von *iv.)*, *v.)* und der Bijektivität der Abbildung $A\colon \Bbbk^n \longrightarrow \Bbbk^n$. Da die inverse Abbildung aber automatisch wieder linear ist, entspricht der Abbildung $A^{-1}\colon \Bbbk^n \longrightarrow \Bbbk^n$ wieder eine Matrix $A^{-1} \in \mathrm{M}_n(\Bbbk)$, welche das Inverse zu $A \in \mathrm{M}_n(\Bbbk)$ bezüglich der Matrixmultiplikation ist. Also folgt *iv.)* $\Longleftrightarrow$ *v.)* $\implies$ *i.)*. Auf diese Weise sind aber alle Implikationen gezeigt. $\qquad\Box$

Insbesondere folgt aus $BA = \mathbb{1}$ also bereits $B = A^{-1}$, *obwohl* $\mathrm{GL}_n(\Bbbk)$ im Allgemeinen nicht kommutativ ist. Ebenso bedeutet $AC = \mathbb{1}$, dass $C = A^{-1}$. Man beachte aber, dass dies nur für *endliche* Matrizen gültig ist.

Als Vektorraum ist $\mathrm{M}_{n\times m}(\Bbbk)$ isomorph zu $\Bbbk^{nm}$ und damit nm-dimensional. Eine besonders einfache Basis von $\mathrm{M}_{n\times m}(\Bbbk)$ erhalten wir durch die *Elementarmatrizen*

$$E_{ij} = (\delta_{ir}\delta_{js})_{\substack{r=1,\ldots,n \\ s=1,\ldots,m}} = \begin{pmatrix} 0 & \cdots\cdots & 0 \\ \vdots & \ddots & & \vdots \\ \vdots & \underset{i}{\xrightarrow{\hspace{1em}}} 1 & & \vdots \\ \vdots & & \ddots\underset{j}{\uparrow} & \vdots \\ 0 & \cdots\cdots & 0 \end{pmatrix}, \qquad (5.5.17)$$

wobei also eine 1 in der i-ten Zeile und der j-ten Spalte steht und sonst nur Nullen. Durch eine einfache Rechnung erhält man folgende Resultate:

Proposition 5.55. *Seien* n, m *und* $k \in \mathbb{N}$.

i.) Die Elementarmatrizen $\{E_{ij}\}_{\substack{i=1,\ldots,n \\ j=1,\ldots,m}}$ *bilden eine Basis von* $\mathrm{M}_{n\times m}(\Bbbk)$, *und es gilt*

$$A = \sum_{i=1}^{n}\sum_{j=1}^{m} a_{ij}E_{ij} \qquad (5.5.18)$$

für $A = (a_{ij})_{\substack{i=1,\ldots,n \\ j=1,\ldots,m}} \in \mathrm{M}_{n\times m}(\Bbbk)$.

ii.) Für alle $i \in \{1,\ldots,n\}$, $j, r \in \{1,\ldots,m\}$ *und* $s \in \{1,\ldots,k\}$ *gilt*

$$E_{ij}E_{rs} = \delta_{jr}E_{is}. \qquad (5.5.19)$$

Beweis. Die Gleichung (5.5.18) ist klar, womit die Elementarmatrizen ein Erzeugendensystem bilden. Da $\dim \mathrm{M}_{n\times m}(\Bbbk) = nm$, ist dieses minimal, also eine Basis. Insbesondere ist (5.5.19) gerade die Koordinatendarstellung des Vektors A bezüglich der Basis $\{E_{ij}\}_{\substack{i=1,\ldots,n \\ j=1,\ldots,m}}$. Die Gleichung (5.5.19) erhält man durch explizites Multiplizieren der Matrizen, siehe auch Übung 5.6. $\qquad\Box$

Wie wir gesehen haben, können wir lineare Gleichungssysteme als Vektorgleichung der Form $Ax = b$ für eine Matrix $A \in \mathrm{M}_{n \times m}(\Bbbk)$ und einen Vektor $b \in \Bbbk^n$ schreiben. Es zeigt sich nun, dass die elementaren Umformungen aus Abschn. 5.27 sich als Matrixmultiplikationen schreiben lassen:

Lemma 5.56. *Sei $A \in \mathrm{M}_{n \times m}(\Bbbk)$ und $i \neq i'$ sowie*

$$
V_{ii'} = \begin{pmatrix}
1 & & {}^{i} & & {}^{i'} & & \\
& \ddots & \downarrow & & \downarrow & & \\
& & 1 & & & & \\
i \rightarrow & & 0 & \cdots\cdots & 1 & & \\
& & \vdots\,1 & & & & \\
& & \vdots & \ddots & \vdots & & \\
& & \vdots & & 1\,\vdots & & \\
i' \rightarrow & & 1 & \cdots\cdots & 0 & & \\
& & & & & 1 & \\
& & & & & & \ddots \\
& & & & & & & 1
\end{pmatrix} = \mathbb{1} - E_{ii} - E_{i'i'} + E_{i'i} + E_{ii'} \in \mathrm{M}_n(\Bbbk), \quad (5.5.20)
$$

wobei alle übrigen Einträge von $V_{ii'}$ null sind. Dann ist $V_{ii'}A \in \mathrm{M}_{n \times m}(\Bbbk)$ diejenigen Matrix, die man durch das Vertauschen der i-ten und i'-ten Zeile aus A erhält.

Lemma 5.57. *Sei $A \in \mathrm{M}_{n \times m}(\Bbbk)$ und*

$$
R_{i,\lambda} = \begin{pmatrix}
1 & & {}^{i} & & \\
& \ddots & \downarrow & & \\
& & 1 & & \\
i \rightarrow & \lambda & & & \\
& & 1 & & \\
& & & \ddots & \\
& & & & 1
\end{pmatrix} = \mathbb{1} + (\lambda - 1)E_{ii} \in \mathrm{M}_n(\Bbbk). \quad (5.5.21)
$$

Dann ist $R_{i,\lambda}A$ diejenige Matrix, die man durch Reskalieren der i-ten Zeile mit λ aus der Matrix A erhält.

Lemma 5.58. *Sei $A \in \mathrm{M}_{n \times m}(\Bbbk)$ und $i \neq j$ sowie*

$$
S_{ij} = \begin{pmatrix}
1 & & & & \\
& \ddots & & & \\
i \rightarrow & & 1 & & \\
& & \ddots & \uparrow & \\
& & & \vdots\, \ddots & \\
& & & j & 1
\end{pmatrix} = \mathbb{1} + E_{ij} \in \mathrm{M}_n(\Bbbk). \quad (5.5.22)
$$

Damit ist $S_{ij}A$ diejenigen Matrix, die man durch Addition der j-ten Zeile zur i-ten Zeile aus A erhält.

Alle drei Lemmata erhält man durch elementares Nachrechnen, siehe auch Übung 5.25. Wenig überraschend ist nun folgende Aussage:

Lemma 5.59. *Sei $\lambda \neq 0$ und $i \neq i'$ sowie $i \neq j$. Dann gilt*

$$V_{ii'} \cdot V_{ii'} = \mathbb{1}, \tag{5.5.23}$$

$$R_{i,\lambda} \cdot R_{i,\frac{1}{\lambda}} = \mathbb{1} \tag{5.5.24}$$

und

$$S_{ij} \cdot R_{j,-1} \cdot S_{ij} \cdot R_{j,-1} = \mathbb{1}. \tag{5.5.25}$$

Insbesondere sind alle Matrizen invertierbar, und die Inversen lassen sich als Produkte der $V_{ii'}, R_{i,\lambda}$ und S_{ij} für geeignete Werte der Parameter schreiben.

Beweis. Dies ist eine gute Übung in Matrixmultiplikation. Wir zeigen (5.5.25), die beiden übrigen Gleichungen sind einfacher. Zunächst gilt

$$S_{ij}R_{j,-1} = (\mathbb{1} + E_{ij})(\mathbb{1} - 2E_{jj}) = \mathbb{1} + E_{ij} - 2E_{jj} - 2E_{ij} = \mathbb{1} - E_{ij} - 2E_{jj}$$

nach (5.5.19). Weiter gilt

$$
\begin{aligned}
(\mathbb{1} &- E_{ij} - 2E_{jj})(\mathbb{1} - E_{ij} - 2E_{jj}) \\
&= \mathbb{1} - E_{ij} - 2E_{jj} - E_{ij} + E_{ij}E_{ij} + 2E_{ij}E_{jj} - 2E_{jj} + 2E_{jj}E_{ij} + 4E_{jj}E_{jj} \\
&= \mathbb{1} - 2E_{ij} - 4E_{jj} + \delta_{ij}E_{ij} + 2\delta_{jj}E_{ij} + 2\delta_{ji}E_{jj} + 4\delta_{jj}E_{jj} \\
&= \mathbb{1},
\end{aligned}
$$

da $\delta_{jj} = 1$ und $\delta_{ij} = 0$ für $i \neq j$. Dies zeigt die Behauptung (5.5.25). Nach Proposition 5.54 genügt es, Rechtsinverse zu finden. $\qquad\square$

Schließlich können wir die Matrix A auch von *rechts* mit den Matrizen $V_{ii'}$, S_{ij} und $R_{i,\lambda}$ multiplizieren. Hier muss man nun jedoch $m \times m$-Matrizen verwenden. Es zeigt sich, dass auf diese Weise gerade Spalten und Zeilen vertauscht werden, die obigen Lemmata aber dann sinngemäß nach wie vor richtig sind. Man kann dies nun einfach durch analoge Rechnungen beweisen, oder aber etwas geschickter vorgehen und gleichzeitig noch etwas Neues lernen:

Definition 5.60 (Matrixtransposition). Sei $A \in \mathrm{M}_{n \times m}(\Bbbk)$. Dann definiert man die transponierte Matrix $A^{\mathrm{T}} \in \mathrm{M}_{m \times n}(\Bbbk)$ durch

$$A^{\mathrm{T}} = (a_{ji})_{\substack{j=1,\ldots,m \\ i=1,\ldots,n}}, \tag{5.5.26}$$

wenn $A = (a_{ij})_{\substack{i=1,\ldots,n \\ j=1,\ldots,m}}$.

Mit anderen Worten ist A^{T} also gerade die an der Diagonale gespiegelte Matrix. Die Transposition vertauscht demnach die Bedeutung der Zeilen- und Spaltenindizes und erfüllt einige einfache Rechenregeln:

Proposition 5.61 (Matrixtransposition). *Seien* $A \in \mathrm{M}_{n \times m}(\Bbbk)$ *und* $B \in \mathrm{M}_{k \times n}(\Bbbk)$.

i.) Die Transposition ist ein linearer Isomorphismus

$$^{\mathrm{T}} \colon \mathrm{M}_{n \times m}(\Bbbk) \ni A \mapsto A^{\mathrm{T}} \in \mathrm{M}_{m \times n}(\Bbbk). \tag{5.5.27}$$

ii.) Es gilt

$$(BA)^{\mathrm{T}} = A^{\mathrm{T}} B^{\mathrm{T}}. \tag{5.5.28}$$

iii.) Es gilt

$$(A^{\mathrm{T}})^{\mathrm{T}} = A. \tag{5.5.29}$$

iv.) Für die Einheitsmatrix $\mathbb{1} \in \mathrm{M}_n(\Bbbk)$ *gilt*

$$\mathbb{1}^{\mathrm{T}} = \mathbb{1}. \tag{5.5.30}$$

v.) Ist $n = m$ *und* $A \in \mathrm{GL}_n(\Bbbk)$, *so gilt* $A^{\mathrm{T}} \in \mathrm{GL}_n(\Bbbk)$ *und*

$$(A^{\mathrm{T}})^{-1} = (A^{-1})^{\mathrm{T}}. \tag{5.5.31}$$

Beweis. Der erste und dritte Teil ist klar. Für den zweiten Teil rechnen wir nach, dass

$$(BA)^{\mathrm{T}}{}_{ij} = (BA)_{ji} = \sum_{k=1}^{n} B_{jk} A_{ki} = \sum_{k=1}^{n} (A^{\mathrm{T}})_{ik} (B^{\mathrm{T}})_{kj} = (A^{\mathrm{T}} B^{\mathrm{T}})_{ij},$$

also (5.5.28) gilt. Der vierte Teil ist klar. Für den fünften Teil sei $A \in \mathrm{GL}_n(\Bbbk)$. Dann gilt

$$\mathbb{1} = \mathbb{1}^{\mathrm{T}} = (AA^{-1})^{\mathrm{T}} = (A^{-1})^{\mathrm{T}} A^{\mathrm{T}}.$$

Damit ist aber $A^{\mathrm{T}} \in \mathrm{GL}_n(\Bbbk)$ mit $(A^{-1})^{\mathrm{T}} = (A^{\mathrm{T}})^{-1}$. Wie immer genügt es bei endlichen Matrizen, ein einseitiges Inverses zu finden. $\qquad \square$

Korollar 5.62. *Sei* $A \in \mathrm{M}_{n \times m}(\Bbbk)$.

i.) Für $i \neq i'$ *und* $V_{ii'} \in \mathrm{M}_m(\Bbbk)$ *wie in (5.5.20) ist* $AV_{ii'}$, *diejenige Matrix, die durch Vertauschen der* i*-ten und* i'*-ten Spalte aus* A *hervorgeht.*

ii.) Für $\lambda \in \Bbbk$ *und* $R_{i,\lambda} \in \mathrm{M}_m(\Bbbk)$ *wie in (5.5.21) ist* $AR_{i,\lambda}$ *diejenige Matrix, die aus* A *durch Reskalieren der* i*-ten Spalte mit* λ *hervorgeht.*

iii.) Für $i \neq j$ *und* $S_{ij} \in \mathrm{M}_m(\Bbbk)$ *wie in (5.5.22) ist* AS_{ij} *diejenige Matrix, die durch Addition der* i*-ten Spalte zur* j*-ten Spalte aus* A *hervorgeht.*

Beweis. Zunächst ist klar, dass

$$V_{ii'}^{\mathrm{T}} = V_{ii'}, \quad R_{i,\lambda}^{\mathrm{T}} = R_{i,\lambda} \quad \text{und} \quad S_{ij}^{\mathrm{T}} = S_{ji}$$

gilt. Weiter wird beim Transponieren gerade die Bedeutung von Zeile und Spalte vertauscht. Nun gilt beispielsweise

$$AV_{ii'} = (V_{ii'}{}^{\mathrm{T}} A^{\mathrm{T}})^{\mathrm{T}} = (V_{ii'} A^{\mathrm{T}})^{\mathrm{T}},$$

womit der erste Teil folgt. Die beiden übrigen Teile folgen analog. □

Wir können nun die elementaren Umformungen dazu verwenden, die Matrix A auf eine besonders einfache Form zu bringen.

Satz 5.63 (Normalform für Matrizen). *Sei $A \in \mathrm{M}_{n \times m}(\Bbbk)$.*

i.) Es gibt eine invertierbare Matrix $Q \in \mathrm{GL}_n(\Bbbk)$, sodass QA Zeilenstufenform besitzt.

ii.) Es gibt invertierbare Matrizen $Q \in \mathrm{GL}_n(\Bbbk)$ und $P \in \mathrm{GL}_m(\Bbbk)$, so dass QAP die Blockstruktur

$$QAP = \begin{pmatrix} \mathbb{1}_k & 0 \\ 0 & 0 \end{pmatrix} \tag{5.5.32}$$

besitzt, wobei $k = \operatorname{rank} A$.

iii.) Jede invertierbare $n \times n$-Matrix lässt sich als endliches Produkt von $n \times n$-Matrizen der Form $V_{ii'}, S_{ij}$ und $R_{i,\lambda}$ mit $i \neq i'$, $i \neq j$ und $\lambda \neq 0$ schreiben.

Beweis. Der erste Teil ist gerade der Gauß-Algorithmus: Durch elementare Umformungen vom Zeilentyp $((\mathrm{I}))$, $((\mathrm{II}))$ und $((\mathrm{III}))$ wie in Abschn. 3.1 können wir A auf Zeilenstufenform bringen. Nach den vorherigen Lemmata entspricht dies gerade der Linksmultiplikation mit einem geeigneten Produkt Q der invertierbaren $n \times n$-Matrizen vom Typ $V_{ii'}$, S_{ij} und $R_{i,\lambda}$. Dieses Q ist dann als Produkt von invertierbaren Matrizen aber immer noch invertierbar. Auf diese Weise erhält man also eine $n \times m$-Matrix der Form

$$QA = \begin{pmatrix} 0 \cdots 0 & 1 & * \cdots\cdots\cdots\cdots\cdots\cdots\cdots\cdots & * \\ 0 \cdots\cdots\underset{s_1}{\overset{\uparrow}{}}\cdots\cdots & 0 & 1 & * \cdots\cdots\cdots\cdots & * \\ \vdots & & s_2 \overset{\uparrow}{} & \cdots\cdots\cdots & \\ \vdots & & & s_n \underset{}{\downarrow} & \\ 0 \cdots\cdots\cdots\cdots\cdots\cdots\cdots\cdots\cdots & 0 & 1 & * \cdots * \end{pmatrix},$$

wobei im Falle von $s_k = \infty$ die entsprechende k-te Zeile nur Nullen enthält und alle folgenden ebenfalls. In einem zweiten Schritt verwenden wir Spaltenumformungen: Zuerst addieren wir entsprechende Vielfache der s_n-ten Spalte zu den Spalten $s_n + 1, \ldots, m$, um nun in der untersten Zeile

$$0 \cdots\cdots\cdots\cdots\cdots 0 \quad 1 \quad 0 \cdots\cdots 0$$

zu erreichen. Dies ist durch entsprechende Rechtsmultiplikationen von S_{ij} und $R_{i,\lambda}$ mit $\lambda \neq 0$ und $i = s_n$ zu erreichen, sofern $s_n < \infty$. Im Fall $s_n = \infty$ ignorieren wir die n-te Zeile, da diese bereits nur Nullen enthält. Man beachte, dass sich in beiden Fällen dadurch an den Zeilen oberhalb nur die numerischen Einträge rechts von der s_n-ten Spalte ändern und daher die Stufenform erhalten bleibt. Anschließend verfährt man von unten Zeile um Zeile genauso, bis man

$$
QAP' = \begin{pmatrix} 0 \cdots 0 & 1 & 0 \cdots\cdots\cdots\cdots\cdots\cdots\cdots\cdots\cdots\cdots 0 \\ 0 \cdots\cdots\underset{s_1}{\uparrow}\cdots\cdots 0 & 1 & 0 \cdots\cdots\cdots\cdots 0 \\ \vdots & & s_2 \underset{}{\uparrow} \cdots\cdots\cdots \\ \vdots & & s_n \downarrow & \vdots \\ 0 \cdots\cdots\cdots\cdots\cdots\cdots\cdots\cdots 0 & 1 & 0 \cdots 0 \end{pmatrix},
$$

erhält. Wieder gilt, dass $s_k = \infty$ bedeutet, dass die k-te und alle folgenden Zeilen bereits mit Nullen gefüllt sind. Ein abschließendes Multiplizieren mit geeigneten $V_{ii'}$ von rechts vertauscht die Spalten, bis das resultierende QAP dann tatsächlich die Form (5.5.32) besitzt. Dieser zweite Schritt entspricht dem rekursiven Auflösen des zugehörigen linearen Gleichungssystems. Es bleibt zu zeigen, dass $k = \operatorname{rank} A$: Dazu bemerken wir zunächst $k = \operatorname{rank} QAP$. Wir betrachten nun den Unterraum $\operatorname{im} A \subseteq \Bbbk^n$, der durch

$$
\operatorname{im} A = \operatorname{span}\{Ae_1, \ldots, Ae_m\}
$$

gegeben ist. Aus diesem Erzeugendensystem können wir $\ell = \operatorname{rank} A = \dim \operatorname{im} A$ viele linear unabhängige Vektoren $Ae_{i_1}, \ldots Ae_{i_\ell}$ auswählen, die dann eine Basis von $\operatorname{im} A$ liefert. Dann sind aber die Vektoren $QAe_{i_1}, \ldots, QAe_{i_\ell}$ nach wie vor linear unabhängig, da Q ein Isomorphismus ist. Es folgt

$$
\operatorname{rank} QA \geq \operatorname{rank} A.
$$

Wir können dieses Argument aber auch auf QA anstelle von A und Q^{-1} anstelle von Q anwenden, sodass dann

$$
\operatorname{rank} A = \operatorname{rank} Q^{-1}(QA) \geq \operatorname{rank} QA
$$

gilt. Es folgt also

$$
\operatorname{rank} A = \operatorname{rank} QA
$$

für ein beliebiges $Q \in \operatorname{GL}_n(\Bbbk)$. Ist $P \in \operatorname{GL}_m(\Bbbk)$, so besitzt jeder Vektor $v \in \Bbbk^m$ ein (eindeutiges) Urbild $P^{-1}v \in \Bbbk^m$. Daher folgt $\operatorname{im} A = \operatorname{im} AP$ und entsprechend $\operatorname{rank} A = \operatorname{rank} AP$. Insgesamt folgt also

$$
\ell = \operatorname{rank} A = \operatorname{rank} QAP = k,
$$

womit der zweite Teil gezeigt ist. Sei nun $n = m$ und $A \in \operatorname{GL}_n(\Bbbk)$. Dann gibt es nach dem zweiten Teil $Q, P \in \operatorname{GL}_n(\Bbbk)$, welche Produkte der Matrizen vom Typ $V_{ii'}$, S_{ij}, und $R_{i,\lambda}$ mit $\lambda \neq 0$ sind, sodass QAP die Form (5.5.32) besitzt.

Da A invertierbar ist, gilt $\operatorname{rank} A = n$ und entsprechend $QAP = \mathbb{1}$. Also ist $A = Q^{-1}P^{-1}$ wieder ein Produkt der $V_{ii'}$, S_{ij} und $R_{i,\lambda}$. $\qquad\square$

Im Falle einer invertierbaren Matrix A liefert der Beweis insbesondere eine konstruktive Methode, das Inverse $A^{-1} = PQ$ zu finden, da ja sowohl P als auch Q durch den Gauß-Algorithmus und das rekursive Auflösen gefunden werden können, siehe auch Übung 5.11. Im Laufe des Beweises hatten wir noch folgende Rechenregel für den Rang einer Matrix gefunden:

Korollar 5.64. *Sei $A \in \mathrm{M}_{n \times m}(\Bbbk)$, $Q \in \mathrm{GL}_n(\Bbbk)$ und $P \in \mathrm{GL}_m(\Bbbk)$. Dann gilt*

$$\operatorname{rank} A = \operatorname{rank} QAP. \tag{5.5.33}$$

Mit der Normalform erhält man auch leicht folgendes Resultat:

Korollar 5.65. *Sei $A \in \mathrm{M}_{n \times m}(\Bbbk)$. Dann gilt*

$$\operatorname{rank} A = \operatorname{rank} A^{\mathrm{T}}. \tag{5.5.34}$$

Beweis. Gemäß Satz 5.63 finden wir $Q \in \mathrm{GL}_n(\Bbbk)$ und $P \in \mathrm{GL}_m(\Bbbk)$, sodass

$$QAP = \begin{pmatrix} \mathbb{1}_k & 0 \\ 0 & 0 \end{pmatrix}$$

mit $k = \operatorname{rank} A$ gilt. Nach den Rechenregeln für das Transponieren folgt dann

$$P^{\mathrm{T}} A^{\mathrm{T}} Q^{\mathrm{T}} = (QAP)^{\mathrm{T}} = \begin{pmatrix} \mathbb{1}_k & 0 \\ 0 & 0 \end{pmatrix}^{\mathrm{T}} = \begin{pmatrix} \mathbb{1}_k^{\mathrm{T}} & 0^{\mathrm{T}} \\ 0^{\mathrm{T}} & 0^{\mathrm{T}} \end{pmatrix}.$$

Somit erhalten wir $\operatorname{rank}(P^{\mathrm{T}} A^{\mathrm{T}} Q^{\mathrm{T}}) = k$. Man beachte, dass sich die Größe der 0-Blöcke durch das Transponieren geändert hat: $P^{\mathrm{T}} A^{\mathrm{T}} Q^{\mathrm{T}}$ ist ja eine $m \times n$-Matrix. Da nach Proposition 5.61, *v.)*, die Matrizen P^{T} und Q^{T} nach wie vor invertierbar sind, liefert Korollar 5.64 sofort $\operatorname{rank} A^{\mathrm{T}} = k$. $\qquad\square$

Bemerkung 5.66. Die Aussage $\operatorname{rank} A = \operatorname{rank} A^{\mathrm{T}}$ wird auch oft als *Zeilenrang ist gleich Spaltenrang* formuliert. Wie wir gesehen haben, ist $\operatorname{rank} A = \dim \operatorname{im} A$ gerade die maximale Anzahl von linear unabhängigen Vektoren unter den Spaltenvektoren $Ae_1, \ldots Ae_m$, welche gerade die Spalten von A bilden. Daher bezeichnet man $\operatorname{rank} A$ auch als den *Spaltenrang*. Transponieren vertauscht dann die Rolle von Zeilen und Spalten. Bei der effektiven Berechnung von $\operatorname{rank} A$ ist es gelegentlich durchaus von Vorteil, von (5.5.34) Gebrauch zu machen.

Definition 5.67 (Äquivalenz von Matrizen). Seien $A, B \in \mathrm{M}_{n \times m}(\Bbbk)$. Dann heißen A und B *äquivalent*, falls es $Q \in \mathrm{GL}_n(\Bbbk)$ und $P \in \mathrm{GL}_m(\Bbbk)$ gibt, sodass

$$A = QBP. \tag{5.5.35}$$

In diesem Fall schreiben wir $A \sim B$.

Bemerkung 5.68. Da Q und P invertierbar sein müssen, ist es leicht zu sehen, dass der obige Begriff von Äquivalenz tatsächlich eine *Äquivalenzrelation* auf der Menge $M_{n \times m}(\Bbbk)$ liefert. Satz 5.63 und Korollar 5.64 besagen dann, dass $A, B \in M_{n \times m}(\Bbbk)$ genau dann äquivalent sind, wenn sie denselben Rang k besitzen. In diesem Fall sind sie äquivalent zu ihrer Normalform

$$A \sim \begin{pmatrix} \mathbb{1}_k & 0 \\ 0 & 0 \end{pmatrix} \sim B. \tag{5.5.36}$$

Wir wollen nun einen etwas anderen Blickwinkel zur Äquivalenz von Matrizen einnehmen und einen zweiten Beweis von Satz 5.63 erbringen, der die Geometrie des Problems etwas besser beschreibt. Zudem wird der Beweis auch in beliebigen Dimensionen gültig sein.

Satz 5.69 (Normalform für lineare Abbildungen). *Sei $\Phi \colon V \longrightarrow W$ eine lineare Abbildung. Dann existieren Basen $A \subseteq V$ und $B \subseteq W$ mit folgenden Eigenschaften:*

i.) $A = A_1 \cup A_2$ mit $A_1 \cap A_2 = \emptyset$.

ii.) $B = B_1 \cup B_2$ mit $B_1 \cap B_2 = \emptyset$.

iii.) A_2 ist eine Basis von $\ker \Phi$.

iv.) $\Phi\big|_{A_1} \colon A_1 \longrightarrow B_1$ ist eine Bijektion, und daher ist B_1 eine Basis von $\operatorname{im} \Phi$,

Beweis. Zunächst wählen wir eine Basis A_2 von $\ker \Phi$ und eine Basis B_1 von $\operatorname{im} \Phi$. Zu jedem Vektor in B_1 wählen wir ein Urbild in V aus, dies liefert die Menge A_1. Damit haben wir *iv.)* sowie *iii.)* sichergestellt. Wir können nun die Argumentation von Satz 5.25 direkt übernehmen, um zu sehen, dass $A_1 \cap A_2 = \emptyset$ und dass $A = A_1 \cup A_2$ eine Basis von V ist. In diesem Sinne gilt also die „Dimensionsformel" auch in unendlichen Dimensionen. Der Grund, dass dies möglich ist, liegt darin, dass wir immer nur endliche Linearkombinationen benötigen, auch wenn wir eventuell insgesamt unendlich viele Basisvektoren haben können. Damit ist also auch *i.)* erreicht, und A ist eine Basis. Schließlich ergänzen wir B_1 durch B_2 zu einer Basis B von W, womit auch *ii.)* erfüllt ist. $\qquad \square$

Bemerkung 5.70 (Smith-Normalform). Wir wollen nun sehen, dass dies tatsächlich gerade die Normalform aus Satz 5.63 ist: Da A_1 und B_1 in Bijektion sind, können wir sie durch dieselbe Indexmenge K indizieren, sodass $\Phi(a_k) = b_k$ für alle $k \in K$. Den Rest A_2 indizieren wir dann durch eine Indexmenge I und B_2 durch J. Die resultierende $(K \cup J) \times (K \cup I)$-Matrix von Φ ist dann

$$_B[\Phi]_A = \begin{pmatrix} \mathbb{1}_{K \times K} & 0_{K \times I} \\ 0_{J \times K} & 0_{J \times I} \end{pmatrix}, \tag{5.5.37}$$

also gerade von der Form (5.5.32), wenn K, I und J endlich sind. Die Matrizen Q und P in Satz 5.63 spielen also die Rolle von Basiswechseln $_B[\operatorname{id}_W]_{B'}$

und $_{A'}[\mathrm{id}_V]_A$ von zunächst ungeeigneten Basen A', B' zu den spezielleren Basen A, B mit den obigen Eigenschaften. Diese Normalform (5.5.37) beziehungsweise (5.5.32) nennt man auch die *Smith-Normalform*.

Kontrollfragen. Was ist die allgemeine lineare Gruppe? Wie können Sie die elementaren Umformungen mithilfe von Matrixmultiplikationen schreiben? Welche Eigenschaften hat die Matrixtransposition? Wie können Sie die Smith-Normalform einer Matrix bestimmen?

5.6 Dualraum

Ist V ein Vektorraum über $\Bbbk$, so erhalten wir automatisch neue Vektorräume wie etwa die Endomorphismen $\mathrm{End}_\Bbbk(V)$. Eine weitere kanonische Konstruktion ist der Dualraum:

Definition 5.71 (Dualraum). Sei V ein Vektorraum über $\Bbbk$. Dann heißt der Vektorraum

$$V^* = \mathrm{Hom}_\Bbbk(V, \Bbbk) \tag{5.6.1}$$

der Dualraum von V. Elemente in V^* heißen auch Linearformen auf V oder lineare Funktionale auf V.

Wir haben bereits verschiedene Beispiele für lineare Funktionale gesehen, die wir nun kurz wieder aufgreifen:

Beispiel 5.72 (Lineare Funktionale). Folgende lineare Abbildungen

$$\delta_p\colon \mathrm{Abb}(M, \Bbbk) \ni f \longmapsto f(p) \in \Bbbk, \tag{5.6.2}$$

$$\lim\colon c \longrightarrow \mathbb{R} \tag{5.6.3}$$

und

$$\int\colon \mathscr{C}([a, b], \mathbb{R}) \longrightarrow \mathbb{R} \tag{5.6.4}$$

aus den Beispielen 5.7, 5.9 und 5.11 sind lineare Funktionale.

Sei nun $B \subseteq V$ eine Basis. In Proposition 5.32 haben wir gesehen, dass die Koordinatenabbildung

$$V \ni v \mapsto {}_B[v] = (v_b)_{b \in B} \in \Bbbk^{(B)} \tag{5.6.5}$$

linear ist (sogar ein Isomorphismus), da jede einzelne Koordinate

$$b^*\colon V \ni v \mapsto v_b \in \Bbbk \tag{5.6.6}$$

ein lineares Funktional ist.

Satz 5.73 (Basis und Koordinatenfunktionale). *Sei V ein Vektorraum über $\Bbbk$ und sei $B \subseteq V$ eine Basis.*

i.) Für jedes $b \in B$ ist $b^* \colon V \longrightarrow \Bbbk$ ein lineares Funktional.

ii.) Die Menge $B^* = \{b^*\}_{b \in B}$ ist linear unabhängig.

iii.) Die Menge B^* ist genau dann eine Basis von V^*, wenn $\dim V < \infty$.

Beweis. Teil *i.)* wurde in Proposition 5.32 bereits gezeigt. Seien $n \in \mathbb{N}$ und $b_1^*, \ldots, b_n^*$ paarweise verschieden sowie $\lambda_1, \ldots, \lambda_n \in \Bbbk$, sodass

$$\lambda_1 b_1^* + \cdots + \lambda_n b_n^* = 0. \tag{5.6.7}$$

Sind nun $b, b' \in B$, dann gilt

$$b^*(b') = \delta_{bb'},$$

was man direkt aus der Basisdarstellung der Basisvektoren selbst erhält, siehe auch Übung 4.15 oder den Beweis von Satz 5.36, *ii.)*. Wir können daher (5.6.7) auf dem Basisvektor b_i auswerten und erhalten

$$0 = (\lambda_1 b_1^* + \cdots + \lambda_n b_n^*)(b_i) = \lambda_1 b_1^*(b_i) + \cdots + \lambda_n b_n^*(b_i) = \lambda_i,$$

da nur b_i^* ein nichttriviales Resultat auf b_i liefert. Also folgt *ii.)*. Sei schließlich V zunächst endlich-dimensional und $B = (b_1, \ldots, b_n)$ eine geordnete Basis. Ist $\alpha \colon V \longrightarrow \Bbbk$ ein lineares Funktional, so ist α durch die n Zahlen $\alpha(b_1), \ldots, \alpha(b_n)$ bereits eindeutig bestimmt. Dies folgt allgemein aus Satz 5.21 und gilt auch in beliebigen Dimensionen. Wir betrachten nun das lineare Funktional

$$\tilde{\alpha} = \alpha(b_1) b_1^* + \cdots + \alpha(b_n) b_n^* \in V^*.$$

Einsetzen von b_i in $\tilde{\alpha}$ liefert sofort

$$\tilde{\alpha}(b_i) = \alpha(b_i),$$

wonach die Eindeutigkeitsaussage von Satz 5.21 zeigt, dass $\alpha = \tilde{\alpha}$. Daher gilt $V^* = \operatorname{span}\{b_1^*, \ldots, b_n^*\}$ und B^* ist eine Basis. Ist V unendlich-dimensional, so lässt sich das eindeutig bestimmte lineare Funktional $\epsilon \colon V \longrightarrow \Bbbk$ mit

$$\epsilon(b) = 1$$

für *alle* $b \in B$ nicht als endliche Linearkombination der b^*'s schreiben. $\qquad \square$

Korollar 5.74. *Sei V ein endlich-dimensionaler Vektorraum über $\Bbbk$. Dann gilt*

$$\dim V = \dim V^*. \tag{5.6.8}$$

Definition 5.75 (Duale Basis). Sei V ein n-dimensionaler Vektorraum über $\Bbbk$, und sei $B = (b_1, \ldots, b_n)$ eine geordnete Basis. Die Basis $B^* = (b_1^*, \ldots, b_n^*)$ heißt dann die zu B duale Basis.

Man beachte, dass das lineare Funktional b^* für $b \in B$ nur deshalb definiert werden kann, weil B als Basis in Gänze vorliegt. Einem einzelnen Vektor

$b \in V \setminus \{0\}$ könnte man auf viele Weisen ein $b^* \in V^*$ mit $b^*(b) = 1$ zuordnen, erst die *zusätzliche* Forderung $b^*(b') = 0$ für alle übrigen Basisvektoren $b' \in B \setminus \{b\}$ legt b^* eindeutig fest.

Wir betrachten nun eine lineare Abbildung $\Phi\colon V \longrightarrow W$ zwischen Vektorräumen über $\Bbbk$. Für ein lineares Funktional $\alpha \in W^*$ auf W ist die Verkettung

$$\Phi^*\alpha = \alpha \circ \Phi\colon V \longrightarrow \Bbbk \tag{5.6.9}$$

ebenfalls eine lineare Abbildung, also ein lineares Funktional $\Phi^*\alpha \in V^*$.

Definition 5.76 (Duale Abbildung). Sei $\Phi\colon V \longrightarrow W$ eine lineare Abbildung. Die Abbildung

$$\Phi^*\colon W^* \longrightarrow V^* \tag{5.6.10}$$

mit $\Phi^*\alpha = \alpha \circ \Phi$ für $\alpha \in W^*$ heißt die duale Abbildung zu Φ.

Ebenfalls gebräuchlich ist der Begriff *transponierte Abbildung* oder *pull-back mit Φ*. Wir haben folgende einfache Eigenschaften der dualen Abbildung:

Proposition 5.77. *Seien V, W und U Vektorräume über $\Bbbk$.*

i.) Für $\Phi \in \mathrm{Hom}(V, W)$ gilt $\Phi^* \in \mathrm{Hom}(W^*, V^*)$.

ii.) Das Dualisieren ist eine injektive lineare Abbildung

$$*\colon \mathrm{Hom}(V, W) \ni \Phi \mapsto \Phi^* \in \mathrm{Hom}(W^*, V^*). \tag{5.6.11}$$

iii.) Es gilt

$$(\mathrm{id}_V)^* = \mathrm{id}_{V^*}. \tag{5.6.12}$$

iv.) Für $\Phi \in \mathrm{Hom}(V, W)$ und $\Psi \in \mathrm{Hom}(W, U)$ gilt

$$(\Psi \circ \Phi)^* = \Phi^* \circ \Psi^*. \tag{5.6.13}$$

Beweis. Wie wir bereits gesehen haben, ist $\Phi^*\alpha \in V^*$ für $\alpha \in W^*$. Es bleibt zu zeigen, dass auch die Zuordnung $\Phi^*\colon \alpha \mapsto \Phi^*\alpha$ linear ist. Sei dazu $\alpha, \beta \in W^*$ und $\lambda, \mu \in \Bbbk$ vorgegeben. Dann gilt gemäß Proposition 5.16

$$\Phi^*(\lambda\alpha + \mu\beta) = (\lambda\alpha + \mu\beta) \circ \Phi = \lambda(\alpha \circ \Phi) + \mu(\beta \circ \Phi) = \lambda\Phi^*\alpha + \mu\Phi^*\beta$$

nach den Bilinearitätseigenschaften der Verkettung von linearen Abbildungen. Dies zeigt den ersten Teil. Für den zweiten können wir ebenfalls mit Proposition 5.16 argumentieren, da für $\Phi, \Phi' \in \mathrm{Hom}(V, W)$ und $\lambda, \lambda' \in \Bbbk$

$$(\lambda\Phi + \lambda'\Phi')^*\alpha = \alpha \circ (\lambda\Phi + \lambda'\Phi') = \lambda(\alpha \circ \Phi) + \lambda'(\alpha \circ \Phi') = \lambda\Phi^*\alpha + \lambda'(\Phi')^*\alpha$$

für alle $\alpha \in W^*$ gilt. Dies ist gerade die Linearität von (5.6.11). Sei nun $\Phi^* = 0$, also $\Phi^*\alpha = \alpha \circ \Phi = 0$ für alle $\alpha \in W^*$. Ist nun $v \in V$ derart, dass $\Phi(v) \neq 0$, so gibt es ein lineares Funktional $\alpha \in W^*$ mit $\alpha(\Phi(v)) = 1$. Um dies zu sehen, betrachten wir beispielsweise den eindimensionalen Unterraum $U = \mathrm{span}\{\Phi(v)\}$ mit der Basis $\{\Phi(v)\}$. Dort definieren wir α eindeutig durch die Vorgabe $\alpha(\Phi(v)) = 1$. Dann können wir α zu einem linearen Funktional auf ganz W mittels Korollar 5.23 fortsetzen. Dies widerspricht aber $\Phi^*\alpha = 0$ für alle α, und daher muss $\Phi(v) = 0$ für alle $v \in V$ gelten. Also war $\Phi = 0$, und wir sehen $\Phi^* = 0 \iff \Phi = 0$. Dies ist die Injektivität von (5.6.11). Der dritte Teil ist klar. Für den vierten Teil rechnen wir nach, dass

$$(\Psi \circ \Phi)^*\beta = \beta \circ (\Psi \circ \Phi) = (\beta \circ \Psi) \circ \Phi = (\Psi^*\beta) \circ \Phi = \Phi^*(\Psi^*\beta) = (\Phi^* \circ \Psi^*)(\beta)$$

für alle $\beta \in U^*$ gilt. $\qquad\qquad\qquad\qquad\qquad\qquad\qquad\qquad\qquad\qquad\qquad\square$

Den Dualraum V^* eines Vektorraums V können wir erneut dualisieren und erhalten somit den *Doppeldualraum* V^{**}. Im Prinzip lässt sich dies weiter fortführen, und man erhält somit Dualräume von Dualräumen etc. Im endlich-dimensionalen Fall bricht dieses Dualisieren jedoch im folgenden Sinne ab:

Proposition 5.78 (Doppeldualraum). *Sei V ein Vektorraum über $\Bbbk$.*
i.) Für jedes $v \in V$ ist

$$\iota(v)\colon V^* \ni \alpha \mapsto \iota(v)(\alpha) = \alpha(v) \in \Bbbk \qquad\qquad (5.6.14)$$

ein lineares Funktional auf V^*.

ii.) Die Abbildung

$$\iota\colon V \ni v \mapsto \iota(v) \in V^{**} \qquad\qquad (5.6.15)$$

ist linear und injektiv.

iii.) Die Abbildung ι ist natürlich im Sinne, dass für jedes $\Phi \in \operatorname{Hom}(V, W)$ das Diagramm

$$
\begin{array}{ccc}
V & \xrightarrow{\ \iota_V\ } & V^{**} \\
{\scriptstyle \Phi}\downarrow & & \downarrow{\scriptstyle \Phi^{**}} \\
W & \xrightarrow[\ \iota_W\ ]{} & W^{**}
\end{array}
\qquad\qquad (5.6.16)
$$

kommutiert.

iv.) Die Abbildung ι ist genau dann ein Isomorphismus, wenn V endlich-dimensional ist.

Beweis. Seien $\alpha, \beta \in V^*$ und $\lambda, \mu \in \Bbbk$. Dann gilt

$$\iota(v)(\lambda\alpha + \mu\beta) = (\lambda\alpha + \mu\beta)(v) = \lambda\alpha(v) + \mu\beta(v) = \lambda\iota(v)(\alpha) + \mu\iota(v)(\beta),$$

womit die Linearität von $\iota(v)$ und damit $\iota(v) \in V^{**}$ gezeigt ist. Da $v \mapsto \alpha(v)$ in v linear ist, folgt auch die Linearität von (5.6.15) sofort. Sei nun $v \in V$ mit $\iota(v) = 0$. Zu $v \neq 0$ finden wir immer ein $\alpha \in V^*$ mit $\alpha(v) = \iota(v)(\alpha) \neq 0$. Daher folgt aus $\iota(v) = 0$ auch $v = 0$, was die Injektivität von (5.6.15) zeigt. Sei $\Phi \in \operatorname{Hom}(V, W)$, also $\Phi^* \in \operatorname{Hom}(W^*, V^*)$ und entsprechend $\Phi^{**} \in$

$\mathrm{Hom}(V^{**}, W^{**})$, womit die Richtung der Pfeile in (5.6.16) geklärt ist. Sei weiter $v \in V$ und $\alpha \in W^*$, dann gilt

$$(\Phi^{**}\iota_V(v))(\alpha) = \iota_V(v)(\Phi^*\alpha) = (\Phi^*\alpha)(v) = \alpha(\Phi(v)) = (\iota_W(\Phi(v)))(\alpha),$$

was den dritten Teil zeigt. Sei schließlich V endlich-dimensional. Dann wissen wir nach Korollar 5.74

$$\dim V = \dim V^* = \dim V^{**}.$$

Demnach ist die injektive lineare Abbildung ι nach Korollar 5.27 auch surjektiv, also insgesamt bijektiv. Sei umgekehrt V unendlich-dimensional und $B \subseteq V$ eine Basis. Sei weiter $B^* \subseteq V^*$ gemäß Satz 5.73. Da B^* linear unabhängig ist, können wir B^* zu einer Basis $B^* \cup A$ von V^* ergänzen. Da B^* noch keine Basis gewesen ist, ist $A \neq \emptyset$. Wir betrachten nun ein lineares Funktional $\epsilon\colon V^* \longrightarrow \Bbbk$ mit

$$\epsilon(\alpha) = 1$$

für alle $\alpha \in A$ und $\epsilon(b^*) = 0$ für alle $b^* \in B^*$. Wie üblich können wir durch diese Vorgaben auf einer Basis ein eindeutig bestimmtes lineares Funktional $\epsilon \in V^{**}$ definieren. Wir behaupten, dass $\epsilon \notin \mathrm{im}\,\iota$. Ist nämlich $v \in V$, dann gilt

$$\iota(v)(b^*) = b^*(v) = v_b.$$

Gäbe es nun $v \in V$ mit $\iota(v) = \epsilon$, so müsste also $v_b = 0$ für alle $b \in B$ gelten. Dies bedeutet aber $v = 0$, also auch $\iota(v) = 0$. Da ϵ aber nach Konstruktion nicht das Nullfunktional auf V^* ist, kann dies nicht der Fall sein. Also ist ι nicht surjektiv. $\square$

Lemma 5.79. *Sei $B \subseteq V$ eine Basis eines endlich-dimensionalen Vektorraums über $\Bbbk$. Dann gilt*

$$\iota(b) = b^{**} \tag{5.6.17}$$

für alle $b \in B$.

Beweis. Da V endlich-dimensional ist, ist B^* wieder eine Basis, die wir nochmals dualisieren können, und so eine Basis B^{**} von V^{**} erhalten. Sei also $b \in B$ und $\alpha \in V^*$. Dann können wir

$$\alpha = \alpha_1 b_1^* + \cdots + \alpha_n b_n^*$$

mit $\alpha_1, \ldots, \alpha_n \in \Bbbk$ und $n = \dim V$ schreiben. Es gilt $b_k^{**}(\alpha) = \alpha_k = \alpha(b_k) = \iota(b_k)(\alpha)$, womit $\iota(b_k) = b_k^{**}$ gezeigt ist. $\square$

Wir schließen diesen Abschnitt nun mit einer expliziten Berechnung der Matrix der dualen Abbildung Φ^* in der endlich-dimensionalen Situation.

Proposition 5.80. *Seien V und W endlich-dimensionale Vektorräume über $\Bbbk$, und sei $\Phi\colon V \longrightarrow W$ linear. Sind $A = (a_1, \ldots, a_m)$ und $B = (b_1, \ldots, b_n)$ geordnete Basen von V und W, so gilt*

$$_{A^*}[\Phi^*]_{B^*} = (\,_B[\Phi]_A)^{\mathrm{T}}. \tag{5.6.18}$$

Beweis. Schreiben wir $_B[\Phi]_A = (\Phi_{ij})_{\substack{i=1,\ldots,n \\ j=1,\ldots,m}}$, so ist der (i,j)-te Eintrag der Matrix $_B[\Phi]_A$ durch

$$\Phi_{ij} = b_i^*(\Phi(a_j))$$

gegeben, da das lineare Funktional b_i^* gerade den i-ten Entwicklungskoeffizienten bezüglich der geordneten Basis $(b_1,\ldots,b_n)$ liefert. Wenden wir dies nun auf die Abbildung $\Phi^*\colon W^* \longrightarrow V^*$ an, so erhalten wir die Matrix $_{A^*}[\Phi^*]_{B^*} = ((\Phi^*)_{ji})_{\substack{j=1,\ldots,m \\ i=1,\ldots,n}}$ mit

$$(\Phi^*)_{ji} = a_j^{**}(\Phi^*(b_i^*)) = \iota(a_j)(\Phi^*(b_i^*)) = \Phi^*(b_i^*)(a_j) = b_i^*(\Phi(a_j))$$

nach der Definition von Φ^* und Lemma 5.79. Damit gilt also $(\Phi^*)_{ji} = \Phi_{ij}$, wie behauptet. $\qquad\square$

Diese Proposition erklärt zum einen den Namen *transponierte Abbildung* für Φ^*, da die zugehörige Matrix gerade die transponierte Matrix von Φ ist, wenn man die dualen Basen verwendet. Zum anderen erklärt diese Proposition die Rechenregeln für die Matrixtransposition aus Proposition 5.61. Dies sind gerade die Rechenregeln für das Dualisieren aus Proposition 5.77.

Kontrollfragen. Wieso ist der Dualraum selbst wieder ein Vektorraum? Wieso sind die Koordinatenfunktionale bezüglich einer Basis linear unabhängig? Welche Eigenschaften hat das Dualisieren von linearen Abbildungen? Wie kann man den Vektorraum in seinen Doppeldualraum einbetten und in welchem Sinne ist dies natürlich?

5.7 Übungen

Übung 5.1 (Additive Abbildungen). Eine Abbildung $\phi\colon \mathbb{R} \longrightarrow \mathbb{R}$ heißt additiv, falls $\phi(x+y) = \phi(x) + \phi(y)$ für alle $x,y \in \mathbb{R}$ gilt. Zeigen Sie, dass ϕ genau dann additiv ist, wenn ϕ linear bezüglich der $\mathbb{Q}$-Vektorraumstruktur von $\mathbb{R}$ ist. Wie viele additive Abbildungen gibt es?

Übung 5.2 (Komplexe Konjugation in $\mathbb{C}^n$). Betrachten Sie den komplexen Vektorraum $\mathbb{C}^n$ mit $n \in \mathbb{N}$. Definieren Sie die komplexe Konjugation $\mathbb{C}^n \ni v \mapsto \overline{v} \in \mathbb{C}^n$ komponentenweise.

i.) Zeigen Sie, dass die komplexe Konjugation reell linear, aber nicht komplex linear ist.

ii.) Zeigen Sie, dass die komplexe Konjugation involutiv ist.

iii.) Seien $v_1,\ldots v_k \in \mathbb{C}^n$ paarweise verschiedene Vektoren. Zeigen Sie, dass diese genau dann linear unabhängig sind, wenn die Vektoren $\overline{v}_1,\ldots,\overline{v}_k$ linear unabhängig sind.

Übung 5.3 (Ableitung von Polynomen). Sei R ein assoziativer, aber nicht notwendigerweise kommutativer Ring. Für ein Polynom $p \in R[x]$ mit $p(x) = a_n x^n + \cdots + a_1 x + a_0$ definiert man die Ableitung $p' \in R[x]$ durch

$$p'(x) = n a_n x^{n-1} + (n-1) a_{n-1} x^{n-1} + \cdots + 2 a_2 x + a_1, \qquad (5.7.1)$$

wobei $n = \deg(p)$ und $a_n, \ldots, a_0 \in R$. Die Vielfachen $k a_k$ sind dabei wie immer im Sinne von Übung 3.17 definiert.

i.) Zeigen Sie, dass die Ableitung eine additive Abbildung

$$R[x] \ni p \mapsto p' \in R[x] \qquad (5.7.2)$$

liefert. Ist die Ableitung auch ein Ringmorphismus? Eine alternative Schreibweisen ist auch $\frac{\mathrm{d}p}{\mathrm{d}x} = p'$.

ii.) Zeigen Sie, dass die Ableitung die *Leibniz-Regel*

$$(pq)' = p'q + q'p \qquad (5.7.3)$$

für $p, q \in R[x]$ erfüllt.

iii.) Folgern Sie, dass die Ableitung von Polynomen mit Koeffizienten in einem Körper $\Bbbk$ eine lineare Abbildung bezüglich der üblichen Vektorraumstruktur der Polynome $\Bbbk[x]$ ist.

iv.) Sei nun $\Bbbk$ ein Körper der Charakteristik null. Definieren Sie dann die Abbildung

$$I \colon \Bbbk[x] \ni p \mapsto I(p) \in \Bbbk[x] \qquad (5.7.4)$$

durch

$$I(a_n x^n + \cdots + a_1 x + a_0) = \frac{1}{n+1} a_n x^{n+1} + \cdots + \frac{1}{2} a_1 x^2 + a_0 x. \quad (5.7.5)$$

Zeigen Sie, dass I ebenfalls eine lineare Abbildung ist und argumentieren Sie, wieso I ein angemessener Name für diese Abbildung ist.

v.) Bestimmen Sie $(I(p))'$ und $I(p')$ für $p \in \Bbbk[x]$.

vi.) Bestimmen Sie das Bild und den Kern der Ableitung von Polynomen mit Koeffizienten in einem Körper $\Bbbk$ der Charakteristik null.

vii.) Bestimmen Sie ebenso das Bild und den Kern der Abbildung I für $\mathrm{char}(\Bbbk) = 0$. Was fällt auf, insbesondere im Hinblick auf Korollar 5.27?

viii.) Betrachten Sie nun den Fall, dass $\mathrm{char}(\Bbbk) = p \neq 0$. Bestimmen Sie auch in diesem Fall den Kern der Ableitung.

ix.) Erweitern Sie Ihre obigen Definitionen und Ergebnisse von den Polynomen zu formalen Potenzreihen $R[[x]]$ beziehungsweise $\Bbbk[[x]]$.

Übung 5.4 (Projektionen und Inklusionen). Seien $\{V_i\}_{i \in I}$ Vektorräume über $\Bbbk$ und $V = \prod_{i \in I} V_i$ ihr kartesisches Produkt.

i.) Zeigen Sie, dass die kanonische Projektion $\mathrm{pr}_i\colon V \longrightarrow V_i$, welche v auf die i-te Komponente von v abbildet, eine lineare Abbildung ist.

ii.) Zeigen Sie, dass die kanonische Inklusion $\iota_i\colon V_i \longrightarrow V$ mit

$$(\iota_i(v_i))_j = \begin{cases} v_i & \text{falls } j = i \\ 0 & \text{sonst} \end{cases} \tag{5.7.6}$$

eine lineare Abbildung ist.

iii.) Bestimmen Sie $\mathrm{pr}_i \circ \iota_j$ und $\iota_i \circ \mathrm{pr}_j$ für alle $i, j \in I$.

iv.) Welcher der Abbildungen pr_i und ι_i ist injektiv, welche surjektiv?

Übung 5.5 (Der Kommutator). Betrachten Sie einen Vektorraum V über $\Bbbk$. Definieren Sie den Kommutator

$$[A, B] = AB - BA \tag{5.7.7}$$

für $A, B \in \mathrm{End}(V)$ als Maß für die Nichtkommutativität der beiden Endomorphismen $A, B \in \mathrm{End}(V)$.

i.) Finden Sie ein Beispiel dafür, dass $\mathrm{End}(V)$ bezüglich der Hintereinanderausführung von Endomorphismen im Allgemeinen nicht kommutativ ist.

ii.) Zeigen Sie, dass

$$[\alpha A + \beta B, C] = \alpha[A, B] + \beta[B, C] \quad \text{und} \quad [A, \beta B + \gamma C] = \beta[A, B] + \gamma[A, C] \tag{5.7.8}$$

für $\alpha, \beta, \gamma \in \Bbbk$ und $A, B, C \in \mathrm{End}(V)$.

iii.) Zeigen Sie $[A, A] = 0$ und damit $[A, B] = -[B, A]$ für alle $A, B \in \mathrm{End}(V)$.

iv.) Zeigen Sie die *Leibniz-Regel*

$$[A, BC] = [A, B]C + B[A, C] \tag{5.7.9}$$

für $A, B, C \in \mathrm{End}(V)$.

v.) Zeigen Sie die *Jacobi-Identität*

$$[A, [B, C]] = [[A, B], C] + [B, [A, C]] \tag{5.7.10}$$

für $A, B, C \in \mathrm{End}(V)$.

Übung 5.6 (Elementarmatrizen). Seien $n, m \in \mathbb{N}$. Betrachten Sie die Elementarmatrizen $E_{ij} \in \mathrm{M}_{n \times m}(\Bbbk)$ aus (5.5.17).

i.) Zeigen Sie (5.5.19) durch eine explizite Rechnung.

ii.) Sei nun $n = m$. Bestimmen Sie dann die Kommutatoren $[E_{ij}, E_{k\ell}]$ für $i, j, k, \ell = 1, \ldots, n$ als Linearkombinationen der Elementarmatrizen.

iii.) Bestimmen Sie weiter $E_{ij}A$ und AE_{ij} für eine beliebige Matrix A (passender Größe) explizit.

Übung 5.7 (Nochmals der Vektorraum $\mathrm{Abb}(M, V)$**).** Sei M eine nicht-leere Menge und sei V ein Vektorraum über $\Bbbk$. Wir betrachten erneut den Vektorraum $\mathrm{Abb}(M, V)$ wie in Übung 4.4.

i.) Sei $\alpha \in V^*$ und $p \in M$. Zeigen Sie, dass dann die Abbildung

$$\delta_{\alpha, p} \colon \mathrm{Abb}(M, V) \ni f \;\mapsto\; \alpha(f(p)) \in \Bbbk \qquad (5.7.11)$$

ein lineares Funktional auf $\mathrm{Abb}(M, V)$ ist.

ii.) Sei nun $B \subseteq V$ eine Basis. Zeigen Sie, dass die Vektoren $\mathrm{e}_{p,b} \in \mathrm{Abb}(M, V)$ mit

$$\mathrm{e}_{p,b}(q) = \begin{cases} b & \text{für } q = p \\ 0 & \text{sonst} \end{cases} \qquad (5.7.12)$$

linear unabhängig sind.

Hinweis: Betrachten Sie zu jedem $b \in B$ die linearen Funktionale $b^* \in V^*$ gemäß Satz 5.73 sowie die Funktionale δ_{p, b^*}.

iii.) Zeigen Sie, dass für eine fest gewählte Basis B von V alle Vektoren der Form $\mathrm{e}_{p,b}$ mit $p \in M$ und $b \in B$ eine Basis von $\mathrm{Abb}_0(M, V)$ bilden.

iv.) Sei nun N eine weitere nichtleere Menge und $\phi \colon N \longrightarrow M$ eine Abbildung. Definieren Sie den *pull-back* $\phi^* \colon \mathrm{Abb}(M, V) \longrightarrow \mathrm{Abb}(N, V)$ wie schon in Übung 3.20 punktweise durch $(\phi^*(f))(q) = f(\phi(q))$ für $q \in N$. Zeigen Sie, dass ϕ^* eine lineare Abbildung ist.

v.) Zeigen Sie die üblichen Regeln für einen pull-back, also $(\phi \circ \psi)^* = \psi^* \circ \phi^*$ für Abbildungen $\phi \colon N \longrightarrow M$ und $\psi \colon M \longrightarrow X$ sowie $\mathrm{id}_M^* = \mathrm{id}_{\mathrm{Abb}(M, V)}$.

vi.) Sei W ein weiterer Vektorraum über $\Bbbk$. Zeigen Sie, dass die punktweise Anwendung von $\Phi \in \mathrm{Abb}(M, \mathrm{Hom}(V, W))$ eine lineare Abbildung

$$\Phi \colon \mathrm{Abb}(M, V) \longrightarrow \mathrm{Abb}(M, W) \qquad (5.7.13)$$

liefert. Zeigen Sie weiter, dass $\mathrm{Abb}_0(M, V)$ unter Φ nach $\mathrm{Abb}_0(M, W)$ abgebildet wird.

Hinweis: Was bedeutet die punktweise Definition von Φ ausgeschrieben?

vii.) Zeigen Sie schließlich, dass für $\Phi \in \mathrm{Abb}(M, \mathrm{Hom}(V, W))$ und $\phi \colon N \longrightarrow M$ die Vertauschungsregel

$$\phi^* \circ \Phi = (\phi^* \Phi) \circ \phi^* \qquad (5.7.14)$$

gilt, wobei Φ gemäß *vi.)* wirkt. Zeichnen Sie das entsprechende kommutative Diagramm. Wie vereinfacht sich diese Rechenregel, wenn Φ eine konstante Abbildung, also nur ein Element $\Phi \in \mathrm{Hom}(V, W)$, ist?

Übung 5.8 (Matrixmultiplikation I). Seien A, B, C und D nichtleere Mengen und $\Phi \in \Bbbk^{(B) \times A}$, $\Psi \in \Bbbk^{(C) \times B}$ sowie $\Xi \in \Bbbk^{(D) \times C}$ Matrizen.

i.) Bestimmen Sie explizit die Einträge der Matrizen $\Xi \cdot (\Psi \cdot \Phi)$ und $(\Xi \cdot \Psi) \cdot \Phi$ und überlegen Sie sich im Detail, warum beide Produkte Elemente in $\Bbbk^{(D) \times A}$ sind.

ii.) Zeigen Sie die Assoziativität (5.4.14) der Matrixmultiplikation.

iii.) Folgern Sie, dass $\Bbbk^{(A) \times A}$ ein Ring mit Einselement ist.

Übung 5.9 (Matrixmultiplikation II). Über dem Körper $\Bbbk = \mathbb{R}$ seien die Matrizen

$$A = \begin{pmatrix} 1 & -1 & 2 \\ 0 & 3 & 5 \\ 1 & 8 & -7 \end{pmatrix}, \quad B = \begin{pmatrix} -1 & 0 & 1 & 0 \\ 0 & 1 & 0 & -1 \\ 1 & 0 & -1 & 0 \end{pmatrix}, \quad C = \begin{pmatrix} 1 \\ 0 \\ 8 \\ -7 \end{pmatrix},$$

$$D = \begin{pmatrix} -1 & 2 & 0 & 8 \end{pmatrix}, \quad E = \begin{pmatrix} 1 & 4 \\ 0 & 5 \\ 6 & 8 \end{pmatrix} \quad \text{und} \quad F = \begin{pmatrix} -1 & 2 & 0 \end{pmatrix}$$

gegeben. Berechnen Sie alle möglichen Produkte.

Hinweis: Welche Produkte sind überhaupt definiert und welche Form haben die Resultate dann?

Übung 5.10 (Allgemeine lineare Gruppe). Sei V ein Vektorraum über $\Bbbk$ mit einer Basis $B \subseteq V$.

i.) Betrachten Sie die Gruppe der invertierbaren Matrizen $\mathrm{GL}_B(\Bbbk) = (\Bbbk^{(B) \times B})^{\times}$ bezüglich der Ringstruktur von $\Bbbk^{(B) \times B}$ aus Übung 5.8, *iii.)*. Zeigen Sie, dass es sich dabei tatsächlich um eine Gruppe handelt.

Hinweis: Korollar 3.17.

ii.) Zeigen Sie, dass die Basisdarstellung einen Isomorphismus

$$_B[\,\cdot\,]_B \colon \mathrm{GL}(V) \ni A \;\mapsto\; {_B[A]_B} \in (\Bbbk^{(B) \times B})^{\times} \tag{5.7.15}$$

von Gruppen liefert.

Übung 5.11 (Smith-Normalform und Invertieren). Betrachten Sie eine $n \times m$-Matrix $A \in \mathrm{M}_{n \times m}(\Bbbk)$. Schreiben Sie diese zusammen mit der $n \times n$- und der $m \times m$-Einheitsmatrix in ein Schema der Form

$$\left(\begin{array}{ccc|ccc|ccc} 1 & & & a_{11} & \ldots & a_{1m} & 1 & & \\ & \ddots & & \vdots & & \vdots & & \ddots & \\ & & 1 & a_{n1} & \ldots & a_{nm} & & & 1 \end{array} \right), \tag{5.7.16}$$

wobei Sie links von A die Einheitsmatrix $\mathbb{1}_n$ und rechts die Einheitsmatrix $\mathbb{1}_m$ schreiben.

i.) Zeigen Sie, dass die elementaren Zeilenumformungen mit den elementaren Spaltenumformungen von A vertauschen. Zeigen Sie auch, dass die
elementaren Zeilenumformungen (beziehungsweise die Spaltenumformungen) untereinander nicht notwendigerweise vertauschen.

Führen Sie nun schrittweise die elementaren Zeilenumformungen für A durch,
die A auf Zeilenstufenform bringen. Dabei führen Sie gleichzeitig dieselben
Umformungen auch für die erste Einheitsmatrix durch. Dies liefert eine Ma-
trix $Q \in \mathrm{M}_n(\Bbbk)$ anstelle der ersten Einheitsmatrix $\mathbb{1}_n$. Anschließend führen
Sie elementare Spaltenumformungen durch, um die verbliebene Matrix in der
Mitte auf Smith-Normalform zu bringen. Synchron führen Sie wieder dieselben Spaltenumformungen nun für die rechts stehende Einheitsmatrix $\mathbb{1}_m$
durch. An ihrer Stelle erhalten Sie dann eine Matrix $P \in \mathrm{M}_m(\Bbbk)$.

ii.) Zeigen Sie, dass diese Matrizen Q und P durch Matrixmultiplikation A
auf Smith-Normalform bringen, also QAP die Normalform ist.

iii.) Zeigen Sie, dass es unerheblich ist, ob Sie zuerst Zeilen- oder Spaltenumformungen durchführen.

iv.) Führen Sie diesen Algorithmus für verschiedene Beispiele durch.

v.) Alternativ können Sie diesen Algorithmus für kleine Matrizen, etwa
$n, m \leq 10$, programmieren und Ihr Programm dann an diversen Zahlenbeispielen testen.

vi.) Wie können Sie im Falle von quadratischen Matrizen $n = m$ auf diese Weise die Invertierbarkeit entscheiden und das Inverse gegebenenfalls
bestimmen?

Übung 5.12 (Rang und inverse Matrizen). Betrachten Sie folgende
Matrizen

$$A_1 = \begin{pmatrix} 1 & 1 & t^2 \\ 1 & t^2 & 1 \\ t & 1 & 1 \end{pmatrix}, \quad A_2 = \begin{pmatrix} 1 & 2 & 3 \\ 4 & 5t & 6 \end{pmatrix}, \quad A_3 = \begin{pmatrix} 1 & -i & 2 \\ 4 & 2 & 2+i \\ 6 & 2-2i & 6+i \end{pmatrix},$$

$$A_4 = \begin{pmatrix} 1 & 0 & 0 \\ i & a & 0 \\ 1-i & 4 & 2+a \end{pmatrix}, \quad A_5 = \begin{pmatrix} a & t \\ t & a \end{pmatrix}, \quad A_6 = \begin{pmatrix} 1 & 2 \\ 2 & 5t \\ 3 & 6 \end{pmatrix}$$

über $\mathbb{C}$, wobei t und a komplexe Parameter seien.

i.) Bestimmen Sie den Rang der Matrizen A_1, A_2, A_3, A_4, A_5 und A_6 in
Abhängigkeit der Parameter t beziehungsweise a.

ii.) Bestimmen Sie die inversen Matrizen, falls diese existieren, und verifizieren Sie Ihre Resultate durch eine explizite Überprüfung.

Übung 5.13 (Injektivität und Surjektivität). Betrachten Sie den Folgenraum c der konvergenten Folgen. Definieren Sie lineare Abbildungen
$S, T \colon c \longrightarrow c$ durch

$$(Sa)_n = a_{n+1} \quad \text{und} \quad (Ta)_n = \begin{cases} a_{n-1} & \text{falls } n > 1 \\ 0 & \text{falls } n = 1. \end{cases} \tag{5.7.17}$$

i.) Zeigen Sie, dass dies tatsächlich wohldefinierte lineare Endomorphismen von c liefert.

ii.) Berechnen Sie $S \circ T$ und $T \circ S$.

iii.) Bestimmen Sie explizit den Kern und das Bild von T und S.

iv.) Welche Abbildung ist injektiv, welche surjektiv, welche bijektiv? Diskutieren Sie Ihre Ergebnisse in Bezug auf Korollar 5.27.

v.) Berechnen Sie nun alle Potenzen S^k und T^k für $k \in \mathbb{N}$. Geben Sie dann eine Interpretation von $S^k \circ T^k$ sowie $T^k \circ S^k$.

Übung 5.14 (Links- und Rechtsinverse von linearen Abbildungen).
Sei $\Phi\colon V \longrightarrow W$ eine lineare Abbildung zwischen Vektorräumen über $\Bbbk$.

i.) Zeigen Sie, dass Φ genau dann injektiv ist, wenn es eine *lineare* Abbildung $\Psi\colon W \longrightarrow V$ mit $\Psi \circ \Phi = \mathrm{id}_V$ gibt. Beschreiben Sie explizit, wie viele solche Ψ es gibt.

   Hinweis: Wählen Sie geeignete Komplemente.

ii.) Zeigen Sie, dass Φ genau dann surjektiv ist, wenn es eine *lineare* Abbildung $\Psi\colon W \longrightarrow V$ mit $\Phi \circ \Psi = \mathrm{id}_W$ gibt. Beschreiben Sie explizit, wie viele solche Ψ es gibt.

Übung 5.15 (Bild im Kern). Sei V ein Vektorraum über $\Bbbk$ und $d \in \mathrm{End}(V)$.

i.) Zeigen Sie, dass $d^2 = 0$ genau dann gilt, wenn $\mathrm{im}\, d \subseteq \ker d$.

ii.) Was können Sie über die Dimensionen von $\mathrm{im}\, d$ und $\ker d$ für einen endlich-dimensionalen Vektorraum V sagen?

iii.) Geben Sie explizite Beispiele an, dass die Zahlenpaare aus Teil *ii.)* realisiert werden können.

Überraschenderweise verbirgt sich hinter der unschuldig aussehenden Identität $d^2 = 0$ eines der wichtigsten Konzepte der moderneren Mathematik, das in der homologischen Algebra im Detail diskutiert wird.

Übung 5.16 (Integrieren). Diese Übung erfordert eine gewisse Vertrautheit mit dem Riemann-Integral. Betrachten Sie den Vektorraum $\mathscr{C}_0(\mathbb{R})$ der stetigen Funktionen auf der reellen Achse mit kompaktem Träger: Für $f \in \mathscr{C}_0(\mathbb{R})$ gibt es also eine Zahl $a \geq 0$ mit $f(x) = 0$ für alle $x \in \mathbb{R} \setminus [-a, a]$. Sei weiter

$$V = \left\{ F \in \mathscr{C}^1(\mathbb{R}) \,\middle|\, F' \in \mathscr{C}_0(\mathbb{R}) \text{ und } \lim_{x \longrightarrow -\infty} F(x) = 0 \right\} \tag{5.7.18}$$

diejenige Teilmenge von stetig differenzierbaren Funktionen, deren Ableitung einen kompakten Träger besitzt und die für $x \longrightarrow -\infty$ gegen null geht. Betrachten Sie dann folgende Abbildung

$$I: f \;\mapsto\; I(f) = \left(x \mapsto (I(f))(x) = \int_{-\infty}^{x} f(t)\mathrm{d}t\right). \qquad (5.7.19)$$

i.) Zeigen Sie, dass V ein Unterraum von $\mathscr{C}^1(\mathbb{R})$ ist.

ii.) Zeigen Sie, dass $I(f) \in V$ für $f \in \mathscr{C}_0(\mathbb{R})$ gilt, indem Sie einen bekannten Satz aus der Analysis anwenden.

iii.) Zeigen Sie, dass die Abbildung I gemäß (5.7.19) eine lineare Abbildung $I: \mathscr{C}_0(\mathbb{R}) \longrightarrow V$ ist.

iv.) Zeigen Sie analog, dass die Ableitung $V \ni F \mapsto F' \in \mathscr{C}_0(\mathbb{R})$ eine lineare Abbildung ist.

v.) Bestimmen Sie $(I(f))'$ für $f \in \mathscr{C}_0(\mathbb{R})$.

vi.) Bestimmen Sie $I(F')$ für eine Funktion $F \in V$.

vii.) Folgern Sie, dass I und die Ableitung zueinander inverse Bijektionen zwischen V und $\mathscr{C}_0(\mathbb{R})$ sind.

viii.) Betrachten Sie nun den Unterraum $\mathscr{C}_0^1(\mathbb{R}) \subseteq V$ der einmal stetig differenzierbaren Funktionen mit kompaktem Träger. Zeigen Sie, dass $I(f) \in \mathscr{C}_0^1(\mathbb{R})$ für $f \in \mathscr{C}_0(\mathbb{R})$ genau dann gilt, wenn

$$\int_{-\infty}^{+\infty} f(t)\mathrm{d}t = 0. \qquad (5.7.20)$$

Man beachte, dass f kompakten Träger hat, weshalb das uneigentliche Riemann-Integral hier völlig unproblematisch ist.

ix.) Zeigen Sie, dass $\mathscr{C}_0^1(\mathbb{R})$ in V ein Komplement der Dimension 1 besitzt. Zeigen Sie, dass für $f, g \in \mathscr{C}_0(\mathbb{R})$ genau dann $f = g + F'$ mit $F \in \mathscr{C}_0^1(\mathbb{R})$ gilt, wenn

$$\int_{-\infty}^{+\infty} f(t)\mathrm{d}t = \int_{-\infty}^{+\infty} g(t)\mathrm{d}t. \qquad (5.7.21)$$

x.) Finden Sie eine Funktion $f \in V$, sodass der Spann von $\{f\}$ ein Komplement zu $\mathscr{C}_0^1(\mathbb{R})$ in V liefert.

Übung 5.17 (Kartesisches Produkt und direkte Summe). Sei V ein fest gewählter Vektorraum über $\Bbbk$ und sei I eine nichtleere Menge. Wir setzen $V_i = V$ für alle $i \in I$.

i.) Zeigen Sie, dass das kartesische Produkt $V^I = \prod_{i \in I} V_i$ auf kanonische Weise zu $\mathrm{Abb}(I, V)$ als Vektorraum isomorph ist. Geben Sie dazu den Isomorphismus und sein Inverses explizit an und weisen Sie die nötigen Eigenschaften nach.

ii.) Zeigen Sie, dass unter dem obigen Isomorphismus der direkten Summe $V^{(I)} = \bigoplus_{i \in I} V_i$ gerade der Unterraum $\mathrm{Abb}_0(I, V)$ entspricht.

Übung 5.18 (Innere und äußere direkte Summe). Seien $\{U_i\}_{i \in I}$ Untervektorräume eines $\Bbbk$-Vektorraums V. Betrachten Sie die Abbildung

$$\phi\colon \bigoplus_{i\in I} U_i \ni (u_i)_{i\in I} \;\mapsto\; \sum_{i\in I} u_i \in \sum_{i\in I} U_i \subseteq V \tag{5.7.22}$$

von der äußeren direkten Summe der Unterräume nach V.

i.) Zeigen Sie, dass ϕ tatsächlich eine wohldefinierte Abbildung ist.

ii.) Zeigen Sie, dass ϕ linear ist.

iii.) Zeigen Sie, dass ϕ surjektiv auf $\sum_{i\in I} U_i$ ist.

iv.) Zeigen Sie, dass ϕ genau dann injektiv ist, wenn die Summe $\sum_{i\in I} U_i$ der Unterräume (im Sinne einer inneren direkten Summe) direkt ist.

Übung 5.19 (Lineare Abbildungen, direkte Summe und kartesisches Produkt). Sei I eine nichtleere Indexmenge, und seien $\{V_i\}_{i\in I}$, $\{W_i\}_{i\in I}$ sowie W, U Vektorräume über $\Bbbk$. Weiter seien $\phi_i\colon W \longrightarrow V_i$ und $\psi_i\colon V_i \longrightarrow U$ sowie $\xi_i\colon V_i \longrightarrow W_i$ lineare Abbildungen für $i \in I$.

i.) Zeigen Sie, dass es eine eindeutig bestimmte lineare Abbildung

$$\Psi\colon \bigoplus_{i\in I} V_i \longrightarrow U \tag{5.7.23}$$

gibt, sodass $\Psi \circ \iota_j = \psi_j$ für alle $j \in I$, wobei $\iota_j\colon V_j \longrightarrow \bigoplus_{i\in I} V_i$ die kanonischen Inklusionsabbildungen der einzelnen Vektorräume V_j in ihre direkte Summe sind. Dies verallgemeinert die Konstruktion aus Übung 5.18.

ii.) Zeigen Sie, dass es eine eindeutig bestimmte lineare Abbildung

$$\Phi\colon W \longrightarrow \prod_{i\in I} V_i \tag{5.7.24}$$

mit $\mathrm{pr}_j \circ \Phi = \phi_j$ für alle $j \in I$ gibt, wobei $\mathrm{pr}_j\colon \prod_{i\in I} V_i \longrightarrow V_j$ die kanonische Projektion auf den j-ten Faktor V_j des kartesischen Produkts ist.

iii.) Zeigen Sie, dass es eine eindeutige lineare Abbildung $\Xi\colon \prod_{i\in I} V_i \longrightarrow \prod_{i\in I} W_i$ mit $\mathrm{pr}_j \circ \Xi \circ \iota_i = \delta_{ij}\xi_i$ gibt. Zeigen Sie, dass diese lineare Abbildung Ξ die direkte Summe der V_i in die direkte Summe der W_i abbildet.

Übung 5.20 (Fortsetzung linearer Abbildungen). Seien V und W Vektorräume über $\Bbbk$. Betrachten Sie einen Unterraum $U \subseteq V$ mit einer vorgegebenen linearen Abbildung $\phi\colon U \longrightarrow W$. Wählen Sie weiter ein Komplement $X \subseteq V$ zu U, also $V = U \oplus X$.

i.) Zeigen Sie, dass für je zwei lineare Fortsetzungen $\Phi, \Psi\colon V \longrightarrow W$ von ϕ die Differenz $\Phi - \Psi$ auf U verschwindet.

ii.) Zeigen Sie, dass für eine lineare Fortsetzung $\Phi\colon V \longrightarrow W$ von ϕ und eine beliebige lineare Abbildung $\xi\colon X \longrightarrow W$ mit der trivialen Fortsetzung $\Xi\colon V \longrightarrow W$, also $\Xi\big|_U = 0$, eine neue Fortsetzung $\Phi + \Xi$ von ϕ konstruiert werden kann.

iii.) Folgern Sie, dass die Menge der linearen Fortsetzungen von ϕ einen affinen Raum über dem Vektorraum $\mathrm{Hom}(X, W)$ bildet, siehe auch Übung 4.35.

Hinweis: Übung 5.19.

Übung 5.21 (Matrizen). Betrachten Sie einen assoziativen Ring R sowie die $n \times n$-Matrizen $\mathrm{M}_n(\mathsf{R})$ mit Einträgen in R.

i.) Zeigen Sie, dass $\mathrm{M}_n(\mathsf{R})$ bezüglich der komponentenweisen Addition und bezüglich der Matrixmultiplikation ein assoziativer Ring ist.

Hinweis: Vergewissern Sie sich, dass weder die Existenz von multiplikativen Inversen noch die Kommutativität für den expliziten Nachweis der Eigenschaften der Matrix-multiplikation nötig ist.

ii.) Zeigen Sie, dass $\lambda \mapsto \mathrm{diag}(\lambda, \ldots, \lambda)$ einen injektiven Ringmorphismus $\mathsf{R} \longrightarrow \mathrm{M}_n(\mathsf{R})$ liefert, wobei ganz allgemein

$$\mathrm{diag}(x_1, \ldots, x_n) = \begin{pmatrix} x_1 & & 0 \\ & \ddots & \\ 0 & & x_n \end{pmatrix} \in \mathrm{M}_n(\mathsf{R}) \qquad (5.7.25)$$

diejenige Matrix bezeichnet, die die Ringelemente $x_1, \ldots, x_n \in \mathsf{R}$ auf der Diagonalen und sonst nur Nullen als Einträge hat.

iii.) Zeigen Sie, dass $\mathrm{M}_n(\mathsf{R})$ genau dann ein Einselement besitzt, wenn R ein Einselement hat, und bestimmen Sie dieses explizit.

iv.) Erweitern Sie Ihre Ergebnisse auf unendliche Matrizen $\mathsf{R}^{(B) \times A}$, wobei A und B nun beliebige, nicht notwendigerweise endliche Mengen seien.

Hinweis: Verallgemeinern Sie Ihre Überlegungen aus Übung 5.8.

Übung 5.22 (Antisymmetrische 3×3-Matrix). Sei $\Bbbk$ ein Körper der Charakteristik ungleich zwei und $A \in \mathrm{M}_n(\Bbbk)$. Dann heißt A *antisymmetrisch*, wenn $A^{\mathrm{T}} = -A$. Wie immer identifizieren wir $\mathrm{M}_n(\Bbbk)$ mit $\mathrm{End}(\Bbbk^n)$.

i.) Zeigen Sie, dass die antisymmetrischen Matrizen einen Unterraum von $\mathrm{M}_n(\Bbbk)$ bilden.

ii.) Bestimmen Sie die Dimension des Unterraums aller antisymmetrischen $n \times n$-Matrizen, indem Sie eine möglichst einfache Basis angeben.

iii.) Zeigen Sie, dass es zu jeder antisymmetrischen Matrix $A \in \mathrm{M}_3(\Bbbk)$ einen eindeutig bestimmten Vektor $a \in \Bbbk^3$ gibt, sodass $Ax = a \times x$ für alle $x \in \Bbbk^3$. Hier ist $\times$ das Kreuzprodukt, welches wie für $\mathbb{R}^3$ auch für $\Bbbk^3$ definiert wird.

iv.) Zeigen Sie umgekehrt, dass für jeden Vektor $a \in \Bbbk^3$ die lineare Abbildung $x \mapsto a \times x$ durch eine antisymmetrische Matrix vermittelt wird.

v.) Berechnen Sie die Matrizen $L_k \in \mathrm{M}_3(\Bbbk)$, welche den Kreuzprodukten mit den kanonischen Basisvektoren e_k für $k = 1, 2, 3$ entsprechen.

vi.) Zeigen Sie, dass $\Bbbk^3 \ni a \mapsto A \in \mathrm{M}_3(\Bbbk)$ ein linearer Isomorphismus auf die antisymmetrischen Matrizen ist.

vii.) Zeigen Sie, dass für zwei antisymmetrische Matrizen A und B der Kommutator $[A, B]$ wieder antisymmetrisch ist, und bestimmen Sie den zugehörigen Vektor $c \in \Bbbk^3$, sodass $[A, B]x = c \times x$. Was fällt auf?

viii.) Geben Sie ein konzeptuelles Argument dafür, dass das Kreuzprodukt $\times$ die Jacobi-Identität erfüllt.

      Hinweis: Übung 5.5.

ix.) Bestimmen Sie die Kommutatoren $[L_k, L_\ell]$ explizit für $k, \ell = 1, 2, 3$.

Übung 5.23 (Matrixdarstellung der Translation). Betrachten Sie den Vektorraum $\Bbbk[x]$ der Polynome mit Koeffizienten in einem Körper $\Bbbk$. Sei weiter $T \colon \Bbbk[x] \longrightarrow \Bbbk[x]$ wieder die Translation um 1 aus Beispiel 5.47.

i.) Bestimmen Sie durch eine explizite Matrixmultiplikation die Matrix $_B[T^2]_B$ des Quadrats von T bezüglich der Standardbasis B der Monome von $\Bbbk[x]$.

ii.) Bestimmen Sie die Matrizen $_B[T^k]_B$ für $k \in \mathbb{Z}$ direkt, indem Sie das Polynom $p(x - k)$ mithilfe des Binomialsatzes ausrechnen. Verifizieren Sie so Ihre Ergebnisse aus *i.)*.

Übung 5.24 (Ort und Impuls). Sei $\Bbbk$ ein Körper der Charakteristik null. Dann betrachtet man den *Orts-* und den *Impulsoperator* $Q, P \colon \Bbbk[x] \longrightarrow \Bbbk[x]$ mit

$$(Qp)(x) = xp(x) \quad \text{und} \quad (Pp)(x) = \frac{\mathrm{d}}{\mathrm{d}x}p(x) = p'(x) \tag{5.7.26}$$

für $p \in \Bbbk[x]$.

i.) Zeigen Sie, dass Q und P lineare Abbildungen sind.

ii.) Bestimmen Sie die Matrixdarstellungen von Q und P bezüglich der Standardbasis der Monome, siehe Übung 4.14, *i.)*.

      Hinweis: Dies sind unendlich große, durch die natürlichen Zahlen indizierte Matrizen. Trotzdem sind nur sehr wenige Einträge ungleich null.

iii.) Bestimmen Sie den Kommutator $[P, Q] = PQ - QP$.

      Hinweis: Hier ist es illustrativ, auch die unendlichen Matrizen zu multiplizieren, um PQ und QP zu bestimmen. Die direkte Rechnung mittels (5.7.26) ist natürlich unsportlich einfach.

Diese beiden linearen Abbildungen spielen die zentrale Rolle in der Quantenmechanik, auch wenn sie dort nicht direkt auf Polynomen, sondern auf etwas anderen Funktionen definiert sind. Dort wird die Ableitung als Impulsoperator noch mit einem Faktor $\mathrm{i}\hbar$ reskaliert.

Übung 5.25 (Elementare Umformungen). Erbringen Sie durch explizites Nachrechnen die Beweise der Lemmata 5.56, 5.57 und 5.58.

Übung 5.26 (Elementare Umformung (IV) via Matrixmultiplikation). Finden Sie eine Matrix $S_{ij,\lambda}$ mit der Eigenschaft, dass $S_{ij,\lambda}A$ für $A \in \mathrm{M}_{n \times m}(\Bbbk)$ diejenige Matrix ist, die durch Hinzuzählen des λ-Fachen der j-ten Zeile zur i-ten Zeile aus A hervorgeht. Auf diese Weise wird also die elementare Umformung (IV) aus Übung 4.1 ebenfalls durch eine einfache Matrixmultiplikation implementiert. Finden Sie auch für die entsprechende Spaltenumformung eine geeignete Matrixmultiplikation.

Übung 5.27 (Komplexe Zahlen als Matrizen I). Betrachten Sie diejenigen 2×2-Matrizen der Form

$$C = \left\{ A \in \mathrm{M}_2(\mathbb{R}) \mid A = \left(\begin{smallmatrix} a & b \\ -b & a \end{smallmatrix} \right) \text{ mit } a, b \in \mathbb{R} \right\}. \tag{5.7.27}$$

i.) Zeigen Sie, dass C ein zweidimensionaler Unterraum ist, und geben Sie eine möglichst einfache Basis an.

ii.) Zeigen Sie, dass C unter Matrixmultiplikation und Matrixtransposition abgeschlossen ist und $\mathbb{1}$ enthält.

iii.) Zeigen Sie, dass die Abbildung

$$\mathbb{C} \ni z = a + \mathrm{i}b \mapsto A = \left(\begin{smallmatrix} a & b \\ -b & a \end{smallmatrix} \right) \in C \tag{5.7.28}$$

ein einserhaltender Ringisomorphismus ist. Damit wird C also ein zu $\mathbb{C}$ isomorpher Körper bezüglich der Matrixmultiplikation.

iv.) Folgern Sie, dass alle Matrizen $A \in C$ ungleich null invertierbar sind und bestimmen Sie das Inverse.

Hinweis: Wieso ist dies klar? Verifizieren Sie Ihren Kandidaten für das Inverse aus sportlichen Gründen trotzdem durch explizite Matrixmultiplikation.

Übung 5.28 (Blockmatrizen). Seien $m, m', n, n', p, p' \in \mathbb{N}$ gegeben. Betrachten Sie dann Matrizen der Form $A_1 \in \mathrm{M}_{m \times n}(\mathbb{k})$, $A_2 \in \mathrm{M}_{m \times n'}(\mathbb{k})$, $A_3 \in \mathrm{M}_{m' \times n}(\mathbb{k})$, $A_4 \in \mathrm{M}_{m', n'}(\mathbb{k})$ sowie der Form $B_1 \in \mathrm{M}_{n,p}(\mathbb{k})$, $B_2 \in \mathrm{M}_{n \times p'}(\mathbb{k})$, $B_3 \in \mathrm{M}_{n' \times p}(\mathbb{k})$ und $B_4 \in \mathrm{M}_{n' \times p'}(\mathbb{k})$. Eine $(m + m) \times (n + n')$-Matrix der Gestalt

$$A = \begin{pmatrix} A_1 & A_2 \\ A_3 & A_4 \end{pmatrix} \tag{5.7.29}$$

nennt man auch *Blockmatrix* mit der *Blockstruktur* $(m, m') \times (n, n')$. Hier werden die Einträge von A_1, A_2, A_3, und A_4 entsprechend in die große Matrix eingefügt.

i.) Zeigen Sie, dass für das Matrixprodukt von Blockmatrizen die Rechenregel

$$\begin{pmatrix} A_1 & A_2 \\ A_3 & A_4 \end{pmatrix} \begin{pmatrix} B_1 & B_2 \\ B_3 & B_4 \end{pmatrix} = \begin{pmatrix} A_1 B_1 + A_2 B_3 & A_1 B_2 + A_2 B_4 \\ A_3 B_1 + A_4 B_3 & A_3 B_2 + A_4 B_4 \end{pmatrix} \tag{5.7.30}$$

gilt. Machen Sie sich insbesondere klar, dass die entsprechenden Produkte überhaupt definiert sind, da die Größen der Blöcke wirklich passen.

ii.) Berechnen Sie das Produkt AB und BA für

$$A = \begin{pmatrix} 1\,0\,1\,0 \\ 0\,1\,0\,1 \\ 0\,0\,1\,0 \\ 0\,0\,0\,1 \end{pmatrix} \quad \text{und} \quad B = \begin{pmatrix} 1\,1\,1\,1 \\ 1\,1\,1\,1 \\ 1\,1\,1\,1 \\ 1\,1\,1\,1 \end{pmatrix}. \tag{5.7.31}$$

Übung 5.29 (Ein Halbgruppenmorphismus). Betrachten Sie das Monoid der Matrizen $\mathrm{M}_n(\Bbbk)$ für $n \in \mathbb{N}$ und die Abbildung

$$\iota \colon \mathrm{M}_n(\Bbbk) \ni A \mapsto \begin{pmatrix} A & 0 \\ 0 & 0 \end{pmatrix} \in \mathrm{M}_{n+1}(\Bbbk). \tag{5.7.32}$$

i.) Zeigen Sie, dass ι eine injektive lineare Abbildung ist.

ii.) Zeigen Sie weiter, dass ι ein Halbgruppenmorphismus bezüglich der Matrixmultiplikation ist. Ist ι auch ein Monoidmorphismus?

Übung 5.30 (Vektoraddition als Matrixmultiplikation). Sei $\Bbbk$ ein Körper. Zeigen Sie, dass die Abbildung

$$\Bbbk^n \ni v \mapsto \begin{pmatrix} \mathbb{1} & v \\ 0 & 1 \end{pmatrix} \in \mathrm{GL}_{n+1}(\Bbbk) \tag{5.7.33}$$

ein Gruppenmorphismus bezüglich der Addition von Vektoren und der Matrixmultiplikation ist. Ist (5.7.33) linear?

Übung 5.31 (Pauli-Matrizen I). Betrachten Sie in $\mathrm{M}_2(\mathbb{C})$ die *Pauli-Matrizen*

$$\sigma_1 = \begin{pmatrix} 0 & 1 \\ 1 & 0 \end{pmatrix}, \quad \sigma_2 = \begin{pmatrix} 0 & -\mathrm{i} \\ \mathrm{i} & 0 \end{pmatrix} \quad \text{und} \quad \sigma_3 = \begin{pmatrix} 1 & 0 \\ 0 & -1 \end{pmatrix}. \tag{5.7.34}$$

Weiter benutzt man die Abkürzung $j_k = -\frac{\mathrm{i}}{2}\sigma_k$ für $k = 1, 2, 3$. Schließlich verwenden wir das ϵ-*Symbol* $\epsilon_{k\ell m}$ (auch *Levi-Civita-Symbol*), welches durch

$$\epsilon_{123} = \epsilon_{231} = \epsilon_{312} = 1, \quad \epsilon_{132} = \epsilon_{231} = \epsilon_{321} = -1, \quad \text{und} \quad \epsilon_{k\ell m} = 0 \text{ sonst} \tag{5.7.35}$$

definiert ist. In Übung 6.1 sehen wir später eine etwas konzeptuellere Definition für $\epsilon_{k\ell m}$.

i.) Zeigen Sie

$$\sigma_k \sigma_\ell = \begin{cases} \mathrm{i}\sum_{m=1}^{3} \epsilon_{k\ell m}\sigma_m & \text{für } k \neq \ell \\ \mathbb{1} & \text{für } k = \ell. \end{cases} \tag{5.7.36}$$

ii.) Sei nun $\vec{x}, \vec{y} \in \mathbb{R}^3$. Zeigen Sie

$$(\vec{x} \cdot \vec{\sigma})(\vec{y} \cdot \vec{\sigma}) = \langle \vec{x}, \vec{y} \rangle \mathbb{1} + \mathrm{i}(\vec{x} \times \vec{y}) \cdot \vec{\sigma}, \tag{5.7.37}$$

wobei die Abkürzung $\vec{x} \cdot \vec{\sigma} = x_1\sigma_1 + x_2\sigma_2 + x_3\sigma_3$ verwendet wird.

iii.) Zeigen Sie, dass die Pauli-Matrizen zusammen mit $\mathbb{1}$ eine Basis der komplexen 2×2-Matrizen bilden.

iv.) Bestimmen Sie die Kommutatoren $[j_k, j_\ell]$ für alle $k, \ell = 1, 2, 3$. Vergleichen Sie mit Übung 5.22, *ix.)*. Wie könnten Sie Ihre Beobachtung formulieren?

Übung 5.32 (Die symplektische Matrix). Sei $\Bbbk$ ein Körper der Charakteristik ungleich 2. Betrachten Sie für $n \in \mathbb{N}$ die *symplektische Matrix*

$$\Omega = \begin{pmatrix} 0 & \mathbb{1}_n \\ -\mathbb{1}_n & 0 \end{pmatrix} \in \mathrm{M}_{2n}(\Bbbk), \qquad (5.7.38)$$

wobei wir Blockschreibweise verwenden und $\mathbb{1}_n \in \mathrm{M}_n(\Bbbk)$ die Einheitsmatrix in n Dimensionen ist.

i.) Zeigen Sie $\Omega^2 = -\mathbb{1}_{2n}$ sowie $\Omega^{\mathrm{T}} = -\Omega$.

ii.) Ist Ω invertierbar? Bestimmen Sie gegebenenfalls das Inverse von Ω.

iii.) Können Sie in Charakteristik 2 analog verfahren? Weshalb wird man vor allem an Charakteristik ungleich 2 interessiert sein?

Übung 5.33 (Basiswechsel). Betrachten Sie den Vektorraum $\mathbb{R}^2$ mit der Standardbasis $B_1 = (e_1, e_2)$ sowie $B_2 = (b_1, b_2)$ mit $b_1 = \left(\begin{smallmatrix} 1 \\ 1 \end{smallmatrix}\right)$ und $b_2 = \left(\begin{smallmatrix} 1 \\ -1 \end{smallmatrix}\right)$.

i.) Zeigen Sie, dass B_2 ebenfalls eine Basis ist.

ii.) Bestimmen Sie die Koeffizienten von $x = \left(\begin{smallmatrix} x_1 \\ x_2 \end{smallmatrix}\right)$ bezüglich der neuen Basis B_2.

iii.) Bestimmen Sie die Matrixdarstellung $_{B_2}[\phi]_{B_2}$ derjenigen eindeutig bestimmten linearen Abbildung mit $\phi(e_1) = 2e_1 - 3e_2$ und $\phi(e_2) = -e_1 + 3e_2$.

Übung 5.34 (Basiswechsel für Matrizen). Betrachten Sie erneut die Pauli-Matrizen σ_k aus Übung 5.31 sowie die Elementarmatrizen $E_{ij} \in \mathrm{M}_2(\mathbb{C})$ aus (5.5.17).

i.) Stellen Sie die Pauli-Matrizen als Linearkombination der Elementarmatrizen dar.

ii.) Nach Übung 5.31, *iii.)*, bilden die Pauli-Matrizen zusammen mit der Einheitsmatrix $\mathbb{1} \in \mathrm{M}_2(\mathbb{C})$ ebenfalls eine Basis. Stellen Sie die Elementarmatrizen als Linearkombination dieser Basisvektoren von $\mathrm{M}_2(\mathbb{C})$ dar und gewinnen Sie so die Matrix des Basiswechsels von der Basis $\{\mathbb{1}, \sigma_1, \sigma_2, \sigma_3\}$ zur Basis $\{E_{11}, E_{12}, E_{21}, E_{22}\}$.

Hinweis: Wenn Sie die jeweiligen Basisvektoren von 1 bis 4 nummerieren, können Sie den Basiswechsel als eine 4×4-Matrix schreiben.

iii.) Verifizieren Sie durch eine explizite Rechnung, dass die beiden Matrizen der Basiswechsel zueinander invers sind.

iv.) Sei $A = \left(\begin{smallmatrix} a & b \\ c & d \end{smallmatrix}\right) \in \mathrm{M}_2(\mathbb{C})$. Schreiben Sie A als Linearkombination von $\mathbb{1}$ und den Pauli-Matrizen.

Übung 5.35 (Inverse von Blockmatrizen). Seien $n, m \in \mathbb{N}$ und $A \in M_n(\mathbb{k})$, $B \in M_{n \times m}(\mathbb{k})$ sowie $D \in M_m(\mathbb{k})$. Wir betrachten dann die Blockmatrix

$$X = \begin{pmatrix} A & B \\ 0 & D \end{pmatrix} \in M_{n+m}(\mathbb{k}). \tag{5.7.39}$$

i.) Zeigen Sie, dass X genau dann invertierbar ist, wenn sowohl A als auch D invertierbar sind.

ii.) Bestimmen Sie die inverse Matrix X^{-1} explizit, indem Sie die Inversen A^{-1} und D^{-1} verwenden.

Hinweis: Raten Sie geschickt und verifizieren Sie anschließend. Achten Sie auf die Reihenfolge bei den im allgemeinen nicht kommutierenden Matrizen.

iii.) Formulieren Sie eine analoge Aussage für untere Dreiecksblöcke.

iv.) Betrachten Sie nun die reellen Matrizen

$$X = \begin{pmatrix} 2 & 4 & 3 & -3 \\ -1 & 3 & -2 & 8 \\ 0 & 0 & -3 & 1 \\ 0 & 0 & 2 & -1 \end{pmatrix} \quad \text{und} \quad Y = \begin{pmatrix} 3 & 1 & 0 & 0 \\ -1 & 2 & 0 & 0 \\ -3 & 2 & -2 & 1 \\ 3 & 1 & 5 & -1 \end{pmatrix}, \tag{5.7.40}$$

und bestimmen Sie X^{-1} sowie Y^{-1} einmal mithilfe des Gauß-Algorithmus und einmal mit Teil *ii.)* beziehungsweise Teil *iii.)*. Vergleichen Sie den Aufwand.

Übung 5.36 (Bijektivität von A^k). Betrachten Sie einen Endomorphismus $A \in \text{End}(V)$ eines Vektorraums V über $\mathbb{k}$. Zeigen Sie, dass A genau dann injektiv (surjektiv, bijektiv) ist, wenn für alle $k \in \mathbb{N}$ der Endomorphismus A^k injektiv (surjektiv, bijektiv) ist.

Hinweis: Formulieren Sie Injektivität und Surjektivität mit Hilfe von Links- und Rechtsinversen.

Übung 5.37 (Bild und Kern von Verkettungen). Seien V, W und U Vektorräume über $\mathbb{k}$ und $\Phi, \Phi' \colon V \longrightarrow W$ sowie $\Psi \colon W \longrightarrow U$ lineare Abbildungen. Seien weiter $\lambda, \lambda' \in \mathbb{k}$.

i.) Zeigen Sie, dass $\ker \Phi \subseteq \ker(\Psi \circ \Phi)$. Geben Sie Beispiele für eine echte Inklusion und für Gleichheit.

ii.) Zeigen Sie, dass $\text{im}(\Psi \circ \Phi) \subseteq \text{im}\,\Psi$. Geben Sie auch hier Beispiele für eine echte Inklusion und für Gleichheit.

iii.) Zeigen Sie $\text{rank}(\Psi \circ \Phi) \leq \min(\text{rank}\,\Phi, \text{rank}\,\Psi)$. Geben Sie wieder Beispiele für Gleichheit und strikte Ungleichheit.

iv.) Zeigen Sie, dass $\text{rank}(\lambda \Phi + \lambda' \Phi) \leq \text{rank}\,\Phi + \text{rank}\,\Phi'$. Geben Sie hier ein Beispiel für Gleichheit.

v.) Seien nun die Vektorräume sogar endlich-dimensional. Zeigen Sie, dass dann $\text{rank}\,\Phi + \text{rank}\,\Psi \leq \text{rank}(\Psi \circ \Phi) + \dim W$ gilt.

Übung 5.38 (Matrizen von Polynomen). Sei $\Bbbk$ ein Körper (oder auch nur ein assoziativer Ring). Zeigen Sie, dass der Ring der Matrizen $\mathrm{M}_n(\Bbbk[x])$ mit Einträgen im Polynomring $\Bbbk[x]$, siehe Übung 5.21, kanonisch zum Polynomring $\mathrm{M}_n(\Bbbk)[x]$ der Polynome mit Matrixkoeffizienten isomorph ist. Geben Sie hierzu den Isomorphismus explizit an.

Übung 5.39 (Nochmals Smith-Normalform). Seien V und W Vektorräume über $\Bbbk$. Sei weiter $\Phi\colon V \longrightarrow W$ eine lineare Abbildung.

i.) Zeigen Sie, dass es Unterräume $U_1 \subseteq V$ und $U_2 \subseteq W$ mit $V = U_1 \oplus \ker \Phi$ und $W = U_2 \oplus \operatorname{im} \Phi$ gibt.

ii.) Zeigen Sie, dass in diesem Fall $\Phi\big|_{U_1}\colon U_1 \longrightarrow \operatorname{im} \Phi$ ein Isomorphismus ist.

iii.) Diskutieren Sie, wieso man diese Aussage als basisunabhängige Formulierung von Satz 5.69 ansehen kann.

Übung 5.40 (Bijektivität der dualen Abbildung). Sei $\Phi\colon V \longrightarrow W$ eine lineare Abbildung zwischen Vektorräumen über $\Bbbk$.

i.) Zeigen Sie, dass die duale Abbildung $\Phi^*\colon W^* \longrightarrow V^*$ genau dann injektiv ist, wenn Φ surjektiv ist.

Hinweis: Eine Richtung ist recht einfach. Für die andere Richtung nimmt man an, dass $\operatorname{im} \Phi \subseteq W$ ein echter Unterraum ist. Konstruieren Sie dann ein lineares Funktional $a \in W^*$ mit $\alpha\big|_{\operatorname{im} \Phi} = 0$, aber $\alpha \neq 0$. Wieso liefert dies einen Widerspruch?

ii.) Zeigen Sie, dass Φ^* genau dann surjektiv ist, wenn Φ injektiv ist.

Hinweis: Die Surjektivität zu zeigen, ist hierbei nicht ganz leicht: Ein lineares Funktional auf V liefert dank der Injektivität ein lineares Funktional auf dem Teilraum $\operatorname{im} \Phi \subseteq W$. Wieso lässt sich dieses zu einem linearen Funktional auf ganz W fortsetzen?

iii.) Zeigen Sie, dass Φ^* genau dann bijektiv ist, wenn Φ bijektiv ist.

iv.) Zeigen Sie, dass im invertierbaren Fall $(\Phi^{-1})^* = (\Phi^*)^{-1}$ gilt.

Übung 5.41 (Matrixdarstellung der Transposition). Sei $\Bbbk$ ein Körper und $n \in \mathbb{N}$. Betrachten Sie die Standardbasis der Elementarmatrizen $\{E_{ij}\}_{i,j=1,\ldots,n}$ von $\mathrm{M}_n(\Bbbk)$.

i.) Bestimmen Sie die Basisdarstellung der Transposition $^{\mathrm{T}}\colon \mathrm{M}_n(\Bbbk) \longrightarrow \mathrm{M}_n(\Bbbk)$ bezüglich dieser Basis.

Hinweis: Machen Sie sich zunächst klar, durch welche Parameter diese Matrix indiziert werden muss.

ii.) Betrachten Sie nun $n = 2$ und $\Bbbk = \mathbb{C}$ sowie die Pauli-Matrizen σ_k aus Übung 5.31. Finden Sie die Matrixdarstellung der Transposition auch bezüglich der Basis $\{\mathbb{1}, \sigma_1, \sigma_2, \sigma_3\}$. Was fällt auf?

Hinweis: Hier können Sie einerseits die Transposition der neuen Basisvektoren direkt ausrechnen oder die allgemeine Vorgehensweise aus Korollar 5.43 zum Einsatz bringen, indem Sie Übung 5.34 benutzen. Vergleichen Sie beide Möglichkeiten.

Übung 5.42 (Affine Räume II). Sei $\Phi\colon V \longrightarrow W$ eine lineare Abbildung und $w \in W$. Zeigen Sie, dass $\Phi^{-1}(\{w\}) \subseteq V$ ein affiner Raum über $\ker \Phi$ ist.

Übung 5.43 (Affine Räume III). Seien A und B affine Räume über V beziehungsweise W. Dann heißt eine Abbildung $\Phi\colon A \longrightarrow B$ *affin*, falls es eine lineare Abbildung $\phi\colon V \longrightarrow W$ mit

$$\Phi(a + v) = \Phi(a) + \phi(v) \tag{5.7.41}$$

für alle $a \in A$ und $v \in V$ gibt.

i.) Zeigen Sie, dass die Abbildung ϕ durch Φ eindeutig bestimmt ist.

ii.) Zeigen Sie, dass die Identität $\mathrm{id}_A\colon A \longrightarrow A$ eines affinen Raums eine affine Abbildung ist. Zeigen Sie ebenso, dass die Verkettung von affinen Abbildungen wieder affin ist. Zeigen Sie schließlich, dass die inverse Abbildung einer bijektiven affinen Abbildung wieder affin ist.

iii.) Zeigen Sie, dass für eine affine Abbildung $\Phi\colon A \longrightarrow A$ genau dann $\phi = \mathrm{id}_V$ gilt, wenn Φ eine *Translation*, also von der Form $\Phi(a) = a + u$ mit einem festen Vektor $u \in V$ ist.

iv.) Sei $o \in A$ fest gewählt. Zeigen Sie, dass für eine affine Abbildung $\Phi\colon A \longrightarrow A$ eine eindeutig bestimmte lineare Abbildung $\psi \in \mathrm{End}(V)$ und ein eindeutig bestimmter Vektor $u \in V$ existieren, sodass $\Phi(a) = a + \psi(a - o) + u$ gilt. Wie ändern sich ψ und u, wenn man einen anderen Ursprung $o' \in A$ wählt?

Übung 5.44 (Affine Gruppe). Betrachten Sie den Vektorraum $\Bbbk^n$ als einen affinen Raum mit Ursprung 0.

i.) Sei $A \in \mathrm{M}_n(\Bbbk)$ und $v \in V$. Zeigen Sie, dass $(A, v)\colon u \mapsto Au + v$ eine affine Transformation (A, v) von $\Bbbk^n$ ist. Zeigen Sie umgekehrt, dass jede affine Transformation von dieser Form ist, wobei A und v durch die Transformation eindeutig bestimmt sind.

Hinweis: Das ist im Wesentlichen ein Spezialfall von Übung 5.43, *iv.)*.

ii.) Seien $A, B \in \mathrm{M}_n(\Bbbk)$ und $v, w \in V$. Bestimmen Sie die Hintereinanderausführung der zugehörigen affinen Transformationen $(A, v) \circ (B, w)$.

iii.) Betrachten Sie die Menge

$$\mathrm{Aff}_n(\Bbbk) = \left\{ \begin{pmatrix} A & v \\ 0 & 1 \end{pmatrix} \in \mathrm{M}_{n+1}(\Bbbk) \;\middle|\; A \in \mathrm{M}_n(\Bbbk) \text{ und } v \in V \right\}, \tag{5.7.42}$$

und zeigen Sie, dass diese ein Untermonoid bezüglich Matrixmultiplikation bildet. Bestimmen Sie die invertierbaren Elemente und finden Sie eine explizite Formel für das Inverse sowie für das Produkt von zwei Elementen in $\mathrm{Aff}_n(\Bbbk)$. Was fällt auf?

iv.) Finden Sie eine Möglichkeit, die affine Transformation (A, v) auf $\Bbbk^n$ durch eine gewöhnliche Anwendung einer Matrix auf $\Bbbk^{n+1}$ zu schreiben, indem Sie $w \in \Bbbk^n$ geeignet als Vektor in $\Bbbk^{n+1}$ interpretieren.

Hinweis: Übung 5.30.

Übung 5.45 (Komplexifizierung II). Seien V und W reelle Vektorräume mit Komplexifizierungen $V_{\mathbb{C}}$ und $W_{\mathbb{C}}$ wie in Übung 4.33.

i.) Definieren Sie die komplexe Konjugation durch

$$V_{\mathbb{C}} \ni (x, y) \mapsto \overline{(x, y)} = (x, -y) \in V_{\mathbb{C}}. \qquad (5.7.43)$$

Zeigen Sie, dass die komplexe Konjugation reell-linear und involutiv ist sowie

$$\overline{zv} = \overline{z}\,\overline{v} \qquad (5.7.44)$$

für alle $z \in \mathbb{C}$ und $v \in V_{\mathbb{C}}$ erfüllt.

ii.) Wir interpretieren V immer als reellen Teilraum von $V_{\mathbb{C}}$, indem man $v \in V$ mit $(v, 0) \in V_{\mathbb{C}}$ identifiziert. Zeigen Sie, dass dies eine $\mathbb{R}$-lineare injektive Abbildung $V \longrightarrow V_{\mathbb{C}}$ ist. Zeigen Sie weiter, dass $v \in V_{\mathbb{C}}$ genau dann im Bild dieser Abbildung liegt, also ein reeller Vektor ist, falls $\overline{v} = v$ gilt.

iii.) Sei $A \colon V \longrightarrow W$ eine $\mathbb{R}$-lineare Abbildung. Zeigen Sie, dass es eine eindeutig bestimmte $\mathbb{C}$-lineare Abbildung $A_{\mathbb{C}} \colon V_{\mathbb{C}} \longrightarrow W_{\mathbb{C}}$ gibt, sodass $A_{\mathbb{C}}\big|_{V} = A$.

iv.) Zeigen Sie, dass die Abbildung

$$\mathrm{Hom}_{\mathbb{R}}(V, W) \ni A \mapsto A_{\mathbb{C}} \in \mathrm{Hom}_{\mathbb{C}}(V_{\mathbb{C}}, W_{\mathbb{C}}) \qquad (5.7.45)$$

$\mathbb{R}$-linear ist.

v.) Zeigen Sie, dass $(\mathrm{id}_V)_{\mathbb{C}} = \mathrm{id}_{V_{\mathbb{C}}}$ gilt.

vi.) Zeigen Sie, dass für einen weiteren reellen Vektorraum U und eine lineare Abbildung $B \colon W \longrightarrow U$

$$(BA)_{\mathbb{C}} = B_{\mathbb{C}} A_{\mathbb{C}} \qquad (5.7.46)$$

gilt.

vii.) Zeigen Sie, dass $\overline{A_{\mathbb{C}} v} = A_{\mathbb{C}} \overline{v}$ für alle $v \in V_{\mathbb{C}}$ und alle $A \in \mathrm{Hom}_{\mathbb{R}}(V, W)$ gilt.

viii.) Sei nun $\Phi \colon V_{\mathbb{C}} \longrightarrow W_{\mathbb{C}}$ eine $\mathbb{C}$-lineare Abbildung mit $\overline{\Phi v} = \Phi \overline{v}$. Zeigen Sie, dass es dann eine eindeutig bestimmte $\mathbb{R}$-lineare Abbildung $A \colon V \longrightarrow W$ mit $A_{\mathbb{C}} = \Phi$ gibt.

ix.) Zeigen Sie, dass $A_{\mathbb{C}}$ genau dann injektiv (surjektiv, bijektiv) ist, wenn A injektiv (surjektiv, bijektiv) ist. Vergleichen Sie hierzu $\ker(A_{\mathbb{C}})$ mit $(\ker(A))_{\mathbb{C}}$ ebenso wie $\mathrm{im}(A_{\mathbb{C}})$ mit $(\mathrm{im}(A))_{\mathbb{C}}$.

Übung 5.46 (Lineare fast-komplexe Struktur). Sei V ein reeller Vektorraum. Eine *lineare fast-komplexe Struktur* J auf V ist ein Endomorphismus $J \in \mathrm{End}(V)$ mit $J^2 = -\mathbb{1}$.

i.) Zeigen Sie, dass V zu einem komplexen Vektorraum wird, wenn man

$$z \cdot v = \operatorname{Re}(z)v + \operatorname{Im}(z)J(v) \qquad (5.7.47)$$

für $z \in \mathbb{C}$ und $v \in V$ setzt. Im Folgenden sei V immer mit dieser komplexen Vektorraumstruktur versehen.

ii.) Zeigen Sie, dass V genau dann als reeller Vektorraum endlich-dimensional ist, wenn V als komplexer Vektorraum via (5.7.47) endlich-dimensional ist.

Hinweis: Hier ist Übung 4.32 hilfreich bei der Argumentation.

iii.) Zeigen Sie, dass es für einen endlich-dimensionalen reellen Vektorraum eine fast-komplexe Struktur J nur geben kann, wenn $\dim_{\mathbb{R}} V = 2n$ gerade ist. Zeigen Sie umgekehrt, dass dies auch hinreichend für die Existenz ist.

Hinweis: Wählen Sie eine Basis $e_1, \dots, e_{2n}$ von V und definieren Sie einen Kandidaten für J auf möglichst einfache Weise durch Angaben der Bilder der Basisvektoren.

Übung 5.47 (Komplex-konjugierter Vektorraum II). Seien V und W komplexe Vektorräume. Bezeichnen Sie die mengentheoretische Identitätsabbildung zwischen V und dem komplex-konjugierten Vektorraum $\overline{V}$ mit $^{-} \colon V \longrightarrow \overline{V}$.

i.) Zeigen Sie, dass $^{-}$ ein antilinearer Isomorphismus ist.

ii.) Zeigen Sie, dass auf kanonische Weise $\overline{\overline{V}} \cong V$ gilt.

iii.) Sei $A \colon V \longrightarrow W$ eine $\mathbb{C}$-lineare Abbildung. Zeigen Sie, dass dann $\overline{A} \colon \overline{V} \longrightarrow \overline{W}$ mit

$$\overline{A}(\overline{v}) = \overline{A(v)} \qquad (5.7.48)$$

für $v \in V$ wieder eine $\mathbb{C}$-lineare Abbildung ist.

iv.) Zeigen Sie

$$\overline{B \circ A} = \overline{B} \circ \overline{A} \qquad (5.7.49)$$

für lineare Abbildungen $A \colon V \longrightarrow W$ und $B \colon W \longrightarrow U$ sowie $\overline{\operatorname{id}_V} = \operatorname{id}_{\overline{V}}$.

v.) Zeigen Sie $\overline{\overline{A}} = A$ unter der Identifikation von *ii.)*.

vi.) Für welche A ist $\overline{A}$ invertierbar?

vii.) Zeigen Sie, dass

$$^{-} \colon \operatorname{Hom}_{\mathbb{C}}(V, W) \ni A \mapsto \operatorname{Hom}_{\mathbb{C}}(\overline{V}, \overline{W}) \qquad (5.7.50)$$

ein antilinearer Isomorphismus ist.

Übung 5.48 (Endomorphismen von $V \oplus V$). Sei V ein Vektorraum über $\Bbbk$ und $W = V \oplus V$. Dann definiert man die Endomorphismen I, C und τ von W durch

$$I(x, y) = (-y, x), \quad C(x, y) = (x, -y), \quad \text{und} \quad \tau(x, y) = (y, x), \qquad (5.7.51)$$

wobei $x, y \in V$ und entsprechend $(x, y) \in V \oplus V$.

i.) Bestimmen Sie alle Produkte I^2, C^2, τ^2, IC, CI, $I\tau$, τI, $C\tau$, und τC.

ii.) Sei nun $B \subseteq V$ eine Basis. Zeigen Sie, dass die Vektoren der Form $(b,0)$ und $(0,b)$ mit $b \in B$ zusammen eine Basis $\tilde{B}$ von W bilden. Bestimmen Sie die Basisdarstellungen von I, C und τ bezüglich dieser Basis.

    Hinweis: Hier bietet es sich an, die durch das Problem nahegelegte Blockstruktur zu verwenden.

iii.) Finden Sie Interpretationen dieser Endomorphismen anhand der bisherigen Übungen.

Übung 5.49 (Duale Basis). Betrachten Sie einen 4-dimensionalen komplexen Vektorraum V mit Basis $(b_1, \ldots, b_4)$.

i.) Zeigen Sie, dass die Vektoren

$$c_1 = 2\mathrm{i}b_1 + b_2 + 4b_4, \ c_2 = 3b_2 + 7b_3 + \mathrm{i}b_4, \ c_3 = \frac{1}{2}b_3 + \mathrm{i}b_4, \ c_4 = -\mathrm{i}b_3 - \mathrm{i}b_4$$

$$(5.7.52)$$

ebenfalls eine Basis von V bilden.

ii.) Bestimmen Sie die Vektoren der dualen Basis $c_1^*, \ldots, c_4^*$ als Linearkombination der Vektoren $b_1^*, \ldots, b_4^*$.

    Hinweis: Hier können Sie entweder direkt das entsprechende lineare Gleichungssystem lösen, oder den Basiswechsel von $b_1, \ldots, b_4$ nach $c_1, \ldots, c_4$ verwenden. Wieso läuft dies auf die gleiche Rechnung hinaus?

Übung 5.50 (Lineare Funktionale auf Polynomen). Betrachten Sie die Polynome $\mathbb{k}[x]$ sowie die Abbildungen

$$\delta^{(k)} \colon \mathbb{k}[x] \ni p \mapsto \frac{\mathrm{d}^k p}{\mathrm{d}x^k}(0) \in \mathbb{k} \qquad (5.7.53)$$

für alle $k \in \mathbb{N}$.

i.) Zeigen Sie, dass $\delta^{(k)}$ linear ist.

ii.) Sei $V_n \subseteq \mathbb{k}[x]$ der Teilraum der Polynome von Grad $\leq n$. Versehen Sie diesen mit der Basis der Monome $1, x, x^2, \ldots, x^n$. Bestimmen Sie die Basisdarstellung von $\delta^{(k)}\big|_{V_n}$ bezüglich der dualen Basis der Monome.

    Hinweis: Was passiert für $k > n$?

iii.) Zeigen Sie, dass $\delta^{(k)}$ im Spann der linear unabhängigen Teilmenge der Koordinatenfunktionale der Basis der Monome von $\mathbb{k}[x]$ ist, auch wenn diese ja keine Basis von $(\mathbb{k}[x])^*$ bilden. Bestimmen Sie die Entwicklungskoeffizienten.

Übung 5.51 (Dualraum der Polynome). Sei $\mathbb{k}$ ein Körper. Zeigen Sie, dass der Dualraum $\mathbb{k}[x]^*$ der Polynome $\mathbb{k}[x]$ zum Vektorraum der formalen Potenzreihen isomorph ist.

Hinweis: Verwenden Sie die Basis der Monome. Wodurch ist ein lineares Funktional auf $\mathbb{k}[x]$ festgelegt?

Übung 5.52 (Ein selbstdualer Vektorraum). Sei W ein endlich-dimensionaler Vektorraum über $\Bbbk$. Betrachten Sie dann den Vektorraum $V = W \oplus W^*$.

i.) Zeigen Sie $\dim V = 2 \dim W$.

ii.) Zeigen Sie, dass es einen besonders einfachen Isomorphismus von V nach V^* gibt. Geben Sie diesen explizit an. Formulieren Sie, was *natürlich bezüglich* W in diesem Fall heißen soll, und weisen Sie diese Eigenschaft, analog zu Proposition 5.78, *iii.)*, nach.

Übung 5.53 (Dimension des Komplements). Seien V ein Vektorraum über $\Bbbk$ und $U \subseteq V$ ein Unterraum. Seien $W, W' \subseteq V$ Komplemente von U.

i.) Zeigen Sie, dass es zu jedem $w \in W$ ein eindeutiges $w' \in W'$ gibt, welches $w' - w \in U$ erfüllt.

ii.) Zeigen Sie, dass es eine invertierbare lineare Abbildung $\Phi \in \mathrm{End}(V)$ gibt, welche W isomorph nach W' abbildet und $\Phi\big|_U = \mathrm{id}_U$ erfüllt.

iii.) Zeigen Sie, dass je zwei Komplemente $W, W' \subseteq V$ von U die gleiche Dimension besitzen.

Wenn wir später über den Begriff des Quotienten verfügen, werden wir hierfür einen etwas konzeptuelleren Beweis finden.

Übung 5.54 (Kern von linearen Funktionalen). Betrachten Sie einen Vektorraum V über $\Bbbk$ sowie N linear unabhängige lineare Funktionale $\varphi_1, \ldots, \varphi_N \in V^*$.

i.) Zeigen Sie, dass der Kern $\ker \varphi \subseteq V$ für ein lineares Funktional $\varphi \neq 0$ ein eindimensionales Komplement besitzt.

ii.) Sei $U = \bigcap_{i=1}^N \ker \varphi_i \subseteq V$ der Schnitt aller Kerne der linearen Funktionale. Zeigen Sie, dass U ein N-dimensionales Komplement in V besitzt.

   Hinweis: Hier ist zunächst Übung 5.53 hilfreich. Betrachten Sie die Abbildung $\Phi \colon V \longrightarrow \Bbbk^n$, die die φ_i als Komponenten besitzt. Was ist das Bild, was der Kern von Φ?

iii.) Sei nun $\dim V = n < \infty$. Zeigen Sie, dass es eine Basis $b_1, \ldots, b_n \in V$ gibt, sodass $\varphi_k = b_k^*$ für $k = 1, \ldots, N \leq n$ gilt.

Übung 5.55 (Dualraum einer direkten Summe). Sei I eine nichtleere Indexmenge und seien $\{V_i\}_{i \in I}$ Vektorräume über $\Bbbk$. Zeigen Sie, dass

$$\left(\bigoplus_{i \in I} V_i \right)^* \cong \prod_{i \in I} V_i^*, \tag{5.7.54}$$

indem Sie einen möglichst einfachen und kanonischen Isomorphismus explizit angeben.

Hinweis: Betrachten Sie die Einschränkung eines linearen Funktionals α auf der direkten Summe auf die i-te Komponente. Vergleichen Sie mit Übung 5.51.

Übung 5.56 (Duale Basen und Matrixdarstellung). Seien V und W endlich-dimensionale Vektorräume mit geordneten Basen $A = (a_1, \ldots, a_n)$ und $B = (b_1, \ldots, b_m)$. Seien weiter $\Phi_{ij} \in \Bbbk$ mit $i = 1, \ldots, m$ und $j = 1, \ldots, n$. Definieren Sie eine Abbildung

$$\Phi \colon V \ni v \mapsto \Phi(v) = \sum_{i=1}^{m} \sum_{j=1}^{n} \Phi_{ij} a_j^*(v) b_i \in W. \qquad (5.7.55)$$

Zeigen Sie, dass Φ linear ist, und bestimmen Sie ihre Matrixdarstellung $_B[\Phi]_A$.

Übung 5.57 (Erstellen von Übungen 2). Für eine Übungsaufgabe sollen Beispiele für Basen des $\mathbb{R}^n$ oder $\mathbb{C}^n$ verglichen werden, wobei n klein sein soll, also beispielsweise $n = 2, 3$ oder 4. Die Vorgabe ist, dass alle Rechnungen von Hand ausgeführt werden können, also nur kleine ganze Zahlen oder Brüche mit kleinen Nennern auftreten sollen.

i.) Erzeugen Sie Beispiele von invertierbaren Matrizen, deren Inverses einfach ist, aber nicht unmittelbar erraten werden kann. Sie können dies mit einem kleinen Programm auch gut automatisieren, um für jede Übungsgruppe individuelle Aufgaben zu erstellen.

Hinweis: Wir werden hier noch andere Methoden kennenlernen, aber momentan ist eine einfache Variante, Produkte der Matrizen $V_{ii'}$, $R_{i,\lambda}$ und S_{ij} aus den Lemmata 5.56, 5.57 und 5.58 oder auch die Matrizen $S_{ij,\lambda}$ aus Übung 5.26 zu verwenden. Zeigen Sie sich anhand der Relationen aus Lemma 5.59, dass die Produkte von solchen Matrizen für geeignete Wahlen der Parameter Ihren Anforderungen genügen und insbesondere zu Nennern führen, deren Größe Sie gut kontrollieren können.

ii.) Erzeugen Sie Beispiele für Basen $b_1, \ldots, b_n$ von $\mathbb{R}^n$ oder $\mathbb{C}^n$, die einen einfachen Basiswechsel zur Standardbasis $\mathrm{e}_1, \ldots, \mathrm{e}_n$ erlauben. Auch dies lässt sich gut automatisieren.

Hinweis: Verwenden Sie die invertierbaren Matrizen aus Teil *i.)*.

iii.) Diskutieren Sie, ob das obige Verfahren auch für andere Körper $\Bbbk$ zum Erfolg führt, insbesondere für $\Bbbk = \mathbb{Z}_2$.

Übung 5.58 (Erstellen von Übungen 3). Betrachten Sie einen Körper $\Bbbk$ und das Kreuzprodukt $\times$ für $\Bbbk^3$ wie in Übung 5.22. Es sollen nun für $\Bbbk^3$ Basen konstruiert werden. Während wir mit Übung 5.57 hier einen allgemeinen Weg gefunden haben, gibt es in 3 Dimensionen eine kleine Abkürzung:

i.) Zeigen Sie, dass zwei Vektoren $a, b \in \Bbbk^3$ genau dann linear unabhängig sind, wenn $a \times b \neq 0$ gilt.

Hinweis: Mit dem Skalarprodukt und dem Winkel wie in Abschn. 1.4 können Sie natürlich jetzt nicht mehr argumentieren. Der direkte Nachweis ist aber auch nicht schwer.

ii.) Zeigen Sie, dass für zwei Vektoren $a, b \in \Bbbk^3$ durch $a, b, a \times b$ eine Basis erhalten wird, sobald $a \times b \neq 0$ gilt.

iii.) Benutzen Sie diese Überlegungen nun, um viele Basen von $\Bbbk^3$ zu erzeugen, die alle mit einfachen Zahlen aus $\Bbbk^3$ auskommen.

Hinweis: Zwei linear unabhängige Vektoren zu finden, ist nicht schwer.

Übung 5.59 (Natürlichkeit und Dualraum). Betrachten Sie endlich-dimensionale Vektorräume V und W über $\Bbbk$ sowie deren Dualräume V^* und W^*.

i.) Zeigen Sie, dass für eine geordnete Basis $B = (b_1, \dots, b_n)$ von V mit dualer Basis $B^* = (b_1^*, \dots, b_n^*)$ die Abbildung

$$\Phi_B : V \ni v \mapsto \Phi_B(v) = \sum_{i=1}^{n} b_i^*(v) b_i^* \in V^* \tag{5.7.56}$$

ein linearer Isomorphismus ist. Bestimmen Sie $\Phi_B(b_i)$ für alle $i = 1, \dots, n$.

ii.) Seien nun geordnete Basen A von V und B von W gegeben mit zugehörigen Isomorphismen $\Phi_A : V \longrightarrow V^*$ und $\Phi_B : W \longrightarrow W^*$. Finden Sie explizit eine lineare Abbildung $\Psi : V \longrightarrow W$ derart, dass $\Psi^* \circ \Phi_B \circ \Psi \neq \Phi_A$. Im Vergleich zum Doppeldualraum sind die Isomorphismen Φ_A und Φ_B also *nicht* natürlich.

Übung 5.60 (Beweisen oder widerlegen). Beweisen oder widerlegen Sie folgende Aussagen. Finden Sie gegebenenfalls zusätzliche Bedingungen, unter denen falsche Aussagen richtig werden.

i.) Es existiert eine lineare Abbildung $\phi : \mathbb{R}^3 \longrightarrow \mathbb{R}^3$ mit $\phi : \begin{pmatrix} 1 \\ 3 \\ 4 \end{pmatrix} \mapsto \begin{pmatrix} 3 \\ 4 \\ 1 \end{pmatrix}$.

ii.) Es existiert eine eindeutige Diagonalmatrix $D \in \mathrm{M}_3(\Bbbk)$ mit

$$D \begin{pmatrix} 3 \\ 2 \\ -1 \end{pmatrix} = \begin{pmatrix} -3 \\ 2 \\ 1 \end{pmatrix}. \tag{5.7.57}$$

iii.) Es gibt (mindestens) 100 verschiedene Matrizen $A \in \mathrm{M}_2(\mathbb{R})$ mit $A^2 = \mathbb{1}$.

iv.) Die Einschränkung einer linearen Abbildung auf einen Teilraum ist wieder linear.

v.) Die lineare Fortsetzung von einem echten Teilraum auf den ganzen Vektorraum ist immer (nie) eindeutig.

vi.) Die rationalen Polynome $\mathbb{Q}[x]$ sind zu einem geeignet gewählten Unterraum des rationalen Vektorraums $\mathbb{R}$ isomorph.

vii.) Eine lineare Abbildung $A \in \mathrm{End}(V)$ mit $A^2 - A + \mathrm{id}_V = 0$ ist immer invertierbar.

viii.) Eine lineare Abbildung $A \in \mathrm{End}(V)$ ist genau dann invertierbar, wenn $A \neq 0$.

ix.) Ein Gruppenmorphismus $\phi : G \longrightarrow H$ bildet das Zentrum von G in das Zentrum von H ab.

x.) Es existiert eine Matrix $A \in M_2(\Bbbk)$ mit $A^2 = \begin{pmatrix} 0 & 1 \\ 0 & 0 \end{pmatrix}$.

xi.) Auf jedem reellen Vektorraum existiert eine lineare fast-komplexe Struktur.

xii.) Die reellen Polynome vom Grad höchstens 4 bilden einen Unterraum von $\mathbb{R}[x]$, der zu $\mathbb{R}^5$ isomorph ist.

xiii.) Sei $U \subseteq V$ ein echter Unterraum. Dann gibt es ein von null verschiedenes lineares Funktional $\varphi \in V^* \setminus \{0\}$ mit $U \subseteq \ker \varphi$.

Kapitel 6
Determinanten und Eigenwerte

In diesem Kapitel werden wir hauptsächlich *endlich-dimensionale* Vektorräume über einem Körper $\Bbbk$ betrachten. Damit können wir uns also auf den Vektorraum $\Bbbk^n$ für $n \in \mathbb{N}$ beschränken und lineare Abbildungen mit Matrizen $\mathrm{M}_{n \times m}(\Bbbk)$ identifizieren. Für quadratische Matrizen $\mathrm{M}_n(\Bbbk)$, welche gerade den Endomorphismen von $\Bbbk^n$ entsprechen, werden wir die Determinante definieren und eingehend studieren. Sie wird insbesondere ein einfaches Kriterium für die Invertierbarkeit von Matrizen liefern. Weiter wird sie für die Behandlung des Eigenwertproblems eine zentrale Rolle spielen. Die Frage nach der Existenz von genügend vielen Eigenvektoren, um die Diagonalisierbarkeit des Endomorphismus zu gewährleisten, wird uns auf das charakteristische Polynom und das Minimalpolynom eines Endomorphismus führen. Für einen algebraisch abgeschlossenen Körper, oder etwas allgemeiner für ein in Linearfaktoren zerfallendes charakteristisches Polynom, werden wir mit der Jordan-Zerlegung und dem zugehörigen Spektralsatz ein effektives Mittel zur Diagonalisierung finden. Mit der Jordan-Normalform finden wir schließlich auch noch für den nilpotenten Anteil eines Endomorphismus eine besonders einfache Form.

6.1 Die symmetrische Gruppe S_n

Sei $n \in \mathbb{N}$. In Beispiel 3.21, *iv.)*, haben wir die symmetrische Gruppe S_n als die Gruppe der invertierbaren Elemente des Monoids $\mathrm{Abb}(\boldsymbol{n}, \boldsymbol{n})$ der Abbildung der Menge $\boldsymbol{n} = \{1, \ldots, n\}$ in sich definiert. Da eine Abbildung $\sigma \colon \boldsymbol{n} \longrightarrow \boldsymbol{n}$ genau dann invertierbar ist, wenn sie bijektiv ist, ist S_n also die Gruppe der bijektiven Abbildungen von $\boldsymbol{n}$ in sich. Man beachte, dass eine Abbildung $\sigma \colon \boldsymbol{n} \longrightarrow \boldsymbol{n}$ genau dann bijektiv ist, wenn sie injektiv ist, oder äquivalent dazu, wenn sie surjektiv ist. Dies ist selbstverständlich nur deshalb richtig, da $\boldsymbol{n}$ eine *endliche* Menge ist. In Übung 3.5 wurde gezeigt, dass die symmetrische Gruppe

© Springer-Verlag GmbH Deutschland, ein Teil von Springer Nature 2021
S. Waldmann, *Lineare Algebra 1*, https://doi.org/10.1007/978-3-662-63263-5_6

$$S_n = \text{Abb}(\boldsymbol{n}, \boldsymbol{n})^\times \qquad\qquad (6.1.1)$$

genau $n!$ Elemente besitzt. Es ist manchmal bequem, auch den Fall $n = 0$ zuzulassen. Dann ist S_0 konventionsgemäß die triviale Gruppe mit nur einem Element, der Identität. Wir wollen nun Abbildungen $\sigma\colon \boldsymbol{n} \longrightarrow \boldsymbol{n}$ und speziell die Permutationen genauer betrachten.

Definition 6.1 (Fehlstand). Sei $\sigma \in S_n$. Ein Paar $(i, j) \in \boldsymbol{n} \times \boldsymbol{n}$ heißt Fehlstand (oder Inversion) von σ, falls $i < j$ und $\sigma(i) > \sigma(j)$ gilt. Die Anzahl der Fehlstände heißt auch Länge $\ell(\sigma)$ der Permutation.

Wir erinnern nun an die Definition des *Signums* einer reellen Zahl $\alpha \in \mathbb{R}$. Wir setzen

$$\text{sign}(\alpha) = \begin{cases} 1 & \alpha > 0 \\ 0 & \alpha = 0 \\ -1 & \alpha < 0. \end{cases} \qquad (6.1.2)$$

Dies erlaubt es nun, auch ein Signum für eine Abbildung $\sigma \in \text{Abb}(\boldsymbol{n}, \boldsymbol{n})$ zu definieren.

Definition 6.2 (Signum). Sei $\sigma \in \text{Abb}(\boldsymbol{n}, \boldsymbol{n})$. Dann definiert man das Signum von σ als

$$\text{sign}(\sigma) = \prod_{i<j} \text{sign}(\sigma(j) - \sigma(i)). \qquad (6.1.3)$$

Hier bezeichnet $\prod_{i<j}$ das *Produkt* über alle Zahlen $i, j = 1, \ldots, n$ mit $i < j$. Diese Schreibweise mit dem Produktzeichen $\prod$ wird genauso wie das Summenzeichen $\sum$ verwendet und steht hier *nicht* für ein kartesisches Produkt von Mengen.

Ist (i, j) ein Fehlstand, so ist $\sigma(j) - \sigma(i) < 0$ und daher der zugehörige Faktor (-1). Ist σ keine Permutation, so ist σ nicht injektiv. Damit gibt es also ein Paar (i, j) mit $i < j$, aber $\sigma(i) = \sigma(j)$. Das Signum ist dann also 0. Ist σ eine Permutation, so ist für $i \neq j$ auch $\sigma(i) \neq \sigma(j)$. Daher gilt $\text{sign}(\sigma) = \pm 1$. Zusammenfassend erhalten wir also folgendes Resultat:

Lemma 6.3. *Sei $\sigma \in \text{Abb}(\boldsymbol{n}, \boldsymbol{n})$. Dann gilt*

$$\text{sign}(\sigma) = \begin{cases} 0 & \textit{falls } \sigma \notin S_n \\ (-1)^{\ell(\sigma)} & \textit{falls } \sigma \in S_n. \end{cases} \qquad (6.1.4)$$

Dieses Lemma erlaubt folgende Definition:

Definition 6.4 (Gerade und ungerade Permutation). Eine Permutation $\sigma \in S_n$ heißt gerade, falls $\text{sign}(\sigma) = 1$, und ungerade, falls $\text{sign}(\sigma) = -1$.

Mit anderen Worten, $\sigma \in S_n$ ist gerade (ungerade), wenn die Anzahl der Fehlstände in σ gerade (ungerade) ist.

Definition 6.5 (Transposition). Sei $i \neq j$. Dann heißt die Permutation

$$\tau_{ij} = \begin{pmatrix} 1 & 2 \cdots\cdots i-1 & i & i+1 \cdots\cdots j-1 & j & j+1 \cdots\cdots n \\ 1 & 2 \cdots\cdots i-1 & j & i+1 \cdots\cdots j-1 & i & j+1 \cdots\cdots n \end{pmatrix},$$

(6.1.5)

die i mit j vertauscht und alle andere Elemente von $\boldsymbol{n}$ fest lässt, die Transposition von i und j.

Es genügt offenbar $i < j$ zu betrachten, da $\tau_{ij} = \tau_{ji}$ gilt. Weiter ist klar, dass

$$\tau_{ij}\tau_{ij} = \mathrm{id}\,. \tag{6.1.6}$$

Lemma 6.6. *Eine Transposition $\tau_{ij} \in S_n$ ist ungerade. Es gilt*

$$\ell(\tau_{ij}) = 2(j-i) - 1 \tag{6.1.7}$$

und daher $\mathrm{sign}(\tau_{ij}) = -1$.

Beweis. Wir müssen die Fehlstände von

$$\tau_{ij} = \begin{pmatrix} 1\,2 \ldots i \ldots j \ldots n \\ 1\,2 \ldots j \ldots i \ldots n \end{pmatrix}$$

bestimmen. Ein Paar (k, ℓ) ist ein Fehlstand von τ_{ij}, wenn $k = i$ und $\ell \in \{i+1, \ldots, j\}$ oder wenn $\ell = j$ und $k \in \{i+1, \ldots, j-1\}$. Zusammen sind das dann $2(j - i) - 1$ Fehlstände. $\qquad\square$

Die Transpositionen sind gewissermaßen die „Atome" der Permutationsgruppe. Es gilt nämlich, dass jede Permutation ein geeignetes Produkt von Transpositionen ist:

Proposition 6.7. *Sei $\sigma \in S_n$. Dann lässt sich σ als Produkt von höchstens $n - 1$ Transpositionen schreiben.*

Beweis. Für $n = 1$ ist dies richtig: In der trivialen Gruppe benötigt man für id keine Transposition. Wir beweisen die Behauptung daher durch vollständige Induktion. Sei also $\sigma \in S_n$ gegeben. Wir unterscheiden zwei Fälle: Gilt $\sigma(n) = n$, so ist σ eine Permutation der ersten $n - 1$ Elemente $\{1, \ldots, n-1\}$ untereinander und kann daher als Permutation in S_{n-1} angesehen werden, siehe auch Übung 3.12. Daher können wir σ als Produkt von höchstens $n - 2$ Transpositionen schreiben. Gilt umgekehrt $\sigma(n) \neq n$, so lässt die Permutation $\tau_{n,\sigma(n)}\sigma = \sigma'$ das Element $n \in \boldsymbol{n}$ fest. Also können wir σ' als Produkt von höchstens $n - 2$ Transpositionen und dann $\sigma = \tau_{n,\sigma(n)}\sigma'$ als Produkt von höchstens $n - 1$ Transpositionen schreiben. $\qquad\square$

Die entscheidende Verbindung zwischen dieser Proposition und dem Signum einer beliebigen Permutation ist, dass sign ein Gruppenmorphismus ist:

Proposition 6.8. *Sei $n \in \mathbb{N}$. Das Signum*

$$\text{sign}\colon \text{Abb}(\boldsymbol{n}, \boldsymbol{n}) \longrightarrow \{-1, 0, 1\} \tag{6.1.8}$$

ist ein Monoidmorphismus, wobei $\{-1, 0, 1\}$ mit der üblichen Multiplikation als Monoid aufgefasst wird. Insbesondere ist

$$\text{sign}\colon S_n \longrightarrow \{\pm 1\} \tag{6.1.9}$$

ein Gruppenmorphismus.

Beweis. Es gilt offenbar $\text{sign}(\text{id}) = 1$ und $\text{sign}(\sigma) \in \{\pm 1\}$ genau dann, wenn $\sigma \in S_n$. Es bleibt also, die Multiplikativität von sign zu zeigen. Ist σ oder τ nicht bijektiv, so ist auch $\sigma\tau$ nicht bijektiv. Es folgt also in diesem Fall

$$\text{sign}(\sigma)\,\text{sign}(\tau) = 0 = \text{sign}(\sigma\tau).$$

Sind nun beide σ, τ bijektiv, so erhalten wir

$$
\begin{aligned}
&\text{sign}(\sigma\tau) \\
&= \prod_{i<j} \text{sign}(\sigma\tau(j) - \sigma\tau(i)) \\
&\stackrel{(a)}{=} \prod_{\substack{i<j \\ \tau(i)<\tau(j)}} \text{sign}(\sigma(\tau(j)) - \sigma(\tau(i))) \cdot \prod_{\substack{i<j \\ \tau(j)<\tau(i)}} \text{sign}(\sigma(\tau(j)) - \sigma(\tau(i))) \\
&\stackrel{(b)}{=} \prod_{\substack{i<j \\ \tau(i)<\tau(j)}} \text{sign}(\sigma(\tau(j)) - \sigma(\tau(i))) \cdot \text{sign}(\tau) \cdot \prod_{\substack{i<j \\ \tau(j)<\tau(i)}} \text{sign}(\sigma(\tau(i)) - \sigma(\tau(j))) \\
&\stackrel{(c)}{=} \prod_{\substack{i<j \\ \tau(i)<\tau(j)}} \text{sign}(\sigma(\tau(j)) - \sigma(\tau(i))) \cdot \text{sign}(\tau) \cdot \prod_{\substack{j<i \\ \tau(i)<\tau(j)}} \text{sign}(\sigma(\tau(j)) - \sigma(\tau(i))) \\
&\stackrel{(d)}{=} \prod_{r<s} \text{sign}(\sigma(s) - \sigma(r)) \cdot \text{sign}(\tau) \\
&= \text{sign}(\sigma)\,\text{sign}(\tau).
\end{aligned}
$$

Hierbei haben wir in (a) das Produkt in zwei Teile faktorisiert, je nachdem ob $\tau(i)$ oder $\tau(j)$ größer ist. In (b) drehen wir die Reihenfolge der Argumente von $\text{sign}(\sigma(\tau(j)) - \sigma(\tau(i)))$ um, was insgesamt so viele Vorzeichen liefert, wie wir Fehlstände in τ haben, also einen Faktor $\text{sign}(\tau)$ erfordert. In (c) benennen wir die Indizes i und j im zweiten Faktor um. Schließlich durchlaufen $r = \tau(i) < \tau(j) = s$ wieder alle Möglichkeiten, wenn wir die beiden Produkte zusammennehmen, da $\tau \in S_n$. Dies zeigt aber die Multiplikativität auch in diesem Fall. □

Korollar 6.9. *Sei $\sigma \in S_n$.*

i.) Es gilt $\operatorname{sign}(\sigma^{-1}) = \operatorname{sign}(\sigma)$.

ii.) Es gilt $\operatorname{sign}(\sigma) = 1$ *genau dann, wenn σ ein Produkt von einer geraden Anzahl von Transpositionen ist.*

Man beachte, dass die Anzahl der Transpositionen, die nötig ist, um σ als Produkt von Transpositionen zu schreiben, *nicht* eindeutig ist: id kann beispielsweise als Produkt mit 0 oder mit 2 Transpositionen $\tau_{ij}\tau_{ij} = \mathrm{id}$ geschrieben werden. Lediglich die Frage, ob es eine gerade oder ungerade Anzahl ist, ist eindeutig durch σ bestimmt.

Korollar 6.10. *Die Teilmenge*

$$A_n = \big\{ \sigma \in S_n \mid \operatorname{sign}(\sigma) = 1 \big\} = \ker \operatorname{sign} \subseteq S_n \qquad (6.1.10)$$

ist eine normale Untergruppe von S_n.

Diese normale Untergruppe heißt auch die *alternierende Gruppe A_n.*

Korollar 6.11. *Sei $n \geq 2$ und $\tau \in S_n$ eine ungerade Permutation. Dann gilt*

$$S_n = A_n\tau \cup A_n \quad mit \quad A_n\tau \cap A_n = \emptyset, \qquad (6.1.11)$$

und daher hat A_n genau $\frac{1}{2}n!$ Elemente.

Beweis. Ist $\sigma \in A_n$, so ist $\sigma\tau$ ungerade, also nicht in A_n. Umgekehrt ist für $\sigma \in A_n\tau$ die Permutation $\sigma\tau$ gerade, also in A_n. Da offenbar $A_n\tau \cap A_n = \emptyset$, zeigt dies, dass die Multiplikation mit τ eine Bijektion $A_n \longrightarrow A_n\tau$ liefert. Also ist A_n halb so mächtig wie S_n. □

Kontrollfragen. Wie viele Elemente hat S_n? Wie ist sign definiert? Wieso ist sign ein Monoidmorphismus? Wann ist eine Permutation gerade? Was ist eine Transposition? Was ist die alternierende Gruppe?

6.2 Existenz und Eindeutigkeit der Determinante

In diesem Abschnitt wollen wir die wesentlichen Eigenschaften der Determinante vorstellen: eine explizite Formel, die von den gefundenen Eigenschaften von Permutationen und deren Signum Gebrauch macht, und eine abstrakte Charakterisierung.

Zur Motivation betrachten wir eine einfache und aus der elementaren Geometrie vertraute Situation. Im $\mathbb{R}^2$ soll der Flächeninhalt eines Parallelogramms ausgerechnet werden. Dieses denken wir uns von zwei Vektoren $\vec{a}$

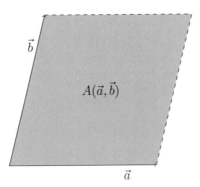

Abb. 6.1 Das durch die Vektoren $\vec{a}$ und $\vec{b}$ aufgespannte Parallelogramm

und $\vec{b}$ aufgespannt, siehe Abb. 6.1. Schreiben wir $\vec{a} = \left(\begin{smallmatrix} a_1 \\ a_2 \end{smallmatrix}\right)$ und $\vec{b} = \left(\begin{smallmatrix} b_1 \\ b_2 \end{smallmatrix}\right)$, so zeigt eine elementare Überlegung, dass der Flächeninhalt des Parallelogramms durch

$$A(\vec{a}, \vec{b}) = |a_1 b_2 - a_2 b_1| \tag{6.2.1}$$

gegeben ist, siehe Übung 6.2. Die Größe $a_1 b_2 - a_2 b_1$ ist uns als 3-Komponente des Kreuzprodukts im $\mathbb{R}^3$ bereits begegnet. Insbesondere gilt $A(\vec{a}, \vec{b}) = 0$, falls die Vektoren $\vec{a}$ und $\vec{b}$ parallel sind. Wir nennen nun einige Eigenschaften des Flächeninhaltes. Es gilt

$$A(\vec{e}_1, \vec{e}_2) = 1, \tag{6.2.2}$$

$$A(\lambda \vec{a}, \vec{b}) = |\lambda| A(\vec{a}, \vec{b}), \tag{6.2.3}$$

$$A(\vec{a}, \vec{b}) = A(\vec{b}, \vec{a}), \tag{6.2.4}$$

$$A(\vec{a}, \vec{b} + \lambda \vec{a}) = A(\vec{a}, \vec{b}) \tag{6.2.5}$$

für alle $\lambda \in \mathbb{R}$. Die erste Gleichung ist die Normierung des Flächeninhaltes des Einheitsquadrats auf 1, die zweite liefert das Verhalten des Flächeninhaltes unter Streckung einer Seite. Die dritte ist die Spiegelinvarianz unter dem Vertauschen der Seiten. Die letzte ist die Scherungsinvarianz, siehe auch Abb. 6.2.

Die zu findende Determinante Δ als Ersatz für den Flächeninhalt soll nun zwei Dinge leisten: Zum einen suchen wir eine Version für alle Dimensionen $n \in \mathbb{N}$ und nicht nur für $n = 2$. Zum anderen wollen wir eine Version ohne „Betragstriche", da wir in einem beliebigen Körper $\Bbbk$ zunächst keine Möglichkeit haben, von Beträgen zu sprechen. Damit müssen wir also insbesondere (6.2.3) modifizieren: Wir wollen einfach eine Homogenität für $\lambda \in \Bbbk$ und daher eine Rechenregel der Form $\Delta(\lambda \vec{a}, \vec{b}) = \lambda \Delta(\vec{a}, \vec{b})$ *ohne* Betrag. Damit kann der „Flächeninhalt" dann aber auch negative Werte für $\Bbbk = \mathbb{R}$ annehmen. Die Interpretation ist daher die, dass es sich um einen *orientierten* Flächeninhalt handelt, der auch die Orientierung der Vektoren $\vec{a}$ und $\vec{b}$ berücksichtigt. Insbesondere wird dies nur dann konsistent möglich sein, wenn

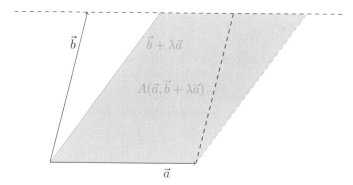

Abb. 6.2 Scherungsinvarianz des Flächeninhaltes

auch $\Delta(\vec{a}, \vec{b}) = -\Delta(\vec{b}, \vec{a})$ anstelle von (6.2.4) gilt. Dies liefert dann aber auch schon die richtige Axiomatik für die Determinante. Zuvor bemerken wir jedoch, dass in zwei Dimensionen die Kombination

$$\det(\vec{a}, \vec{b}) = a_1 b_2 - a_2 b_1 \tag{6.2.6}$$

genau diese gewünschte Eigenschaften besitzt und

$$A(\vec{a}, \vec{b}) = |\det(\vec{a}, \vec{b})| \tag{6.2.7}$$

erfüllt.

Wir formulieren nun allgemein für zunächst beliebige $\Bbbk$-Vektorräume die Bedingungen an eine Determinante. Hier ist zunächst der Begriff der multilinearen Abbildung zu erklären:

Definition 6.12 (Multilineare Abbildung). Seien $V_1, \ldots, V_k$ und W Vektorräume über $\Bbbk$. Eine Abbildung

$$\Phi \colon V_1 \times \cdots \times V_k \longrightarrow W \tag{6.2.8}$$

heißt k-linear, falls für alle $1 \leq \ell \leq k$ und $v_1 \in V_1, \ldots, v_\ell, v'_\ell \in V_\ell, \ldots, v_k \in V_k$ und $\lambda, \lambda' \in \Bbbk$

$$\Phi(v_1, \ldots, \lambda v_\ell + \lambda' v'_\ell, \ldots, v_k) = \lambda \Phi(v_1, \ldots, v_\ell, \ldots, v_k) + \lambda' \Phi(v_1, \ldots, v'_\ell, \ldots, v_k). \tag{6.2.9}$$

Mit anderen Worten bedeutet Multilinearität also gerade Linearität in jedem Argument bei festgehaltenen übrigen Argumenten.

Beispiel 6.13 (Multilineare Abbildung). Wir haben bereits verschiedene multilineare Abbildungen kennengelernt:

i.) Eine 1-lineare Abbildung ist offenbar gerade eine lineare Abbildung.

ii.) Das euklidische Skalarprodukt

$$\langle\,\cdot\,,\,\cdot\,\rangle\colon \mathbb{R}^3 \times \mathbb{R}^3 \longrightarrow \mathbb{R} \qquad (6.2.10)$$

ist bilinear.

iii.) Das Kreuzprodukt

$$\times\colon \mathbb{R}^3 \times \mathbb{R}^3 \longrightarrow \mathbb{R}^3 \qquad (6.2.11)$$

ist ebenfalls bilinear. Durch Kombination erhält man das *Spatprodukt*

$$\mathrm{vol}\colon \mathbb{R}^3 \times \mathbb{R}^3 \times \mathbb{R}^3 \ni (\vec{a}, \vec{b}, \vec{c}) \mapsto \mathrm{vol}(\vec{a}, \vec{b}, \vec{c}) = \vec{a} \cdot (\vec{b} \times \vec{c}) \in \mathbb{R}, \quad (6.2.12)$$

welches nun eine trilineare Abbildung ist, siehe auch Übung 1.14. Der Betrag des Spatprodukts erweist sich dann als das elementargeometrische Volumen des durch die drei Vektoren aufgespanntes Spates.

iv.) Die Verkettung ∘ von linearen Abbildungen

$$\circ\colon \mathrm{Hom}(W, U) \times \mathrm{Hom}(V, W) \ni (\Psi, \Phi) \mapsto \Psi \circ \Phi \in \mathrm{Hom}(V, U) \quad (6.2.13)$$

ist bilinear nach Proposition 5.16.

v.) Seien $k, n \in \mathbb{N}$, dann ist das k-fache Matrixprodukt

$$\underbrace{\mathrm{M}_n(\Bbbk) \times \cdots \times \mathrm{M}_n(\Bbbk)}_{k\text{-mal}} \ni (A_1, \ldots, A_k) \mapsto A_1 \cdots A_k \in \mathrm{M}_n(\Bbbk) \quad (6.2.14)$$

eine k-lineare Abbildung. Dies erhält man durch wiederholtes Anwenden aus der Bilinearität der Matrixmultiplikation.

Bemerkung 6.14 (Multilineare Abbildung). Die obigen Beispiele legen nahe, dass multilineare Abbildungen omnipräsent sind. Sie erfordern ein detailliertes Studium, welches wir zu einem späteren Zeitpunkt in Band 2 systematisch aufnehmen wollen.

Eine spezielle und für unsere Zwecke wichtige Klasse von multilinearen Abbildungen sind die alternierenden multilinearen Abbildungen:

Definition 6.15 (Alternierende multilineare Abbildung). Sei $k \in \mathbb{N}$ und seien V, W Vektorräume über $\Bbbk$. Eine k-lineare Abbildung

$$\Phi\colon \underbrace{V \times \cdots \times V}_{k\text{-mal}} \longrightarrow W \qquad (6.2.15)$$

heißt alternierend, falls $\Phi(v_1, \ldots, v_k) = 0$, sobald zwei Vektoren gleich sind, es also $i \neq j$ mit $v_i = v_j$ gibt.

Das Kreuzprodukt ist offenbar alternierend, da $\vec{a} \times \vec{a} = 0$. Da $\vec{a} \times \vec{b}$ senkrecht auf $\vec{a}$ und $\vec{b}$ steht, kann man folgern, dass auch das Spatprodukt (6.2.12) alternierend ist.

Die folgende Proposition klärt nun erste Eigenschaften von alternierenden k-linearen Abbildungen und zeigt insbesondere die Beziehungen zur Permutationsgruppe auf:

Proposition 6.16. *Seien V, W Vektorräume, sei $k \in \mathbb{N}$, und sei $\Phi\colon V \times \cdots \times V \longrightarrow W$ eine alternierende k-lineare Abbildung.*

i.) Die Menge der alternierenden k-linearen Abbildungen $V \times \cdots \times V \longrightarrow W$ ist ein Untervektorraum von $\mathrm{Abb}(V \times \cdots \times V, W)$.

ii.) Für $i \neq j$ und $v_1, \ldots, v_k \in V$ sowie $\lambda \in \Bbbk$ gilt

$$\Phi(v_1, \ldots, v_i + \lambda v_j, \ldots, v_j, \ldots, v_k) = \Phi(v_1, \ldots, v_k). \tag{6.2.16}$$

iii.) Für jedes $\sigma \in \mathrm{Abb}(\boldsymbol{k}, \boldsymbol{k})$ gilt

$$\Phi(v_{\sigma(1)}, \ldots, v_{\sigma(k)}) = \mathrm{sign}(\sigma)\Phi(v_1, \ldots, v_k). \tag{6.2.17}$$

Insbesondere gilt für $i \neq j$

$$\Phi(v_1, \ldots, v_i, \ldots, v_j, \ldots, v_k) = -\Phi(v_1, \ldots, v_j, \ldots, v_i, \ldots, v_k). \tag{6.2.18}$$

iv.) Seien $w_i = \sum_{j=1}^{k} \lambda_{ij} v_j$ mit $\lambda_{ij} \in \Bbbk$ und $i = 1, \ldots, k$. Dann gilt

$$\Phi(w_1, \ldots, w_k) = \left(\sum_{\sigma \in S_k} \mathrm{sign}(\sigma)\lambda_{\sigma(1)1} \cdots \lambda_{\sigma(k)k} \right) \Phi(v_1, \ldots, v_k) \tag{6.2.19}$$

$$= \left(\sum_{\sigma \in S_k} \mathrm{sign}(\sigma)\lambda_{1\sigma(1)} \cdots \lambda_{k\sigma(k)} \right) \Phi(v_1, \ldots, v_k). \tag{6.2.20}$$

Beweis. Seien $\Phi, \Phi'\colon V \times \cdots \times V \longrightarrow W$ beide k-linear und $\lambda, \lambda' \in \Bbbk$. Da die Vektorraumstruktur von $\mathrm{Abb}(V \times \cdots \times V, W)$ punktweise erklärt ist, zeigt man wie auch schon bei linearen Abbildungen, siehe Proposition 5.15, dass $\lambda\Phi + \lambda'\Phi'$ wieder k-linear ist. Sind beide zudem alternierend, so gilt dies auch für $\lambda\Phi + \lambda'\Phi'$ mit einem analogen Argument. Dies zeigt den ersten Teil. Für den zweiten Teil benutzen wir die Linearität im i-ten Argument und erhalten

$$\Phi(v_1, \ldots, v_i + \lambda v_j, \ldots, v_j, \ldots, v_k)$$
$$= \lambda\Phi(v_1, \ldots, v_j, \ldots, v_j, \ldots, v_k) + \Phi(v_1, \ldots, v_k)$$
$$= 0 + \Phi(v_1, \ldots, v_k),$$

da Φ alternierend ist. Sei nun $i \neq j$ und ohne Einschränkung $i < j$. Dann gilt

$$\Phi(v_1, \ldots, v_i, \ldots, v_j, \ldots, v_k) + \Phi(v_1, \ldots, v_j, \ldots, v_i, \ldots, v_k)$$
$$\overset{ii.)}{=} \Phi(v_1, \ldots, v_i + v_j, \ldots, v_j, \ldots, v_k) + \Phi(v_1, \ldots, v_j + v_i, \ldots, v_i, \ldots, v_k)$$
$$= \Phi(v_1, \ldots, v_i + v_j, \ldots, v_i + v_j, \ldots, v_k)$$
$$= 0$$

nach dem zweiten Teil und der Voraussetzung, dass Φ multilinear und alternierend ist. Dies zeigt aber

$$\Phi(v_1, \ldots, v_i, \ldots, v_j, \ldots, v_k) = -\Phi(v_1, \ldots, v_j, \ldots, v_i, \ldots, v_k)$$

für alle $i \neq j$. Damit folgt (6.2.17) für jede Transposition $\tau_{ij} \in S_n$. Ist nun $\sigma \in S_k$ beliebig, so ist $\sigma = \tau_1 \cdots \tau_r$ mit gewissen Transpositionen $\tau_1, \ldots, \tau_r \in S_k$ nach Proposition 6.7. Wiederholtes Anwenden von (6.2.17) für die Transpositionen $\tau_1, \ldots, \tau_r$ liefert

$$\Phi(v_{\sigma(1)}, \ldots, v_{\sigma(k)}) = \mathrm{sign}(\tau_1) \cdots \mathrm{sign}(\tau_r) \Phi(v_1, \ldots, v_k) = \mathrm{sign}(\sigma) \Phi(v_1, \ldots, v_k),$$

da das Signum ein Gruppenmorphismus ist. Ist schließlich $\sigma \in \mathrm{Abb}(\boldsymbol{k}, \boldsymbol{k})$ keine Permutation, so ist σ nicht injektiv. Es treten daher in $v_{\sigma(1)}, \ldots, v_{\sigma(k)}$ mindestens zwei gleiche Vektoren auf, womit die linke Seite in (6.2.17) verschwindet. Die rechte Seite ist dann aber auch null, da $\mathrm{sign}(\sigma) = 0$. Für den vierten Teil rechnen wir nach, dass

$$\Phi(w_1, \ldots, w_k) = \Phi\left(\sum_{j_1=1}^{k} \lambda_{1j_1} v_{j_1}, \ldots, \sum_{j_k=1}^{k} \lambda_{kj_k} v_{j_k} \right)$$

$$\stackrel{(a)}{=} \sum_{j_1=1}^{k} \lambda_{1j_1} \Phi\left(v_{j_1}, \sum_{j_2=1}^{k} \lambda_{2j_2} v_{j_2} \ldots, \sum_{j_k=1}^{k} \lambda_{kj_k} v_{j_k} \right)$$

$$\vdots$$

$$\stackrel{(a)}{=} \sum_{j_1=1}^{k} \cdots \sum_{j_k=1}^{k} \lambda_{1j_1} \cdots \lambda_{kj_k} \Phi(v_{j_1}, \ldots, v_{j_k})$$

$$\stackrel{(b)}{=} \sum_{\sigma \in S_k} \lambda_{1\sigma(1)} \cdots \lambda_{k\sigma(k)} \Phi(v_{\sigma(1)}, \ldots, v_{\sigma(k)})$$

$$\stackrel{(c)}{=} \sum_{\sigma \in S_k} \mathrm{sign}(\sigma) \lambda_{1\sigma(1)} \cdots \lambda_{k\sigma(k)} \Phi(v_1, \ldots, v_k),$$

wobei wir in in jedem Schritt (a) insgesamt k-mal die Linearität im jeweiligen Argument oder eben die k-Linearität benutzen. Für (b) verwenden wir, dass eine alternierende k-lineare Abbildung verschwindet, sobald zwei Vektoren gleich sind. Daher bleiben von den k^k Summanden der k Summen nur diejenigen übrig, wo $(j_1, \ldots, j_n)$ eine Permutation von $(1, \ldots, k)$ ist. Offenbar kommt jede Permutation genau einmal vor. In (c) verwenden wir schließlich (6.2.17). Dies zeigt (6.2.20). Da die Inversion $\sigma \mapsto \sigma^{-1}$ eine Bijektion $S_n \longrightarrow S_n$ ist, was ja für jede Gruppe gilt, können wir auch

$$\sum_{\sigma \in S_k} \mathrm{sign}(\sigma) \lambda_{1\sigma(1)} \cdots \lambda_{k\sigma(k)} = \sum_{\sigma \in S_k} \mathrm{sign}(\sigma) \lambda_{\sigma^{-1}(\sigma(1)),\sigma(1)} \cdots \lambda_{\sigma^{-1}(\sigma(k)),\sigma(k)}$$

$$= \sum_{\sigma^{-1} \in S_k} \mathrm{sign}(\sigma) \lambda_{\sigma^{-1}(1)1} \cdots \lambda_{\sigma^{-1}(n)n}$$

schreiben. Da σ und σ^{-1} das gleiche Signum haben, folgt auch (6.2.19). $\quad\square$

Bemerkung 6.17. Sei $\Bbbk$ ein Körper mit $\mathrm{char}(\Bbbk) \neq 2$. Dann ist eine k-lineare Abbildung $\Phi\colon V \times \cdots \times V \longrightarrow W$ genau dann alternierend, wenn für alle $i \neq j$

$$\Phi(v_1, \ldots, v_i, \ldots, v_j, \ldots, v_k) = -\Phi(v_1, \ldots, v_j, \ldots, v_i, \ldots, v_k) \qquad (6.2.21)$$

für alle $v_1, \ldots, v_k \in V$ gilt. Die eine Implikation gilt allgemein in jeder Charakteristik. Für die Umkehrung sei nun (6.2.21) gültig, so gilt

$$\Phi(v_1, \ldots, v_i, \ldots, v_i, \ldots, v_k) = -\Phi(v_1, \ldots, v_i, \ldots v_i, \ldots, v_k) \qquad (6.2.22)$$

und daher

$$2\Phi(v_1, \ldots, v_i, \ldots, v_i, \ldots, v_k) = 0. \qquad (6.2.23)$$

Daraus können wir $\Phi(v_1, \ldots, v_i, \ldots, v_i, \ldots v_k) = 0$ schließen, sofern $2 \neq 0$, also $\mathrm{char}(\Bbbk) \neq 2$. Diese Eigenschaft erklärt die Bezeichnung *alternierend*. Alternativ verwendet man auch die Bezeichnung *total antisymmetrisch*.

Die letzte Eigenschaft in Proposition 6.16 zeigt, dass es in endlichen Dimensionen keine alternierenden k-linearen Abbildungen ungleich 0 gibt, wenn k zu groß ist:

Korollar 6.18. *Sei* $\dim V = n < \infty$ *und* $k > n$. *Dann verschwindet jede* k-*lineare alternierende Abbildung* $\Phi\colon V \times \cdots \times V \longrightarrow W$.

Beweis. Sei $(v_1, \ldots, v_n)$ eine geordnete Basis von V und $w_1, \ldots, w_k \in V$ beliebig. Dann gibt es eindeutig bestimmte Zahlen w_{ij} mit

$$w_i = \sum_{j=1}^{n} w_{ij} v_j$$

für alle $i = 1, \ldots, k$. Da $k > n$, setzen wir für $j > n$

$$v_j = v_n$$

und ergänzen die rechteckige Matrix $W = (w_{ij}) \in \mathrm{M}_{k \times n}(\Bbbk)$ zu einer quadratischen Matrix $\tilde{W} = (\tilde{w}_{ij}) \in \mathrm{M}_{k \times k}(\Bbbk)$, indem wir noch einige 0-Spalten hinzufügen. Damit gilt also

$$w_i = \sum_{j=1}^{k} \tilde{w}_{ij} v_j,$$

da die neu hinzugekommenen Koeffizienten alle null sind. Mithilfe von Proposition 6.16, *iv.)*, folgt

$$\Phi(w_1, \ldots, w_k) = \left(\sum_{\sigma \in S_k} \text{sign}(\sigma)\tilde{w}_{\sigma(1)1} \cdots \tilde{w}_{\sigma(k)k} \right) \Phi(v_1, \ldots, v_k) = 0,$$

da $v_n = v_{n+1} = \cdots = v_k$.   □

Der spannende Fall ist also für $k = n$ erreicht: Hier liefert Proposition 6.16 sofort eine eindeutige Charakterisierung.

Proposition 6.19. *Sei* $\dim V = n < \infty$. *Der Vektorraum der n-linearen alternierenden Abbildungen*

$$\Phi \colon \underbrace{V \times \cdots \times V}_{n\text{-mal}} \longrightarrow W \tag{6.2.24}$$

ist zu W isomorph. Ist $(v_1, \ldots, v_n)$ eine geordnete Basis von V, so liefert die Zuordnung

$$\Phi \mapsto \Phi(v_1, \ldots, v_n) \tag{6.2.25}$$

einen solchen Isomorphismus.

Beweis. Wir zeigen, dass (6.2.25) ein Isomorphismus ist. Offensichtlich ist (6.2.25) linear, da die Vektorraumstruktur der alternierenden n-linearen Abbildungen die von $\text{Abb}(V \times \cdots \times V, W)$ geerbte, punktweise erklärte Vektorraumstruktur ist, siehe auch Beispiel 4.11. Aus Proposition 6.16, *iv.)*, erhalten wir die Injektivität dieser linearen Abbildung: Für $u_1, \ldots, u_n \in V$ ist

$$\Phi(u_1, \ldots, u_n) = \left(\sum_{\sigma \in S_n} \text{sign}(\sigma)u_{1\sigma(1)} \cdots u_{n\sigma(n)} \right) \Phi(v_1, \ldots, v_n) \tag{6.2.26}$$

offenbar durch $\Phi(v_1, \ldots, v_n)$ eindeutig bestimmt. Also gilt $\Phi = 0$ genau dann, wenn $\Phi(v_1, \ldots, v_n) = 0$. Die Formel (6.2.26) liefert auch einen Hinweis auf die Existenz. Für einen gegebenen Wert $w \in W$ definieren wir $\Phi \colon V \times \cdots \times V \longrightarrow W$ analog zu (6.2.26) durch

$$\Phi(u_1, \ldots, u_n) = \left(\sum_{\sigma \in S_n} \text{sign}(\sigma)u_{1\sigma(1)} \cdots u_{n\sigma(n)} \right) \cdot w, \tag{6.2.27}$$

wobei wie immer

$$u_i = \sum_{j=1}^{n} u_{ij}v_j$$

die Basisdarstellung von u_i bezüglich der geordneten Basis $(v_1, \ldots, v_n)$ ist. Für $u_1 = v_1, \ldots, u_n = v_n$ erhalten wir dank $v_{ij} = \delta_{ij}$

$$\sum_{\sigma \in S_n} \text{sign}(\sigma)v_{1\sigma(1)} \cdots v_{n\sigma(n)} = \sum_{\sigma \in S_n} \text{sign}(\sigma)\delta_{1\sigma(1)} \cdots \delta_{n\sigma(n)} = 1,$$

da nur für $\sigma = \mathrm{id}$ alle Faktoren in $\delta_{1\sigma(1)} \cdots \delta_{n\sigma(n)}$ ungleich null und dann gleich 1 sind. Damit hat die durch die rechte Seite von (6.2.27) definierte Abbildung auf den Basisvektoren $v_1, \ldots, v_n$ tatsächlich den vorgegebenen Wert $w = \Phi(v_1, \ldots, v_n)$. Es bleibt zu prüfen, ob (6.2.27) sowohl n-linear als auch alternierend ist. Da die Koordinaten von u_i

$$u_{ij} = v_j^*(u_i)$$

linear von u_i abhängen, ist die n-Linearität von der rechten Seite in (6.2.27) klar. Sei nun $i \neq j$ und $u_i = u_j$. Wir müssen zeigen, dass dann die rechte Seite von (6.2.27) verschwindet, egal wie $\Phi(v_1, \ldots, v_n)$ vorgegeben wurde. Sei also ohne Einschränkung $i < j$. Dann definieren wir

$$S_n' = \{\sigma \in S_n \mid \sigma(i) < \sigma(j)\} \quad \text{und} \quad S_n'' = \{\sigma \in S_n \mid \sigma(j) < \sigma(i)\}.$$

Es gilt offenbar $S_n' \cap S_n'' = \emptyset$ und $S_n = S_n' \cup S_n''$. Weiter ist $\sigma \in S_n' \iff \sigma\tau_{ij} \in S_n''$, womit dank $\tau_{ij}\tau_{ij} = \mathrm{id}$ die Abbildung

$$S_n' \ni \sigma \;\mapsto\; \sigma\tau_{ij} \in S_n''$$

eine Bijektion ist. Sei nun $\sigma \in S_n$, dann gilt wegen $u_i = u_j$ auch für die Koeffizienten $u_{ir} = u_{jr}$ für alle $r = 1, \ldots, n$ und damit

$$
\begin{aligned}
u_{1\sigma(1)} \cdots u_{i\sigma(i)} \cdots u_{j\sigma(j)} \cdots u_{n\sigma(n)} &= u_{1\sigma(1)} \cdots u_{j\sigma(i)} \cdots u_{i\sigma(j)} \cdots u_{n\sigma(n)} \\
&= u_{1\sigma'(1)} \cdots u_{i\sigma'(i)} \cdots u_{j\sigma'(j)} \cdots u_{n\sigma'(n)}
\end{aligned}
$$
$$(6.2.28)$$

mit der Permutation $\sigma'(1) = \sigma(1), \ldots, \sigma'(i) = \sigma(j) = \sigma(\tau_{ij}(i)), \ldots, \sigma'(j) = \sigma(i) = \sigma(\tau_{ij}(j)), \ldots, \sigma'(n) = \sigma(n)$. Es ist also $\sigma' = \sigma\tau_{ij}$. Da schließlich

$$\mathrm{sign}(\sigma) = \mathrm{sign}(\sigma')\,\mathrm{sign}(\tau_{ij}) = -\,\mathrm{sign}(\sigma')$$

für alle $\sigma \in S_n$ gilt, folgt

$$
\begin{aligned}
&\sum_{\sigma \in S_n} \mathrm{sign}(\sigma) u_{1\sigma(1)} \cdots u_{n\sigma(n)} \\
&= \sum_{\sigma \in S_n'} \mathrm{sign}(\sigma) u_{1\sigma(1)} \cdots u_{n\sigma(n)} + \sum_{\sigma\tau_{ij} = \sigma' \in S_n''} \mathrm{sign}(\sigma') u_{1\sigma'(1)} \cdots u_{n\sigma'(n)} \\
&\overset{(6.2.28)}{=} \sum_{\sigma \in S_n'} \mathrm{sign}(\sigma) u_{1\sigma(1)} \cdots u_{n\sigma(n)} - \sum_{\sigma \in S_n'} \mathrm{sign}(\sigma) u_{1\sigma(1)} \cdots u_{n\sigma(n)} \\
&= 0.
\end{aligned}
$$

Damit ist die rechte Seite von (6.2.27) tatsächlich alternierend. $\qquad\square$

Man beachte jedoch, dass der Isomorphismus (6.2.25) von der Wahl der geordneten Basis $(v_1, \ldots, v_n)$ von V abhängt: Dieser Isomorphismus ist *nicht* natürlich, wie es beispielsweise der Isomorphismus von $V \longrightarrow V^{**}$ im endlich-dimensionalen Fall war.

Wir können nun diese Resultate dafür verwenden, die Eigenschaften einer Determinante zu definieren, welche diese dann eindeutig festlegen: Wir betrachten dazu zunächst den Vektorraum $W = \Bbbk$ sowie $V = \Bbbk^n$. Da wir in $\Bbbk^n$ eine ausgezeichnete Wahl der Basis haben, können wir alternierende n-lineare Abbildungen durch ihre Werte auf der Standardbasis $e_1, \ldots, e_n$ festlegen:

Definition 6.20 (Determinante). Sei $n \in \mathbb{N}$. Eine Determinantenform Φ über $\Bbbk^n$ ist eine alternierende n-lineare Abbildung

$$\Phi \colon \Bbbk^n \times \cdots \times \Bbbk^n \longrightarrow \Bbbk. \tag{6.2.29}$$

Eine Determinantenform heißt Determinante, wenn zudem

$$\Phi(e_1, \ldots, e_n) = 1 \tag{6.2.30}$$

gilt.

Sind $a_1, \ldots, a_n \in \Bbbk^n$ Spaltenvektoren, so bilden diese die Spalten einer $n \times n$-Matrix

$$A = (a_1, \ldots, a_n) \in \mathrm{M}_n(\Bbbk). \tag{6.2.31}$$

Umgekehrt liefern die Spalten einer $n \times n$-Matrix offenbar gerade n Spaltenvektoren in $\Bbbk^n$. Mithilfe dieser Identifikation

$$\mathrm{M}_n(\Bbbk) \cong \Bbbk^n \times \cdots \times \Bbbk^n \tag{6.2.32}$$

können wir eine Determinantenform auch als Abbildung

$$\Phi \colon \mathrm{M}_n(\Bbbk) \longrightarrow \Bbbk \tag{6.2.33}$$

auffassen. Man beachte jedoch, dass (6.2.33) nicht etwa linear ist: Φ ist nur in jeder Spalte bei festgehaltenen übrigen Spalten linear. Wir werden zwischen den beiden Sichtweisen (6.2.33) und (6.2.29) ohne eigene Notation frei hin- und herwechseln. Die fundamentalen Eigenschaften der Determinantenformen klärt nun folgender Satz:

Satz 6.21 (Determinante). *Sei $n \in \mathbb{N}$.*

i.) Der Vektorraum der Determinantenformen über $\Bbbk^n$ ist eindimensional.

ii.) Es existiert genau eine Determinante

$$\det \colon \Bbbk^n \times \cdots \times \Bbbk^n \longrightarrow \Bbbk. \tag{6.2.34}$$

iii.) Explizit gilt für $a_1, \ldots, a_n \in \Bbbk^n$ die Leibniz-Formel

$$\det(a_1, \ldots, a_n) = \sum_{\sigma \in S_n} \mathrm{sign}(\sigma) a_{1\sigma(1)} \cdots a_{n\sigma(n)}, \tag{6.2.35}$$

und jede andere Determinantenform Φ ist von der Form

$$\Phi(a_1, \ldots, a_n) = \Phi(e_1, \ldots, e_n) \det(a_1, \ldots, a_n). \tag{6.2.36}$$

iv.) Für alle $A \in M_n(\Bbbk)$ gilt

$$\det(A) = \det(A^\mathrm{T}). \tag{6.2.37}$$

v.) Für alle $A, B \in M_n(\Bbbk)$ gilt

$$\det(AB) = \det(A)\det(B), \tag{6.2.38}$$

womit

$$\det \colon M_n(\Bbbk) \longrightarrow (\Bbbk, \cdot) \tag{6.2.39}$$

ein Monoidmorphismus ist.

Beweis. Nach Proposition 6.19 ist der erste Teil klar, da $\dim \Bbbk = 1$. Die Normierungsbedingung $\Phi(e_1, \ldots, e_n) = 1$ legt dann eine eindeutige Determinantenform, nun mit det bezeichnet, fest, was den zweiten Teil zeigt. Die Konstruktion in Proposition 6.19 beziehungsweise die explizite Formel in Proposition 6.16, *iv.)*, liefert den dritten Teil, da ja $\det(e_1, \ldots, e_n) = 1$ gilt. Die beiden alternativen Varianten in Proposition 6.16, *iv.)*, sind verantwortlich für den vierten Teil. Für die letzte Behauptung gibt es zwei Möglichkeiten: Zum einen kann man (6.2.38) mit einigem Aufwand direkt anhand der Formel (6.2.37) und der Gleichung (5.4.31) für die Matrixmultiplikation nachrechnen. Dies ist letztlich ohne große Schwierigkeiten möglich, siehe Übung 6.3. Alternativ können wir so argumentieren: Für eine feste Matrix A betrachten wir die Abbildung

$$\Phi_A \colon M_n(\Bbbk) \ni B = (b_1, \ldots, b_n) \mapsto \det(AB) = \det(Ab_1, \ldots, Ab_n) \in \Bbbk,$$

wobei $b_1, \ldots, b_n \in \Bbbk^n$ die Spalten von B seien. Es gilt, dass Φ_A eine n-lineare Abbildung ist, da die Anwendung von A auf eine Spalte b_i linear ist und det in jeder Spalte linear ist. Sind nun in B zwei Spalten gleich, so sind die entsprechenden Spalten in AB ebenfalls gleich. Damit folgt aber sofort, dass die Abbildung Φ_A alternierend ist, da det alternierend ist. Nach der Eindeutigkeit gemäß *ii.)* folgt also

$$\Phi_A(B) = \Phi_A(\mathbb{1}) \det(B) = \det(A)\det(B),$$

da offenbar $\Phi_A(\mathbb{1}) = \det(A)$. Dies zeigt (6.2.38). Zusammen mit der Normierung $\det(\mathbb{1}) = 1$ ist det also ein Monoidmorphismus. $\qquad \square$

Korollar 6.22. *Die Determinante liefert einen Gruppenmorphismus*

$$\det \colon GL_n(\Bbbk) \longrightarrow \Bbbk^\times = \Bbbk \setminus \{0\}. \tag{6.2.40}$$

Korollar 6.23. *Die Determinante ist die eindeutige Abbildung* $\mathrm{M}_n(\Bbbk) \longrightarrow \Bbbk$, *welche in den Zeilen n-linear, alternierend und auf* $\det(\mathbb{1}) = 1$ *normiert ist.*

Beweis. Dies ist gerade der vierte Teil des Satzes 6.21.   □

Für den späteren Gebrauch und zur Illustration berechnen wir nun einige einfache Determinanten:

Beispiel 6.24 (Determinanten). Wir betrachten wieder die Matrizen $V_{ii'}$, S_{ij} und $R_{i,\lambda}$ der elementaren Umformungen aus Abschn. 5.5 für $n \geq 2$.

i.) Die Matrix $V_{ii'} \in \mathrm{M}_n(\Bbbk)$ geht durch Vertauschen der i-ten mit der i'-ten Spalte aus $\mathbb{1}$ hervor. Da die Transposition $\tau_{ii'}$ das Signum -1 besitzt und $\det \mathbb{1} = 1$ gilt, folgt also

$$\det V_{ii'} = -1. \tag{6.2.41}$$

ii.) Für die Matrix S_{ij} enthält die j-te Spalte eine 1 sowohl an der j-ten als auch an der i-ten Stelle. Daher ist diese j-te Spalte durch $\mathrm{e}_j + \mathrm{e}_i$ gegeben. Weil für die k-te Spalte mit $k \neq j$ der einzige nichtverschwindende Eintrag eine 1 an der k-ten Stelle ist, gilt insgesamt

$$S_{ij} = (\mathrm{e}_1, \ldots, \mathrm{e}_{j-1}, \mathrm{e}_j + \mathrm{e}_i, \mathrm{e}_{j+1}, \ldots, \mathrm{e}_n). \tag{6.2.42}$$

Mit der Linearität der Determinante in der j-ten Spalte folgt

$$\det S_{ij} = \det(\mathrm{e}_1, \ldots, \mathrm{e}_n) + \det(\mathrm{e}_1, \ldots, \mathrm{e}_{j-1}, \mathrm{e}_i, \mathrm{e}_{j+1}, \ldots, \mathrm{e}_n) = 1 + 0, \tag{6.2.43}$$

da in der zweiten Matrix die i-te und die j-te Spalte übereinstimmen. Also gilt

$$\det S_{ij} = 1. \tag{6.2.44}$$

iii.) Für $R_{i,\lambda}$ benutzen wir die Linearität in der i-ten Spalte und erhalten

$$\det R_{i,\lambda} = \lambda \det(\mathbb{1}) = \lambda. \tag{6.2.45}$$

Da die Determinante einen Gruppenmorphismus (6.2.40) liefert, können wir den Kern dieses Gruppenmorphismus betrachten (man beachte, dass hier die Gruppen multiplikativ geschrieben sind). Dies liefert eine Untergruppe von $\mathrm{GL}_n(\Bbbk)$, welche einen eigenen Namen verdient:

Definition 6.25 (Spezielle lineare Gruppe). Sei $n \in \mathbb{N}$. Die spezielle lineare Gruppe $\mathrm{SL}_n(\Bbbk)$ ist definiert als die Gruppe

$$\mathrm{SL}_n(\Bbbk) = \big\{ A \in \mathrm{GL}_n(\Bbbk) \;\big|\; \det A = 1 \big\}. \tag{6.2.46}$$

Nach Beispiel 6.24 sehen wir, dass beispielsweise die Matrizen S_{ij} in $\mathrm{SL}_n(\Bbbk)$ liegen, die Matrizen $V_{ii'}$ und $R_{i,\lambda}$ für $\lambda \neq 1$ jedoch nicht.

Kontrollfragen. Was ist eine alternierende multilineare Abbildung? Was ist eine Determinantenform? Welche Beziehung von Determinante und Flächeninhalt kennen Sie? Wieso gilt $\det(AB) = \det(A)\det(B)$?

6.3 Eigenschaften der Determinante

Wir wollen nun einige weitere Eigenschaften der Determinante bestimmen. Im Prinzip lassen sich alle, wenn auch nur mühsam, anhand der expliziten Formel (6.2.35) von Leibniz beweisen. Wir werden allerdings oft einfachere Beweise mittels der eindeutigen Charakterisierung der Determinante durch ihre Eigenschaften angeben.

Bemerkung 6.26 (Berechnung von $\det A$*).* Mit der expliziten Formel (6.2.35) erhält man für kleine n sofort folgende Formeln für die Determinante. Für $n = 1$ gilt einfach

$$\det(a) = a. \tag{6.3.1}$$

Für $n = 2$ erhält man

$$\det \begin{pmatrix} a & b \\ c & d \end{pmatrix} = ad - bc, \tag{6.3.2}$$

womit wir eine vorzeichenbehaftete Version des Flächeninhaltes des durch $\begin{pmatrix} a \\ c \end{pmatrix}$ und $\begin{pmatrix} b \\ d \end{pmatrix}$ aufgespannten Parallelogramms erhalten, siehe (6.2.1). Für $n = 3$ gibt die Leibniz-Formel (6.2.35) die Terme

$$\det \begin{pmatrix} a_{11} & a_{12} & a_{13} \\ a_{21} & a_{22} & a_{23} \\ a_{31} & a_{32} & a_{33} \end{pmatrix} = \begin{array}{l} a_{11}a_{22}a_{33} + a_{21}a_{32}a_{13} + a_{31}a_{12}a_{23} \\ -a_{21}a_{12}a_{33} - a_{31}a_{22}a_{13} - a_{11}a_{32}a_{23}. \end{array} \tag{6.3.3}$$

Dies stimmt mit dem Spatprodukt aus Beispiel 6.13, *iii.),* überein, was man durch eine schnelle Rechnung bestätigt. Als Merkregel bietet sich hier die *Regel von Sarrus (Jägerzaunregel)*

$$\det \begin{pmatrix} a_{11} & a_{12} & a_{13} \\ a_{21} & a_{22} & a_{23} \\ a_{31} & a_{32} & a_{33} \end{pmatrix} = \begin{array}{ccccc} a_{11} & a_{12} & a_{13} & a_{11} & a_{12} \\ a_{21} & a_{22} & a_{23} & a_{21} & a_{22} \\ a_{31} & a_{32} & a_{33} & a_{31} & a_{32} \\ - & - & - + & + & + \end{array} \tag{6.3.4}$$

an, um die Produkte und die richtigen Vorzeichen zu finden. Eine analoge Regel gibt es für $n \geq 4$ *nicht:* Wir wissen, dass es für $n = 4$ bereits $4! = 24$ Permutationen und damit 24 verschiedene Terme in (6.2.35) gibt. Eine jägerzaunartige Konstruktion in $n = 4$ liefert aber gerade 2 mal 4 Terme und damit sicherlich nicht genug, siehe auch Übung 6.4.

Insgesamt sieht man, dass die Formel (6.2.35) für große n sehr ineffizient zur Berechnung von $\det(A)$ wird: Die Zahl der Terme $n!$ wächst einfach viel zu schnell. So erhält man etwa

$$1000! \approx 4.0239 \cdot 10^{2567}. \tag{6.3.5}$$

In Anwendungen ist es durchaus nicht abwegig, Determinanten von 1000×1000 Matrizen berechnen zu wollen. Eine explizite Auflistung aller Terme gemäß (6.2.35) würde aber jeden noch so schnellen Computer vor unlösbare Aufgaben stellen. Wir werden also insbesondere effizientere Methoden zur Berechnung von $\det(A)$ benötigen als (6.2.35).

Proposition 6.27. *Sei $n \in \mathbb{N}$ und $A \in \mathrm{M}_n(\Bbbk)$.*

i.) Die Determinante $\det(A)$ ist ein homogenes Polynom vom Grade n in den n^2 Variablen $a_{11}, a_{12}, \ldots, a_{nn}$. Insbesondere gilt

$$\det(\lambda A) = \lambda^n \det(A) \qquad (6.3.6)$$

für alle $\lambda \in \Bbbk$.

ii.) Ist eine Spalte von A identisch null, so gilt

$$\det(A) = 0. \qquad (6.3.7)$$

iii.) Ist eine Zeile von A identisch null, so gilt

$$\det(A) = 0. \qquad (6.3.8)$$

Beweis. Der erste Teil ist die vielleicht wichtigste Folgerung aus der Leibniz-Regel und anhand (6.2.35) klar. Alternativ folgt diese Aussage auch direkt aus der Multilinearität. Der zweite Teil ist eine direkte Folge der Multilinearität. Der dritte Teil folgt aus dem zweiten und aus Satz 6.21, *iv.)*. $\qquad \square$

Zur Vorsicht sei hier angemerkt, dass es im Allgemeinen *keine* Möglichkeit gibt, $\det(A + B)$ aus $\det(A)$ und $\det(B)$ zu berechnen. Insbesondere ist $\det(A + B)$ im Allgemeinen *verschieden* von $\det(A) + \det(B)$. Die Determinante ist n-linear in den Spalten (oder Zeilen) aber eben nicht linear, siehe auch Übung 6.5.

Nach Korollar 6.22 wissen wir, dass $\det(A) \neq 0$ für eine invertierbare Matrix $A \in \mathrm{GL}_n(\Bbbk)$ gilt. Dies sind auch die einzigen Matrizen mit nichtverschwindender Determinante:

Proposition 6.28. *Sei $n \in \mathbb{N}$. Für $A \in \mathrm{M}_n(\Bbbk)$ gilt genau dann $\det A \neq 0$, wenn A invertierbar ist.*

Beweis. Es bleibt die Rückrichtung zu Korollar 6.22 zu zeigen. Sei also $A \in \mathrm{M}_n(\Bbbk)$ nicht invertierbar. Dann ist also $\mathrm{im}\, A \neq \Bbbk^n$ und damit $\mathrm{rank}\, A < n$ nach Proposition 5.54. Nach Satz 5.63 gibt es invertierbare Matrizen $Q, P \in \mathrm{M}_n(\Bbbk)$ mit

$$QAP = \begin{pmatrix} \mathbb{1}_k & 0 \\ 0 & 0 \end{pmatrix},$$

wobei $k = \mathrm{rank}\, A < n$ gilt. Damit hat QAP also mindestens eine 0-Spalte, und folglich gilt $\det(QAP) = 0$. Nun gilt aber $\det Q \neq 0 \neq \det P$ nach Korollar 6.22 und daher

$$\det A = \frac{1}{\det Q \det P} \det(QAP) = 0$$

nach Satz 6.21, *v.*).   □

Wir haben also ein einfaches Kriterium für die Invertierbarkeit von Matrizen gefunden. Dies hat verschiedene wichtige Konsequenzen, eine erste wird im Falle reeller Matrizen in der Analysis relevant:

Korollar 6.29. *Die Menge der invertierbaren Matrizen* $\mathrm{GL}_n(\mathbb{R}) \subseteq \mathrm{M}_n(\mathbb{R}) \cong \mathbb{R}^{n^2}$ *bildet eine offene Teilmenge aller Matrizen.*

Beweis. Dies erfordert einige Argumente aus der Analysis: Zunächst wissen wir nach Proposition 6.27, *i.*), dass

$$\det \colon \mathrm{M}_n(\mathbb{R}) \longrightarrow \mathbb{R}$$

ein Polynom ist. Damit ist det insbesondere eine stetige Funktion. Daher ist das Urbild

$$\mathrm{GL}_n(\mathbb{R}) = \det^{-1}(\mathbb{R} \setminus \{0\})$$

der offenen Teilmenge $\mathbb{R} \setminus \{0\} \subseteq \mathbb{R}$ selbst wieder offen.   □

Wir wollen nun eine effektive Weise finden, die Determinante von (großen) Matrizen zu berechnen. Dazu bildet folgendes Lemma eine Vorüberlegung:

Lemma 6.30. *Sei* $n \in \mathbb{N}$ *und* $A \in \mathrm{M}_n(\mathbb{R})$ *von der Form*

$$A = \begin{pmatrix} \lambda_1 & * & \cdots\cdots & * \\ 0 & \ddots & \ddots & \vdots \\ \vdots & \ddots & \ddots & * \\ 0 & \cdots\cdots & 0 & \lambda_n \end{pmatrix}. \tag{6.3.9}$$

Dann gilt

$$\det A = \lambda_1 \cdots \lambda_n. \tag{6.3.10}$$

Beweis. Wir verwenden die Leibniz-Formel (6.2.35). Ist $\sigma \in S_n$ eine Permutation ungleich id, so gibt es mindestens ein $i \in \{1, \ldots, n\}$, wo

$$\sigma(i) < i \tag{6.3.11}$$

gilt. Wäre nämlich $\sigma(i) \geq i$ für alle i, so folgte zunächst $\sigma(n) \geq n$ also $\sigma(n) = n$. Durch Induktion erhielte man dann $\sigma(i) = i$ für alle i, also $\sigma = \mathrm{id}$. Gilt also $\sigma \neq \mathrm{id}$ und damit (6.3.11), so ist mindestens ein Faktor im Produkt $a_{1\sigma(1)} \cdots a_{n\sigma(n)}$ gleich null und damit $a_{1\sigma(1)} \cdots a_{n\sigma(n)} = 0$. Es folgt

$$\det A = \sum_{\sigma \in S_n} \mathrm{sign}(\sigma) a_{1\sigma(1)} \cdots a_{n\sigma(n)} = a_{11} \cdots a_{nn},$$

wie behauptet. $\square$

Definition 6.31 (Dreiecksmatrix). Eine Matrix $A = (a_{ij}) \in \mathrm{M}_n(\Bbbk)$ heißt obere Dreiecksmatrix, falls $a_{ij} = 0$ für alle $i > j$. Entsprechend definiert man untere Dreiecksmatrizen durch die Bedingung $a_{ij} = 0$ für alle $j < i$. Gilt zudem $a_{ii} = 0$ für alle i, so heißt A echte obere (beziehungsweise echte untere) Dreiecksmatrix.

Mithilfe des Lemmas können wir die Determinanten von oberen Dreiecksmatrizen (oder auch von unteren) leicht berechnen, da von den $n!$ vielen Termen in der Leibniz-Formel nur ein einziger von null verschieden ist. Wir können nun den Gauß-Algorithmus dazu verwenden, die Matrix A auf obere Dreiecksform zu bringen:

Bemerkung 6.32. Sei $A \in \mathrm{M}_n(\Bbbk)$. Der Gauß-Algorithmus liefert eine Matrix Q als endliches Produkt von Matrizen der Form $V_{ii'}, S_{ij}$ und $R_{i,\lambda}$ mit $i \neq i'$, $i \neq j$ und $\lambda \in \Bbbk \setminus \{0\}$, sodass QA obere Zeilenstufenform

$$QA = \begin{pmatrix} 0 \cdots\cdots 0 & 1 & * \cdots\cdots\cdots\cdots\cdots\cdots\cdots\cdots & * \\ 0 \cdots\cdots\cdots\cdots\cdots 0 & 1 & * \cdots\cdots\cdots\cdots & * \\ \vdots & & & \vdots \\ \vdots & & & \vdots \\ 0 \cdots\cdots\cdots\cdots\cdots\cdots\cdots 0 & 1 & * \cdots\cdots & * \end{pmatrix} \tag{6.3.12}$$

besitzt. Insbesondere ist QA eine obere Dreiecksmatrix. Die Matrix A ist offenbar genau dann invertierbar, wenn der Gauß-Algorithmus

$$QA = \begin{pmatrix} 1 & * \cdots\cdots & * \\ 0 & \ddots & \vdots \\ \vdots & \ddots & * \\ 0 \cdots\cdots 0 & & 1 \end{pmatrix} \tag{6.3.13}$$

liefert. In diesem Fall gilt also

$$\det A = \frac{1}{\det Q}. \tag{6.3.14}$$

Da wir für die Matrizen $V_{ii'}, S_{ij}$ und $R_{i,\lambda}$ die Determinanten

$$\det V_{ii'} = -1, \quad \det S_{ij} = 1, \quad \text{und} \quad \det R_{i,\lambda} = \lambda \tag{6.3.15}$$

bereits kennen, können wir die Determinante von Q leicht mittels Satz 6.21, *v.)*, als das Produkt der Determinanten der nötigen Faktoren $V_{ii'}$, S_{ij} und $R_{i,\lambda}$ berechnen. Dies liefert dann unmittelbar (6.3.14). Ein grobes Abzählen der nötigen Rechenschritte des Gauß-Algorithmus führt (egal wie man die Details implementiert) auf ein *polynomiales Anwachsen* der nötigen Schritte mit der Dimension n. Dies ist ein viel moderateres Wachstum als $n!$, wie man es aus der Leibniz-Formel direkt erhält. Daher bildet der Gauß-Algorithmus die Ausgangsbasis für Computerimplementierungen und die numerische Berechnung von Determinanten.

Beispiel 6.33. Wir betrachten als Beispiel die Matrix

$$A = \begin{pmatrix} 0 & 1 & 2 & 5 \\ 3 & 5 & 0 & 1 \\ 6 & 8 & 1 & 2 \\ -3 & 2 & 0 & 4 \end{pmatrix}.$$

Zuerst vertauschen wir die erste und zweite Zeile, multiplizieren also mit V_{12} und erhalten

$$V_{12}A = \begin{pmatrix} 3 & 5 & 0 & 1 \\ 0 & 1 & 2 & 5 \\ 6 & 8 & 1 & 2 \\ -3 & 2 & 0 & 4 \end{pmatrix}. \tag{6.3.16}$$

Dann addieren wir zur dritten beziehungsweise vierten Zeile ein geeignetes Vielfaches der ersten. Dies ändert die Determinante nicht. Wir können dies auch wieder mit einem geeigneten Produkt von elementaren Umformungen erreichen. Einfacher ist es jedoch, folgende Matrix aus Übung 5.26 einzuführen: Wir setzen

$$S_{ij,\lambda} = \mathbb{1}_{n \times n} + \lambda E_{ij}. \tag{6.3.17}$$

Diese Matrix unterscheidet sich also von der Matrix S_{ij} aus (5.5.22) dadurch, dass ein beliebiger Skalar λ an der (i, j)-ten Stelle steht und nicht nur eine 1. Ganz allgemein ist $S_{ij,\lambda}A$ diejenige Matrix, die aus A hervorgeht, indem man zur i-ten Zeile das λ-Fache der j-ten Zeile addiert, siehe auch Übung 5.26. Es gilt

$$\det S_{ij,\lambda} = 1 \tag{6.3.18}$$

für alle $i \neq j$ und $\lambda \in \Bbbk$ mit dem gleichen Argument wie bereits für S_{ij}. Wir erhalten daher

$$S_{41,1} S_{31,-2} V_{12} A = \begin{pmatrix} 3 & 5 & 0 & 1 \\ 0 & 1 & 2 & 5 \\ 0 & -2 & 1 & 0 \\ 0 & 7 & 0 & 5 \end{pmatrix}.$$

Weiter geht es mit der zweiten Spalte. Wir benötigen

$$S_{42,-7}S_{32,2}S_{41,1}S_{31,-2}V_{12}A = \begin{pmatrix} 3 & 5 & 0 & 1 \\ 0 & 1 & 2 & 5 \\ 0 & 0 & 5 & 10 \\ 0 & 0 & -14 & -13 \end{pmatrix}.$$

Schließlich erhalten wir für die dritte Spalte

$$S_{43,\frac{14}{5}}S_{42,-7}S_{32,2}S_{41,1}S_{31,-2}V_{12}A = \begin{pmatrix} 3 & 5 & 0 & 1 \\ 0 & 1 & 2 & 5 \\ 0 & 0 & 5 & 10 \\ 0 & 0 & 0 & -2 \end{pmatrix}.$$

Die Determinante der rechten Seite ist nun einfach

$$\det \begin{pmatrix} 3 & 5 & 0 & 1 \\ 0 & 1 & 2 & 5 \\ 0 & 0 & 5 & 10 \\ 0 & 0 & 0 & -2 \end{pmatrix} = 3 \cdot 1 \cdot 5 \cdot (-2) = -30.$$

Mit (6.3.18) und einem Vertauschen in (6.3.16) liefert das also insgesamt

$$\det A = 30.$$

Eine ebenfalls in der Praxis sehr nützliche Vereinfachung ergibt sich für Blockmatrizen. Seien dazu

$$A \in \mathrm{M}_{n \times n}(\Bbbk), \quad B \in \mathrm{M}_{n \times m}(\Bbbk), \quad C \in \mathrm{M}_{m \times n}(\Bbbk) \quad \text{und} \quad D \in \mathrm{M}_{m \times m}(\Bbbk) \tag{6.3.19}$$

gegeben. Dann heißt die Matrix

$$X = \begin{pmatrix} A & B \\ C & D \end{pmatrix} \in \mathrm{M}_{n+m}(\Bbbk) \tag{6.3.20}$$

eine *Blockmatrix* mit *Blockstruktur* (n, m), siehe auch Übung 5.28 für einige allgemeine Eigenschaften zu Blockmatrizen. Interessant wird es nun, wenn einer der nichtdiagonalen Blöcke verschwindet.

Proposition 6.34. *Seien $n, m \in \mathbb{N}$ und $X \in \mathrm{M}_{n+m}(\Bbbk)$ von der Blockstruktur*

$$X = \begin{pmatrix} A & B \\ 0 & D \end{pmatrix}. \tag{6.3.21}$$

Dann gilt

$$\det X = \det A \det D. \tag{6.3.22}$$

Beweis. Bringt man durch elementare Zeilenumformungen zunächst A auf obere Dreiecksgestalt, so verändert sich zwar der rechteckige Block B, aber nicht der quadratische Block D. Der Nullblock $C = 0$ wird ebenfalls nicht verändert. Dies ist klar, da nur die ersten n Zeilen dazu verwendet werden. Anschließend bringt man durch Zeilenumformungen der letzten m Zeilen die Matrix D auf obere Dreiecksgestalt. Dies erfordert wirklich nur die unteren m Zeilen, da der Block C ja bereits verschwindet. Für eine Matrix der Form

$$X' = \begin{pmatrix} a'_{11} & * & \cdots\cdots & * & b'_{11} & \cdots\cdots & b'_{1m} \\ 0 & \ddots & & \vdots & \vdots & & \vdots \\ \vdots & \ddots & \ddots & * & \vdots & & \vdots \\ 0 & \cdots & 0 & a'_{nn} & b'_{n1} & \cdots\cdots & b'_{nm} \\ 0 & \cdots\cdots & & 0 & d'_{11} & * \cdots & * \\ \vdots & & & \vdots & 0 & \ddots & \vdots \\ \vdots & & & \vdots & \vdots & \ddots & * \\ 0 & \cdots\cdots & & 0 & 0 & \cdots & 0 & d'_{mm} \end{pmatrix} \tag{6.3.23}$$

gilt dann $\det X' = a'_{11} \cdots a'_{nn} d'_{11} \cdots d'_{mm} = \det A' \det D'$. Nun gilt aber

$$\det A' = \pm \det A \quad \text{und} \quad \det D' = \pm \det D,$$

je nachdem, wie oft man Zeilen vertauschen musste, um (6.3.23) zu erreichen. Dasselbe Vorzeichen tritt aber auch in $\det X = \pm \det X'$ auf, sodass insgesamt (6.3.22) folgt. $\qquad\square$

Alternativ kann man wieder mit der Leibniz-Formel argumentieren und letztlich die Idee von Lemma 6.30 dahingehend erweitern, auch Blockmatrizen der Form (6.3.17) zu erlauben. Etwas allgemeiner gilt sogar für Blockmatrizen der Form

$$X = \begin{pmatrix} \boxed{A_1} & * & \cdots\cdots & * \\ 0 & \ddots & \ddots & \vdots \\ \vdots & \ddots & \ddots & * \\ 0 & \cdots\cdots & 0 & \boxed{A_n} \end{pmatrix} \in \mathrm{M}_n(\Bbbk) \tag{6.3.24}$$

mit $A_i \in \mathrm{M}_{n_i}(\Bbbk)$ und $n_1 + \cdots + n_k = n$ die Rechenregel

$$\det X = \det A_1 \cdots \det A_k. \tag{6.3.25}$$

Wichtig ist wieder nur, dass unterhalb der Diagonalen alle Blöcke verschwinden, die Blöcke oberhalb der Diagonalblöcke sind beliebig und tragen nicht zum numerischen Wert der Determinante bei.

Eine unmittelbare Konsequenz dieser Überlegungen ist der folgende Entwicklungssatz von Laplace:

Satz 6.35 (Entwicklungssatz von Laplace). *Sei $A \in \mathrm{M}_n(\Bbbk)$, und sei*

$$A_{ij} = \begin{pmatrix} a_{1,1} \cdots\cdots a_{1,j-1} & a_{1,j+1} \cdots\cdots a_{1,n} \\ \vdots \qquad\qquad \vdots & \vdots \qquad\qquad \vdots \\ a_{i-1,1} \cdots a_{i-1,j-1} & a_{i-1,j+1} \cdots a_{i-1,n} \\ \text{\textit{i-te Zeile}} & \\ a_{i+1,1} \cdots a_{i-1,j-1} & a_{i+1,j+1} \cdots a_{i+1,n} \\ \vdots \qquad\qquad \vdots \quad \text{\textit{j-te Spalte}} & \vdots \qquad\qquad \vdots \\ a_{n,1} \cdots\cdots a_{n,j-1} & a_{n,j+1} \cdots\cdots a_{n,n} \end{pmatrix} \qquad (6.3.26)$$

diejenige $(n-1) \times (n-1)$-Matrix, die man durch Streichen der i-ten Zeile und der j-ten Spalte aus A erhält. Dann gilt für alle $j, k \in \{1, \dots, n\}$

$$\sum_{i=1}^{n} (-1)^{i+k} a_{ij} \det A_{ik} = \delta_{kj} \det A \qquad (6.3.27)$$

und

$$\sum_{i=1}^{n} (-1)^{i+k} a_{ji} \det A_{ki} = \delta_{kj} \det A. \qquad (6.3.28)$$

Beweis. Wir betrachten zunächst $j = k$. Für die $n \times n$-Matrix

$$\tilde{A}_{ij} = \begin{pmatrix} a_{1,1} \cdots\cdots a_{1,j-1} & 0 & a_{1,j+1} \cdots\cdots a_{1,n} \\ \vdots \qquad\qquad \vdots & \vdots & \vdots \qquad\qquad \vdots \\ a_{i-1,1} \cdots a_{i-1,j-1} & 0 & a_{i-1,j+1} \cdots a_{i-1,n} \\ a_{i,1} \cdots\cdots a_{i,j-1} & 1 & a_{i,j+1} \cdots\cdots a_{i,n} \\ a_{i+1,1} \cdots a_{i-1,j-1} & 0 & a_{i+1,j+1} \cdots a_{i+1,n} \\ \vdots \qquad\qquad \vdots & \vdots & \vdots \qquad\qquad \vdots \\ a_{n,1} \cdots\cdots a_{n,j-1} & 0 & a_{n,j+1} \cdots\cdots a_{n,n} \end{pmatrix},$$

bei der wir die j-te Spalte durch den i-ten Vektor e_i der Standardbasis ersetzen, gilt

$$\det \tilde{A}_{ij} = (-1)^{i+j} \det A_{ij},$$

da wir $i - 1$ Vertauschungen benötigen, um die i-te Zeile an die oberste Position zu tauschen, und anschließend $j - 1$ Vertauschungen, um die j-te Spalte an die erste Position zu tauschen. Nach unseren Resultaten zu Blockmatrizen gilt daher also tatsächlich

$$\det \tilde{A}_{ij} = (-1)^{i-1+j-1} \det \begin{pmatrix} 1 & * \cdots\cdots * \\ 0 & \\ \vdots & \boxed{A_{ij}} \\ 0 & \end{pmatrix} = (-1)^{i+j} \det A_{ij},$$

wie behauptet. Die Linearität der Determinante in der j-ten Spalte zeigt nun

$$\det A = a_{1j} \det \tilde{A}_{1j} + \cdots + a_{nj} \det \tilde{A}_{nj} = \sum_{i=1}^{n} a_{ij}(-1)^{i+j} \det A_{ij}$$

und damit (6.3.27) für den Fall $k = j$. Sei also als Nächstes $k \neq j$. Wie immer bezeichnen wir die i-te Spalte von A mit $a_i \in \Bbbk^n$. Sei dann

$$B = (a_1, \ldots, a_j, \ldots, a_j, \ldots, a_n),$$

wo wir anstelle der k-ten Spalte von A die j-te Spalte wiederholen. Dann gilt offenbar $\det B = 0$, da wir zweimal dieselbe Spalte in B vorliegen haben. Andererseits können wir wieder die Linearität der Determinante in der k-ten Spalte verwenden. Mit

$$a_j = \sum_{i=1}^{n} a_{ij} \mathrm{e}_i$$

finden wir dann

$$\det B = \sum_{i=1}^{n} a_{ij} \det \begin{pmatrix} a_{1,1} \cdots\cdots a_{1,k-1} & 0 & a_{1,k+1} \cdots\cdots a_{1,n} \\ \vdots \qquad\qquad \vdots & \vdots & \vdots \qquad\qquad \vdots \\ a_{i-1,1} \cdots a_{i-1,k-1} & 0 & a_{i-1,k+1} \cdots a_{i-1,n} \\ a_{i,1} \cdots\cdots a_{i,k-1} & 1 & a_{i,k+1} \cdots\cdots a_{i,n} \\ a_{i+1,1} \cdots a_{i-1,k-1} & 0 & a_{i+1,k+1} \cdots a_{i+1,n} \\ \vdots \qquad\qquad \vdots & \vdots & \vdots \qquad\qquad \vdots \\ a_{n,1} \cdots\cdots a_{n,k-1} & 0 & a_{n,k+1} \cdots\cdots a_{n,n} \end{pmatrix}$$

$$= \sum_{i=1}^{n} a_{ij}(-1)^{i+k} \det A_{ik},$$

womit (6.3.27) auch für $k \neq j$ folgt. Die zweite Gleichung erhält man durch eine analoge Argumentation nach Vertauschen der Zeilen- und Spaltenindizes, siehe auch Übung 6.7. $\qquad\square$

Man nennt (6.3.27) für $j = k$ auch die *Entwicklung der Determinante* nach der j-ten Spalte und (6.3.28) entsprechend die Entwicklung nach der j-ten Zeile.

Bemerkung 6.36. Besitzt eine Matrix A eine Zeile oder eine Spalte mit vielen Nulleinträgen, so mag es vorteilhaft sein, den Entwicklungssatz zur konkreten Berechnung heranzuziehen. In der Matrix aus Beispiel 6.33 wäre hier die dritte Spalte interessant. Wir erhalten

$$
\det \begin{pmatrix} 0 & 1 & 2 & 5 \\ 3 & 5 & 0 & 1 \\ 6 & 8 & 1 & 2 \\ -3 & 2 & 0 & 4 \end{pmatrix} = (-1)^{1+3} \cdot 2 \cdot \det \begin{pmatrix} 3 & 5 & 1 \\ 6 & 8 & 2 \\ -3 & 2 & 4 \end{pmatrix} + (-1)^{3+3} \cdot 1 \cdot \det \begin{pmatrix} 0 & 1 & 5 \\ 3 & 5 & 1 \\ -3 & 2 & 4 \end{pmatrix}.
$$

$$(6.3.29)$$

Die verbleibenden 3×3 Determinanten können dann mit der Regel von Sarrus berechnet werden.

Eine erste Anwendung aus dem Laplaceschen Entwicklungssatz ist die Cramersche Regel. Diese formulieren wir mithilfe der komplementären Matrix:

Definition 6.37 (Komplementäre Matrix). Sei $A \in \mathrm{M}_n(\Bbbk)$. Die Matrix

$$
A^\# = \left(a_{ij}^\# \right)_{i,j=1,\ldots,n} \quad \text{mit} \quad a_{ij}^\# = (-1)^{i+j} \det A_{ji} \tag{6.3.30}
$$

heißt die zu A komplementäre Matrix.

Manchmal wird auch der Begriff *(klassische) adjungierte Matrix* oder *Adjunkte* in der Literatur verwendet. Wir bevorzugen jedoch „komplementär" da wir „adjungiert" im Zusammenhang von euklidischen oder unitären Vektorräumen noch anderweitig benutzen werden.

Den Laplaceschen Entwicklungssatz können wir damit folgendermaßen umformulieren:

Korollar 6.38. *Sei $A \in \mathrm{M}_n(\Bbbk)$. Dann gilt*

$$
AA^\# = \det A \cdot \mathbb{1} = A^\# A. \tag{6.3.31}
$$

Beweis. Wir berechnen den (j,k)-ten Eintrag von $AA^\#$ und $A^\# A$ explizit. Es gilt

$$
(AA^\#)_{jk} = \sum_{i=1}^{n} a_{ji} a_{ik}^\# = \sum_{i=1}^{n} a_{ji} (-1)^{i+k} \det A_{ki} = \delta_{kj} \det A
$$

und genauso

$$
(A^\# A)_{jk} = \sum_{i=1}^{n} a_{ji}^\# a_{ik} = \sum_{i=1}^{n} (-1)^{i+j} \det A_{ij} a_{ik} = \delta_{kj} \det A,
$$

womit der Beweis erbracht ist. □

Ist A nun invertierbar, so liefert Korollar 6.38 unmittelbar eine explizite Formel für die inverse Matrix:

Satz 6.39 (Cramersche Regel, I). *Sei $A \in \mathrm{GL}_n(\Bbbk)$. Dann gilt*

$$A^{-1} = \frac{1}{\det A} A^{\#}. \tag{6.3.32}$$

Bemerkung 6.40. Zur effektiven Berechnung von A^{-1} ist (6.3.32) allerdings wenig tauglich: Es müssen ja n^2 Determinanten für $A^{\#}$ berechnet werden. Der Gauß-Algorithmus zur Bestimmung der Inversen ist hier typischerweise einfacher: Man findet für $A \in \mathrm{GL}_n(\Bbbk)$ die (nicht eindeutigen) Matrizen $Q, P \in \mathrm{GL}_n(\Bbbk)$ mit

$$QAP = \mathbb{1} \tag{6.3.33}$$

gemäß Satz 5.63, sodass Q und P Produkte der Matrizen vom Typ $V_{ii'}, S_{ij}$ und $R_{i,\lambda}$ sind. Dann gilt mit (6.3.33) offenbar

$$A^{-1} = PQ, \tag{6.3.34}$$

siehe auch Übung 5.11.

Trotzdem ist Satz 6.39 von erheblichem theoretischem Interesse, wie etwa folgendes Resultat für $\Bbbk = \mathbb{R}$ exemplarisch zeigt:

Korollar 6.41. *Sei $n \in \mathbb{N}$. Die Matrixinversion*

$$^{-1}\colon \ \mathrm{GL}_n(\mathbb{R}) \ni A \ \mapsto \ A^{-1} \in \mathrm{GL}_n(\mathbb{R}) \tag{6.3.35}$$

ist stetig, ja sogar unendlich oft stetig differenzierbar.

Beweis. Dieses Korollar greift ebenso wie zuvor auch Korollar 6.29 auf einige Resultate aus der Analysis zurück: Die Einträge von $A^{\#}$ sind Determinanten und damit Polynome in den Koeffizienten von A. Als solche sind sie unendlich oft stetig differenzierbar. Weiter ist $A \mapsto \det A$ ein Polynom und damit unendlich oft stetig differenzierbar. Da nach Korollar 6.29 die invertierbaren Matrizen eine offene Teilmenge von $\mathbb{R}^{n^2}$ bilden und $\det A \neq 0$ für $A \in \mathrm{GL}_n(\mathbb{R})$, ist auch die Funktion $A \mapsto \frac{1}{\det A}$ auf $\mathrm{GL}_n(\mathbb{R})$ unendlich oft differenzierbar. Ein Zusammenfügen dieser Resultate liefert die Behauptung. □

Wir können die Cramersche Regel für die inverse Matrix nun auf lineare Gleichungssysteme anwenden. Seien dazu $a_1, \ldots, a_n, b \in \Bbbk^n$ und

$$A = (a_1, \ldots, a_n) \in \mathrm{M}_n(\Bbbk). \tag{6.3.36}$$

Wir schreiben in diesem Fall

$$A_j(b) = (a_1, \ldots, a_{j-1}, b, a_{j+1}, \ldots, a_n) \qquad (6.3.37)$$

für diejenigen Matrix, die wir durch Ersetzen der j-ten Spalte a_j durch b aus A erhalten. Sei nun $x \in \Bbbk^n$ eine Lösung des inhomogenen linearen Gleichungssystems

$$Ax = b. \qquad (6.3.38)$$

Dann berechnen wir

$$\sum_{i=1}^{n} x_i \det(a_1, \ldots, a_{j-1}, a_i, a_{j+1}, \ldots, a_n)$$

$$= \det\left(a_1, \ldots, a_{j-1}, \sum_{i=1}^{n} x_i a_i, a_{j+1}, \ldots, a_n\right)$$

$$= \det(a_1, \ldots, a_{j-1}, b, a_{j+1}, \ldots, a_n)$$

$$= \det A_j(b). \qquad (6.3.39)$$

Andererseits sind die Summanden auf der linken Seite von (6.3.39) sicherlich null, sofern $i \neq j$, da dann der Spaltenvektor a_i doppelt in der Determinante auftritt. Daher trägt nur $i = j$ bei, und wir erhalten

$$x_j \det A = \det A_j(b). \qquad (6.3.40)$$

Dies liefert die zweite Variante der Cramerschen Regel:

Satz 6.42 (Cramersche Regel, II). *Sei $A \in \mathrm{M}_n(\Bbbk)$ und $b \in \Bbbk^n$.*

i.) Ist $x \in \mathrm{Lös}(A, b)$, so gilt für alle $j \in \{1, \ldots, n\}$

$$x_j \det A = \det A_j(b). \qquad (6.3.41)$$

ii.) Ist A sogar invertierbar, so ist die eindeutige Lösung $x = A^{-1}b$ von (6.3.38) durch

$$x_j = \frac{\det A_j(b)}{\det A} \qquad (6.3.42)$$

für $j \in \{1, \ldots, n\}$ gegeben.

Der praktische Nutzen von (6.3.42) ist wieder eher gering aufgrund der aufwendigen Berechnung der Determinanten. Die Berechnung von $x = A^{-1}b$ gemäß des Gauß-Algorithmus wie in (6.3.34) ist dann typischerweise viel einfacher. Trotzdem erhält man konzeptionell wichtige Aussagen aus Satz 6.42, wie etwa Stetigkeits- und Differenzierbarkeitsaussagen analog zu Korollar 6.41.

Als eine erste interessante Anwendung betrachten wir folgende Matrix: Für $\lambda_1, \ldots, \lambda_n \in \Bbbk$ definieren wir die *Vandermonde-Matrix* $V(\lambda_1, \ldots, \lambda_n) \in \mathrm{M}_n(\Bbbk)$ durch

$$V(\lambda_1, \ldots, \lambda_n) = \begin{pmatrix} 1 & \lambda_1 & \lambda_1^2 & \ldots & \lambda_1^{n-1} \\ 1 & \lambda_2 & \lambda_2^2 & \ldots & \lambda_2^{n-1} \\ \vdots & \vdots & \vdots & & \vdots \\ 1 & \lambda_n & \lambda_n^2 & \ldots & \lambda_n^{n-1} \end{pmatrix}. \tag{6.3.43}$$

Die zugehörige *Vandermonde-Determinante* lässt sich nun explizit berechnen:

Proposition 6.43 (Vandermonde-Determinante). *Seien $\lambda_1, \ldots, \lambda_n \in \Bbbk$. Dann gilt*

$$\det V(\lambda_1, \ldots, \lambda_n) = \prod_{i<j} (\lambda_j - \lambda_i). \tag{6.3.44}$$

Insbesondere ist $V(\lambda_1, \ldots, \lambda_n)$ genau dann invertierbar, wenn die $\lambda_1, \ldots, \lambda_n$ paarweise verschieden sind.

Beweis. Wir führen mehrere Spaltenoperationen durch, welche den Wert der Determinante nicht ändern. Zunächst subtrahieren wir von der k-ten Spalte das λ_1-Fache der $(k-1)$-ten Spalte für alle $k = 2, \ldots, n$. Dies liefert

$$\det V(\lambda_1, \ldots, \lambda_n) = \det \begin{pmatrix} 1 & \lambda_1 - \lambda_1 & \lambda_1^2 - \lambda_1^2 & \ldots & \lambda_1^{n-1} - \lambda_1^{n-1} \\ 1 & \lambda_2 - \lambda_1 & \lambda_2^2 - \lambda_2\lambda_1 & \ldots & \lambda_2^{n-1} - \lambda_2^{n-2}\lambda_1 \\ \vdots & \vdots & \vdots & & \vdots \\ 1 & \lambda_n - \lambda_1 & \lambda_n^2 - \lambda_n\lambda_1 & \ldots & \lambda_n^{n-1} - \lambda_n^{n-1}\lambda_1 \end{pmatrix}$$

$$= \det \begin{pmatrix} 1 & 0 & 0 & \ldots & 0 \\ 1 & \lambda_2 - \lambda_1 & \lambda_2^2 - \lambda_2\lambda_1 & \ldots & \lambda_2^{n-1} - \lambda_2^{n-2}\lambda_1 \\ \vdots & \vdots & \vdots & & \vdots \\ 1 & \lambda_n - \lambda_1 & \lambda_n^2 - \lambda_n\lambda_1 & \ldots & \lambda_n^{n-1} - \lambda_n^{n-2}\lambda_1 \end{pmatrix}.$$

Dann entwickeln wir nach der ersten Zeile

$$= 1 \cdot \det \begin{pmatrix} \lambda_2 - \lambda_1 & \lambda_2^2 - \lambda_2\lambda_1 & \ldots & \lambda_2^{n-1} - \lambda_2^{n-2}\lambda_1 \\ \lambda_3 - \lambda_1 & \lambda_3^2 - \lambda_3\lambda_1 & \ldots & \lambda_3^{n-1} - \lambda_3^{n-2}\lambda_1 \\ \vdots & \vdots & & \vdots \\ \lambda_n - \lambda_1 & \lambda_n^2 - \lambda_n\lambda_1 & \ldots & \lambda_n^{n-1} - \lambda_n^{n-2}\lambda_1 \end{pmatrix}.$$

In der verbleibenden $(n-1) \times (n-1)$-Matrix nutzen wir nun die Linearität in der k-ten Zeile und können dort den gemeinsamen Faktor $\lambda_k - \lambda_1$ herausziehen. Dies führen wir für alle $k = 1, \ldots, n-1$ durch und erhalten

$$= (\lambda_2 - \lambda_1) \cdots (\lambda_n - \lambda_1) \det \begin{pmatrix} 1 & \lambda_2 & \dots & \lambda_2^{n-2} \\ 1 & \lambda_3 & \dots & \lambda_3^{n-2} \\ \vdots & \vdots & & \vdots \\ 1 & \lambda_n & \dots & \lambda_n^{n-2} \end{pmatrix}$$

$$= (\lambda_2 - \lambda_1) \cdots (\lambda_n - \lambda_1) \det V(\lambda_2, \dots, \lambda_n).$$

Eine einfache Induktion über n liefert nun das Ergebnis, da im letzten Schritt $\det V(\lambda_{n-1}, \lambda_n) = \lambda_n - \lambda_{n-1}$ gilt. $\qquad\square$

Beispiel 6.44. Sei V ein Vektorraum über $\mathbb{R}$ mit abzählbarer unendlicher Basis $\{e_n\}_{n \in \mathbb{N}_0}$, wie beispielsweise die Polynome $V = \mathbb{R}[x]$ mit der Basis $\{x^n\}_{n \in \mathbb{N}_0}$ der Monome. Wir behaupten, dass der Dualraum V^* „viel" größer als V ist: Er besitzt *keine* abzählbare Basis mehr! Sei nämlich $\lambda \in \mathbb{R} \setminus \{0\}$. Dann gibt es ein eindeutig bestimmtes lineares Funktional $\alpha_\lambda \in V^*$ mit

$$\alpha_\lambda(e_n) = \lambda^n \tag{6.3.45}$$

für alle $n \in \mathbb{N}_0$. Wir behaupten, dass die Menge $\{\alpha_\lambda\}_{\lambda \in \mathbb{R} \setminus \{0\}}$ linear unabhängig ist. Zum Nachweis seien endlich viele paarweise verschiedene $\lambda_1, \dots, \lambda_n \in \mathbb{R} \setminus \{0\}$ mit

$$c_1 \alpha_{\lambda_1} + \cdots + c_n \alpha_{\lambda_n} = 0 \tag{6.3.46}$$

für gewisse $c_1, \dots, c_n \in \mathbb{R}$ vorgegeben. Wir werten (6.3.46) auf $e_0, \dots, e_{n-1}$ aus und erhalten die linearen Gleichungen

$$\begin{aligned} c_1 \lambda_1^0 + \cdots + c_n \lambda_n^0 &= 0 \\ &\vdots \\ c_1 \lambda_1^{n-1} + \cdots + c_n \lambda_n^{n-1} &= 0. \end{aligned} \tag{6.3.47}$$

Dieses System von linearen Gleichungen können wir aber als

$$\begin{pmatrix} 1 & 1 & \dots & 1 \\ \lambda_1 & \lambda_2 & \dots & \lambda_n \\ \vdots & \vdots & & \vdots \\ \lambda_1^{n-1} & \lambda_2^{n-2} & \dots & \lambda_n^{n-1} \end{pmatrix} \begin{pmatrix} c_1 \\ c_2 \\ \vdots \\ c_n \end{pmatrix} = 0 \tag{6.3.48}$$

schreiben. Die Matrix ist offenbar gerade $V(\lambda_1, \dots, \lambda_n)^{\mathrm{T}}$ und daher nach Proposition 6.43 und Proposition 5.61 invertierbar. Es folgt also $c_1 = \cdots = c_n = 0$ als einzige Lösung von (6.3.48). Daher ist die lineare Unabhängigkeit der α_λ gezeigt. Es gibt also mindestens $(\mathbb{R} \setminus \{0\})$-viele linear unabhängige Vektoren in V^*.

Eine weitere wichtige Anwendung der Vandermonde-Determinante ist folgender Identitätssatz für Polynome:

Proposition 6.45. *Sei $n \in \mathbb{N}$ und $\mathbb{k}$ ein Körper mit mindestens $n + 1$ Elementen. Zu paarweise verschiedenen $\lambda_1, \ldots, \lambda_{n+1} \in \mathbb{k}$ und beliebig vorgegebenen $z_1, \ldots, z_{n+1} \in \mathbb{k}$ gibt es genau ein Polynom $p \in \mathbb{k}[x]$ vom Grad $\leq n$ mit*

$$p(\lambda_i) = z_i \qquad (6.3.49)$$

für alle $i = 1, \ldots, n + 1$.

Beweis. Sei $V_n \subseteq \mathbb{k}[x]$ der Untervektorraum der Polynome vom Grad $\leq n$. Dieser hat offenbar die Dimension $n+1$, und die Monome $(1, x, \ldots, x^n)$ bilden eine geordnete Basis A. Wir betrachten die lineare Abbildung

$$\Phi \colon V_n \ni p \mapsto \begin{pmatrix} p(\lambda_1) \\ \vdots \\ p(\lambda_{n+1}) \end{pmatrix} \in \mathbb{k}^{n+1}.$$

Da $p(\lambda_i) = a_n \lambda_i^n + \cdots + a_1 \lambda_i + a_0$ für alle $i = 1, \ldots, n + 1$, hat die lineare Abbildung Φ bezüglich der Basis der Monome $B = (1, \ldots, x^n)$ und der Standardbasis $A = (e_0, \ldots, e_n)$ also die Form

$${}_A[\Phi]_B = \begin{pmatrix} 1 & \lambda_1 & \ldots & \lambda_1^n \\ \vdots & \vdots & & \vdots \\ 1 & \lambda_{n+1} & \ldots & \lambda_{n+1}^n \end{pmatrix} = V(\lambda_1, \ldots, \lambda_{n+1}).$$

Da nach Voraussetzung die $\lambda_1, \ldots, \lambda_{n+1}$ paarweise verschieden sind, gilt $\det({}_A[\Phi]_B) \neq 0$, und daher ist ${}_A[\Phi]_B$ als Matrix invertierbar. Damit ist aber auch Φ selbst invertierbar. Dann ist $p = \Phi^{-1}(z)$ das gesuchte Polynom, wobei $z \in \mathbb{k}^{n+1}$ die vorgegebenen Werte $z_1, \ldots, z_{n+1}$ als Komponenten hat. $\qquad \square$

Das eindeutig bestimmte Polynom p mit (6.3.49) nennt man auch *Interpolationspolynom*, da es die vorgegebenen Punkte (λ_1, z_1), $\ldots$, (λ_{n+1}, z_{n+1}) in der Zahlenebene $\mathbb{k}^2$ interpoliert. Man kann das Polynom p sogar explizit angeben. Es gilt

$$p(x) = \sum_{i=1}^{n+1} \frac{(x - \lambda_1) \cdots (x - \lambda_{i-1})(x - \lambda_{i+1}) \cdots (x - \lambda_{n+1})}{(\lambda_i - \lambda_1) \cdots (\lambda_i - \lambda_{i-1})(\lambda_i - \lambda_{i+1}) \cdots (\lambda_i - \lambda_{n+1})} z_i. \quad (6.3.50)$$

Setzt man nämlich λ_j für $j \neq i$ in den i-ten Term der Summe für x ein, so enthält der Zähler einen Faktor $(\lambda_j - \lambda_j) = 0$. Daher trägt für $p(\lambda_j)$ nur der j-te Term der Summe bei, dieser ist aber z_j. Offenbar ist p ein Polynom vom Grad $\leq n$.

Hat der Körper $\mathbb{k}$ nicht genügend viele Elemente, so wird die Aussage des Satzes falsch: Etwa für $\mathbb{k} = \mathbb{Z}_2$ sind die verschiedenen Polynome $p_1(x) = x^2 + x$ und $p_2(x) = 0$ auf allen Elementen des Körpers gleich, und zwar null, da

$$p_1(1) = 1^2 + 1 = 1 + 1 = 0 \quad \text{und} \quad p_1(0) = 0 \tag{6.3.51}$$

in $\mathbb{Z}_2$. Als Polynome sind dagegen p_1 und das Nullpolynom $p_2 = 0$ verschieden. Dies ist letztlich der Grund dafür, dass wir Polynome wie in Definition 3.34 und nicht als spezielle Abbildungen von $\Bbbk$ nach $\Bbbk$ definiert haben.

Kontrollfragen. Wie berechnet man Determinanten in kleinen Dimensionen? Für welche Matrizen A ist $\det(A) \neq 0$? Wie können Sie mit dem Gauß-Algorithmus Determinanten bestimmen? Wie beweist man die Cramerschen Regeln und wozu kann man diese verwenden? Wie berechnet man die Vandermonde-Determinante? Was ist ein Interpolationspolynom?

6.4 Eigenwerte und Diagonalisierung

Bei der Berechnung von Determinanten hatten wir bereits gesehen, dass es vorteilhaft ist, die Matrix durch geeignete Spalten- und Zeilenumformungen auf möglichst einfache Form zu bringen. Geometrischer interpretiert bedeutet dies, dass wir besondere Basen des Vektorraums suchen, bezüglich derer die lineare Abbildung besonders einfach wird. Können wir die Basen im Urbildraum und im Bildraum unabhängig voneinander wählen, so können wir dank Satz 5.63 beziehungsweise Satz 5.69 eine besonders einfache Form erreichen. Wollen wir aber bei einem Endomorphismus

$$\Phi \colon V \longrightarrow V \tag{6.4.1}$$

jeweils dieselbe Basis verwenden, so steht uns deutlich weniger Freiheit zu. Der Wechsel von $_A[\Phi]_A$ zu $_B[\Phi]_B$ geschieht nach Korollar 5.43 durch

$$_B[\Phi]_B = {}_B[\mathrm{id}_V]_A \cdot {}_A[\Phi]_A \cdot {}_A[\mathrm{id}_V]_B \,. \tag{6.4.2}$$

Nun gilt

$$_B[\mathrm{id}_V]_A \cdot {}_A[\mathrm{id}_V]_B = {}_B[\mathrm{id}_V]_B = \mathbb{1}_{B \times B} \tag{6.4.3}$$

und

$$_A[\mathrm{id}_V]_B \cdot {}_B[\mathrm{id}_V]_A = {}_A[\mathrm{id}_V]_A = \mathbb{1}_{A \times A}, \tag{6.4.4}$$

womit im Falle von indizierten Basen $A = \{a_i\}_{i \in I}$ und $B = \{b_i\}_{i \in I}$ die $I \times I$-Matrizen $_B[\mathrm{id}_V]_A$ und $_A[\mathrm{id}_V]_B$ zueinander *invers* sind. Man beachte, dass wir eine indizierte Basis verwenden sollten, damit die Matrizen $_B[\mathrm{id}_V]_A$ und $_A[\mathrm{id}_V]_B$ beide vom selben Typ, nämlich $I \times I$-Matrizen, sind. Nur dann können wir sinnvoll von „Inversem" sprechen. Umgekehrt liefert auch jede invertierbare $I \times I$-Matrix einen solchen Basiswechsel. Diese Vorüberlegungen münden nun in folgende Begriffsbildung, die wir der Einfachheit wegen nur für $\dim V = n < \infty$ formulieren werden.

Definition 6.46 (Ähnlichkeit). Zwei Matrizen $A, B \in M_n(\Bbbk)$ heißen ähnlich, wenn es eine invertierbare Matrix $Q \in \mathrm{GL}_n(\Bbbk)$ mit

$$A = QBQ^{-1} \tag{6.4.5}$$

gibt. In diesem Fall schreiben wir $A \approx B$.

Ähnliche Matrizen beschreiben also denselben Endomorphismus von $V = \Bbbk^n$ bei geeigneter Wahl der Basis, wobei eben dieselbe Basis für Urbild und Bild verwendet wird. Man mache sich diesen entscheidenden Unterschied zur Äquivalenz von Matrizen in $M_n(\Bbbk)$ gemäß Definition 5.67 klar.

Bemerkung 6.47. Da $\mathrm{GL}_n(\Bbbk)$ eine Gruppe ist, ist es leicht zu sehen, dass die Ähnlichkeit von Matrizen in $M_n(\Bbbk)$ eine Äquivalenzrelation darstellt, wie auch schon die Äquivalenz von Matrizen. Während jedoch die Äquivalenz eine sehr einfache Klassifikation über die Normalform (5.5.36) erlaubt, ist dies für die Ähnlichkeit erheblich schwieriger. Trotzdem sehen wir bereits hier, dass ähnliche Matrizen dieselbe Determinante besitzen, da

$$\det(A) = \det(QBQ^{-1}) = \det(Q)\det(B)\det(Q)^{-1} = \det(B) \tag{6.4.6}$$

nach (6.2.38) und (6.2.40).

Eine besonders einfache Klasse von Matrizen sind die Diagonalmatrizen:

Definition 6.48 (Diagonalmatrix). Eine Matrix $D \in M_n(\Bbbk)$ von der Form

$$D = \begin{pmatrix} \lambda_1 & & 0 \\ & \ddots & \\ 0 & & \lambda_n \end{pmatrix} \tag{6.4.7}$$

mit $\lambda_1, \ldots, \lambda_n \in \Bbbk$ heißt Diagonalmatrix. Wir schreiben dann auch

$$D = \mathrm{diag}(\lambda_1, \ldots, \lambda_n). \tag{6.4.8}$$

Bemerkung 6.49 (Diagonalmatrizen). Die Diagonalmatrizen bilden einen n-dimensionalen Unterraum von $M_n(\Bbbk)$. Für eine Diagonalmatrix gilt offenbar

$$\det D = \det\big(\mathrm{diag}(\lambda_1, \ldots, \lambda_n)\big) = \lambda_1 \cdots \lambda_n, \tag{6.4.9}$$

womit D genau dann invertierbar ist, wenn alle Diagonaleinträge $\lambda_1, \ldots, \lambda_n$ ungleich null sind. In diesem Fall ist die inverse Matrix zu D durch

$$D^{-1} = \begin{pmatrix} \lambda_1^{-1} & & 0 \\ & \ddots & \\ 0 & & \lambda_n^{-1} \end{pmatrix} = \mathrm{diag}(\lambda_1^{-1}, \ldots, \lambda_n^{-1}) \tag{6.4.10}$$

gegeben und daher selbst diagonal. Sind $D_1 = \mathrm{diag}(\lambda_1, \ldots, \lambda_n)$ und $D_2 = \mathrm{diag}(\mu_1, \ldots, \mu_n)$ diagonal, so ist auch

$$D_1 D_2 = \begin{pmatrix} \lambda_1 & & \\ & \ddots & \\ & & \lambda_n \end{pmatrix} \begin{pmatrix} \mu_1 & & \\ & \ddots & \\ & & \mu_n \end{pmatrix} = \begin{pmatrix} \lambda_1 \mu_1 & & \\ & \ddots & \\ & & \lambda_n \mu_n \end{pmatrix} = D_2 D_1 \quad (6.4.11)$$

diagonal. Schließlich ist auch die Einheitsmatrix $\mathbb{1} = \mathrm{diag}(1, \ldots, 1)$ eine Diagonalmatrix. Es folgt, dass die Diagonalmatrizen nicht nur einen Unterraum, sondern auch ein kommutatives Untermonoid von $\mathrm{M}_n(\mathbb{k})$ bilden. Entsprechend bilden die invertierbaren Diagonalmatrizen eine kommutative Untergruppe von $\mathrm{GL}_n(\mathbb{k})$.

Diese Eigenschaften machen die Diagonalmatrizen zu einer besonders leicht zu handhabenden Klasse von Matrizen. Es stellt sich also die Frage, ob eine gegebene Matrix zu einer Diagonalmatrix ähnlich ist. Dazu bemerken wir zunächst, dass die Standardbasis $e_1, \ldots, e_n$ von $\mathbb{k}^n$ für eine Diagonalmatrix $D = \mathrm{diag}(\lambda_1, \ldots, \lambda_n)$ die Eigenschaft

$$D e_i = \lambda_i e_i \quad (6.4.12)$$

für alle $i = 1, \ldots, n$ besitzt. Die Diagonalmatrix verhält sich auf dem i-ten Basisvektor e_i also gerade wie λ_i mal die Einheitsmatrix. Dies motiviert nun folgende Begriffsbildung.

Definition 6.50 (Eigenwerte und Eigenvektoren). Sei V ein Vektorraum über $\mathbb{k}$, und sei $\Phi \in \mathrm{End}(V)$.

i.) Eine Zahl $\lambda \in \mathbb{k}$ heißt Eigenwert von Φ, falls es einen Vektor $v \in V \setminus \{0\}$ mit

$$\Phi(v) = \lambda v \quad (6.4.13)$$

gibt.

ii.) Ein Vektor $v \in V \setminus \{0\}$ heißt Eigenvektor zum Eigenwert λ von Φ, falls (6.4.13) gilt.

iii.) Für einen Eigenwert $\lambda \in \mathbb{k}$ von Φ definiert man den Eigenraum

$$V_\lambda = \{ v \in V \mid \Phi(v) = \lambda v \}. \quad (6.4.14)$$

iv.) Für einen Eigenwert $\lambda \in \mathbb{k}$ von Φ heißt $\dim V_\lambda$ die Vielfachheit (oder Multiplizität) von λ.

Bemerkung 6.51. Der Eigenraum $V_\lambda \subseteq V$ ist offenbar tatsächlich ein Unterraum. Definiert man V_λ durch (6.4.14) auch für beliebiges $\lambda \in \mathbb{k}$, so ist λ genau dann ein Eigenwert von Φ, wenn $\dim V_\lambda \geq 1$.

Bemerkung 6.52. Mit unserer üblichen kanonischen Identifikation $M_n(\Bbbk) \cong$ End$(\Bbbk^n)$ können wir die Begriffe Eigenwert, Eigenvektor, Eigenraum und Vielfachheit auch für (quadratische) Matrizen anwenden.

Proposition 6.53. *Sei V ein Vektorraum über $\Bbbk$, und sei $\Phi \in$ End(V). Für $\lambda \in \Bbbk$ sind äquivalent:*

i.) Die Zahl λ ist Eigenwert von Φ.

ii.) Der Endomorphismus $\lambda \operatorname{id}_V -\Phi$ ist nicht injektiv.

iii.) Es gilt $\dim \ker(\lambda \operatorname{id}_V -\Phi) > 0$.

Beweis. Wir zeigen *i.)* $\implies$ *ii.)* $\implies$ *iii.)* $\implies$ *i.)*. Sei also λ ein Eigenwert, dann gibt es einen Eigenvektor $v \neq 0$ zu λ, also $\Phi v = \lambda v$. Dies bedeutet aber, dass $(\lambda \operatorname{id}_V -\Phi)(v) = 0$, und daher ist $\lambda \operatorname{id}_V -\Phi$ nicht injektiv. Ganz allgemein wissen wir, dass *ii.)* $\iff$ *iii.)*, siehe Proposition 5.14. Sei also schließlich $\dim \ker(\lambda \operatorname{id}_V -\Phi) > 0$. Wir wählen einen Vektor $v \in \ker(\lambda \operatorname{id}_V -\Phi)$ mit $v \neq 0$. Für diesen gilt $\Phi(v) = \lambda v$, womit v Eigenvektor zum Eigenwert λ ist. $\square$

Proposition 6.54. *Sei V ein Vektorraum über $\Bbbk$, und sei $\Phi \in$ End(V). Dann ist die Summe der Eigenräume direkt, also*

$$\sum_{\lambda \; Eigenwert} V_\lambda = \bigoplus_{\lambda \; Eigenwert} V_\lambda. \qquad (6.4.15)$$

Beweis. Seien $\lambda_1, \ldots, \lambda_n$ paarweise verschiedene Eigenwerte und $v_1, \ldots, v_n$ zugehörige Eigenvektoren. Dann sind die $v_1, \ldots, v_n$ ebenfalls paarweise verschieden, denn ist $v \in V \setminus \{0\}$ ein Eigenvektor zu zwei Eigenwerten $\lambda \neq \mu$, so gilt

$$\lambda v = \Phi(v) = \mu v$$

und damit $v = 0$ im Widerspruch zu $v \in V \setminus \{0\}$. Wir zeigen, dass die Vektoren $v_1, \ldots, v_n$ linear unabhängig sind. Seien also $z_1, \ldots, z_n \in \Bbbk$ mit

$$z_1 v_1 + \cdots + z_n v_n = 0$$

gegeben. Dann gilt für alle i

$$\begin{aligned}
0 &= (\lambda_1 - \Phi) \cdots (\lambda_{i-1} - \Phi)(\lambda_{i+1} - \Phi) \cdots (\lambda_n - \Phi)(z_1 v_1 + \cdots + z_n v_n) \\
&= (\lambda_1 - \lambda_i) \cdots (\lambda_{i-1} - \lambda_i)(\lambda_{i+1} - \lambda_i) \cdots (\lambda_n - \lambda_i) z_i v_i,
\end{aligned}$$

da die Vektoren v_j im Kern von $\lambda_j - \Phi$ liegen und alle Faktoren $(\lambda_j - \Phi)$ miteinander vertauschen. Da nach Voraussetzung die $\lambda_1, \ldots, \lambda_n$ paarweise verschieden sind und $v_i \neq 0$ gilt, folgt $z_i = 0$ für alle $i = 1, \ldots, n$. Damit sind die Vektoren $v_1, \ldots, v_n$ aber linear unabhängig. Nach Proposition 4.59, *v.)*, ist die Summe direkt. $\square$

Beispiel 6.55. Sei $D = \operatorname{diag}(\lambda_1, \ldots, \lambda_n) \in M_n(\Bbbk)$ eine Diagonalmatrix mit paarweise verschiedenen Diagonaleinträgen. Dann sind die Vektoren $e_i \in \Bbbk^n$ Eigenvektoren zum Eigenwert λ_i. Es gilt also

$$e_i \in V_{\lambda_i}. \qquad (6.4.16)$$

Da nun bereits $\mathbb{k}^n = \bigoplus_{i=1}^n \operatorname{span}\{e_i\}$ gilt, kann es keine anderen, dazu linear unabhängigen Eigenvektoren geben. Es gilt also insbesondere

$$\mathbb{k}^n = \bigoplus_{i=1}^n V_{\lambda_i}. \qquad (6.4.17)$$

und

$$V_{\lambda_i} = \operatorname{span}\{e_i\}. \qquad (6.4.18)$$

Alle Eigenwerte haben Vielfachheit 1. Treten verschiedene λ nun mehrfach auf der Diagonalen auf, so erhöht sich die Vielfachheit entsprechend.

Beispiel 6.56. Sei $V = \mathbb{k}[x]$ und $Q \colon V \longrightarrow V$ der Multiplikationsoperator mit x, also

$$(Qp)(x) = xp(x) \qquad (6.4.19)$$

für $p \in \mathbb{k}[x]$. Dann ist $\lambda - Q$ für alle $\lambda \in \mathbb{k}$ injektiv. Sei nämlich $p(x) = a_n x^n + \cdots + a_1 x + a_0$ ein Polynom im Kern von $\lambda - Q$. Dann gilt also

$$\begin{aligned}
0 &= \lambda p(x) - x p(x) \\
&= \lambda a_n x^n + \lambda a_{n-1} x^{n-1} + \cdots + \lambda a_1 x + \lambda a_0 \\
&\quad - a_n x^{n+1} - a_{n-1} x^n - \cdots - a_1 x^2 - a_0 x.
\end{aligned}$$

Ein Koeffizientenvergleich liefert nun sofort $a_n = 0$ in Ordnung x^{n+1}, $a_{n-1} = 0$ in Ordnung x^n, ..., bis $a_0 = 0$ in Ordnung x^1 unabhängig davon, was λ war. Es folgt also, dass Q keine Eigenwerte und keine Eigenvektoren besitzt.

Aufgrund dieses und ähnlicher Beispiele wollen wir uns nun auf den endlich-dimensionalen Fall zurückziehen. Die Theorie der Eigenwerte und Eigenvektoren in unendlichen Dimensionen ist erheblich komplizierter. Vernünftige Resultate lassen sich ohne den Einsatz von funktional-analytischen Methoden und Techniken kaum erzielen, siehe Übung 6.42, 6.43 und 6.45 für weitere Beispiele und Eigenschaften in beliebigen Dimensionen.

Definition 6.57 (Diagonalisierbarkeit). Sei V ein endlich-dimensionaler Vektorraum über $\mathbb{k}$.

i.) Ein Endomorphismus $\Phi \in \operatorname{End}(V)$ heißt diagonalisierbar, wenn es eine geordnete Basis $B = (b_1, \ldots, b_n)$ von V gibt, sodass

$$_B[\Phi]_B = \operatorname{diag}(\lambda_1, \ldots, \lambda_n) \qquad (6.4.20)$$

mit gewissen $\lambda_1, \ldots, \lambda_n \in \mathbb{k}$.

ii.) Eine Matrix $A \in \mathrm{M}_n(\mathbb{k})$ heißt diagonalisierbar, wenn sie zu einer Diagonalmatrix ähnlich ist.

Beide Versionen sind letztlich gleichwertig, wie folgende Proposition zeigt:

Proposition 6.58. *Sei V ein endlich-dimensionaler Vektorraum über $\Bbbk$ und $\Phi \in \mathrm{End}(V)$. Dann sind äquivalent:*

i.) Der Endomorphismus Φ ist diagonalisierbar.

ii.) Es gibt eine Basis von Eigenvektoren von Φ.

iii.) Es gibt eine Basis $A \subseteq V$, sodass die Matrix ${}_A[\Phi]_A$ diagonalisierbar ist.

iv.) Für alle Basen $A \subseteq V$ ist die Matrix ${}_A[\Phi]_A$ diagonalisierbar.

In diesem Fall sind die Diagonaleinträge derjenigen Diagonalmatrix D mit $QDQ^{-1} = {}_A[\Phi]_A$ gerade die Eigenwerte von Φ.

Beweis. Wir zeigen *i.)* $\implies$ *ii.)* $\implies$ *iii.)* $\implies$ *iv.)* $\implies$ *i.)*. Sei also zunächst Φ diagonalisierbar und $B \subseteq V$ eine Basis mit ${}_B[\Phi]_B = \mathrm{diag}(\lambda, \dots, \lambda_n)$. Für den i-ten Basisvektor b_i gilt dann zum einen ${}_B[b_i] = \mathrm{e}_i$ und zum anderen

$$
{}_B[\Phi(b_i)] = {}_B[\Phi]_B \, {}_B[b_i] = \mathrm{diag}(\lambda_1, \dots, \lambda_n) \cdot \mathrm{e}_i = \lambda_i \mathrm{e}_i
$$

und damit $\Phi(b_i) = \lambda_i b_i$. Da für einen Basisvektor sicherlich $b_i \neq 0$ gilt, folgt, dass die Basis $B = (b_1, \dots, b_n)$ aus Eigenvektoren besteht. Die Diagonaleinträge $\lambda_1, \dots, \lambda_n$ sind dann die entsprechenden Eigenwerte. Sei nun $B = (b_1, \dots, b_n)$ eine geordnete Basis von Eigenvektoren zu Eigenwerten $\lambda_1, \dots, \lambda_n \in \Bbbk$. Dann gilt für diese Basis offenbar

$$
{}_B[\Phi]_B = (\Phi(b_i)_j)_{i,j=1,\dots,n} = (\lambda_i \delta_{ij})_{i,j=1,\dots,n} = \mathrm{diag}(\lambda_1, \dots, \lambda_n),
$$

womit ${}_B[\Phi]_B$ bereits diagonal ist. Damit folgt *ii.)* $\implies$ *iii.)*. Sei nun $A \subseteq V$ eine Basis, sodass ${}_A[\Phi]_A$ diagonalisierbar ist, und sei A' eine beliebige andere Basis. Da ${}_A[\Phi]_A$ diagonalisierbar ist, gibt es eine Diagonalmatrix $D = \mathrm{diag}(\lambda_1, \dots, \lambda_n)$ und eine invertierbare Matrix $Q \in \mathrm{GL}_n(\Bbbk)$ mit

$$
Q \, {}_A[\Phi]_A \, Q^{-1} = D.
$$

Da

$$
{}_A[\Phi]_A = {}_A[\mathrm{id}_V]_{A'} \, {}_{A'}[\Phi]_{A'} \, {}_{A'}[\mathrm{id}_V]_A
$$

und $P = {}_A[\mathrm{id}_V]_{A'}$ invertierbar mit $P^{-1} = {}_{A'}[\mathrm{id}_V]_A$ ist, folgt durch Einsetzen

$$
D = QP \, {}_{A'}[\Phi]_{A'} \, P^{-1}Q^{-1} = QP \, {}_{A'}[\Phi]_{A'} (QP)^{-1}.
$$

Also ist auch ${}_{A'}[\Phi]_{A'}$ ähnlich zu D, womit *iii.)* $\implies$ *iv.)* gezeigt ist. Es gelte nun also *iv.)*, und sei $A \subseteq V$ eine beliebige Basis. Dann gibt es $Q \in \mathrm{GL}_n(\Bbbk)$ mit $Q \, {}_A[\Phi]_A \, Q^{-1} = D = \mathrm{diag}(\lambda_1, \dots, \lambda_n)$ mit gewissen $\lambda_1, \dots, \lambda_n \in \Bbbk$. Sei nun $b_j \in V$ derjenige Vektor mit

$$
{}_A[b_j] = Q^{-1}\mathrm{e}_i.
$$

Dann gilt

$$
{}_A[\Phi(b_i)] = {}_A[\Phi]_A \, {}_A[b_i] = {}_A[\Phi]_A \, Q^{-1}\mathrm{e}_i = Q^{-1}D\mathrm{e}_i = Q^{-1}\lambda_i \mathrm{e}_i = \lambda_i \, {}_A[b_i].
$$

Dies bedeutet aber gerade $\Phi(b_i) = \lambda_i b_i$. Da die Vektoren $b_1, \ldots, b_n$ nach wie vor eine Basis bilden, weil Q invertierbar ist, folgt für diese Basis $B = (b_1, \ldots, b_n)$ also

$$_B[\Phi]_B = (\Phi(b_i)_j)_{i,j=1,\ldots,n} = (\lambda_i \delta_{ij})_{i,j=1,\ldots,n} = \mathrm{diag}(\lambda_1, \ldots, \lambda_n),$$

womit auch *iv.)* $\implies$ *i.)* gezeigt ist. $\square$

Es stellt sich nun die entscheidende Frage, welche Matrizen tatsächlich diagonalisierbar sind und wie man effektiv die Eigenwerte und Eigenvektoren bestimmen kann. In folgender Situation ist dies einfach:

Korollar 6.59. *Hat $A \in \mathrm{M}_n(\Bbbk)$ genau n paarweise verschiedene Eigenwerte, so ist A diagonalisierbar.*

Beweis. Da Eigenvektoren zu verschiedenen Eigenwerten nach Proposition 6.54 linear unabhängig sind, finden wir zu den paarweise verschiedenen Eigenwerten $\lambda_1, \ldots, \lambda_n$ zugehörige linear unabhängige Eigenvektoren $b_1, \ldots, b_n$. Da dies bereits n Vektoren sind, liegt eine Basis von $\Bbbk^n$ vor, und wir können Proposition 6.58 zum Einsatz bringen. $\square$

Schwierig wird die Situation also immer dann, wenn Eigenwerte eine nichttriviale Vielfachheit besitzen. Zudem ist über die Existenz von Eigenwerten an sich mehr in Erfahrung zu bringen.

Kontrollfragen. Was ist der Unterschied von Äquivalenz und Ähnlichkeit von Matrizen? Was ist ein Eigenwert? Welche Kriterien für Diagonalisierbarkeit kennen Sie? Welche Eigenschaften haben die Eigenräume?

6.5 Das charakteristische Polynom

In endlichen Dimensionen können wir die Existenz von Eigenwerten leicht prüfen, da wir ein einfaches Kriterium für die (Nicht-)Injektivität von $\Phi - \lambda \, \mathrm{id}_V$ über die Determinante besitzen. Wir betrachten nun also den Fall $V = \Bbbk^n$ und identifizieren lineare Abbildungen in $\mathrm{End}(V)$ wie immer mit Matrizen in $\mathrm{M}_n(\Bbbk)$. In endlichen Dimensionen stellt dies ja keinerlei Einschränkung dar.

Definition 6.60 (Charakteristisches Polynom). Sei $A \in \mathrm{M}_n(\Bbbk)$. Dann heißt das Polynom $\chi_A \in \Bbbk[x]$

$$\chi_A(x) = \det(A - x\mathbb{1}) \tag{6.5.1}$$

das charakteristische Polynom von A.

Bemerkung 6.61. Da die Determinante ein Polynom in den n^2 Variablen $a_{11}, \ldots, a_{nn}$ vom homogenen Grad n ist, ist $\chi_A(x)$ tatsächlich ein Polynom in x vom Grad $\leq n$.

Lemma 6.62. *Sei* $A \in M_n(\Bbbk)$. *Dann gilt*

$$\chi_A(x) = (-1)^n x^n + (-1)^{n-1} \operatorname{tr}(A) x^{n-1} + \cdots + \det(A), \qquad (6.5.2)$$

wobei

$$\operatorname{tr}(A) = \sum_{i=1}^{n} a_{ii}. \qquad (6.5.3)$$

Beweis. Wir verwenden die Leibniz-Formel für die Determinante, um die relevanten Grade zu berechnen. Den konstanten Term von $\chi_A(x)$ erhält man, wenn man $x = 0$ setzt. Dies liefert $\det(A)$. Den Term mit Grad n erhält man aus

$$\det(A - x\mathbb{1}) = \sum_{\sigma \in S_n} \operatorname{sign}(\sigma) \tilde{a}_{1\sigma(1)} \cdots \tilde{a}_{n\sigma(n)},$$

wenn alle $\tilde{a}_{i\sigma(i)}$ ein x enthalten, wobei $(\tilde{a}_{ij}) = A - x\mathbb{1}$. Dies ist aber nur für $\sigma = \operatorname{id}$ möglich, da x nur auf der Diagonale von $A - x\mathbb{1}$ steht. Damit gilt

$$\begin{aligned}
\tilde{a}_{11} \cdots \tilde{a}_{nn} &= (a_{11} - x) \cdots (a_{nn} - x) \\
&= (-x)^n + (-x)^{n-1}(a_{11} + \cdots + a_{nn}) + \cdots \\
&= (-1)^n x^n + (-1)^{n-1} x^{n-1} \operatorname{tr}(A) + \cdots, \qquad (6.5.4)
\end{aligned}$$

wobei $+\cdots$ niedrigere Ordnungen als x^{n-1} bedeuten soll. Um alle Beiträge zur Ordnung x^{n-1} zu erhalten, müssen mindestens $n - 1$ Einträge in $\tilde{a}_{1\sigma(1)} \cdots \tilde{a}_{n\sigma(n)}$ von der Diagonalen kommen. Daher muss die Permutation σ auf mindestens $n - 1$ Indizes die Identität sein. Dies ist aber nur für $\sigma = \operatorname{id}$ möglich. Daher liefert (6.5.4) bereits alle Beiträge zu x^{n-1}. □

Definition 6.63 (Spur). Sei $A \in M_n(\Bbbk)$. Dann heißt

$$\operatorname{tr}(A) = \sum_{i=1}^{n} a_{ii} \qquad (6.5.5)$$

die Spur (englisch: *trace*) von A.

Das Lemma garantiert also, dass $\chi_A(x)$ ein Polynom n-ten Grades ist, dessen führender Koeffizient $(-1)^n$ *nicht* verschwindet: Der Grad ist also nicht „zufällig" kleiner, als es ein naives Abzählen wie in Bemerkung 6.61 erlauben könnte.

Satz 6.64 (Eigenwerte und Nullstellen von χ_A). *Sei* $A \in M_n(\Bbbk)$. *Eine Zahl* $\lambda \in \Bbbk$ *ist genau dann ein Eigenwert von* A, *wenn* λ *eine Nullstelle von* χ_A *ist.*

Beweis. Nach Proposition 6.54 ist $\lambda \in \Bbbk$ genau dann ein Eigenwert, wenn $A - \lambda\mathbb{1}$ nicht injektiv ist. Dies ist in endlichen Dimensionen aber dank Korollar 5.27 dazu äquivalent, dass $A - \lambda\mathbb{1}$ nicht invertierbar ist. Mit Proposition 6.28 ist dies aber zu $\det(A - \lambda\mathbb{1}) = 0$ äquivalent. □

Beispiel 6.65. Wir betrachten $n = 2$.

i.) Sei $\Bbbk = \mathbb{Q}$ und

$$A = \begin{pmatrix} 0 & 2 \\ 1 & 0 \end{pmatrix}. \tag{6.5.6}$$

Dann gilt $\chi_A(x) = \det\begin{pmatrix} -x & 2 \\ 1 & -x \end{pmatrix} = x^2 - 2$. Es gibt keine Nullstelle dieses Polynoms in $\mathbb{Q}$, da $\pm\sqrt{2}$ ja bekanntermaßen irrationale Zahlen sind. Also hat A keinen Eigenwert.

ii.) Betrachten wir die gleiche Matrix A als reelle Matrix, so gibt es Eigenwerte, nämlich $\lambda_1 = \sqrt{2}$ und $\lambda_2 = -\sqrt{2}$. Damit ist A sogar diagonalisierbar. Um eine Basis von Eigenvektoren zu finden, müssen wir also nichtverschwindende Vektoren $v \in V_{\lambda_1}$ und $w \in V_{\lambda_2}$ angeben. Dazu ist das lineare Gleichungssystem

$$\begin{pmatrix} -\lambda_1 & 2 \\ 1 & -\lambda_1 \end{pmatrix} \begin{pmatrix} v_1 \\ v_2 \end{pmatrix} = 0 \tag{6.5.7}$$

beziehungsweise

$$\begin{pmatrix} -\lambda_2 & 2 \\ 1 & -\lambda_2 \end{pmatrix} \begin{pmatrix} w_1 \\ w_2 \end{pmatrix} = 0 \tag{6.5.8}$$

zu lösen. Eine einfache Rechnung zeigt, dass etwa

$$v = \begin{pmatrix} \sqrt{2} \\ 1 \end{pmatrix} \quad \text{und} \quad w = \begin{pmatrix} -\sqrt{2} \\ 1 \end{pmatrix} \tag{6.5.9}$$

nichttriviale Lösungen sind. Bezüglich dieser Basis von $\mathbb{R}^2$ hat A also die Diagonalgestalt $\mathrm{diag}(\sqrt{2}, -\sqrt{2})$.

iii.) Sei nun $\Bbbk$ wieder beliebig und

$$A = \begin{pmatrix} 0 & 1 \\ 0 & 0 \end{pmatrix}, \tag{6.5.10}$$

dann gilt $\chi_A(x) = x^2$. Damit ist $\lambda = 0$ der einzige Eigenwert. Könnten wir nun eine Basis von Eigenvektoren $v, w \in \Bbbk^2$ finden, so gälte

$$Av = 0 \cdot v = 0 \quad \text{und} \quad Aw = 0 \cdot w = 0. \tag{6.5.11}$$

Damit wäre also $\ker A = \mathrm{span}\{v, w\}$ bereits zweidimensional und somit $A = 0$. Dies ist aber nicht der Fall, womit wir also *keine* Basis von Eigenvektoren finden können. Diese Matrix A ist *nicht* diagonalisierbar. Der Grund hierfür ist, dass es zwar Eigenwerte gibt, aber die Anzahl der linear unabhängigen Eigenvektoren zu klein ist, um eine Basis zu bilden.

Ob es überhaupt Eigenwerte gibt, können wir durch entsprechend starke Forderungen an den zugrundeliegenden Körper klären:

Satz 6.66 (Existenz von Eigenwerten). *Sei* $\Bbbk$ *ein algebraisch abgeschlossener Körper. Dann hat jede Matrix* $A \in \mathrm{M}_n(\Bbbk)$ *einen Eigenwert.*

Beweis. Nach Definition eines algebraisch abgeschlossenen Körpers hat jedes Polynom eine Nullstelle, so auch χ_A. $\square$

Beispiel 6.67. Wir betrachten die Matrix

$$A = \begin{pmatrix} 0 & 1 \\ -1 & 0 \end{pmatrix}, \tag{6.5.12}$$

welche im $\mathbb{R}^2$ eine Drehung um $90°$ bewirkt. Über $\mathbb{R}$ hat das charakteristische Polynom $\chi_A(x) = x^2 + 1$ keine Nullstelle. Geometrisch ist dies klar: Eine Drehung um $90°$ hat keine Eigenvektoren, da sie jede Richtung dreht. Über $\mathbb{C}$ dagegen hat $\chi_A(x)$ sehr wohl Nullstellen, nämlich i und $-$i. Damit ist A über $\mathbb{C}$ diagonalisierbar, über $\mathbb{R}$ dagegen nicht, siehe auch Übung 6.25. Dies zeigt, dass es oftmals vorteilhaft ist, einen Umweg über die komplexen Zahlen zu nehmen, auch wenn man letztlich an einem reellen Problem interessiert ist.

Die Existenz von Nullstellen von χ_A liefert also die Existenz von Eigenwerten. Für die Umkehrung hat man folgendes Resultat:

Proposition 6.68. *Ist* $A \in \mathrm{M}_n(\Bbbk)$ *diagonalisierbar, so zerfällt* χ_A *in Linearfaktoren: Sind nämlich* $\lambda_1, \dots, \lambda_n \in \Bbbk$ *die nicht notwendigerweise verschiedenen Eigenwerte, so gilt*

$$\chi_A(x) = (\lambda_1 - x) \cdots (\lambda_n - x). \tag{6.5.13}$$

Beweis. Sind nämlich $Q \in \mathrm{GL}_n(\Bbbk)$ und $D = \mathrm{diag}(\lambda_1, \dots, \lambda_n)$ derart, dass $A = QDQ^{-1}$, so gilt

$$
\begin{aligned}
\chi_A(x) &= \det(A - x\mathbb{1}) \\
&= \det(QDQ^{-1} - x\mathbb{1}) \\
&= \det(Q(D - x\mathbb{1})Q^{-1}) \\
&= \det Q \det(D - x\mathbb{1}) \det(Q^{-1}) \\
&= \det(D - x\mathbb{1}) \\
&= (\lambda_1 - x) \cdots (\lambda_n - x),
\end{aligned}
$$

wobei wir $\det(Q^{-1}) = (\det Q)^{-1}$ und (6.4.9) verwenden. $\square$

Bemerkung 6.69 (Determinante eines Endomorphismus). Im Beweis der Proposition haben wir verwendet, dass der Wert einer Determinante sich nicht unter der *Konjugation* mit einer invertierbaren Matrix ändert: Für $A \in \mathrm{M}_n(\Bbbk)$ und $Q \in \mathrm{GL}_n(\Bbbk)$ gilt $\det(A) = \det(QAQ^{-1})$. Dies erlaubt es nun, auch für einen Endomorphismus $\Phi \in \text{End}(V)$ eines endlich-dimensionalen Vektorraums V über $\Bbbk$ eine Determinante und so auch ein charakteristisches Polynom zu definieren: Seien dazu $A, B \subseteq V$ beliebige geordnete Basen von V. Dann gilt

$$\det(\,_B[\Phi]_B) = \det(\,_B[\text{id}_V]_A \,_A[\Phi]_A \,_A[\text{id}_V]_B) = \det(\,_A[\Phi]_A), \qquad (6.5.14)$$

da ja die Matrizen $_B[\text{id}_V]_A$ und $_A[\text{id}_V]_B$ zueinander invers sind. Daher können wir die *Determinante von Φ* durch

$$\det(\Phi) = \det(\,_B[\Phi]_B) \qquad (6.5.15)$$

definieren. Dies ist sinnvoll, da die rechte Seite eben nicht von der gewählten Basis abhängt, sondern für jede Basis denselben Wert liefert. Entsprechend können wir auch das *charakteristische Polynom von Φ* durch

$$\chi_\Phi(x) = \det(\Phi - x \,\text{id}_V) = \det(\,_B[\Phi]_B - x\mathbb{1}) \qquad (6.5.16)$$

definieren, was wieder nicht von der gewählten Basis abhängt. Die Eigenschaften der Determinante und des charakteristischen Polynoms übertragen sich nun wörtlich und ohne große Schwierigkeiten auf Endomorphismen eines endlich-dimensionalen Vektorraums. Wir werden die relevanten Eigenschaften nicht nochmals wiederholen, aber gelegentlich verwenden.

Im Hinblick auf (6.5.13) können wir nun genauer spezifizieren, wieso die Matrix A aus (6.5.10) nicht über $\mathbb{C}$ diagonalisierbar ist, obwohl dort ja jedes Polynom nach Korollar 3.68 in Linearfaktoren zerfällt. Dazu betrachten wir allgemein folgende Situation:

Definition 6.70 (Algebraische Vielfachheit). Sei $A \in \text{M}_n(\Bbbk)$ derart, dass χ_A in Linearfaktoren

$$\chi_A(x) = (\lambda_1 - x)^{\mu_1} \cdots (\lambda_k - x)^{\mu_k} \qquad (6.5.17)$$

mit paarweise verschiedenen $\lambda_1, \ldots, \lambda_k \in \Bbbk$ zerfällt. Dann heißt der Exponent $\mu_i \in \mathbb{N}$ die algebraische Vielfachheit des Eigenwerts λ_i.

Bemerkung 6.71. Nach Satz 6.64 wissen wir, dass für ein charakteristisches Polynom χ_A der Form (6.5.17) die Zahlen $\lambda_1, \ldots, \lambda_k$ tatsächlich die (einzigen) Eigenwerte von A sind. Es gilt nun insbesondere

$$\mu_1 + \cdots + \mu_n = n, \qquad (6.5.18)$$

da χ_A ein Polynom n-ten Grades ist, siehe Lemma 6.62. Für einen *algebraisch abgeschlossenen* Körper wie etwa für $\Bbbk = \mathbb{C}$ zerfällt jedes Polynom in Linearfaktoren.

Proposition 6.72. *Sei $A \in \text{M}_n(\Bbbk)$ eine Matrix, sodass χ_A in Linearfaktoren zerfällt. Dann sind äquivalent:*

i.) Die Matrix A ist diagonalisierbar.

ii.) Für alle $i = 1, \ldots, k$ gilt

$$\mu_i = \dim V_{\lambda_i}. \tag{6.5.19}$$

Beweis. Sei A diagonalisierbar und sei $e_{i\alpha} \in V_{\lambda_i}$ mit $\alpha = 1, \ldots, \dim V_{\lambda_i}$ eine Basis des i-ten Eigenraums. Also gibt es einen Basiswechsel $Q \in \mathrm{GL}_n(\Bbbk)$ mit

$$QAQ^{-1} = \mathrm{diag}\,\big(\underbrace{\lambda_1, \ldots, \lambda_1}_{\dim(V_{\lambda_1})\text{-mal}}, \underbrace{\lambda_2, \ldots, \lambda_2}_{\dim(V_{\lambda_2})\text{-mal}}, \ldots, \underbrace{\lambda_k, \ldots, \lambda_k}_{\dim(V_{\lambda_k})\text{-mal}}\big),$$

wobei der i-te Eigenwert genau $\dim(V_{\lambda_i})$-mal auftritt. Offenbar gilt

$$\chi_{QAQ^{-1}}(x) = (\lambda_1 - x)^{\dim(V_{\lambda_1})} \cdots (\lambda_k - x)^{\dim(V_{\lambda_k})}.$$

Wie wir bereits im Beweis von Proposition 6.68 gesehen haben, gilt

$$\chi_{QAQ^{-1}}(x) = \chi_A(x),$$

da $\det(Q^{-1}) = \frac{1}{\det Q}$. Damit gilt also $\mu_i = \dim(V_{\lambda_i})$. Ist umgekehrt (6.5.19) erfüllt, so folgt aus (6.5.18)

$$\dim(V_{\lambda_i}) + \cdots + \dim(V_{\lambda_k}) = n,$$

womit nach Proposition 6.54

$$V_{\lambda_1} + \cdots + V_{\lambda_k} = V_{\lambda_1} \oplus \cdots \oplus V_{\lambda_k} = \Bbbk^n$$

aus Dimensionsgründen folgt. Damit haben wir aber eine Basis von Eigenvektoren gefunden, indem wir in jedem V_{λ_i} eine Basis wählen. Nach Proposition 6.58 ist dies äquivalent zur Diagonalisierbarkeit. $\square$

Bemerkung 6.73. Manchmal nennt man $\dim(V_{\lambda_i})$ auch die *geometrische Vielfachheit* des Eigenwerts λ_i. Dann kann man Proposition 6.72 also so formulieren, dass eine Matrix $A \in \mathrm{M}_n(\Bbbk)$ mit in Linearfaktoren zerfallendem charakteristischem Polynom genau dann diagonalisierbar ist, wenn die algebraischen und geometrischen Vielfachheiten für jeden Eigenwert übereinstimmen.

Wir kommen nun zu einer letzten wichtigen Eigenschaft des charakteristischen Polynoms. In verschiedenen Übungen haben wir gesehen, dass sich die Diagonalisierung manchmal sehr leicht durchführen lässt, wenn die Matrix beziehungsweise der Endomorphismus eine hinreichend leichte polynomiale Gleichung erfüllt. Insbesondere konnten in verschiedenen Beispielen die Eigenwerte und Eigenräume direkt bestimmt werden, ohne dass die charakteristische Gleichung $\chi_A(x) = 0$ wirklich gelöst werden musste, siehe beispielsweise Übung 6.29.

Wir wollen diese Vorüberlegung nun als Motivation verwenden, ganz allgemein zu untersuchen, ob ein Endomorphismus polynomiale Gleichungen erfüllt. Hierzu gibt es folgendes einfache Resultat, welches in unendlichen Dimensionen sicherlich falsch ist, siehe auch Übung 6.12:

Lemma 6.74. *Sei $A \in \mathrm{M}_n(\Bbbk)$. Dann gibt es ein nichtkonstantes Polynom $p \in \Bbbk[x]$ vom Grad $\leq n^2$ mit*

$$p(A) = 0. \tag{6.5.20}$$

Beweis. Hier sei zunächst daran erinnert, dass wir für einen beliebigen Ring R von Polynomen $\mathsf{R}[x]$ sprechen können, und in ein solches Polynom Werte aus R einsetzen können, siehe Definition 3.38. Da $\mathsf{R} = \mathrm{M}_n(\Bbbk)$ nichtkommutativ ist, ist beim Einsetzen zunächst auf die Reihenfolge zu achten. Weil wir aber ein Polynom mit Koeffizienten in $\Bbbk$ betrachten, ist dies unkritisch: Ist

$$p(x) = a_r x^r + \cdots + a_1 x + a_0$$

mit $a_r, \ldots, a_0 \in \Bbbk$, so können wir offenbar immer

$$p(A) = a_r A^r + \cdots + a_1 A + a_0 \mathbb{1}$$

für $A \in \mathrm{M}_n(\Bbbk)$ betrachten. Genauer gesagt, können wir $a_r \in \Bbbk$ als $a_r \mathbb{1} \in \mathrm{M}_n(\Bbbk)$ identifizieren. Damit erhalten wir $p \in \mathrm{M}_n(\Bbbk)[x]$ mit Koeffizienten $a_r \mathbb{1}, \ldots, a_1 \mathbb{1}, a_0 \mathbb{1}$. Da die skalaren Vielfachen von $\mathbb{1}$ mit allen Elementen aus $\mathrm{M}_n(\Bbbk)$ vertauschen, ist die Reihenfolge in $(a_r \mathbb{1}) \cdot A^r = A^r \cdot (a_r \mathbb{1})$ unerheblich. Nach dieser Vorüberlegung kommt also der eigentliche Beweis: Die $n^2 + 1$ Matrizen

$$\mathbb{1}, A, A^2, \ldots, A^{n^2}$$

können nicht alle linear unabhängig sein, da $\dim \mathrm{M}_n(\Bbbk) = n^2 < n^2 + 1$. Daher gibt es Zahlen $a_0, \ldots, a_{n^2}$ mit

$$a_{n^2} A^{n^2} + \cdots + a_1 A + a_0 \mathbb{1} = 0,$$

von denen nicht alle null sind. Da $\mathbb{1} \neq 0$, kann nicht nur $a_0 \neq 0$ sein: Es muss auch mindestens eine Zahl $a_{n^2}, \ldots, a_1$ von null verschieden sein. Damit ist also das Polynom gefunden. $\qquad\square$

Wir wollen nun einen letzten wichtigen Satz zum charakteristischen Polynom einer Matrix diskutieren, den Satz von Cayley und Hamilton. Er liefert insbesondere eine drastische Verbesserung der Schranke n^2 in Lemma 6.74:

Satz 6.75 (Cayley-Hamilton). *Sei $A \in \mathrm{M}_n(\Bbbk)$. Dann gilt*

$$\chi_A(A) = 0. \tag{6.5.21}$$

Beweis. Zunächst als Warnung der *falsche* Beweis: Einsetzen von A für x in $\chi_A(x) = \det(A - x\mathbb{1})$ liefert $\det(A - A\mathbb{1}) = \det(0) = 0$, also (6.5.21). Dies ist deshalb falsch, da hier die Determinante als Abbildung $\det : \mathrm{M}_n(\Bbbk) \longrightarrow \Bbbk$ verwendet wird und $\det(A - A\mathbb{1}) = 0$ eine *skalare* Gleichung ist, anstelle der *Matrixgleichung* (6.5.21). Der richtige Beweis ist jedoch auch nicht viel schwerer: Wir betrachten die komplementäre Matrix $B^{\#}$ zu $B(x) = A - x\mathbb{1} \in$ $M_n(\Bbbk)[x]$. Da die komplementäre Matrix Einträge aus Determinanten von Untermatrizen von B hat, ist $B^{\#}$ selbst wieder ein Polynom in x. Hier ist es offenbar wichtig, dass die Determinante selbst ein Polynom in den Einträgen der Matrix ist. Dann gilt also $B^{\#}(x) \in M_n(\Bbbk)[x]$. Wir können daher

$$B^{\#}(x) = B_{n-1}x^{n-1} + \cdots + B_1 x + B_0 \qquad (6.5.22)$$

schreiben: Der Grad von $B^{\#}$ ist höchstens $n - 1$, da det ein Polynom vom homogenen Grad gleich der Dimension ist und in $B^{\#}$ Determinanten von den $(n-1) \times (n-1)$-Matrizen B_{ij} gebildet werden, die durch Streichen der i-ten Zeile und j-ten Spalte aus B hervorgehen. Da die Einträge in B höchstens vom Grad 1 in x sind, folgt (6.5.22). Nach dem Laplaceschen Entwicklungssatz in Form von Korollar 6.38 wissen wir, dass

$$(A - x\mathbb{1}) \cdot B^{\#} = BB^{\#} = \det B \cdot \mathbb{1} = \chi_A(x)\mathbb{1}. \qquad (6.5.23)$$

Wir werten (6.5.23) nun Ordnung für Ordnung in x aus. Dazu schreiben wir

$$\chi_A(x) = (-1)^n x^n + a_{n-1}x^{n-1} + \cdots + a_1 x + a_0$$

für das charakteristische Polynom von A mit gewissen Koeffizienten a_{n-1}, ..., $a_0 \in \Bbbk$. Nun gilt für die jeweiligen Ordnungen:

$$
\begin{array}{lrcl}
\text{in Ordnung } x^n: & -\mathbb{1}B_{n-1} & = & (-1)^n\mathbb{1} \\
\text{in Ordnung } x^{n-1}: & AB_{n-1} - \mathbb{1}B_{n-2} & = & a_{n-1}\mathbb{1} \\
\quad\vdots & & & \vdots \\
\text{in Ordnung } x^1: & AB_1 - \mathbb{1}B_0 & = & a_1\mathbb{1} \\
\text{in Ordnung } x^0: & AB_0 & = & a_0\mathbb{1}.
\end{array}
$$

Wir multiplizieren nun die Gleichung in Ordnung x^k von links mit A^k und summieren alle resultierenden Gleichungen auf. Auf der linken Seite erhält man

$$-A^n B_{n-1} + A^n B_{n-1} - A^{n-1}B_{n-2} + \cdots + A^2 B_1 - AB_0 + AB_0 = 0,$$

da sich alle Terme paarweise wegheben. Auf der rechten Seite erhält man

$$(-1)^n A^n + a_{n-1}A^{n-1} + \cdots + a_1 A + a_0 = \chi_A(A),$$

womit also $\chi_A(A) = 0$ gezeigt ist. $\qquad\qquad\qquad\qquad\qquad\qquad\Box$

Bemerkung 6.76. Streng genommen müssen wir den Laplaceschen Entwicklungssatz hier für eine Matrix $B(x) \in M_n(\Bbbk)[x] = M_n(\Bbbk[x])$ anwenden, deren Einträge aus dem Ring $\Bbbk[x]$ stammen und nicht aus dem Körper $\Bbbk$. Ausgehend von der Leibniz-Formel für die Determinante ist es tatsächlich möglich, den Satz 6.35 und damit das entscheidende Korollar 6.38 zu zeigen, selbst wenn man $\Bbbk$ durch einen *kommutativen Ring* R mit Eins und $M_n(\Bbbk)$ entsprechend durch $M_n(R)$ ersetzt. Der Grund ist, dass wir an keiner Stelle im Beweis von Satz 6.35 durch Elemente aus $\Bbbk$ *teilen* mussten. Aus diesem Grunde benötigen wir nicht die volle Stärke eines Körpers, sondern nur die Eigenschaften eines Rings. Die Kommutativität hingegen ist essenziell, siehe auch Übung 6.13.

Kontrollfragen. Welche Rolle spielt das charakteristische Polynom? Was ist die Spur einer Matrix? Kann jede Matrix diagonalisiert werden? Was ist der Unterschied zwischen algebraischer und geometrischer Vielfachheit? Was besagt der Satz von Cayley-Hamilton?

6.6 Das Minimalpolynom und der Spektralsatz

In Beispiel 6.65, *iii.)*, haben wir gesehen, dass es ganz einfache Beispiele von Matrizen gibt, die sich nicht diagonalisieren lassen, egal welcher Natur der zugrunde liegende Körper $\Bbbk$ ist. Andererseits legen die Aussagen von Satz 6.66 nahe, dass die Eigenwerttheorie für algebraisch abgeschlossene Körper besonders einfach ist. Wir wollen in diesem Abschnitt nun versuchen, beide Aspekte zusammenzubringen. Das Minimalpolynom wird hierbei das entscheidende Werkzeug sein. Zunächst benötigen wir noch einige neue Begriffe:

Definition 6.77 (Nilpotenz). Sei $N \in \text{End}(V)$. Dann heißt N nilpotent, falls es ein $k \in \mathbb{N}$ mit $N^k = 0$ gibt.

Wir haben diesen Begriff bereits allgemein für Elemente eines Rings in Übung 3.21 gesehen.

Definition 6.78 (Projektor). Sei $P \in \text{End}(V)$. Dann heißt P idempotent oder ein Projektor, falls

$$P^2 = P. \tag{6.6.1}$$

Proposition 6.79. *Sei $A \in \text{End}(V)$. Ist A nilpotent, so ist $0 \in \Bbbk$ ein Eigenwert und auch der einzige Eigenwert.*

Beweis. Sei $k \in \mathbb{N}$ mit $A^k = 0$. Ist $A = 0$, so gilt $V = V_0$, und 0 ist der einzige Eigenwert. Gilt $A \neq 0$, so gibt es ein minimales k mit $A^k = 0$ aber $A^{k-1} \neq 0$. Sei $v \in V$ mit $A^{k-1}v \neq 0$. Dann ist $w = A^{k-1}v \in \ker A$ ein Eigenvektor zum Eigenwert 0. Insbesondere ist 0 immer ein Eigenwert. Ist nun $\lambda \in \Bbbk$ ein Eigenwert mit Eigenvektor $v \in V_\lambda$, so gilt $Av = \lambda v$ und damit

$$0 = A^k v = \lambda^k v.$$

Da $v \neq 0$, muss $\lambda^k = 0$ sein, was $\lambda = 0$ impliziert. $\qquad\square$

Korollar 6.80. *Sei V endlich-dimensional und $A \in \text{End}(V)$ nilpotent und diagonalisierbar. Dann ist $A = 0$.*

Beweis. Sei $v_1, \ldots, v_n \in V$ eine Basis von Eigenvektoren zu A. Nach Proposition 6.79 ist dann $Av_i = 0$ für alle $i = 1, \ldots, n$. Damit ist aber $A = 0$. $\quad\square$

Wir sehen also, dass sich die nilpotenten Endomorphismen ungleich 0 einer Diagonalisierung hartnäckig widersetzen. Daher ist es wohl vernünftig, „Diagonalisierung bis auf nilpotente Anteile" anzustreben, da es ja auf jeden Fall nilpotente Endomorphismen gibt.

Beispiel 6.81. Sei $n \geq 2$, und sei

$$
A = \begin{pmatrix} 0 & * & \cdots\cdots & * \\ \vdots & & \ddots & \vdots \\ \vdots & & & * \\ 0 & \cdots\cdots\cdots & & 0 \end{pmatrix} \in \mathrm{M}_n(\mathbb{k}) \tag{6.6.2}
$$

eine echte obere Dreiecksmatrix. Dann gilt

$$
A^2 = \begin{pmatrix} 0 & 0 & * & \cdots\cdots & * \\ \vdots & & & \ddots & \vdots \\ & & & & * \\ & & & & 0 \\ 0 & \cdots\cdots\cdots & & & 0 \end{pmatrix}, \tag{6.6.3}
$$

und durch weiteres Potenzieren verschiebt sich das Dreieck der möglichen von null verschiedenen Einträge immer um eine Reihe weiter nach rechts oben. Insgesamt folgt dann

$$
A^n = 0, \tag{6.6.4}
$$

sodass alle derartigen Matrizen A nilpotent sind. Speziell für

$$
J_n = \begin{pmatrix} 0 & 1 & 0 & \cdots\cdots & 0 \\ & \ddots & \ddots & & \vdots \\ & & \ddots & & 0 \\ & & & \ddots & 1 \\ 0 & \cdots\cdots\cdots & & & 0 \end{pmatrix}, \tag{6.6.5}
$$

erhält man

$$J_n^{n-1} = \begin{pmatrix} 0 & \cdots\cdots & 0 & 1 \\ \vdots & & & 0 \\ & & \ddots & \vdots \\ & & & \vdots \\ 0 & \cdots\cdots\cdots & & 0 \end{pmatrix} \neq 0, \tag{6.6.6}$$

aber $J_n^n = 0$. Analoge Beispiele findet man für echte untere Dreiecksmatrizen.

Nach den nilpotenten Elementen in $\mathrm{End}(V)$ wollen wir also die Projektoren genauer betrachten. Diese sind immer auf besonders einfache Weise zu diagonalisieren.

Proposition 6.82. *Sei V ein Vektorraum über $\Bbbk$ und $P = P^2 \in \mathrm{End}(V)$ ein Projektor.*

i.) Die Abbildung $\mathbb{1} - P$ ist ebenfalls ein Projektor.

ii.) Es gilt

$$\mathrm{im}\, P = \ker(\mathbb{1} - P) \quad und \quad \mathrm{im}(\mathbb{1} - P) = \ker P. \tag{6.6.7}$$

iii.) Es gilt $V = \mathrm{im}\, P \oplus \ker P$.

iv.) Die Vektoren in $\mathrm{im}\, P \setminus \{0\}$ sind Eigenvektoren von P zum Eigenwert 1, und entsprechend sind die Vektoren in $\ker P \setminus \{0\}$ Eigenvektoren von P zum Eigenwert 0.

v.) Der Projektor P ist diagonalisierbar mit

$$V = V_0 \oplus V_1 \quad und \quad V_0 = \ker P \quad sowie \quad V_1 = \mathrm{im}\, P. \tag{6.6.8}$$

Beweis. Den ersten Teil rechnet man einfach nach. Es gilt $(\mathbb{1} - P)^2 = (\mathbb{1} - P)(\mathbb{1} - P) = \mathbb{1} - 2P + P^2 = \mathbb{1} - P$, da $P^2 = P$. Sei nun $v \in \mathrm{im}\, P$, also $v = Pw$ für ein $w \in V$. Dann gilt $Pv = P^2w = Pw = v$. Umgekehrt erfüllt jedes $v \in V$ mit $Pv = v$ offenbar $v \in \mathrm{im}\, P$. Damit ist gezeigt, dass

$$\mathrm{im}\, P = \big\{ v \in V \mid Pv = v \big\} = V_1.$$

Weiter gilt für $v \in \mathrm{im}\, P$

$$(\mathbb{1} - P)v = v - Pv = 0,$$

also $v \in \ker(\mathbb{1} - P)$. Umgekehrt folgt aus $v \in \ker(\mathbb{1} - P)$ sofort $Pv = v$, also $v \in \mathrm{im}\, P$. Dies zeigt die erste Behauptung in (6.6.7). Da $\mathbb{1} - P$ ebenfalls ein Projektor ist, folgt durch Vertauschen der Rollen damit auch

$$\mathrm{im}(\mathbb{1} - P) = \ker(\mathbb{1} - (\mathbb{1} - P)) = \ker P,$$

was den zweiten Teil zeigt. Sei $v \in V$, dann ist $Pv \in \mathrm{im}\, P$ und $v - Pv = (\mathbb{1} - P)v \in \mathrm{im}(\mathbb{1} - P) = \ker P$. Damit gilt also $\mathrm{im}\, P + \ker P = V$. Da $\mathrm{im}\, P = V_1$ der Eigenraum zum Eigenwert 1 ist und $\ker P = V_0$ der Eigenraum zum

Eigenwert 0, folgt sofort $V_1 \cap V_0 = \{0\}$, was *iii.)* und *iv.)* zeigt. Teil *v.)* ist damit auch klar. □

Es kann natürlich der Fall $P = \mathbb{1}$ auftreten, in dem 0 nicht Eigenwert von P ist. Entsprechend ist im Fall $P = 0$ nur 0 ein Eigenwert. In allen anderen Fällen treten sowohl 0 als auch 1 als Eigenwerte auf. Man beachte, dass diese Eigenschaften von Projektoren sogar in beliebigen Dimensionen gelten, auch wenn wir vornehmlich an $\dim V < \infty$ interessiert sind. Im unendlich-dimensionalen Fall wollen wir als Arbeitsdefinition „diagonalisierbar" so verstehen, dass es eine Basis von Eigenvektoren gibt. Dies wird in der Funktionalanalysis dann nochmals präzisiert werden müssen.

Beispiel 6.83. Sei V ein n-dimensionaler Vektorraum und $P = P^2 \in \operatorname{End}(V)$ ein Projektor. Sei $\dim(\operatorname{im} P) = \operatorname{rank} P = k$. Dann wählt man eine geordnete Basis $(b_1, \ldots, b_k)$ von $\operatorname{im} P$ sowie eine geordnete Basis $(b_{k+1}, \ldots, b_n)$ von $\ker P$. Da $\operatorname{im} P \oplus \ker P = V$ eine direkte Summe ist, folgt, dass $(b_1, \ldots, b_n) = B$ eine geordnete Basis von V ist. Es gilt dann offenbar

$$
_B[P]_B = \begin{pmatrix} 1 & & & & & \\ & \ddots^{\,k\text{-mal}} & & & & \\ & & 1 & & & \\ & & & 0 & & \\ & & & & \ddots & \\ & & & & & 0 \end{pmatrix} \tag{6.6.9}
$$

mit k Einsen auf der Diagonalen. Diese Überlegung zeigt, dass zwei Projektoren in $\operatorname{End}(V)$ genau dann *ähnlich* sind, wenn ihr Rang derselbe ist.

Wir können die Zerlegung von V in Kern und Bild eines Projektors auf mehrere Projektoren verallgemeinern. Der Einfachheit wegen betrachten wir hier nur endlich viele Projektoren, auch wenn entsprechende Resultate für beliebig viele Projektoren ohne großen Mehraufwand zu formulieren sind.

Definition 6.84 (Zerlegung der Eins). Sei V ein Vektorraum. Eine Zerlegung der Eins sind Projektoren $P_1, \ldots, P_k \in \operatorname{End}(V)$ ungleich null, sodass
i.) $P_i P_j = \delta_{ij} P_i$ für alle $i, j = 1, \ldots, k$,
ii.) $P_1 + \cdots + P_k = \mathbb{1}$.

Beispiel 6.85. Nach Proposition 6.82 ist für einen Projektor $P \in \operatorname{End}(V)$

$$
P_1 = P \quad \text{und} \quad P_2 = \mathbb{1} - P \tag{6.6.10}
$$

eine Zerlegung der Eins. Ist $P = \mathbb{1}$ (oder $P = 0$), so ist P (beziehungsweise $\mathbb{1} - P$) bereits eine Zerlegung der Eins.

Proposition 6.86. *Sei V ein Vektorraum.*

i.) Bilden die Projektoren $P_1, \ldots, P_k \in \mathrm{End}(V)$ eine Zerlegung der Eins, so gilt

$$V = \mathrm{im}\, P_1 \oplus \cdots \oplus \mathrm{im}\, P_k. \qquad (6.6.11)$$

ii.) Sind $U_1, \ldots, U_k \subseteq V$ nichttriviale Unterräume mit

$$V = U_1 \oplus \cdots \oplus U_k, \qquad (6.6.12)$$

so definieren die Projektoren $P_i = \mathrm{pr}_{U_i} \in \mathrm{End}(V)$ auf den i-ten Unterraum eine Zerlegung der Eins.

Beweis. Sei $v \in V$, dann gilt nach Definition einer Zerlegung der Eins

$$v = \mathbb{1} \cdot v = P_1 v + \cdots + P_k v,$$

womit $\mathrm{im}\, P_1 + \cdots + \mathrm{im}\, P_k = V$. Sei umgekehrt $i \in \{1, \ldots, k\}$ und $w \in \mathrm{im}\, P_{j_1} + \cdots + \mathrm{im}\, P_{j_r}$ für gewisse $j_1, \ldots, j_r$ ungleich i. Dann gilt also

$$w = P_{j_1} u_1 + \cdots + P_{j_r} u_r$$

für gewisse $u_1, \ldots, u_r \in V$ und somit

$$P_i w = P_i P_{j_1} u_1 + \cdots + P_i P_{j_r} u_r = 0 + \cdots + 0 = 0$$

nach $P_i P_j = \delta_{ij} P_i$. Also ist $w \in \ker P_i$. Da aber $\mathrm{im}\, P_i \cap \ker P_i = \{0\}$ nach Proposition 6.86, folgt sofort

$$\mathrm{im}\, P_i \cap (\mathrm{im}\, P_{j_1} + \cdots + \mathrm{im}\, P_{j_r}) = \{0\}.$$

Dies zeigt, dass die Summe (6.6.11) direkt ist. Für den zweiten Teil verwenden wir zuerst, dass eine direkte Summe (6.6.12) für jeden Vektor $v \in V$ eindeutig bestimmte Komponenten $v_1 \in U_1, \ldots, v_k \in U_k$ mit

$$v = v_1 + \cdots + v_k \qquad (6.6.13)$$

festlegt, siehe Proposition 4.59, *iv.).* Das definiert Abbildungen $\mathrm{pr}_{U_i} \colon V \ni v \mapsto v_i \in V$. Es ist nun leicht zu prüfen, dass die Eindeutigkeit der v_i die Linearität der Abbildung pr_{U_i} liefert. Ist $v_i \in U_i$, so gilt offenbar $\mathrm{pr}_{U_i} v_i = v_i$ und $\mathrm{pr}_{U_j} v_i = 0$ für $i \neq j$, wieder dank der Eindeutigkeit. Damit sind die Abbildungen $P_i = \mathrm{pr}_{U_i}$ Projektoren mit $P_i P_j = \delta_{ij} P_i$. Die Gleichung (6.6.13) bedeutet schließlich $P_1 + \cdots + P_k = \mathbb{1}$, womit der zweite Teil gezeigt ist. $\square$

Eine Zerlegung der Eins in Form von Projektoren ist also dasselbe wie eine Zerlegung von V in eine direkte Summe von Unterräumen. Anhand dieser Äquivalenz ist nun auch klar, warum es sinnvoll ist, $P_i \neq 0$ zu fordern, da wir sonst nur Kopien des Nullraums in der Zerlegung von V hinzunehmen, welche typischerweise keine interessante Information tragen. Es gilt offenbar

$$\mathrm{im}\, P_i = U_i \qquad (6.6.14)$$

im Fall *ii.)* der Proposition 6.86. Dies liefert nun eine weitere geometrische Interpretation von Diagonalisierbarkeit:

Proposition 6.87. *Sei V ein endlich-dimensionaler Vektorraum und $A \in$ End(V). Dann sind äquivalent:*

i.) Die Abbildung A ist diagonalisierbar.

ii.) Es gibt eine Zerlegung der Eins $P_1, \ldots, P_k \in$ End(V) und paarweise verschiedene $\lambda_1, \ldots, \lambda_k$ mit

$$A = \sum_{i=1}^{k} \lambda_i P_i. \tag{6.6.15}$$

In diesem Fall sind die $\lambda_1, \ldots, \lambda_k$ die Eigenwerte von A und

$$V_{\lambda_i} = \operatorname{im} P_i. \tag{6.6.16}$$

Beweis. Sei A diagonalisierbar mit paarweise verschiedenen Eigenwerten $\lambda_1, \ldots, \lambda_k \in \Bbbk$ und mit zugehörigen Eigenräumen $V_{\lambda_1}, \ldots, V_{\lambda_k}$. Wir wissen bereits, dass

$$V = V_{\lambda_1} \oplus \cdots \oplus V_{\lambda_k}.$$

Seien $P_1, \ldots, P_k$ die zugehörigen Projektoren für diese Zerlegung von V gemäß Proposition 6.86. Dann gilt für $v \in V$

$$Av = A \sum_{i=1}^{k} P_i v = \sum_{i=1}^{k} A P_i v = \sum_{i=1}^{k} \lambda_i P_i v,$$

da $P_i v \in V_{\lambda_i}$ und $A\big|_{V_{\lambda_i}} = \lambda_i \operatorname{id}\big|_{V_{\lambda_i}}$ nach der Definition von Eigenvektoren. Dies zeigt *i.)* $\implies$ *ii.)*. Sei umgekehrt eine solche Zerlegung der Eins mit (6.6.15) gegeben. Dann gilt für $v \in \operatorname{im} P_j$ offenbar

$$Av = \sum_{i=1}^{k} \lambda_i P_i v = \sum_{i=1}^{k} \lambda_i P_i P_j v = \lambda_j v,$$

da ja $P_i P_j = \delta_{ij} P_j$, womit $\operatorname{im} P_j \subseteq V_{\lambda_j}$ im Eigenraum zu λ_j enthalten ist. Die Wahl einer Basis für jeden Teilraum $\operatorname{im} P_{\lambda_1}, \ldots, \operatorname{im} P_{\lambda_k}$ liefert dank der direkten Summe (6.6.11) und Proposition 4.59, *ii.)*, eine Basis von V, die aus Eigenvektoren besteht. Also ist A diagonalisierbar. Aus Dimensionsgründen muss dann bereits $V_{\lambda_i} = \operatorname{im} P_{\lambda_i}$ gelten, womit die Zahlen $\lambda_1, \ldots, \lambda_k$ bereits alle Eigenwerte sind. $\square$

Bemerkung 6.88 (Polynomialer Kalkül). Sei $p \in \Bbbk[x]$ ein Polynom mit skalaren Koeffizienten, und sei $A \in$ End(V) ein fest gewählter Endomorphismus von V. Die Zuordnung

$$\Bbbk[x] \ni p \mapsto p(A) \in \operatorname{End}(V) \tag{6.6.17}$$

ist $\Bbbk$-linear und ein Ringmorphismus. Es gilt nämlich für $\lambda, \mu \in \Bbbk$ und $p, q \in \Bbbk[x]$

$$(\lambda p + \mu q)(A) = \lambda p(A) + \mu q(A) \tag{6.6.18}$$

sowie

$$(pq)(A) = p(A)q(A), \tag{6.6.19}$$

wobei für letztere Gleichung entscheidend ist, dass alle A-Potenzen miteinander *vertauschen*, siehe auch Übung 6.34. Ist A nun diagonalisierbar und in der Form (6.6.15) gegeben, so gilt

$$
\begin{aligned}
A^\ell &= \left(\sum_{i_1=1}^{k} \lambda_{i_1} P_{i_1} \right) \cdots \left(\sum_{i_\ell=1}^{k} \lambda_{i_\ell} P_{i_\ell} \right) \\
&= \sum_{i_1,\ldots,i_\ell=1}^{k} \lambda_{i_1} \cdots \lambda_{i_\ell} P_{i_1} \cdots P_{i_\ell} \\
&= \sum_{i=1}^{k} \lambda_i^\ell P_i,
\end{aligned}
\tag{6.6.20}
$$

da $P_i P_j = \delta_{ij} P_i$ und daher $P_{i_1} \cdots P_{i_\ell}$ nur dann ungleich null ist, wenn alle Indizes gleich sind. In diesem Fall gilt dann $P_i \cdots P_i = P_i$, da P_i ein Projektor ist. Es folgt daher für jedes $p \in \Bbbk[x]$

$$p(A) = \sum_{i=1}^{k} p(\lambda_i) P_i, \tag{6.6.21}$$

womit wir sehr einfach Polynome von A berechnen können, sobald A diagonalisiert ist.

Ist A nicht diagonalisierbar, so wollen wir A, wie bereits angekündigt, „bis auf nilpotente Anteile" so gut wie möglich diagonalisieren. Zu diesem Zweck benötigen wir das Minimalpolynom von A:

Definition 6.89 (Minimalpolynom). Sei V ein endlich-dimensionaler Vektorraum über $\Bbbk$ und $A \in \mathrm{End}(V)$. Dann heißt $m_A \in \Bbbk[x]$ Minimalpolynom von A, falls

i.) $m_A(A) = 0$,

ii.) m_A minimalen Grad unter allen Polynomen $p \in \Bbbk[x]$ mit $p(A) = 0$ hat,

iii.) der führende Koeffizient von m_A auf 1 normiert ist.

Proposition 6.90. *Sei V ein endlich-dimensionaler Vektorraum über $\Bbbk$ und $A \in \mathrm{End}(V)$.*

i.) Es existiert genau ein Minimalpolynom m_A von A.

ii.) Ist $p \in \Bbbk[x]$ mit $p(A) = 0$, so gibt es ein $q \in \Bbbk[x]$ mit

$$p = m_A \cdot q. \tag{6.6.22}$$

Beweis. Nach Lemma 6.74 gibt es Polynome $p \in \Bbbk[x]$ mit führendem Koeffizienten 1, für die $p(A) = 0$ gilt. Unter diesen wählen wir eines mit minimalem Grad, womit die Existenz gezeigt ist. Ist $p \in \Bbbk[x]$ beliebig, so können wir $r, q \in \Bbbk[x]$ mit

$$p = qm_A + r \quad \text{und} \quad \deg r < \deg m_A$$

finden, indem wir Polynomdivision mit Rest verwenden, siehe Proposition 3.62. Gilt $p(A) = 0$, so folgt

$$0 = p(A) = q(A)m_A(A) + r(A)$$

dank des polynomialen Kalküls aus Bemerkung 6.88. Da aber $m_A(A) = 0$ gilt, folgt $r(A) = 0$. Wäre nun r ein nichtkonstantes Polynom, so könnten wir den führenden Koeffizienten wieder auf 1 normieren und hätten ein Polynom mit den Eigenschaften des Minimalpolynoms von echt kleinerem Grad gefunden. Dies widerspricht der Minimalität, womit $r = 0$ folgt. Seien schließlich m_A und m'_A zwei Minimalpolynome. Dann gibt es also $q, q' \in \Bbbk[x]$ mit

$$m_A = qm'_A \quad \text{und} \quad m'_A = q'm_A.$$

Also gilt $m_A = qq'm_A$. Da m_A den führenden Koeffizienten 1 besitzt, folgt $qq' = 1$. Daher ist $q = \frac{1}{q'} \in \Bbbk$ ein *konstantes* Polynom. Da beide Minimalpolynome aber denselben führenden Koeffizienten 1 haben, muss $q = q' = 1$ und damit $m_A = m'_A$ gelten. $\square$

Korollar 6.91. *Das Minimalpolynom teilt das charakteristische Polynom.*

Beweis. Dies folgt aus Proposition 6.90, *ii.*), sowie aus dem Satz 6.75 von Cayley-Hamilton. $\square$

Korollar 6.92. *Das Minimalpolynom und das charakteristische Polynom besitzen dieselben Nullstellen, nämlich die Eigenwerte von A.*

Beweis. Die Nullstellen von χ_A sind genau die Eigenwerte von A nach Satz 6.64. Sei nun $\lambda \in \Bbbk$ ein Eigenwert von A und $v \in V_\lambda \setminus \{0\}$ ein Eigenvektor. Dann gilt für alle $k \in \mathbb{N}_0$

$$A^k v = \lambda^k v$$

und somit

$$0 = m_A(A)v = m_A(\lambda)v.$$

Da $v \neq 0$ gilt, folgt $m_A(\lambda) = 0$. Sei umgekehrt $\lambda \in \Bbbk$ eine Nullstelle von m_A und sei $q \in \Bbbk[x]$, sodass $\chi_A = m_A q$ nach Korollar 6.91. Dann gilt $\chi_A(\lambda) = m_A(\lambda)q(\lambda) = 0$. $\square$

Die Nützlichkeit des charakteristischen Polynoms und des Minimalpolynoms fußt im Wesentlichen auf der Existenz von Nullstellen der beiden. Daher wollen wir im Folgenden annehmen, dass χ_A in Linearfaktoren zerfällt, welche wir zu Potenzen von paarweise verschiedenen Linearfaktoren zusammenfassen können. Es gelte also

$$\chi_A(x) = (\lambda_1 - x)^{\mu_1} \cdots (\lambda_k - x)^{\mu_k} \qquad (6.6.23)$$

mit paarweise verschiedenen $\lambda_1, \ldots, \lambda_k \in \Bbbk$ und gewissen $\mu_1, \ldots, \mu_n \in \mathbb{N}$, den algebraischen Vielfachheiten der Eigenwerte. Da m_A das charakteristische Polynom teilt und dieselben Nullstellen hat, gilt

$$m_A(x) = (x - \lambda_1)^{m_1} \cdots (x - \lambda_k)^{m_k} \qquad (6.6.24)$$

mit gewissen natürlichen Zahlen $m_1, \ldots, m_k \in \mathbb{N}$, da jede Nullstelle auch wirklich einmal auftreten muss, sowie

$$m_1 \leq \mu_1, \quad \ldots, \quad m_k \leq \mu_k, \qquad (6.6.25)$$

da sonst χ_A nicht von m_A geteilt wird. Man beachte, dass m_A mit (6.6.24) richtig normiert ist. Über einem algebraisch abgeschlossenen Körper $\Bbbk$ ist die Voraussetzung (6.6.23) insbesondere immer erfüllt. Wir fassen dies zusammen:

Korollar 6.93. *Zerfällt das charakteristische Polynom χ_A von A in Potenzen von paarweise verschiedenen Linearfaktoren*

$$\chi_A(x) = (\lambda_1 - x)^{\mu_1} \cdots (\lambda_k - x)^{\mu_k}, \qquad (6.6.26)$$

so gibt es $m_1, \ldots, m_k \in \mathbb{N}$ mit

$$m_A(x) = (x - \lambda_1)^{m_1} \cdots (x - \lambda_k)^{m_k} \qquad (6.6.27)$$

und $m_1 \leq \mu_1, \ldots, m_k \leq \mu_k$.

Beispiel 6.94. Sei $V = \Bbbk^n$ und $A = \mathbb{1}$. Dann ist

$$\chi_{\mathbb{1}}(x) = \det(\mathbb{1} - x\mathbb{1}) = (1 - x)^n. \qquad (6.6.28)$$

Andererseits ist

$$m_{\mathbb{1}}(x) = x - 1 \qquad (6.6.29)$$

das Minimalpolynom, wie man direkt verifiziert. In diesem Fall ist also $\mu_1 = n$, aber $m_1 = 1$.

Beispiel 6.95. Sei $J_n \in \mathrm{M}_n(\Bbbk)$ wie in (6.6.5), also

$$J_n = \begin{pmatrix} 0 & 1 & 0 & \cdots\cdots & 0 \\ \vdots & & \ddots & \ddots & \vdots \\ \vdots & & & \ddots & 0 \\ \vdots & & & & 1 \\ 0 & \cdots\cdots\cdots & & & 0 \end{pmatrix}. \tag{6.6.30}$$

Insbesondere wissen wir, dass J_n nilpotent ist. Nach Lemma 6.30 gilt

$$\chi_{J_n}(x) = \det(J_n - x\mathbb{1}) = (-x)^n. \tag{6.6.31}$$

Man überlegt sich nun schnell, dass

$$m_{J_n}(x) = x^n \tag{6.6.32}$$

gilt: Offenbar ist tatsächlich $J_n^n = 0$. Da m_{J_n} das charakteristische Polynom χ_{J_n} teilen muss, folgt $m_{J_n}(x) = x^k$ für ein $1 \leq k \leq n$. Da $J_n^{n-1} \neq 0$, muss $k = n$ gelten.

Definition 6.96 (Verallgemeinerter Eigenraum). Sei V ein endlich-dimensionaler Vektorraum über $\Bbbk$, und sei $A \in \mathrm{End}(V)$. Für einen Eigenwert $\lambda \in \Bbbk$ von A definiert man den verallgemeinerten Eigenraum (auch: Hauptraum)

$$\tilde{V}_\lambda = \Big\{ v \in V \ \Big| \ \text{es gibt ein } k \in \mathbb{N} \text{ mit } (A - \lambda\mathbb{1})^k v = 0 \Big\}. \tag{6.6.33}$$

Bemerkung 6.97. Da für $k \geq k'$

$$\ker(A - \lambda\mathbb{1})^{k'} \subseteq \ker(A - \lambda\mathbb{1})^k \tag{6.6.34}$$

gilt, sieht man leicht, dass $\tilde{V}_\lambda$ tatsächlich ein Unterraum ist. Es gilt offenbar

$$\tilde{V}_\lambda = \bigcup_{k=1}^{\infty} \ker(A - \lambda\mathbb{1})^k \tag{6.6.35}$$

sowie

$$V_\lambda \subseteq \tilde{V}_\lambda. \tag{6.6.36}$$

Wie schon bei den Eigenräumen, kann man $\tilde{V}_\lambda$ durch (6.6.33) auch für beliebiges $\lambda \in \Bbbk$ definieren. Ist jedoch λ kein Eigenwert, so ist $\tilde{V}_\lambda$ trivial, da dann $A - \lambda\mathbb{1}$ injektiv ist. Also ist auch $(A - \lambda\mathbb{1})^k$ injektiv für alle k. Wir erhalten in diesem Fall also

$$\ker(A - \lambda\mathbb{1})^k = \{0\} \tag{6.6.37}$$

für alle $k \in \mathbb{N}$, sofern λ *kein* Eigenwert ist. Anders ausgedrückt kann man sagen, dass $A - \lambda \mathbb{1}$ höchstens dann nilpotent auf einem nichttrivialen Teilraum sein kann, wenn λ ein Eigenwert ist.

Beispiel 6.98. Für die nilpotente Matrix J_n aus Beispiel 6.95 gilt offenbar $\tilde{V}_0 = \mathbb{k}^n$, da $J_n^n = 0$. Andererseits gilt

$$V_0 = \ker J_n = \mathbb{k}e_n \neq \tilde{V}_0. \tag{6.6.38}$$

Wir nehmen nun an, dass das charakteristische Polynom χ_A von A in Linearfaktoren zerfällt, und bezeichnen die paarweise verschiedenen Eigenwerte mit $\lambda_1, \dots, \lambda_k$, deren algebraische Vielfachheiten wir weiterhin mit $\mu_1, \dots, \mu_k$ notieren. Das Minimalpolynom m_A ist dann von der Form (6.6.27) wie in Korollar 6.93. Wir setzen

$$p_i(x) = \frac{m_A(x)}{(x - \lambda_i)^{m_i}} = (x - \lambda_1)^{m_1} \cdots \overset{i}{\wedge} \cdots (x - \lambda_k)^{m_k} \tag{6.6.39}$$

für $i = 1, \dots, k$. Hier soll $\overset{i}{\wedge}$ bedeuten, dass wir den i-ten Faktor in diesem Produkt weglassen.

Lemma 6.99. *Die Polynome $p_1, \dots, p_k$ sind teilerfremd.*

Beweis. Dies ist klar, da nach Voraussetzung alle Nullstellen $\lambda_1, \dots, \lambda_k$ paarweise verschieden sind. □

Lemma 6.100. *Es gibt Polynome $q_1, \dots, q_k \in \mathbb{k}[x]$ mit*

$$p_1 q_1 + \cdots + p_k q_k = 1. \tag{6.6.40}$$

Beweis. Dies folgt aus Lemma 6.99 und dem Lemma von Bezout, siehe Satz 3.69. □

Wir betrachten nun für $i = 1, \dots, k$ die linearen Abbildungen

$$P_i = p_i(A) q_i(A) \tag{6.6.41}$$

für eine feste Wahl der Polynome $q_1, \dots, q_k$ mit (6.6.40).

Lemma 6.101. *Die Abbildungen $P_1, \dots, P_k$ sind Projektoren und bilden eine Zerlegung der Eins. Es gilt also*

$$P_i P_j = \delta_{ij} P_i \tag{6.6.42}$$

für alle $i, j = 1, \dots, k$ sowie

$$\mathbb{1} = P_1 + \cdots + P_k. \tag{6.6.43}$$

Weiter kommutieren A und die P_i, also

$$[A, P_i] = 0. \tag{6.6.44}$$

Beweis. Sei zunächst $i \neq j$. Dann gilt

$$P_i P_j = p_i(A) q_i(A) p_j(A) q_j(A)$$

$$= (A - \lambda_1)^{m_1} \cdots \overset{i}{\wedge} \cdots (A - \lambda_k)^{m_k} q_i(A)$$

$$\quad (A - \lambda_1)^{m_1} \cdots \overset{j}{\wedge} \cdots (A - \lambda_k)^{m_k} q_j(A)$$

$$= 0,$$

da wir zum einen die einzelnen Faktoren alle vertauschen dürfen und zum anderen für $i \neq j$ das Produkt $p_i(x) p_j(x)$ ein Vielfaches von $m_A(x)$ ist. Damit liefert $m_A(A) = 0$ also $P_i P_j = 0$. Nun gilt weiter

$$P_1 + \cdots + P_k = \mathbb{1}$$

nach Konstruktion der Polynome $q_1, \ldots, q_k$ in Lemma 6.100 und dank des polynomialen Kalküls. Dies liefert schließlich

$$P_i = P_i \mathbb{1} = P_i (P_1 + \cdots + P_k) = 0 + \cdots + P_i^2 + \cdots + 0 = P_i^2,$$

also insgesamt (6.6.42) für alle $i, j = 1, \ldots, k$. Die letzte Eigenschaft (6.6.44) ist klar, da die P_i Polynome in A sind und daher mit A vertauschen. Dass $P_i \neq 0$, folgt aus dem nächsten Lemma.   □

Lemma 6.102. *Für alle $i = 1, \ldots, k$ gilt*

$$\operatorname{im} P_i = \tilde{V}_{\lambda_i} \tag{6.6.45}$$

sowie

$$A\tilde{V}_{\lambda_i} \subseteq \tilde{V}_{\lambda_i}. \tag{6.6.46}$$

Beweis. Sei $r \geq m_i$. Dann gilt nach (6.6.39) und (6.6.41)

$$(A - \lambda_i)^r P_i = (A - \lambda_i)^r (A - \lambda_1)^{m_1} \cdots \overset{i}{\wedge} \cdots (A - \lambda_k)^{m_k} q_i(A)$$

$$= (A - \lambda_i)^{r - m_i} m_A(A) q_i(A)$$

$$= 0,$$

da $m_A(A) = 0$. Damit ist

$$\operatorname{im} P_i \subseteq \ker(A - \lambda_i)^r \tag{6.6.47}$$

für großes r. Nach Bemerkung 6.97 liefert dies $\operatorname{im} P_i \subseteq \tilde{V}_{\lambda_i}$. Für die umgekehrte Inklusion betrachten wir die Polynome $(x - \lambda_i)^r$ und $p_i(x) q_i(x)$. In $p_i(x)$ tritt kein Faktor $(x - \lambda_i)$ auf. Wäre ein Faktor $(x - \lambda_i)$ in $q_i(x)$ enthalten, so wäre $(x - \lambda_i)$ ein Faktor in allen $q_1(x) p_1(x), \ldots, q_k(x) p_k(x)$ und damit auch in $1 = q_1(x) p_1(x) + \cdots + q_k(x) p_k(x)$. Dies ist aber offensichtlich nicht der Fall, da 1 keine Faktoren vom Grad ≥ 1 enthält. Also sind die Polynome

$(x - \lambda_i)^r$ und $p_i(x)q_i(x)$ stets teilerfremd für $r \geq 1$. Wir können daher erneut das Lemma von Bezout anwenden und erhalten Polynome $a, b \in \Bbbk[x]$ mit

$$1 = a(x)(x - \lambda_i)^r + b(x)p_i(x)q_i(x).$$

Einsetzen von A liefert dann die Gleichung

$$\mathbb{1} = a(A)(A - \lambda_i)^r + b(A)P_i. \tag{6.6.48}$$

Da $P_i = P_i^2$ ein Projektor ist, gilt $V = \operatorname{im} P_i \oplus \ker P_i$. Da $\operatorname{im} P_i \subseteq \ker(A - \lambda_i)^r$ für $r \geq m_i$ nach (6.6.47), folgt

$$\ker(A - \lambda_i)^r = \operatorname{im} P_i \oplus (\ker(A - \lambda_i)^r \cap \ker P_i).$$

Sei also $v \in \ker(A - \lambda_i)^r \cap \ker P_i$, dann gilt nach (6.6.48)

$$v = a(A)(A - \lambda_i)^r v + b(A)P_i v = 0 + 0 = 0.$$

Das zeigt $v = 0$ und damit $\ker(A - \lambda_i)^r = \operatorname{im} P_i$ für $r \geq m_i$. Dies liefert die noch fehlende Inklusion $\tilde{V}_{\lambda_i} \subseteq \operatorname{im} P_i$, womit (6.6.45) gezeigt ist. Insbesondere folgt $P_i \neq 0$, da $\tilde{V}_{\lambda_i} \neq \{0\}$, womit die P_i wirklich eine Zerlegung der Eins bilden. Da A mit P_i vertauscht, folgt für alle $v \in V$

$$AP_i v = P_i A v,$$

und somit $A \operatorname{im} P_i \subseteq \operatorname{im} P_i$. Nach (6.6.45) ist dies aber gerade (6.6.46). $\square$

Nach diesen Vorbereitungen sind wir nun in der Lage, eine erste Version des Spektralsatzes zu formulieren.

Satz 6.103 (Spektralsatz). *Sei V ein endlich-dimensionaler Vektorraum über $\Bbbk$ und $A \in \operatorname{End}(V)$. Das charakteristische Polynom χ_A von A zerfalle in Linearfaktoren*

$$\chi_A(x) = (\lambda_1 - x)^{\mu_1} \cdots (\lambda_k - x)^{\mu_k} \tag{6.6.49}$$

mit paarweise verschiedenen Eigenwerten $\lambda_1, \ldots, \lambda_k \in \Bbbk$. Das Minimalpolynom m_A von A sei entsprechend

$$m_A(x) = (x - \lambda_1)^{m_1} \cdots (x - \lambda_k)^{m_k} \tag{6.6.50}$$

mit $1 \leq m_i \leq \mu_i$. Seien weiter die Projektoren $P_i \in \operatorname{End}(V)$ für $i = 1, \ldots, k$ definiert wie in (6.6.41). Sei schließlich

$$A_{\mathrm{S}} = \sum_{i=1}^{k} \lambda_i P_i \quad und \quad A_{\mathrm{N}} = \sum_{i=1}^{k} (A - \lambda_i \mathbb{1}) P_i. \tag{6.6.51}$$

i.) Die Abbildungen $A_{\mathrm{S}}, A_{\mathrm{N}} \in \operatorname{End}(V)$ sind Polynome in A und es gilt

$$[A_{\mathrm{S}}, A_{\mathrm{N}}] = 0 \quad sowie \quad A = A_{\mathrm{S}} + A_{\mathrm{N}}. \tag{6.6.52}$$

ii.) Die Abbildung A_{S} ist diagonalisierbar.

iii.) Die Abbildung A_{N} ist nilpotent.

iv.) Die Abbildung A ist genau dann diagonalisierbar, wenn

$$m_A(x) = (x - \lambda_1) \cdots (x - \lambda_k), \tag{6.6.53}$$

also wenn $m_1 = \cdots = m_k = 1$. In diesem Fall gilt $\tilde{V}_{\lambda_i} = V_{\lambda_i}$ sowie

$$P_i = \frac{(A - \lambda_1) \cdots (A - \lambda_{i-1})(A - \lambda_{i+1}) \cdots (A - \lambda_k)}{(\lambda_i - \lambda_1) \cdots (\lambda_i - \lambda_{i-1})(\lambda_i - \lambda_{i+1}) \cdots (\lambda_i - \lambda_k)} \tag{6.6.54}$$

und

$$A = A_{\mathrm{S}} \quad und \quad A_{\mathrm{N}} = 0. \tag{6.6.55}$$

Beweis. Nach Konstruktion der P_i sind diese Projektoren Polynome in A. Daher sind auch die Abbildungen A_{S} und A_{N} ihrer Konstruktion nach Polynome in A. Insbesondere vertauschen sie mit A und auch untereinander. Da die P_i eine Zerlegung der Eins bilden, gilt

$$A_{\mathrm{N}} = \sum_{i=1}^{k} A P_i - \sum_{i=1}^{k} \lambda_i P_i = A \sum_{i=1}^{k} P_i - A_{\mathrm{S}} = A - A_{\mathrm{S}},$$

womit der erste Teil gezeigt ist. Der zweite Teil ist klar nach Proposition 6.87. Für den dritten Teil berechnen wir A_{N}^r explizit. Es gilt

$$\begin{aligned}
A_{\mathrm{N}}^r &= \sum_{i_1, \ldots, i_r = 1}^{k} (A - \lambda_{i_1}) P_{i_1} \cdots (A - \lambda_{i_r}) P_{i_r} \\
&\overset{(a)}{=} \sum_{i_1, \ldots, i_r = 1}^{k} (A - \lambda_{i_1}) \cdots (A - \lambda_{i_r}) P_{i_1} \cdots P_{i_r} \\
&= \sum_{i=1}^{k} (A - \lambda_i)^r P_i,
\end{aligned}$$

da $P_{i_1} \cdots P_{i_r}$ nur ungleich null ist, falls alle Indizes gleich sind. Für $i_1 = \cdots = i_r = i$ gilt dann $P_{i_1} \cdots P_{i_r} = P_i$, da P_i ein Projektor ist. Man beachte, dass wir in (a) die Reihenfolge ändern dürfen, da die Projektoren P_i alle untereinander und mit A vertauschen. Nach Lemma 6.102 und Bemerkung 6.97 gilt für $r \geq m_i$

$$(A - \lambda_i)^r P_i = 0.$$

Wählen wir also $r \geq m_1, \ldots, m_k$, so folgt $A_{\mathrm{N}}^r = 0$, was den dritten Teil zeigt. Für den vierten Teil nehmen wir zuerst an, dass A diagonalisierbar ist. Dann gibt es eine Zerlegung der Eins $Q_1, \ldots, Q_k \in \mathrm{End}(V)$ und paarweise verschiedene Eigenwerte $\lambda_1, \ldots, \lambda_k \in \Bbbk$, sodass

$$A = \sum_{i=1}^{k} \lambda_i Q_i$$

mit $V_{\lambda_i} = \operatorname{im} Q_i$. Da $Q_i Q_j = \delta_{ij} Q_i$, folgt

$$(A - \lambda_1) \cdots (A - \lambda_k) = \sum_{i_1=1}^{k} (\lambda_{i_1} - \lambda_1) Q_{i_1} \cdots \sum_{i_k=1}^{k} (\lambda_{i_k} - \lambda_k) Q_{i_k}$$

$$= \sum_{i_1,\ldots,i_k=1}^{k} (\lambda_{i_1} - \lambda_1) \cdots (\lambda_{i_k} - \lambda_k) Q_{i_1} \cdots Q_{i_k}$$

$$= \sum_{i=1}^{k} (\lambda_i - \lambda_1) \cdots (\lambda_i - \lambda_k) Q_i$$

$$= 0$$

mit der analogen Argumentation wie zuvor. Daher verschwindet das Polynom $(x - \lambda_1) \cdots (x - \lambda_k)$ auf A und wird somit vom Minimalpolynom geteilt, siehe Proposition 6.90, *ii.*). Zudem besitzt m_A die Nullstellen $\lambda_1, \ldots, \lambda_k$ und ist daher ein Vielfaches von $(x - \lambda_1) \cdots (x - \lambda_k)$. Da der führende Koeffizient bereits auf 1 normiert ist, folgt (6.6.53). Sei umgekehrt (6.6.53) erfüllt. Wir schreiben $A = A_{\mathrm{S}} + A_{\mathrm{N}}$ mit $A_{\mathrm{S}}, A_{\mathrm{N}}$ wie in (6.6.51). Dann gilt für die Polynome $p_i(x) q_i(x)$

$$(x - \lambda_i) p_i(x) q_i(x) = m_A(x) q_i(x)$$

nach (6.6.53). Dies zeigt aber $(A - \lambda_i) P_i = m_A(A) q_i(A) = 0$. Damit folgt aber sofort $A_{\mathrm{N}} = 0$ und $A = A_{\mathrm{S}}$, womit A diagonalisierbar ist. Es bleibt also, (6.6.54) für diesen Fall zu zeigen. Die Behauptung ist also, dass die Polynome q_i aus Lemma 6.100 in diesem speziellen Fall als

$$q_i(x) = \frac{1}{(\lambda_i - \lambda_1) \cdots (\lambda_i - \lambda_{i-1})(\lambda_i - \lambda_{i+1}) \cdots (\lambda_i - \lambda_k)}$$

gewählt werden können und damit insbesondere *konstant* sind. Wir zeigen die erforderliche Eigenschaft (6.6.40) direkt. Sei für diese Wahl von $q_1, \ldots, q_n$

$$a(x) = p_1(x) q_1(x) + \cdots + p_k(x) q_k(x)$$

$$= \sum_{i=1}^{k} \frac{(x - \lambda_1) \cdots (x - \lambda_{i-1})(x - \lambda_{i+1}) \cdots (x - \lambda_k)}{(\lambda_i - \lambda_1) \cdots (\lambda_i - \lambda_{i-1})(\lambda_i - \lambda_{i+1}) \cdots (\lambda_i - \lambda_k)}.$$

Nach Proposition 6.45 und der expliziten Formel (6.3.50) nimmt das Polynom a auf den Zahlen $\lambda_1, \ldots, \lambda_k$ immer den Wert 1 an. Da a aber höchstens den Grad $k - 1$ hat, ist $a(x) = 1$ nach der Eindeutigkeitsaussage der Proposition 6.45. Damit erfüllen die $q_1, \dots, q_k$ aber (6.6.40), und die P_i sind durch (6.6.54) gegeben. □

Bemerkung 6.104. Die verallgemeinerten Eigenräume $\tilde{V}_{\lambda_i}$ von A sind ihrer Definition nach bereits durch A eindeutig bestimmt. Es gilt

$$V = \tilde{V}_{\lambda_1} \oplus \cdots \oplus \tilde{V}_{\lambda_k}, \tag{6.6.56}$$

da $\tilde{V}_{\lambda_i} = \operatorname{im} P_i$ und die P_i eine Zerlegung der Eins bilden. Damit sind aber die Projektoren P_i ebenfalls eindeutig durch A festgelegt, nämlich mittels (6.6.56) und der Konstruktion aus Proposition 6.86. Die Polynome q_i mit

$$P_i = p_i(A)q_i(A) \tag{6.6.57}$$

sind hingegen nicht eindeutig, da wir beispielsweise q_i durch $q_i + m_A$ ersetzen können, siehe auch Übung 3.35. Für die tatsächliche Bestimmung ist das Lemma von Bezout eher ungeeignet: Die Projektoren P_i erhält man direkt aus der Zerlegung (6.6.56), deren Bestimmung ein *lineares* Problem ist, sobald man die Eigenwerte von A kennt: Es müssen nur die Kerne von $(A - \lambda_i)^k$ für alle $k \in \mathbb{N}$ bestimmt werden. Wir werden sehen, dass $k \leq \dim V$ ausreicht.

Die folgende Proposition zeigt nun, dass die Zerlegung von A in A_S und A_N durch die Bedingung $[A_\mathrm{S}, A_\mathrm{N}] = 0$ bereits eindeutig festgelegt ist:

Proposition 6.105. *Sei V ein endlich-dimensionaler Vektorraum über $\Bbbk$ und $A \in \operatorname{End}(V)$. Das charakteristische Polynom χ_A von A zerfalle in Linearfaktoren. Sind dann $B_\mathrm{S}, B_\mathrm{N} \in \operatorname{End}(V)$ mit*

$$A = B_\mathrm{S} + B_\mathrm{N} \tag{6.6.58}$$

gegeben, sodass B_S diagonalisierbar ist, B_N nilpotent ist und $[B_\mathrm{S}, B_\mathrm{N}] = 0$ gilt, dann gilt

$$A_\mathrm{S} = B_\mathrm{S} \quad und \quad A_\mathrm{N} = B_\mathrm{N}. \tag{6.6.59}$$

Beweis. Es gilt insbesondere $[A, B_\mathrm{S}] = 0 = [A, B_\mathrm{N}]$. Seien nun $\lambda_1, \dots, \lambda_k \in \Bbbk$ die Eigenwerte von B_S und $W_{\lambda_1}, \dots, W_{\lambda_k}$ die zugehörigen Eigenräume, sodass

$$B_\mathrm{S}\big|_{W_{\lambda_i}} = \lambda_i \mathbb{1}\big|_{W_{\lambda_i}}$$

gilt. Da $AB_\mathrm{S} = B_\mathrm{S}A$, folgt

$$AW_{\lambda_i} \subseteq W_{\lambda_i} \quad \text{ebenso wie} \quad B_\mathrm{N}W_{\lambda_i} \subseteq W_{\lambda_i}.$$

Damit ist aber auf dem Unterraum W_{λ_i} die Abbildung

$$A\big|_{W_{\lambda_i}} - \lambda_i \mathbb{1}\big|_{W_{\lambda_i}} = B_\mathrm{N}\big|_{W_{\lambda_i}}$$

nilpotent. Dies ist nur möglich, wenn λ_i ein Eigenwert von A ist, siehe Bemerkung 6.97. Nach Definition ist $\tilde{V}_{\lambda_i}$ der größte Unterraum, auf dem $A - \lambda_i$

nilpotent ist. Daher folgt

$$W_{\lambda_i} \subseteq \tilde{V}_{\lambda_i}.$$

Da B_{s} diagonalisierbar ist, gilt $\bigoplus_{i=1}^{k} W_{\lambda_i} = V$. Da die $\tilde{V}_{\lambda_i}$ ebenfalls eine direkte Summe bilden, muss folglich sogar

$$W_{\lambda_i} = \tilde{V}_{\lambda_i}$$

für alle i gelten, siehe auch Übung 4.37. Insbesondere treten auch alle Eigenwerte von A als Eigenwerte von B_{s} auf. Da aber A_{s} durch $A_{\mathrm{s}}\big|_{\tilde{V}_{\lambda_i}} = \lambda_i \mathbb{1}\big|_{\tilde{V}_{\lambda_i}}$ bereits festgelegt ist, siehe (6.6.51), muss $A_{\mathrm{s}} = B_{\mathrm{s}}$ gelten. Damit folgt dann auch $A_{\mathrm{N}} = B_{\mathrm{N}}$. $\qquad\square$

Definition 6.106 (Jordan-Zerlegung und Spektralprojektoren). Sei $A \in \mathrm{End}(V)$, sodass χ_A in Linearfaktoren zerfällt.

i.) Die Menge der Eigenwerte von A heißt Spektrum $\mathrm{spec}(A) \subseteq \Bbbk$ von A.

ii.) Die Zerlegung $A = A_{\mathrm{s}} + A_{\mathrm{N}}$ heißt Jordan-Zerlegung von A in den halbeinfachen (engl. *semisimple*) Teil A_{s} und den nilpotenten Teil A_{N} von A.

iii.) Die Projektoren $P_1, \dots, P_k$ heißen die Spektralprojektoren von A.

iv.) Ist $A = A_{\mathrm{s}}$ diagonalisierbar, so heißt

$$A = \sum_{i=1}^{k} \lambda_i P_i \qquad\qquad (6.6.60)$$

mit den Spektralprojektoren P_i von A die Spektralzerlegung oder auch Spektraldarstellung von A.

Bemerkung 6.107. Der Spektralsatz kann also insbesondere so verstanden werden, dass wir eine Diagonalisierung bis auf nilpotente Anteile erreicht haben. Zudem ist die Aufspaltung in diagonalisierbaren und nilpotenten Anteil eindeutig vorgegeben. Die Formulierung mithilfe der Spektralprojektoren anstelle von Eigenvektoren erweist sich später als die leistungsfähigere, wenn man anstelle von endlich-dimensionalen auch unendlich-dimensionale Vektorräume betrachten will. In der Funktionalanalysis werden analoge Aussagen wie Satz 6.103 für bestimmte lineare Abbildungen auf Hilbert-Räumen formuliert und bewiesen. Die Beweistechniken sind jedoch notwendigerweise sehr von den hier verwendeten verschieden: In unendlichen Dimensionen gibt es einfache Beispiele für Endomorphismen $A \in \mathrm{End}(V)$, sodass $A, A^2, A^3, \dots$ alle linear unabhängig sind, siehe Übung 6.12. In solch einem Fall gibt es also kein Minimalpolynom. Schließlich sei angemerkt, dass die Voraussetzung eines in Linearfaktoren zerfallenden charakteristischen Polynoms eher technischer Natur ist: In der Algebra wird insbesondere gezeigt, dass es zu einem Körper $\Bbbk$ immer einen größeren Körper $\Bbbk'$ gibt, der zum einen $\Bbbk$ umfasst und zum anderen selbst algebraisch abgeschlossen ist. Auf diese Weise kann χ_A

zwar vielleicht nicht in $\Bbbk[x]$ in Linearfaktoren zerlegt werden, wohl aber in $\Bbbk'[x]$. Man muss also nur den Vektorraum V zu einem Vektorraum V' über $\Bbbk'$ erweitern und kann dort dann den Spektralsatz anwenden. In vielen Anwendungen ist $\Bbbk = \mathbb{R}$ und damit *nicht* algebraisch abgeschlossen. Ein Übergang zu den komplexen Zahlen $\mathbb{C}$ ist daher oft die Methode der Wahl. Wir werden konkrete Anwendungen beim Exponenzieren von Matrizen hierzu in Band 2 sehen.

Kontrollfragen. Was ist eine nilpotente Matrix? Was ist eine Zerlegung der Eins? Wie können Sie eine diagonalisierbare Abbildung mithilfe der Projektoren auf die Eigenräume schreiben? Wieso ist das Minimalpolynom eindeutig? Welche Nullstellen hat das Minimalpolynom? Was ist ein verallgemeinerter Eigenraum? Wozu benutzen Sie das Lemma von Bezout im Beweis des Spektralsatzes? Welche Eigenschaften hat die Jordan-Zerlegung?

6.7 Die Jordan-Normalform

Die Aussage des Spektralsatzes und insbesondere die Zerlegung $A = A_{\mathrm{S}} + A_{\mathrm{N}}$ in einen diagonalisierbaren und einen nilpotenten Teil ist für viele Zwecke völlig ausreichend. Manchmal ist es jedoch nützlich, eine geeignete Basis zu wählen, um für die Matrix von A eine besonders einfache Form zu erzielen. Für den diagonalisierbaren Teil ist klar, was zu tun ist: Man wählt eine Basis von Eigenvektoren. Da nun $A_{\mathrm{S}}A_{\mathrm{N}} = A_{\mathrm{N}}A_{\mathrm{S}}$ vertauschen, folgt

$$A_{\mathrm{N}}\tilde{V}_{\lambda_i} \subseteq \tilde{V}_{\lambda_i} \tag{6.7.1}$$

für alle Eigenwerte λ_i von A: Dies erhält man daraus, dass $A_{\mathrm{S}}\big|_{\tilde{V}_{\lambda_i}} = \lambda_i \mathbb{1}\big|_{\tilde{V}_{\lambda_i}}$ ein Vielfaches der Identität ist und generell $A_{\mathrm{S}}A_{\mathrm{N}} = A_{\mathrm{N}}A_{\mathrm{S}}$ gilt. Ist nun $\dim \tilde{V}_{\lambda_i} = 1$, so ist die einzige nilpotente Abbildung A_{N} durch die Nullabbildung gegeben. Ist dagegen $\dim \tilde{V}_{\lambda_i} \geq 2$, so gibt es nichttriviale nilpotente Abbildungen A_{N}. Wir wollen nun unter den vielen Möglichkeiten, eine Basis von Eigenvektoren von A_{S} in $\tilde{V}_{\lambda_i}$ zu wählen, eine besonders einfache suchen, so dass A_{N} eine möglichst einfache Form annimmt. Inspiriert durch die spezielle nilpotente Matrix J_n aus (6.6.5) in Beispiel 6.81 definiert man die Jordan-Matrizen folgendermaßen:

Definition 6.108 (Jordan-Matrix). Sei $n \in \mathbb{N}$. Dann heißt die Matrix

$$J_n = \begin{pmatrix} 0 & 1 & 0 & \cdots\cdots & 0 \\ \vdots & & & & \\ \vdots & & & & 0 \\ \vdots & & & & 1 \\ 0 & \cdots\cdots\cdots\cdots & & & 0 \end{pmatrix} \qquad (6.7.2)$$

die $n \times n$-Jordan-Matrix.

Nach Beispiel 6.81 gilt also

$$J_n^n = 0 \quad \text{aber} \quad J_n^{n-1} = \begin{pmatrix} 0 & \cdots\cdots & 0 & 1 \\ \vdots & & & 0 \\ \vdots & & & \vdots \\ 0 & \cdots\cdots\cdots & & 0 \end{pmatrix} \neq 0. \qquad (6.7.3)$$

Insbesondere ist die Jordan-Matrix J_n nilpotent, und wir können ihre Potenzen leicht bestimmen. Auf der kanonischen Basis $e_1, \ldots, e_n \in \Bbbk^n$ liefert die Jordan-Matrix

$$J_n e_1 = 0, \quad J_n e_2 = e_1, \quad J_n e_3 = e_2, \quad \ldots, \quad J_n e_n = e_{n-1} \qquad (6.7.4)$$

und entsprechend für alle $i, j = 1, \ldots, n$

$$J_n^i e_j = \begin{cases} 0 & \text{falls } i \geq j \\ e_{j-i} & \text{falls } j > i. \end{cases} \qquad (6.7.5)$$

Die Matrix J_n „schiebt" also die Indizes der kanonischen Basis eins nach unten.

Wir verwenden die Jordan-Matrizen von verschiedener Größe nun dazu, eine Normalform für eine beliebige nilpotente Abbildung zu erzielen.

Satz 6.109 (Normalform für nilpotente Endomorphismen). *Sei V ein endlich-dimensionaler Vektorraum über $\Bbbk$ und sei $\Phi \in \mathrm{End}(V)$ nilpotent. Sei weiter*

$$r = \min\{\ell \in \mathbb{N} \mid \Phi^\ell = 0\}. \qquad (6.7.6)$$

Dann gibt es eindeutig bestimme Zahlen $n_1, \ldots, n_r \in \mathbb{N}_0$ mit $n_r \geq 1$ sowie eine Basis $B \subseteq V$ mit

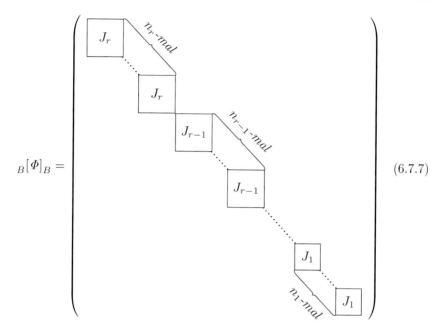

$$_B[\Phi]_B = \qquad (6.7.7)$$

wobei J_s genau n_s-mal auftritt für alle $s = 1, \ldots, r$. Es gilt

$$\dim V = r \cdot n_r + (r-1) \cdot n_{r-1} + \cdots + 1 \cdot n_1. \qquad (6.7.8)$$

Beweis. Die Basis selbst ist nicht eindeutig und erfordert einige Wahlen, lediglich die Anzahlen der Jordan-Matrizen vom jeweiligen Typ sind eine charakteristische Größe von Φ. Die Konstruktion ist daher *nicht* kanonisch. Wir betrachten zunächst folgende Teilräume

$$V_\ell = \ker \Phi^\ell, \qquad (6.7.9)$$

wobei also $V_0 = \ker \Phi^0 = \ker \mathbb{1} = \{0\}$. Für diese Teilräume erhalten wir nun Folgendes: Zunächst gilt für $v \in \ker \Phi^\ell$ auch $\Phi^{\ell+1} v = \Phi^1 \Phi^\ell v = 0$ und somit

$$V_\ell \subseteq V_{\ell+1}$$

für alle $\ell \geq 0$. Ist nun $v \in V_{\ell+1}$, so gilt $0 = \Phi^{\ell+1} v = \Phi^\ell \Phi v$. Dies zeigt $\Phi v \in V_\ell$ und somit

$$\Phi(V_{\ell+1}) \subseteq V_\ell. \qquad (6.7.10)$$

Wir zeigen nun, dass die Vektoren in $V_{\ell+1}$ die einzigen sind, die nach V_ℓ abgebildet werden. Es gilt nämlich

$$v \in \Phi^{-1}(V_\ell) \iff \Phi(v) \in V_\ell \iff \Phi^\ell \Phi(v) = 0 \iff v \in V_{\ell+1}$$

für alle ℓ. Damit folgt also

$$V_{\ell+1} = \Phi^{-1}(V_\ell) \tag{6.7.11}$$

und insbesondere $\Phi(V_{\ell+1}) = V_\ell$. Die Abbildung

$$\Phi\big|_{V_{\ell+1}} : V_{\ell+1} \longrightarrow V_\ell$$

ist also surjektiv. Weiter behaupten wir, dass für alle $0 \leq \ell \leq r-1$ die Vektorräume V_ℓ und $V_{\ell+1}$ verschieden sind: Wäre nämlich $V_\ell = V_{\ell+1}$, so gälte für jeden Vektor $v \in V_{\ell+1}$ sogar $\Phi^\ell v = 0$. Damit gälte aber für alle $v \in V$ dank (6.7.10) zunächst $\Phi^{r-\ell-1}v \in V_{\ell+1}$, da ja offenbar nach Definition von r gerade $V_r = V$ gilt. Nach Annahme wäre dann

$$0 = \Phi^\ell \Phi^{r-\ell-1}v = \Phi^{r-1}v$$

für alle $v \in V$ im Widerspruch zur Minimalität von r. Daher sind also die Inklusionen

$$\{0\} = V_0 \subsetneq V_1 \subsetneq \cdots \subsetneq V_{r-1} \subsetneq V_r = V$$

alle *echt*. Es folgt also insbesondere

$$r \leq \dim V,$$

da in jedem Schritt mindestens eine linear unabhängige Richtung hinzukommen muss. Als letzte Eigenschaft bemerken wir, dass für einen Unterraum $W \subseteq V$ mit $W \cap V_\ell = \{0\}$ für ein $1 \leq \ell \leq r-1$ die Einschränkung $\Phi\big|_W$ injektiv ist. Ist nämlich $v \in W$ mit $\Phi(v) = 0$, so folgt nach Definition $v \in \ker \Phi = V_1 \subseteq V_\ell$ dank (6.7.11). Da nun nach Voraussetzung aber $W \cap V_\ell = \{0\}$ gilt, folgt $v = 0$ und $\Phi\big|_W$ ist injektiv. Daher gilt also für $1 \leq \ell \leq r-1$

$$W \cap V_\ell = \{0\} \implies \ker\big(\Phi\big|_W\big) = \{0\}. \tag{6.7.12}$$

Wir nutzen diese Eigenschaften nun, um rekursiv geeignete Unterräume von V zu konstruieren. Zuerst wählen wir einen Komplementärraum

$$W_r \oplus V_{r-1} = V_r = V$$

zu V_{r-1}. Dies ist nach Proposition 4.62 immer möglich, stellt aber eine nicht-kanonische Wahl dar. Nach Definition von W_r gilt $W_r \cap V_{r-1} = \{0\}$, womit $\Phi\big|_{W_r}$ dank (6.7.12) injektiv ist. Weiter ist $W_r \subseteq V_r$ und daher $\Phi(W_r) \subseteq V_{r-1}$ nach (6.7.10). Schließlich gilt wegen (6.7.11)

$$\Phi(W_r) \cap V_{r-2} = \{0\}, \tag{6.7.13}$$

da $\Phi^{-1}(V_{r-2}) = V_{r-1}$ und $V_{r-1} \cap W_r = \{0\}$. Es kommen also nur solche Vektoren nach V_{r-2} unter Φ, die in V_{r-1} liegen. Gilt also $\Phi(w) \in V_{r-2}$ für $w \in W_r$, so folgt bereits $w \in W_r \cap V_{r-1} = \{0\}$, also $w = 0$ und daher $\Phi(w) = 0$. Dies zeigt (6.7.13). Wir haben nun also zwei Unterräume $\Phi(W_r)$ und V_{r-2} von V_{r-1}, welche trivialen Durchschnitt besitzen. Es gilt daher

$\Phi(W_r) + V_{r-2} = \Phi(W_r) \oplus V_{r-2}$. Diesen Unterraum ergänzen wir durch ein Komplement zu V_{r-1}, wieder auf nichtkanonische Weise. Dadurch erhalten wir einen Teilraum $W_{r-1} \subseteq V_{r-1}$ mit

$$\Phi(W_r) \subseteq W_{r-1} \quad \text{und} \quad V_{r-2} \oplus W_{r-1} = V_{r-1}.$$

Wir sind also mit dem Paar W_{r-1} und V_{r-1} in derselben Situation wie zuvor mit W_r und V_r. Daher können wir induktiv weitere Unterräume $W_{r-2}, \ldots, W_1$ finden, welche dann folgende Eigenschaften besitzen:

- $W_\ell \subseteq V_\ell$ für alle $\ell = 1, \ldots, r$.
- $W_\ell \cap V_{\ell-1} = \{0\}$ für alle $\ell = 1, \ldots, r$.
- $\Phi(W_\ell) \subseteq W_{\ell-1}$ und $\Phi(W_1) = \{0\}$ für alle $\ell = 2, \ldots, r$.
- $V_{\ell-1} \oplus W_\ell = V_\ell$ für alle $\ell = 1, \ldots, r$.

Nach Konstruktion erhalten wir also folgende Aufspaltung von V in

$$V = W_1 \oplus W_2 \oplus \ldots \oplus W_r$$

und

$$\begin{aligned} V_1 &= W_1 = \ker \Phi \\ V_2 &= W_1 \oplus W_2 \\ &\ \vdots \\ V_\ell &= W_1 \oplus \ldots \oplus W_\ell \end{aligned}$$

für alle $\ell = 1, \ldots, r$. Die Dimension von W_r sei n_r, und $v_1^{(r)}, \ldots, v_{n_r}^{(r)} \in W_r$ sei eine geordnete Basis von W_r. Da $V_{r-1} \neq V$, wissen wir insbesondere $n_r > 0$. Da $\Phi\big|_{W_r}$ nach (6.7.12) injektiv ist, sind die Vektoren $\Phi(v_1^{(r)}), \ldots, \Phi(V_{n_r}^{(r)})$ nach wie vor linear unabhängig. Nach $\Phi(W_r) \subseteq W_{r-1}$ können wir sie zu einer Basis

$$\Phi(v_1^{(r)}), \ldots, \Phi(v_{m_r}^{(r)}), v_1^{(r-1)}, \ldots, v_{n_{r-1}}^{(r-1)}$$

von W_{r-1} ergänzen, wobei $\dim W_{r-1} = \dim W_r + n_{r-1}$. Induktiv erhalten wir somit eine Basis von W_ℓ für alle $\ell = 1, \ldots, r$ der Form

$$\begin{aligned} \Phi^{r-\ell}(v_1^{(r)}), &\ldots, \Phi^{r-\ell}(v_{n_r}^{(r)}), \\ \Phi^{r-\ell-1}(v_1^{(r-1)}), &\ldots, \Phi^{r-\ell-1}(v_{n_{r-1}}^{(r-1)}), \\ &\ \vdots \\ \Phi(v_1^{\ell+1}), &\ldots, \Phi(v_{n_{\ell+1}}^{(\ell+1)}), \\ v_1^{(\ell)}, &\ldots, v_{n_\ell}^{(\ell)}. \end{aligned}$$

Da die W_ℓ zusammen V als direkte Summe aufspannen, folgt, dass alle diese Basen zusammen eine Basis von V bilden. Wir sortieren diese nun danach, wie oft wir Φ anwenden können, bevor wir 0 erhalten. Zuerst erhalten wir diejenigen Basisvektoren $v_1^{(r)}, \ldots, v_{n_r}^{(r)}$, auf die wir Φ insgesamt maximal ($r -$

1)-mal anwenden können, was die rn_r Basisvektoren

$$v_1^{(r)}, \Phi(v_1^{(r)}), \ldots, \Phi^{(r-1)}(v_1^{(r)})$$
$$\vdots$$
$$v_{n_r}^{(r)}, \Phi(v_{n_r}^{(r)}), \ldots, \Phi^{(r-1)}(v_{n_r}^{(r)})$$

liefert. Als Nächstes kommen diejenigen $(r-1)n_{r-1}$ Basisvektoren

$$v_1^{(r-1)}, \Phi(v_1^{(r-1)}), \ldots, \Phi^{(r-2)}(v_1^{(r-1)})$$
$$\vdots$$
$$v_{n_{r-1}}^{(r-1)}, \Phi(v_{n_{r-1}}^{(r-1)}), \ldots, \Phi^{(r-2)}(v_1^{(r-1)}),$$

welche eine Anwendung von Φ von insgesamt $r-2$-mal erlauben. Dies geht nun weiter bis

$$v_1^{(2)}, \Phi(v_1^{(2)})$$
$$\vdots$$
$$v_{n_2}^{(2)}, \Phi(v_{n_2}^{(2)})$$

und schließlich zu den Basisvektoren des Kerns von Φ

$$v_1^{(1)}, \ldots, v_{n_1}^{(1)}.$$

Hier folgt aus $\Phi(W_\ell) \subseteq W_{\ell-1} \subseteq V_{\ell-1}$, dass ℓ-fache Anwendung von Φ auf Basisvektoren von Typ $v_\alpha^{(\ell)}$ immer null ergibt. Insbesondere können wir anhand all dieser Basisvektoren die Matrix der Abbildung Φ bezüglich dieser so angeordneten Basis leicht ablesen und erhalten daraus gerade (6.7.7). Es bleibt also zu zeigen, dass die Zahlen $n_r, n_{r-1}, \ldots, n_1$ von den obigen Wahlen unabhängig sind. Zunächst ist klar, dass

$$\dim V_\ell = \dim \ker \Phi^\ell$$

nur von Φ, aber nicht von den Wahlen der W_ℓ abhängt. Mit $\dim W_1 = \dim V_1$ und der rekursiven Gleichung

$$\dim V_\ell = \dim W_1 + \cdots + \dim W_r$$

folgt weiter, dass die Dimensionen der W_ℓ nur von Φ abhängen. Nach Konstruktion der Basis gilt nun

$$n_r = \dim W_r$$
$$n_{r-1} = \dim W_{r-1} - n_r$$
$$\vdots$$
$$n_\ell = \dim W_\ell - n_r - n_{r-1} - \cdots - n_{\ell+1}$$
$$\vdots$$
$$n_1 = \dim W_1 - n_r - \cdots - n_2.$$

Damit sind die Zahlen $n_1, \ldots, n_r$ tatsächlich Eigenschaften von Φ, unabhängig von den gewählten Komplementen $W_r, \ldots, W_1$. $\qquad\square$

Korollar 6.110. *Sei $A \in \mathrm{M}_n(\Bbbk)$ nilpotent und*

$$r = \min\left\{\ell \in \mathbb{N} \mid A^\ell = 0\right\}. \qquad (6.7.14)$$

Dann gilt $r \leq n$.

Korollar 6.111. *Sei $A \in \mathrm{M}_n(\Bbbk)$ nilpotent. Dann gibt es eindeutig bestimmte Zahlen $r \in \mathbb{N}$ und $n_1, \ldots, n_r \in \mathbb{N}_0$ mit $n_r \geq 1$ sowie eine invertierbare Matrix $Q \in \mathrm{GL}_n(\Bbbk)$ mit*

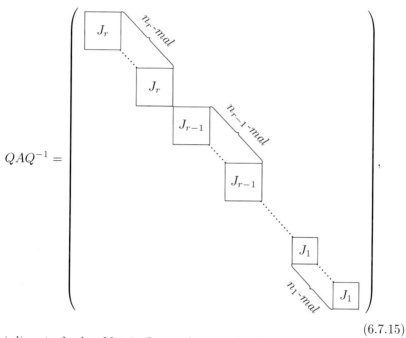

$$(6.7.15)$$

wobei die s-te Jordan-Matrix J_s gerade n_s-mal auftritt.

Bemerkung 6.112. Wir können Satz 6.109 auch als Klassifikationsresultat bezüglich der Ähnlichkeit von nilpotenten Matrizen verstehen. Sind $A, B \in \mathrm{M}_n(\Bbbk)$ nilpotent, so sind A und B genau dann ähnlich, wenn die Zahlen $r, n_1, \ldots, n_r$ gemäß Satz 6.109 für A und B übereinstimmen. In diesem Fall sind sie nämlich beide zu einer Matrix der Form (6.7.7) ähnlich.

Bemerkung 6.113. Auch wenn der Beweis von Satz 6.109 recht unübersichtlich scheint, so liefert er doch einen konkreten Algorithmus, wie die Normalform berechnet werden kann: Zunächst müssen die Kerne der Potenzen Φ^ℓ bestimmt werden. Dies gelingt durch wiederholte Anwendung des Gauß-Algorithmus auf die linearen Gleichungen der Form $\Phi^\ell v = 0$. Anschließend müssen die Komplemente W_ℓ gewählt werden. Dazu muss das Bild $\Phi(W_\ell)$ in $V_{\ell-1}$ bestimmt werden, was wieder auf das Lösen linearer Gleichungen hinausläuft. Das Finden des Komplements von $V_{\ell-2} \oplus \Phi(W_\ell)$ ist ebenfalls ein lineares Problem. Insgesamt müssen wir also nur *lineare* Gleichungen lösen und nicht etwa Nullstellen komplizierterer Polynome finden, wie dies beim allgemeinen Spektralsatz 6.103 nötig ist.

Beispiel 6.114. Wir betrachten

$$A = \begin{pmatrix} 0 & 1 & 2 \\ 0 & 0 & 3 \\ 0 & 0 & 0 \end{pmatrix} \in \mathrm{M}_r(\Bbbk). \tag{6.7.16}$$

Als echt obere Dreiecksmatrix ist A nilpotent. Explizit erhalten wir

$$A^2 = \begin{pmatrix} 0 & 0 & 3 \\ 0 & 0 & 0 \\ 0 & 0 & 0 \end{pmatrix} \quad \text{und} \quad A^3 = 0. \tag{6.7.17}$$

Offenbar gilt

$$V_1 = \ker A = \mathrm{span}\{e_1\} \quad V_2 = \ker A^2 = \mathrm{span}\{e_1, e_2\}. \tag{6.7.18}$$

und $V_3 = \mathbb{R}^3$. Wir können daher $W_3 = \mathrm{span}\{e_3\}$ als Komplement zu V_2 wählen. Als Basisvektoren im eindimensionalen W_3 wählen wir $v_1^{(3)} = e_3$. Dann gilt

$$A v_1^{(3)} = \begin{pmatrix} 2 \\ 3 \\ 0 \end{pmatrix} \quad \text{und} \quad A^2 v_1^{(3)} = \begin{pmatrix} 3 \\ 0 \\ 0 \end{pmatrix}. \tag{6.7.19}$$

Diese Vektoren bilden bereits eine Basis von $\mathbb{R}^3$, wir sind also an dieser Stelle schon fertig. Zur Kontrolle betrachten wir $A(W_3) \subseteq V_2$. Wir müssen W_2 so wählen, dass wir ein Komplement zu $A(W_3) \oplus V_1$ in V_2 erhalten. Es gilt aber, dass $A v_1^{(3)}$ und e_1 linear unabhängig sind und V_2 bereits aufspannen. Daher ist $W_2 = A(W_3)$ die einzige Wahl gemäß der Konstruktion im Beweis von Satz 6.109. Es kommen also keine neuen Basisvektoren vom Typ $v_i^{(2)}$ hinzu: Wir haben $n_2 = 0$. Schließlich gilt $A(W_2) = A^2(W_3) = \mathrm{span}\{e_1\}$ und damit $A(W_2) = \ker \Phi = V_1$. Daher ist auch hier kein Komplement mehr möglich, und wir haben $W_1 = A(W_2) = V_1$. Es gibt keine Basisvektoren vom Typ $v_i^{(1)}$ und damit ist $n_1 = 0$. Bezüglich der Basis (6.7.19) hat A also die Form

$$Q A Q^{-1} = \begin{pmatrix} 0 & 1 & 0 \\ 0 & 0 & 1 \\ 0 & 0 & 0 \end{pmatrix} = J_3. \tag{6.7.20}$$

Wir können nun den Normalformensatz für nilpotente Endomorphismen mit den Resultaten des Spektralsatzes kombinieren: Dies liefert dann eine angepasste Basis von Eigenvektoren des halbeinfachen Teils, sodass der nilpotente Anteil Normalform annimmt:

Satz 6.115 (Jordan-Normalform). *Sei V ein n-dimensionaler Vektorraum über $\Bbbk$, und sei $\Phi \in \operatorname{End}(V)$ ein Endomorphismus mit in Linearfaktoren zerfallendem charakteristischem Polynom χ_Φ. Dann gibt es eine Basis B von Eigenvektoren von Φ_{s}, sodass $_B[\Phi]_B$ die Blockform*

$$
_B[\Phi]_B =
\begin{pmatrix}
\lambda_1 \mathbb{1} + N_1 & & & \\
& \lambda_2 \mathbb{1} + N_2 & & \\
& & \ddots & \\
& & & \lambda_k \mathbb{1} + N_k
\end{pmatrix}
\tag{6.7.21}
$$

hat, wobei für jedes $i = 1, \ldots, k$

$$
N_i =
\begin{pmatrix}
J_{r_i} & & & & & & \\
& J_{r_i} & & & & & \\
& & J_{r_i - 1} & & & & \\
& & & J_{r_i - 1} & & & \\
& & & & \ddots & & \\
& & & & & J_1 & \\
& & & & & & J_1
\end{pmatrix}
\begin{smallmatrix} n_{i,r_i}\text{-mal} \\ \\ n_{i,r_i - 1}\text{-mal} \\ \\ \\ n_{i,1}\text{-mal} \end{smallmatrix}
\tag{6.7.22}
$$

mit $n_{i,s}$-*vielen Jordan-Matrizen* J_s *für alle* $s = 1, \ldots, r_i$. *Die Eigenwerte* $\lambda_1, \ldots, \lambda_k \in \mathbb{k}$, *die Dimensionen* $\dim \tilde{V}_{\lambda_1}, \ldots, \dim \tilde{V}_{\lambda_k} \in \mathbb{N}$ *der verallgemeinerten Eigenräume, sowie die Parameter* $r_i, n_{i,r_i}, \ldots, n_{i,1} \in \mathbb{N}_0$ *mit* $n_{i,r_i} \geq 1$ *für* $i = 1, \ldots, k$ *sind Invariante von* Φ.

Beweis. Auch wenn die erforderliche Buchhaltung und die Notation erschreckend sind, ist der Beweis nun ganz einfach. Da $[\Phi_{\mathrm{S}}, \Phi_{\mathrm{N}}] = 0$, folgt

$$\Phi_{\mathrm{N}} \colon \tilde{V}_{\lambda_i} \longrightarrow \tilde{V}_{\lambda_i}$$

und $\Phi_{\mathrm{N}}\big|_{\tilde{V}_{\lambda_i}}$ ist nach wie vor nilpotent. In $\tilde{V}_{\lambda_i}$ finden wir daher eine Basis B_i bestehend aus

$$\dim \tilde{V}_{\lambda_i} = r_i \cdot n_{i,r_i} + (r_i - 1) \cdot n_{i,r_i-1} + \cdots + 1 \cdot n_{i,1}$$

vielen Basisvektoren, sodass

$$_{B_i}\big[\Phi_{\mathrm{N}}\big|_{\tilde{V}_{\lambda_i}}\big]_{B_i} = N_i,$$

wie angegeben. Dies ist gerade Satz 6.109. Die Zahlen $r_i, n_{i,r_i}, \ldots, n_{i,1}$ sind durch $\Phi_{\mathrm{N}}\big|_{\tilde{V}_{\lambda_i}}$ und damit durch Φ bestimmt. Da die verallgemeinerten Eigenräume $\tilde{V}_{\lambda_i}$ den ganzen Vektorraum V als direkte Summe aufspannen, ist $B = B_1 \cup \cdots \cup B_k$ eine Basis mit der gewünschten Eigenschaft, siehe Proposition 4.59 sowie Bemerkung 6.104. $\qquad \square$

Die (nicht eindeutige) Basis B, für die $_B[\Phi]_B$ die obige Jordansche Normalform annimmt, heißt dann auch *Jordan-Basis* für Φ.

Bemerkung 6.116. Zwei Matrizen $A, B \in \mathrm{M}_n(\mathbb{k})$ mit in Linearfaktoren zerfallenden charakteristischen Polynomen sind genau dann ähnlich, wenn sie das gleiche Spektrum besitzen, die zugehörigen verallgemeinerten Eigenräume dieselben Dimensionen haben, und auch die zugehörigen Parameter r_i, $n_{i,r_i}, \ldots, n_{i,1}$ übereinstimmen. In diesem Fall sind A und B zu einer Normalform (6.7.21) ähnlich. Insbesondere ist dies immer anwendbar, falls der Körper $\mathbb{k}$ algebraisch abgeschlossen ist.

Kontrollfragen. Was ist eine Jordan-Matrix? Wie erhalten Sie die Normalform eines nilpotenten Endomorphismus? Gilt der Satz zur Normalform von nilpotenten Matrizen nur über algebraisch abgeschlossenen Körpern? Was hat der Satz von der Jordanschen Normalform mit der Ähnlichkeit von Matrizen zu tun?

6.8 Übungen

Übung 6.1 (Signum von Permutationen). Bestimmen Sie für $n = 2$, 3 und 4 alle Permutationen in S_n sowie deren Signum. Zeigen Sie so, dass für alle $k, \ell, m \in \{1, 2, 3\}$

$$\epsilon_{k\ell m} = \text{sign} \begin{pmatrix} 1 & 2 & 3 \\ k & \ell & m \end{pmatrix} \tag{6.8.1}$$

mit dem ϵ-Symbol aus Übung 5.31.

Übung 6.2 (Fläche eines Parallelogramms). Betrachten Sie zwei Vektoren $\vec{a}, \vec{b} \in \mathbb{R}^2$ und das von ihnen aufgespannte Parallelogramm.

i.) Berechnen Sie die Fläche $A(\vec{a}, \vec{b})$ des Parallelogramms durch elementare Dreiecksgeometrie direkt.

ii.) Alternativ können Sie $A(\vec{a}, \vec{b})$ anhand der Invarianz unter Scherungen bestimmen, siehe auch Abb. 6.2. Überlegen Sie sich, wieso $A(\vec{a}, \vec{b})$ unter der Ersetzung $\vec{b} \rightsquigarrow \vec{b} + \lambda \vec{a}$ invariant ist. Folgern Sie, dass Sie ohne Einschränkung annehmen können, dass $\vec{a}$ und $\vec{b}$ senkrecht stehen. Drehen Sie nun die Achsen entsprechend, um die Formel (6.2.1) zu verifizieren.

Hinweis: Dieses Vorgehen wurde auch in Übung 1.14, *v.)*, für das Volumen eines Spates verwendet.

Übung 6.3 (Determinante eines Produkts). Zeigen Sie (6.2.38) unter Verwendung der Leibniz-Formel (6.2.35) durch beharrliches Nachrechnen.

Übung 6.4 (Keine Sarrus-Regel für $n \neq 3$). Argumentieren Sie, wieso die einfachen Formeln für die Determinante in $n = 1$ und $n = 2$ Dimensionen *kein* gutes Analogon der Sarrus-Regel sind. Zeigen Sie weiter, dass es für $n > 3$ immer Gegenbeispiele zu einer „Sarrus-Regel" gibt.

Übung 6.5 (Die Determinante ist nicht linear). Zeigen Sie durch Angabe expliziter Gegenbeispiele, dass die Determinante $\det \colon \mathrm{M}_n(\Bbbk) \longrightarrow \Bbbk$ für $n \neq 1$ *keine* lineare Abbildung und insbesondere auch nicht einmal additiv ist.

Übung 6.6 (2×2-Matrizen). Für $n = 2$ lassen sich viele Eigenschaften und Kenngrößen einer 2×2-Matrix explizit bestimmen. Sei im Folgenden

$$A = \begin{pmatrix} a & b \\ c & d \end{pmatrix} \tag{6.8.2}$$

eine 2×2-Matrix $A \in \mathrm{M}_2(\Bbbk)$ mit Einträgen $a, b, c, d \in \Bbbk$.

i.) Bestimmen Sie die Determinante und die Spur von A.

ii.) Sei nun $\det(A) \neq 0$. Bestimmen Sie eine explizite Formel für A^{-1}.

iii.) Zeigen Sie die Gleichung

$$A^2 - \mathrm{tr}(A)A + \det(A)\mathbb{1} = 0. \tag{6.8.3}$$

iv.) Betrachten Sie nun eine *spurfreie* 2×2-Matrix A, sodass also $\mathrm{tr}(A) = 0$ gilt. Berechnen Sie dann alle Potenzen A^k. Benutzen Sie nun dieses Resultat, um auch A^k für eine beliebige Matrix $A \in \mathrm{M}_2(\Bbbk)$ zu bestimmen.

Hinweis: Verwenden Sie (6.8.3) und Übung 3.19.

v.) Berechnen Sie $\mathrm{tr}(A^k)$ und bestimmen Sie $\det(A)$ als Funktion von $\mathrm{tr}(A)$ und $\mathrm{tr}(A^2)$.

Übung 6.7 (Entwicklungssatz von Laplace). Führen Sie die Details zu (6.3.28) aus.

Hinweis: Die Argumentation ist völlig analog zur ersten Version des Entwicklungssatzes, stellt aber eine gute Übung dar.

Übung 6.8 (Determinante einer Permutation). Sei V ein n-dimensionaler Vektorraum über $\Bbbk$ mit einer geordneten Basis $B = (v_1, \ldots, v_n)$. Sei weiter $\sigma \in \mathrm{Abb}(\boldsymbol{n}, \boldsymbol{n})$. Betrachten Sie dann die lineare Abbildung $A \colon V \longrightarrow V$, die auf der Basis durch

$$Av_i = v_{\sigma(i)} \tag{6.8.4}$$

für alle $i = 1, \ldots, n$ festgelegt ist.

i.) Bestimmen Sie die Basisdarstellung $_B[A]_B$ dieser linearen Abbildung.

ii.) Bestimmen Sie $\det A$.

Übung 6.9 (Explizite Determinanten). Es gibt nicht viele Determinanten, die sich einfach und explizit berechnen lassen: Hier findet man eine kleine Sammlung.

i.) Sei $\Bbbk$ ein Körper und $a, b \in \Bbbk$. Bestimmen Sie die Determinante der Matrix

$$A = \begin{pmatrix} a & b & b & \ldots & b \\ b & a & b & \ldots & b \\ b & b & a & & b \\ \vdots & \vdots & & \ddots & \vdots \\ b & b & \ldots & b & a \end{pmatrix} \in \mathrm{M}_n(\Bbbk). \tag{6.8.5}$$

ii.) Seien $a_n, \ldots, a_0 \in \Bbbk$ vorgegeben. Sei weiter $A_{n+1} \in \mathrm{M}_{n+1}(\Bbbk)$ die Matrix

$$A_{n+1} = \begin{pmatrix} 0 & 0 & \ldots & \ldots & -a_0 \\ 1 & 0 & \ldots & \ldots & -a_1 \\ 0 & 1 & 0 & \ldots & -a_2 \\ \vdots & \ddots & \ddots & \ddots & \vdots \\ 0 & \ldots & 0 & 1 & -a_n \end{pmatrix}. \tag{6.8.6}$$

Zeigen Sie, dass das charakteristische Polynom von A_{n+1} bis auf ein Vorzeichen durch das Polynom $p(x) = x^{n+1} + a_n x^n + \cdots + a_1 x + a_0$ gegeben ist.

Damit ist also jedes Polynom bis auf ein Vielfaches ein charakteristisches Polynom einer geeigneten Matrix.

Hinweis: Induktion.

iii.) Sei $\Bbbk$ ein Körper und $\mathbb{1} \in M_n(\Bbbk)$ die $n \times n$-Einheitsmatrix. Bestimmen Sie die Determinante der symplektischen Matrix

$$\Omega = \begin{pmatrix} 0 & \mathbb{1} \\ -\mathbb{1} & 0 \end{pmatrix} \in M_{2n}(\Bbbk). \tag{6.8.7}$$

iv.) Betrachten Sie eine Blockmatrix $A \in M_{2n}(\Bbbk)$ der Form

$$A = \begin{pmatrix} 0 & B \\ C & D \end{pmatrix} \quad \text{mit} \quad B, C, D \in M_n(\Bbbk). \tag{6.8.8}$$

Bestimmen Sie die Determinante von A als Funktion der Determinanten $\det(B)$, $\det(C)$ und $\det(D)$. Können Sie Ihr Ergebnis dahingehend verallgemeinern, dass die Matrizen B und C unterschiedlich große quadratische Matrizen sind?

v.) Bestimmen Sie die Determinante der komplexen 7×7-Matrix

$$A = \begin{pmatrix} 0 & -9i & 17+\sqrt{10}i & 2-21i & 27 & 10-\sqrt{2}i & 26i \\ 9i & 0 & e^{17} & 15 & 9i & \sqrt{7} & -4+3i \\ -17-\sqrt{10}i & -e^{17} & 0 & 2^{50} & i & -i & 21 \\ -2+21i & -15 & -2^{50} & 0 & -9 & 1+i & 19i \\ -27 & -9i & -i & 9 & 0 & 2 & -3 \\ -10+\sqrt{2}i & -\sqrt{7} & i & -1-i & -2 & 0 & -i \\ -26i & 4-3i & -21 & -19i & 3 & i & 0 \end{pmatrix}. \tag{6.8.9}$$

Hinweis: Ja, es gibt einen Trick.

vi.) Formulieren Sie die Überlegungen aus Teil *v.)* als allgemeines Resultat für einen beliebigen Körper $\Bbbk$. Welche Annahmen an die Charakteristik von $\Bbbk$ müssen Sie stellen? Finden Sie entsprechende Beispiele, die zeigen, dass Ihre Annahmen notwendig sind.

Übung 6.10 (Vandermonde-Determinante). Berechnen Sie die 3×3-Vandermonde-Determinante mithilfe der Sarrus-Regel und verifizieren Sie Proposition 6.43 für diesen Fall explizit.

Übung 6.11 (Lineare Unabhängigkeit der Exponentialfunktionen). Betrachten Sie die Exponentialfunktionen $f_\lambda \in \mathscr{C}([a,b], \mathbb{R})$, wobei $f_\lambda(x) = e^{\lambda x}$ mit $\lambda \in \mathbb{R}$. Zeigen Sie, dass die Menge $\{f_\lambda\}_{\lambda \in \mathbb{R}}$ linear unabhängig ist.

Übung 6.12 (Linear unabhängige Potenzen). Finden Sie ein Beispiel für einen Vektorraum V und einen Endomorphismus $A \in \mathrm{End}(V)$ derart, dass alle Potenzen A^k linear unabhängig sind.

Hinweis: Übung 5.13 oder Übung 5.24 liefern gute Kandidaten.

Übung 6.13 (Komplementäre Matrix für kommutative Ringe). Führen Sie die Details zu Bemerkung 6.76 aus, indem Sie für eine Matrix $A \in \mathrm{M}_n(\mathsf{R})$ mit Einträgen in einem kommutativen Ring die Determinante beispielsweise durch die Leibniz-Formel definieren und dann den Entwicklungssatz von Laplace direkt nachrechnen.

Übung 6.14 (Nochmals Einheitswurzeln). Sei $\Bbbk$ ein algebraisch abgeschlossener Körper.

i.) Betrachten Sie das Polynom $p(x) = x^n - 1$ für $n \in \mathbb{N}$. Zeigen Sie, dass alle n Nullstellen von p in $\Bbbk$ paarweise verschieden sind.

Hinweis: Nehmen Sie an, eine Nullstelle $\lambda \in \Bbbk$ sei mindestens zweifach. Dann gibt es ein Polynom $q \in \Bbbk[x]$ mit $p(x) = (x - \lambda)^2 q(x)$. Berechnen Sie die Ableitung p', um einen Widerspruch zu erzielen. Hier ist die Ableitung im Sinne von Übung 5.3 rein algebraisch zu verstehen.

ii.) Sei $A \in \mathrm{End}(V)$ ein Endomorphismus eines $\Bbbk$-Vektorraums V mit $A^n = \mathbb{1}$ für ein $n \in \mathbb{N}$. Zeigen Sie, dass A diagonalisierbar ist.

Übung 6.15 (Erstellen von Übungen 4). Es sollen nochmals aber mit einer anderen Methode als in Übung 5.57 Beispiele für invertierbare Matrizen gefunden werden, die kleine ganze Zahlen als Einträge haben, deren Inverses aber trotzdem nicht unmittelbar abgelesen werden kann. Zudem sollen die Rechnungen alle von Hand durchführbar sein: Es sollen keine großen Nenner auftreten.

i.) Betrachten Sie eine Matrix $A \in \mathrm{M}_n(\mathbb{R})$ von oberer Dreiecksform und mit Zahlen $d_1, \ldots, d_n \in \mathbb{R}$ auf der Diagonalen. Zeigen Sie, dass A genau dann invertierbar ist, wenn $D = d_1 \cdots d_n \neq 0$. Zeigen Sie weiter, dass die inverse Matrix wieder eine obere Dreiecksmatrix ist.

ii.) Seien nun alle Einträge der oberen Dreiecksmatrix A zudem ganze Zahlen. Zeigen Sie, dass die inverse Matrix A^{-1} aus rationalen Einträgen besteht, wobei als Nenner höchstens D auftritt.

Hinweis: Argumentieren Sie zuerst direkt mit dem Gauß-Algorithmus. Mit der Cramerschen Regel können Sie anschließend eine alternative Beweisführung finden.

iii.) Sei nun zudem $D = 1$. Folgern Sie $A^{-1} \in \mathrm{M}_n(\mathbb{Z})$.

iv.) Überlegen Sie sich, dass für eine untere Dreiecksmatrix die analogen Aussagen gelten.

v.) Betrachten Sie nun eine obere und eine untere Dreiecksmatrix A und B mit den obigen Eigenschaften. Was können Sie dann über ihr Produkt AB und dessen Inverses im Hinblick auf die zu erstellende Übung sagen?

vi.) Konstruieren Sie nun explizite Beispiele von 3×3-Matrizen und 4×4-Matrizen mit entsprechenden einfachen Einträgen, deren Inverse dann auch einfache Einträge haben.

Übung 6.16 (Diagonalisieren). Betrachten Sie folgende reelle Matrizen

$$A_1 = \begin{pmatrix} 2 & -1 & 1 \\ 1 & 0 & -1 \\ 2 & -2 & 1 \end{pmatrix}, \quad A_2 = \begin{pmatrix} -1 & 0 & 1 \\ 1 & -1 & 0 \\ -4 & 2 & 2 \end{pmatrix}, \quad A_3 = \begin{pmatrix} -2 & 4 & 3 \\ 0 & -1 & 1 \\ 0 & 0 & 4 \end{pmatrix} \qquad (6.8.10)$$

sowie

$$A_4 = \begin{pmatrix} 3 & -3 & -4 & -1 \\ 0 & 2 & 0 & -1 \\ 2 & -4 & -3 & 0 \\ 0 & 2 & 0 & -1 \end{pmatrix}, \quad A_5 = \begin{pmatrix} 1 & 0 & 0 & 0 \\ 1 & 1 & -1 & 1 \\ 2 & -1 & 1 & 1 \\ 3 & -1 & -1 & 3 \end{pmatrix}, \quad A_6 = \begin{pmatrix} 3 & -1 & 7 & -14 \\ 4 & -1 & 7 & -15 \\ 0 & 0 & 3 & -4 \\ 0 & 0 & 2 & 3 \end{pmatrix}.$$
$$(6.8.11)$$

i.) Bestimmen Sie die charakteristischen Polynome von $A_1, \ldots, A_6$.

ii.) Welche der Matrizen ist über $\mathbb{R}$ diagonalisierbar? Bestimmen Sie gegebenenfalls eine Basis von Eigenvektoren und die Matrix des Basiswechsels. Verifizieren Sie explizit, dass die Matrix durch Konjugation mit der Matrix des Basiswechsels auf Diagonalgestalt gebracht wird.

iii.) Welche der Matrizen ist über $\mathbb{C}$ diagonalisierbar? Verfahren Sie hier analog.

Übung 6.17 (Matrixtransposition). Sei $\Bbbk$ ein Körper mit $\mathrm{char}(\Bbbk) \neq 2$. Betrachten Sie die Matrixtransposition

$$\mathrm{T} \colon \mathrm{M}_n(\Bbbk) \ni A \mapsto A^\mathrm{T} \in \mathrm{M}_n(\Bbbk). \qquad (6.8.12)$$

i.) Bestimmen Sie die Eigenwerte von T.

ii.) Zeigen Sie, dass T diagonalisierbar ist, und bestimmen Sie die Projektoren auf die jeweiligen Eigenräume.

iii.) Was passiert für $\mathrm{char}(\Bbbk) = 2$?

Übung 6.18 (Viele linear unabhängige Vektoren). Finden Sie 42 (oder 2001) Vektoren im $\mathbb{R}^3$, sodass je drei dieser Vektoren eine Basis bilden.

Hinweis: Vandermonde-Determinante!

Übung 6.19 (Interpolationspolynom). Seien die Punkte $P_1 = (1,3)$, $P_2 = (2,4)$, $P_3 = (-1,2)$, $P_4 = (0,-1)$ und $P_5 = (-2,-2)$ im $\mathbb{R}^2$ vorgegeben.

i.) Finden Sie ein Polynom $p \in \mathbb{R}[x]$ mit $\deg p \leq 4$ derart, dass

$$P_i = (\lambda_i, p(\lambda_i)) \qquad (6.8.13)$$

für alle $i = 1, \ldots, 5$ gilt, wobei λ_i die erste Komponente von P_i sei.

ii.) Wie viele Polynome mit Grad höchstens 4 gibt es, die (6.8.13) erfüllen?

iii.) Skizzieren Sie den Graphen des Polynoms p.

iv.) Finden Sie alle Polynome vom Grad höchstens 5, welche die Eigenschaft (6.8.13) besitzen.

> Hinweis: Sei q ein solches Polynom. Wählen Sie einen x-Wert ungleich der obigen ersten Komponenten, also beispielsweise $\lambda_6 = -3$. Welche Werte kann $q(-3)$ dann annehmen?

v.) Wie viele Polynome vom Grad 17 gibt es, die (6.8.13) erfüllen? Was können Sie über die Menge dieser Polynome sagen?

Übung 6.20 (Erstellen von Übungen 5). Für eine Analysisklausur soll eine Schar von Polynomen $p_t(x)$ von Grad 3 gefunden werden, welche bei $\pm t$ Nullstellen besitzen und durch die Punkte $(2, t)$ gehen, wobei $t \in \mathbb{R}$ ein Parameter sei. Diese soll dann weiter auf Hoch- und Tiefpunkte etc. untersucht werden.

i.) Argumentieren Sie, wieviele Polynome es geben wird, die diesen Anforderungen genügen.

> Hinweis: Der Fall $t = 2$ spielt offenbar eine besondere Rolle. Wie lässt sich dies an den Koeffizienten von p_t für $t \in \mathbb{R} \setminus \{2\}$ ablesen?

ii.) Finden Sie alle solchen Polynome, indem Sie einen zusätzlichen Parameter $a \in \mathbb{R}$ einführen, also beispielsweise $p_t(0) = a$.

> Hinweis: Wie äußert sich der besondere Fall $t = 2$ an den Koeffizienten von p_t für $t \in \mathbb{R} \setminus \{2\}$? Welche Rolle spielt a?

Übung 6.21 (Eigenschaften der Spur). Sei $\Bbbk$ ein Körper der Charakteristik null.

i.) Zeigen Sie, dass die Spur ein lineares Funktional $\mathrm{tr} \in \mathrm{M}_n(\Bbbk)^*$ ist.

ii.) Zeigen Sie $\mathrm{tr}([A, B]) = 0$ für alle $A, B \in \mathrm{M}_n(\Bbbk)$.

iii.) Zeigen Sie $\mathrm{tr}(ABA^{-1}) = \mathrm{tr}(B)$ für alle $A \in \mathrm{GL}_n(\Bbbk)$ und $B \in \mathrm{M}_n(\Bbbk)$.

iv.) Zeigen Sie $\mathrm{tr}(\mathbb{1}) = n$.

v.) Zeigen Sie, dass die Spur das einzige lineare Funktional auf $\mathrm{M}_n(\Bbbk)$ ist, welches *ii.)* und *iv.)* erfüllt.

> Hinweis: Zeigen Sie zunächst, dass zu jedem $\omega \in \mathrm{M}_n(\Bbbk)^*$ eine eindeutige Matrix $\rho \in \mathrm{M}_n(\Bbbk)$ mit $\omega(A) = \mathrm{tr}(\rho A)$ existiert. Welche Eigenschaften muss ρ dann erfüllen, damit *ii.)* und *iv.)* für ω gilt?

Übung 6.22 (Spur eines Endomorphismus). Sei V ein endlich-dimensionaler Vektorraum über einem Körper $\Bbbk$ der Charakteristik null mit einer Basis B mit Basisvektoren $e_1, \ldots, e_n \in V$ und zugehöriger dualer Basis B^* mit entsprechenden dualen Basisvektoren $e_1^*, \ldots, e_n^* \in V^*$. Die Spur von $\Phi \in \mathrm{End}(V)$ ist dann als

$$\mathrm{tr}(\Phi) = \sum_{i=1}^{n} e_i^*(\Phi e_i) \tag{6.8.14}$$

definiert.

i.) Zeigen Sie, dass $\mathrm{tr}(\Phi) = \mathrm{tr}(\,_B[\Phi]_B)$ mit der Spur der darstellenden Matrix von Φ.

ii.) Zeigen Sie, dass die Spur unabhängig von der Wahl der Basis $\mathrm{e}_1, \ldots, \mathrm{e}_n$ ist.

iii.) Zeigen Sie, dass die Spur die einzige lineare Abbildung $\mathrm{tr}\colon \mathrm{End}(V) \longrightarrow \Bbbk$ mit $\mathrm{tr}([\Phi, \Psi]) = 0$ für alle $\Phi, \Psi \in \mathrm{End}(V)$ und $\mathrm{tr}(\mathbb{1}) = n$ ist.

Hinweis: Übung 6.21.

Übung 6.23 (Basisdarstellung der Spur). Sei $n \in \mathbb{N}$ und sei $\Bbbk$ ein Körper. Betrachten Sie die Basis der Elementarmatrizen für $\mathrm{M}_n(\Bbbk)$ sowie die $1 \in \Bbbk$ als Basis. Bestimmen Sie dann die Basisdarstellung der Spur $\mathrm{tr}\colon \mathrm{M}_n(\Bbbk) \longrightarrow \Bbbk$ bezüglich dieser Basen.

Hinweis: Schreiben Sie tr als Linearkombination bezüglich der dualen Basis der Basis der Elementarmatrizen.

Übung 6.24 (Komplexe Zahlen als Matrizen II). Betrachten Sie erneut die komplexen Zahlen $\mathbb{C}$ als die 2×2-Matrizen C wie in Übung 5.27. Welchen Operationen in $\mathbb{C}$ entsprechen der Determinante, der Spur und der Matrixtransposition?

Übung 6.25 (Eigenvektoren einer Drehmatrix). Sei $\varphi \in [0, 2\pi)$ ein Winkel und $A \in \mathrm{M}_2(\mathbb{R})$ die zugehörige Drehmatrix zur Drehung um φ.

i.) Bestimmen Sie explizit die Matrix bezüglich der Standardbasis von $\mathbb{R}^2$.

ii.) Berechnen Sie die komplexen Eigenwerte von A. Für welche φ sind diese reell?

iii.) Berechnen Sie die komplexen Eigenvektoren von A. Für welche φ können Sie reelle Eigenvektoren finden?

Übung 6.26 (Pauli-Matrizen II). Betrachten Sie erneut die Pauli-Matrizen aus Übung 5.31.

i.) Zeigen Sie, dass $\mathrm{tr}\, \sigma_k = 0$ für alle $k = 1, 2, 3$ gilt.

ii.) Sei $\mathfrak{sl}_2(\mathbb{C}) \subseteq \mathrm{M}_2(\mathbb{C})$ diejenige Teilmenge der Matrizen A mit $\mathrm{tr}(A) = 0$. Zeigen Sie, dass $\mathfrak{sl}_2(\mathbb{C})$ ein Unterraum von $\mathrm{M}_2(\mathbb{C})$ ist.

iii.) Zeigen Sie, dass die Pauli-Matrizen eine Basis von $\mathfrak{sl}_2(\mathbb{C})$ bilden.

iv.) Sei $\vec{n} \in \mathbb{R}^3$. Bestimmen Sie $\det(\vec{n} \cdot \vec{\sigma})$, wobei $\vec{n} \cdot \vec{\sigma}$ wie in Übung 5.31, *ii.)*, erklärt ist.

v.) Berechnen Sie die Potenzen $(\vec{n} \cdot \vec{\sigma})^k$ für alle $k \in \mathbb{N}_0$.

vi.) Sei nun $n_0 \in \mathbb{R}$ und $\vec{n} \in \mathbb{R}^3$. Bestimmen Sie $\det(n_0 \mathbb{1} + \mathrm{i} \vec{n} \cdot \vec{\sigma})$ explizit.

vii.) Zeigen Sie, dass die Matrizen der Form $n_0 \mathbb{1} + \mathrm{i} \vec{n} \cdot \vec{\sigma}$ einen reellen Unterraum $\mathbb{H} \subseteq \mathrm{M}_2(\mathbb{C})$ bilden, der unter Matrixmultiplikation abgeschlossen ist, wobei $n \in \mathbb{R}^4$ die Komponenten n_0, n_1, n_2, n_4 habe. Folgern Sie, dass jede Matrix in $\mathbb{H} \setminus \{0\}$ invertierbar ist mit einem Inversen in $\mathbb{H}$.

viii.) Ist $\mathbb{H}$ bezüglich der Addition und Multiplikation von Matrizen ein Körper? Welche Eigenschaften eines Körpers gelten, welche nicht? Ein solcher Ring wird auch als *Schiefkörper* bezeichnet. Den Schiefkörper $\mathbb{H}$ nennt man auch die Hamiltonschen *Quaternionen*.

Übung 6.27 (Erstellen von Übungen 6). Es sollen für eine Vorlesung (oder Oberstufenklasse) Übungen zum Diagonalisieren von 3×3-Matrizen erstellt werden. Die Vorgabe ist, dass die Nullstellen des charakteristischen Polynoms nicht zu kompliziert sind, beispielsweise ganze Zahlen, und dass der Matrix aber trotzdem nicht auf einfache Weise angesehen werden kann, welches die Eigenwerte und Eigenvektoren sind. Insbesondere sollen also die Matrixeinträge möglichst alle verschieden sein. Andererseits sollen die Einträge wieder kleine ganze Zahlen sein, sodass alle Rechnungen von Hand durchgeführt werden können. Wie können Sie dies einfach erreichen? Verallgemeinern Sie Ihre Überlegungen, um auch kompliziertere, nichtdiagonale Jordan-Normalformen mit einzuschließen. Geben Sie konkrete Beispiele.

Hinweis: Starten Sie mit einer einfachen Diagonalmatrix, dem Ergebnis, und verwenden Sie Matrizen aus Übung 5.57 oder Übung 6.15.

Übung 6.28 (Komplexifizierung III). Betrachten Sie wieder einen reellen Vektorraum V und seine Komplexifizierung wie in den Übungen 4.33 und 5.45. Sei $A \in \mathrm{End}(V)$ mit dem zugehörigen Endomorphismus $A_{\mathbb{C}} \in \mathrm{End}(V_{\mathbb{C}})$.

i.) Sei $\lambda \in \mathbb{C}$ ein Eigenwert von $A_{\mathbb{C}}$. Zeigen Sie, dass dann auch $\overline{\lambda}$ ein Eigenwert ist.

ii.) Zeigen Sie, dass die komplexe Konjugation einen antilinearen involutiven Isomorphismus der Eigenräume zu den Eigenwerten λ und $\overline{\lambda}$ von $A_{\mathbb{C}}$ liefert.

iii.) Zeigen Sie, dass für einen reellen Eigenwert $\mu \in \mathbb{R}$ von A die Zahl μ auch ein Eigenwert von $A_{\mathbb{C}}$ ist.

iv.) Zeigen Sie, dass die Komplexifizierung eines Eigenraums V_μ von A zu einem reellen Eigenwert $\mu \in \mathbb{R}$ gerade der Eigenraum von $A_{\mathbb{C}}$ zum selben Eigenwert μ ist.

Hinweis: Ist $v \in V_{\mathbb{C}}$ ein Eigenvektor von $A_{\mathbb{C}}$ zum Eigenwert μ, was ist dann $A_{\mathbb{C}}\overline{v}$? Bilden Sie nun geeignete Linearkombinationen.

Übung 6.29 (Diagonalisieren von fast-komplexen Strukturen). Sei V ein reeller Vektorraum mit einer linearen fast-komplexen Struktur J wie in Übung 5.46.

i.) Bestimmen Sie das Minimalpolynom von J, und faktorisieren Sie dieses.

ii.) Betrachten Sie den komplexifizierten Vektorraum $V_{\mathbb{C}}$ und zeigen Sie, dass $J_{\mathbb{C}}$ diagonalisierbar ist. Geben Sie die Spektralzerlegung mit den Eigenwerten und Eigenprojektoren explizit an. Hier können Sie sogar einen unendlich-dimensionalen reellen Vektorraum verwenden!

iii.) Zeigen Sie, dass die komplexe Konjugation auf $V_{\mathbb{C}}$ eine Bijektion zwischen den beiden Eigenräumen von $J_{\mathbb{C}}$ liefert. Folgern Sie, dass im endlich-dimensionalen Fall beide Eigenräume die komplexe Dimension n besitzen, sofern $\dim_{\mathbb{R}} V = 2n$.

iv.) Zeigen Sie, dass es für $\dim_{\mathbb{R}} V = 2n < \infty$ eine Basis $B \subseteq V$ gibt, sodass die Matrixdarstellung von J bezüglich B durch die Matrix Ω aus (5.7.38) gegeben ist.

v.) Sei $\dim_{\mathbb{R}} V = 2n < \infty$. Zeigen Sie, dass es zu je zwei linearen fast-komplexen Strukturen J und J' auf V einen invertierbaren Endomorphismus $A \in \mathrm{End}(V)$ gibt, welcher $J = AJ'A^{-1}$ erfüllt.

Hinweis: Benutzen Sie *iv.)* als gemeinsame Normalform.

Übung 6.30 (γ-Matrizen). Betrachten Sie die folgenden, in Blockform gegebenen komplexen 4×4-Matrizen

$$\gamma_0 = \begin{pmatrix} \mathbb{1}_2 & 0 \\ 0 & -\mathbb{1}_2 \end{pmatrix} \quad \text{und} \quad \gamma_i = \begin{pmatrix} 0 & \sigma_i \\ -\sigma_i & 0 \end{pmatrix}, \tag{6.8.15}$$

wobei $i = 1, 2, 3$ und σ_i die Pauli-Matrizen aus Übung 5.31 sind. Diese Matrizen heißen auch *γ-Matrizen*. Sie spielen eine zentrale Rolle in der relativistischen Quantenmechanik und Quantenfeldtheorie von Fermionen wie dem Elektron. Man beachte, dass hier zum Teil andere Normierungen in der Literatur gebräuchlich sind.

i.) Berechnen Sie alle Produkte der γ-Matrizen. Zeigen Sie so, dass $\gamma_i \gamma_j + \gamma_j \gamma_i = 2\eta_{ij} \mathbb{1}_4$ für $i, j = 0, \ldots, 3$ mit Zahlen $\eta_{ij} \in \mathbb{C}$, und bestimmen Sie diese Zahlen.

Hinweis: Übung 5.28.

ii.) Zeigen Sie, dass die γ-Matrizen linear unabhängig sind.

iii.) Berechnen Sie die Determinanten $\det(\gamma_i)$ für $i = 0, \ldots, 3$ der γ-Matrizen.

Übung 6.31 (Spur eines Projektors). Sei $P = P^2 \in \mathrm{M}_n(\Bbbk)$ ein Projektor in den $n \times n$-Matrizen über einem Körper $\Bbbk$. Zeigen Sie $\mathrm{tr}(P) = \mathrm{rank}(P)$.

Hinweis: Wählen Sie eine geeignete Basis von $\Bbbk^n$.

Übung 6.32 (Nilpotente Endomorphismen). Sei V ein endlich-dimensionaler Vektorraum über $\Bbbk$ und $A \in \mathrm{End}(V)$ nilpotent. Da der Beweis der Jordanschen Normalform für A ja durchaus recht aufwendig ist, interessiert man sich für leichtere Normalformen, die einfacher zu erreichen sind. Für viele Zwecke ist die folgende Form völlig ausreichend.

i.) Zeigen Sie, dass es eine Basis $B \subseteq V$ gibt, sodass die Matrix von A bezüglich dieser Basis eine echte obere Dreiecksmatrix ist.

Hinweis: Zeigen Sie zunächst $\ker(A) \subseteq \ker(A^2) \subseteq \cdots$. Wählen Sie nun eine Basis von $\ker(A)$, und ergänzen Sie diese sukzessive zu einer Basis von V.

ii.) Zeigen Sie umgekehrt, dass ein Endomorphismus mit einer echten oberen Dreiecksmatrix als darstellender Matrix bezüglich einer Basis immer nilpotent ist.

iii.) Zeigen Sie $\operatorname{tr}(A^k) = 0$ für alle $k \in \mathbb{N}$.

iv.) Übertragen Sie die Resultate auf eine echte *untere* Dreiecksform.

Übung 6.33 (Matrixpotenzen). Betrachten Sie die komplexen Matrizen

$$
D = \begin{pmatrix} 1 & 0 & 0 & 0 \\ 0 & 1 & 0 & 0 \\ 0 & 0 & 3i & 0 \\ 0 & 0 & 0 & 3i \end{pmatrix}, \quad
N = \begin{pmatrix} 0 & 3 & 0 & 0 \\ 0 & 0 & 0 & 0 \\ 0 & 0 & 0 & 0 \\ 0 & 0 & -2 & 0 \end{pmatrix} \quad \text{und} \quad
A = \begin{pmatrix} 1 & 3 & 0 & 0 \\ 0 & 1 & 0 & 0 \\ 0 & 0 & 3i & 0 \\ 0 & 0 & -2 & 3i \end{pmatrix}. \tag{6.8.16}
$$

i.) Zeigen Sie, dass D, N und A paarweise kommutieren.

ii.) Bestimmen Sie A^{2001} und A^{-42}. Wieso ist A invertierbar?

Übung 6.34 (Polynomialer Kalkül). Sei V ein nicht notwendigerweise endlich-dimensionaler Vektorraum über $\mathbb{k}$. Zeigen Sie dann die Eigenschaften (6.6.18) und (6.6.19) der Auswertung von Polynomen auf Endomorphismen in $\operatorname{End}(V)$.

Übung 6.35 (Jordan-Zerlegung). Finden Sie von den Matrizen

$$
A_1 = \begin{pmatrix} 2 & 3 & 4 & -2 \\ 0 & 1 & -7 & 1 \\ 0 & 0 & 4 & 8 \\ 0 & 0 & 0 & -1 \end{pmatrix}, \quad
A_2 = \begin{pmatrix} 1 & 2 & 0 \\ 0 & 1 & 0 \\ 0 & 0 & 3 \end{pmatrix} \quad \text{und} \quad
A_3 = \begin{pmatrix} 1 & 0 & 0 & 0 \\ 0 & 4 & 0 & 0 \\ 0 & 3 & 4 & 0 \\ 0 & -3 & 2 & 4 \end{pmatrix} \tag{6.8.17}
$$

die Jordan-Zerlegung. Weisen Sie alle erforderlichen Eigenschaften explizit nach.

Übung 6.36 (Jordansche Normalform). Betrachten Sie erneut die Matrix A aus Übung 6.33.

i.) Bestimmen Sie das charakteristische Polynom und die Eigenwerte von A.

ii.) Bestimmen Sie die verallgemeinerten Eigenräume von A. Ist A diagonalisierbar?

iii.) Bestimmen Sie das Minimalpolynom von A.

iv.) Finden Sie die Jordan-Zerlegung von A.

v.) Bestimmen Sie die Jordansche Normalform von A, indem Sie den Basiswechsel explizit angeben.

Übung 6.37 (Jordansche Normalform der Ableitung). Sei $n \in \mathbb{N}$ und $\mathbb{k}$ ein Körper der Charakteristik null. Betrachten Sie die Ableitung $\frac{\mathrm{d}}{\mathrm{d}x} \colon \mathbb{k}[x] \longrightarrow \mathbb{k}[x]$ aus Beispiel 5.10.

i.) Sei U_n der Unterraum der Polynome vom Grad $\leq n$. Zeigen Sie, dass $\frac{\mathrm{d}}{\mathrm{d}x}$ sich zu einem Endomorphismus $D_n \in \mathrm{End}(U_n)$ einschränkt.

ii.) Zeigen Sie, dass D_n nilpotent ist. Bestimmen Sie das Minimalpolynom von D_n.

iii.) Bestimmen Sie die Jordansche Normalform von D_n, indem Sie eine explizite Jordan-Basis konstruieren.

Übung 6.38 (Jordansche Normalform in kleinen Dimensionen). Sei $\Bbbk$ algebraisch abgeschlossen und $A, B \in \mathrm{M}_n(\Bbbk)$.

i.) Sei $n = 2$. Zeigen Sie, dass A genau dann ähnlich zu B ist, wenn $\chi_A = \chi_B$ und $m_A = m_B$.

ii.) Sei $n = 3$. Zeigen Sie, dass auch in diesem Fall A genau dann ähnlich zu B ist, wenn $\chi_A = \chi_B$ und $m_A = m_B$.

Hinweis: Bestimmen Sie hierzu alle möglichen Jordanschen Normalformen.

iii.) Sei $n \geq 4$. Finden Sie zwei nicht ähnliche Matrizen A und B, welche das gleiche charakteristische Polynom und das gleiche Minimalpolynom besitzen.

Übung 6.39 (Unendliche Jordan-Matrix). Betrachten Sie den Ring der unendlich großen Matrizen $\mathrm{M}_\infty(\Bbbk) = \Bbbk^{(\mathbb{N}) \times \mathbb{N}}$ für einen Körper $\Bbbk$. Sei weiter

$$
J = \begin{pmatrix} 0 & 1 & 0 & \cdots \\ & & \ddots & \ddots & \ddots \\ & & & \ddots & \ddots & \ddots \\ \vdots & & & & \ddots & \ddots \\ & & & & & \ddots \end{pmatrix} \tag{6.8.18}
$$

das unendliche Analogon einer Jordan-Matrix mit den Einträgen 1 oberhalb der Diagonale und sonst nur 0 als Einträge.

i.) Bestimmen Sie J^k für alle $k \in \mathbb{N}$ durch explizite Matrixmultiplikation. Ist J nilpotent?

ii.) Zeigen Sie, dass alle Potenzen J^k linear unabhängig sind. Gibt es eine polynomiale Identität, welche J erfüllt?

iii.) Wo haben Sie eine Matrix dieser Form schon gesehen?

Übung 6.40 (Kommutierende Matrizen). Seien $A, B \in \mathrm{M}_n(\Bbbk)$ gegeben.

i.) Sei $\lambda \in \Bbbk$ ein Eigenvektor von A. Zeigen Sie, dass B den Eigenraum V_λ von A nach V_λ abbildet, wenn $[A, B] = 0$. Zeigen Sie, dass für $[A, B] = 0$ die Matrix B auch den verallgemeinerten Eigenraum $\tilde{V}_\lambda$ von A nach $\tilde{V}_\lambda$ abbildet.

ii.) Nehmen Sie nun an, dass χ_A in Linearfaktoren zerfällt. Zeigen Sie, dass $[B, A] = 0$ genau dann gilt, wenn B mit allen Spektralprojektoren P_i von A und mit A_{N} vertauscht.

iii.) Sei nun A diagonalisierbar mit eindimensionalen Eigenräumen. Zeigen Sie, dass in diesem Fall $[A, B] = 0$ genau dann gilt, wenn $B = p(A)$ für ein Polynom $p \in \Bbbk[x]$.

iv.) Finden Sie für $n \geq 2$ umgekehrt eine diagonalisierbare Matrix A und eine Matrix B mit $[A, B] = 0$, so dass B *kein* Polynom in A ist.

Übung 6.41 (Jordansche Normalform und Transposition). Sei $A \in \mathrm{M}_n(\Bbbk)$ derart, dass $\chi_A \in \Bbbk[x]$ in Linearfaktoren zerfällt.

i.) Zeigen Sie, dass es für $n \geq 2$ kein $Q \in \mathrm{GL}_n(\Bbbk)$ gibt, sodass $B^{\mathrm{T}} = QBQ^{-1}$ für alle $B \in \mathrm{M}_n(\Bbbk)$.

ii.) Zeigen Sie, dass $\chi_{A^{\mathrm{T}}} = \chi_A$ und $m_{A^{\mathrm{T}}} = m_A$.

iii.) Zeigen Sie, dass die Jordan-Zerlegung von A^{T} durch $A^{\mathrm{T}} = (A_{\mathrm{S}})^{\mathrm{T}} + (A_{\mathrm{N}})^{\mathrm{T}}$ gegeben ist, wobei A_{S} und A_{N} der halbeinfache und der nilpotente Teil von A sind.

iv.) Zeigen Sie, dass A genau dann diagonalisierbar ist, wenn A^{T} diagonalisierbar ist.

v.) Zeigen Sie, dass A zu A^{T} ähnlich ist. Wieso ist dies ein nichttriviales Resultat?

Hinweis: Sie müssen zeigen, dass A und A^{T} die gleiche Jordansche Normalform haben. Lösen Sie das Problem zunächst für eine Jordan-Matrix $J_n^{\mathrm{T}} = Q_n J_n Q_n^{-1}$ explizit. Wie können Sie dann die einzelnen Q_n zusammenfügen?

Übung 6.42 (Eigenvektoren in unendlichen Dimensionen). Betrachten Sie einen Körper $\Bbbk$ der Charakteristik $\mathrm{char}(\Bbbk) = 0$ und den Vektorraum $\Bbbk[[x]]$ der formalen Potenzreihen über k.

i.) Zeigen Sie, dass die Ableitung aus Übung 5.3 eine wohldefinierte lineare Abbildung $\frac{\mathrm{d}}{\mathrm{d}x} : \Bbbk[[x]] \longrightarrow \Bbbk[[x]]$ liefert.

ii.) Zeigen Sie für formale Potenzreihen $f, g \in \Bbbk[[x]]$ die Leibniz-Regel

$$\frac{\mathrm{d}}{\mathrm{d}x}(fg) = \frac{\mathrm{d}f}{\mathrm{d}x}g + f\frac{\mathrm{d}g}{\mathrm{d}x}. \tag{6.8.19}$$

iii.) Bestimmen Sie alle Eigenwerte und zugehörige Eigenvektoren von $\frac{\mathrm{d}}{\mathrm{d}x}$.

Hinweis: Sei $\lambda \in \Bbbk$. Lösen Sie die Eigenwertgleichung $\frac{\mathrm{d}f}{\mathrm{d}x} = \lambda f$ Ordnung für Ordnung.

iv.) Zeigen Sie, dass für einen Eigenvektor f zum Eigenwert λ und einen Eigenvektor g zum Eigenwert μ, das Produkt fg ein Eigenvektor zum Eigenwert $\lambda + \mu$ ist.

v.) Zeigen Sie, dass es zu jedem Eigenwert λ von $\frac{\mathrm{d}}{\mathrm{d}x}$ genau einen Eigenvektor $e_\lambda \in \Bbbk[[x]]$ mit $e_\lambda\big|_{x=0} = 1$ gibt.

vi.) Zeigen Sie, dass der lineare Spann aller Eigenvektoren von $\frac{d}{dx}$ nicht ganz $\Bbbk[[x]]$ ist.

Hinweis: Widerspruchsbeweis. Stellen Sie x als Linearkombination von Eigenvektoren $e_{\lambda_1}, \ldots, e_{\lambda_n}$ zu Eigenwerten $\lambda_1, \ldots, \lambda_n$ dar. Wenden Sie nun oft genug $\frac{d}{dx}$ an, um ein lineares Gleichungssystem zu erhalten, dessen Lösung Sie kennen.

vii.) Bestimmen Sie anschließend die Eigenwerte und Eigenvektoren von $\frac{d}{dx}$ auf dem Unterraum der Polynome $\Bbbk[x]$.

Übung 6.43 (Spektralsatz in unendlichen Dimensionen). Sei V ein Vektorraum über $\Bbbk$ von beliebiger Dimension. Sei weiter $A \in \mathrm{End}(V)$. Nehmen Sie an, dass A eine Gleichung der Form

$$m_A(A) = 0 \quad \text{mit} \quad m_A(x) = (x - \lambda_1) \cdots (x - \lambda_k) \tag{6.8.20}$$

erfüllt, wobei $\lambda_1, \ldots, \lambda_k \in \Bbbk$ paarweise verschieden seien.

i.) Geben Sie verschiedene Beispiele für derartige Endomorphismen, die bereits in anderen Übungen aufgetreten sind.

ii.) Definieren Sie die Polynome $p_i \in \Bbbk[x]$ für $i = 1, \ldots, k$ durch

$$p_i(x) = \frac{(x - \lambda_1) \cdots (x - \lambda_{i-1})(x - \lambda_{i+1}) \cdots (x - \lambda_k)}{(\lambda_i - \lambda_1) \cdots (\lambda_i - \lambda_{i-1})(\lambda_i - \lambda_{i+1}) \cdots (\lambda_i - \lambda_k)}, \tag{6.8.21}$$

und setzen Sie $P_i = p_i(A)$. Zeigen Sie, dass

$$P_i P_j = \delta_{ij} P_i \tag{6.8.22}$$

für $i, j = 1, \ldots, k$ sowie

$$A = \sum_{i=1}^{k} \lambda_i P_i \quad \text{und} \quad \mathbb{1} = \sum_{i=1}^{k} P_i. \tag{6.8.23}$$

In diesem Sinne gilt also der Spektralsatz für A, und A ist diagonalisierbar.

iii.) Diskutieren Sie nun die Ergebnisse des Spektralsatzes in endlichen Dimensionen in diesem Licht. Was ist also die wirklich schwierige und nichttriviale Aussage?

Übung 6.44 (Die Abbildung $x\frac{d}{dx}$). Betrachten Sie einen Körper der Charakteristik $\mathrm{char}(\Bbbk) = 0$ sowie die Abbildung

$$\deg = x\frac{d}{dx} : \Bbbk[x] \longrightarrow \Bbbk[x] \tag{6.8.24}$$

auf den Polynomen mit Koeffizienten in $\Bbbk$.

i.) Zeigen Sie, dass die Basis der Monome aus Eigenvektoren von $\deg$ besteht, und bestimmen Sie die Eigenwerte. In diesem Sinne ist $\deg$ also diagonalisierbar.

ii.) Zeigen Sie, dass deg keine nichttriviale polynomiale Identität erfüllt. Insbesondere besitzt deg kein Minimalpolynom.

Hinweis: Mit anderen Worten, Sie müssen zeigen, dass alle Potenzen $\deg^k$ linear unabhängig sind. Werten Sie ein Polynom $p(\deg)$ auf allen Monomen x^n aus, und werten Sie anschließend das erhaltene Polynom bei $x = 1$ aus.

Übung 6.45 (Spektrum und polynomialer Kalkül). Sei $A \in \mathrm{End}(V)$ mit einem nicht notwendigerweise endlich-dimensionalen komplexen Vektorraum V. Sei weiter $p \in \mathbb{C}[x]$ ein komplexes Polynom.

i.) Zeigen Sie, dass jeder Eigenvektor $v \in V$ von A ein Eigenvektor von $p(A)$ ist und bestimmen Sie den zugehörigen Eigenwert.

ii.) Sei $\lambda \in \mathbb{C}$ derart, dass $A - \lambda$ nicht invertierbar ist. In endlichen Dimensionen bedeutet dies gerade, dass λ ein Eigenwert ist. Wir wollen hier aber beliebige Dimensionen zulassen. Zeigen Sie, dass dann auch $p(A) - p(\lambda)$ nicht invertierbar ist.

Hinweis: Faktorisieren Sie das Polynom $p(x) - p(\lambda)$ auf geeignete Weise.

iii.) Sei nun $\mu \in \mathbb{C}$ derart, dass $p(A) - \mu$ nicht invertierbar ist. Zeigen Sie, dass es dann ein $\lambda \in \mathbb{C}$ mit $p(\lambda) = \mu$ gibt, sodass $A - \lambda$ nicht invertierbar ist.

Hinweis: Verwenden Sie den Fundamentalsatz der Algebra für das Polynom $p(x) - \mu$, und setzen Sie dann A ein.

iv.) Finden Sie ein einfaches Gegenbeispiel, dass für algebraisch nicht abgeschlossene Körper die Schlussfolgerung aus *iii.)* nicht notwendigerweise gilt.

v.) Seien $\mathrm{spec}(A) \subseteq \mathbb{C}$ diejenigen Zahlen λ, für welche $A - \lambda$ nicht invertierbar ist. Dies verallgemeinert unseren bisherigen Begriff von Spektrum auch für unendliche Dimensionen. Folgern Sie

$$\mathrm{spec}(p(A)) = p(\mathrm{spec}(A)). \tag{6.8.25}$$

Dieser Sachverhalt ist die polynomiale (und damit einfachste) Version des *Spectral Mapping Theorem*, welches viele weitere Formulierungen besitzt.

Übung 6.46 (Spektrum des Inversen). Betrachten Sie eine invertierbare Matrix $A \in \mathrm{GL}_n(\Bbbk)$. Zeigen Sie, dass $\lambda \in \Bbbk$ genau dann ein Eigenwert von A ist, wenn $\lambda \neq 0$ und λ^{-1} ein Eigenwert von A^{-1} ist.

Hinweis: Welche Eigenvektoren erwarten Sie für A^{-1}?

Übung 6.47 (Alternativer Beweis von Korollar 6.110). Finden Sie einen alternativen Beweis von Korollar 6.110, der ohne die Verwendung von Satz 6.109 auskommt.

Übung 6.48 (Lineare Rekursionen). Seien $c_1, \ldots, c_k \in \Bbbk$ gegeben. Man interessiert sich nun für Folgen $(a_n)_{n \in \mathbb{N}} \in \Bbbk^{\mathbb{N}}$ derart, dass die lineare Rekursionsgleichung

$$a_n = c_1 a_{n-1} + c_2 a_{n-2} + \cdots + c_k a_{n-k} \tag{6.8.26}$$

für alle $n > k$ gilt, wobei $a_1, a_2, \ldots a_k$ frei vorgegeben werden.

i.) Zeigen Sie, dass die Menge aller Folgen, die (6.8.26) erfüllen, ein k-dimensionaler Unterraum von $\Bbbk^{\mathbb{N}}$ ist, sofern $c_1 \neq 0$ ist. Dies wollen wir im Folgenden immer annehmen.

ii.) Zeigen Sie, dass es eine Matrix $C \in M_k(\Bbbk)$ gibt, sodass die Bedingung (6.8.26) zu

$$\begin{pmatrix} a_n \\ a_{n-1} \\ \vdots \\ a_{n-k+1} \end{pmatrix} = C \begin{pmatrix} a_{n-1} \\ a_{n-2} \\ \vdots \\ a_{n-k} \end{pmatrix} \tag{6.8.27}$$

äquivalent ist, jeweils für alle $n > k$. Bestimmen Sie die Matrix C explizit.

iii.) Lösen Sie die Rekursion explizit: Bestimmen Sie a_n für alle $n > k$ bei beliebig vorgegebenen Startwerten $a_1, \ldots, a_k \in \Bbbk$, indem Sie die Potenzen von C verwenden.

iv.) Wie vereinfacht sich Teil *iii.)*, wenn C zudem diagonalisierbar ist?

v.) Betrachten Sie $\Bbbk = \mathbb{R}$ sowie die rekursiv definierte *Fibonacci-Folge*

$$a_n = a_{n-1} + a_{n-2} \quad \text{mit} \quad a_1 = a_2 = 1. \tag{6.8.28}$$

Bestimmen Sie a_n für alle n explizit.

vi.) Betrachten Sie die *Bandmatrix* $A_n \in M_n(\mathbb{R})$

$$A_n = \begin{pmatrix} 1 & a & 0 & 0 & \ldots \ldots & 0 \\ b & 1 & a & 0 & \ldots \ldots & 0 \\ 0 & b & 1 & a & \ldots \ldots & 0 \\ \vdots & & & & & \vdots \\ 0 & \ldots \ldots & 0 & b & 1 & a \\ 0 & \ldots \ldots & 0 & 0 & b & 1 \end{pmatrix} \tag{6.8.29}$$

für $n \geq 3$ und $a, b \in \mathbb{R}$. Bestimmen Sie $\det A_n$, indem Sie eine geeignete lineare Rekursionsgleichung aufstellen.

Übung 6.49 (Inäquivalente Jordan-Normalformen). Sei $\Bbbk$ ein Körper. Bestimmen Sie alle inäquivalenten Jordanschen Normalformen von nilpotenten Matrizen $N \in M_n(\Bbbk)$ für $n = 2, 3, 4, 5, 6$. Berechnen Sie explizit alle nichttrivialen Potenzen dieser Normalformen sowie deren Bild, Kern und Rang, und bestimmen Sie das charakteristische Polynom sowie das Minimalpolynom.

Übung 6.50 (Beweisen oder widerlegen). Beweisen oder widerlegen Sie folgende Aussagen. Finden Sie gegebenenfalls zusätzliche Bedingungen, unter denen falsche Aussagen richtig werden.

i.) Die Determinante einer Matrix mit ganzzahligen Einträgen ist ganzzahlig.

ii.) Die inverse Matrix einer invertierbaren Matrix mit ganzzahligen Einträgen hat ebenfalls ganzzahlige Einträge.

iii.) Für beliebige quadratische Blockmatrizen $X = \left(\begin{smallmatrix} A & B \\ C & D \end{smallmatrix} \right)$ mit gleich großen Blöcken gilt $\det(X) = \det(A)\det(D) - \det(B)\det(C)$.

iv.) Es gibt einen reellen Vektorraum V, sodass der Dualraum V^* eine abzählbar unendliche Basis hat.

v.) Äquivalente Matrizen sind insbesondere auch ähnlich.

vi.) Ähnliche Matrizen sind insbesondere auch äquivalent.

vii.) Äquivalente (ähnliche) Matrizen haben die gleiche Determinante und die gleiche Spur.

viii.) Eine 2×2-Matrix $A \in M_2(\mathbb{C})$ mit rationalen Einträgen und Determinante 5 ist diagonalisierbar.

ix.) Eine 3×3-Matrix $A \in M_3(\mathbb{C})$ mit rationalen Einträgen und Determinante 5 ist diagonalisierbar.

x.) Eine reelle Matrix A mit $\det(A^3) = 1$ hat Determinante $\det(A) = 1$.

xi.) Eine $n \times n$-Matrix mit n paarweise verschiedenen Eigenwerten ist invertierbar.

xii.) Die Determinante einer Matrix ist das Produkt ihrer Eigenwerte (mit Multiplizität).

xiii.) Die Spur einer Matrix ist die Summe ihrer Eigenwerte (mit Multiplizität).

xiv.) Seien $A, B \in M_4(\mathbb{k})$ mit

$$A = \begin{pmatrix} 0 & 1 & 0 & 0 \\ 0 & 0 & 0 & 0 \\ 0 & 0 & 0 & 1 \\ 0 & 0 & 0 & 0 \end{pmatrix} \quad \text{und} \quad B = \begin{pmatrix} 0 & 1 & 0 & 0 \\ 0 & 0 & 1 & 0 \\ 0 & 0 & 0 & 0 \\ 0 & 0 & 0 & 0 \end{pmatrix} \tag{6.8.30}$$

gegeben. Dann existiert eine Matrix $Q \in GL_4(\mathbb{k})$ mit $A = QBQ^{-1}$.

xv.) Es gibt zwei Matrizen $P, Q \in M_n(\mathbb{C})$ mit $[P, Q] = \mathbb{1}$.

xvi.) Sei $A \in M_n(\mathbb{k})$ eine obere Dreiecksmatrix. Dann ist die Matrix $N = A - \operatorname{diag}(a_{11}, \dots, a_{nn})$ nilpotent, wobei a_{ii} die Diagonaleinträge von A sind.

xvii.) Sei $A \in M_n(\mathbb{C})$ eine obere Dreiecksmatrix. Dann ist der halbeinfache Teil A_S von A die Diagonalmatrix der Diagonaleinträge von A und der nilpotente Anteil A_N von A ist entsprechend der Rest $A_N = A - A_S$.

xviii.) Es gibt eine Matrix $A \in M_n(\mathbb{k})$ mit $A^n \neq 0$, aber $A^{n+1} = 0$.

xix.) Eine lineare Abbildung $A\colon V \longrightarrow V$ auf einem unendlich-dimensionalen Vektorraum hat höchstens abzählbar viele verschiedene Eigenwerte.

xx.) Für $A \in \mathrm{M}_n(\Bbbk)$ mit Minimalpolynom $m_A(x) = (x - \lambda_1)^{m_1} \cdots (x - \lambda_k)^{m_k}$ ist m_i die Dimension des i-ten verallgemeinerten Eigenraums $\tilde{V}_{\lambda_i}$.

xxi.) Für $A \in \mathrm{M}_n(\Bbbk)$ mit Minimalpolynom $m_A(x) = (x - \lambda_1)^{m_1} \cdots (x - \lambda_k)^{m_k}$ ist m_i die kleinste Zahl, sodass $(A - \lambda_i \mathbb{1})^{m_i}\big|_{\tilde{V}_{\lambda_i}} = 0$ gilt.

xxii.) Für $A \in \mathrm{M}_n(\Bbbk)$ mit Minimalpolynom $m_A(x) = (x - \lambda_1)^{m_1} \cdots (x - \lambda_k)^{m_k}$ ist m_i die Größe der größten Jordan-Matrix in der Jordanschen Normalform von $A - \lambda_i \mathbb{1}$, eingeschränkt auf $\tilde{V}_{\lambda_i}$.

xxiii.) Eine Matrix $A \in \mathrm{M}_n(\Bbbk)$ ist genau dann nilpotent, wenn A^{T} nilpotent ist.

xxiv.) Seien $A, B \in \mathrm{M}_n(\Bbbk)$ und A habe ein in Linearfaktoren zerfallendes charakteristisches Polynom. Dann gilt $[B, A] = 0$ genau dann, wenn B mit allen Spektralprojektoren von A vertauscht.

xxv.) Ist $\lambda \in \Bbbk$ ein Eigenwert von $A \in \mathrm{M}_n(\Bbbk)$, so ist λ^2 ein Eigenwert von A^2 mit gleicher (kleinerer, größerer) geometrischer Vielfachheit.

Kapitel 7
Euklidische und unitäre Vektorräume

Bislang hatten wir Vektorräume und lineare Abbildungen zwischen ihnen *ohne* jede weitere Struktur studiert. In diesem Kapitel wollen wir nun eine erste zusätzliche Struktur hinzunehmen, die es erlaubt, geometrischen Fragestellungen nachzugehen. Wie schon in Abschn. 1.3 skizziert, benötigt man zur Definition von Längen und Winkeln eine zusätzliche Information. Die noch recht heuristischen Überlegungen aus Abschn. 1.3 wollen wir daher nun systematischer formulieren, was uns auf das Studium von Skalarprodukten führen wird. Da wir bei Skalarprodukten gewisse Positivitätseigenschaften fordern werden (Längen sind positiv), werden wir uns in diesem Kapitel hauptsächlich auf Vektorräume über $\mathbb{R}$ oder $\mathbb{C}$ konzentrieren. Zudem werden in diesem Kapitel die Vektorräume meist endlich-dimensional sein: Zwar sind die entscheidenden Definitionen unabhängig von der Dimension möglich, in unendlichen Dimensionen werden die wichtigen Sätze jedoch ohne den massiven Einsatz von (funktional-) analytischen Techniken nicht zu erreichen sein. Diese für uns momentan unzugänglichen Situationen sind trotzdem für die Mathematik von größter Wichtigkeit. Ihr Studium erfolgt dann in der Funktionalanalysis der Hilbert-Räume und findet ihre fundamentale Anwendung und Inspiration in der Quantenmechanik.

7.1 Innere Produkte

In diesem Abschnitt darf $\mathbb{k}$ noch ein beliebiger Körper sein. In Anlehnung an die Eigenschaften des kanonischen Skalarprodukts von $\mathbb{R}^3$ definieren wir ein inneres Produkt nun folgendermaßen:

Definition 7.1 (Inneres Produkt). Sei V ein Vektorraum über $\mathbb{k}$. Ein inneres Produkt auf V ist eine Abbildung

$$\langle \cdot, \cdot \rangle \colon V \times V \longrightarrow \mathbb{k} \tag{7.1.1}$$

© Springer-Verlag GmbH Deutschland, ein Teil von Springer Nature 2021
S. Waldmann, *Lineare Algebra 1*, https://doi.org/10.1007/978-3-662-63263-5_7

mit folgenden Eigenschaften:

i.) Die Abbildung $\langle\,\cdot\,,\,\cdot\,\rangle$ ist linear im zweiten Argument, es gilt also

$$\langle v, \lambda w + \mu u\rangle = \lambda\langle v, w\rangle + \mu\langle v, u\rangle \qquad (7.1.2)$$

für alle $\lambda, \mu \in \Bbbk$ und $v, w, u \in V$.

ii.) Die Abbildung $\langle\,\cdot\,,\,\cdot\,\rangle$ ist symmetrisch, es gilt also für alle $v, w \in V$

$$\langle v, w\rangle = \langle w, v\rangle. \qquad (7.1.3)$$

iii.) Die Abbildung $\langle\,\cdot\,,\,\cdot\,\rangle$ ist nicht-ausgeartet, es gilt also für alle $v \in V$

$$\langle v, w\rangle = 0 \text{ für alle } w \in V \implies v = 0. \qquad (7.1.4)$$

Bemerkung 7.2 (Inneres Produkt). Sei V ein Vektorraum über $\Bbbk$.

i.) Ein inneres Produkt $\langle\,\cdot\,,\,\cdot\,\rangle$ ist linear im ersten Argument. Dies folgt sofort aus (7.1.2) und (7.1.3). Damit sind innere Produkte also erste Beispiele für (symmetrische) *Bilinearformen*, also spezielle bilineare Abbildungen $V \times V \longrightarrow \Bbbk$. Wir bezeichnen die Bilinearformen auf V gelegentlich mit $\mathrm{Bil}(V)$.

ii.) Eine symmetrische Bilinearform ist genau dann ein inneres Produkt, wenn sie nicht-ausgeartet ist.

iii.) Ist $\langle\,\cdot\,,\,\cdot\,\rangle$ eine Bilinearform auf V, so definiert für jedes $v \in V$

$$v^\flat = \langle v, \,\cdot\,\rangle \colon V \ni w \mapsto \langle v, w\rangle \in \Bbbk \qquad (7.1.5)$$

eine lineare Abbildung $v^\flat \in V^*$: Dies ist gerade die Linearität von $\langle\,\cdot\,,\,\cdot\,\rangle$ im zweiten Argument. Die Linearität im ersten Argument zeigt nun, dass die Abbildung

$$\flat \colon V \ni v \mapsto v^\flat \in V^* \qquad (7.1.6)$$

selbst eine lineare Abbildung ist. Wenn $\langle\,\cdot\,,\,\cdot\,\rangle$ nicht symmetrisch ist, besteht natürlich eine Willkür bei der Definition von $v\flat$: Alternativ hätten wir ja auch $\langle\,\cdot\,, v\rangle$ verwenden können. Wir werden jedoch hauptsächlich symmetrische Bilinearformen betrachten, sodass diese Wahl keine Rolle spielt. Man nennt die Abbildung $\flat \colon V \longrightarrow V^*$ auch den *musikalischen Homomorphismus*, der zur Bilinearform $\langle\,\cdot\,,\,\cdot\,\rangle$ gehört. Die Bezeichnung wird in Band 2 klarer werden.

iv.) Die Bilinearform $\langle\,\cdot\,,\,\cdot\,\rangle$ ist genau dann nicht-ausgeartet (im ersten Argument, falls $\langle\,\cdot\,,\,\cdot\,\rangle$ nicht symmetrisch ist), wenn der zugehörige musikalische Homomorphismus (7.1.6) injektiv ist. In der Tat, ist nämlich $\langle\,\cdot\,,\,\cdot\,\rangle$ nicht-ausgeartet, so gibt es zu jedem $v \in V \setminus \{0\}$ ein $w \in V$ mit $0 \neq \langle v, w\rangle = v^\flat(w)$. Daher ist $v^\flat$ selbst von null verschieden und $\ker(\flat) = \{0\}$ ist trivial. Ist umgekehrt der Kern von $\flat$ trivial, also $v^\flat = 0$

nur für $v = 0$, so gibt es zu jedem $v \neq 0$ ein w mit $0 \neq v^\flat(w) = \langle v, w \rangle$. Dies bedeutet gerade, dass $\langle \cdot, \cdot \rangle$ nicht-ausgeartet ist.

v.) In der Literatur werden Bilinearformen und innere Produkte auf vielfältige Weise bezeichnet. Neben $\langle \cdot, \cdot \rangle$ sind auch $(\cdot, \cdot)$, $h(\cdot, \cdot)$ oder $\langle \cdot \mid \cdot \rangle$ üblich.

Proposition 7.3. *Sei V ein Vektorraum über $\Bbbk$.*

i.) Ist $B \subseteq V$ eine Basis von V und $\langle \cdot, \cdot \rangle$ eine Bilinearform auf V, so gilt

$$\langle v, w \rangle = \sum_{b, b' \in B} v_b \langle b, b' \rangle w_{b'} \tag{7.1.7}$$

für alle $v, w \in V$, wobei v_b und $w_{b'}$ wie immer die Entwicklungskoeffizienten bezüglich der Basis B darstellen. Insbesondere ist $\langle \cdot, \cdot \rangle$ durch die Matrix

$$[\langle \cdot, \cdot \rangle]_{B,B} = \left(\langle b, b' \rangle \right)_{b, b' \in B} \in \Bbbk^{B \times B} \tag{7.1.8}$$

eindeutig bestimmt.

ii.) Ist $B \subseteq V$ eine Basis und ist $M = (M_{bb'})_{b, b' \in B} \in \Bbbk^{B \times B}$ eine beliebige Matrix, so gibt es genau eine Bilinearform $\langle \cdot, \cdot \rangle$ auf V mit $\langle b, b' \rangle = M_{bb'}$ für alle $b, b' \in B$.

iii.) Die Bilinearformen auf V bilden einen Unterraum von $\mathrm{Abb}(V \times V, \Bbbk)$. Ist $B \subseteq V$ eine Basis, so ist

$$\mathrm{Bil}(V) \ni \langle \cdot, \cdot \rangle \mapsto [\langle \cdot, \cdot \rangle]_{B,B} \in \Bbbk^{B \times B} \tag{7.1.9}$$

ein Isomorphismus.

iv.) Die symmetrischen Bilinearformen bilden einen Unterraum von $\mathrm{Bil}(V)$. Eine Bilinearform ist genau dann symmetrisch, wenn ihre zugehörige Matrix $(\langle b, b' \rangle)_{b, b' \in B}$ bezüglich einer (und damit bezüglich jeder) Basis symmetrisch ist, also

$$\left(\langle b, b' \rangle \right)^{\mathrm{T}}_{b, b' \in B} = \left(\langle b, b' \rangle \right)_{b, b' \in B}. \tag{7.1.10}$$

v.) Es gibt nicht-ausgeartete symmetrische Bilinearformen auf V.

Beweis. Sei B eine Basis von V und $v = \sum_{b \in B} v_b b$ sowie $w = \sum_{b' \in B} w_{b'} b'$ die Basisdarstellungen von $v, w \in V$. Die Linearität von $\langle \cdot, \cdot \rangle$ im ersten und im zweiten Argument liefert dann (7.1.7). Damit legt die Matrix (7.1.8) die Bilinearform also eindeutig fest. Man beachte, dass in der Summe in (7.1.7) nur endlich viele Terme ungleich null sind, da nur endlich viele der Zahlen v_b und $w_{b'}$ von null verschieden sind. Die Einträge $\langle b, b' \rangle$ dagegen können beliebig sein: Ist nämlich $M = (M_{bb'})_{b, b' \in B}$ eine beliebige Matrix in $\Bbbk^{B \times B}$, so definieren wir $\langle \cdot, \cdot \rangle \colon V \times V \longrightarrow \Bbbk$ durch

$$\langle v, w \rangle = \sum_{b,b' \in B} v_b M_{bb'} w_{b'}. \tag{7.1.11}$$

Da $_B[v]$, $_B[w] \in \Bbbk^{(B)}$ nur endlich viele Einträge ungleich null besitzen, ist
(7.1.11) tatsächlich wohldefiniert. Die Bilinearität von (7.1.11) folgt nun daraus, dass die Koordinatenfunktionen $v \mapsto v_b$ und $w \mapsto w_{b'}$ linear sind. Die dar-
stellende Matrix von $\langle \cdot, \cdot \rangle$ ist offenbar gerade M. Damit ist auch der zweite
Teil gezeigt. Für den dritten Teil bemerken wir, dass $\mathrm{Bil}(V) \subseteq \mathrm{Abb}(V \times V, \Bbbk)$
dank der punktweise erklärten Vektorraumstruktur von $\mathrm{Abb}(V \times V, \Bbbk)$ ein
Unterraum wird: Sind nämlich $\langle \cdot, \cdot \rangle$ und $\langle \cdot, \cdot \rangle'$ zwei Bilinearformen, so ist
auch

$$(\lambda \langle \cdot, \cdot \rangle + \mu \langle \cdot, \cdot \rangle')(v, w) = \lambda \langle v, w \rangle + \mu \langle v, w \rangle'$$

für alle $\lambda, \mu \in \Bbbk$ wieder eine Bilinearform, was man leicht nachprüft. Die
Abbildung (7.1.9) ist linear, denn

$$(\lambda \langle \cdot, \cdot \rangle + \mu \langle \cdot, \cdot \rangle')(b, b') = \lambda \langle b, b' \rangle + \mu \langle b, b' \rangle'$$

gilt für alle $\lambda, \mu \in \Bbbk$, womit

$$\big((\lambda \langle \cdot, \cdot \rangle + \mu \langle \cdot, \cdot \rangle')(b, b') \big)_{b,b' \in B} = \lambda \big(\langle b, b' \rangle \big)_{b,b' \in B} + \mu \big(\langle b, b' \rangle' \big)_{b,b' \in B}.$$

Der erste und der zweite Teil liefern dann die Bijektivität von (7.1.9). Unter den punktweisen Vektorraumoperationen von $\mathrm{Abb}(V \times V, \Bbbk)$ bleibt die
Symmetrie $\langle v, w \rangle = \langle w, v \rangle$ offenbar erhalten. Weiter ist $\langle \cdot, \cdot \rangle$ genau dann
symmetrisch, wenn $\langle b, b' \rangle = \langle b', b \rangle$ für alle Vektoren $b, b' \in B$ einer Basis von
V gilt. Dies sieht man anhand der Basisdarstellung (7.1.7) direkt, was den
vierten Teil zeigt. Für den letzten Teil wählen wir eine Basis $B \subseteq V$ und be-
trachten diejenige eindeutig bestimmte Bilinearform $\langle \cdot, \cdot \rangle$ mit $\langle b, b' \rangle = \delta_{bb'}$
für alle $b, b' \in B$. Da $\delta_{bb'} = \delta_{b'b}$ gilt, ist diese Bilinearform nach dem vierten
Teil symmetrisch. Für $v \in V$ gilt dann

$$\langle v, b'' \rangle = \sum_{b,b' \in B} v_b \delta_{bb'} b''_{b'} = \sum_{b,b' \in B} v_b \delta_{bb'} \delta_{b''b'} = v_{b''},$$

da ja die Koordinaten eines Basisvektors durch Kronecker-δ gegeben sind.
Daher ist $\langle v, \cdot \rangle = 0$ genau dann erfüllt, wenn für alle $b'' \in B$ die Koordinate
$v_{b''}$ verschwindet. Dies ist aber äquivalent zu $v = 0$, womit $\langle \cdot, \cdot \rangle$ tatsächlich
nicht-ausgeartet ist. $\square$

Korollar 7.4. *Auf jedem Vektorraum gibt es innere Produkte.*

Korollar 7.5. *Ist* $\langle \cdot, \cdot \rangle \colon V \times V \longrightarrow \Bbbk$ *eine Bilinearform, und sind* $A, B \subseteq V$
Basen, so gilt

$$[\langle \cdot, \cdot \rangle]_{B,B} = \big(_A[\mathrm{id}_V]_B \big)^{\mathsf{T}} \cdot [\langle \cdot, \cdot \rangle]_{A,A} \cdot {}_A[\mathrm{id}_V]_B. \tag{7.1.12}$$

Beweis. Wir schreiben jeden Basisvektor $b \in B$ als Linearkombination der Basisvektoren aus A durch

$$b = \sum_{a \in A} b_a \cdot a.$$

Wie wir aus (5.4.22) wissen, gilt $_A[\mathrm{id}_V]_B = (b_a)_{\substack{a \in A \\ b \in B}}$. Damit gilt also

$$\langle b, b' \rangle = \sum_{a, a' \in A} b_a \langle a, a' \rangle b'_{a'},$$

was gerade (7.1.12) ist, wenn man für $Q \in \Bbbk^{(A) \times B}$ mit $Q = (Q_{ab})$, wie bereits geschehen, Q^{T} als $(Q_{ba}^{\mathrm{T}}) = (Q_{ab}) \in \Bbbk^{B \times (A)}$ definiert. Man beachte, dass beide Summationen in (7.1.12) über die Vektoren aus A laufen und für festes $b, b' \in B$ jeweils nur endlich viele von null verschiedene Terme beinhalten. $\square$

Bemerkung 7.6. Ist V ein endlich-dimensionaler Vektorraum, und ist $B = (b_1, \ldots, b_n)$ eine geordnete Basis, so sind die Bilinearformen $\langle \cdot, \cdot \rangle$ auf V via Proposition 7.3, *iii.*), zum Vektorraum $\mathrm{M}_n(\Bbbk)$ isomorph. Man beachte jedoch das Transformationsverhalten (7.1.12) unter einem Basiswechsel: Ist $Q = {}_A[\mathrm{id}_V]_B \in \mathrm{GL}_n(\Bbbk)$ die Matrix des Basiswechsels, so gilt

$$[\langle \cdot, \cdot \rangle]_{B,B} = Q^{\mathrm{T}} [\langle \cdot, \cdot \rangle]_{A,A} Q. \tag{7.1.13}$$

Das ist verschieden vom Transformationsverhalten einer linearen Abbildung $\Phi \in \mathrm{End}(V)$, für welche ja

$$_B[\Phi]_B = Q^{-1} {}_A[\Phi]_A Q \tag{7.1.14}$$

gilt, siehe Definition 6.46 beziehungsweise Korollar 5.43. Daher spielt es eine entscheidende Rolle, ob man eine Matrix als Bilinearform oder als lineare Abbildung auffassen möchte.

Bemerkung 7.7. Ist $\langle \cdot, \cdot \rangle \in \mathrm{Bil}(V)$ eine Bilinearform und $B \subseteq V$ eine Basis, so können wir den Spaltenvektor $_B[v] \in \Bbbk^{(B)}$ wie immer als $B \times 1$-Matrix auffassen. Entsprechend ist dann der Zeilenvektor $_B[v]^{\mathrm{T}}$ eine $1 \times B$-Matrix. Die Bilinearform $\langle \cdot, \cdot \rangle$ können wir dann folgendermaßen in Koordinaten auswerten: Für $v, w \in V$ gilt

$$\langle v, w \rangle = (_B[v])^{\mathrm{T}} \cdot [\langle \cdot, \cdot \rangle]_{B,B} \cdot {}_B[w] \tag{7.1.15}$$

im Sinne der Matrixmultiplikation. Das Resultat ist eine 1×1-Matrix, also eine Zahl in $\Bbbk$.

Kontrollfragen. Wie ist die Matrix einer Bilinearform definiert? Worin besteht der Unterschied zur Matrix einer linearen Abbildung? Was ist der musikalische Homomorphismus? Wie viele Bilinearformen auf einem Vektorraum gibt es?

7.2 Skalarprodukte

Wir wollen nun auch die letzte Eigenschaft, nämlich die Positivität aus Proposition 1.8, *iii.)*, axiomatisieren, um so eine allgemeine Definition für ein Skalarprodukt zu finden. Da wir jedoch in einem beliebigen Körper nicht einfach von „positiven" Zahlen sprechen können, beschränken wir uns von nun an auf $\Bbbk = \mathbb{R}$. Es ist prinzipiell jedoch möglich, die folgenden Begriffe auch in etwas größerer Allgemeinheit für *geordnete Körper* zu diskutieren. Wir wollen dies jedoch der Einfachheit wegen unterlassen.

Die folgende Begriffsbildung ist dann eine einfache Übertragung der Eigenschaften des kanonischen Skalarprodukts aus Abschn. 1.3:

Definition 7.8 (Skalarprodukt). Sei V ein reeller Vektorraum und $\langle \cdot , \cdot \rangle$ eine symmetrische Bilinearform auf V.

i.) Die Bilinearform $\langle \cdot , \cdot \rangle$ heißt positiv semidefinit, falls für alle $v \in V$

$$\langle v, v \rangle \geq 0. \tag{7.2.1}$$

ii.) Die Bilinearform $\langle \cdot , \cdot \rangle$ heißt positiv definit, falls für alle $v \in V \setminus \{0\}$

$$\langle v, v \rangle > 0. \tag{7.2.2}$$

iii.) Eine positiv definite, symmetrische Bilinearform auf V heißt Skalarprodukt auf V.

Beispiel 7.9 (Kanonisches Skalarprodukt, I). Wir betrachten für $V = \mathbb{R}^n$ die Bilinearform

$$\langle x, y \rangle = \sum_{i=1}^{n} x_i y_i = x^{\mathrm{T}} y, \tag{7.2.3}$$

wobei $x, y \in \mathbb{R}^n$ und $x_i, y_i \in \mathbb{R}$ die i-te Koordinate bezüglich des i-ten Basisvektors e_i der Standardbasis ist. Man beachte, dass die Matrix x^{T} nur eine Zeile hat und daher $x^{\mathrm{T}} y$ als Matrixprodukt eine 1×1-Matrix liefert. Dies liefert dann ausgeschrieben die Summe in (7.2.3). Offenbar ist $\langle \cdot , \cdot \rangle$ symmetrisch und bilinear. Weiter gilt

$$\langle x, x \rangle = \sum_{i=1}^{n} x_i^2 > 0 \tag{7.2.4}$$

für alle $x \neq 0$, da eine Summe von Quadraten in $\mathbb{R}$ genau dann verschwindet, wenn jedes einzelne Quadrat verschwindet. Also ist $\langle \cdot , \cdot \rangle$ ein Skalarprodukt, das *kanonische Skalarprodukt* auf $\mathbb{R}^n$. Für $n = 3$ erhalten wir gerade das Skalarprodukt aus Definition 1.7.

Proposition 7.10 (Cauchy-Schwarz-Ungleichung, I). *Sei V ein reeller Vektorraum und $\langle \cdot , \cdot \rangle$ eine positiv semidefinite, symmetrische Bilinearform auf V. Dann gilt für alle $v, w \in V$*

$$|\langle v, w\rangle|^2 \le \langle v, v\rangle\langle w, w\rangle. \tag{7.2.5}$$

Beweis. Der Beweis ist nahezu wörtlich derselbe wie in Proposition 1.9: Wir müssen nur den Fall $\langle v, v\rangle = 0$ gesondert betrachten. Sei also zunächst $v \in V$ mit $\langle v, v\rangle = 0$ gegeben. Dann gilt für alle $\lambda \in \mathbb{R}$ und alle $w \in V$

$$0 \le \langle \lambda v + w, \lambda v + w\rangle = \lambda^2\langle v, v\rangle + 2\lambda\langle v, w\rangle + \langle w, w\rangle = 2\lambda\langle v, w\rangle + \langle w, w\rangle. \tag{7.2.6}$$

Da $\lambda \in \mathbb{R}$ beliebig ist, kann dies nur dann der Fall sein, wenn $\langle v, w\rangle = 0$ gilt. Wäre nämlich $\langle v, w\rangle \ne 0$, so wäre die rechte Seite von (7.2.6) ein lineares Polynom und hätte als solches eine Nullstelle bei $\lambda_0 = -\frac{\langle w,w\rangle}{\langle v,w\rangle}$. Jenseits dieser Nullstelle nimmt es dann aber beiderlei Vorzeichen an, im Widerspruch zu (7.2.6). Also folgt (7.2.5) für diesen Fall. Ist nun $\langle v, v\rangle > 0$, so können wir den Beweis von Proposition 1.9 übernehmen. $\qquad\square$

Korollar 7.11. *Sei V ein reeller Vektorraum und $\langle \cdot, \cdot\rangle$ eine positiv semidefinite symmetrische Bilinearform. Dann sind äquivalent:*

i.) Die Bilinearform $\langle \cdot, \cdot\rangle$ ist positiv definit.

ii.) Die Bilinearform $\langle \cdot, \cdot\rangle$ ist nicht-ausgeartet.

Beweis. Die Implikation *i.)* $\implies$ *ii.)* ist trivial. Sei also $\langle \cdot, \cdot\rangle$ nicht-ausgeartet und $v \in V$ mit $\langle v, v\rangle = 0$ gegeben. Dann gilt $\langle v, w\rangle = 0$ für alle $w \in V$ nach (7.2.5). Also ist $v = 0$. Daher ist für $v \ne 0$ aber die Bedingung $\langle v, v\rangle \ge 0$ zu $\langle v, v\rangle > 0$ äquivalent. $\qquad\square$

Ein Skalarprodukt ist also mit anderen Worten ein positiv definites inneres Produkt.

In einem weiteren Schritt wollen wir sehen, ob die obige Begriffsbildung und insbesondere die Positivitätsbedingung auch für komplexe Vektorräume sinnvoll ist. Da $\mathbb{R} \subseteq \mathbb{C}$ ein Unterkörper ist, können wir von einer Bilinearform auf einem komplexen Vektorraum V selbstverständlich sinnvoll sagen, dass $\langle v, v\rangle \ge 0$ für einen Vektor $v \in V$ gilt. Ist aber nun für $v \in V$ tatsächlich $\langle v, v\rangle > 0$ erfüllt, so ist für $w = \mathrm{i}v$

$$\langle w, w\rangle = \langle \mathrm{i}v, \mathrm{i}v\rangle = \mathrm{i}^2\langle v, v\rangle = -\langle v, v\rangle < 0. \tag{7.2.7}$$

Daher kann man für einen komplexen Vektorraum V und eine Bilinearform $\langle \cdot, \cdot\rangle$ auf V nie $\langle v, v\rangle > 0$ für alle $v \in V \setminus \{0\}$ erreichen, sofern $\dim V \ge 1$. Der Ausweg besteht nun darin, die Bilinearität geringfügig abzuändern:

Definition 7.12 (Sesquilinearform). Sei V ein komplexer Vektorraum und sei

$$\langle \cdot, \cdot\rangle\colon V \times V \longrightarrow \mathbb{C} \tag{7.2.8}$$

eine Abbildung.

i.) Die Abbildung $\langle \cdot, \cdot\rangle$ heißt sesquilinear, falls sie im zweiten Argument linear und im ersten Argument antilinear ist, also

$$\langle v, \lambda w + \mu u \rangle = \lambda \langle v, w \rangle + \mu \langle v, u \rangle \tag{7.2.9}$$

und

$$\langle \lambda v + \mu w, u \rangle = \overline{\lambda} \langle v, u \rangle + \overline{\mu} \langle w, u \rangle \tag{7.2.10}$$

für alle $v, w, u \in V$ und $\lambda, \mu \in \mathbb{C}$ gilt. In diesem Fall nennt man $\langle \cdot, \cdot \rangle$ eine Sesquilinearform.

ii.) Eine Sesquilinearform $\langle \cdot, \cdot \rangle$ heißt Hermitesch, falls für alle $v, w \in V$

$$\overline{\langle v, w \rangle} = \langle w, v \rangle. \tag{7.2.11}$$

iii.) Eine Sesquilinearform $\langle \cdot, \cdot \rangle$ heißt Skalarprodukt, falls sie positiv definit ist: Für alle $v \in V \setminus \{0\}$ gilt

$$\langle v, v \rangle > 0. \tag{7.2.12}$$

Zur Vorsicht sei angemerkt, dass in vielen mathematischen Lehrbüchern die Antilinearität im zweiten Argument anstelle im ersten gefordert wird. Unsere Konvention ist eher in der Physik und speziell in der Quantenmechanik zu Hause. Egal welcher Konvention man nun folgt, einen wesentlichen Unterschied gibt es natürlich nicht, siehe auch Übung 7.2.

Bemerkung 7.13. Wie bereits für Bilinearformen bilden die Sesquilinearformen auf V einen Unterraum von $\mathrm{Abb}(V \times V, \mathbb{C})$. Nach Wahl einer Basis $B \subseteq V$ ist eine Sesquilinearform $\langle \cdot, \cdot \rangle$ durch die Matrix $[\langle \cdot, \cdot \rangle]_{B,B} = (\langle b, b' \rangle)_{b,b' \in B} \in \mathbb{C}^{B \times B}$ eindeutig bestimmt, und jede solche Matrix definiert analog zu Bemerkung 7.7 eine Sesquilinearform auf V via

$$\langle v, w \rangle = \overline{{}_B[v]}^{\mathrm{T}} \cdot [\langle \cdot, \cdot \rangle]_{B,B} \cdot {}_B[w]. \tag{7.2.13}$$

Man beachte, dass hier die Einträge des Zeilenvektors ${}_B[v]^{\mathrm{T}}$ im Gegensatz zu (7.1.15) zusätzlich noch komplex konjugiert werden. Ist $Q = {}_A[\mathrm{id}_V]_B$ der Basiswechsel von einer Basis B zu einer anderen Basis A, so gilt für die entsprechenden Matrizen von $\langle \cdot, \cdot \rangle$ die Transformationsformel

$$[\langle \cdot, \cdot \rangle]_{B,B} = \overline{Q}^{\mathrm{T}} \cdot [\langle \cdot, \cdot \rangle]_{A,A} \cdot Q, \tag{7.2.14}$$

nun wieder mit komponentenweiser komplexer Konjugation der Einträge von Q^{T}, im Gegensatz zu (7.1.14).

Da für komplexe Matrizen $A \in \mathrm{M}_n(\mathbb{C})$ die Kombination $\overline{A}^{\mathrm{T}} = \overline{A^{\mathrm{T}}}$ so oft auftritt, verwendet man hierfür ein eigenes Symbol:

Definition 7.14 (Adjungierte Matrix). Sei $A \in \mathrm{M}_n(\mathbb{C})$. Dann heißt

$$A^* = \overline{A^{\mathrm{T}}} \tag{7.2.15}$$

die zu A adjungierte Matrix.

Es sollte aus dem Zusammenhang klar sein, dass die Adjunktion nicht mit dem Dualisieren von Abbildungen verwechselt wird. Man beachte weiterhin, dass in der Literatur der Begriff adjungierte Matrix auch für die komplementäre Matrix $A^{\#}$ verwendet wird. Hier sollte man also eine gewisse Vorsicht walten lassen. Alternativ wird auch das Symbol $A^{\dagger}$ anstelle von A^* verwendet.

Die Adjunktion von komplexen Matrizen erfüllt nun einige einfache Eigenschaften, die sich sofort aus denen der Transposition ergeben:

Proposition 7.15 (Adjunktion). *Sei $n \in \mathbb{N}$ und $A, B \in \mathrm{M}_n(\mathbb{C})$ sowie $\lambda, \mu \in \mathbb{C}$. Dann gilt:*

i.) Die Adjunktion ist antilinear, also

$$(\lambda A + \mu B)^* = \overline{\lambda} A^* + \overline{\mu} B^*. \tag{7.2.16}$$

ii.) Die Adjunktion ist involutiv, also

$$(A^*)^* = A. \tag{7.2.17}$$

iii.) Die Adjunktion ist ein Antihomomorphismus, also

$$(AB)^* = B^* A^*. \tag{7.2.18}$$

Wie bereits im allgemeinen Fall von Proposition 7.3, *v.)*, können wir auch die Existenz von Skalarprodukten in reellen und komplexen Vektorräumen zeigen: Die zusätzliche Positivität stellt keine Schwierigkeit dar.

Proposition 7.16. *Sei V ein reeller oder komplexer Vektorraum. Dann gibt es ein Skalarprodukt auf V.*

Beweis. Inspiriert durch Proposition 7.3, *v.)*, und das kanonische Skalarprodukt aus Beispiel 7.9 wählen wir zunächst eine Basis $B \subseteq V$. Dann setzen wir im reellen Fall

$$\langle v, w \rangle = {}_B[v]^{\mathrm{T}} \cdot {}_B[w]$$

und im komplexen Fall

$$\langle v, w \rangle = {}_B[v]^* \cdot {}_B[w].$$

Mit anderen Worten, wir wählen $\langle \cdot, \cdot \rangle$ derart, dass die Matrix $[\langle \cdot, \cdot \rangle]_{B,B}$ für diese Basis gerade die $B \times B$-Einheitsmatrix ist. Ausgeschrieben gilt im komplexen Fall

$$\langle v, w \rangle = {}_B[v]^* \cdot {}_B[w] = \sum_{b \in B} \overline{v_b} w_b = \overline{\sum_{b \in B} \overline{w_b} v_b} = \overline{\langle w, v \rangle},$$

was die Hermitizität zeigt. Weiter gilt

$$\langle v, v \rangle = \sum_{b \in B} |v_b|^2 > 0,$$

wann immer $v \neq 0$, da eine Summe von Quadraten nur dann null sein kann, wenn jedes einzelne Quadrat verschwindet. Dies zeigt die gewünschte positive Definitheit. Der reelle Fall ist analog. $\qquad\qquad\qquad\qquad\qquad\qquad\quad\square$

Wenden wir diese Konstruktion auf $V = \mathbb{C}^n$ und die Standardbasis $e_1, \ldots, e_n$ an, so erhalten wir das kanonische Skalarprodukt auf $\mathbb{C}^n$:

Beispiel 7.17 (Kanonisches Skalarprodukt, II). Auf $\mathbb{C}^n$ definiert man das kanonische Skalarprodukt durch

$$\langle v, w \rangle = \sum_{i=1}^{n} \overline{v_i} w_i = v^* w. \qquad\qquad (7.2.19)$$

Dies ist nach dem obigen Beweis tatsächlich ein Skalarprodukt im Sinne von Definition 7.12. Man beachte, dass wie zuvor aus dem Spaltenvektor v durch $v \mapsto v^*$ ein Zeilenvektor wird, und das Matrixprodukt $v^* w$ dann eine 1×1-Matrix und somit eine komplexe Zahl wird.

Im reellen Fall ist die Symmetrie einer Bilinearform eine unabhängige Forderung von der positiven Definitheit:

Beispiel 7.18. Sei $V = \mathbb{R}^2$ und eine Bilinearform ω durch

$$\omega \left(\begin{pmatrix} x_1 \\ x_2 \end{pmatrix}, \begin{pmatrix} y_1 \\ y_2 \end{pmatrix} \right) = x_1 y_2 - x_2 y_1 \qquad\qquad (7.2.20)$$

definiert. Es gilt offenbar $\omega(x, y) = -\omega(y, x)$ und damit $\omega(x, x) = 0 \geq 0$ für alle $x \in \mathbb{R}^2$. In diesem Sinne ist ω positiv semidefinit, aber eben *antisymmetrisch* und nicht symmetrisch. Man beachte, dass ω nicht-ausgeartet ist. Diese Bilinearform wird uns in Band 2 nochmals begegnen, wenn wir symplektische Vektorräume betrachten.

Im komplexen Fall dagegen ist die Hermitizität eine Folge der Positivität. Dies ist eng verknüpft mit der Cauchy-Schwarz-Ungleichung:

Proposition 7.19 (Cauchy-Schwarz-Ungleichung, II). *Sei V ein komplexer Vektorraum und $\langle \,\cdot\,, \,\cdot\, \rangle \colon V \times V \longrightarrow \mathbb{C}$ eine positiv semidefinite Sesquilinearform.*

i.) Für alle $v, w \in V$ gilt $\overline{\langle v, w \rangle} = \langle w, v \rangle$, die Sesquilinearform ist also Hermitesch.

ii.) Für alle $v, w \in V$ gilt die Cauchy-Schwarz-Ungleichung

$$|\langle v, w \rangle|^2 \leq \langle v, v \rangle \langle w, w \rangle. \qquad\qquad (7.2.21)$$

Beweis. Sei $v, w \in V$ und $\lambda, \mu \in \mathbb{C}$. Dann gilt nach Voraussetzung $\langle \lambda v + \mu w, \lambda v + \mu w \rangle \geq 0$. Sesquilinearität liefert

$$0 \leq \langle \lambda v + \mu w, \lambda v + \mu w \rangle = \overline{\lambda}\lambda \langle v, v \rangle + \overline{\lambda}\mu \langle v, w \rangle + \lambda\overline{\mu}\langle w, v \rangle + \overline{\mu}\mu \langle w, w \rangle.$$

Wir setzen zur Abkürzung $a = \langle v, v \rangle$, $b = \langle v, w \rangle$, $b' = \langle w, v \rangle$ und $c = \langle w, w \rangle$. Dann gilt also für alle $\lambda, \mu \in \mathbb{C}$

$$a\overline{\lambda}\lambda + b\overline{\lambda}\mu + b'\lambda\overline{\mu} + c\overline{\mu}\mu \geq 0. \tag{7.2.22}$$

Insbesondere ist die linke Seite immer reell. Wir setzen $\lambda = 1$ und $\mu = 1$ sowie $\mu = \pm i$ ein. Dies liefert die Ungleichungen

$$a + b + b' + c \geq 0 \quad \text{und} \quad a \pm ib \mp ib' + c \geq 0.$$

Die Differenz zu bilden, zerstört zwar die Ungleichung, nicht aber die *Realität* der linken Seiten. Daher folgt

$$b \pm ib + b' \mp ib' \in \mathbb{R}. \tag{7.2.23}$$

Wir schreiben nun $b = x + iy$ und $b' = x' + iy'$ mit reellen $x, y, x', y' \in \mathbb{R}$. Dann bedeutet (7.2.23)

$$x + iy \pm ix \pm i^2 y + x' + iy' \mp ix' \mp i^2 y' \in \mathbb{R}$$

und damit für die beiden Fälle $\mu = \pm i$

$$y + x + y' - x' = 0 \quad \text{und} \quad y - x + x' + y' = 0.$$

Dies liefert aber $2y + 2y' = 0$ und damit $y = -y'$ sowie $2x - 2x' = 0$ und damit $x = x'$. Insgesamt bedeutet dies aber gerade $\overline{b} = b'$, was den ersten Teil zeigt. Für den zweiten Teil können wir also bereits $b' = \overline{b}$ in (7.2.22) verwenden und erhalten daher

$$a\overline{\lambda}\lambda + b\overline{\lambda}\mu + \overline{b}\lambda\overline{\mu} + c\overline{\mu}\mu \geq 0. \tag{7.2.24}$$

Ist nun $a = 0$, also $\langle v, v \rangle = 0$, so können wir $\mu = 1$ setzen und erhalten für alle reellen $\lambda \in \mathbb{R}$ die Ungleichung

$$2\mathrm{Re}(b)\lambda + c \geq 0,$$

was nur für $\mathrm{Re}(b) = 0$ möglich ist. Setzen wir anschließend $\lambda = it$ mit $t \in \mathbb{R}$, so erhalten wir für alle $t \in \mathbb{R}$ die Ungleichung

$$2\mathrm{Im}(b)t + c \geq 0,$$

was $\mathrm{Im}(b) = 0$ liefert. Insgesamt gilt also $b = 0$, und (7.2.21) ist in diesem Fall erfüllt. Sei umgekehrt $a \neq 0$, also $a > 0$, so setzen wir $\lambda = -b$ und $\mu = a$ in (7.2.24) ein und erhalten

$$a\overline{b}b - \overline{b}ba - \overline{b}ba + ca^2 \geq 0,$$

womit wir wegen $a > 0$ die Ungleichung $\overline{b}b \leq ac$ erhalten, was gerade (7.2.21) ist. Also ist die Cauchy-Schwarz-Ungleichung auch in diesem Fall erfüllt. $\square$

Bemerkenswerterweise ist es *nicht* erforderlich, dass die Sesquilinearform positiv *definit* ist. Dies ist gelegentlich von großem Nutzen, wie folgendes Beispiel aus der Analysis nahelegt:

Beispiel 7.20. Sei $V = \mathscr{C}([a,b], \mathbb{C})$ der komplexe Vektorraum der stetigen, komplexwertigen Funktionen auf dem kompakten Intervall $[a,b] \subseteq \mathbb{R}$. Eine Funktion $f : [a,b] \longrightarrow \mathbb{C}$ heißt dabei stetig, wenn sowohl der Real- als auch der Imaginärteil stetig sind. Mit dieser Charakterisierung ist es tatsächlich leicht zu sehen, dass $\mathscr{C}([a,b], \mathbb{C}) \subseteq \mathrm{Abb}([a,b], \mathbb{C})$ ein komplexer Unterraum ist. Das Integral

$$\int : \mathscr{C}([a,b], \mathbb{C}) \longrightarrow \mathbb{C} \tag{7.2.25}$$

ist wieder komponentenweise bezüglich Real- und Imaginärteil definiert, also

$$\int_a^b f(x)\mathrm{d}x = \int_a^b \mathrm{Re}(f(x))\mathrm{d}x + \mathrm{i} \int_a^b \mathrm{Im}(f(x))\mathrm{d}x \tag{7.2.26}$$

für $f \in \mathscr{C}([a,b], \mathbb{C})$. Auf diese Weise wird (7.2.25) ein $\mathbb{C}$-lineares Funktional auf $\mathscr{C}([a,b], \mathbb{C})$. Man definiert nun das *kanonische* L^2-*Skalarprodukt* auf $\mathscr{C}([a,b], \mathbb{C})$ durch

$$\langle f, g \rangle = \int_a^b \overline{f(x)} g(x)\mathrm{d}x. \tag{7.2.27}$$

Da $\overline{f}g$ wieder eine stetige Funktion ist, ist das Integral von $\overline{f}g$ als Riemann-Integral definiert und wir können $\langle f, g \rangle$ tatsächlich durch (7.2.27) definieren. Die Sesquilinearität ist nun leicht zu sehen. Zur Positivität betrachtet man zunächst

$$\langle f, f \rangle = \int_a^b |f(x)|^2 \mathrm{d}x \geq 0. \tag{7.2.28}$$

Ist nun $f \neq 0$, so zeigt ein Stetigkeitsargument, dass $|f|^2 \geq \epsilon > 0$ für ein geeignetes $\epsilon > 0$ auf einem (eventuell kleinen) Intervall $[c,d] \subseteq [a,b]$. Daher ist $\langle f, f \rangle \geq \epsilon(d - c) > 0$, was die positive Definitheit bedeutet. Insgesamt haben wir also tatsächlich ein Skalarprodukt vorliegen. Nun möchte man das Skalarprodukt und zuvor auch das Integral auf mehr Funktionen ausdehnen als die stetigen alleine. Je nach verwendeter Variante des Integrals können dies alle Riemann-integrablen Funktionen oder gar alle Lebesgue-integrablen Funktionen sein. Dann allerdings funktioniert das obige Argument zur positiven Definitheit nicht länger: Es gibt Riemann-integrable Funktionen $f : [a,b] \longrightarrow \mathbb{C}$, sodass $\langle f, f \rangle = 0$ gilt, *obwohl* f nicht die Nullfunktion ist. Ein einfaches Beispiel ist

$$f(x) = \begin{cases} 0 & x \neq c \\ 1 & x = c, \end{cases} \tag{7.2.29}$$

wobei $c \in [a, b]$ ein fest gewählter Punkt ist. Für diese Funktion gilt $|f|^2 = f \geq$ 0 aber $\langle f, f \rangle = 0$. Trotzdem sind auch für diesen größeren Vektorraum der Riemann-integrablen Funktionen die Resultate aus Proposition 7.19 richtig. In der Integrationstheorie wird diese positiv semidefinite Sesquilinearform eine große Rolle spielen, siehe etwa [20].

Kontrollfragen. Was bedeutet sesquilinear? Wie beweist man die Cauchy-Schwarz-Ungleichung? Welche Eigenschaften erfüllt die Adjunktion?

7.3 Norm und Orthogonalität

In Abschn. 1.3 haben wir das kanonische Skalarprodukt von $\mathbb{R}^3$ dazu verwendet, Längen und Winkel von Vektoren zu beschreiben. Wir wollen diese heuristischen Überlegungen nun zu einem Prinzip erheben und auf einem beliebigen Skalarprodukt basierend diese Begriffe etablieren.

Um den reellen und den komplexen Fall simultan oder zumindest weitgehend simultan diskutieren zu können, verabreden wir, dass

$$\mathbb{K} = \mathbb{R} \text{ oder } \mathbb{C}. \tag{7.3.1}$$

Ein Vektorraum V über $\mathbb{K}$ ist dann also entweder ein reeller oder ein komplexer Vektorraum, und die entsprechenden Aussagen gelten in beiden Fällen. Dies ist eine recht robuste Verabredung, wie etwa folgende Überlegung zeigt: Für $\lambda \in \mathbb{R}$ können wir $\overline{\lambda} = \lambda$ verwenden, was damit konsistent ist, dass $\mathbb{R} \subseteq \mathbb{C}$. Ein reelles Skalarprodukt erfüllt in diesem Sinne dann auch die Sesquilinearität und die Hermitizität, einfach deshalb, weil die komplexe Konjugation auf $\mathbb{R}$ die Identität ist. Selbstverständlich werden wir betonen, welchen Körper wir verwende müssen, wenn die angestrebten Resultate nur in einem der beiden Fälle gültig sind.

Im Folgenden wollen wir einen Vektorraum V über $\mathbb{K}$ betrachten, der mit einem Skalarprodukt versehen ist:

Definition 7.21 (Euklidischer und unitärer Raum). Sei V ein Vektorraum über $\mathbb{K}$ und $\langle \cdot, \cdot \rangle$ ein Skalarprodukt auf V.

i.) Ist $\mathbb{K} = \mathbb{R}$, so heißt das Paar $(V, \langle \cdot, \cdot \rangle)$ euklidischer Vektorraum.

ii.) Ist $\mathbb{K} = \mathbb{C}$, so heißt das Paar $(V, \langle \cdot, \cdot \rangle)$ unitärer Vektorraum.

Die Begriffe euklidischer beziehungsweise unitärer Vektorraum sind vor allem für endliche Dimensionen gebräuchlich. In der Funktionalanalysis ist man vornehmlich an unendlich-dimensionalen Vektorräumen mit Skalarprodukten interessiert. Diese werden dann reelle oder komplexe *Prä-Hilbert-Räume* genannt. Auch wenn es offensichtliche und interessante Beispiele bereits in diesem Stadium gibt, wie etwa Beispiel 7.20, so werden wir uns vor allem auf die endlich-dimensionale Situation konzentrieren. Wie immer werden wir kurz

von einem euklidischen oder unitären Vektorraum V sprechen, ohne das Skalarprodukt zu spezifizieren, sofern klar ist, um welches es sich handeln soll.

In einem euklidischen beziehungsweise unitären Vektorraum können wir
nun die Länge von Vektoren definieren. Dazu abstrahieren wir zuerst die
Eigenschaften einer Länge, was uns zum Begriff der Norm führt:

Definition 7.22 (Norm). Sei V ein Vektorraum über $\mathbb{K}$. Eine Norm $\|\cdot\|$
für V ist eine Abbildung

$$\|\cdot\|: V \ni v \mapsto \|v\| \in \mathbb{R} \tag{7.3.2}$$

mit folgenden Eigenschaften:

i.) Es gilt $\|v\| > 0$ für alle $v \in V \setminus \{0\}$.

ii.) Es gilt $\|\lambda v\| = |\lambda| \|v\|$ für alle $v \in V$ und $\lambda \in \mathbb{K}$.

iii.) Es gilt die Dreiecksungleichung

$$\|v + w\| \leq \|v\| + \|w\| \tag{7.3.3}$$

für alle $v, w \in V$.

Die zweite Eigenschaft einer Norm heißt auch ihre *Homogenität*. Es folgt

$$\|0_V\| = \|0 \cdot 0_V\| = |0| \|0_V\| = 0 \tag{7.3.4}$$

für den Nullvektor $0_V \in V$. Gilt anstelle der ersten Eigenschaft nur $\|v\| \geq 0$
für $v \in V$, so heißt $\|\cdot\|$ eine *Halbnorm* oder auch *Seminorm*. Eine Norm ist
also eine Halbnorm, für die zudem

$$\|v\| = 0 \iff v = 0 \tag{7.3.5}$$

gilt.

In einem euklidischen beziehungsweise unitären Vektorraum gibt es immer
eine durch das Skalarprodukt bestimmte Norm:

Proposition 7.23. *Sei V ein euklidischer beziehungsweise unitärer Vektorraum. Dann ist*

$$\|v\| = \sqrt{\langle v, v \rangle} \tag{7.3.6}$$

eine Norm für V.

Beweis. Da wir $\langle v, v \rangle \geq 0$ für ein Skalarprodukt voraussetzen, ist $\|v\|$ als
positive Wurzel der positiven Zahl $\langle v, v \rangle$ für $v \neq 0$ definiert und $\|v\| = 0$
für $v = 0$. Die positive Definitheit garantiert nun $\|v\| > 0$ für $v \neq 0$. Sei
weiter $v \in V$ und $\lambda \in \mathbb{K}$, dann gilt $\|\lambda v\| = \sqrt{\langle \lambda v, \lambda v \rangle} = \sqrt{|\lambda|^2 \langle v, v \rangle} = $
$|\lambda| \|v\|$, womit auch die zweite Eigenschaft einer Norm erfüllt ist. Für die
Dreiecksungleichung betrachten wir zunächst

$$(\|v\| + \|w\|)^2 = \|v\|^2 + 2\|v\| \|w\| + \|w\|^2$$

$$\overset{(a)}{\geq} \|v\|^2 + \langle v, w \rangle + \langle w, v \rangle + \|w\|^2$$
$$= \langle v + w, v + w \rangle$$
$$= \|v + w\|^2, \tag{7.3.7}$$

wobei wir in (a) die Cauchy-Schwarz-Ungleichung verwendet haben: Hier ist im komplexen Fall zu beachten, dass

$$(\mathrm{Re}(\langle v, w \rangle))^2 \leq (\mathrm{Re}(\langle v, w \rangle))^2 + (\mathrm{Im}(\langle v, w \rangle))^2 = |\langle v, w \rangle|^2 \leq \|v\|^2 \|w\|^2,$$

was (a) auch in diesem Fall rechtfertigt. Aus (7.3.7) folgt aber sofort die Dreiecksungleichung durch Wurzelziehen, da beide Seiten der Dreiecksungleichung (7.3.3) ja nicht-negativ sind und die Wurzelfunktion monoton ist. $\square$

Wir können also in einem euklidischen beziehungsweise unitären Vektorraum immer von den Längen von Vektoren sprechen, indem wir die Norm (7.3.6) benutzen. Dies erlaubt es nun, Techniken der Analysis zu verwenden, um geometrische Eigenschaften von euklidischen und unitären Vektorräumen zu studieren.

Einen Vektor $v \in V$ mit

$$\|v\| = 1 \tag{7.3.8}$$

nennt man aus naheliegenden Gründen einen *Einheitsvektor*. Für einen Vektor $v \in V \setminus \{0\}$ ist $v_1 = \frac{v}{\|v\|}$ immer ein Einheitsvektor, der den gleichen eindimensionalen Unterraum wie v aufspannt. Wie schon in Abschn. 1.3 nennt man den Übergang von v zu $\frac{v}{\|v\|}$ das *Normieren* des Vektors v.

Bemerkung 7.24 (Parallelogramm-Identität und Polarisierung). Es stellt sich natürlich nun die Frage, ob nicht vielleicht jede Norm auf einem reellen oder komplexen Vektorraum von der Form (7.3.6) ist, wenn man nur das Skalarprodukt geeignet wählt. Es zeigt sich, dass (7.3.6) eine weitere, über die allgemeinen Anforderungen an eine Norm hinausgehende, Eigenschaft besitzt: Es gilt die *Parallelogramm-Identität*

$$\|v + w\|^2 + \|v - w\|^2 = 2\|v\|^2 + 2\|w\|^2 \tag{7.3.9}$$

für alle $v, w \in V$. Der Name kommt von einer elementargeometrischen Überlegung zur Länge der Diagonalen in einem Parallelogramm im $\mathbb{R}^2$, siehe Abb. 7.1. Man rechnet (7.3.9) direkt mit der Sesquilinearität des Skalarprodukts nach, siehe Übung 7.7. Umgekehrt gilt, dass eine Norm, welche zusätzlich (7.3.9) erfüllt, tatsächlich von einem Skalarprodukt kommt und daher von der Form (7.3.6) ist. Im komplexen Fall gilt nämlich für eine Norm der Form (7.3.6)

$$\langle v, w \rangle = \frac{1}{4} \sum_{r=0}^{3} \mathrm{i}^r \|\mathrm{i}^r v + w\|^2, \tag{7.3.10}$$

und im reellen Fall gilt entsprechend

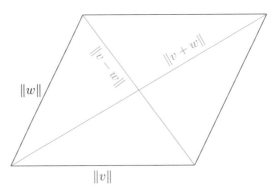

Abb. 7.1 Die Parallelogramm-Identität

$$\langle v, w \rangle = \frac{1}{4} \big(\|v + w\|^2 - \|v - w\|^2 \big), \tag{7.3.11}$$

was man für die Norm aus (7.3.6) durch eine leichte Rechnung überprüft, siehe auch Übung 7.8 für eine kleiner Verallgemeinerung. Die Rekonstruktion des Skalarprodukts aus den zugehörigen Normen nennt man auch *Polarisierung*. Im allgemeinen Fall zeigt man nun, dass für eine gegebene Norm durch (7.3.10) beziehungsweise (7.3.11) tatsächlich ein Skalarprodukt definiert wird, *sofern* die Norm zusätzlich die Parallelogramm-Identität erfüllt. Als Fazit bleibt festzuhalten, dass die Norm (7.3.6) eines euklidischen beziehungsweise unitären Vektorraums zusätzlich die Parallelogramm-Identität erfüllt und dadurch das Skalarprodukt bestimmt. Beide Strukturen sind daher gleichwertig.

Wie auch schon in Abschn. 1.3 können wir das Skalarprodukt dazu verwenden, Winkel zu definieren. Der Schlüssel dazu ist die Cauchy-Schwarz-Ungleichung:

Proposition 7.25. *Sei V ein euklidischer oder unitärer Vektorraum und $v, w \in V \setminus \{0\}$.*

i.) Ist $\mathbb{K} = \mathbb{R}$, gilt

$$-1 \leq \frac{\langle v, w \rangle}{\|v\| \|w\|} \leq 1. \tag{7.3.12}$$

ii.) Es gilt genau dann $|\langle v, w \rangle| = \|v\| \|w\|$, wenn v und w linear abhängig sind.

Beweis. Die erste Aussage ist gerade die Cauchy-Schwarz-Ungleichung im reellen Fall. Wir müssen daher die zweite Aussage beweisen. Sind v und w linear abhängig, so gibt es ein $\lambda \neq 0$ mit $v = \lambda w$, da ja beide Vektoren ungleich null sein sollen. Damit folgt aber

$$|\langle v, w \rangle| = |\langle \lambda w, w \rangle| = |\lambda| \langle w, w \rangle = |\lambda| \|w\|^2 = \|\lambda w\| \|w\| = \|v\| \|w\|,$$

was $|\langle v, w \rangle| = \|v\| \|w\|$ zeigt. Man beachte, dass dieses Argument gleicherma-ßen im reellen wie im komplexen Fall gültig ist. Sei umgekehrt $|\langle v, w \rangle|^2 = \|v\|^2 \|w\|^2$ erfüllt. Dann betrachten wir den Vektor

$$u = v - \frac{\langle w, v \rangle}{\langle w, w \rangle} w$$

und rechnen nach, dass

$$
\begin{aligned}
\langle u, u \rangle &= \left\langle v - \frac{\langle w, v \rangle}{\langle w, w \rangle} w, v - \frac{\langle w, v \rangle}{\langle w, w \rangle} w \right\rangle \\
&= \langle v, v \rangle - \frac{\overline{\langle w, v \rangle}}{\langle w, w \rangle} \langle w, v \rangle - \frac{\langle w, v \rangle}{\langle w, w \rangle} \langle v, w \rangle + \frac{\overline{\langle w, v \rangle}}{\langle w, w \rangle} \frac{\langle w, v \rangle}{\langle w, w \rangle} \langle w, w \rangle \\
&= \langle v, v \rangle - \frac{|\langle w, v \rangle|^2}{\langle w, w \rangle} \\
&= 0,
\end{aligned}
$$

wobei wir im letzten Schritt die Voraussetzung verwenden. Da das Skalarpro-dukt positiv definit ist, folgt $u = 0$, was die lineare Abhängigkeit von v und w zeigt.   □

Korollar 7.26. *Sei V ein euklidischer oder unitärer Vektorraum. Die Cauchy-Schwarz-Ungleichung wird genau dann zu einer Gleichung, wenn die Vektoren linear abhängig sind.*

Im reellen Fall können wir (7.3.12) zur Definition eines Winkels zwischen v und w heranziehen:

Definition 7.27 (Winkel). Sei V ein euklidischer Vektorraum. Dann heißt die Zahl

$$\varphi = \arccos \frac{\langle v, w \rangle}{\|v\| \|w\|} \in [0, \pi] \tag{7.3.13}$$

der Winkel zwischen $v, w \in V \setminus \{0\}$.

Ist der Winkel φ also 0 oder π, so ist v zu w parallel oder anti-parallel, in allen anderen Fällen sind v und w linear unabhängig. Dies scheint eine ver-nünftige Eigenschaft eines Winkels zu sein, womit die Definition gut motiviert ist.

Im komplexen Fall ist die Größe $\frac{\langle v, w \rangle}{\|v\| \|w\|}$ zwar betragsmäßig immer noch durch 1 beschränkt, aber nicht notwendigerweise reell. Daher können wir nicht von einem Winkel zwischen v und w sprechen. Da aber $\varphi = \frac{\pi}{2}$ gerade $\langle v, w \rangle = 0$ entspricht, wollen wir auch im komplexen Fall von senkrechten Vektoren sprechen, auch wenn wir allgemein den Winkel nicht definieren können:

Definition 7.28 (Orthogonalität). Sei V ein euklidischer oder unitärer Vektorraum und $v, w \in V$. Dann heißen v und w orthogonal, falls $\langle v, w \rangle = 0$.

Da $\langle v, w \rangle = \overline{\langle w, v \rangle}$ gilt, ist Orthogonalität eine symmetrische Relation. Der Nullvektor ist der einzige Vektor, der auf alle anderen Vektoren senkrecht steht, da $\langle \cdot , \cdot \rangle$ ja nicht-ausgeartet ist. Eine erste Konsequenz dieser Begriffsbildung ist der Satz des Pythagoras:

Proposition 7.29 (Satz des Pythagoras). *Sei V ein euklidischer oder unitärer Vektorraum und $v_1, \dots, v_n \in V$. Sind die Vektoren paarweise senkrecht, so gilt*

$$\|v_1 + \cdots + v_n\|^2 = \|v_1\|^2 + \cdots + \|v_n\|^2. \tag{7.3.14}$$

Beweis. Wegen $\langle v_i, v_j \rangle = 0$ für $i \neq j$ fallen alle gemischten Terme in $\|v_1 + \cdots + v_n\|^2 = \langle v_1 + \cdots + v_n, v_1 + \cdots + v_n \rangle$ weg, was sofort (7.3.14) liefert. $\square$

Der Begriff der Orthogonalität erlaubt es nun, zu einer gewissen Menge von Vektoren ein orthogonales Komplement zu definieren:

Definition 7.30 (Orthogonalkomplement). Sei V ein euklidischer oder unitärer Vektorraum und $U \subseteq V$ eine nichtleere Teilmenge. Dann definiert man das Orthogonalkomplement $U^\perp$ von U als

$$U^\perp = \big\{ w \in V \mid \text{für alle } v \in U \text{ gilt } \langle v, w \rangle = 0 \big\}. \tag{7.3.15}$$

Proposition 7.31. *Sei V ein euklidischer oder unitärer Vektorraum, und seien $U, W \subseteq V$ Teilmengen.*

i.) Es gilt $U \cap U^\perp = \{0\}$, falls $0 \in U$, und $U \cap U^\perp = \emptyset$ anderenfalls.

ii.) Das Orthogonalkomplement $U^\perp$ von U ist ein Unterraum von V.

iii.) Ist $W \subseteq U$, so gilt $U^\perp \subseteq W^\perp$.

iv.) Es gilt $U \subseteq (U^\perp)^\perp$.

Beweis. Sei $v \in U \cap U^\perp$, dann gilt insbesondere $\langle v, v \rangle = 0$ nach Definition des Orthogonalkomplements. Also ist $v = 0$, was den ersten Teil zeigt, da umgekehrt $v = 0$ sicherlich auf alle Vektoren in U senkrecht steht. Seien nun $\lambda, \lambda' \in \mathbb{K}$ und $w, w' \in U^\perp$. Dann gilt für alle $v \in U$

$$\langle v, \lambda w + \lambda' w' \rangle = \lambda \langle v, w \rangle + \lambda' \langle v, w' \rangle = 0,$$

da ja $\langle v, w \rangle = 0 = \langle v, w' \rangle$. Damit folgt also $\lambda w + \lambda' w' \in U^\perp$. Da zudem $0 \in U^\perp$ gilt, folgt, dass $U^\perp$ ein Unterraum ist. Ist $v \in U^\perp$, so gilt $\langle v, u \rangle = 0$ für alle $u \in U$ und daher auch $\langle v, w \rangle = 0$ für alle $w \in W \subseteq U$. Also gilt $v \in W^\perp$, wie behauptet. Schließlich betrachten wir $u \in U$. Dann gilt für alle $v \in U^\perp$ nach Definition $0 = \langle v, u \rangle = \overline{\langle u, v \rangle}$ und damit $\langle u, v \rangle = 0$. Das zeigt aber $u \in (U^\perp)^\perp$. $\square$

Im Folgenden schreiben wir kurz $U^{\perp\perp}$ anstelle von $(U^\perp)^\perp$ und ebenso für mehr Iterationen des Bildens des Orthogonalkomplements.

Korollar 7.32. *Sei V ein euklidischer oder unitärer Vektorraum und $U \subseteq V$ eine Teilmenge. Dann gilt*

$$U^{\perp\perp\perp} = U^\perp. \tag{7.3.16}$$

Beweis. Nach Proposition 7.31, *iv.)*, gilt für die Teilmenge $U^\perp$ die Inklusion $U^\perp \subseteq U^{\perp\perp\perp}$. Da ebenso $U \subseteq U^{\perp\perp}$, können wir auf diese Inklusion nun Proposition 7.31, *iii.)*, anwenden und erhalten auch die andere Inklusion $U^{\perp\perp\perp} \subseteq U^\perp$. $\qquad\square$

Korollar 7.33. *Sei V ein euklidischer oder unitärer Vektorraum und $U \subseteq V$. Dann gilt*

$$U^\perp \cap U^{\perp\perp} = \{0\}, \tag{7.3.17}$$

womit die Summe der Unterräume $U^\perp$ und $U^{\perp\perp}$

$$U^\perp + U^{\perp\perp} = U^\perp \oplus U^{\perp\perp} \tag{7.3.18}$$

direkt ist.

Beweis. Zunächst ist sowohl $U^\perp$ als auch $U^{\perp\perp}$ ein Unterraum nach Proposition 7.31, *ii.)*. Daher ist nach Proposition 7.31, *i.)*, der Durchschnitt $\{0\}$. Also folgt (7.3.18). $\qquad\square$

Bemerkung 7.34. Es stellt sich nun also die spannende Frage, wie groß denn $U^{\perp\perp} \oplus U^\perp$ tatsächlich ist. Bemerkenswerterweise ist in unendlichen Dimensionen der Unterraum $U^{\perp\perp} \oplus U^\perp$ im Allgemeinen *nicht* ganz V. Hierfür bedarf es vielmehr einer zusätzlichen *analytischen* Eigenschaft. Es zeigt sich, dass $U^{\perp\perp} \oplus U^\perp = V$ für jede Teilmenge $U \subseteq V$ genau dann gilt, wenn V *vollständig* ist. Hier heißt V vollständig, falls jede Cauchy-Folge $(v_n)_{n\in\mathbb{N}}$ in V bezüglich der Norm $\|\cdot\|$ auch in V konvergiert. Die umfassende Diskussion dieser Tatsache führte uns jedoch weit in das Gebiet der Funktionalanalysis und soll deshalb hier unterbleiben, siehe etwa [20, 23].

In endlichen Dimensionen dagegen werden wir elementar zeigen, dass immer $U^{\perp\perp} \oplus U^\perp = V$ gilt, ohne die Frage nach der Vollständigkeit, die in endlichen Dimensionen eben trivialerweise immer gegeben ist, zu berühren. Wir wollen nun diese endlich-dimensionale Situation genauer ansehen. Dazu benötigen wir einige Vorbereitungen:

Lemma 7.35. *Sei V ein euklidischer oder unitärer Vektorraum und $U \subseteq V$ eine Teilmenge. Dann gilt*

$$\operatorname{span} U \subseteq U^{\perp\perp}. \tag{7.3.19}$$

Beweis. Der Spann $\operatorname{span} U$ ist der kleinste Unterraum von V, der die Teilmenge U enthält. Da nach Proposition 7.31, *iv.)*, auch der Unterraum $U^{\perp\perp}$ die Teilmenge U enthält, folgt (7.3.19). $\qquad\square$

Proposition 7.36. *Sei V ein endlich-dimensionaler euklidischer oder unitärer Vektorraum und $U \subseteq V$ eine Teilmenge.*
i.) Es gilt $U^\perp \oplus U^{\perp\perp} = V$.
ii.) Es gilt $\operatorname{span} U = U^{\perp\perp}$.

Beweis. Zunächst wählen wir eine Basis $u_1, \ldots, u_k \in \operatorname{span} U$, wobei wir ohne Einschränkung $u_1, \ldots, u_k \in U$ annehmen dürfen, siehe auch Übung 4.31. Mit $U \subseteq \operatorname{span} U$ gilt auch

$$(\operatorname{span} U)^\perp \subseteq U^\perp.$$

Aus Lemma 7.35 folgt $U^\perp = U^{\perp\perp\perp} \subseteq (\operatorname{span} U)^\perp$, womit insgesamt also $U^\perp = (\operatorname{span} U)^\perp$ gilt. Wir behaupten nun, dass $v \in U^\perp$ genau dann gilt, wenn

$$\langle v, u_1 \rangle = \cdots = \langle v, u_k \rangle = 0. \qquad (7.3.20)$$

Da $u_1, \ldots, u_k \in U$, erfüllt $v \in U^\perp$ sicherlich (7.3.20). Ist umgekehrt (7.3.20) erfüllt und $u \in \operatorname{span} U$ beliebig, so gibt es $\lambda_1, \ldots, \lambda_k \in \mathbb{K}$ mit $u = \lambda_1 u_1 + \cdots + \lambda_k u_k$. Daher folgt

$$\langle v, u \rangle = \langle v, \lambda_1 u_1 + \cdots + \lambda_k u_k \rangle = \lambda_1 \langle v, u_1 \rangle + \cdots + \lambda_k \langle v, u_k \rangle \overset{(7.3.20)}{=} 0$$

und somit $v \in (\operatorname{span} U)^\perp = U^\perp$. Dies zeigt die behauptete Äquivalenz. Wir betrachten nun die folgende lineare Abbildung

$$\Phi \colon V \ni v \mapsto \begin{pmatrix} \langle u_1, v \rangle \\ \vdots \\ \langle u_k, v \rangle \end{pmatrix} \in \mathbb{K}^k.$$

Da das Skalarprodukt im zweiten Argument linear ist, ist Φ tatsächlich eine lineare Abbildung. Da $\langle u_i, v \rangle = \overline{\langle v, u_i \rangle}$ genau dann verschwindet, wenn $\langle v, u_i \rangle = 0$ gilt, folgt

$$\ker \Phi = U^\perp$$

aus der obigen Überlegung. Nach der Dimensionsformel aus Satz 5.25 für endlich-dimensionale Vektorräume wissen wir $\dim \ker \Phi + \dim \operatorname{im} \Phi = \dim V$. Da nun $\dim \operatorname{im} \Phi \leq k = \dim \operatorname{span} U$, da ja $\dim \mathbb{K}^k = k$, folgt

$$\dim U^\perp = \dim V - \dim \operatorname{im} \Phi \geq \dim V - k.$$

Andererseits wissen wir aus Proposition 7.31, *i.)*, beziehungsweise aus Korollar 7.33, dass

$$(\operatorname{span} U) \cap U^\perp \subseteq U^{\perp\perp} \cap U^\perp = \{0\},$$

womit auch $(\operatorname{span} U) + U^\perp = (\operatorname{span} U) \oplus U^\perp$ eine direkte Summe ist. Dies bedeutet aber insbesondere

$$\dim \operatorname{span} U + \dim U^\perp \leq \dim V$$

und damit $\dim U^\perp \leq \dim V - k$. Zusammen erhalten wir also $\dim U^\perp = \dim V - \dim \operatorname{span} U$. Damit folgt aber bereits

$$\operatorname{span} U \oplus U^\perp = V.$$

Da nun span $U \subseteq U^{\perp\perp}$ gilt, folgt aus $U^\perp \cap U^{\perp\perp} = \{0\}$ notwendigerweise span $U = U^{\perp\perp}$, womit alles gezeigt ist. $\qquad\square$

Korollar 7.37. *Sei V ein endlich-dimensionaler euklidischer oder unitärer Vektorraum und $U \subseteq V$ ein Unterraum. Dann gilt*

$$U = U^{\perp\perp}, \tag{7.3.21}$$

$$U \oplus U^\perp = V \tag{7.3.22}$$

und

$$\dim U + \dim U^\perp = \dim V. \tag{7.3.23}$$

Korollar 7.38. *Sei V ein endlich-dimensionaler euklidischer oder unitärer Vektorraum und $U \subseteq V$ ein Unterraum. Dann gibt es zu jedem $v \in V$ eindeutig bestimmte Vektoren $v_\parallel \in U$ und $v_\perp \in U^\perp$ mit*

$$v = v_\parallel + v_\perp. \tag{7.3.24}$$

Es gilt

$$\|v\|^2 = \|v_\parallel\|^2 + \|v_\perp\|^2. \tag{7.3.25}$$

Beweis. Der erste Teil ist für eine direkte Summe prinzipiell möglich, also auch für die aus (7.3.22), siehe Proposition 4.59, *iv.*). Dann ist (7.3.25) gerade der Satz des Pythagoras. $\qquad\square$

Definition 7.39 (Orthogonalprojektor). Sei V ein euklidischer oder unitärer endlich-dimensionaler Vektorraum und $U \subseteq V$ ein Unterraum. Der durch die Zerlegung $V = U \oplus U^\perp$ definierte Projektor $P_U \in \mathrm{End}(V)$ mit

$$P_U : V \ni v \mapsto v_\parallel \in V \tag{7.3.26}$$

heißt Orthogonalprojektor auf U.

Insbesondere besitzt also jeder Unterraum $U \subseteq V$ in einem endlich-dimensionalen euklidischen oder unitären Vektorraum ein *kanonisch* gegebenes Komplement, nämlich das Orthogonalkomplement $U^\perp$. Die obigen Korollare rechtfertigen nun diese Bezeichnungsweise. Man beachte jedoch, dass wir im Beweis von Proposition 7.36 entscheidend von der Voraussetzung $\dim V < \infty$ Gebrauch gemacht haben. In unendlichen Dimensionen ist die Aussage im Allgemeinen auch tatsächlich falsch, siehe Bemerkung 7.34 und Übung 7.32, und wird nur unter der zusätzlichen Annahme der Vollständigkeit von V und der topologischen Abgeschlossenheit von U richtig.

Kontrollfragen. Wann kommt eine Norm von einem Skalarprodukt? Wann sind Vektoren orthogonal? Wie beweist man den Satz des Pythagoras? Welche Eigenschaften erfüllt das Orthogonalkomplement (in endlichen Dimensionen)? Was ist ein Orthogonalprojektor?

7.4 Orthonormalbasen

Der Begriff von Orthogonalität, den wir in euklidischen und unitären Vektorräumen nun zur Verfügung haben, erlaubt es, spezielle Basen zu betrachten:
die Orthonormalbasen. Zur Motivation betrachten wir zuerst folgendes Beispiel:

Beispiel 7.40. Sei $(e_1, \ldots, e_n)$ die kanonische geordnete Basis von $\mathbb{K}^n$. Dann
gilt für das kanonische Skalarprodukt

$$\langle e_i, e_j \rangle = \delta_{ij} \tag{7.4.1}$$

und entsprechend $\|e_i\| = 1$ für alle $i, j = 1, \ldots, n$. Dies ist unmittelbar klar
anhand der Definition des kanonischen Skalarprodukts.

Bemerkung 7.41. Sind in einem euklidischen oder unitären Vektorraum V
die indizierten Vektoren $\{v_i\}_{i \in I}$ ungleich null und paarweise orthogonal, also
$\langle v_i, v_j \rangle = 0$ für $i \neq j$, so sind sie auch linear unabhängig: Sind nämlich
$v_{i_1}, \ldots, v_{i_n}$ paarweise verschieden und $\lambda_1, \ldots, \lambda_n \in \mathbb{K}$ mit

$$\lambda_1 v_{i_1} + \cdots + \lambda_n v_{i_n} = 0, \tag{7.4.2}$$

so gilt

$$0 = \langle v_{i_\ell}, \lambda_1 v_{i_1} + \cdots + \lambda_n v_{i_n} \rangle = \lambda_\ell \langle v_{i_\ell}, v_{i_\ell} \rangle \tag{7.4.3}$$

für alle $\ell = 1, \ldots, n$. Da nach Voraussetzung $\langle v_{i_\ell}, v_{i_\ell} \rangle \neq 0$ gilt, folgt $\lambda_\ell = 0$,
was die Behauptung beweist.

Das Beispiel und die obige Betrachtung legen nun folgende Begriffsbildung
nahe:

Definition 7.42 (Orthonormalsystem). Sei V ein euklidischer oder unitärer Vektorraum. Eine Teilmenge $B \subseteq V$ heißt Orthonormalsystem, falls für
alle $b, b' \in B$

$$\langle b, b' \rangle = \delta_{bb'}. \tag{7.4.4}$$

Hat man eine Teilmenge $\tilde{B} \subseteq V$, sodass alle Vektoren in $\tilde{B}$ ungleich null sind
und paarweise orthogonal stehen, so kann man aus $\tilde{B}$ ein Orthonormalsystem
B gewinnen, indem man alle $\tilde{b} \in \tilde{B}$ durch $\frac{\tilde{b}}{\|\tilde{b}\|}$ ersetzt, die Vektoren also
normiert.
Da Orthonormalsysteme immer linear unabhängig sind, können wir also
nach solchen Orthonormalsystemen suchen, die zudem eine Basis von V bilden. Eine solche werden wir *Orthonormalbasis* nennen. Überraschenderweise
gibt es diese nur in endlichen Dimensionen: Ist $\dim V$ unendlich, so gibt es
dank des Auswahlaxioms in Form des Zornschen Lemmas zwar immer maximale Orthonormalsysteme. Diese sind allerdings typischerweise *keine* Basis
im Sinne der linearen Algebra. Sie besitzen lediglich eine etwas schwächere
Eigenschaft, nämlich dass ihr Spann bezüglich der Norm $\| \cdot \|$ von V *dicht* in

V liegt: Jeder Vektor in V kann durch solche aus dem Spann eines maximalen Orthonormalsystems beliebig genau approximiert werden. In der Funktional-analysis werden solche maximalen Orthonormalsysteme dann *Hilbert-Basen* genannt.

Wir wollen nun zeigen, dass es in endlichen Dimensionen immer eine Orthonormalbasis gibt: Dazu werden wir einerseits ein schnelles Argument unter Verwendung von Proposition 7.31 geben, andererseits eine explizite Konstruktion.

Satz 7.43 (Existenz von Orthonormalbasen). *Sei V ein endlich-dimensionaler euklidischer oder unitärer Vektorraum. Dann besitzt V eine Orthonormalbasis.*

Beweis. Ist $V = \{0\}$ der Nullraum, so ist nichts zu beweisen, da die leere Basis $\emptyset$ orthonormal ist. Sei also $\dim V \geq 1$ und $v \in V$ ein Vektor ungleich null. Dann ist $v_1 = \frac{v}{\|v\|}$ ein Einheitsvektor, also $\|v_1\| = 1$. Wir betrachten $U = \operatorname{span}\{v_1\}$ und erhalten nach Korollar 7.38 die Zerlegung $V = U \oplus U^\perp$ mit $\dim U^\perp = \dim V - 1$. Da $U^\perp$ nach wie vor ein euklidischer beziehungsweise unitärer Vektorraum ist, wobei wir das Skalarprodukt einfach einschränken, können wir mit $U^\perp$ anstelle von V fortfahren, siehe auch Übung 7.4. Da die Dimension um eins abgenommen hat, können wir induktiv annehmen, dass wir bereits eine Orthonormalbasis $v_2, \ldots, v_n$ von $U^\perp$ gefunden haben. Insgesamt bilden die Vektoren $v_1, \ldots, v_n$ dann eine Orthonormalbasis. $\quad\square$

Korollar 7.44. *Sei V ein endlich-dimensionaler euklidischer oder unitärer Vektorraum und $U \subseteq V$ ein Unterraum. Dann lässt sich jede Orthonormalbasis von U zu einer Orthonormalbasis von V ergänzen.*

Beweis. Nach dem letzten Satz besitzt $U^\perp$ eine Orthonormalbasis. Da $U \oplus U^\perp = V$ und da U senkrecht auf $U^\perp$ steht, ist die Vereinigung von Orthonormalbasen von U und $U^\perp$ eine solche von V. $\quad\square$

Das folgende Verfahren liefert nun eine explizite Konstruktion eines Orthonormalsystems aus einer (höchstens abzählbar unendlichen) linear unabhängigen Teilmenge:

Satz 7.45 (Gram-Schmidt-Verfahren). *Sei V ein euklidischer oder unitärer Vektorraum. Seien $v_1, \ldots, v_n \in V$ linear unabhängige Vektoren. Dann existiert ein Orthonormalsystem $e_1, \ldots, e_n$, sodass*

$$\operatorname{span}\{e_1, \ldots, e_k\} = \operatorname{span}\{v_1, \ldots, v_k\} \qquad (7.4.5)$$

für alle $1 \leq k \leq n$.

Beweis. Wir beschreiben die Konstruktion im Detail. Wir setzen zuerst $e_1 = \frac{v_1}{\|v_1\|}$, womit $\|e_1\| = 1$ und $\operatorname{span}\{e_1\} = \operatorname{span}\{v_1\}$ gewährleistet ist. Für e_2 müssen wir eine Linearkombination von v_1 und v_2 finden, die auf e_1 senkrecht steht. Der Ansatz

$$f_2 = v_2 + \lambda_1 e_1 \qquad\qquad (7.4.6)$$

liefert aus der Bedingung $\langle e_1, f_2 \rangle = 0$ die Gleichung

$$\langle e_1, v_2 \rangle + \lambda_1 = 0$$

und damit $\lambda_1 = -\langle e_1, v_2 \rangle = -\frac{\langle v_1, v_2 \rangle}{\|v_1\|}$. Das so erhaltene f_2 ist senkrecht auf e_1. Man beachte, dass $f_2 \neq 0$, da v_1 und v_2 linear unabhängig sind und der Koeffizient in der Linearkombination (7.4.6) vor v_2 ungleich null, nämlich gerade gleich 1 ist. Damit lässt sich f_2 zu $e_2 = \frac{f_2}{\|f_2\|}$ normieren. Da

$$v_2 = \|f_2\| e_2 - \lambda_1 e_1$$

sich wieder als Linearkombination der beiden orthonormalen Vektoren e_1 und e_2 ausdrücken lässt, gilt schließlich auch

$$\mathrm{span}\{e_1, e_2\} = \mathrm{span}\{v_1, v_2\},$$

womit der Fall $k = 2$ bewiesen ist. Per Induktion fährt man nun fort und setzt im k-ten Schritt zuerst

$$f_k = v_k + \lambda_1 e_1 + \cdots + \lambda_{k-1} e_{k-1}$$

mit zu bestimmenden Koeffizienten $\lambda_1, \ldots, \lambda_{k-1}$, sodass f_k senkrecht auf die bereits gefundenen $e_1, \ldots, e_{k-1}$ steht. Diese Bedingung liefert nach Bilden des Skalarprodukts mit e_i die Gleichungen

$$\lambda_i = -\langle e_i, v_k \rangle$$

für alle $i = 1, \ldots, k-1$. Wie schon bei f_2 argumentiert man, dass f_k nicht null sein kann. Daher kann man in einem zweiten Schritt f_k wieder zu $e_k = \frac{f_k}{\|f_k\|}$ normieren. $\qquad\square$

Bemerkung 7.46. Das Gram-Schmidt-Verfahren liefert auch für abzählbar viele linear unabhängige Vektoren $v_1, v_2, \ldots$ ein abzählbares Orthonormalsystem $e_1, e_2, \ldots$, sodass (7.4.5) nun für alle $k \in \mathbb{N}$ gültig ist.

Bemerkung 7.47. Ist nun $v_1, \ldots, v_n$ eine Basis von V, so liefert das Gram-Schmidt-Verfahren eine Orthonormalbasis $e_1, \ldots, e_n$. Man beachte, dass dies ein sehr expliziter Algorithmus ist. Sind die $v_1, \ldots, v_n$ bereits orthonormal, so reproduziert das Gram-Schmidt-Verfahren diese Vektoren: In diesem Fall gilt einfach

$$e_i = v_i \qquad\qquad (7.4.7)$$

für alle $i = 1, \ldots, n$. Wir erhalten also insbesondere einen zweiten Beweis zu Satz 7.43. Letztlich haben wir genau diese Idee bereits in Abschn. 1.3 im Beweis von Proposition 1.13 verwendet.

Im Allgemeinen ist es ja nicht immer einfach, einen Vektor als Linearkombination von Basisvektoren zu schreiben: Dies erfordert die Lösung eines linearen Gleichungssystems beispielsweise mithilfe des Gauß-Algorithmus. Für eine Orthonormalbasis ist dies viel leichter:

Proposition 7.48. *Sei V ein endlich-dimensionaler euklidischer oder unitärer Vektorraum, und sei $e_1, \ldots, e_n$ eine Orthonormalbasis von V. Dann gilt für jeden Vektor $v \in V$*

$$v = \sum_{i=1}^{n} \langle e_i, v \rangle e_i. \tag{7.4.8}$$

Beweis. Sei $v = \sum_{i=1}^{n} v_i e_i$ bezüglich der Basis $e_1, \ldots, e_n$ entwickelt, wobei also die Zahlen $v_1, \ldots, v_n \in \mathbb{K}$ die eindeutig bestimmten Koeffizienten bezüglich dieser Basis sind. Es folgt

$$\langle e_j, v \rangle = \sum_{i=1}^{n} v_i \langle e_j, e_i \rangle = v_j,$$

da die $e_1, \ldots, e_n$ zudem orthonormal sind. $\qquad\square$

Korollar 7.49. *Sei V ein endlich-dimensionaler euklidischer oder unitärer Vektorraum, und sei $e_1, \ldots, e_n$ eine Orthonormalbasis von V.*

i.) Für $v, w \in V$ gilt

$$\langle v, w \rangle = \sum_{i=1}^{n} \langle v, e_i \rangle \langle e_i, w \rangle. \tag{7.4.9}$$

ii.) Für $v \in V$ gilt die Parsevalsche Gleichung

$$\|v\|^2 = \sum_{i=1}^{n} |\langle e_i, v \rangle|^2. \tag{7.4.10}$$

Beweis. In endlichen Dimensionen ist dies eine ziemlich einfache Rechnung, die wirkliche Bedeutung erfährt die Parsevalsche Gleichung erst für unendlich-dimensionale Hilbert-Räume. Wir rechnen nach, dass

$$\langle v, w \rangle = \left\langle \sum_{i=1}^{n} \langle e_i, v \rangle e_i, \sum_{j=1}^{n} \langle e_j, w \rangle e_j \right\rangle$$

$$= \sum_{i,j=1}^{n} \overline{\langle e_i, v \rangle} \underbrace{\langle e_i, e_j \rangle}_{\delta_{ij}} \langle e_j, w \rangle$$

$$= \sum_{i=1}^{n} \langle v, e_i \rangle \langle e_i, w \rangle$$

für alle $v, w \in V$, womit der erste Teil gezeigt ist. Den zweiten Teil erhält man mit $v = w$ oder alternativ aus (7.4.8) und dem Satz des Pythagoras. $\quad\square$

Kontrollfragen. Gibt es immer eine Orthonormalbasis? Wie kann man Orthonormalbasen konstruieren? Was besagt die Parsevalsche Gleichung?

7.5 Isometrien und Klassifikation

Wie zuvor schon in vielen anderen Situation wollen wir auch für euklidische und unitäre Vektorräume den „richtigen" Begriff von Morphismus finden. Wir wollen also nicht nur die Vektorraumstruktur berücksichtigen, wie dies bereits eine lineare Abbildung könnte, sondern auch die Skalarprodukte erhalten. Hierzu bietet sich folgender Begriff der Isometrie an:

Definition 7.50 (Isometrie). Seien $(V, \langle \cdot, \cdot \rangle_V)$ und $(W, \langle \cdot, \cdot \rangle_W)$ euklidische oder unitäre Vektorräume. Eine lineare Abbildung $\Phi \in \mathrm{Hom}(V, W)$ heißt Isometrie, falls

$$\langle \Phi(v), \Phi(u) \rangle_W = \langle v, u \rangle_V \tag{7.5.1}$$

für alle $v, u \in V$. Ein isometrischer Isomorphismus wird im Falle $\mathbb{K} = \mathbb{R}$ auch orthogonal und im Falle $\mathbb{K} = \mathbb{C}$ unitär genannt.

Bemerkung 7.51 (Isometrie). Eine Isometrie erhält also mit den Skalarprodukten auch alle Längen und Winkel, da diese ja aus dem Skalarprodukt erhalten werden. Die Definition ist weiterhin sinnvoll, wenn der Körper $\Bbbk$ beliebig ist und wir beliebige (nicht länger positive) innere Produkte vorliegen haben.

Proposition 7.52. *Seien $(V_i, \langle \cdot, \cdot \rangle_i)_{i=1,2,3}$ euklidische oder unitäre Vektorräume.*

i.) Eine Isometrie $\Phi \colon (V_1, \langle \cdot, \cdot \rangle_1) \longrightarrow (V_2, \langle \cdot, \cdot \rangle_2)$ ist immer injektiv.

ii.) Für Isometrien $\Phi \colon (V_1, \langle \cdot, \cdot \rangle_1) \longrightarrow (V_2, \langle \cdot, \cdot \rangle_2)$ und $\Psi \colon (V_2, \langle \cdot, \cdot \rangle_2) \longrightarrow (V_3, \langle \cdot, \cdot \rangle_3)$ ist auch

$$\Psi \circ \Phi \colon (V_1, \langle \cdot, \cdot \rangle_1) \longrightarrow (V_3, \langle \cdot, \cdot \rangle_3) \tag{7.5.2}$$

eine Isometrie.

iii.) Die Identität $\mathrm{id} \colon (V_1, \langle \cdot, \cdot \rangle_1) \longrightarrow (V_1, \langle \cdot, \cdot \rangle_1)$ ist ein isometrischer Isomorphismus.

iv.) Ist $\Phi \colon (V_1, \langle \cdot, \cdot \rangle_1) \longrightarrow (V_2, \langle \cdot, \cdot \rangle_2)$ ein isometrischer Isomorphismus, so ist auch die inverse lineare Abbildung $\Phi^{-1} \colon (V_2, \langle \cdot, \cdot \rangle_2) \longrightarrow (V_1, \langle \cdot, \cdot \rangle_1)$ wieder isometrisch.

Beweis. Sei zunächst $v \in V_1$ mit $\Phi(v) = 0$ gegeben. Dann gilt für alle $u \in V_1$

$$0 = \langle \Phi(u), \Phi(v) \rangle_2 = \langle u, v \rangle_1.$$

Da $\langle \cdot, \cdot \rangle_1$ nicht-ausgeartet ist, folgt $v = 0$, womit Φ injektiv ist. Für den zweiten Teil rechnet man nach, dass für $v, u \in V_1$

$$\langle \Psi(\Phi(u)), \Psi(\Phi(v))\rangle_3 = \langle \Phi(u), \Phi(v)\rangle_2 = \langle u, v\rangle_1$$

gilt, was die Isometrieeigenschaft von $\Psi \circ \Phi$ zeigt. Der dritte Teil ist klar. Sei nun Φ zudem invertierbar. Die Umkehrabbildung Φ^{-1} ist dann wieder linear, und

$$\langle u, v\rangle_2 = \langle (\Phi \circ \Phi^{-1})(u), (\Phi \circ \Phi^{-1})(v)\rangle_2 = \langle \Phi^{-1}(u), \Phi^{-1}(v)\rangle_1$$

zeigt, dass Φ^{-1} wieder isometrisch ist. $\qquad\square$

Korollar 7.53. *Seien V und W endlich-dimensional mit gleicher Dimension. Dann ist jede Isometrie $\Phi\colon (V, \langle\,\cdot\,,\,\cdot\,\rangle_V) \longrightarrow (W, \langle\,\cdot\,,\,\cdot\,\rangle_W)$ ein isometrischer Isomorphismus.*

Beweis. Dies folgt aus Proposition 7.52, *i.)*, und der Dimensionsformel in Form von Korollar 5.27. $\qquad\square$

Korollar 7.54. *Sei $(V, \langle\,\cdot\,,\,\cdot\,\rangle)$ ein euklidischer oder unitärer Vektorraum. Dann bilden die orthogonalen beziehungsweise die unitären Endomorphismen von V eine Untergruppe von $\mathrm{GL}(V)$.*

Beweis. Dies folgt sofort aus Proposition 7.52, *ii.)*, *iii.)* und *iv.)*. $\qquad\square$

Definition 7.55 (Orthogonale und unitäre Gruppe). Sei $n \in \mathbb{N}$.

i.) Die Gruppe der orthogonalen $n \times n$-Matrizen bezeichnen wir als orthogonale Gruppe

$$\mathrm{O}(n) = \big\{ A \in \mathrm{GL}_n(\mathbb{R}) \mid A \text{ ist orthogonal}\big\}. \qquad (7.5.3)$$

ii.) Die Gruppe der unitären $n \times n$-Matrizen bezeichnen wir als unitäre Gruppe

$$\mathrm{U}(n) = \big\{ A \in \mathrm{GL}_n(\mathbb{C}) \mid A \text{ ist unitär}\big\}. \qquad (7.5.4)$$

Hierbei beziehen wir uns natürlich immer auf das kanonische Skalarprodukt von $\mathbb{R}^n$ beziehungsweise von $\mathbb{C}^n$ und identifizieren lineare Endomorphismen mit Matrizen wie üblich. Allgemeiner sprechen wir von der orthogonalen beziehungsweise unitären Gruppe eines euklidischen oder unitären Vektorraums.

Wir wollen nun orthogonale und unitäre Abbildungen expliziter charakterisieren und so einige einfache Kriterien für Orthogonalität und Unitarität finden. Wir beginnen mit $\mathbb{K}^n$ und dem Standardskalarprodukt, womit wir lineare Abbildungen wie immer mit Matrizen identifizieren können.

Proposition 7.56. *Sei $n \in \mathbb{N}$ und $A \in \mathrm{M}_n(\mathbb{K})$. Dann sind äquivalent:*

i.) Die Matrix A ist isometrisch.

ii.) Es gilt $A^*A = \mathbb{1}$.

iii.) Es gilt $AA^* = \mathbb{1}$.

iv.) Es gilt $A \in \mathrm{GL}_n(\mathbb{K})$ mit $A^{-1} = A^*$.

v.) Es gibt eine geordnete Basis $(b_1, \ldots, b_n)$ *von* $\mathbb{K}^n$ *mit*

$$\langle Ab_i, Ab_j \rangle = \langle b_i, b_j \rangle \tag{7.5.5}$$

für alle $i, j = 1, \ldots, n.$

vi.) Es gilt $\|Av\| = \|v\|$ *für alle* $v \in \mathbb{K}^n.$

Beweis. Hier ist wie schon zuvor $A^* = \overline{A^{\mathrm{T}}} = (\overline{A})^{\mathrm{T}}$ die komplex-konjugierte und transponierte Matrix. Im reellen Fall $\mathbb{K} = \mathbb{R}$ gilt dann einfach $A^* = A^{\mathrm{T}}$, da $A \in \mathrm{M}_n(\mathbb{R})$ nur reelle Einträge besitzt. Da in endlichen Dimensionen eine Matrix $A \in \mathrm{M}_n(\mathbb{K})$ genau dann invertierbar ist, wenn sie ein Links- oder ein Rechtsinverses besitzt, siehe Proposition 5.54, ist die Äquivalenz von *ii.)*, *iii.)* und *iv.)* klar. Sei nun A isometrisch, so gilt $\langle Av, Aw \rangle = \langle v, w \rangle$ für alle $v, w \in \mathbb{K}^n$. Daher gilt insbesondere auch $\langle Ab_i, Ab_j \rangle = \langle b_i, b_j \rangle$ für jede Basis $(b_1, \ldots, b_n)$ von $\mathbb{K}^n$. Weiter können wir $v = w$ setzen und erhalten $\|Av\| = \sqrt{\langle Av, Av \rangle} = \sqrt{\langle v, v \rangle} = \|v\|$. Dies zeigt *i.)* $\implies$ *v.)* sowie *i.)* $\implies$ *vi.)*. Sei nun A mit $A^*A = \mathbb{1}$ gegeben. In Komponenten ausgeschrieben bedeutet dies

$$\delta_{k\ell} = (A^*A)_{k\ell} = \sum_{i=1}^{n} (A^*)_{ki} A_{i\ell} = \sum_{i=1}^{n} \overline{A_{ik}} A_{i\ell} = \langle Ae_k, Ae_\ell \rangle,$$

da Ae_r gerade der Spaltenvektor ist, der aus der r-ten Spalte von A besteht. Da $\langle e_k, e_\ell \rangle = \delta_{k\ell}$ gilt, haben wir eine Basis mit der Eigenschaft *v.)* gefunden und somit *ii.)* $\implies$ *v.)* gezeigt. Sei nun $(b_1, \ldots, b_n)$ eine Basis von $\mathbb{K}^n$, sodass *v.)* gilt. Für ein $v \in \mathbb{K}^n$ schreiben wir daher wie immer

$$v = \sum_{i=1}^{n} v_i b_i$$

mit den entsprechenden Entwicklungskoeffizienten $v_1, \ldots, v_n$ von v bezüglich dieser Basis. Dann gilt

$$\langle Av, Av \rangle = \left\langle A \sum_{i=1}^{n} v_i b_i, A \sum_{j=1}^{n} v_j b_j \right\rangle$$

$$= \sum_{i,j=1}^{n} \overline{v_i} v_j \langle Ab_i, Ab_j \rangle$$

$$= \sum_{i,j=1}^{n} \overline{v_i} v_j \langle b_i, b_j \rangle$$

$$= \left\langle \sum_{i=1}^{n} v_i b_i, \sum_{j=1}^{n} v_j b_j \right\rangle$$

$$= \langle v, v \rangle,$$

womit nach Wurzelziehen $\|Av\| = \|v\|$ folgt. Dies zeigt die Implikation $v.)$ $\implies vi.)$. Unter der Annahme von $vi.)$ zeigen wir schließlich $i.)$: Dies ist mithilfe der Polarisierungsidentitäten klar, da wir das Skalarprodukt $\langle v, w \rangle$ aus den Normen von $\|\mathrm{i}^r v + w\|$ mit $r = 0, 1, 2, 3$ beziehungsweise aus $\|v + w\|$ und $\|v - w\|$ gemäß (7.3.10) beziehungsweise (7.3.11) ausrechnen können. Erhält A nun die Normen, so auch die Skalarprodukte. Es verbleibt, die letzte Implikation $i.) \implies ii.)$ zu zeigen. Dies ist aber einfach, da für ein isometrisches $A \in \mathrm{M}_n(\mathbb{K})$

$$\delta_{k\ell} = \langle \mathrm{e}_k, \mathrm{e}_\ell \rangle = \langle A\mathrm{e}_k, A\mathrm{e}_\ell \rangle = \sum_{i=1}^n \overline{(A\mathrm{e}_k)_i}, (A\mathrm{e}_\ell)_i = \sum_{i=1}^n \overline{A_{ik}} A_{i\ell} = (A^* A)_{k\ell}$$

gilt. Dies ist aber gerade $A^* A = \mathbb{1}$ in Komponenten. Damit haben wir schließlich, mit einiger Redundanz, alle Implikationen gezeigt. $\qquad \square$

Offenbar liefert $ii.)$ oder $iii.)$ ein sehr einfaches Kriterium zur rechnerischen Überprüfung der Isometrieeigenschaften, während $v.)$ den Begriff „Isometrie" als „längenerhaltend" rechtfertigt.

Proposition 7.57. *Sei V ein endlich-dimensionaler euklidischer oder unitärer Vektorraum und $\Phi \in \mathrm{End}(V)$. Dann ist Φ genau dann ein isometrischer Isomorphismus, wenn es eine Orthonormalbasis $(b_1, \ldots, b_n)$ von V gibt, sodass $(\Phi(b_1), \ldots, \Phi(b_n))$ ebenfalls eine Orthonormalbasis ist. In diesem Fall ist für jede Orthonormalbasis $(b_1, \ldots, b_n)$ von V auch $(\Phi(b_1), \ldots, \Phi(b_n))$ eine Orthonormalbasis.*

Beweis. Sei Φ ein isometrischer Isomorphismus und $(b_1, \ldots, b_n)$ eine beliebige Orthonormalbasis von V. Dann gilt $\langle \Phi(b_i), \Phi(b_j) \rangle = \langle b_i, b_j \rangle = \delta_{ij}$, womit die Vektoren $(\Phi(b_1), \ldots, \Phi(b_n))$ wieder orthonormal sind. Aus Dimensionsgründen bilden sie wieder eine Basis. Sei umgekehrt $(b_1, \ldots, b_n)$ eine Orthonormalbasis derart, dass $(\Phi(b_1), \ldots, \Phi(b_n))$ wieder eine Orthonormalbasis ist. Für $v, w \in V$ schreiben wir mithilfe von Korollar 7.49 daher

$$\langle \Phi(v), \Phi(w) \rangle = \left\langle \Phi \sum_{i=1}^n \langle b_i, v \rangle b_i, \Phi \sum_{j=1}^n \langle b_j, w \rangle b_j \right\rangle$$

$$= \sum_{i,j=1}^n \overline{\langle b_i, v \rangle} \underbrace{\langle \Phi(b_i), \Phi(b_j) \rangle}_{\delta_{ij}} \langle b_j, w \rangle$$

$$= \sum_{i=1}^n \overline{\langle b_i, v \rangle} \langle b_i, w \rangle$$

$$= \langle v, w \rangle,$$

womit Φ isometrisch ist. Damit ist aber alles gezeigt. $\qquad \square$

Lemma 7.58. *Seien V und W endlich-dimensionale euklidische oder unitäre Vektorräume mit geordneten Orthonormalbasen $A \subseteq V$ und $B \subseteq W$. Dann gilt für $\Phi \in \mathrm{Hom}(V, W)$*

$$_B[\Phi]_A = \big(\langle b_i, \Phi(a_j) \rangle \big)_{\substack{i=1,\dots,\dim W \\ j=1,\dots,\dim V}}. \tag{7.5.6}$$

Beweis. Dies folgt sofort aus Proposition 7.48, da

$$\Phi(a_j) = \sum_{i=1}^{\dim W} \langle b_i, \Phi(a_j) \rangle b_i$$

die Entwicklungskoeffizienten von $\Phi(a_j)$ bezüglich der Basis B liefert. Nach Definition 5.33 ist dies gerade (7.5.6). $\qquad\square$

Mithilfe dieser Beobachtung können wir nun allgemein die Isometrieeigenschaften eines Homomorphismus $\Phi \in \mathrm{Hom}(V, W)$ in Termen seiner Basisdarstellung beschreiben:

Proposition 7.59. *Seien V und W endlich-dimensionale euklidische oder unitäre Vektorräume mit $\dim V = \dim W = n$. Für $\Phi \in \mathrm{Hom}(V, W)$ sind dann äquivalent:*

i.) Die lineare Abbildung Φ ist isometrisch.

ii.) Es gibt Orthonormalbasen $A \subseteq V$ und $B \subseteq W$, sodass $_B[\Phi]_A \in \mathrm{M}_n(\mathbb{K})$ isometrisch ist.

iii.) Für alle Orthonormalbasen $A \subseteq V$ und $B \subseteq W$ ist $_B[\Phi]_A \in \mathrm{M}_n(\mathbb{K})$ isometrisch.

Beweis. Sei zunächst Φ isometrisch, und seien $A \subseteq V$ und $B \subseteq W$ Orthonormalbasen. Dann rechnen wir nach, dass

$$
\begin{aligned}
\big({}_B[\Phi]_A \big)^* \, {}_B[\Phi]_A &= \big(\langle b_i, \Phi(a_j) \rangle_W \big)^*_{i,j=1,\dots,n} \big(\langle b_k, \Phi(a_\ell) \rangle_W \big)_{k,\ell=1,\dots,n} \\
&= \left(\sum_{k=1}^n \overline{\langle b_k, \Phi(a_j) \rangle_W} \langle b_k, \Phi(a_\ell) \rangle_W \right)_{j,\ell=1,\dots,n} \\
&\overset{(7.4.9)}{=} \big(\langle \Phi(a_j), \Phi(a_\ell) \rangle_W \big)_{j,\ell=1,\dots,n} \\
&= (\delta_{j\ell})_{j,\ell=1,\dots,n} \\
&= \mathbb{1},
\end{aligned}
$$

da $\langle a_j, a_\ell \rangle = \delta_{j\ell}$ für eine Orthonormalbasis. Nach Proposition 7.56, *ii.)*, bedeutet dies, dass die Matrix $_B[\Phi]_A$ isometrisch ist. Da es immer Orthonormalbasen gibt, ist *iii.)* $\Longrightarrow$ *ii.)* ebenfalls klar. Es gelte nun also *ii.)*. Dann gilt für $v \in V$ bezüglich dieser Orthonormalbasis A also die Basisdarstellung

$$_A[v] = \big(\langle a_i, v \rangle_V \big)_{i=1,\dots,n} \in \mathbb{K}^n$$

nach Proposition 7.48. Allgemein gilt $_B[\Phi(v)] = {}_B[\Phi]_A \, _A[v]$, und nach Korollar 7.49, *i.)*, gilt

$$\langle \Phi(v), \Phi(u) \rangle_W = \big\langle \, _B[\Phi(v)], \, _B[\Phi(u)] \big\rangle_{\mathbb{K}^n}$$

mit dem Standardskalarprodukt von $\mathbb{K}^n$. Damit folgt also aus der Isometrieeigenschaft der Matrix $_B[\Phi]_A$

$$
\begin{aligned}
\langle \Phi(v), \Phi(u) \rangle_W &= \big\langle \, _B[\Phi(v)], \, _B[\Phi(u)] \big\rangle_{\mathbb{K}^n} \\
&= \big\langle \, _B[\Phi]_A \, _A[v], \, _B[\Phi]_A \, _A[u] \big\rangle_{\mathbb{K}^n} \\
&= \big\langle \, _A[v], \, _A[v] \big\rangle_{\mathbb{K}^n} \\
&= \langle v, u \rangle_V,
\end{aligned}
$$

nach nochmaliger Anwendung von Korollar 7.49, *i.)*, im letzten Schritt. Also ist Φ tatsächlich isometrisch, und *ii.)* $\implies$ *i.)* ist gezeigt. $\qquad\square$

Wir können nun isometrische Isomorphismen dazu verwenden, euklidische oder unitäre Vektorräume zu klassifizieren. Dies gestaltet sich nun überraschend einfach:

Satz 7.60 (Klassifikation von euklidischen und unitären Vektorräumen). *Seien V und W endlich-dimensionale euklidische oder unitäre Vektorräume. Dann sind äquivalent:*

i.) Es gibt einen isometrischen Isomorphismus $\Phi\colon V \longrightarrow W$.

ii.) Es gilt $\dim V = \dim W$.

Beweis. Die Implikation *i.)* $\implies$ *ii.)* ist klar, da ein isometrischer Isomorphismus insbesondere eine lineare Bijektion ist und daher Satz 5.28 zum Einsatz kommen kann. Sei also $\dim V = \dim W = n$ erfüllt. Nach Satz 7.43 existieren geordnete Orthonormalbasen $A = (a_1, \ldots, a_n)$ von V und $B = (b_1, \ldots, b_n)$ von W. Durch die Forderung

$$\Phi(a_i) = b_i$$

für $i = 1, \ldots, n$ definieren wir eine lineare Abbildung $\Phi\colon V \longrightarrow W$ gemäß Satz 5.21, *ii.)*. Diese bildet eine Basis bijektiv auf eine Basis ab, ist also ein linearer Isomorphismus. Nach Konstruktion gilt $_B[\Phi]_A = \mathbb{1}$, was eine isometrische Matrix ist. Nach Proposition 7.59 ist Φ damit selbst isometrisch. $\qquad\square$

Korollar 7.61. *Sei V ein endlich-dimensionaler euklidischer oder unitärer Vektorraum mit $\dim V = n$. Dann ist V isometrisch isomorph zu $\mathbb{K}^n$ mit dem Standardskalarprodukt. Ist $B \subseteq V$ eine Orthonormalbasis, so ist der lineare Isomorphismus*

$$V \ni v \mapsto {}_B[v] \in \mathbb{K}^n \tag{7.5.7}$$

ein isometrischer Isomorphismus.

Beweis. Dies ist einerseits klar nach dem allgemeinen Resultat von Satz 7.60. Andererseits sieht man (7.5.7) auch direkt mit Korollar 7.49, *i.)*, welches wir ja auch entscheidend im Beweis von Proposition 7.59 verwendet haben.   □

Wir schließen diesen Abschnitt mit einigen Eigenschaften von orthogonalen und unitären Matrizen.

Proposition 7.62. *Sei $n \in \mathbb{N}$.*

i.) Die Determinante liefert einen surjektiven Gruppenmorphismus

$$\det \colon \mathrm{O}(n) \longrightarrow \{\pm 1\} \subseteq \mathbb{R}^{\times}. \tag{7.5.8}$$

ii.) Die Determinante liefert einen surjektiven Gruppenmorphismus

$$\det \colon \mathrm{U}(n) \longrightarrow \mathbb{S}^1 \subseteq \mathbb{C}^{\times}. \tag{7.5.9}$$

iii.) Die komplexe Konjugation liefert einen involutiven Gruppenmorphismus

$$\bar{} \colon \mathrm{U}(n) \longrightarrow \mathrm{U}(n). \tag{7.5.10}$$

Beweis. Sei $O \in \mathrm{O}(n)$ eine orthogonale Matrix. Dann gilt

$$1 = \det \mathbb{1} = \det(O^{\mathrm{T}} O) = \det O^{\mathrm{T}} \det O = (\det O)^2,$$

und somit folgt $\det O \in \{\pm 1\}$. Sei weiter $I = \mathrm{diag}(-1, 1, \ldots, 1)$. Offenbar gilt $I^{\mathrm{T}} = I = I^{-1}$ sowie $\det I = -1$. Also folgt $I \in \mathrm{O}(n)$, was die Surjektivität von (7.5.8) zeigt. Dass (7.5.8) ein Gruppenmorphismus ist, ist klar, da $\det \colon \mathrm{GL}_n(\mathbb{R}) \longrightarrow \mathbb{R}^{\times}$ bereits ein Gruppenmorphismus ist und (7.5.8) dessen Einschränkung auf $\mathrm{O}(n)$ ist. Für *ii.)* bemerken wir zunächst, dass $\mathbb{S}^1 \subseteq \mathbb{C}^{\times}$ tatsächlich eine Untergruppe bezüglich der Multiplikation ist. Sei nun $U \in \mathrm{U}(n)$ unitär, dann gilt

$$1 = \det \mathbb{1} = \det(U^* U) = \overline{\det U} \det U = |\det U|^2,$$

was $|\det U| = 1$ oder eben $\det U \in \mathbb{S}^1$ zeigt. Ist nun $z \in \mathbb{S}^1$ vorgegeben, so gilt für $U = \mathrm{diag}(z, 1, \ldots, 1)$ wegen $\bar{z} z = 1$ zum einen $U^* = \mathrm{diag}(\bar{z}, 1, \ldots, 1) = U^{-1}$, also $U \in \mathrm{U}(n)$. Zum anderen gilt $\det U = z$, was die Surjektivität (7.5.9) beweist. Die Gruppenmorphismuseigenschaft ist wieder klar. Für die komplexe Konjugation wissen wir ganz allgemein $\overline{AB} = \overline{A}\,\overline{B}$, $\overline{\mathbb{1}} = \mathbb{1}$ und $\det \overline{A} = \overline{\det A}$. Daher ist die komplexe Konjugation ein involutiver Gruppenautomorphismus von $\mathrm{GL}_n(\mathbb{C})$. Es bleibt zu zeigen, dass für $U \in \mathrm{U}(n)$ auch $\overline{U}$ wieder unitär ist. Dies rechnen wir durch

$$\overline{U}^* \overline{U} = U^{\mathrm{T}} \overline{U} = (\overline{U}^{\mathrm{T}} U)^{\mathrm{T}} = (U^* U)^{\mathrm{T}} = \mathbb{1}^{\mathrm{T}} = \mathbb{1}$$

explizit nach.   □

Definition 7.63 (Die Gruppen $\mathrm{SO}(n)$ und $\mathrm{SU}(n)$). Sei $n \in \mathbb{N}$.

i.) Die spezielle orthogonale Gruppe ist definiert als

$$\mathrm{SO}(n) = \mathrm{O}(n) \cap \mathrm{SL}_n(\mathbb{R}) = \left\{ A \in \mathrm{M}_n(\mathbb{R}) \mid A^{\mathrm{T}} A = \mathbb{1} \text{ und } \det A = 1 \right\}.$$
(7.5.11)

ii.) Die spezielle unitäre Gruppe ist definiert als

$$\mathrm{SU}(n) = \mathrm{U}(n) \cap \mathrm{SL}_n(\mathbb{C}) = \left\{ A \in \mathrm{M}_n(\mathbb{C}) \mid A^* A = \mathbb{1} \text{ und } \det A = 1 \right\}.$$
(7.5.12)

Da sowohl $\mathrm{O}(n)$ als auch $\mathrm{SL}_n(\mathbb{R})$ Untergruppen von $\mathrm{GL}_n(\mathbb{R})$ sind, ist $\mathrm{SO}(n)$ als Schnitt dieser Untergruppen wieder eine Untergruppe von $\mathrm{O}(n)$, von $\mathrm{SL}_n(\mathbb{R})$ und von $\mathrm{GL}_n(\mathbb{R})$. Ebenso ist $\mathrm{SU}(n)$ eine Untergruppe von $\mathrm{U}(n)$, von $\mathrm{SL}_n(\mathbb{C})$ und von $\mathrm{GL}_n(\mathbb{C})$. Dies sieht man auch direkt mit Proposition 7.62, da etwa

$$\mathrm{SO}(n) = \ker\left(\det \big|_{\mathrm{O}(n)} \right) \quad \text{und} \quad \mathrm{SU}(n) = \ker\left(\det \big|_{\mathrm{U}(n)} \right).$$
(7.5.13)

Als Untergruppen von $\mathrm{O}(n)$ beziehungsweise $\mathrm{U}(n)$ sind $\mathrm{SO}(n)$ beziehungsweise $\mathrm{SU}(n)$ demnach sogar *normale* Untergruppen nach Proposition 3.24, *i.)*.

Kontrollfragen. Was ist eine Isometrie, was ein isometrischer Isomorphismus? Wie viele Skalarprodukte auf einen endlich-dimensionalen Vektorraum gibt es bis auf Isometrie? Wann ist eine Matrix orthogonal, wann unitär? Was ist die spezielle orthogonale Gruppe, was die spezielle unitäre Gruppe?

7.6 Selbstadjungierte und normale Abbildungen

Gemäß unserer allgemeinen Philosophie sind die Morphismen von euklidischen oder unitären Vektorräumen wieder die strukturerhaltenden Abbildungen, also die Isometrien. In endlichen Dimensionen gibt es zwischen euklidischen oder unitären Vektorräumen nicht sehr viele interessante Isometrien, da diese notwendigerweise injektiv und bei gleicher Dimension also sogar bijektiv sind. Damit sind unter den Morphismen bei gleicher Dimension nur noch Isomorphismen zu finden. Dies ist manchmal eine große Einschränkung und soll nun zumindest teilweise überwunden werden. Die Idee ist, dass wir die Verträglichkeit von Abbildungen mit den vorhandenen Strukturen, also der Vektorraumstruktur und dem Skalarprodukt, etwas anders interpretieren.

Die folgende Definition wird in unendlichen Dimensionen die entscheidende Eigenschaft liefern, in endlichen Dimensionen wird sich die Situation wie schon so oft drastisch vereinfachen.

Definition 7.64 (Adjungierbare Abbildung). Seien V und W euklidische oder unitäre Vektorräume und $A \colon V \longrightarrow W$ eine Abbildung. Dann heißt

A adjungierbar, falls es eine Abbildung $A^* \colon W \longrightarrow V$ gibt, sodass für alle $v \in V$ und $w \in W$

$$\langle w, A(v) \rangle_W = \langle A^*(w), v \rangle_V. \tag{7.6.1}$$

Erste Eigenschaften von adjungierbaren Abbildungen liefert folgendes Lemma:

Lemma 7.65. *Seien V und W euklidische oder unitäre Vektorräume und $A \colon V \longrightarrow W$ eine adjungierbare Abbildung.*

i.) Die Abbildung A ist notwendigerweise $\mathbb{K}$-linear.

ii.) Die Abbildung $A^* \colon W \longrightarrow V$ mit (7.6.1) ist eindeutig bestimmt und ebenfalls adjungierbar.

Beweis. Seien $v, u \in V$ sowie $\lambda, \mu \in \mathbb{K}$ und $w \in W$. Dann gilt

$$\begin{aligned}
&\langle w, A(\lambda v + \mu u) - \lambda A(v) - \mu A(u) \rangle_W \\
&= \langle A^*(w), \lambda v + \mu u \rangle_V - \lambda \langle w, A(v) \rangle_W - \mu \langle w, A(u) \rangle_W \\
&= \lambda \langle A^*(w), v \rangle_V + \mu \langle A^*(w), u \rangle_V - \lambda \langle A^*(w), v \rangle_W - \mu \langle A^*(w), u \rangle_W \\
&= 0.
\end{aligned}$$

Da $w \in W$ beliebig und $\langle \cdot, \cdot \rangle_W$ nicht-ausgeartet ist, folgt also

$$A(\lambda v + \mu u) - \lambda A(v) - \mu A(u) = 0,$$

was die Linearität von A zeigt. Seien nun $B, C \colon W \longrightarrow V$ zwei Abbildungen mit $\langle B(w), v \rangle_V = \langle w, A(v) \rangle_W = \langle C(w), v \rangle_V$ für $w \in W$ und $v \in V$. Dann gilt

$$\langle (B - C)(w), v \rangle_V = \langle B(w), v \rangle_V - \langle C(w), v \rangle_V = \langle w, A(v) \rangle_W - \langle w, A(v) \rangle_W = 0,$$

womit $(B - C)(w) = 0$ folgt, da $\langle \cdot, \cdot \rangle_V$ nicht-ausgeartet ist. Also gilt $B = C$, was die Eindeutigkeit für Teil *ii.)* zeigt. In die Gleichung (7.6.1) gehen A und A^* aber völlig symmetrisch ein, sodass A^* ebenfalls adjungierbar ist. $\square$

Dieses Lemma erlaubt es, von *der* adjungierten Abbildung A^* einer adjungierbaren Abbildung A zu sprechen, da diese eben eindeutig bestimmt ist:

Definition 7.66 (Adjungierte Abbildung). Seien V und W euklidische oder unitäre Vektorräume und $A \colon V \longrightarrow W$ eine adjungierbare Abbildung. Die eindeutig bestimmte Abbildung $A^* \colon W \longrightarrow V$ mit (7.6.1) heißt die zu A adjungierte Abbildung.

Es stellt sich nun natürlich die berechtigte Frage, ob es überhaupt interessante adjungierbare Abbildungen gibt. Bevor wir dieser Frage allgemein nachgehen, geben wir einige Beispiele:

Beispiel 7.67 (Adjungierbare Abbildungen). Seien V und W euklidische oder unitäre Vektorräume.

i.) Die Nullabbildung $0_{V \longrightarrow W} : V \longrightarrow W$ ist immer adjungierbar mit $(0_{V \longrightarrow W})^* = 0_{W \longrightarrow V}$. Dies ist klar nach (7.6.1). Wir werden zukünftig etwas laxer $0^* = 0$ schreiben.

ii.) Die Identitätsabbildung $\mathrm{id}_V : V \longrightarrow V$ ist adjungierbar mit $\mathrm{id}_V^* = \mathrm{id}_V$. Auch dies ist klar nach der Definition.

iii.) Sei $v \in V$ und $w \in W$ fest gewählt. Dann betrachtet man die Abbildung

$$\Theta_{w,v} : V \ni u \mapsto \langle v, u \rangle_V \cdot w \in W. \tag{7.6.2}$$

Wir behaupten, dass $\Theta_{w,v}$ adjungierbar ist und dass

$$\Theta_{w,v}^* = \Theta_{v,w} \tag{7.6.3}$$

gilt. Dazu seien $u \in V$ und $x \in W$ gegeben, dann gilt

$$\begin{aligned}
\langle x, \Theta_{w,v}(u) \rangle_W &= \langle x, \langle v, u \rangle_V \cdot w \rangle_W \\
&= \langle x, w \rangle_W \langle v, u \rangle_V \\
&= \langle \overline{\langle x, w \rangle_W} \cdot v, u \rangle_V \\
&= \langle \langle w, x \rangle_W \cdot v, u \rangle_V \\
&= \langle \Theta_{v,w}(x), u \rangle_V,
\end{aligned}$$

was (7.6.3) zeigt. In der Quantenphysik spielen diese Operatoren eine große Rolle und werden dort oft als

$$\Theta_{w,v} = |w\rangle\langle v| \tag{7.6.4}$$

bezeichnet.

Proposition 7.68. *Seien V, W, U euklidische oder unitäre Vektorräume, und seien $A, B : V \longrightarrow W$ sowie $C : W \longrightarrow U$ adjungierbare Abbildungen.*

i.) Für $\lambda, \mu \in \mathbb{K}$ ist auch $\lambda A + \mu B$ adjungierbar mit

$$(\lambda A + \mu B)^* = \overline{\lambda} A^* + \overline{\mu} B^*. \tag{7.6.5}$$

ii.) Die Abbildung A^* ist adjungierbar mit

$$(A^*)^* = A. \tag{7.6.6}$$

iii.) Die Abbildung CA ist adjungierbar mit

$$(CA)^* = A^* C^*. \tag{7.6.7}$$

Beweis. Wir zeigen (7.6.5) durch Nachrechnen. Für $v \in V$ und $w \in W$ gilt

$$\begin{aligned}
\langle w, (\lambda A + \mu B)(v) \rangle_W &= \langle w, \lambda A v + \mu B v \rangle_W \\
&= \lambda \langle w, A v \rangle_W + \mu \langle w, B v \rangle_W
\end{aligned}$$

$$= \lambda \langle A^*w, v \rangle_V + \mu \langle B^*w, v \rangle_V$$
$$= \langle (\overline{\lambda} A^* + \overline{\mu} B^*)(w), v \rangle_V.$$

Nach Definition zeigt dies, dass $\lambda A + \mu B$ adjungierbar ist mit adjungierter Abbildung $\overline{\lambda} A^* + \overline{\mu} B^*$. Der zweite Teil ist klar, siehe auch Lemma 7.65. Für den dritten Teil betrachten wir $v \in V$ und $u \in U$ und rechnen nach, dass

$$\langle u, (CA)v \rangle_U = \langle C^*u, Av \rangle_W = \langle A^*C^*u, v \rangle_V = \langle (A^*C^*)u, v \rangle_V,$$

womit die Existenz des Adjungierten und (7.6.6) gezeigt ist.   □

Im Allgemeinen gibt es sehr wohl Abbildungen zwischen euklidischen oder unitären Vektorräumen, die keine adjungierten Abbildungen besitzen. In der Funktionalanalysis ist dies ein zentrales Thema.

In endlichen Dimensionen hingegen ist die (notwendige) Linearität bereits hinreichend für die Existenz eines Adjungierten. Um dies zu zeigen, beweisen wir zunächst folgenden Satz:

Satz 7.69 (Musikalischer Isomorphismus). *Sei V ein euklidischer oder unitärer endlich-dimensionaler Vektorraum. Dann ist die Abbildung*

$$\flat: V \ni v \mapsto v^\flat = \langle v, \cdot \rangle \in V^* \tag{7.6.8}$$

$\mathbb{R}$-*linear beziehungsweise* $\mathbb{C}$-*antilinear und bijektiv.*

Beweis. Die (Anti-) Linearität von $\flat$ ist klar und wurde bereits erwähnt. Nach Bemerkung 7.2, *iv.)*, wissen wir im reellen Fall, dass $\flat$ aufgrund der Nicht-Ausgeartetheit von $\langle \cdot, \cdot \rangle$ injektiv ist. Im reellen Fall sind wir dann fertig: Wenn $\dim V < \infty$, so gilt $\dim V = \dim V^*$ nach Korollar 5.74. Nach Korollar 5.27 ist $\flat$ bijektiv. Im komplexen Fall müssen wir ein bisschen genauer argumentieren, da für eine *antilineare* Abbildung $\flat$ das Resultat aus Korollar 5.27 nicht unmittelbar anzuwenden ist. Zunächst ist klar, dass die Injektivität ebenfalls äquivalent zur Nicht-Ausgeartetheit ist. Es besteht nun die eine Möglichkeit, die Dimensionsformel aus Satz 5.25 direkt auch für antilineare Abbildungen zu formulieren und zu beweisen. Alternativ kann man im komplexen Fall so argumentieren: Um die Surjektivität von $\flat$ zu zeigen, geben wir ein $\alpha \in V^*$ vor. Wir wählen eine Orthonormalbasis $e_1, \ldots, e_n \in V$ und betrachten die zugehörige duale Basis $e_1^*, \ldots, e_n^* \in V^*$, sodass also $e_i^*(e_j) = \delta_{ij}$ gilt. Dann gilt

$$\alpha = \alpha_1 e_1^* + \cdots + \alpha_n e_n^* \quad \text{mit} \quad \alpha_i = \alpha(e_i).$$

Wir betrachten nun

$$v = \overline{\alpha}_1 e_1 + \cdots + \overline{\alpha}_n e_n,$$

und behaupten $v^\flat = \alpha$. Ist $w \in V$, so gilt zum einen

$$\langle v, w \rangle = \overline{\overline{\alpha}}_1 \langle e_1, w \rangle + \cdots + \overline{\overline{\alpha}}_n \langle e_n, w \rangle = \alpha_1 \langle e_1, w \rangle + \cdots + \alpha_n \langle e_n, w \rangle.$$

Zum anderen gilt $w = \langle e_1, w \rangle e_1 + \cdots + \langle e_n, w \rangle e_n$, und somit

$$
\begin{aligned}
\alpha(w) &= \langle e_1, w \rangle \alpha(e_1) + \cdots + \langle e_n, w \rangle \alpha(e_n) \\
&= \langle e_1, w \rangle \alpha_1 + \cdots + \langle e_n, w \rangle \alpha_n \\
&= \langle v, w \rangle,
\end{aligned}
$$

womit $\alpha = v^\flat$ gezeigt ist. $\square$

Dieser Satz wird in unendlichen Dimensionen definitiv falsch. Der algebraische Dualraum V^* ist schlicht zu groß, als dass es eine Bijektion $V \longrightarrow V^*$ geben könnte.

Definition 7.70 (Musikalische Isomorphismen). Sei V ein euklidischer oder unitärer endlich-dimensionaler Vektorraum. Der (anti-)lineare Isomorphismus

$$
\flat \colon V \ni v \mapsto \langle v, \cdot \rangle \in V^* \tag{7.6.9}
$$

sowie sein Inverses

$$
\sharp \colon V^* \longrightarrow V \tag{7.6.10}
$$

heißen die musikalischen Isomorphismen von V.

Bemerkenswerterweise gibt es jedoch eine Variante von Satz 7.69, die auch in unendlichen Dimensionen Bestand hat: Ist V ein Hilbert-Raum (also zudem vollständig, siehe Bemerkung 7.34), so ist $\flat \colon V \longrightarrow V'$ ein (anti-)linearer Isomorphismus in den Raum der *stetigen* Linearformen $V' \subseteq V^*$, den man auch den *topologischen Dualraum* nennt. Nicht nur für die Quantenmechanik ist dieser Darstellungssatz von Riesz von fundamentaler Bedeutung. Man findet eine genaue Formulierung in jedem Lehrbuch zur Funktionalanalysis, siehe etwa [20, Thm. 4.12] oder [23, Thm. V.3.6].

Wir kommen nach diesem Exkurs nun zur versprochenen Existenz einer adjungierten Abbildung in endlichen Dimensionen:

Satz 7.71 (Adjungierbarkeit). *Seien V und W endlich-dimensionale euklidische oder unitäre Vektorräume, und sei $A \colon V \longrightarrow W$ eine Abbildung. Dann sind äquivalent:*

i.) Die Abbildung A ist adjungierbar.

ii.) Die Abbildung A ist linear.

Beweis. Nach Lemma 7.65, *i.)*, wissen wir bereits *i.)* $\implies$ *ii.)*. Sei also $A \colon V \longrightarrow W$ linear. Dann ist für jedes $w \in W$ die Abbildung

$$
V \ni v \mapsto \langle w, Av \rangle \in \mathbb{K}
$$

linear, da A linear und $\langle w, \cdot \rangle$ ebenfalls linear ist. Nach Satz 7.69 gibt es also einen eindeutig bestimmten Vektor $A^*w \in V$ mit

$$
\langle w, Av \rangle = \langle A^*w, v \rangle.
$$

Auf diese Weise erhält man eine Abbildung $A^*\colon W \longrightarrow V$, die offenbar zu A adjungiert ist. $\qquad\qquad\qquad\qquad\qquad\qquad\qquad\qquad\qquad\qquad\qquad\square$

Die Aussage lässt sich wieder auf allgemeine Hilbert-Räume ausdehnen, wenn man den zweiten Punkt durch linear und stetig ersetzt.

Bemerkung 7.72. Sei $A\colon V \longrightarrow W$ linear. Die duale Abbildung zu A hatten wir ebenfalls mit A^*, nun aber als Abbildung $A^*\colon W^* \longrightarrow V^*$, bezeichnet. Dies ist zum einen etwas unglücklich, zum anderen aber insofern gerechtfertigt, als wir folgende Beziehung haben: Zur Deutlichkeit schreiben wir hier $A^{\mathrm{dual}}\colon W^* \longrightarrow V^*$ und $A^{\mathrm{adj}}\colon W \longrightarrow V$ anstelle von „A^*" in beiden Fällen. Dann gilt

$$A^{\mathrm{adj}} = \sharp_V \circ A^{\mathrm{dual}} \circ \flat_W. \qquad\qquad (7.6.11)$$

Mit anderen Worten, das Diagramm

$$
\begin{array}{ccc}
V^* & \xleftarrow{\;\;A^{\mathrm{dual}}\;\;} & W^* \\[2pt]
{\scriptstyle\sharp_V}\big\downarrow & & \big\uparrow{\scriptstyle\flat_W} \\[2pt]
V & \xleftarrow{\;\;A^{\mathrm{adj}}\;\;} & W
\end{array}
\qquad\qquad (7.6.12)
$$

kommutiert. In diesem Sinne ist also Dualisieren und Adjungieren bis auf die musikalischen Isomorphismen tatsächlich dasselbe.

Die Eigenschaften des Adjungierens einer linearen Abbildung gemäß Proposition 7.68 sind formal identisch zu den Eigenschaften der Adjunktion von Matrizen wie in Proposition 7.15. Dies ist kein Zufall, wie folgende leichte Rechnung zeigt:

Proposition 7.73. *Seien V und W endlich-dimensionale euklidische oder unitäre Vektorräume und $\Phi\colon V \longrightarrow W$ eine lineare Abbildung. Sind $A \subseteq V$ und $B \subseteq W$ Orthonormalbasen, so gilt*

$$\left({}_B[\Phi]_A \right)^* = {}_A[\Phi^*]_B. \qquad\qquad (7.6.13)$$

Beweis. Seien also $A = (a_1,\ldots,a_n)$ und $B = (b_1,\ldots,b_m)$ Orthonormalbasen. Nach Lemma 7.58 wissen wir

$${}_B[\Phi]_A = \big(\langle b_i, \Phi(a_j)\rangle\big)_{\substack{i=1,\ldots,m \\ j=1,\ldots,n}}$$

sowie

$$
\begin{aligned}
{}_A[\Phi^*]_B &= \big(\langle a_j, \Phi^*(b_i)\rangle\big)_{\substack{j=1,\ldots,n \\ i=1,\ldots,m}} \\
&= \big(\langle \Phi(a_j), b_i\rangle\big)_{\substack{j=1,\ldots,n \\ i=1,\ldots,m}}
\end{aligned}
$$

$$= \left(\overline{\left(\langle b_i, \varPhi(a_j)\rangle\right)}\right)^{\mathrm{T}}_{\substack{j=1,\dots,n,\\i=1,\dots,m}},$$

womit der Beweis erbracht ist. $\qquad\qquad\qquad\qquad\qquad\qquad\qquad$ $\square$

Wir hätten also Proposition 7.15 auch mithilfe dieses Resultats (und der Existenz von $\varPhi^*$ sowie der Existenz von Orthonormalbasen) zeigen können.

Wir kommen nun zum zentralen Begriff dieses Abschnitts:

Definition 7.74 (Selbstadjungierte und normale Abbildungen). Sei V ein endlich-dimensionaler euklidischer oder unitärer Vektorraum und $A \in \mathrm{End}(V)$.

i.) Die Abbildung A heißt normal, falls $A^*A = AA^*$.

ii.) Die Abbildung A heißt selbstadjungiert, falls $A = A^*$.

Bemerkung 7.75. Im reellen Fall nennt man einen selbstadjungierten Endomorphismus mit $A^* = A$ auch *symmetrisch*, im komplexen Fall ist der Begriff *Hermitesch* ebenfalls gebräuchlich. Diese drei Begriffe werden wir im Wesentlichen synonym verwenden, solange der Vektorraum V endlich-dimensional ist. In unendlichen Dimensionen werden symmetrisch, Hermitesch und selbstadjungiert unterschiedlich verwendet, eine Situation, die uns momentan jedoch nicht weiter begegnen wird.

Bemerkung 7.76. Ein Endomorphismus ist also nach Proposition 7.73 genau dann selbstadjungiert, wenn bezüglich einer Orthonormalbasis $B \subseteq V$ die zugehörige Matrix symmetrisch (im reellen Fall) oder Hermitesch (im komplexen Fall) ist, also

$$A = A^* \iff \begin{cases} \left(_B[A]_B\right)^{\mathrm{T}} = {}_B[A]_B & \text{falls } \mathbb{K} = \mathbb{R} \\ \left(_B[A]_B\right)^* = {}_B[A]_B & \text{falls } \mathbb{K} = \mathbb{C}. \end{cases} \qquad (7.6.14)$$

Dies gibt ein konkretes und einfaches Kriterium zur Überprüfung von Selbstadjungiertheit.

Wir diskutieren nun einige wichtige Beispiele und erste Eigenschaften von normalen und selbstadjungierten Abbildungen:

Beispiel 7.77 (Normale und selbstadjungierte Abbildungen). Sei V ein euklidischer oder unitärer endlich-dimensionaler Vektorraum.

i.) Die Identität $\mathrm{id} \in \mathrm{End}(V)$ ist selbstadjungiert.

ii.) Jede orthogonale beziehungsweise unitäre Abbildung $U \in \mathrm{End}(V)$ erfüllt nach Proposition 7.59 und Proposition 7.73 die Eigenschaft

$$U^* = U^{-1}. \qquad (7.6.15)$$

Damit gilt $U^*U = U^{-1}U = \mathrm{id} = UU^{-1} = UU^*$. Orthogonale und unitäre Abbildungen sind also normal.

iii.) Jede selbstadjungierte Abbildung $A \in \text{End}(V)$ ist normal, da $A^*A = A^2 = AA^*$. Ist $z \in \mathbb{C}$ und $A \in \text{End}(V)$ selbstadjungiert, so ist

$$(zA)^* = \overline{z}A \tag{7.6.16}$$

genau dann selbstadjungiert, wenn $z = \overline{z}$ also z reell ist. Für beliebiges z ist zA aber immer noch normal, da $(zA)^*(zA) = \overline{z}zA^2 = (zA)(zA)^*$.

iv.) Für $v \in V$ ist die Abbildung $\Theta_{v,v} \in \text{End}(V)$ wie im Beispiel 7.67, *iii.)*, selbstadjungiert, denn

$$\Theta_{v,v}^* = \Theta_{v,v}. \tag{7.6.17}$$

v.) Sind $A, B \in \text{End}(V)$ selbstadjungiert, so ist auch $A + B$ selbstadjungiert. Das Produkt AB ist hingegen im Allgemeinen *nicht* selbstadjungiert, da im Allgemeinen

$$(AB)^* = B^*A^* = BA \neq AB. \tag{7.6.18}$$

Es folgt also, dass AB genau dann wieder selbstadjungiert ist, wenn A und B kommutieren.

Proposition 7.78. *Sei V ein endlich-dimensionaler unitärer Vektorraum und $A \in \text{End}(V)$.*

i.) Es gibt zwei eindeutig bestimmte selbstadjungierte Abbildungen $\text{Re}(A)$ *und* $\text{Im}(A) \in \text{End}(V)$, *sodass*

$$A = \text{Re}(A) + \text{i}\,\text{Im}(A). \tag{7.6.19}$$

ii.) Die Abbildung A ist genau dann normal, wenn

$$[\text{Re}(A), \text{Im}(A)] = 0. \tag{7.6.20}$$

Beweis. Wir zeigen zunächst die Eindeutigkeit: Sind $A_1, A_2 \in \text{End}(V)$ selbstadjungiert mit $A = A_1 + \text{i}A_2$, so gilt $A^* = A_1 - \text{i}A_2$ und daher

$$A + A^* = 2A_1 \quad \text{sowie} \quad A - A^* = 2\text{i}A_2.$$

Dies legt A_1 und A_2 als

$$A_1 = \frac{1}{2}(A + A^*) \quad \text{und} \quad A_2 = \frac{1}{2\text{i}}(A - A^*) \tag{7.6.21}$$

fest. Seien umgekehrt A_1 und A_2 wie in (7.6.21) definiert. Dann sind A_1 und A_2 selbstadjungiert und erfüllen $A = A_1 + \text{i}A_2$, womit auch die Existenz gezeigt ist. Weiter gilt

$$A^*A = (A_1 + \text{i}A_2)^*(A_1 + \text{i}A_2) = (A_1^* - \text{i}A_2^*)(A_1 + \text{i}A_2) = A_1^2 - \text{i}A_2A_1 + \text{i}A_1A_2 + A_2^2$$

sowie

$$AA^* = A_1^2 + \text{i}A_2A_1 - \text{i}A_1A_2 + A_2^2.$$

Daher gilt also

$$A^*A - AA^* = 2\mathrm{i}A_1A_2 - 2\mathrm{i}A_2A_1 = 2\mathrm{i}[A_1, A_2],$$

was den zweiten Teil zeigt. □

Wir können also jeden Endomorphismus A in seinen Realteil und seinen Imaginärteil zerlegen. Im Falle $\mathbb{K} = \mathbb{C}$ scheint diese Bezeichnung angemessen dank der expliziten Formel

$$\mathrm{Re}(A) = \frac{1}{2}(A + A^*) \quad \text{und} \quad \mathrm{Im}(A) = \frac{1}{2\mathrm{i}}(A - A^*). \tag{7.6.22}$$

Im reellen Fall können wir eine analoge Aussage treffen: $A \in \mathrm{End}(V)$ lässt sich eindeutig in

$$A = A_1 + A_2 \tag{7.6.23}$$

mit $A_1^* = A_1$ und $A_2^* = -A_2$ zerlegen. Explizit gilt

$$A_1 = \frac{1}{2}(A + A^*) \quad \text{und} \quad A_2 = \frac{1}{2}(A - A^*). \tag{7.6.24}$$

Da im Reellen bezüglich einer Orthonormalbasis das Adjungieren gerade dem Transponieren der Matrizen entspricht, nennt man A_1 den *symmetrischen Anteil* von A und A_2 entsprechend den *antisymmetrischen*. Auch hier gilt

$$A \text{ ist normal} \iff [A_1, A_2] = 0. \tag{7.6.25}$$

Wir kommen nun zu einem letzten wichtigen Beispiel für selbstadjungierte Abbildungen:

Proposition 7.79. *Sei V ein endlich-dimensionaler euklidischer oder unitärer Vektorraum und $P \in \mathrm{End}(V)$ ein Projektor. Dann sind äquivalent:*

i.) Der Projektor P ist der Orthogonalprojektor P_U auf $U = \mathrm{im}\, P$.

ii.) Es gilt $\mathrm{im}\, P = (\ker P)^\perp$.

iii.) Es gilt $P = P^*$.

Beweis. Sei P der Orthogonalprojektor P_U auf $U = \mathrm{im}\, P$. Nach Definition ist P_U der Projektor bezüglich der direkten Summe $V = U \oplus U^\perp = \mathrm{im}\, P \oplus (\mathrm{im}\, P)^\perp$. Da aber jeder Projektor auf $\mathrm{im}\, P$ bezüglich der Zerlegung $V = \mathrm{im}\, P \oplus \ker P$ projiziert, gilt $(\mathrm{im}\, P)^\perp = \ker P$ oder äquivalent $\mathrm{im}\, P = (\ker P)^\perp$. Dies zeigt *i.)* $\implies$ *ii.)*. Es gelte nun *ii.)*. Sei $v \in V$, dann schreiben wir $v = Pv + (\mathbb{1} - P)v$ und wissen $Pv \in \mathrm{im}\, P$ sowie $(\mathbb{1} - P)v \in \ker P$. Nach *ii.)* gilt also zudem, dass Pv für alle $w \in V$ senkrecht auf $(\mathbb{1} - P)w$ steht. Für $v, w \in V$ gilt demnach

$$\langle w, Pv \rangle = \langle Pw + (\mathbb{1} - P)w, Pv \rangle = \langle Pw, Pv \rangle = \langle Pw, Pv + (\mathbb{1} - P)v \rangle = \langle Pw, v \rangle,$$

und damit $P = P^*$. Es gelte schließlich *iii.)* und $U = \operatorname{im} P$. Wir müssen $U^\perp$ bestimmen, um P_U zu erhalten. Seien wieder $v, w \in V$, dann gilt

$$\langle Pv, (\mathbb{1} - P)w \rangle = \langle v, P^*(\mathbb{1} - P)w \rangle = \langle v, P(\mathbb{1} - P)w \rangle = 0,$$

womit $\operatorname{im}(\mathbb{1} - P) = \ker P \subseteq (\operatorname{im} P)^\perp$. Da nun $\operatorname{im} P \oplus (\operatorname{im} P)^\perp = V = \operatorname{im} P \oplus \ker P$ gilt, folgt aus Dimensionsgründen bereits $\ker P = (\operatorname{im} P)^\perp$ und damit *ii.)*. Gilt *ii.)*, so ist *i.)* klar nach Definition von P_U, womit *i.)* folgt. $\qquad\square$

Korollar 7.80. *Sei V ein endlich-dimensionaler euklidischer oder unitärer Vektorraum und $P_1, \ldots, P_k \in \operatorname{End}(V)$ eine Zerlegung der Eins. Dann sind äquivalent:*

i.) Die Zerlegung der Eins ist orthogonal, d.h., für $i \neq j$ gilt

$$\operatorname{im} P_i \perp \operatorname{im} P_j. \tag{7.6.26}$$

ii.) Es gilt $P_i^* = P_i$ für alle $i = 1, \ldots, k$.

Beweis. Für eine Zerlegung der Eins gilt zunächst immer

$$\operatorname{im}(P_1 + \cdots \overset{i}{\wedge} \cdots + P_k) = \operatorname{im}(\mathbb{1} - P_i) = \ker P_i = \operatorname{im} P_1 \oplus \cdots \overset{i}{\wedge} \cdots \oplus \operatorname{im} P_k,$$

da wir die direkte Summe $V = \operatorname{im} P_1 \oplus \cdots \oplus \operatorname{im} P_k$ benutzen können. Ist nun *i.)* erfüllt, so folgt, dass $\operatorname{im} P_i$ senkrecht auf $\operatorname{im} P_1 \oplus \cdots \overset{i}{\wedge} \cdots \oplus \operatorname{im} P_k$ und damit auf $\ker P_i$ steht. Aus Dimensionsgründen folgt $\operatorname{im} P_i = (\ker P_i)^\perp$, womit $P_i^* = P_i$ nach Proposition 7.79. Gilt umgekehrt $P_i^* = P_i$ für alle $i = 1, \ldots, k$, so gilt $\ker P_i = (\operatorname{im} P_i)^\perp$. Damit sind aber die Unterräume $\operatorname{im} P_j \subseteq \ker P_i$ zumindest senkrecht auf $\operatorname{im} P_i$, sofern eben $i \neq j$. $\qquad\square$

Wir nennen daher eine Zerlegung der Eins $P_1, \ldots, P_k \in \operatorname{End}(V)$ mit der zusätzlichen Eigenschaft $P_i = P_i^*$ eine *orthogonale Zerlegung der Eins*.

Eine explizitere Beschreibung von Orthogonalprojektoren erhält man nun folgendermaßen:

Proposition 7.81. *Sei V ein endlich-dimensionaler euklidischer oder unitärer Vektorraum und sei $U \subseteq V$ ein Unterraum. Bilden $b_1, \ldots, b_k \in U$ eine geordnete Orthonormalbasis von U, so gilt*

$$P_U = \sum_{i=1}^{k} \Theta_{b_i, b_i}. \tag{7.6.27}$$

Beweis. Sei $P = \sum_{i=1}^{k} \Theta_{b_i, b_i}$. Dann gilt

$$P^* = \sum_{i=1}^{k} \Theta_{b_i, b_i}^* = \sum_{i=1}^{k} \Theta_{b_i, b_i} = P$$

dank Beispiel 7.77, *iv.*). Weiter gilt für $v \in V$

$$
\begin{aligned}
PPv &= \sum_{i,j=1}^{k} \Theta_{b_i,b_i} \Theta_{b_j,b_j} v \\
&= \sum_{i,j=1}^{k} \Theta_{b_i,b_i} b_j \cdot \langle b_j, v \rangle \\
&= \sum_{i,j=1}^{k} b_i \cdot \underbrace{\langle b_i, b_j \rangle}_{\delta_{ij}} \langle b_j, v \rangle \\
&= \sum_{i=1}^{k} b_i \cdot \langle b_i, v \rangle \\
&= Pv.
\end{aligned}
$$

Damit ist P ein selbstadjungierter Projektor und nach Proposition 7.79 der Orthogonalprojektor auf $\operatorname{im} P$. Sei nun $v \in V$. Gilt $v \in \operatorname{im} P$, so gilt $v = Pv$ und daher

$$
v = \sum_{i=1}^{k} b_i \langle b_i, v \rangle \in U. \tag{7.6.28}
$$

Ist andererseits $v \in U$, so gilt nach Proposition 7.48 die Gleichung (7.6.28), was $v = Pv$ bedeutet. Also folgt insgesamt $\operatorname{im} P = U$ und damit $P = P_U$. $\square$

Bemerkenswerterweise benötigen wir in (7.6.27) nur Informationen über U selbst und nicht über $U^\perp$. Dies macht Orthogonalprojektoren sehr viel einfacher zu handhaben, da wir im Allgemeinen eine Zerlegung $V = U \oplus W$ benötigen, um einen Projektor auf U zu definieren. Dieser hängt von der Wahl des Komplements W ab. Bei einem Orthogonalprojektor ist hingegen das Komplement $W = U^\perp$ ja kanonisch vorgegeben.

Kontrollfragen. Wann ist eine Abbildung adjungierbar? Was ist eine normale Abbildung? Was sind die musikalischen Isomorphismen? Wann ist ein Projektor selbstadjungiert?

7.7 Der Spektralsatz für normale Abbildungen

In diesem Abschnitt zeigen wir eines der zentralen Ergebnisse zu normalen Abbildungen: den Spektralsatz. Wir werden vor allem den Fall $\mathbb{K} = \mathbb{C}$ verwenden, da hier die Diagonalisierung erwartungsgemäß etwas einfacher ist als für $\mathbb{K} = \mathbb{R}$. Der reelle Fall kann dann auf den komplexen zurückgeführt werden.

Proposition 7.82. *Sei V ein endlich-dimensionaler euklidischer oder uni-*
tärer Vektorraum und $A \in \mathrm{End}(V)$ normal.

i.) Ist $v \in V$ Eigenvektor von A zum Eigenwert λ, so ist v Eigenvektor von
A^* zum Eigenwert $\overline{\lambda}$.

ii.) Eigenvektoren von A zu verschiedenen Eigenwerten stehen senkrecht auf-
einander.

Beweis. Sei $v \in V$ beliebig, dann gilt aufgrund der Normalität

$$\|Av\|^2 = \langle Av, Av \rangle = \langle v, A^*Av \rangle = \langle v, AA^*v \rangle = \langle A^*v, A^*v \rangle = \|A^*v\|^2.$$

Es folgt $Av = 0$ genau dann, wenn $A^*v = 0$, also

$$\ker A = \ker A^*. \tag{7.7.1}$$

Ist A normal und $\lambda \in \mathbb{K}$, so gilt

$$\begin{aligned}
(A - \lambda)(A - \lambda)^* &= AA^* - \lambda A^* - \overline{\lambda}A + |\lambda|^2 \\
&= A^*A - \lambda A^* - \overline{\lambda}A + |\lambda|^2 \\
&= (A - \lambda)^*(A - \lambda).
\end{aligned}$$

Folglich ist $A - \lambda$ ebenfalls normal. Daher gilt nach (7.7.1), angewandt auf
$A - \lambda$,

$$\ker(A - \lambda) = \ker(A^* - \overline{\lambda}),$$

was den ersten Teil impliziert. Seien nun $v, w \in V$ mit $Av = \lambda v$ und $Aw = \mu w$
sowie $\lambda \neq \mu$ gegeben. Dann gilt

$$\lambda\langle w, v \rangle = \langle w, \lambda v \rangle = \langle w, Av \rangle = \langle A^*w, v \rangle = \langle \overline{\mu}w, v \rangle = \mu\langle w, v \rangle,$$

was nur für $\langle w, v \rangle = 0$ möglich ist. □

Im obigen Beweis haben wir sogar die stärkere Aussage

$$\ker(A - \lambda) = \ker(A^* - \overline{\lambda}) \tag{7.7.2}$$

gezeigt: der Eigenräume von A zum Eigenwert λ stimmt mit dem Eigenraum
von A^* zum Eigenwert λ überein.

Proposition 7.83. *Sei V ein endlich-dimensionaler euklidischer oder uni-*
tärer Vektorraum, und sei $A \in \mathrm{End}(V)$ normal und nilpotent. Dann gilt

$$A = 0. \tag{7.7.3}$$

Beweis. Auch wenn wir dies später mit dem Spektralsatz sehen, geben wir
hier einen direkten und einfachen Beweis. Sei zuerst $A = A^*$ sogar selbstadjungiert. Wir nehmen an, dass $A \neq 0$. Sei dann $r \in \mathbb{N}$ mit $A^r = 0$, aber
$A^{r-1} \neq 0$. Wir wissen also $r \geq 2$. Für $v \in V$ mit $A^{r-1}v \neq 0$ gilt dann

$$0 < \|A^{r-1}v\|^2 = \langle A^{r-1}v, A^{r-1}v \rangle = \langle v, A^{2r-2}v \rangle = 0,$$

da $2r-2 \geq r$ für $r \geq 2$. Dies liefert einen Widerspruch, also muss $A = 0$ gelten. Sei nun A normal und nilpotent. Dann ist $(A^*A)^* = A^*A$ selbstadjungiert und immer noch nilpotent, da

$$(A^*A)^r = A^*AA^*A \cdots A^*A = (A^*)^r A^r = 0$$

für r groß genug. Nach dem eben Gezeigten gilt also $A^*A = 0$. Damit gilt

$$\|Av\|^2 = \langle Av, Av \rangle = \langle v, A^*Av \rangle = 0$$

für alle $v \in V$ und somit $Av = 0$. Dies zeigt (7.7.3) auch in diesem Fall. $\square$

Bemerkenswert an diesen beiden Propositionen ist, dass die Beweise wörtlich übernommen werden können, sofern man in unendlichen Dimensionen einen adäquaten Begriff des adjungierten Operators gefunden hat.

Korollar 7.84. *Sei V ein endlich-dimensionaler euklidischer oder unitärer Vektorraum.*

i.) Die Eigenwerte einer selbstadjungierten Abbildung $A \in \mathrm{End}(V)$ sind reell.

ii.) Im Falle $\mathbb{K} = \mathbb{R}$ sind die Eigenwerte einer orthogonalen Abbildung $O \in \mathrm{End}(V)$ in $\{-1, 1\}$.

iii.) Im Falle $\mathbb{K} = \mathbb{C}$ sind die Eigenwerte einer unitären Abbildung $U \in \mathrm{End}(V)$ in $\mathbb{S}^1$.

Beweis. Sei $A = A^*$ und $Av = \lambda v$. Dann gilt nach Proposition 7.82, *i.)*, $\bar{\lambda}v = A^*v = Av = \lambda v$. Ist v also ein Eigenvektor, so folgt $\lambda = \bar{\lambda}$. Sei nun $\mathbb{K} = \mathbb{R}$ und $O \in \mathrm{End}(V)$ eine orthogonale Abbildung, also eine Isometrie. Dies bedeutet $O^*O = \mathbb{1}$. Ist nun $\lambda \in \mathbb{R}$ ein Eigenwert mit Eigenvektor $v \in V \setminus \{0\}$, so gilt

$$v = O^*Ov = O^*\lambda v = \lambda^2 v,$$

da ja $\lambda = \bar{\lambda}$. Damit folgt $\lambda = \pm 1$. Für $\mathbb{K} = \mathbb{C}$ und $U \in \mathrm{End}(V)$ unitär erhalten wir entsprechend aus $Uv = \lambda v$

$$v = U^*Uv = U^*(\lambda v) = \lambda\bar{\lambda}v = |\lambda|^2 v,$$

und damit $|\lambda| = 1$, also $\lambda \in \mathbb{S}^1$. $\square$

Korollar 7.85. *Sei V ein endlich-dimensionaler euklidischer oder unitärer Vektorraum, und sei $A \in \mathrm{End}(V)$ normal. Dann gilt für alle $\lambda \in \mathbb{K}$ und $n \in \mathbb{N}$*

$$\ker(A - \lambda) = \ker(A - \lambda)^n. \tag{7.7.4}$$

Beweis. Ist λ kein Eigenwert, so wissen wir, dass beide Seiten nur der Nullraum sind, siehe Bemerkung 6.97. Sei also λ ein Eigenwert von A.

Wir betrachten den verallgemeinerten Eigenraum $\tilde{V}_\lambda$ von A. Es gilt wegen $A^*(A-\lambda)^r = (A-\lambda)^r A^*$, dass A^* den verallgemeinerten Eigenraum $\tilde{V}_\lambda$ in sich abbildet, also

$$A^*\big|_{\tilde{V}_\lambda} : \tilde{V}_\lambda \longrightarrow \tilde{V}_\lambda.$$

Damit ist aber $A\big|_{\tilde{V}_\lambda} : \tilde{V}_\lambda \longrightarrow \tilde{V}_\lambda$ eine normale Abbildung mit

$$\left(A\big|_{\tilde{V}_\lambda}\right)^* = A^*\big|_{\tilde{V}_\lambda}.$$

Folglich ist auf $\tilde{V}_\lambda$ die Abbildung $(A-\lambda)\big|_{\tilde{V}_\lambda}$ nilpotent nach Definition von $\tilde{V}_\lambda$ und nach wie vor normal. Nach Proposition 7.83 folgt $(A-\lambda)\big|_{\tilde{V}_\lambda} = 0$ und damit

$$\ker(A-\lambda) \supseteq \tilde{V}_\lambda.$$

Die andere Inklusion $\tilde{V}_\lambda \supseteq \ker(A-\lambda)$ gilt trivialerweise immer. □

Mit anderen Worten, es gilt immer

$$V_\lambda = \tilde{V}_\lambda \tag{7.7.5}$$

für einen normalen Endomorphismus. Damit können wir nun unseren allgemeinen Spektralsatz 6.103 zum Einsatz bringen, um den Spektralsatz für normale Abbildungen zu erhalten:

Satz 7.86 (Spektralsatz für komplexe normale Abbildungen). *Sei V ein endlich-dimensionaler unitärer Vektorraum, und sei $A \in \mathrm{End}(V)$ normal.*

i.) A ist diagonalisierbar.

ii.) Die Spektralprojektoren $P_1, \ldots, P_k$ von A bilden eine orthogonale Zerlegung der Eins.

Beweis. Für $\mathbb{K} = \mathbb{C}$ zerfällt das charakteristische Polynom χ_A in Linearfaktoren, da $\mathbb{C}$ algebraisch abgeschlossen ist. Die Voraussetzungen für Satz 6.103 sind daher erfüllt. Sind $\lambda_1, \ldots, \lambda_k$ die paarweise verschiedenen Eigenwerte, so gilt zum einen

$$V = \tilde{V}_{\lambda_1} \oplus \cdots \oplus \tilde{V}_{\lambda_k}.$$

Zum anderen gilt nach Korollar 7.85

$$\tilde{V}_{\lambda_i} = V_{\lambda_i},$$

also insgesamt

$$V = V_{\lambda_1} \oplus \cdots \oplus V_{\lambda_k},$$

was den ersten Teil zeigt. Nach Proposition 7.82, *ii.)*, wissen wir zudem $V_{\lambda_i} \perp V_{\lambda_j}$ für $i \neq j$. Da im $P_i = V_{\lambda_i}$, folgt nach Korollar 7.80, dass alle Projektoren sogar orthogonal sind. □

Korollar 7.87. *Sei V ein endlich-dimensionaler unitärer Vektorraum, und sei $A \in \mathrm{End}(V)$ normal. Dann gibt es eine Orthonormalbasis von V aus Eigenvektoren von A.*

Beweis. Man wähle eine Orthonormalbasis B_i für jeden Eigenraum V_{λ_i} der paarweise verschiedenen Eigenwerte $\lambda_1, \ldots, \lambda_k$ gemäß Satz 7.43. Da die einzelnen Eigenräume paarweise senkrecht stehen und alles aufspannen, ist $B = B_1 \cup \cdots \cup B_k$ eine Orthonormalbasis von V. □

Korollar 7.88. *Sei $A \in \mathrm{M}_n(\mathbb{C})$. Es gibt genau dann eine unitäre Matrix $U \in \mathrm{U}(n)$ und eine Diagonalmatrix $D \in \mathrm{M}_n(\mathbb{C})$ mit*

$$A = U^{-1}DU, \qquad (7.7.6)$$

wenn A normal ist.

Beweis. Sei zunächst A eine normale Matrix, welche wir als normale Abbildung $A \colon \mathbb{C}^n \longrightarrow \mathbb{C}^n$ auffassen können, wobei $\mathbb{C}^n$ wie immer mit dem Standardskalarprodukt versehen sei. Dann gibt es eine Orthonormalbasis $b_1, \ldots, b_n$ von $\mathbb{C}^n$ aus Eigenvektoren von A nach Satz 7.86. Die Matrix $U \in \mathrm{GL}_n(\mathbb{C})$ mit

$$b_i = U^{-1}\mathrm{e}_i$$

ist daher unitär, da sie eine Orthonormalbasis in eine andere überführt, siehe Proposition 7.56, *v.*). Damit liefert aber wegen $Ab_i = \lambda_i b_i$

$$UAU^{-1}\mathrm{e}_i = UAb_i = \lambda_i U b_i = \lambda_i \mathrm{e}_i$$

eine Diagonalmatrix $D = UAU^{-1}$, welche (7.7.6) erfüllt. Gilt umgekehrt (7.7.6), so gilt

$$A^* = U^*D^*(U^{-1})^* = U^{-1}D^*U,$$

da U unitär ist, und daher

$$AA^* = U^{-1}DUU^{-1}D^*U = U^{-1}DD^*U = U^{-1}D^*DU = A^*A,$$

da alle Diagonalmatrizen vertauschen. □

Bemerkung 7.89. Wir können diese Resultate also insbesondere für selbstadjungierte und für unitäre Abbildungen beziehungsweise Matrizen anwenden. In diesem Fall wissen wir zusätzlich, dass die Eigenwerte reell beziehungsweise in $\mathbb{S}^1$ sind. Man beachte weiterhin, dass in dieser Variante des Spektralsatzes die zusätzliche Annahme, dass A normal ist, zu einer zusätzlichen Eigenschaft über das einfache Diagonalisieren hinaus führt: Die Basis von Eigenvektoren kann orthogonal gewählt werden. Dies stellt natürlich eine erhebliche Vereinfachung in vielerlei Hinsicht dar. Insbesondere lässt sich das Inverse des zugehörigen Basiswechsels U durch

$$U^{-1} = U^* \qquad (7.7.7)$$

viel einfacher und direkter ausrechnen als im allgemeinen Fall.

Wir wollen nun einen zweiten Beweis des Spektralsatzes geben, der zum einen unabhängig von Satz 6.103 ist und zum anderen weitere geometrische Eigenschaften von normalen Abbildungen enthüllt. In gewisser Hinsicht ist dieser alternative Beweis elementarer, da wir Satz 6.103 nicht verwenden:

Beweis (von Satz 7.86, Alternative). Die Strategie ist, den Beweis durch Induktion über $\dim V$ zu führen. Für $\dim V = 0$, also für den Nullraum $V = \{0\}$, ist jeder Endomorphismus $A = 0$, damit normal und auch diagonalisierbar: Jede Basis ist eine Orthonormalbasis von Eigenvektoren, da $V = \{0\}$ nur $\emptyset$ als Basis besitzt. Wir nehmen also $\dim V \geq 1$ an. Der erste Schritt besteht darin, die Existenz eines Eigenvektors nachzuweisen: Da $\mathbb{K} = \mathbb{C}$ nach Voraussetzung, ist dies aber klar. Das charakteristische Polynom χ_A hat Nullstellen, da $\mathbb{C}$ algebraisch abgeschlossen ist. Es gibt also ein $\lambda_1 \in \mathbb{C}$ und einen entsprechenden Eigenraum $V_{\lambda_1} \subseteq V$, der mindestens eindimensional ist. In einem zweiten Schritt betrachten wir $V_1 = V_{\lambda_1}^\perp$. Ist $v_1 \in V_{\lambda_1}$ und $w \in V_1$, so gilt

$$0 = \lambda_1 \langle w, v_1 \rangle = \langle w, A v_1 \rangle = \langle A^* w, v_1 \rangle.$$

Da dies für alle $v_1 \in V_{\lambda_1}$ gilt, folgt $A^* w \in V_{\lambda_1}^\perp = V_1$. Analog erhalten wir mit Proposition 7.82, *i.)*,

$$0 = \lambda_1 \langle v_1, w \rangle = \langle \overline{\lambda_1} v_1, w \rangle = \langle A^* v_1, w \rangle = \langle v_1, A w \rangle,$$

womit $A w \in V_{\lambda_1}^\perp = V_1$. Es folgt, dass sowohl A als auch A^* den Unterraum V_1 in sich überführen. Die deshalb definierten Einschränkungen

$$A\big|_{V_1} : V_1 \longrightarrow V_1 \quad \text{und} \quad A^*\big|_{V_1} : V_1 \longrightarrow V_1$$

sind nach wie vor zueinander adjungiert, da die Gleichung $\langle v, A w \rangle = \langle A^* v, w \rangle$ ja für alle $v, w \in V$ und damit insbesondere für $v, w \in V_1$ gilt. Es gilt also

$$\left(A\big|_{V_1} \right)^* = A^*\big|_{V_1}.$$

Daher gilt

$$A\big|_{V_1} \left(A\big|_{V_1} \right)^* = \left(A\big|_{V_1} \right)^* A\big|_{V_1},$$

womit die Einschränkung $A\big|_{V_1}$ wieder normal ist. Der dritte Schritt ist nun der Induktionsschritt: Da $A\big|_{V_1}$ wieder eine normale Abbildung auf dem unitären Vektorraum V_1 ist, können wir den ersten und zweiten Schritt wiederholen. Da $\dim V = \dim V_{\lambda_1} + \dim V_{\lambda_1}^\perp > \dim V_{\lambda_1}^\perp = \dim V_1$, wird in jeder Wiederholung die Dimension echt kleiner, womit die Induktion zum Ziel führt. $\qquad\square$

Man beachte, dass dieser zweite Beweis lediglich die algebraische Abgeschlossenheit von $\mathbb{C}$ sowie Proposition 7.82, *i.)*, verwendet. Da in jedem

Schritt mit dem Orthogonalkomplement fortgefahren wird, stehen die Eigenräume automatisch senkrecht aufeinander. Der entscheidende Punkt ist also,
dass sich A überhaupt zu einem normalen Endomorphismus $A\big|_{V_1}$ einschrän-
ken lässt.

Nachdem die Situation für $\mathbb{K} = \mathbb{C}$ also sehr einfach und umfassend geklärt
werden konnte, wollen wir uns nun dem reellen Fall zuwenden. Dieser ist
erwartungsgemäß schwieriger, da bereits die Frage nach den Nullstellen des
charakteristischen Polynoms deutlich komplizierter zu beantworten ist.

Eine Strategie ist nun, das reelle Polynom χ_A als komplexes Polynom auf-
zufassen und nach komplexen Nullstellen zu suchen. Hier erhält man folgendes
Resultat:

Lemma 7.90. *Sei* $p(x) = a_n x^n + \cdots + a_1 x + a_0$ *ein Polynom mit reellen
Koeffizienten* $a_n, \ldots, a_1, a_0 \in \mathbb{R}$. *Ist nun* $\lambda \in \mathbb{C}$ *eine Nullstelle von* p, *so ist
auch* $\overline{\lambda}$ *eine Nullstelle.*

Beweis. Dies ist klar, denn

$$0 = \overline{0} = \overline{p(\lambda)} = \overline{a_n \lambda^n + \cdots + a_1 \lambda + a_0} = a_n \overline{\lambda}^n + \cdots + a_1 \overline{\lambda} + a_0 = p(\overline{\lambda}),$$

womit $\overline{\lambda}$ ebenfalls eine Nullstelle ist. □

Mit anderen Worten, für $p \in \mathbb{R}[x]$ treten die Nullstellen entweder als Paar
zueinander konjugierter komplexer Nullstellen oder als reelle Nullstellen auf.
Dies führt zu folgendem Resultat:

Proposition 7.91. *Sei* $p = a_n x^n + \cdots + a_1 x + a_0 \in \mathbb{R}[x]$ *ein nichtkonstantes
Polynom mit Grad* n. *Dann gibt es ein* $k \in \mathbb{N}_0$ *und* $\lambda_1, \ldots, \lambda_k \in \mathbb{C} \setminus \mathbb{R}$ *sowie*
$\mu_1, \ldots, \mu_{n-2k} \in \mathbb{R}$ *mit*

$$p(x) = a_n(x - \mu_1) \cdots (x - \mu_{n-2k})(x - \lambda_1)(x - \overline{\lambda}_1) \cdots (x - \lambda_k)(x - \overline{\lambda}_k). \quad (7.7.8)$$

Beweis. Als komplexes Polynom können wir p in Linearfaktoren mit insgesamt n nicht notwendigerweise verschiedenen Nullstellen faktorisieren. Ist nun
eine Nullstelle $\lambda_1 \in \mathbb{C} \setminus \mathbb{R}$, so ist auch $\overline{\lambda}_1$ eine Nullstelle nach Lemma 7.90.
Deshalb treten die Linearfaktoren $(x - \lambda_1)$ und $(x - \overline{\lambda}_1)$ immer paarweise auf.
Ist dagegen $\mu \in \mathbb{R} \subseteq \mathbb{C}$ eine reelle Nullstelle, so kann nichts weiter gesagt
werden. □

Korollar 7.92. *Sei* $p \in \mathbb{R}[x]$ *ein Polynom mit ungeradem Grad* n. *Dann hat
p mindestens eine reelle Nullstelle.*

Beweis. Das folgt aufgrund der obigen Darstellung (7.7.8) aus rein kombina-
torischen Gründen, da $n - 2k$ für ungerades n nie null werden kann. □

Es gibt selbstverständlich auch einen einfachen *analytischen* Beweis, den
wir an dieser Stelle skizzieren wollen: Für ein reelles Polynom der Form

$$p(x) = x^n + a_{n-1} x^{n-1} + \cdots + a_1 x + a_0 \qquad (7.7.9)$$

mit n ungerade gilt zum einen

$$p(x) \longrightarrow \pm\infty \quad \text{für} \quad x \longrightarrow \pm\infty, \tag{7.7.10}$$

da nur die höchste Potenz für das Verhalten bei großem $x \in \mathbb{R}$ entscheidend ist. Andererseits besagt der Zwischenwertsatz dann, dass es ein $\mu \in \mathbb{R}$ mit $p(\mu) = 0$ geben muss, da Polynome ja stetig sind.

Beispiel 7.93. Wir betrachten $V = \mathbb{R}^2$ mit dem Standardskalarprodukt sowie

$$A = \begin{pmatrix} a & b \\ -b & a \end{pmatrix} \quad \text{mit} \quad a, b \in \mathbb{R}. \tag{7.7.11}$$

Da $A \in \mathrm{M}_2(\mathbb{R})$ reell ist, gilt $A^* = A^\mathrm{T}$ und daher

$$A^* = A^\mathrm{T} = \begin{pmatrix} a & -b \\ b & a \end{pmatrix}. \tag{7.7.12}$$

Eine elementare Rechnung liefert nun

$$A^\mathrm{T} A = \begin{pmatrix} a^2 + b^2 & 0 \\ 0 & a^2 + b^2 \end{pmatrix} = A A^\mathrm{T}, \tag{7.7.13}$$

womit A normal ist. Für das charakteristische Polynom von A erhalten wir

$$\chi_A(x) = \det(A - x) = (a - x)^2 + b^2 = a^2 - 2ax + x^2 + b^2. \tag{7.7.14}$$

Offenbar gilt $\chi_A(x) \geq b^2$ für alle $x \in \mathbb{R}$. Daher ist A genau dann mit reellen Eigenwerten diagonalisierbar, wenn $b = 0$ gilt. Die komplexen Nullstellen sind

$$\lambda_{1/2} = a \pm \mathrm{i}b, \tag{7.7.15}$$

was man unmittelbar verifiziert. Es gilt, wie erwartet, $\lambda_1 = \overline{\lambda_2}$ und $\lambda_{1/2} \in \mathbb{C} \setminus \mathbb{R}$ genau dann, wenn $b \neq 0$.

Wir wollen nun zeigen, dass das Beispiel 7.93 in gewisser Hinsicht bereits die generische Situation darstellt: Im Reellen können wir einen normalen Endomorphismus zwar nicht immer diagonalisieren, aber immer auf eine einfache Form bringen:

Satz 7.94 (Spektralsatz für reelle normale Abbildungen). *Sei V ein n-dimensionaler euklidischer Vektorraum und $\Phi \in \mathrm{End}(V)$ ein normaler Endomorphismus. Dann gibt es ein $k \in \mathbb{N}_0, \mu_1, \ldots, \mu_{n-2k}, a_1, \ldots, a_k \in \mathbb{R}$ sowie $b_1 > 0, \ldots, b_k > 0$ und eine Orthonormalbasis B von V, sodass*

$$
{}_B[\Phi]_B = \begin{pmatrix}
\mu_1 & & & & & & & & \\
& \ddots & & & & & & & \\
& & \mu_{n-2k} & & & & & & \\
& & & a_1 & -b_1 & & & & \\
& & & b_1 & a_1 & & & & \\
& & & & & \ddots & & & \\
& & & & & & a_k & -b_k & \\
& & & & & & b_k & a_k &
\end{pmatrix}. \tag{7.7.16}
$$

Beweis. Zunächst wählen wir eine beliebige Orthonormalbasis B' von V, was nach Satz 7.45 immer möglich ist. Aufgrund von Proposition 7.73 ist die Normalität von Φ gleichbedeutend mit der Normalität von ${}_{B'}[\Phi]_{B'}$, denn

$$
\begin{aligned}
\left({}_{B'}[\Phi]_{B'} \right)^* {}_{B'}[\Phi]_{B'} &= {}_{B'}[\Phi^*]_{B'} \; {}_{B'}[\Phi]_{B'} \\
&= {}_{B'}[\Phi^* \Phi]_{B'} \\
&= {}_{B'}[\Phi \Phi^*]_{B'} \\
&= {}_{B'}[\Phi]_{B'} \; {}_{B'}[\Phi^*]_{B'} \\
&= {}_{B'}[\Phi]_{B'} \left({}_{B'}[\Phi]_{B'} \right)^*.
\end{aligned}
$$

Wir können daher ohne Einschränkung annehmen, dass $A = {}_{B'}[\Phi]_{B'} \in \mathrm{M}_n(\mathbb{R})$ eine normale Matrix ist, die auf $\mathbb{R}$ mit dem Standardskalarprodukt wirkt. Dies wird es erlauben, alle beteiligten reellen Objekte zu „komplexifizieren", d.h., wir verwenden $\mathrm{M}_n(\mathbb{R}) \subseteq \mathrm{M}_n(\mathbb{C})$ sowie $\mathbb{R}^n \subseteq \mathbb{C}^n$. Gilt nun also $A^\mathrm{T} A = A A^\mathrm{T}$ für $A \in \mathrm{M}_n(\mathbb{R})$, so ist A als komplexe Matrix nach wir vor normal, da

$$
A^* A = \overline{A^\mathrm{T}} A = A^\mathrm{T} A = A A^\mathrm{T} = A \overline{A^\mathrm{T}} = A A^*.
$$

Wir können daher Satz 7.86 zur Anwendung bringen und eine Orthonormalbasis von $\mathbb{C}^n$ finden, sodass A in dieser neuen Basis diagonalisiert wird. Das Problem ist, dass diese Basisvektoren von $\mathbb{C}^n$ im Allgemeinen natürlich wirklich komplex und nicht reell sind. Sei nun $\lambda \in \mathbb{C}$ ein Eigenwert und $v \in \mathbb{C}^n$ ein zugehöriger Eigenvektor. Dann gilt

$$
A \overline{v} = \overline{A} \overline{v} = \overline{A v} = \overline{\lambda v} = \overline{\lambda} \, \overline{v},
$$

womit $\overline{v} \in \mathbb{C}^n$ ein Eigenvektor von A zum Eigenwert $\overline{\lambda}$ ist. Wir wollen dies nun nutzen, um zwei Fälle zu unterscheiden:

i.) Der Eigenwert $\mu \in \mathbb{R}$ ist reell. Sei $V_\mu^\mathbb{C} \subseteq \mathbb{C}^n$ der zugehörige komplexe Unterraum der Eigenvektoren. In diesem finden wir eine Basis $v_1, \dots, v_k \in V_\mu^\mathbb{C}$. Da mit v auch $\overline{v}$ ein Eigenvektor zu μ ist, wenn $\mu = \overline{\mu}$ reell ist, so folgt für alle $v \in V_\mu^\mathbb{C}$

$$
\tfrac{1}{2}(v + \overline{v}), \tfrac{1}{2\mathrm{i}}(v - \overline{v}) \in V_\mu^\mathbb{C} \cap \mathbb{R}^n.
$$

Damit ist aber

$$\tfrac{1}{2}(v_1 + \overline{v}_1), \tfrac{1}{2\mathrm{i}}(v_1 - \overline{v}_1), \ldots, \tfrac{1}{2}(v_k + \overline{v}_k), \tfrac{1}{2\mathrm{i}}(v_k - \overline{v}_k) \in V_\mu^{\mathbb{C}}$$

ein Erzeugendensystem von $V_\mu^{\mathbb{C}}$, welches aus *reellen* Vektoren besteht. Unter diesen können wir k linear unabhängige auswählen und erhalten somit eine Basis von $V_\mu^{\mathbb{C}}$, die aus reellen Vektoren besteht.

ii.) Der Eigenwert $\lambda \in \mathbb{C} \setminus \mathbb{R}$ ist nicht reell. Hier können wir aus $v \in V_\lambda^{\mathbb{C}} \subseteq \mathbb{C}^n$ nicht direkt einen reellen Eigenvektor bauen, da $\overline{v}$ in $V_{\overline{\lambda}}^{\mathbb{C}}$, aber nicht in $V_\lambda^{\mathbb{C}}$ liegt. Wir wählen daher eine Basis $v_1, \ldots, v_\ell \in V_\lambda^{\mathbb{C}}$ und behaupten, dass $\overline{v}_1, \ldots, \overline{v}_\ell \in V_{\overline{\lambda}}^{\mathbb{C}}$ ebenfalls eine Basis ist. Die komplexe Konjugation $\overline{} \colon \mathbb{C}^n \longrightarrow \mathbb{C}^n$ ist *nicht* linear, sondern eben nur antilinear, trotzdem können wir wie folgt argumentieren: Zum Test der linearen Unabhängigkeit der $\overline{v}_1, \ldots, \overline{v}_\ell$ seien Zahlen $z_1, \ldots, z_\ell \in \mathbb{C}$ mit

$$z_1 \overline{v}_1 + \cdots + z_\ell \overline{v}_\ell = 0$$

vorgegeben. Dann gilt

$$\overline{z}_1 \overline{\overline{v}}_1 + \cdots + \overline{z}_\ell \overline{\overline{v}}_\ell = \overline{z}_1 v_1 + \cdots \overline{z}_\ell v_\ell = 0.$$

Da die Vektoren $v_1, \ldots, v_\ell$ eine Basis von $V_\lambda^{\mathbb{C}}$ bilden, folgt $\overline{z}_1 = \cdots = \overline{z}_\ell = 0$ und somit auch $z_1 = \cdots = z_\ell = 0$. Also sind die Vektoren $\overline{v}_1, \ldots, \overline{v}_\ell \in V_{\overline{\lambda}}^{\mathbb{C}}$ linear unabhängig. Wir behaupten, dass sie auch eine Basis bilden. Wäre diese nicht so, gäbe es zusätzliche Vektoren $\overline{w}_1, \ldots, \overline{w}_r \in V_{\overline{\lambda}}^{\mathbb{C}}$, sodass $\overline{v}_1, \ldots, \overline{v}_\ell, \overline{w}_1, \ldots, \overline{w}_r \in V_{\overline{\lambda}}^{\mathbb{C}}$ eine Basis bilden. Dann wären nach dem eben Gezeigten (mit vertauschten Rollen $\lambda \leftrightarrow \overline{\lambda}$) die Vektoren $\overline{\overline{v}}_1 = v_1, \ldots, \overline{\overline{v}}_\ell = v_\ell, \overline{\overline{w}}_1 = w_1, \ldots, \overline{\overline{w}}_r = w_r \in V_\lambda^{\mathbb{C}}$ linear unabhängig. Da bereits $v_1, \ldots, v_\ell$ eine Basis ist, kann dies nicht sein. Daher ist $\overline{v}_1, \ldots, \overline{v}_\ell \in V_{\overline{\lambda}}^{\mathbb{C}}$ bereits eine Basis gewesen. Wir können ohne Einschränkung annehmen, dass die Vektoren $v_1, \ldots, v_\ell$ bereits orthonormal sind. Da

$$\langle \overline{v}_r, \overline{v}_s \rangle = \sum_{t=1}^{n} \overline{(\overline{v}_r)}_t (\overline{v}_s)_t = \sum_{t=1}^{n} (v_r)_t \overline{(v_s)_t} = \overline{\langle v_r, v_s \rangle}$$

gilt, sind auch die Vektoren $\overline{v}_1, \ldots, \overline{v}_\ell$ orthonormal. Wir betrachten nun die Vektoren

$$\mathrm{e}_r = \frac{1}{\sqrt{2}}(v_r + \overline{v}_r) \quad \text{und} \quad \mathrm{f}_r = \frac{1}{\mathrm{i}\sqrt{2}}(v_r - \overline{v}_r)$$

für $r = 1, \ldots, \ell$. Wir berechnen die wechselseitigen Skalarprodukte

$$\langle \mathrm{e}_r, \mathrm{e}_s \rangle = \frac{1}{2}(\langle v_r, v_s \rangle + \langle \overline{v}_r, v_s \rangle + \langle v_r, \overline{v}_s \rangle + \langle \overline{v}_r, \overline{v}_s \rangle) = \delta_{rs}$$

$$\langle e_r, f_s \rangle = \frac{1}{2}\left(\langle v_r, v_s \rangle - \langle \overline{v}_r, v_s \rangle + \langle v_r, \overline{v}_s \rangle - \langle \overline{v}_r, \overline{v}_s \rangle\right) = 0$$

$$\langle f_r, f_s \rangle = \frac{1}{2}\left(\langle v_r, v_s \rangle - \langle \overline{v}_r, v_s \rangle - \langle v_r, \overline{v}_s \rangle + \langle \overline{v}_r, \overline{v}_s \rangle\right) = \delta_{rs},$$

wobei wir verwenden, dass Eigenvektoren der normalen Abbildung A zu verschiedenen Eigenwerten $\lambda \neq \overline{\lambda}$ senkrecht aufeinander stehen. Daher bilden die Vektoren $e_1, \ldots, e_\ell, f_1, \ldots, f_\ell \in V_\lambda^{\mathbb{C}} \oplus V_{\overline{\lambda}}^{\mathbb{C}}$ eine Orthonormalbasis von *reellen* Vektoren der direkten Summe der Eigenräume zu λ und $\overline{\lambda}$. Die Abbildung A liefert auf diesen Vektoren

$$Ae_r = \frac{1}{\sqrt{2}}(Av_r + A\overline{v}_r) = \frac{1}{\sqrt{2}}\left(\lambda v_r + \overline{\lambda}\overline{v}_r\right)$$

$$Af_r = \frac{1}{i\sqrt{2}}(Av_r - A\overline{v}_r) = \frac{1}{i\sqrt{2}}\left(\lambda v_r - \overline{\lambda}\overline{v}_r\right).$$

Wir verwenden nun

$$v_r = \sqrt{2}(e_r + if_r) \quad \text{und} \quad \overline{v}_r = \sqrt{2}(e_r - if_r)$$

und erhalten

$$Ae_r = \frac{1}{\sqrt{2}}\left(\lambda\sqrt{2}e_r + \lambda\sqrt{2}if_r + \overline{\lambda}\sqrt{2}e_r - \overline{\lambda}\sqrt{2}if_r\right)$$

$$= \left(\lambda + \overline{\lambda}\right)e_r + i\left(\lambda - \overline{\lambda}\right)f_r$$

und

$$Af_r = \frac{1}{\sqrt{2}}\left(\lambda\sqrt{2}e_r + \lambda\sqrt{2}if_r - \overline{\lambda}\sqrt{2}e_r + \overline{\lambda}\sqrt{2}if_r\right)$$

$$= \frac{\lambda - \overline{\lambda}}{i}e_r + \left(\lambda + \overline{\lambda}\right)f_r.$$

Für die reellen Zahlen

$$a = \lambda + \overline{\lambda} \quad \text{und} \quad b = i(\lambda - \overline{\lambda})$$

gilt also

$$Ae_r = ae_r + bf_r \quad \text{und} \quad Af_r = -be_r + af_r.$$

Ordnen wir die Basis von $V_\lambda^{\mathbb{C}} \oplus V_{\overline{\lambda}}^{\mathbb{C}}$ als $e_1, f_1, \ldots, e_\ell, f_\ell$, so erhält die Abbildung A bezüglich dieser Basis die Gestalt

$$\begin{pmatrix} a & -b & & & \\ b & a & & \text{\Large 0} & \\ & & \ddots & & \\ & \text{\Large 0} & & a & -b \\ & & & b & a \end{pmatrix}. \tag{7.7.17}$$

Durch eventuelles Vertauschen von λ und $\overline{\lambda}$ erreichen wir $b > 0$.

Wir können nun beide Resultate zusammenfügen: Wir finden für jeden reellen Eigenwert von A eine Orthonormalbasis von *reellen* Eigenvektoren des Eigenraums $V_\mu^{\mathbb{C}}$, und für jedes konjugierte Paar $\lambda, \overline{\lambda}$ von nicht reellen Eigenwerten von A eine Orthonormalbasis von *reellen* Vektoren von $V_\lambda^{\mathbb{C}} \oplus V_{\overline{\lambda}}^{\mathbb{C}}$, sodass A bezüglich dieser Basis die Matrixform (7.7.17) annimmt. Da insgesamt $\mathbb{C}^n$ durch die paarweise orthogonalen $V_\mu^{\mathbb{C}}$ und $V_\lambda^{\mathbb{C}}$ aufgespannt wird, erhalten wir also insgesamt eine Basis von orthonormalen und reellen Vektoren, sodass A die Gestalt (7.7.16) in dieser Basis annimmt. Da nun aber alle beteiligten Objekte rein reell sind, können wir unseren Ausflug ins Komplexe ebenso wie diesen Beweis beenden. Einen etwas konzeptuelleren Zugang zur Komplexifizierung findet man in den Übungen 4.33, 5.45. und 6.28.   □

Bemerkung 7.95. Da die reellen Eigenwerte $\mu_1, \ldots \mu_{n-2k}$ von Φ ebenso wie die echt komplexen Eigenwerte $\lambda_1, \ldots, \lambda_k, \overline{\lambda}_1, \ldots, \overline{\lambda}_k$ von Φ durch Φ bereits festgelegt sind, sind die Zahlen $\mu_1, \ldots, \mu_{n-2k}$ und

$$a_k = \lambda_k + \overline{\lambda_k}, \quad \text{und} \quad b_k = \mathrm{i}(\lambda_k - \overline{\lambda_k}) > 0 \qquad (7.7.18)$$

durch Φ bis auf Reihenfolge eindeutig festgelegt.

Korollar 7.96. *Sei $A \in \mathrm{M}_n(\mathbb{R})$ eine normale Matrix. Dann gibt es eine orthogonale Matrix $O \in \mathrm{M}_n(\mathbb{R})$ sowie eindeutig bis auf Reihenfolge bestimmte Zahlen $\mu_1, \ldots, \mu_{n-2k}, a_1, b_1, \ldots a_k, b_k \in \mathbb{R}$ mit $b_1, \ldots, b_k > 0$ mit*

$$OAO^{\mathrm{T}} = \begin{pmatrix} \mu_1 & & & & & & & \\ & \ddots & & & & & & \\ & & \mu_{n-2k} & & & & & \\ & & & a_1 & -b_1 & & & \\ & & & b_1 & a_1 & & & \\ & & & & & \ddots & & \\ & & & & & & a_k & -b_k \\ & & & & & & b_k & a_k \end{pmatrix}. \qquad (7.7.19)$$

Beweis. Dies ist der Spektralsatz 7.86, angewandt auf die normale Abbildung $A \colon \mathbb{R}^n \longrightarrow \mathbb{R}^n$, siehe auch Korollar 7.88.   □

Korollar 7.97. *Sei V ein n-dimensionaler euklidischer Vektorraum und $\Phi \in \mathrm{End}(V)$ selbstadjungiert. Dann gibt es eine Orthonormalbasis von Eigenvektoren von Φ.*

Beweis. Die Matrix $A = {}_B[\Phi]_B \in \mathrm{M}_n(\mathbb{R})$ ist wieder selbstadjungiert. Fassen wir A als komplexe Matrix (mit reellen Einträgen) auf, so hat A nach Korollar 7.84, *i.)* nur reelle Eigenwerte. Also tritt der Fall *ii.)* des Beweises von Satz 7.94 nicht auf.   □

Korollar 7.98. *Sei* $A \in M_n(\mathbb{R})$ *selbstadjungiert. Dann gibt es eine orthogonale Matrix* $O \in O(n)$ *sowie eine Diagonalmatrix* $D \in M_n(\mathbb{R})$ *mit*

$$A = O^{-1}DO. \tag{7.7.20}$$

Korollar 7.99. *Sei* V *ein* n*-dimensionaler euklidischer Vektorraum und* $\Phi \in$ $\mathrm{End}(V)$ *eine Isometrie. Dann gibt es eine Orthonormalbasis* B *von* V *sowie Winkel* $\varphi_1, \ldots, \varphi_k \in (0, \pi)$ *mit*

$$
{}_B[\Phi]_B = \begin{pmatrix}
1 & & & & & & & \\
& \ddots & & & & & & \\
& & 1 & & & & & \\
& & & -1 & & & & \\
& & & & \ddots & & & \\
& & & & & -1 & & \\
& & & & & & D(\varphi_1) & \\
& & & & & & & \ddots & \\
& & & & & & & & D(\varphi_k)
\end{pmatrix} \tag{7.7.21}
$$

mit 2×2*-Matrizen*

$$
D(\varphi) = \begin{pmatrix} \cos(\varphi) & -\sin(\varphi) \\ \sin(\varphi) & \cos(\varphi) \end{pmatrix} \tag{7.7.22}
$$

auf der Diagonale. Die Anzahl der 1 und -1 *auf der Diagonale sowie die Winkel sind eindeutig durch* Φ *bestimmt. Umgekehrt ist jede solche Abbildung isometrisch.*

Beweis. Wir wissen, dass Φ genau dann isometrisch ist, wenn für eine und damit alle Orthonormalbasen B von V die Matrix ${}_B[\Phi]_B$ orthogonal ist, siehe Proposition 7.59. Sei also B eine Orthonormalbasis wie in Satz 7.94. Wir müssen dann nur noch entscheiden, für welche Werte der Parameter $\mu_1, \ldots, \mu_{n-2k}, a_1, b_1, \ldots, a_k, b_k$ die Matrix ${}_B[\Phi]_B$ orthogonal ist. Sei also $A = {}_B[\Phi]_B$ wie in (7.7.16). Dann gilt

$$
A^{\mathrm{T}} = \begin{pmatrix}
\mu_1 & & & & & & \\
& \ddots & & & & & \\
& & \mu_k & & & & \\
& & & a_1 & b_1 & & \\
& & & -b_1 & a_1 & & \\
& & & & & \ddots & \\
& & & & & & a_k & b_k \\
& & & & & & -b_k & a_k
\end{pmatrix}.
$$

Aufgrund der Blockstruktur von A und A^T ist es nun leicht, $A^\mathrm{T}A$ zu berechnen. Es gilt

$$
A^\mathrm{T}A = \begin{pmatrix}
\mu_1^2 & & & & & & & & \\
& \ddots & & & & & & & \\
& & \mu_k^2 & & & & & & \\
& & & a_1^1 + b_1^2 & 0 & & & & \\
& & & 0 & a_1^2 + b_1^2 & & & & \\
& & & & & \ddots & & & \\
& & & & & & a_k^2 + b_k^2 & 0 & \\
& & & & & & 0 & a_k^2 + b_k^2 &
\end{pmatrix}.
$$

Die Bedingung $A^\mathrm{T}A = \mathbb{1}$ ist daher äquivalent zu den Bedingungen

$$
\mu_1^2 = \cdots = \mu_k^2 = a_1^2 + b_1^2 = \cdots = a_k^2 + b_k^2 = 1. \tag{7.7.23}
$$

Damit folgt aber $\mu_1, \ldots, \mu_k \in \{\pm 1\}$, und wir können $\varphi_k \in [0, \pi]$ finden, sodass

$$
a_k = \cos\varphi_k \quad \text{und} \quad b_k = \sin\varphi_k > 0.
$$

Jede Wahl von derartigen $\mu_1, \ldots, \mu_k$ und $a_1, \ldots, b_k$ erfüllt dann auch (7.7.23). Der Fall $\varphi = 0$ führt auf $a = 1$ und $b = 0$, der Fall $\varphi = \pi$ auf $a = -1$ und $b = 0$. Daher können wir diese Werte bereits durch entsprechende Werte für die μ_j erreichen.   □

Bemerkung 7.100 (Drehungen). Dank des letzten Korollars haben wir nun eine geometrische Interpretation einer orthogonalen Abbildung gefunden. Zunächst genügt es offenbar, $\mathbb{R}^n$ mit dem Standardskalarprodukt sowie $O \in \mathrm{O}(n)$ zu betrachten. Dann gibt es also zweidimensionale Unterräume von $\mathbb{R}^n$ in denen O eine Drehung um einen gewissen Winkel φ ist, da die Beiträge der Form

$$
D(\varphi) = \begin{pmatrix} \cos(\varphi) & -\sin(\varphi) \\ \sin(\varphi) & \cos(\varphi) \end{pmatrix} \tag{7.7.24}
$$

gerade eine solche Drehung beschreiben, siehe Abb. 7.2. In den übrigen Rich-

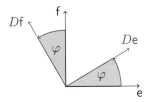

Abb. 7.2 Drehung um φ in der (e, f)-Ebene.

tungen der Orthonormalbasis B aus Korollar 7.99 ist O entweder die Identität oder eine Spiegelung. Wir sehen auch anhand von (7.7.21), dass $\det O = +1$ genau dann gilt, wenn es eine gerade Anzahl von -1 auf der Diagonalen gibt. Anderenfalls ist $\det O = -1$.

Kontrollfragen. Wann ist ein Endomorphismus normal und nilpotent? Wie lautet der Spektralsatz für normale Abbildungen über $\mathbb{C}$ und über $\mathbb{R}$? Welche zwei unterschiedliche Beweisstrategien des Spektralsatzes kennen Sie? Wie lautet die Normalform einer Drehung?

7.8 Positivität

In diesem Abschnitt wollen wir uns nun einem besonders wichtigen Spezialfall von selbstadjungierten Abbildungen zuwenden, den positiven Abbildungen.

Als Motivation betrachtet man folgende Situation: Sei V ein endlich-dimensionaler euklidischer oder unitärer Vektorraum und $\Phi \in \mathrm{End}(V)$. Dann betrachtet man die Abbildung

$$\langle \,\cdot\, , \,\cdot\, \rangle_\Phi \colon V \times V \ni (v, w) \;\mapsto\; \langle v, w \rangle_\Phi = \langle v, \Phi(w) \rangle \in \mathbb{K}. \tag{7.8.1}$$

Lemma 7.101. *Die Abbildung $\langle \,\cdot\, , \,\cdot\, \rangle_\Phi$ ist bilinear beziehungsweise sesquilinear. Weiter ist $\langle \,\cdot\, , \,\cdot\, \rangle_\Phi$ genau dann symmetrisch beziehungsweise Hermitesch, wenn Φ selbstadjungiert ist.*

Beweis. Da Φ linear ist, ist $w \mapsto \langle v, \Phi(w) \rangle$ ebenfalls linear als Verkettung der linearen Abbildung $\langle v, \,\cdot\, \rangle$ und Φ. Die (Anti-)Linearität im Argument v bleibt offenbar bestehen. Für $v, w \in V$ gilt nun

$$\overline{\langle v, w \rangle_\Phi} = \overline{\langle v, \Phi(w) \rangle} = \overline{\langle \Phi^*(v), w \rangle} = \langle w, \Phi^*(v) \rangle.$$

Damit gilt genau dann $\overline{\langle v, w \rangle_\Phi} = \langle w, v \rangle_\Phi$ für alle $v, w \in V$, wenn $\Phi^* = \Phi$. $\square$

Wir können uns also mithilfe selbstadjungierter Endomorphismen von V neue Kandidaten für Skalarprodukte verschaffen. Um wirklich ein Skalarprodukt zu erhalten, benötigen wir die Nichtausgeartetheit und die Positivität.

Lemma 7.102. *Sei V ein endlich-dimensionaler euklidischer oder unitärer Vektorraum, und sei $\Phi \in \mathrm{End}(V)$ selbstadjungiert. Dann sind äquivalent:*

i.) Die Abbildung $\langle \,\cdot\, , \,\cdot\, \rangle_\Phi$ ist nicht-ausgeartet.

ii.) Die Abbildung Φ ist invertierbar.

Beweis. Die Bilinear- beziehungsweise Sesquilinearform $\langle \,\cdot\, , \,\cdot\, \rangle_\Phi$ ist genau dann nicht-ausgeartet, wenn der zugehörige musikalische Homomorphismus $\flat_\Phi \colon V \longrightarrow V^*$ bijektiv ist, siehe Satz 7.69. Wir haben für $v \in V$

$$v^{\flat_\Phi}(w) = \langle v, w \rangle_\Phi = \langle v, \Phi(w) \rangle = v^\flat(\Phi(w)) = \left(v^\flat \circ \Phi \right)(w) = \left(\Phi^* \left(v^\flat \right) \right)(w)$$

und daher $v^{\flat_\Phi} = \Phi^*(v^\flat)$, also $\flat_\Phi = \Phi^* \circ \flat$. Nun ist Φ genau dann bijektiv, wenn die duale Abbildung Φ^* bijektiv ist, siehe Übung 5.40. Damit folgt die Behauptung, da $\flat$ ja bijektiv ist.   □

Für die Positivität erhalten wir direkt aus der Definition folgendes Resultat:

Lemma 7.103. *Sei V ein endlich-dimensionaler euklidischer oder unitärer Vektorraum, und sei $\Phi \in \mathrm{End}(V)$ selbstadjungiert. Dann sind äquivalent:*

i.) Die Abbildung $\langle \,\cdot\, , \,\cdot\, \rangle_\Phi$ ist positiv semidefinit.

ii.) Für alle $v \in V$ gilt $\langle v, \Phi(v) \rangle \geq 0$.

Dies ist nun die Motivation für eine der möglichen (und äquivalenten) Definitionen von Positivität eines Endomorphismus. Alternativ könnte man $\Phi \in \mathrm{End}(V)$ positiv nennen, wenn Φ selbstadjungiert ist und

$$\mathrm{spec}(\Phi) \subseteq \mathbb{R}_0^+ \tag{7.8.2}$$

gilt. Weiter könnte man Φ positiv nennen, wenn es eine selbstadjungierte Wurzel von Φ gibt. Zunächst ist nicht klar, wie alle diese Konzepte zusammenhängen, wir werden dies nun zu klären haben.

Bemerkung 7.104. Im komplexen Fall impliziert die Eigenschaft *ii.)* aus Lemma 7.103 die Selbstadjungiertheit, denn gilt $\langle v, Av \rangle \geq 0$ für alle v, so folgt für alle $v, w \in V$ und $z \in \mathbb{C}$

$$0 \leq \langle v+zw, A(v+zw) \rangle = |z|^2 \langle w, Aw \rangle + \overline{z} \langle w, Av \rangle + z \langle v, Aw \rangle + \langle v, Av \rangle. \tag{7.8.3}$$

Wie im Beweis der Cauchy-Schwarz-Ungleichung in Proposition 7.19 folgt

$$\langle w, Av \rangle = \overline{\langle v, Aw \rangle}, \tag{7.8.4}$$

was gerade $A = A^*$ bedeutet. Im reellen Fall ist dies jedoch nicht richtig: Ist nämlich $A = A^\mathrm{T}$ mit $\langle v, Av \rangle \geq 0$ für alle $v \in V$ und $B = -B^\mathrm{T}$ antisymmetrisch, so gilt $\langle v, Bv \rangle = \langle B^\mathrm{T}v, v \rangle = -\langle Bv, v \rangle = -\langle v, Bv \rangle$, also $\langle v, Bv \rangle = 0$. Damit gilt dann für $C = A + B$ nach wie vor $\langle v, Cv \rangle \geq 0$, aber $C^\mathrm{T} \neq C$. Das gleiche Argument hatten wir schon in Beispiel 7.18 gesehen.

Wir kommen nun zum angekündigten Vergleich der verschiedenen Begriffe von Positivität, die in diesem Zusammenhang traditionell immer im Sinne der Ungleichung „≥ 0", aber nicht im Sinne der strikten Ungleichung „> 0" verstanden wird:

Satz 7.105 (Positivität). *Sei V ein endlich-dimensionaler euklidischer oder unitärer Vektorraum und $\Phi \in \mathrm{End}(V)$. Dann sind äquivalent:*

i.) Es gilt $\Phi = \Phi^*$ und $\langle v, \Phi(v) \rangle \geq 0$ für alle $v \in V$.

ii.) Es gilt $\Phi = \Phi^*$ und $\mathrm{spec}(\Phi) \subseteq \mathbb{R}_0^+$.

iii.) Es gibt ein selbstadjungiertes $\Psi \in \mathrm{End}(V)$ mit $\Phi = \Psi^2$.

iv.) Es gibt ein $\Psi \in \mathrm{End}(V)$ mit $\Phi = \Psi^*\Psi$.

v.) Es gibt $\Psi_1, \ldots, \Psi_k \in \mathrm{End}(V)$ und $\alpha_1, \ldots, \alpha_k > 0$ mit

$$\Phi = \sum_{i=1}^{k} \alpha_i \Psi_i^* \Psi_i. \tag{7.8.5}$$

Beweis. Wir zeigen *i.)* $\implies$ *ii.)* $\implies$ *iii.)* $\implies$ *iv.)* $\implies$ *v.)* $\implies$ *i.)*. Sei also *i.)* erfüllt. Da Φ selbstadjungiert ist, können wir eine orthogonale Zerlegung der Eins $P_1, \ldots, P_k \in \mathrm{End}(V)$ und reelle Eigenwerte $\lambda_1, \ldots, \lambda_k \in \mathbb{R}$ mit

$$\Phi = \sum_{i=1}^{k} \lambda_i P_i$$

finden. Sei nun $v_j \in \mathrm{im}\, P_j$ ein Eigenvektor ungleich null. Dann gilt also $P_i v_j = \delta_{ij} v_j$ und daher

$$\langle v_j, \Phi v_j \rangle = \sum_{i=1}^{k} \lambda_i \langle v_j, P_i v_j \rangle = \lambda_j \langle v_j, v_j \rangle.$$

Da notwendigerweise $\langle v_j, v_j \rangle > 0$, folgt $\lambda_j \geq 0$ und damit *i.)* $\implies$ *ii.)*. Sei nun Φ selbstadjungiert mit $\mathrm{spec}(\Phi) \subseteq \mathbb{R}_0^+$, und seien $P_1, \ldots, P_k$ die Spektralprojektoren von Φ. Dann definieren wir die Wurzel aus Φ durch

$$\sqrt{\Phi} = \sum_{i=1}^{k} \sqrt{\lambda_i} P_i,$$

wobei $\mathrm{spec}(\Phi) = \{\lambda_1, \ldots, \lambda_k\}$. Dies ist aufgrund von $\lambda_i \geq 0$ möglich und liefert wieder eine selbstadjungierte Abbildung $\sqrt{\Phi} \in \mathrm{End}(V)$, da

$$(\sqrt{\Phi})^* = \sum_{i=1}^{k} \overline{\sqrt{\lambda_i}} P_i^* = \sum_{i=1}^{k} \sqrt{\lambda_i} P_i = \sqrt{\Phi}.$$

Weiter gilt mit dem polynomialen Kalkül für $\sqrt{\Phi}$

$$\sqrt{\Phi}\sqrt{\Phi} = \Phi$$

nach Bemerkung 6.88. Daher erreichen wir *iii.)* mit $\Psi = \sqrt{\Phi}$. Die nächste Implikation *iii.)* $\implies$ *iv.)* ist trivial, da wir dasselbe $\Psi = \Psi^*$ verwenden können. Auch *iv.)* $\implies$ *v.)* ist trivial, da wir $k = 1, \alpha_1 = 1$ und $\Psi_1 = \Psi$ setzen können. Es gelte nun also *v.)*. Sei dann $v \in V$. Dann gilt

$$\langle v, \Phi v \rangle = \left\langle v, \sum_{i=1}^{k} \alpha_i \Psi_i^* \Psi_i v \right\rangle = \sum_{i=1}^{k} \alpha_i \langle v, \Psi_i^* \Psi_i v \rangle = \sum_{i=1}^{k} \alpha_i \langle \Psi_i v, \Psi_i v \rangle \geq 0,$$

da $\alpha_i > 0$ und $\langle \Psi_i v, \Psi_i v \rangle = \|\Psi_i v\|^2 \geq 0$ aufgrund der Positivität des Skalarprodukts. Also gilt auch $v.) \implies i.)$, weil offensichtlich $\Phi = \Phi^*$. □

Definition 7.106 (Positiver Endomorphismus). Sei V ein endlich-dimensionaler euklidischer oder unitärer Vektorraum und $\Phi \in \mathrm{End}(V)$. Erfüllt Φ eine (und damit alle) der äquivalenten Eigenschaften aus Satz 7.105, so heißt Φ positiv.

Bemerkung 7.107. Gilt zudem, dass Φ invertierbar ist, so heißt Φ *positiv definit*. Dies ist dann beispielsweise dazu äquivalent, dass alle Eigenwerte $\lambda_1, \dots, \lambda_k$ von Φ sogar echt positiv sind und nicht nur $\lambda_i \geq 0$ erfüllen. Der Fall $V = \mathbb{K}^n$ führt dank $\mathrm{End}(\mathbb{K}^n) \cong \mathrm{M}_n(\mathbb{K})$ auf den Begriff der *positiven* beziehungsweise *positiv definiten Matrix*. Man beachte, dass für $\mathbb{K} = \mathbb{C}$ dank Bemerkung 7.104 die Selbstadjungiertheit in Satz 7.105, *i.)*, bereits aus $\langle v, \Phi v \rangle \geq 0$ für alle $v \in V$ folgt und daher nicht extra gefordert werden muss. Im reellen Fall muss dies jedoch getan werden.

Bemerkung 7.108 (Quantenmechanik). Auch wenn für die Quantenmechanik unendlich-dimensionale Hilbert-Räume erforderlich sind, ist folgende Begriffsbildung in einem endlich-dimensionalen Modell gleichermaßen gültig. Man betrachte $V = \mathbb{C}^n$ mit dem Standardskalarprodukt. Die *Zustände* eines quantenmechanischen Systems werden dann mit Vektoren in $V \setminus \{0\}$ identifiziert, wobei zwei Vektoren $v, w \in V \setminus \{0\}$ denselben Zustand beschreiben sollen, wenn es ein $z \in \mathbb{C}$ mit $v = zw$ gibt. Dies ist für Vektoren aus $V \setminus \{0\}$ offenbar eine Äquivalenzrelation. Die *Observablen* des Systems, also diejenigen physikalischen Größen, die sich messen lassen (Energie, Impuls, etc.), werden dann durch normale oder sogar selbstadjungierte Endomorphismen $A \in \mathrm{End}(V)$ beschrieben. Die *möglichen Messwerte* einer Observablen sind durch die Spektralwerte $\mathrm{spec}(A)$ gegeben, in unserem einfachen Modell also durch die endlich vielen Eigenwerte von A. Wir schreiben wie immer

$$A = \sum_{i=1}^{k} \lambda_i P_i \tag{7.8.6}$$

mit den Spektralprojektoren P_i von A. Die tatsächliche Messung von A im Zustand v liefert nun zufällig einen der Eigenwerte als Resultat: Dies ist der berühmte wahrscheinlichkeitstheoretische Aspekt der Quantenmechanik. Allerdings ist diese Zufälligkeit doch gewissen Regeln unterworfen, denn bei oftmaliger Wiederholung der Messung stellt sich ein *Erwartungswert* der Resultate ein, der durch

$$\mathrm{E}_v(A) = \frac{\langle v, Av \rangle}{\langle v, v \rangle} \tag{7.8.7}$$

gegeben ist. Man beachte, dass E_v nur von der Äquivalenzklasse von v, also vom Zustand, abhängt. Eine leichte Rechnung zeigt nun

$$E_v(A) = \sum_{i=1}^{k} \lambda_i \frac{\langle v, P_i v \rangle}{\langle v, v \rangle}, \tag{7.8.8}$$

und die Projektoreigenschaft liefert

$$\langle v, P_i v \rangle = \langle P_i v, P_i v \rangle = \| P_i v \|^2 \geq 0 \tag{7.8.9}$$

sowie

$$\| v \|^2 = \sum_{i=1}^{k} \| P_i v \|^2, \tag{7.8.10}$$

nach dem Satz des Pythagoras, da ja die Vektoren $P_i v$ paarweise orthogonal stehen. Dies erlaubt nun folgende Definition einer Wahrscheinlichkeitsverteilung: Man setzt

$$p_i = \langle v, P_i v \rangle. \tag{7.8.11}$$

Aus (7.8.10) und (7.8.9) folgt dann also

$$0 \leq p_i \quad \text{und} \quad \sum_{i=1}^{k} p_i = 1. \tag{7.8.12}$$

Damit können wir die Zahlen p_i als Wahrscheinlichkeiten interpretieren, bei einer Messung von A im Zustand v tatsächlich den Messwert λ_i zu finden. Die Gleichung (7.8.7) wird dann zu

$$E_v(A) = \sum_{i=1}^{k} \lambda_i p_i, \tag{7.8.13}$$

also tatsächlich zum Erwartungswert bezüglich der Wahrscheinlichkeitsverteilung, die durch die $p_1, \ldots, p_k$ gegeben ist. Die Physik zeigt nun, dass diese Interpretation der Wirklichkeit gerecht wird. Der Zusammenhang zu unseren Positivitätsbegriffen ergibt sich nun folgendermaßen: Als „Quadrat" soll die selbstadjungierte Observable A^*A für ein beliebiges A nichtnegative Erwartungswerte und auch nichtnegative Messwerte liefern. Dies ist gerade die Implikation $iv.) \implies ii.)$ sowie $iv.) \implies i.)$, wobei wir ja sogar Äquivalenz vorliegen haben.

Wir nehmen diese quantenmechanischen Interpretationen von unserer Spektraltheorie und den Positivitätseigenschaften nun als Motivation für folgende Definition:

Definition 7.109 (Zustand). Sei $n \in \mathbb{N}$. Ein Zustand ω von $M_n(\mathbb{C})$ ist eine lineare Abbildung

$$\omega \colon M_n(\mathbb{C}) \longrightarrow \mathbb{C} \tag{7.8.14}$$

mit

$$\omega(\mathbb{1}) = 1 \quad \text{und} \quad \omega(A^*A) \geq 0 \tag{7.8.15}$$

für alle $A \in \mathrm{M}_n(\mathbb{C})$. Eine analoge Definition erfolgt für $\mathrm{End}(V)$ mit einem beliebigen endlich-dimensionalen unitären Vektorraum V.

Beispiel 7.110 (Zustände). Für $v \in \mathbb{C}^n \setminus \{0\}$ ist

$$\mathrm{E}_v \colon \mathrm{M}_n(\mathbb{C}) \ni A \mapsto \mathrm{E}_v(A) = \frac{\langle v, Av \rangle}{\langle v, v \rangle} \in \mathbb{C} \tag{7.8.16}$$

ein Zustand. Dies sind gerade die in Bemerkung 7.108 diskutierten Eigenschaften. Die quantenmechanische Interpretation wird hier also zum Prinzip erhoben: Der physikalische Zustand, beschrieben durch v, wird mit dem Erwartungswertfunktional E_v identifiziert.

Proposition 7.111. *Seien $\omega_1, \omega_2 \colon \mathrm{M}_n(\mathbb{C}) \longrightarrow \mathbb{C}$ Zustände und $\mu_1, \mu_2 \in \mathbb{R}$ mit $\mu_1, \mu_2 \geq 0$ und $\mu_1 + \mu_2 = 1$. Dann ist die konvexe Kombination*

$$\omega = \mu_1 \omega_1 + \mu_2 \omega_2 \tag{7.8.17}$$

ebenfalls ein Zustand.

Beweis. Da die linearen Abbildungen $\mathrm{Hom}(\mathrm{M}_n(\mathbb{C}), \mathbb{C}) = \mathrm{M}_n(\mathbb{C})^*$ einen Vektorraum, nämlich den Dualraum von $\mathrm{M}_n(\mathbb{C})$, bilden, ist ω wieder linear. Weiter gilt

$$\omega(\mathbb{1}) = \mu_1 \omega_1(\mathbb{1}) + \mu_2 \omega_2(\mathbb{1}) = \mu_1 + \mu_2 = 1,$$

sowie für $A \in \mathrm{M}_n(\mathbb{C})$

$$\omega(A^*A) = \mu_1 \omega_1(A^*A) + \mu_2 \omega_2(A^*A) \geq 0,$$

da sowohl $\mu_1, \mu_2 \geq 0$ als auch $\omega_{1/2}(A^*A) \geq 0$. $\qquad\square$

Die Zustände von $\mathrm{M}_n(\mathbb{C})$ bilden also eine *konvexe Menge* im Dualraum $\mathrm{M}_n(\mathbb{C})^*$. Wir können diese konvexe Menge nun vollständig charakterisieren. Dazu benötigen wir den Begriff der Dichtematrix:

Definition 7.112 (Dichtematrix). Eine Matrix $\rho \in \mathrm{M}_n(\mathbb{C})$ heißt Dichtematrix, falls ρ positiv ist und $\mathrm{tr}\,\rho = 1$ für die Spur von ρ gilt.

Satz 7.113 (Zustände von $\mathrm{M}_n(\mathbb{C})$). *Sei $n \in \mathbb{N}$. Ein lineares Funktional $\omega \in \mathrm{M}_n(\mathbb{C})^*$ ist genau dann ein Zustand, wenn es eine Dichtematrix $\rho \in \mathrm{M}_n(\mathbb{C})$ gibt, sodass für alle $A \in \mathrm{M}_n(\mathbb{C})$*

$$\omega(A) = \mathrm{tr}(\rho A). \tag{7.8.18}$$

Beweis. Sei zunächst ρ eine Dichtematrix und ω gemäß (7.8.18) definiert. Dann ist ω linear, da die Spur ein lineares Funktional und die Matrixmultiplikation $A \mapsto \rho A$ ebenfalls linear im zweiten Argument ist. Weiter gilt

$$\omega(\mathbb{1}) = \operatorname{tr}(\rho\mathbb{1}) = \operatorname{tr}\rho = 1$$

nach der Definition einer Dichtematrix. Es bleibt also, die Positivität zu zeigen. Zuerst zeigen wir für jedes $A \in \mathrm{M}_n(\mathbb{C})$

$$\operatorname{tr}(A^*A) = \sum_{i=1}^{n}(A^*A)_{ii} = \sum_{i=1}^{n}\sum_{k=1}^{n}A_{ik}^*A_{ki} = \sum_{k,i=1}^{n}\overline{A_{ki}}A_{ki} = \sum_{k,i=1}^{n}|A_{ki}|^2 \geq 0.$$

Damit ist der Beweis für den Spezialfall $\rho = \mathbb{1}$ erbracht. Für eine beliebige Dichtematrix ρ schreiben wir $\rho = B^*B$ für ein geeignetes $B \in \mathrm{M}_n(\mathbb{C})$ nach Satz 7.105, *iv.*). Dann gilt

$$\omega(A^*A) = \operatorname{tr}(\rho A^*A) = \operatorname{tr}(B^*BA^*A) = \operatorname{tr}(BA^*AB^*) = \operatorname{tr}((AB^*)^*AB^*) \geq 0,$$

wobei wir im dritten Schritt verwendet haben, dass $\operatorname{tr}(AB) = \operatorname{tr}(BA)$ gilt. Damit ist ω also ein Zustand. Wir zeigen nun zunächst folgendes Resultat: Für jedes lineare Funktional $\omega\colon \mathrm{M}_n(\mathbb{C}) \longrightarrow \mathbb{C}$ gibt es eine eindeutig bestimmte Matrix $\rho \in \mathrm{M}_n(\mathbb{C})$, sodass $\omega = \operatorname{tr}(\rho \cdot)$. Zum Beweis dieser Aussage schreiben wir $A \in \mathrm{M}_n(\mathbb{C})$ bezüglich der Basis $\{E_{ij}\}_{i,j=1,\dots,n}$ der Elementarmatrizen wie in Proposition 5.55, *i.*). Es gilt also

$$A = \sum_{i,j=1}^{n}A_{ij}E_{ij}$$

für $A = (A_{ij})_{i,j=1,\dots,n}$. Dann gilt

$$\omega(A) = \omega\left(\sum_{i,j=1}^{n}A_{ij}E_{ij}\right) = \sum_{i,j=1}^{n}A_{ij}\omega(E_{ij}).$$

Wir setzen nun $\rho = (\rho_{rs})_{r,s=1,\dots,n}$ mit

$$\rho_{rs} = \omega(E_{sr}).$$

Dann gilt also

$$\omega(A) = \sum_{i,j=1}^{n}A_{ij}\rho_{ji} = \sum_{i=1}^{n}(A\rho)_{ii} = \operatorname{tr}(A\rho) = \operatorname{tr}(\rho A),$$

womit wir die Behauptung gezeigt haben. Offenbar ist ρ eindeutig bestimmt. Wenn nun ω zudem ein Zustand ist, so gilt also

$$1 = \omega(\mathbb{1}) = \operatorname{tr}(\rho\mathbb{1}) = \operatorname{tr}\rho$$

und

$$0 \leq \omega(A^*A) = \operatorname{tr}(\rho A^*A) = \operatorname{tr}(A\rho A^*)$$

für alle $A \in \mathrm{M}_n(\mathbb{C})$. Sei nun $v \in \mathbb{C}^n$, dann betrachten wir die spezielle Matrix

$$A = \begin{pmatrix} 0 & \cdots & 0 \\ \vdots & & \vdots \\ \overline{v}_1 & \cdots & \overline{v}_n \end{pmatrix} \quad \text{und somit} \quad A^* = \begin{pmatrix} 0 & \cdots & v_1 \\ \vdots & & \vdots \\ 0 & \cdots & v_n \end{pmatrix}.$$

Wir berechnen die Matrix $A\rho A^*$ für diesen Spezialfall explizit und erhalten

$$\rho A^* = \rho \cdot (0, \ldots, 0, v) = (0, \ldots, 0, \rho v),$$

womit

$$A\rho A^* = \begin{pmatrix} 0 & \cdots & 0 \\ \vdots & & \vdots \\ \overline{v}_1 & \cdots & \overline{v}_n \end{pmatrix} \begin{pmatrix} 0 & \cdots & (\rho v)_1 \\ \vdots & & \vdots \\ 0 & \cdots & (\rho v)_n \end{pmatrix} = \begin{pmatrix} 0 & \cdots & 0 \\ \vdots & & \vdots \\ 0 & \cdots & \langle v, \rho v \rangle \end{pmatrix}.$$

Daher gilt also $\mathrm{tr}(A\rho A^*) = \langle v, \rho v \rangle$. Aus $\omega(A^*A) \geq 0$ folgt daher insbesondere für alle $v \in V$ die Ungleichung $\langle v, \rho v \rangle \geq 0$, womit ρ nach Satz 7.105, $i.$), positiv ist. Man beachte, dass wir wegen $\mathbb{K} = \mathbb{C}$ die Selbstadjungiertheit nicht extra prüfen müssen. Zusammen mit der Normierung $\mathrm{tr}\,\rho = 1$ ist ρ also tatsächlich eine Dichtematrix. $\qquad\square$

Korollar 7.114. *Sei $n \in \mathbb{N}$. Eine Matrix $A \in \mathrm{M}_n(\mathbb{C})$ ist genau dann positiv, wenn für alle Zustände ω von $\mathrm{M}_n(\mathbb{C})$ gilt, dass*

$$\omega(A) \geq 0. \tag{7.8.19}$$

Beweis. Dies ist einfach: Ist A positiv, so gilt $A = B^*B$ für ein geeignetes $B \in \mathrm{M}_n(\mathbb{C})$ und daher $\omega(A) = \omega(B^*B) \geq 0$. Gilt umgekehrt (7.8.19) für alle positiven ω, so erst recht für $\omega = \mathrm{E}_v$ mit $v \in \mathbb{C}^n \setminus \{0\}$. Daher folgt $\mathrm{E}_v(A) = \frac{\langle v, Av \rangle}{\langle v, v \rangle} \geq 0$ für alle $v \in \mathbb{C}^n \setminus \{0\}$, was die Positivität von A bedeutet. $\qquad\square$

Quantenmechanisch interpretiert heißt dies, dass die Observable A genau dann positiv ist, wenn wir *nachmessen* können, dass sie positiv ist.

Nach diesem Exkurs in die Gefilde der Quantenmechanik wollen wir noch einige weitere Eigenschaften positiver Endomorphismen diskutieren.

Satz 7.115 ($\sqrt{A}$, $|A|$, A_+ und A_-). *Sei V ein endlich-dimensionaler euklidischer oder unitärer Vektorraum, und sei $A \in \mathrm{End}(V)$ ein Endomorphismus.*

i.) Ist A positiv, so gibt es eine eindeutig bestimmte positive Wurzel $\sqrt{A}$ von A, also einen positiven Endomorphismus $\sqrt{A} \in \mathrm{End}(V)$ mit $(\sqrt{A})^2 = A$.

ii.) Ist A selbstadjungiert, so gibt es eindeutig bestimmte positive Endomorphismen $A_+, A_- \in \mathrm{End}(V)$ mit

$$A = A_+ - A_- \quad \text{und} \quad A_+A_- = 0 = A_-A_+. \tag{7.8.20}$$

iii.) Ist A selbstadjungiert, so gibt es einen eindeutig bestimmten positiven Endomorphismus $|A| \in \mathrm{End}(V)$ mit

$$|A|^2 = A^2. \tag{7.8.21}$$

iv.) Für ein selbstadjungiertes A gilt

$$|A| = A_+ + A_- \tag{7.8.22}$$

und

$$A_\pm = \frac{1}{2}(|A| \pm A). \tag{7.8.23}$$

Beweis. Sei A positiv. Da A selbstadjungiert ist, können wir

$$A = \sum_{i=1}^{k} \lambda_i P_i \tag{7.8.24}$$

gemäß Satz 7.86 beziehungsweise Korollar 7.97 schreiben. Es gilt dann $\lambda_i \geq 0$. Daher setzen wir

$$\sqrt{A} = \sum_{i=1}^{k} \sqrt{\lambda_i} P_i,$$

was die Existenz der positiven Wurzel zeigt. Man beachte, dass $\mathrm{spec}(\sqrt{A}) = \{\sqrt{\lambda_1}, \ldots, \sqrt{\lambda_k}\} \subseteq \mathbb{R}_0^+$, siehe Proposition 6.87. Sei nun $B = B^*$ eine andere positive Wurzel. Es gibt daher eine orthogonale Zerlegung $Q_1, \ldots, Q_\ell$ der Eins sowie $\mu_1, \ldots, \mu_\ell \geq 0$ mit

$$B = \sum_{j=1}^{\ell} \mu_j Q_j.$$

Da $A = B^2$ gelten soll, finden wir

$$A = \sum_{j=1}^{\ell} \mu_j^2 Q_j$$

gemäß des polynomialen Kalküls aus Bemerkung 6.88. Da $\mu_j \geq 0$ folgt $\mu_j^2 \neq \mu_{j'}^2$ für $j \neq j'$. Die Eindeutigkeit der Spektralzerlegung (7.8.24) gemäß Bemerkung 6.104 zeigt dann, dass $k = \ell$ und die $Q_1, \ldots, Q_k$ bis auf Umnummerierung gerade die $P_1, \ldots, P_k$ sein müssen, sowie $\lambda_i = \mu_i^2$. Also gilt $B = \sqrt{A}$, was den ersten Teil zeigt. Für den zweiten Teil schreiben wir $A = A^*$ wieder in der Form (7.8.24), wobei nun jedoch über die Vorzeichen von $\lambda_1, \ldots, \lambda_k$ keine Aussage gemacht werden kann. Wir setzen

$$A_+ = \sum_{\lambda_i \geq 0} \lambda_i P_i \quad \text{und} \quad A_- = -\sum_{\lambda_i \leq 0} \lambda_i P_i = \sum_{\lambda_i \leq 0} (-\lambda_i) P_i. \tag{7.8.25}$$

Dann gilt

$$\operatorname{spec}(A_+) = \left\{\lambda_i \in \operatorname{spec}(A) \mid \lambda_i \geq 0\right\} \subseteq \mathbb{R}_0^+$$

und

$$\operatorname{spec}(A_-) = \left\{-\lambda_i \mid \lambda_i \in \operatorname{spec}(A), \lambda_i \leq 0\right\} \subseteq \mathbb{R}_0^+,$$

womit A_+ und A_- beide positiv sind. Man beachte, dass (7.8.25) eventuell noch nicht die Spektralzerlegung ist, da den jeweiligen Projektoren in A_+ beziehungsweise A_- gerade die anderen zu $P_1 + \cdots + P_k = \mathbb{1}$ fehlen. Daher muss man noch um den jeweiligen Rest ergänzen und dies zum dann eventuell hinzugekommenen Eigenwert 0 hinzunehmen. Die Eigenschaft $A = A_+ - A_-$ ist klar nach Konstruktion. Weiter gilt

$$A_+ A_- = \sum_{\lambda_i \geq 0} \lambda_i P_i \sum_{\lambda_j \leq 0} (-\lambda_j) P_j = -\sum_{\substack{\lambda_i \geq 0 \\ \lambda_j \leq 0}} \lambda_i \lambda_j P_i P_j = -\sum_{\lambda_i = 0} \lambda_i^2 P_i = 0,$$

da $P_i P_j = \delta_{ij}$. Analog zeigt man $A_- A_+ = 0$. Damit ist die Existenz gezeigt. Für den dritten Teil setzen wir

$$|A| = \sum_{i=1}^{k} |\lambda_i| P_i = A_+ + A_-,$$

womit die Existenz von $|A|$ mit (7.8.21) folgt. Die Eigenschaften (7.8.22) und (7.8.23) sind dann klar. Es bleibt die Eindeutigkeit von $|A|, A_+, A_-$ zu zeigen. Sei zunächst B positiv mit $B^2 = A^2$. Da $A^2 = A^* A$ ebenfalls immer positiv ist, ist nach $i.)$ der Endomorphismus B durch $\sqrt{A^2}$ gegeben und daher eindeutig bestimmt. Also folgt $B = \sqrt{A^2} = |A|$. Seien nun positive B_+ und B_- mit $B_+ B_- = 0 = B_- B_+$ und $A = B_+ - B_-$ gegeben. Dann gilt

$$\begin{aligned}
A^2 &= (B_+ - B_-)(B_+ - B_-) \\
&= B_+^2 - B_+ B_- - B_- B_+ + B_-^2 \\
&= B_+^2 + B_-^2 \\
&= B_+^2 + B_+ B_- + B_+ B_- + B_-^2 \\
&= (B_+ + B_-)^2.
\end{aligned}$$

Da $B_+ + B_-$ nach Satz 7.105, $v.)$, wieder positiv ist, folgt aus der Eindeutigkeit von $|A|$ gemäß $iii.)$ sofort $B_+ + B_- = |A|$. Zusammen mit $A = B_+ - B_-$ folgt aber $B_\pm = \frac{1}{2}(|A| \pm A) = A_\pm$. $\qquad\square$

Definition 7.116 (Die Abbildungen $\sqrt{A}, |A|, A_+, A_-$). Sei V ein endlich-dimensionaler euklidischer oder unitärer Vektorraum, und sei $A = A^* \in \operatorname{End}(V)$.

$i.)$ Ist A positiv, so heißt $\sqrt{A}$ die positive Wurzel von A.

ii.) Die Abbildung $|A|$ heißt der Absolutbetrag von A, die Abbildungen A_+ und A_- heißen Positiv- und Negativteil von A.

Beispiel 7.117. Wir betrachten ein einfaches Beispiel, um alle Größen exemplarisch zu berechnen. Sei

$$A = \begin{pmatrix} 0 & i \\ -i & 0 \end{pmatrix} \in \mathrm{M}_2(\mathbb{C}). \tag{7.8.26}$$

Offenbar gilt $A = A^*$, sodass wir also A in A_+ und A_- zerlegen können. Wir berechnen A^*A explizit zu

$$A^*A = \begin{pmatrix} 0 & i \\ -i & 0 \end{pmatrix}^* \begin{pmatrix} 0 & i \\ -i & 0 \end{pmatrix} = \begin{pmatrix} 0 & i \\ -i & 0 \end{pmatrix} \begin{pmatrix} 0 & i \\ -i & 0 \end{pmatrix} = \begin{pmatrix} 1 & 0 \\ 0 & 1 \end{pmatrix} = \mathbb{1}. \tag{7.8.27}$$

Damit ist also

$$|A| = \mathbb{1}, \tag{7.8.28}$$

da $\mathbb{1}$ wegen $\mathbb{1} = \mathbb{1}^*\mathbb{1}$ sicherlich eine positive Matrix ist und $\mathbb{1}^2 = A^*A$ gilt. Nach der Eindeutigkeit von $|A|$ folgt so (7.8.28). Dies erlaubt es nun A_+ und A_- auf einfache Weise zu berechnen: Mit (7.8.23) erhalten wir

$$A_\pm = \frac{1}{2}(|A| \pm A) = \frac{1}{2}\left(\mathbb{1} \pm \begin{pmatrix} 0 & i \\ -i & 0 \end{pmatrix} \right) = \begin{pmatrix} \frac{1}{2} & \pm\frac{i}{2} \\ \mp\frac{i}{2} & \frac{1}{2} \end{pmatrix}. \tag{7.8.29}$$

Zur Kontrolle rechnen wir nach, dass

$$A_+ - A_- = \begin{pmatrix} \frac{1}{2} & \frac{i}{2} \\ -\frac{i}{2} & \frac{1}{2} \end{pmatrix} - \begin{pmatrix} \frac{1}{2} & -\frac{i}{2} \\ \frac{i}{2} & \frac{1}{2} \end{pmatrix} = \begin{pmatrix} 0 & i \\ -i & 0 \end{pmatrix}. \tag{7.8.30}$$

Weiter gilt für $v \in \mathbb{C}^2$

$$\begin{aligned}
\langle v, A_\pm v \rangle &= \left\langle \begin{pmatrix} v_1 \\ v_2 \end{pmatrix}, \begin{pmatrix} \frac{1}{2} & \pm\frac{i}{2} \\ \mp\frac{i}{2} & \frac{1}{2} \end{pmatrix} \begin{pmatrix} v_1 \\ v_2 \end{pmatrix} \right\rangle \\
&= \left\langle \begin{pmatrix} v_1 \\ v_2 \end{pmatrix}, \begin{pmatrix} \frac{v_1}{2} \pm \frac{iv_2}{2} \\ \mp\frac{iv_1}{2} + \frac{v_2}{2} \end{pmatrix} \right\rangle \\
&= \frac{1}{2}\overline{v_1}(v_1 \pm iv_2) + \frac{1}{2}\overline{v_2}(\mp iv_1 + v_2) \\
&= \frac{1}{2}|v_1|^2 \pm \frac{i}{2}\overline{v_1}v_2 \mp \frac{i}{2}\overline{v_2}v_1 + \frac{1}{2}|v_2|^2 \\
&\geq \frac{1}{2}\left(|v_1|^2 + |v_2|^2 - 2|v_1 v_2| \right) \\
&= \frac{1}{2}\left(|v_1| - |v_2| \right)^2. \tag{7.8.31}
\end{aligned}$$

Damit sehen wir also die Positivität von $A_\pm$ explizit.

Wir können die Definition von $|A|$ auf beliebige lineare Abbildungen aus-
dehnen. Dazu betrachten wir folgende Vorüberlegung:

Lemma 7.118. *Seien V und W endlich-dimensionale euklidische oder unitäre Vektorräume, und sei $A \in \mathrm{Hom}(V, W)$. Dann sind die Abbildungen
$A^*A \in \mathrm{End}(V)$ und $AA^* \in \mathrm{End}(W)$ positiv.*

Beweis. Man beachte, dass wir nicht direkt das Kriterium aus Satz 7.105,
iv.), anwenden können, da $A: V \longrightarrow W$ kein Endomorphismus von V ist.
Mit Satz 7.105, *i.)*, gelingt der Nachweis jedoch mühelos: Offenbar ist sowohl
A^*A als auch AA^* nach den Rechenregeln für die Adjunktion selbstadjungiert.
Weiter gilt für $v \in V$

$$\langle v, A^*Av \rangle_V = \langle Av, Av \rangle_W \geq 0$$

sowie

$$\langle w, AA^*w \rangle_W = \langle A^*w, vA^*w \rangle_V \geq 0$$

für $w \in W$. $\square$

Definition 7.119 (Absolutbetrag). Seien V und W endlich-dimensionale
euklidische oder unitäre Vektorräume, und sei $A \in \mathrm{Hom}(V, W)$. Dann heißt

$$|A| = \sqrt{A^*A} \in \mathrm{End}(V) \tag{7.8.32}$$

der Absolutbetrag von A.

Man beachte, dass A eine Abbildung von V nach W ist, während $|A|$ ein
Endomorphismus von V ist. Alternativ hätten wir den Absolutbetrag auch
als $\sqrt{AA^*}$ und damit als Endomorphismus von W definieren können. Damit
werden jedoch lediglich die Rollen von A und A^* vertauscht, sodass wir uns
hier getrost für eine Variante entscheiden können. Man beachte aber, dass im
Allgemeinen

$$|A| \neq |A^*|. \tag{7.8.33}$$

Ist $V \neq W$, so gilt ja $|A| \in \mathrm{End}(V)$, während $|A^*| \in \mathrm{End}(W)$. Aber selbst
wenn $V = W$ gilt, stimmen $|A|$ und $|A^*|$ im Allgemeinen nicht überein:

Lemma 7.120. *Sei V ein endlich-dimensionaler euklidischer oder unitärer
Vektorraum und $A \in \mathrm{End}(V)$. Dann sind äquivalent:*

i.) Der Endomorphismus A ist normal.

ii.) Es gilt $|A| = |A^*|$.

Beweis. Sei A normal, also $AA^* = A^*A$. Damit gilt natürlich $|A| = \sqrt{A^*A} =
\sqrt{AA^*} = |A^*|$. Ist umgekehrt $|A| = |A^*|$, so gilt auch $A^*A = |A|^2 = |A^*|^2 =
AA^*$. $\square$

Proposition 7.121. *Seien V und W endlich-dimensionale euklidische oder unitäre Vektorräume und $A \in \mathrm{Hom}(V, W)$. Dann gilt*

$$\| |A| v \| = \| Av \| \tag{7.8.34}$$

für alle $v \in V$ und somit insbesondere

$$\ker |A| = \ker A. \tag{7.8.35}$$

Beweis. Die zweite Behauptung (7.8.35) folgt sofort aus der ersten (7.8.34). Um erstere zu zeigen, sei also $v \in V$. Dann gilt

$$\| Av \|^2 = \langle Av, Av \rangle = \langle v, A^* A v \rangle = \langle v, |A|^2 v \rangle = \langle |A| v, |A| v \rangle = \| |A| v \|^2.$$

Man beachte jedoch, dass $Av \in W$, während $|A| v \in V$. $\qquad\square$

Kontrollfragen. Welche äquivalenten Formulierungen von Positivität kennen Sie (mindestens 4)? Was ist eine Dichtematrix? Wie können Sie $|A|$ für eine komplexe Matrix A definieren? Was ist der Positivteil einer selbstadjungierten Matrix?

7.9 Die Polarzerlegung und ihre Varianten

In diesem Abschnitt wollen wir uns dem Problem zuwenden, einer linearen Abbildung $A\colon V \longrightarrow W$ eine besonders einfache Form zu geben. Im Allgemeinen ist nicht klar, was man damit meinen könnte, außer man fordert die Smith-Normalform. Im Falle euklidischer oder unitärer Vektorräume können wir aber etwas mehr erreichen. Wir werden die Existenz von Adjungierten benötigen, weshalb die folgenden Aussagen für uns nur für endlich-dimensionale Vektorräume beweisbar sind. Sie besitzen aber alle nichttriviale Verallgemeinerungen für Hilbert-Räume beliebiger Dimension.

Wir beginnen mit folgender allgemeinen Überlegung zu Kern und Bild des adjungierten Homomorphismus:

Proposition 7.122. *Seien V und W endlich-dimensionale euklidischen oder unitäre Vektorräume und $A \in \mathrm{Hom}(V, W)$. Dann gilt*

$$(\ker A)^\perp = \mathrm{im}(A^*) \quad und \quad (\mathrm{im}\, A)^\perp = \ker(A^*). \tag{7.9.1}$$

Beweis. Sei $v = A^* w \in \mathrm{im}(A^*)$, dann gilt also für alle $u \in \ker A$

$$\langle v, u \rangle_V = \langle A^* w, u \rangle_V = \langle w, Au \rangle_W = 0,$$

womit $\mathrm{im}(A^*) \subseteq (\ker A)^\perp$ gezeigt ist. Nach Proposition 7.31, *iv.)*, folgt damit auch

$$\ker A \subseteq (\mathrm{im}\, A^*)^\perp. \tag{7.9.2}$$

Sei nun $v \in (\mathrm{im}\, A^*)^\perp$, womit also für alle $w \in W$

$$0 = \langle v, A^* w \rangle_V = \langle Av, w \rangle_W.$$

Da $\langle \cdot, \cdot \rangle_W$ nicht-ausgeartet ist, folgt $Av = 0$ und daher $v \in \ker A$. Dies zeigt

$$(\mathrm{im}\, A^*)^\perp \subseteq \ker A,$$

sodass also in (7.9.2) Gleichheit gilt. Wir haben $\mathrm{im}(A^*)^\perp = \ker A$ gezeigt. Ein Vertauschen von A und A^* liefert dann die zweite Gleichung in (7.9.1). Die erste erhält man aus Korollar 7.37

$$(\ker A)^\perp = (\mathrm{im}\, A^*)^{\perp\perp} = \mathrm{im}\, A^*,$$

da wir annehmen, V sei endlich-dimensional. $\square$

Korollar 7.123. *Seien V und W endlich-dimensionale euklidische oder unitäre Vektorräume, und sei $A \in \mathrm{Hom}(V, W)$. Dann gilt*

$$\ker A \oplus \mathrm{im}\, A^* = V \quad und \quad \mathrm{im}\, A \oplus \ker A^* = W \qquad (7.9.3)$$

als orthogonale Summen.

Beweis. Dies folgt aus Proposition 7.122 zusammen mit Korollar 7.37. $\square$

Sind V und W endlich-dimensionale euklidische oder unitäre Vektorräume, so gibt es genau dann eine orthogonale beziehungsweise unitäre Abbildung von V nach W, wenn die Dimensionen von V und W übereinstimmen. Wir wollen nun einen etwas weniger strikten Begriff verwenden, den der partiellen Isometrie.

Definition 7.124 (Partielle Isometrie). Seien V und W endlich-dimensionale euklidische oder unitäre Vektorräume. Eine Abbildung $U \colon V \longrightarrow W$ heißt partielle Isometrie, falls

$$U\big|_{(\ker U)^\perp} \colon (\ker U)^\perp \longrightarrow \mathrm{im}\, U \qquad (7.9.4)$$

ein isometrischer Isomorphismus ist.

Eine partielle Isometrie ist also im Allgemeinen weder injektiv noch surjektiv.
    Wir können nun partielle Isometrien auf folgende Weise mit orthogonalen Projektoren in Beziehung bringen:

Proposition 7.125. *Seien V und W endlich-dimensionale euklidische oder unitäre Vektorräume, und sei $U \in \mathrm{Hom}(V, W)$. Dann sind äquivalent:*

i.) Die Abbildung U ist eine partielle Isometrie.

ii.) Die Abbildung $P = U^* U$ ist ein orthogonaler Projektor.

iii.) Die Abbildung U^* ist eine partielle Isometrie.

In diesem Fall gilt

$$U^*U = P_{\operatorname{im} U^*} = P_{(\ker U)^\perp} \tag{7.9.5}$$

und

$$UU^* = P_{\operatorname{im} U} = P_{(\ker U^*)^\perp}. \tag{7.9.6}$$

Beweis. Wir zeigen zunächst die Äquivalenz von *i.)* und *ii.)*. Dazu verwenden wir die orthogonale Zerlegung von V in

$$V = \ker U \oplus (\ker U)^\perp, \tag{7.9.7}$$

wobei wir schon $(\ker U)^\perp = \operatorname{im} U^*$ wissen. Sei zunächst U eine partielle Isometrie und $v, u \in V$. Dann gilt für die Parallel- und Orthogonalkomponente von v bezüglich (7.9.7) zunächst $Uv_\| = 0$ sowie

$$\langle v_\perp, u_\perp \rangle_V = \langle Uv_\perp, Uu_\perp \rangle_W = \langle v_\perp, U^*Uu_\perp \rangle_V.$$

Da $\langle \,\cdot\,, \cdot\, \rangle_V$ positiv definit ist, ist $\langle \,\cdot\,, \cdot\, \rangle\big|_{\ker U^\perp \times \ker U^\perp}$ immer noch nicht-ausgeartet. Daher folgt

$$u_\perp = U^*Uu_\perp$$

für alle $u \in V$. Insgesamt liefert dies für $v = v_\| + v_\perp \in V$

$$U^*Uv = v_\perp = P_{(\ker U)^\perp}v,$$

was $U^*U = P_{(\ker U)^\perp}$ zeigt. Damit folgt (7.9.5) und somit *i.)* $\implies$ *ii.)*. Sei umgekehrt $P = U^*U$ ein orthogonaler Projektor. Dann gilt $\operatorname{im} P \subseteq \operatorname{im} U^* = (\ker U)^\perp$ sowie $\ker P \supseteq \ker U$. Sei also $v \in \ker P$, dann gilt

$$0 = \langle v, U^*Uv \rangle_V = \langle Uv, Uv \rangle_W = \|Uv\|^2_W$$

und somit $Uv = 0$. Dies zeigt $\ker P \subseteq \ker U$ und damit $\ker P = \ker U$. Aus (7.9.7) und der orthogonalen Zerlegung

$$V = \ker P \oplus \operatorname{im} P = \ker U \oplus \operatorname{im} P$$

gemäß Proposition 7.79 folgt nun direkt $\operatorname{im} P = (\ker U)^\perp$. Damit ist also auch unter der Voraussetzung *ii.)* die Gleichung (7.9.5) richtig. Seien also nun wieder $v, u \in V$ gegeben, dann gilt

$$\langle Uv_\perp, Uu_\perp \rangle_W = \langle v_\perp, U^*Uu_\perp \rangle_V = \langle v_\perp, P_{(\ker U)^\perp}u_\perp \rangle_V = \langle v_\perp, u_\perp \rangle_V,$$

womit U auf $(\ker U)^\perp$ isometrisch ist. Damit ist U aber ein isometrischer Isomorphismus von $(\ker U)^\perp$ nach $\operatorname{im} U$, was *ii.)* $\implies$ *i.)* zeigt. Es gelte nun *i.)* und damit auch *ii.)*. Dann gilt

$$U^*UU^* = P_{\operatorname{im} U^*}U^* = U^*,$$

da $P_{\operatorname{im} U^*}$ ja auf $(\ker U)^\perp = \operatorname{im} U^*$ projiziert. Daher folgt

$$UU^*UU^* = UU^*,$$

womit $Q = UU^*$ ebenfalls ein orthogonaler Projektor ist. Also ist U^* eine partielle Isometrie. Durch Vertauschen der Rollen von U und U^* erhält man dann so auch die verbleibende Implikation *iii.)* $\implies$ *ii.)*. Die Gleichung (7.9.6) gilt dann aus Symmetriegründen. $\qquad\square$

Wir können nun die Polarzerlegung eines Endomorphismus betrachten. Letztlich werden folgende einfache Ideen auf höhere Dimensionen verallgemeinert: Ist $\lambda \in \mathbb{R}$ eine reelle Zahl, so gilt

$$\lambda = \operatorname{sign}(\lambda)|\lambda|, \tag{7.9.8}$$

und für $\lambda \neq 0$ ist $\operatorname{sign}(\lambda) \in \{\pm 1\} = \mathrm{O}(1)$ und $|\lambda| > 0$. Analog kann man eine komplexe Zahl $z \in \mathbb{C} \setminus \{0\}$ als

$$z = \frac{z}{|z|} \cdot |z| \tag{7.9.9}$$

schreiben, wobei wieder $|z| > 0$ und die Phase $\frac{z}{|z|} \in \mathbb{S}^1$ als unitäre 1×1-Matrix interpretiert werden kann. Es gilt ja

$$\mathbb{S}^1 = \mathrm{U}(1) = \big\{z \in \mathbb{C} \mid |z| = 1\big\}, \tag{7.9.10}$$

denn die Unitaritätsbedingung wird in $n = 1$ Dimensionen gerade zu $\overline{z}z = 1$. Dies legt nun nahe, auch für beliebige Matrizen $A \in \mathrm{M}_n(\mathbb{K})$ eine Faktorisierung in eine orthogonale beziehungsweise unitäre „Phase" und einen positiven „Betrag" zu suchen. Bereits für reelle oder komplexe Zahlen ist der Fall $\lambda = 0$ oder $z = 0$ problematisch und erfordert eine Fallunterscheidung: Die Phase ist letztlich unbestimmt. Dies wird bei nichtinvertierbaren Matrizen ebenfalls zu Schwierigkeiten führen.

Wir beginnen nun mit folgender ersten Variante der Polarzerlegung:

Satz 7.126 (Polarzerlegung I). *Sei V ein endlich-dimensionaler euklidischer oder unitärer Vektorraum, und sei $A \in \operatorname{End}(V)$ invertierbar. Dann gibt es eine eindeutig bestimmte Isometrie $U \in \operatorname{End}(V)$ mit*

$$A = U|A|. \tag{7.9.11}$$

Beweis. Mit A ist auch A^* invertierbar, da $(A^*)^{-1} = (A^{-1})^*$. Somit ist A^*A invertierbar und besitzt daher eine invertierbare Wurzel $|A| = \sqrt{A^*A}$. Dies folgt aus der Spektralzerlegung von A^*A. Damit ist $U \in \operatorname{End}(V)$ mit (7.9.11) eindeutig als

$$U = A|A|^{-1} \tag{7.9.12}$$

bestimmt. Dieses U ist auch isometrisch, denn

$$U^*U = \big(A|A|^{-1}\big)^*A|A|^{-1} = \big(|A|^{-1}\big)^*A^*A|A|^{-1} = |A|^{-1}|A|^2|A|^{-1} = \mathbb{1}.$$

In endlichen Dimensionen ist ein isometrischer Endomorphismus zudem eine Bijektion. Dies ist auch direkt zu sehen, da U ein Produkt (7.9.12) von zwei invertierbaren Endomorphismen ist. $\qquad\square$

Der Nachteil dieser Variante ist, dass die Voraussetzung, einen invertierbaren Endomorphismus zu haben, für verschiedene Anwendungen deutlich zu restriktiv ist. Wir kommen daher zu folgender zweiten Variante der Polarzerlegung. Hier ist die Voraussetzung eine andere:

Satz 7.127 (Polarzerlegung II). *Sei V ein endlich-dimensionaler euklidischer oder unitärer Vektorraum, und sei $A \in \mathrm{End}(V)$ ein normaler Endomorphismus. Dann gibt es eine Isometrie $U \in \mathrm{End}(V)$ mit*

$$A = U|A|, \tag{7.9.13}$$

sodass A, U und $|A|$ paarweise vertauschen.

Beweis. Seien $\lambda_1, \ldots, \lambda_k \in \mathbb{C}$ die paarweise verschiedenen Eigenwerte von A mit zugehörigen Spektralprojektoren $P_1, \ldots, P_k$. Ist A invertierbar, so sind alle λ_i von null verschieden. Ist A nicht invertierbar, so ist ein Eigenwert null, und der zugehörige Projektor ist der Orthogonalprojektor auf $\ker A$. Wir definieren U nun durch

$$U = \sum_{i=1}^{k} \frac{\lambda_i}{|\lambda_i|} P_i = \sum_{i=1}^{k} z_i P_i$$

mit $z_i = \frac{\lambda_i}{|\lambda_i|}$, falls A invertierbar ist, und

$$U = \sum_{i=2}^{k} \frac{\lambda_i}{|\lambda_i|} P_i + P_1 = \sum_{i=1}^{k} z_i P_i,$$

falls A nicht invertierbar ist, und $\lambda_1 = 0$, was wir durch Umsortieren ja problemlos erreichen können. In letzterem Fall setzen wir $z_1 = 1$. In beiden Fällen gilt

$$U^*U = \bigg(\sum_{i=1}^{k} \overline{z_i} P_i^*\bigg)\bigg(\sum_{j=1}^{k} z_j P_j\bigg)$$

$$= \sum_{i,j=1}^{k} \overline{z_i} z_j P_i P_j$$

$$= \sum_{i=1}^{k} |z_i|^2 P_i$$

$$= \sum_{i=1}^{k} P_i$$
$$= \mathbb{1},$$

da die $P_1, \ldots, P_k$ eine orthogonale Zerlegung der Eins bilden und die Vorfaktoren in beiden Fällen den Betrag 1 haben. Also ist U isometrisch und daher insbesondere ein isometrischer Isomorphismus. Schließlich gilt

$$U|A| = \left(\sum_{i=1}^{k} z_i P_i \right) \left(\sum_{j=1}^{k} |\lambda_j| P_j \right) = \sum_{i,j=1}^{k} z_i |\lambda_i| P_i P_j = \sum_{i=1}^{k} z_i |\lambda_i| P_i.$$

Ist A invertierbar, so gilt $z_i |\lambda_i| = \lambda_i$ für alle $i = 1, \ldots, k$ nach Konstruktion. Ist A nicht invertierbar, so gilt speziell für $i = 1$

$$z_1 |\lambda_1| = 1 \cdot 0 = 0 = \lambda_1,$$

womit auch hier $z_1 |\lambda_1| = \lambda_1$ verwendet werden kann. Also folgt $U|A| = A$ in beiden Fällen. Da sowohl U als auch $|A|$ in diesem Fall durch den polynomialen Kalkül aus A gewonnen werden, vertauschen alle drei Abbildungen untereinander. Der reelle Fall erfordert eine kleine Zusatzüberlegung. □

Bemerkung 7.128. Sei $A \in \mathrm{End}(V)$ normal. Dann ist $U \in \mathrm{End}(V)$ gemäß Satz 7.127 nicht eindeutig: Für $A = 0$ etwa können wir *jede* isometrische Abbildung verwenden. Die Phase ist also nicht eindeutig bestimmt. Ist A dagegen normal *und* invertierbar, so stimmen die beiden Isometrien aus Satz 7.126 und Satz 7.127 überein.

Die dritte Variante macht nun keinerlei Voraussetzungen mehr über A. Hier können wir sogar eine Abbildung zwischen verschiedenen euklidischen oder unitären Vektorräumen betrachten. Um auch in diesem Fall eine Eindeutigkeit der Phase zu erreichen, müssen wir partielle Isometrien anstelle von Isometrien als Phase zulassen.

Satz 7.129 (Polarzerlegung III). *Seien V und W endlich-dimensionale euklidische oder unitäre Vektorräume, und sei $A \in \mathrm{Hom}(V, W)$. Dann gibt es eine eindeutige partielle Isometrie $U \in \mathrm{Hom}(V, W)$ mit*

$$A = U|A| \quad und \quad \ker U = \ker A. \qquad (7.9.14)$$

Beweis. Hier ist $|A| = \sqrt{A^* A} \in \mathrm{End}(V)$ wieder der Betrag von A als positiver Endomorphismus im Sinne von Definition 7.119 festgelegt. Wir wissen nach Proposition 7.121, dass $Av = 0$ genau dann gilt, wenn $|A|v = 0$. Wir betrachten nun das Bild $\mathrm{im}|A| \subseteq V$ und die zugehörige orthogonale Zerlegung $V = \mathrm{im}|A| \oplus (\mathrm{im}|A|)^\perp$. Wir setzen $U \big|_{(\mathrm{im}|A|)^\perp} = 0$. Da $(\mathrm{im}|A|)^\perp = \ker|A|^* = \ker|A|$ nach Proposition 7.122 und $|A|^* = |A|$, haben wir $\ker U = \ker|A| = \ker A$. Es bleibt also, U isometrisch auf $\mathrm{im}|A|$ zu definieren. Sei $v \in \mathrm{im}|A|$, dann gibt es also ein $u \in V$ mit $v = |A|u$. Ist $u' \in V$ ein zweiter solcher Vektor mit $v = |A|u'$, so gilt $u - u' \in \ker|A| = \ker A$. Dies erlaubt es nun, $U\big|_{\mathrm{im}|A|}: \mathrm{im}|A| \longrightarrow W$ durch

$$Uv = U|A|u = Au$$

zu definieren. Man beachte, dass Uv *nicht* von der Wahl von u mit $v = Au$ abhängt, ansonsten wäre U ja nicht wohldefiniert. Wir behaupten, dass $U\big|_{\mathrm{im}|A|}$ isometrisch ist. Dies ist eine einfache Rechnung, da

$$\|Uv\| = \|U|A|u\| = \|Au\| = \||A|u\| = \|v\|$$

nach Proposition 7.121. Insgesamt ist U daher eine partielle Isometrie mit $\ker U = \ker A$. Es bleibt, die Zerlegung (7.9.14) zu zeigen. Sei also $v \in V$ beliebig, dann ist $|A|v \in \mathrm{im}|A|$ und daher

$$U|A|v = Av,$$

wie gewünscht. Dies zeigt die Existenz. Ist nun $U' \in \mathrm{Hom}(V, W)$ eine weitere partielle Isometrie mit (7.9.14), so gilt für $v \in V$ mit $v = v_\parallel + v_\perp$ bezüglich der Zerlegung $V = \mathrm{im}|A| \oplus (\mathrm{im}|A|)^\perp$ wegen $\ker U' = \ker A = (\mathrm{im}|A|)^\perp$

$$U'v = U'(v_\parallel + v_\perp) = U'v_\parallel = U'|A|u = Au = Uv,$$

wenn $u \in V$ ein Vektor mit $v_\parallel = |A|u$ ist. Damit gilt also $U' = U$. $\square$

Die verschiedenen Polarzerlegungen besitzen vielfältige Anwendungen und Verallgemeinerungen: Ohne auf die Details einzugehen, sei gesagt, dass es unendlich-dimensionale Varianten für Hilbert-Räume gibt, sowie gänzlich abstrakte Versionen für C^*-Algebren. Weiterführende Literatur hierzu findet man beispielsweise unter [21, Chap. 12] oder [23, Abschnitt VI.3].

In der dritten Version können wir nicht sinnvoll sagen, dass A, $|A|$, und U miteinander vertauschen, da es sich ja um Abbildungen zwischen verschiedenen Vektorräumen handelt. Es gibt aber eine analoge Aussage zur Kommutativität. Dazu betrachten wir zunächst folgendes Lemma:

Lemma 7.130. *Seien V und W endlich-dimensionale euklidische oder unitäre Vektorräume, und sei $A \in \mathrm{Hom}(V, W)$. Sind $B \in \mathrm{End}(W)$ und $C \in \mathrm{End}(V)$ beide selbstadjungiert mit $BA = AC$, so gilt*

$$BAA^* = AA^*B \quad und \quad CA^*A = A^*AC. \tag{7.9.15}$$

Beweis. Dies rechnet man mittels

$$BAA^* = ACA^* = A(AC^*)^* = A(AC)^* = A(BA)^* = AA^*B^* = AA^*B$$

und

$$CA^*A = (AC^*)^*A = (AC)^*A = (BA)^*A = A^*B^*A = A^*BA = A^*AC$$

einfach nach.   □

Proposition 7.131. *Seien V und W endlich-dimensionale euklidische oder unitäre Vektorräume, und sei $A \in \mathrm{Hom}(V, W)$. Sind $B \in \mathrm{End}(W)$ und $C \in \mathrm{End}(V)$ beide selbstadjungiert mit $BA = AC$, so gilt für die eindeutige Polarzerlegung $A = U|A|$ gemäß Satz 7.129*

$$BU = UC \quad und \quad C|A| = |A|C. \tag{7.9.16}$$

Beweis. Die zweite Gleichung $C|A| = |A|C$ folgt sofort aus dem Spektralsatz und (7.9.15), da die Spektralprojektoren von A^*A und $|A| = \sqrt{A^*A}$ dieselben und somit Polynome in A^*A sind. Daher ist auch $|A|$ ein Polynom in A^*A und vertauscht folglich mit C. Sei nun $v \in \ker|A|$, dann gilt $|A|Cv = C|A|v = 0$. Also folgt

$$C \ker|A| \subseteq \ker|A|.$$

Nun betrachten wir die orthogonale Zerlegung $V = \mathrm{im}|A| \oplus \ker|A|$, wobei $\ker U = \ker|A| = \ker A$. Sei $v = v_\| + v_\perp$ mit $v_\| = |A|u \in \mathrm{im}|A|$ für ein geeignetes $u \in V$ und $v_\perp \in \ker|A|$. Dann gilt

$$BUv = BUv_\| = BU|A|u = BAu = ACu = U|A|Cu$$
$$= UC|A|u = UCv_\| = U(Cv_\| + Cv_\perp) = UCv$$

für alle $v \in V$, womit auch die erste Gleichung gezeigt ist.   □

Korollar 7.132. *Sei V ein endlich-dimensionaler euklidischer oder unitärer Vektorraum, und sei $A \in \mathrm{End}(V)$. Sei weiter $A = U|A|$ die eindeutige Polarzerlegung gemäß Satz 7.129.*

i.) Ist $B = B^* \in \mathrm{End}(V)$ mit $[B, A] = 0$, so gilt auch

$$[B, U] = 0 = [B, |A|]. \tag{7.9.17}$$

ii.) Ist $B \in \mathrm{End}(V)$ mit $[B, A] = 0 = [B, A^*]$, so gilt auch

$$[B, U] = 0 = [B, |A|]. \tag{7.9.18}$$

Beweis. Im ersten Fall können wir Proposition 7.131 auf $B = C$ anwenden und erhalten direkt (7.9.17). Im zweiten Fall folgt zunächst für B^* ebenfalls

$$[B^*, A] = B^*A - AB^* = (A^*B)^* - (BA^*)^* = [A^*, B]^* = 0$$

und genauso $[B^*, A^*] = 0$. Damit vertauscht B^* also auch mit A und A^*. Im komplexen Fall schreiben wir $B = \mathrm{Re}(B) + \mathrm{i}\,\mathrm{Im}(B)$ und wissen dann

$$[\mathrm{Re}(B), A] = 0 = [\mathrm{Im}(B), A]$$

für die selbstadjungierten Abbildungen $\mathrm{Re}(B)$ und $\mathrm{Im}(B)$. Auf diese wenden wir den ersten Teil an und erhalten $[\mathrm{Re}(B), U] = 0 = [\mathrm{Im}(B), U]$ sowie $[\mathrm{Re}(B), |A|] = 0 = [\mathrm{Im}(B), |A|]$. Erneutes Bilden der Linearkombination $B = \mathrm{Re}(B) + \mathrm{i}\,\mathrm{Im}(B)$ liefert dann (7.9.18). Im reellen Fall können wir nicht jeden Endomorphismus als Linearkombination von selbstadjungierten Endomorphismen schreiben. Aber nach Einführen einer Orthonormalbasis kann man sich auf reelle Matrizen beschränken. Diese können wir dann als komplexe Matrizen auffassen, für welche wir die vorherige Argumentation benutzen dürfen. Alternativ macht man sich im reellen Fall zunächst klar, dass Lemma 7.130 und damit auch Proposition 7.131 nach wie vor gültig bleiben, wenn man anstelle von selbstadjungierten B und C antisymmetrische $B^{\mathrm{T}} = -B$ und $C^{\mathrm{T}} = -C$ verwendet, siehe auch Übung 7.37. $\square$

Die Daten der Polarzerlegung aus Satz 7.129 vertauschen zwar im Allgemeinen nicht untereinander, aber sie vertauschen mit allem, was mit A vertauscht. Dieser Aspekt der Polarzerlegung wird vor allem in unendlichen Dimensionen sehr wichtig, wo er zum nichttrivialen Resultat führt, dass die Daten der Polarzerlegung immer in der kleinsten von-Neumann-Algebra enthalten sind, die A (und damit auch A^*) enthält.

Wir reformulieren die Resultate zur Polarzerlegung nun für Matrizen: Hier erhalten wir folgende Formulierungen:

Korollar 7.133. *Sei $A \in \mathrm{GL}_n(\mathbb{K})$. Dann gibt es eine eindeutig bestimmte orthogonale beziehungsweise unitäre Matrix $U \in \mathrm{O}(n)$ beziehungsweise $U \in \mathrm{U}(n)$ mit*

$$A = U|A|. \tag{7.9.19}$$

Korollar 7.134. *Sei $A \in \mathrm{M}_n(\mathbb{K})$ normal. Dann gibt es orthogonale beziehungsweise unitäre Matrizen $U \in \mathrm{O}(n)$ beziehungsweise $U \in \mathrm{U}(n)$, sodass*

$$A = U|A|, \tag{7.9.20}$$

und A, U und $|A|$ vertauschen paarweise.

Um die Matrixversion der dritten Variante zu erhalten, führen wir zunächst eine neue Bezeichnung ein. Da $|A|$ selbstadjungiert ist, können wir $|A|$ immer diagonalisieren. Da zudem $|A|$ positiv ist, sind alle Eigenwerte von $|A|$ größer oder gleich null. Wir können diese daher der Größe nach ordnen und gemäß ihrer Vielfachheit wiederholen: Die so erhaltenen Zahlen sind die singulären Werte von A:

Definition 7.135 (Singuläre Werte). Seien V und W endlich-dimensionale euklidische oder unitäre Vektorräume und $A \in \mathrm{Hom}(V, W)$. Dann bezeichnet man die der Größe nach absteigend geordneten und gemäß ihrer Vielfachheit wiederholten Eigenwerte von $|A|$ als singuläre Werte

$$s_0(A) \geq s_1(A) \geq s_2(A) \geq \ldots \geq s_{n-1}(A) \geq 0 \tag{7.9.21}$$

von A, wobei $n = \dim V$. Entsprechend definiert man die singulären Werte einer Matrix $A \in \mathrm{M}_{m \times n}(\mathbb{K})$.

Es ist durchaus üblich, für $k \geq \dim V$ die singulären Werte von A als $s_k(A) = 0$ zu definieren. Dies ist mit der absteigenden Ordnung (7.9.21) offenbar konsistent und erlaubt es, in der Bezeichnung auf die Spezifikation von $\dim V$ zu verzichten. Wir werden uns dieser Konvention gelegentlich anschließen. Weiter überlegt man sich, dass auch für $\dim W < \dim V$ die Singulärwerte $s_k(A)$ verschwinden, wenn $k \geq \dim W$: Die Abbildung $|A|$ kann höchstens Rang $\dim W$ besitzen, also höchstens $\dim W$-viele von Null verschiedene Eigenwerte (mit Multiplizität gezählt) haben.

Die Polarzerlegung können wir nun folgendermaßen reformulieren:

Satz 7.136 (Singulärwertzerlegung). *Seien V und W endlich-dimensionale euklidische oder unitäre Vektorräume und $A \in \mathrm{Hom}(V, W)$. Dann existieren Orthonormalbasen $\{e_k\}_{k=0,\dots,\dim V - 1}$ von V und $\{f_k\}_{k=0,\dots,\dim W - 1}$ von W, sodass*

$$A = \sum_{r=0}^{\infty} s_r(A) \Theta_{f_r, e_r}. \tag{7.9.22}$$

Beweis. Hier ist die Summe natürlich endlich und bricht spätestens bei $\min(\dim V, \dim W)$ ab, da dann $s_r(A) = 0$ für $r \geq \min(\dim V, \dim W)$ wie bereits argumentiert. In diesem Sinne sind die überzähligen Terme in der obige Reihe unproblematisch. Die Abbildungen $\Theta_{f_r, e_r} \colon V \longrightarrow W$ sind hierbei gemäß Beispiel 7.67, *iii.)*, definiert. Der Beweis ist nun einfach. Zunächst können wir $|A|$ diagonalisieren, da ja $|A| = |A|^*$ selbstadjungiert ist. Es gibt also die paarweise verschiedenen Eigenwerte $\lambda_1, \dots, \lambda_k \geq 0$ von $|A|$ sowie Spektralprojektoren $P_1, \dots, P_k \in \mathrm{End}(V)$ mit

$$|A| = \sum_{i=1}^{k} \lambda_i P_i.$$

Wir ordnen die Eigenwerte $\lambda_1 \geq \lambda_2 \geq \dots \geq \lambda_k \geq 0$ der Größe nach und wählen Orthonormalbasen von $\mathrm{im}\, P_1, \mathrm{im}\, P_2, \dots, \mathrm{im}\, P_k$. Zusammen resultiert dies in einer Orthonormalbasis $e_0, e_1, \dots, e_{\dim V - 1}$ von V, wobei die ersten $\dim \mathrm{im}\, P_1$ Vektoren Eigenvektoren zum Eigenwert λ_1 etc. sind. Schließlich setzen wir $s_0(A) = \dots = s_{\dim \mathrm{im}\, P_1 - 1}(A) = \lambda_1$ etc. und erhalten zunächst

$$P_i = \sum_j \Theta_{e_j, e_j}$$

mit einer Summe über diejenigen Indizes mit $e_j \in \mathrm{im}\, P_i$, siehe auch Proposition 7.81. Damit gilt also

$$\lambda_i P_i = \lambda_i \sum_j \Theta_{e_j, e_j} = \sum_{e_j \in \mathrm{im}\, P_i} s_j(A) \Theta_{e_j, e_j}$$

und entsprechend

$$|A| = \sum_{r=0}^{\infty} s_r(A)\Theta_{e_r, e_r}.$$

Dies ist letztlich nur die basisabhängige Form des Spektralsatzes für einen positiven Endomorphismus. Nun gibt es zwei Möglichkeiten: Entweder hat $|A|$ einen nichttrivialen Kern, dann ist also $\lambda_k = 0$ und P_k der Orthogonalprojektor auf $\ker|A| = \ker A = \ker U$ für die partielle Isometrie U aus der Polarzerlegung in Satz 7.129. Dieser Fall tritt notwendigerweise auf, wenn $\dim W < \dim V$. Oder aber es gilt $\ker A = \ker U = \{0\}$, in welchem Fall U injektiv ist. Im ersten Fall gilt $U e_j = 0$ für $e_j \in \ker U = \operatorname{im} P_k$ und $\langle U e_j, U e_{j'} \rangle = \delta_{jj'}$ für $e_j, e_{j'} \notin \ker U$, da U auf $(\ker U)^\perp$ isometrisch ist. Wir können daher $f_j = U e_j$ für diejenigen e_j mit $e_j \notin \ker U$ definieren und erhalten ein Orthonormalsystem von W. Dieses ergänzen wir beliebig zu einer Orthonormalbasis $\{f_r\}_{r=0,\ldots,\dim W-1}$. Im zweiten Fall bilden die Vektoren $f_j = U e_j$ für alle $j = 0,\ldots,\dim V - 1$ bereits ein Orthonormalsystem, da U auf ganz V isometrisch ist. Auch hier ergänzen wir diese zu einer Orthonormalbasis. Die letzte Beobachtung ist nun, dass für $B \in \operatorname{End}(W)$ und $w \in W$ sowie $v \in V$ ganz allgemein $B\Theta_{w,v} = \Theta_{Bw,v}$ gilt, siehe Übung 7.11, *iii.*). Insgesamt erhalten wir daher aus der Polarzerlegung (7.9.14)

$$A = U|A| = U \sum_{r=0}^{\infty} s_r(A)\Theta_{e_r, e_r} = \sum_{r=0}^{\infty} s_r(A)\Theta_{U e_r, e_r} = \sum_{r=0}^{\infty} s_r(A)\Theta_{f_r, e_r},$$

da im ersten Fall diejenigen f_r mit $s_r(A) = 0$ ohnehin nicht beitragen. $\qquad \square$

Bemerkung 7.137 (Singulärwertzerlegung). Die obige Darstellung gilt in unendlich-dimensionalen Hilbert-Räumen immer noch, sofern der Homomorphismus A ein *kompakter* Operator ist, siehe auch [23, Abschnitt VI.3]. Diese spezielleren Abbildungen verallgemeinern die endlich-dimensionale Situation also besonders einfach. In der numerischen Analysis spielt die Singulärwertzerlegung ebenfalls eine große Rolle.

Die zugehörige Version für Matrizen erhält man auf folgende Weise:

Korollar 7.138. *Seien $n, m \in \mathbb{N}$ und $A \in \mathrm{M}_{n \times m}(\mathbb{K})$ eine $n \times m$-Matrix. Dann gibt es orthogonale beziehungsweise unitäre Matrizen $O \in \mathrm{O}(n)$ und $U \in \mathrm{O}(m)$ beziehungsweise $O \in \mathrm{U}(n)$ und $U \in \mathrm{U}(m)$, sowie eindeutig bestimmte Zahlen $s_0(A) \geq s_1(A) \geq \ldots \geq 0$ mit*

$$OAU = \begin{pmatrix} s_0(A) & & 0 \\ & s_1(A) & \\ 0 & & \ddots \end{pmatrix}. \tag{7.9.23}$$

Beweis. Wir zeigen zuerst die Eindeutigkeit. Seien also orthogonale beziehungsweise unitäre Matrizen U und O sowie eine Diagonalmatrix $D =$

diag($s_0(A), s_1(A), \ldots$) mit (7.9.23) und der Größe nach sortierten Einträgen gegeben. Dann gilt also $A = O^{-1}DU^{-1}$ und somit

$$
\begin{aligned}
A^*A &= \left(O^{-1}DU^{-1}\right)^* O^{-1}DU^{-1} \\
&= \left(U^{-1}\right)^* D^* \left(O^{-1}\right)^* O^{-1}DU^{-1} \\
&= UD^*DU^{-1},
\end{aligned}
$$

da $O^* = O^{-1}$ und $U^* = U^{-1}$. Weiter ist

$$
D^*D = \begin{pmatrix}
|s_0(A)|^2 & & & & & & \\
& \ddots & & & & & \\
& & |s_{n-1}(A)|^2 & & & & \\
& & & 0 & & & \\
& & & & \ddots & & \\
& & & & & 0 &
\end{pmatrix} \in \mathrm{M}_m(\mathbb{K})
$$

diagonal. Damit sind die Zahlen $|s_0(A)|^2, \ldots, |s_{n-1}(A)|^2, 0, \ldots, 0$ aber die Eigenwerte von A^*A und haben somit eindeutige nichtnegative Wurzeln $s_0(A) \geq s_1(A) \geq \ldots$, die wir der Größe nach anordnen können. Dies zeigt die Eindeutigkeit. Für die Existenz versehen wir $\mathbb{K}^n$ und $\mathbb{K}^m$ mit dem Standard-skalarprodukt und interpretieren $A \colon \mathbb{K}^m \longrightarrow \mathbb{K}^n$ als lineare Abbildung. Nach Satz 7.136 gibt es also Orthonormalbasen $e_1, \ldots, e_m$ von $\mathbb{K}^m$ und $f_1, \ldots, f_n$ von $\mathbb{K}^n$, sodass A als (7.9.22) gegeben ist. Die Matrizen O und U sind dann die Basiswechsel der Standardbasen von $\mathbb{K}^n$ und $\mathbb{K}^m$ auf die obigen Basen. Da beide Basenpaare orthonormal sind, sind die Basiswechsel Isometrien, also orthogonal beziehungsweise unitär. $\qquad\square$

Zum Abschluss dieses Abschnitts betrachten wir ein Beispiel, für welches wir die Polarzerlegung und die Singulärwertzerlegung explizit bestimmen:

Beispiel 7.139. Wir betrachten die lineare Abbildung

$$
A = \begin{pmatrix} 3 & 2 & 1 \\ 1 & 2 & 3 \end{pmatrix} \colon \mathbb{R}^3 \longrightarrow \mathbb{R}^2. \tag{7.9.24}
$$

Es gilt

$$
A^* = \begin{pmatrix} 3 & 1 \\ 2 & 2 \\ 1 & 3 \end{pmatrix} \colon \mathbb{R}^2 \longrightarrow \mathbb{R}^3 \tag{7.9.25}
$$

und entsprechend

$$A^*A = \begin{pmatrix} 3 & 1 \\ 2 & 2 \\ 1 & 3 \end{pmatrix} \begin{pmatrix} 3 & 2 & 1 \\ 1 & 2 & 3 \end{pmatrix} = \begin{pmatrix} 10 & 8 & 6 \\ 8 & 8 & 8 \\ 6 & 8 & 10 \end{pmatrix}. \tag{7.9.26}$$

Das charakteristische Polynom von A^*A ist

$$\chi_{A^*A}(x) = \det \begin{pmatrix} 10-x & 8 & 6 \\ 8 & 8-x & 8 \\ 6 & 8 & 10-x \end{pmatrix} = -x^3 + 28x^2 - 96x. \tag{7.9.27}$$

Die Nullstellen von χ_{A^*A} sind $\lambda_2 = 0$ sowie

$$\lambda_{0/1} = 14 \pm \sqrt{100} = 14 \pm 10. \tag{7.9.28}$$

Damit erhalten wir also die singulären Werte von A als

$$\begin{aligned} s_0(A) &= \sqrt{24} = 2\sqrt{6}, \\ s_1(A) &= \sqrt{4} = 2, \\ s_2(A) &= 0. \end{aligned} \tag{7.9.29}$$

Wir benötigen nun die Eigenvektoren von A^*A zu den jeweiligen obigen Eigenwerten. Leicht zu finden ist der bereits normierte Eigenvektor

$$e_2 = \frac{1}{\sqrt{6}} \begin{pmatrix} 1 \\ -2 \\ 1 \end{pmatrix} \tag{7.9.30}$$

zum Eigenwert $\lambda_2 = 0$, also zum Kern von A^*A. Zum Eigenwert $\lambda_1 = 4$ findet man schnell

$$e_1 = \frac{1}{\sqrt{2}} \begin{pmatrix} 1 \\ 0 \\ -1 \end{pmatrix}. \tag{7.9.31}$$

Den verbleibenden Eigenvektor e_0 kann man entweder direkt durch Lösen der charakteristischen Gleichung $(A^*A - 24\mathbb{1})e_0 = 0$ finden, oder als Kreuzprodukt $e_0 = e_1 \times e_2$, da wir ja a priori schon wissen, dass die Eigenvektoren von A^*A paarweise senkrecht stehen müssen. Also setzen wir

$$e_0 = e_1 \times e_2 = \frac{1}{\sqrt{6}}\frac{1}{\sqrt{2}} \begin{pmatrix} 1 \\ -2 \\ 1 \end{pmatrix} \times \begin{pmatrix} 1 \\ 0 \\ -1 \end{pmatrix} = \frac{1}{2\sqrt{3}} \begin{pmatrix} 2 \\ 2 \\ 2 \end{pmatrix} = \frac{1}{\sqrt{3}} \begin{pmatrix} 1 \\ 1 \\ 1 \end{pmatrix}, \tag{7.9.32}$$

womit wir eine Orthonormalbasis von Eigenvektoren von A^*A gefunden haben. Wir berechnen nun

$$Ae_0 = \frac{1}{\sqrt{3}} \begin{pmatrix} 3 & 2 & 1 \\ 1 & 2 & 3 \end{pmatrix} \begin{pmatrix} 1 \\ 1 \\ 1 \end{pmatrix} = \frac{1}{\sqrt{3}} \begin{pmatrix} 6 \\ 6 \end{pmatrix} = 2\sqrt{6} \cdot \frac{1}{\sqrt{2}} \begin{pmatrix} 1 \\ 1 \end{pmatrix} \tag{7.9.33}$$

$$Ae_1 = \frac{1}{\sqrt{2}} \begin{pmatrix} 3 & 2 & 1 \\ 1 & 2 & 3 \end{pmatrix} \begin{pmatrix} 1 \\ 0 \\ -1 \end{pmatrix} = \frac{1}{\sqrt{2}} \begin{pmatrix} 2 \\ -2 \end{pmatrix} = 2 \cdot \frac{1}{\sqrt{2}} \begin{pmatrix} 1 \\ -1 \end{pmatrix} \tag{7.9.34}$$

$$Ae_2 = 0. \tag{7.9.35}$$

Wir setzen daher

$$f_0 = \frac{1}{\sqrt{2}} \begin{pmatrix} 1 \\ 1 \end{pmatrix} \quad \text{und} \quad f_1 = \frac{1}{\sqrt{2}} \begin{pmatrix} 1 \\ -1 \end{pmatrix} \tag{7.9.36}$$

und erhalten die Zerlegung

$$A = 2\sqrt{6}\Theta_{f_0,e_0} + 2\Theta_{f_1,e_1}, \tag{7.9.37}$$

womit die Singulärwertzerlegung also gefunden ist. Der Betrag von A ist nach dem Spektralsatz leicht aus der Spektraldarstellung von A^*A zu berechnen. Wir haben

$$A^*A = 24\Theta_{e_0,e_0} + 4\Theta_{e_1,e_1} + 0 \cdot \Theta_{e_2,e_2}, \tag{7.9.38}$$

wobei

$$\Theta_{e_0,e_0} = \frac{1}{3} \begin{pmatrix} 1 & 1 & 1 \\ 1 & 1 & 1 \\ 1 & 1 & 1 \end{pmatrix} \tag{7.9.39}$$

$$\Theta_{e_1,e_1} = \frac{1}{2} \begin{pmatrix} 1 & 0 & -1 \\ 0 & 0 & 0 \\ -1 & 0 & 1 \end{pmatrix} \tag{7.9.40}$$

$$\Theta_{e_2,e_2} = \frac{1}{6} \begin{pmatrix} 1 & -2 & 1 \\ -2 & 4 & -2 \\ 1 & -2 & 1 \end{pmatrix}. \tag{7.9.41}$$

Damit erhalten wir

$$|A| = \sqrt{A^*A} = 2\sqrt{6}\Theta_{e_0,e_0} + 2\Theta_{e_1,e_1}, \tag{7.9.42}$$

also ausgeschrieben

$$|A| = \begin{pmatrix} \frac{2\sqrt{6}}{3} + 1 & \frac{2\sqrt{6}}{3} & \frac{2\sqrt{6}}{3} - 1 \\ \frac{2\sqrt{6}}{3} & \frac{2\sqrt{6}}{3} & \frac{2\sqrt{6}}{3} \\ \frac{2\sqrt{6}}{3} - 1 & \frac{2\sqrt{6}}{3} & \frac{2\sqrt{6}}{3} + 1 \end{pmatrix}. \tag{7.9.43}$$

Die partielle Isometrie U in der Polarzerlegung von A ist schließlich durch

$$U\mathrm{e}_0 = \mathrm{f}_0, \quad U\mathrm{e}_1 = \mathrm{f}_1 \quad \text{und} \quad U\mathrm{e}_2 = 0 \tag{7.9.44}$$

festgelegt. Explizit erhält man daraus

$$U = \frac{1}{2\sqrt{3}} \begin{pmatrix} \sqrt{2} + \sqrt{3} & \sqrt{2} & \sqrt{2} - \sqrt{3} \\ \sqrt{2} - \sqrt{3} & \sqrt{2} & \sqrt{2} + \sqrt{3} \end{pmatrix}. \tag{7.9.45}$$

Kontrollfragen. Welche Eigenschaften haben partielle Isometrien? Welche Varianten der Polarzerlegung kennen Sie, wie eindeutig sind diese? Wie konstruieren Sie die Singulärwertzerlegung einer Matrix? Wieviele von null verschiedene Singulärwerte kann $A \in \mathrm{Hom}(V, W)$ maximal besitzen?

7.10 Die Operatornorm und die Approximationszahlen

In diesem abschließenden Abschnitt wollen wir ein letztes wichtiges Konzept in der Theorie der euklidischen und unitären Vektorräume einführen. Wir erhalten nicht nur eine Norm aus dem Skalarprodukt für die Vektoren, sondern auch für lineare Abbildungen zwischen euklidischen oder unitären Vektorräumen.

Seien nun also V und W euklidische oder unitäre Vektorräume und $A \in \mathrm{Hom}(V, W)$. Dann können wir für einen gegebenen Vektor $v \in V$ die Längen $\|v\|$ und $\|Av\|$ vergleichen: Ist beispielsweise A eine Isometrie, so folgt aus dem Erhalten aller Skalarprodukte sofort

$$\|Av\| = \|v\|. \tag{7.10.1}$$

Insbesondere wird die Länge also für alle Vektoren um den gleichen Wert skaliert, nämlich um 1. Im Allgemeinen gibt es nun Richtungen, in die stärker als in andere skaliert wird. Die Operatornorm soll nun ein Maß dafür geben, wie groß die Längenverzerrung schlimmstenfalls werden kann. Diese heuristischen Überlegungen führen dann zu folgender Definition:

Definition 7.140 (Operatornorm). Seien V und W euklidische oder unitäre Vektorräume und $A \in \mathrm{Hom}(V, W)$. Dann heißt

$$\|A\| = \sup_{v \in V \setminus \{0\}} \frac{\|Av\|}{\|v\|} \in [0, +\infty] \tag{7.10.2}$$

die Operatornorm von A. Eine lineare Abbildung $A \in \mathrm{Hom}(V, W)$ heißt beschränkt, falls

$$\|A\| < \infty. \tag{7.10.3}$$

Die Operatornorm für Matrizen A definiert man durch die Identifikation der Matrix mit einer linearen Abbildung $A \colon \mathbb{K}^n \longrightarrow \mathbb{K}^m$, wobei wir stillschweigend immer die Standardskalarprodukte zugrunde legen.

Beispiel 7.141. Wir betrachten erneut den Vektorraum der Polynome

$$V = \mathbb{R}[x] \tag{7.10.4}$$

mit dem Skalarprodukt, welches durch

$$\langle x^n, x^m \rangle = \delta_{nm} \tag{7.10.5}$$

eindeutig festgelegt ist. Mit anderen Worten, die Monome werden als orthonormal erklärt. Man sieht leicht, dass dieses Skalarprodukt wirklich positiv definit ist. Dann betrachten wir die Ableitung

$$\frac{\mathrm{d}}{\mathrm{d}x} \colon \mathbb{R}[x] \longrightarrow \mathbb{R}[x], \tag{7.10.6}$$

welche auf den Basisvektoren durch

$$\frac{\mathrm{d}}{\mathrm{d}x} x^n = n x^{n-1} \tag{7.10.7}$$

festgelegt ist und linear fortgesetzt wird. Nun gilt einerseits

$$\|x^n\| = 1 \quad \text{für alle} \quad n \in \mathbb{N}_0 \tag{7.10.8}$$

und andererseits

$$\left\| \frac{\mathrm{d}}{\mathrm{d}x} x^n \right\| = \|n x^{n-1}\| = n \|x^{n-1}\| = n. \tag{7.10.9}$$

Daher folgt also für die Ableitung

$$\left\| \frac{\mathrm{d}}{\mathrm{d}x} \right\| = \infty. \tag{7.10.10}$$

Als lineare Abbildung hat $\frac{\mathrm{d}}{\mathrm{d}x}$ in diesem Beispiel also eine unendliche Operatornorm und ist daher nicht beschränkt.

Der folgende Satz zeigt, dass die Operatornorm für Abbildungen zwischen endlich-dimensionalen euklidischen oder unitären Vektorräumen immer *endlich* ist. Der Grund für (7.10.10) liegt also in der Unendlich-Dimensionalität von $\mathbb{R}[x]$ verborgen.

Satz 7.142 (Operatornorm). *Seien V und W endlich-dimensionale euklidische oder unitäre Vektorräume. Sei weiter $A \in \mathrm{Hom}(V, W)$. Dann gilt*

$$\|A\| < \infty. \tag{7.10.11}$$

Insbesondere ist die Operatornorm von Matrizen $A \in \mathrm{M}_{n \times m}(\mathbb{K})$ immer endlich.

Beweis. Wir wählen eine Orthonormalbasis $\mathrm{e}_1, \ldots, \mathrm{e}_n$ von V und eine Orthonormalbasis $\mathrm{f}_1, \ldots, \mathrm{f}_m$ von W. Dann betrachten wir die Matrixdarstellung von A bezüglich dieser Basen. Es sei also

$$A_{ij} = \langle \mathrm{f}_i, A(\mathrm{e}_j) \rangle \in \mathbb{K} \tag{7.10.12}$$

für $i = 1, \ldots, m$ und $j = 1, \ldots, n$, siehe Lemma 7.58. Sei weiter $v \in V$ gegeben, sodass also

$$v = \sum_{j=1}^{m} \langle \mathrm{e}_j, v \rangle \mathrm{e}_j$$

gemäß Proposition 7.48. Wir schätzen nun $\|Av\|^2$ sehr grob durch

$$\begin{aligned}
\|Av\|^2 &= \langle Av, Av \rangle \\
&= \sum_{i=1}^{m} \langle Av, \mathrm{f}_i \rangle \langle \mathrm{f}_i, Av \rangle \\
&\leq \sum_{i=1}^{m} \sum_{j,k=1}^{n} |\langle \mathrm{e}_j, v \rangle| \, |\langle \mathrm{e}_k, v \rangle| \, |A_{ij}| \, |A_{ik}| \\
&\leq mn^2 \|v\|^2 \max_{i,j} |A_{ij}|^2
\end{aligned}$$

ab, womit

$$\sup_{v \in V \setminus \{0\}} \frac{\|Av\|}{\|v\|} \leq \sqrt{mn} \max_{i,j} |A_{ij}|$$

folgt. Insbesondere ist letztere Größe endlich, was (7.10.11) zeigt. $\square$

Die Abschätzung im Beweis ist noch recht grob, und wir werden genauere Abschätzungen für die Größe $\|A\|$ benötigen. Explizites Berechnen von $\|A\|$ ist typischerweise schwierig, die Definition ist durch das Bilden des Supremums ja eher umständlich. Trotzdem lassen sich folgende Eigenschaften leicht zeigen:

Proposition 7.143. *Seien V, W und U endlich-dimensionale euklidische oder unitäre Vektorräume.*

i.) Die Operatornorm ist eine Norm für $\mathrm{Hom}(V, W)$.

ii.) Für $v \in V$ und $A \in \mathrm{Hom}(V, W)$ gilt

$$\|Av\| \leq \|A\| \|v\|. \tag{7.10.13}$$

iii.) Für $A \in \mathrm{Hom}(V, W)$ *und* $B \in \mathrm{Hom}(W, U)$ *gilt*

$$\|BA\| \leq \|B\| \|A\|. \tag{7.10.14}$$

iv.) Es gilt

$$\|\mathrm{id}_V\| = 1. \tag{7.10.15}$$

v.) Es gilt die C*-Eigenschaft

$$\|A^* A\| = \|A\|^2. \tag{7.10.16}$$

vi.) Es gilt

$$\|A^*\| = \|A\|. \tag{7.10.17}$$

Beweis. Sei $A \in \mathrm{Hom}(V, W)$, dann ist $\|A\| \geq 0$, da das Supremum über nichtnegative Zahlen $\frac{\|Av\|}{\|v\|}$ selbst wieder nichtnegativ ist. Weiter gibt es für $A \neq 0$ ein $v \in V$ mit $Av \neq 0$. Daher ist $\frac{\|Av\|}{\|v\|} > 0$ für dieses v, womit $\|A\| > 0$ folgt. Sei nun $z \in \mathbb{K}$, dann gilt

$$\|zA\| = \sup_{v \in V \setminus \{0\}} \frac{\|zAv\|}{\|v\|} = \sup_{v \in V \setminus \{0\}} \frac{|z| \|Av\|}{\|v\|} = |z| \sup_{v \in V \setminus \{0\}} \frac{\|Av\|}{\|v\|} = |z| \|A\|.$$

Schließlich gilt für $A, A' \in \mathrm{Hom}(V, W)$

$$
\begin{aligned}
\|A + A'\| &= \sup_{v \in V \setminus \{0\}} \frac{\|(A + A')(v)\|}{\|v\|} \\
&= \sup_{v \in V \setminus \{0\}} \frac{\|Av + A'v\|}{\|v\|} \\
&\leq \sup_{v \in V \setminus \{0\}} \frac{\|Av\|}{\|v\|} + \frac{\|A'v\|}{\|v\|} \\
&\leq \sup_{v \in V \setminus \{0\}} \frac{\|Av\|}{\|v\|} + \sup_{v \in V \setminus \{0\}} \frac{\|A'v\|}{\|v\|} \\
&= \|A\| + \|A'\|.
\end{aligned}
$$

Dies zeigt alle erforderlichen Eigenschaften einer Norm. Der zweite Teil ist klar nach Definition, da $\sup \frac{\|Av\|}{\|v\|}$ größer oder gleich allen konkreten $\frac{\|Av\|}{\|v\|}$ ist, was (7.10.13) liefert. Sei nun $A \in \mathrm{Hom}(V, W)$ und $B \in \mathrm{Hom}(W, U)$. Dann liefert zweimalige Anwendung von (7.10.13)

$$\|(BA)(v)\| = \|B(Av)\| \overset{(7.10.13)}{\leq} \|B\| \|Av\| \overset{(7.10.13)}{\leq} \|B\| \|A\| \|v\|$$

und damit für $v \neq 0$

$$\frac{\|(BA)(v)\|}{\|v\|} \leq \|B\| \|A\|.$$

Die rechte Seite hängt nicht von v ab, daher ist auch das Supremum der linken Seite über alle $v \neq 0$ noch kleiner oder gleich $\|A\|\|B\|$. Damit folgt (7.10.14). Der vierte Teil ist klar. Für den fünften betrachten wir zunächst

$$\|Av\|^2 = |\langle Av, Av \rangle| = |\langle v, A^*Av \rangle| \leq \|v\|\|A^*Av\| \leq \|v\|^2\|A^*A\|.$$

Für $v \neq 0$ liefert dies

$$\|A\|^2 = \left(\sup_{v \in V \setminus \{0\}} \frac{\|Av\|}{\|v\|} \right)^2 = \sup_{v \in V \setminus \{0\}} \frac{\|Av\|^2}{\|v\|^2} \leq \|A^*A\|.$$

Andererseits betrachten wir $v \neq 0$, sodass $Av \neq 0$. Dann gibt es ein $w \in W \setminus \{0\}$ mit

$$|\langle w, Av \rangle| = \|Av\|, \tag{7.10.18}$$

nämlich $w = \frac{Av}{\|Av\|}$. Gilt $Av = 0$, gibt es natürlich auch ein $w \in W \setminus \{0\}$ mit (7.10.18), da jedes w diese Eigenschaft besitzt. Nach der Cauchy-Schwarz-Ungleichung gilt aber auch

$$|\langle w, Av \rangle| \leq \|w\|\|Av\|,$$

womit also

$$\sup_{w \in W \setminus \{0\}} \frac{|\langle w, Av \rangle|}{\|w\|} \leq \|Av\|$$

folgt. Zusammen mit dem speziellen w mit (7.10.18) folgt also

$$\sup_{w \in W \setminus \{0\}} \frac{|\langle w, Av \rangle|}{\|w\|} = \|Av\|.$$

Damit erhalten wir aber

$$\|A\| = \sup_{v \in V \setminus \{0\}} \frac{\|Av\|}{\|v\|} = \sup_{v \in V \setminus \{0\}} \sup_{w \in W \setminus \{0\}} \frac{|\langle w, Av \rangle|}{\|w\|\|v\|}. \tag{7.10.19}$$

Da aber $|\langle w, Av \rangle| = |\langle A^*w, v \rangle| = |\langle v, A^*w \rangle|$, können wir die Rolle von V und W sowie von A und A^* in (7.10.19) vertauschen. Dies zeigt $\|A\| = \|A^*\|$ und damit Teil *vi.)*. Nun gilt schließlich

$$\|A^*A\| \overset{(7.10.14)}{\leq} \|A^*\|\|A\| \overset{(7.10.17)}{=} \|A\|^2$$

ebenso wie die bereits gezeigte Abschätzung $\|A\|^2 \leq \|A^*A\|$. Dies liefert (7.10.16). $\qquad\square$

Beispiel 7.144. Viele Operatornormen können wir noch nicht berechnen, aber für folgende Klassen von linearen Abbildungen reicht unser Können bereits jetzt:

i.) Ist $U : V \longrightarrow W$ eine partielle Isometrie, so gilt mit $V = \ker U \oplus (\ker U)^{\perp}$ und $v = v_{\|} + v_{\perp}$

$$\|Uv\| = \|Uv_{\perp}\| = \|v_{\perp}\| \leq \|v\|, \qquad (7.10.20)$$

womit $\|U\| \leq 1$. Ist nun $U \neq 0$ und $v = v_{\perp} \in (\ker U)^{\perp}$ von null verschieden, so folgt $\|Uv\| = \|v\|$ für einen solchen Vektor. Also gilt $\|U\| \geq 1$ und daher

$$\|U\| = 1, \qquad (7.10.21)$$

für jede partielle Isometrie $U \neq 0$.

ii.) Insbesondere gilt für jede Isometrie $\|U\| = 1$ und daher für alle $A \in \mathrm{O}(n)$ oder $A \in \mathrm{U}(n)$

$$\|A\| = 1. \qquad (7.10.22)$$

Hier interpretieren wir wie immer Matrizen als entsprechende lineare Abbildungen auf $\mathbb{K}^n$, versehen mit dem Standardskalarprodukt.

iii.) Ist $P = P^* = P^2 \in \mathrm{End}(V)$ ein Orthogonalprojektor, so ist P insbesondere eine partielle Isometrie nach Proposition 7.125, *iii.)*, da ja $P^*P = P$. Also gilt $\|P\| = 1$, falls $P \neq 0$. Dies sieht man auch direkt, da mit der C^*-Eigenschaft der Operatornorm

$$\|P\| = \|P^*P\| = \|P\|^2 \qquad (7.10.23)$$

gilt, also entweder $\|P\| = 1$ oder $\|P\| = 0$.

Wir wollen nun einen einfachen Weg finden, die Operatornorm von A zu bestimmen. Da wir in endlichen Dimensionen bereits über den Spektralsatz verfügen, ist dies nun sehr einfach. In unendlichen Dimensionen zeigt man zuerst folgenden Satz, *bevor* man den Spektralsatz beweisen kann. Der Beweis ist dann deutlich aufwendiger.

Satz 7.145 (Operatornorm via Spektrum). *Seien V und W endlich-dimensionale euklidische oder unitäre Vektorräume.*

i.) Ist $A \in \mathrm{End}(V)$ selbstadjungiert mit Spektrum $\{\lambda_1, \ldots, \lambda_k\}$, so gilt

$$\|A\| = \max_{1 \leq i \leq k} |\lambda_i|. \qquad (7.10.24)$$

ii.) Ist $\mathbb{K} = \mathbb{C}$ und $A \in \mathrm{End}(V)$ normal, so gilt ebenfalls (7.10.24).

iii.) Ist $A \in \mathrm{Hom}(V, W)$, so gilt

$$\|A\| = \sqrt{\|A^*A\|}, \qquad (7.10.25)$$

womit $\|A\|$ aus $\|A^*A\|$ gemäß (7.10.24) berechnet werden kann.

Beweis. Sei A selbstadjungiert oder sei $\mathbb{K} = \mathbb{C}$ und A normal. In beiden Fällen können wir A diagonalisieren und finden eine orthogonale Zerlegung $P_1, \ldots, P_k \in \mathrm{End}(V)$ der Eins mit

$$A = \sum_{i=1}^{k} \lambda_i P_i,$$

wobei $\lambda_1, \ldots, \lambda_k$ die paarweise verschiedenen Eigenwerte von A sind. Sei nun $v \in V$ beliebig, dann sind die Vektoren $P_1 v, \ldots, P_k v$ paarweise orthogonal und

$$\begin{aligned}
\|Av\|^2 &= \left\| \sum_{i=1}^{k} \lambda_i P_i v \right\|^2 \\
&= \sum_{i=1}^{k} |\lambda_i| \|P_i v\|^2 \\
&\leq \max_{1 \leq i \leq k} |\lambda_i|^2 \sum_{i=1}^{k} \|P_i v\|^2 \\
&\leq \max_{1 \leq i \leq k} |\lambda_i|^2 \|v\|^2,
\end{aligned}$$

nach dem Satz des Pythagoras. Dies zeigt

$$\|A\| \leq \max_{1 \leq i \leq k} |\lambda_i|.$$

Andererseits gilt für einen Eigenvektor $v \neq 0$ zum Eigenwert λ_{i_0} mit $|\lambda_{i_0}| = \max_{1 \leq i \leq k} |\lambda_i|$

$$\|Av\| = \|\lambda_{i_0} v\| = |\lambda_{i_0}| \|v\|,$$

womit $\|A\| \geq |\lambda_{i_0}|$ folgt. Dies zeigt also die Gleichheit in (7.10.24) für beide Fälle *i.)* und *ii.)*. Sei nun $A \in \mathrm{Hom}(V, W)$ beliebig, dann gilt mit der C^*-Eigenschaft $\|A\| = \sqrt{\|A^* A\|}$. Da $A^* A \in \mathrm{End}(V)$ aber ein selbstadjungierter und sogar ein positiver Endomorphismus ist, können wir $\|A^* A\|$ gemäß (7.10.24) berechnen. $\qquad\square$

Korollar 7.146. *Seien V und W endlich-dimensionale euklidische oder unitäre Vektorräume. Dann ist der größte Eigenwert von $A^* A$ durch $\|A\|^2$ gegeben.*

Korollar 7.147. *Sei V ein endlich-dimensionaler euklidischer oder unitärer Vektorraum, und sei $A \in \mathrm{End}(V)$ selbstadjungiert. Dann ist $\|A\|$ oder $-\|A\|$ ein Eigenwert von A.*

Bemerkung 7.148. Man beachte, dass die einfachen Eigenschaften der Operatornorm gemäß Proposition 7.143 nun durchaus nichttriviale Folgerungen über die Spektren von $A + A'$ oder $B \circ A$ beinhalten.

Wir wollen nun eine letzte Interpretation der spektralen Information eines Endomorphismus geben. Dazu fragen wir zunächst, wie gut sich $A \colon V \longrightarrow W$ durch andere lineare Abbildungen approximieren lässt, deren Rang begrenzt ist:

Definition 7.149 (Approximationszahlen). Seien V und W endlich-dimensionale euklidische oder unitäre Vektorräume, und sei $A \in \mathrm{Hom}(V, W)$. Dann ist die n-te Approximationszahl $a_n(A)$ von A durch

$$a_n(A) = \inf\{\|A - F\| \mid F \in \mathrm{Hom}(V, W) \text{ mit } \mathrm{rank}\, F \le n\} \qquad (7.10.26)$$

definiert, wobei $n \in \mathbb{N}_0$.

Es gilt offenbar

$$a_0(A) = \|A\| \qquad (7.10.27)$$

und

$$a_n(A) = 0 \qquad (7.10.28)$$

für alle $n \ge \mathrm{rank}\, A$, da man in diesem Fall A durch sich selbst approximieren kann. Wir erhalten also eine absteigende Folge von Zahlen

$$\|A\| = a_0(A) \ge a_1(A) \ge a_2(A) \ge \cdots \ge 0. \qquad (7.10.29)$$

Die Approximationszahlen besitzen nun folgende Eigenschaften:

Proposition 7.150. *Seien V, W und U endlich-dimensionale euklidische oder unitäre Vektorräume und $n, m \in \mathbb{N}_0$.*

i.) Für alle $A, B \in \mathrm{Hom}(V, W)$ gilt

$$a_{n+m}(A + B) \le a_n(A) + a_m(B). \qquad (7.10.30)$$

ii.) Für alle $A, B \in \mathrm{Hom}(V, W)$ gilt

$$|a_n(A) - a_n(B)| \le \|A - B\|. \qquad (7.10.31)$$

iii.) Für alle $A \in \mathrm{Hom}(V, W)$ und $B \in \mathrm{Hom}(W, U)$ gilt

$$a_{n+m}(BA) \le a_n(A) a_m(B). \qquad (7.10.32)$$

iv.) Für alle $A \in \mathrm{Hom}(V, W)$ gilt

$$a_n(A) = 0 \iff \mathrm{rank}\, A \le n. \qquad (7.10.33)$$

Beweis. Seien $F, G \in \mathrm{Hom}(V, W)$, dann gilt ganz allgemein

$$\mathrm{rank}(F + G) = \dim \mathrm{im}(F + G) \le \dim \mathrm{im}\, F + \dim \mathrm{im}\, G = \mathrm{rank}\, F + \mathrm{rank}\, G.$$

Sind also F und G mit $\mathrm{rank}\, F \le n$ und $\mathrm{rank}\, G \le m$ gegeben, so folgt $\mathrm{rank}(F + G) \le n + m$ und damit

$$a_{n+m}(A + B) \le \|A + B - F - G\| \le \|A - F\| + \|B - G\|.$$

Bildet man nun über die rechte Seite die entsprechenden Infima, so bleibt die Ungleichung bestehen, da die linke Seite ja nicht von F oder G abhängt. Also folgt

$$a_{n+m}(A + B) \leq \inf_F \|A - F\| + \inf_G \|B - G\| = a_n(A) + a_m(B).$$

Damit und mit $a_0(A) = \|A\|$ gilt auch

$$a_n(A) = a_{n+0}(A - B + B) \leq a_n(B) + a_0(A - B) = a_n(B) + \|A - B\|,$$

also $a_n(A) - a_n(B) \leq \|A - B\|$. Vertauscht man nun die Rollen von A und B, so erhält man insgesamt (7.10.31). Für *iii.)* betrachten wir $F \in \mathrm{Hom}(V, W)$ mit $\mathrm{rank}\, F \leq n$ und $G \in \mathrm{Hom}(W, U)$ mit $\mathrm{rank}\, G \leq m$. Da $\mathrm{im}(GA) \subseteq \mathrm{im}\, G$, folgt $\mathrm{rank}(GA) \leq \mathrm{rank}\, G$. Da $\mathrm{im}((B-G)F) = \mathrm{im}((B-G)|_{\mathrm{im}\, F})$, kann $\mathrm{im}((B-G)F)$ höchstens $\dim(\mathrm{im}\, F)$ viele linear unabhängige Vektoren enthalten. Also gilt $\mathrm{rank}((B - G)F) \leq \mathrm{rank}\, F$. Insgesamt folgt daher

$$\mathrm{rank}(GA + (B - G)F) \leq n + m.$$

Damit folgt

$$\begin{aligned}
a_{n+m}(BA) &\leq \|BA - (GA + (B - G)F)\| \\
&= \|(B - G)(A - F)\| \\
&\leq \|B - G\|\|A - F\|
\end{aligned}$$

für alle solchen F und G. Die linke Seite ist davon aber unabhängig, sodass wir wieder das Infimum bilden können, ohne die Ungleichung zu verletzen. Also folgt

$$a_{n+m}(BA) \leq \inf_G \|B - G\| \inf_F \|A - F\| = a_m(B)a_n(A).$$

Für den letzten Teil hatten wir die Implikation „$\Longleftarrow$" bereits gesehen. Sei also $\mathrm{rank}\, A > n$. Dann gibt es also $v_1, \ldots, v_{n+1} \in V$, sodass $Av_1, \ldots, Av_{n+1}$ linear unabhängig sind. Wir können diese zu einer Basis von W ergänzen und dann die zugehörige duale Basis von W^* betrachten. Auf diese Weise zeigt man, dass es $\varphi_1, \ldots, \varphi_{n+1} \in W^*$ mit

$$\varphi_i(Av_j) = \delta_{ij}$$

für alle $i, j = 1, \ldots, n+1$ gibt. Wir betrachten nun $\mathbb{K}^{n+1}$ mit seiner Standardbasis $e_1, \ldots, e_{n+1}$ und den zugehörigen Koordinaten $z_i = \langle e_i, z \rangle$ für $z \in \mathbb{K}^{n+1}$. Seien dann

$$B \colon \mathbb{K}^{n+1} \ni z \mapsto \sum_{i=1}^{n+1} z_i v_i \in V$$

und

$$C \colon W \ni w \mapsto \sum_{i=1}^{n+1} \varphi_i(w) e_i \in \mathbb{K}^{n+1}.$$

Dies sind lineare Abbildungen mit

$$CABz = \sum_{i=1}^{n+1} z_i CA(v_i) = \sum_{i=1}^{n+1}\sum_{j=1}^{n+1} z_i \underbrace{\varphi_j(Av_i)}_{\delta_{ij}}\mathrm{e}_i = \sum_{i=1}^{n+1} z_i\mathrm{e}_i = z,$$

also $CAB = \mathrm{id}_{\mathbb{K}^{n+1}}$. Wir behaupten, dass $a_n(\mathrm{id}_{\mathbb{K}^{n+1}}) = 1$ gilt. Ist nämlich $F \in \mathrm{M}_{n+1}(\mathbb{K})$ mit $\mathrm{rank}\, F \leq n$ gegeben, so ist $\ker F \neq \{0\}$. Für $v \in \ker F$ gilt daher

$$\|(\mathrm{id}_{\mathbb{K}^{n+1}} - F)(v)\| = \|v\|$$

und somit $\|\mathrm{id}_{\mathbb{K}^{n+1}} - F\| \geq 1$. Also folgt durch Infimumbildung $a_n(\mathrm{id}_{\mathbb{K}^{n+1}}) \geq 1$. Da aber $a_0(\mathrm{id}_{\mathbb{K}^{n+1}}) = 1$, folgt $a_n(\mathrm{id}_{\mathbb{K}^{n+1}}) = 1$ wegen (7.10.29). Wir wenden dies nun auf $\mathrm{id}_{\mathbb{K}^{n+1}} = CAB$ an und benutzen *iii.)*. Damit gilt

$$1 = a_n(\mathrm{id}_{\mathbb{K}^{n+1}}) = a_n(CAB) \leq a_n(CA)a_0(B) \leq a_0(C)a_n(A)a_0(B).$$

Also muss $a_n(A) > 0$ gelten. $\square$

Den Zusammenhang zwischen den Approximationszahlen und den spektralen Daten von A liefert nun folgender Satz:

Satz 7.151 (Approximationszahlen). *Seien V und W endlich-dimensionale euklidische oder unitäre Vektorräume, und sei $A \in \mathrm{Hom}(V, W)$. Dann gilt für alle $n \in \mathbb{N}_0$*

$$a_n(A) = s_n(A). \tag{7.10.34}$$

Beweis. Gemäß Satz 7.136 können wir A in der Singulärwertzerlegung als

$$A = \sum_{r \geq 0} s_r(A)\Theta_{\mathrm{f}_r, \mathrm{e}_r}$$

mit geeigneten Orthonormalsystemen $\{\mathrm{f}_r\}_r$ in W und $\{\mathrm{e}_r\}_r$ in V schreiben, wobei die Summe nur endlich viele Terme enthält. Wir schreiben im Folgenden

$$A_n = \sum_{r=0}^{n-1} s_r(A)\Theta_{\mathrm{f}_r, \mathrm{e}_r}.$$

Da die Abbildungen $\Theta_{\mathrm{f}_r, \mathrm{e}_r}$ gerade Rang 1 besitzen, folgt

$$\mathrm{rank}\, A_n \leq n.$$

Für $v \in V$ berechnen wir nun

$$\|A - A_n\|^2 = \left\|\sum_{r \geq n} s_n(A)\Theta_{\mathrm{f}_r, \mathrm{e}_r}(v)\right\|^2$$

$$= \sum_{r \geq n} s_r(A)^2\|\Theta_{\mathrm{f}_r, \mathrm{e}_r}(v)\|^2$$

$$\leq s_n(A)^2 \sum_{r \geq n} \|\Theta_{\mathrm{f}_r,\mathrm{e}_r}(v)\|^2,$$

da $s_n(A)$ der größte verbleibende Singulärwert in der Summe ist und wir zuerst den Satz des Pythagoras verwenden dürfen. Weiter gilt

$$\|\Theta_{\mathrm{f}_r,\mathrm{e}_r}(v)\|^2 = \|\mathrm{f}_r \langle \mathrm{e}_r, v \rangle\|^2 = |\langle \mathrm{e}_r, v \rangle|^2,$$

da die f_r orthonormiert sind. Damit folgt aber

$$\|(A - A_n)v\|^2 \leq s_n(A)^2 \|v\|^2$$

nach der Parsevalschen Gleichung beziehungsweise der zugehörigen Unglei-chung für ein Orthonormalsystem. Also gilt $\|A - A_n\| \leq s_n(A)$. Andererseits folgt für $v = \mathrm{e}_n$ gerade

$$\|(A - A_n)\mathrm{e}_n\|^2 = \left\| \sum_{r \geq n} s_r(A)\Theta_{\mathrm{f}_r,\mathrm{e}_r}(\mathrm{e}_n) \right\| = \|s_n(A)\mathrm{f}_n\| = s_n(A),$$

da f_n ein Einheitsvektor ist und $\langle \mathrm{e}_r, \mathrm{e}_n \rangle = \delta_{nr}$ gilt. Also haben wir $\|A - A_n\| = s_n(A)$ gezeigt. Für $a_n(A)$ müssen wir aber sogar das Infimum von $\|A - F\|$ über *alle* F mit $\mathrm{rank}\, F \leq n$ bilden, womit

$$a_n(A) \leq s_n(A)$$

gezeigt ist. Sei nun $F \in \mathrm{Hom}(V, W)$ mit $\mathrm{rank}\, F \leq n < \dim V$ gegeben. Da die Vektoren $\mathrm{e}_0, \ldots, \mathrm{e}_n$ ein Orthonormalsystem bilden, gibt es mindestens einen Vektor $v \in \mathrm{span}\{\mathrm{e}_0, \ldots, \mathrm{e}_n\}$ mit $\|v\| = 1$, aber $Fv = 0$ nach der Dimensionsformel. Für diesen Vektor gilt

$$\begin{aligned}
\|A - F\|^2 &\geq \|(A - F)v\|^2 \\
&= \left\| \sum_{r \geq 0} s_r(A)\Theta_{\mathrm{f}_r,\mathrm{e}_r}(v) - 0 \right\|^2 \\
&= \left\| \sum_{r=0}^{n} s_r(A)\mathrm{f}_r \langle \mathrm{e}_r, v \rangle \right\|^2 \\
&= \sum_{r=0}^{n} s_r(A)^2 |\langle \mathrm{e}_r, v \rangle|^2 \qquad (7.10.35) \\
&\geq s_n(A)^2 \sum_{r=0}^{n} |\langle \mathrm{e}_r, v \rangle|^2 \\
&= s_n(A)^2 \|v\|^2,
\end{aligned}$$

da $s_n(A)$ der kleinste Singulärwert in der Summe (7.10.35) ist und wir wieder die Parsevalsche Gleichung für v sowie den Satz des Pythagoras verwenden dürfen. Dies zeigt $a_n(A) \geq s_n(A)$ und somit insgesamt die Gleichheit. $\square$

Bemerkung 7.152. Dieser Satz kann nun in beide Richtungen gelesen werden: Zum einen erhalten wir nichttriviale Ungleichungen für die Eigenwerte positiver Operatoren aus den vergleichsweise einfachen Ungleichungen für die Approximationszahlen in Proposition 7.150. Zum anderen können wir die Bedeutung der singulären Werte von A als Approximationseigenschaften verstehen.

Kontrollfragen. Welche Eigenschaften hat die Operatornorm? Welche Beziehung von Operatornorm und Spektrum kennen Sie? Was sind die Approximationszahlen und wie können Sie diese bestimmen?

7.11 Übungen

Übung 7.1 (Indefinite innere Produkte). Betrachten Sie auf dem Vektorraum $\mathrm{M}_n(\mathbb{R})$ der reellen $n \times n$-Matrizen die Abbildung

$$\langle A, B \rangle = \mathrm{tr}(AB), \tag{7.11.1}$$

wobei tr wie immer die Spur bezeichnet.

i.) Zeigen Sie, dass $\langle \cdot, \cdot \rangle$ eine symmetrische Bilinearform auf $\mathrm{M}_n(\mathbb{R})$ ist.

ii.) Zeigen Sie, dass $\langle \cdot, \cdot \rangle$ nicht-ausgeartet ist.

  Hinweis: Ein geschicktes Auswerten auf einer geeigneten Basis ist hier hilfreich.

iii.) Ist $\langle \cdot, \cdot \rangle$ positiv oder negativ definit?

iv.) Verwenden Sie nun stattdessen die Abbildung $h(A, B) = \mathrm{tr}(A^{\mathrm{T}}B)$ und wiederholen Sie Ihre Argumentation.

Übung 7.2 (Konventionen für Sesquilinearformen). Sei V ein komplexer Vektorraum. Sei weiter $\tau \colon V \times V \ni (v, w) \mapsto (w, v) \in V \times V$ und $h \colon V \times V \longrightarrow \mathbb{C}$.

i.) Zeigen Sie, dass h genau dann sesquilinear ist, wenn $h \circ \tau$ im ersten Argument linear und im zweiten antilinear ist.

ii.) Zeigen Sie, das eine Sesquilinearform h genau dann Hermitesch ist, wenn auch $h \circ \tau$ Hermitesch ist, also

$$(h \circ \tau)(v, w) = \overline{(h \circ \tau)(w, v)} \tag{7.11.2}$$

für alle $v, w \in V$.

iii.) Zeigen Sie, dass eine Sesquilinearform h genau dann positiv definit ist, wenn auch $h \circ \tau$ positiv definit ist, also

$$(h \circ \tau)(v, v) > 0 \qquad (7.11.3)$$

für alle $v \in V \setminus \{0\}$.

Übung 7.3 (Innere Produkte auf $W \oplus W^*$). Sei W ein endlich-dimensionaler Vektorraum über einem Körper der Charakteristik null. Betrachten Sie dann den Vektorraum $V = W \oplus W^*$ aus Übung 5.52. Definieren Sie auf V die beiden Abbildungen

$$\langle (v, \alpha), (w, \beta) \rangle = \alpha(w) + \beta(v) \qquad (7.11.4)$$

und

$$\omega((v, \alpha), (w, \beta)) = \alpha(w) - \beta(v), \qquad (7.11.5)$$

wobei $v, w \in W$ und $\alpha, \beta \in W^*$.

i.) Zeigen Sie, dass $\langle \cdot, \cdot \rangle$ eine symmetrische und ω eine antisymmetrische Bilinearform ist. Zeigen Sie, dass beide nicht-ausgeartet sind. Gelten diese Aussagen auch für einen unendlich-dimensionalen Vektorraum W?

ii.) Sei $e_1, \ldots, e_n \in W$ eine Basis mit dualer Basis $e_1^*, \ldots, e_n^* \in W^*$. Bestimmen Sie die darstellenden Matrizen von $\langle \cdot, \cdot \rangle$ und von ω bezüglich der Basis $e_1, \ldots, e_n, e_1^*, \ldots, e_n^*$ von $W \oplus W^*$.

iii.) Sei nun zudem $\Bbbk = \mathbb{R}$. Ist $\langle \cdot, \cdot \rangle$ dann positiv definit?

Übung 7.4 (Innere Produkte auf Unterräumen). Sei $\langle \cdot, \cdot \rangle$ ein inneres Produkt auf einem Vektorraum über $\Bbbk$.

i.) Zeigen Sie, dass die Einschränkung von $\langle \cdot, \cdot \rangle$ auf einen Unterraum $U \subseteq V$ eine Bilinearform auf U liefert.

ii.) Finden Sie für $\Bbbk = \mathbb{R}$ in zwei Dimensionen eine Beispiel für ein inneres Produkt und einen Unterraum, sodass die Einschränkung auf den Unterraum identisch null ist: Im Allgemeinen ergibt die Einschränkung eines inneren Produktes auf einen Unterraum also kein inneres Produkt.

iii.) Zeigen Sie, dass für $\Bbbk = \mathbb{R}$ und ein positiv definites inneres Produkt die Einschränkung auf einen Unterraum wieder positiv definit ist.

iv.) Formulieren und beweisen Sie die analogen Aussagen für sesquilineare innere Produkte für $\Bbbk = \mathbb{C}$.

Übung 7.5 (Erstellen von Übungen 7). Auf $\mathbb{R}^N$ oder $\mathbb{C}^N$ sollen interessante Skalarprodukte gefunden werden. Wie immer ist die Vorgabe, mit einfachen Zahlen auszukommen, wobei N klein sein soll.

i.) Betrachten Sie ein Intervall $[a, b] \subseteq \mathbb{R}$ und eine stetige Funktion $h \colon [a, b] \longrightarrow \mathbb{R}$ mit $h(x) > 0$ für alle $x \in [a, b]$. Zeigen Sie, dass

$$\langle f, g \rangle_h = \int_a^b \overline{f(x)} g(x) h(x) \mathrm{d}x \qquad (7.11.6)$$

ein Skalarprodukt auf den Polynomen $\mathbb{C}[x]$ liefert.

ii.) Finden Sie einfache Beispiele für $[a, b]$ und h, so dass Sie die Integrale $H_{nm} = \langle x^n, x^m \rangle_h$ für kleine $n, m \leq N$ explizit berechnen können.

Hinweis: Wenn h selbst ein geeignetes Polynom ist, sollte das nicht allzu schwer sein. Aber auch andere einfach Funktionen erlauben explizite Berechnungen. Selbst $h = 1$ liefert interessante Matrizen, wenn man $a, b \in \mathbb{R}$ geeignet wählt, siehe auch Übung 7.34.

iii.) Verwenden Sie nun die Matrix H_{nm}, um auf $\mathbb{C}^{N+1}$ ein Skalarprodukt zu definieren, indem Sie $H(\mathrm{e}_n, \mathrm{e}_m) = H_{nm}$ fordern.

Hinweis: Hier können Sie Übung 7.4 verwenden.

iv.) Erzeugen Sie so Beispiele für Skalarprodukt für $N = 2, 3$ und 4.

Übung 7.6 (Komplexifizierung von Skalarprodukten). Sei V ein reeller Vektorraum mit Komplexifizierung $V_{\mathbb{C}} = V \oplus \mathrm{i}V$ wie in Übung 4.33. Sei weiter eine Bilinearform $\langle \cdot, \cdot \rangle \colon V \times V \longrightarrow \mathbb{R}$ gegeben.

i.) Definieren Sie

$$h(v + \mathrm{i}v', w + \mathrm{i}w') = \langle v, w \rangle + \langle v', w' \rangle + \mathrm{i}\langle v, w' \rangle - \mathrm{i}\langle v', w \rangle \qquad (7.11.7)$$

für $v + \mathrm{i}v', w + \mathrm{i}w' \in V \oplus \mathrm{i}V$, wobei $v, v', w, w' \in V$. Zeigen Sie, dass h eine Sesquilinearform ist, welche auf $V \subseteq V_{\mathbb{C}}$ mit $\langle \cdot, \cdot \rangle$ übereinstimmt. Ist diese Fortsetzung die einzig mögliche?

ii.) Zeigen Sie, dass $\langle \cdot, \cdot \rangle$ genau dann symmetrisch ist, wenn h Hermitesch ist.

iii.) Zeigen Sie, dass $\langle \cdot, \cdot \rangle$ genau dann ein Skalarprodukt ist, wenn h ein Skalarprodukt ist.

Übung 7.7 (Parallelogramm-Identität I). Sei $\langle \cdot, \cdot \rangle$ ein positiv definites Skalarprodukt auf einem Vektorraum V über $\mathbb{K}$.

i.) Zeigen Sie, dass die zugehörige Norm die Parallelogramm-Identität (7.3.9) erfüllt.

ii.) Zeigen Sie, dass sich das Skalarprodukt $\langle \cdot, \cdot \rangle$ aus der Norm durch Polarisierung gemäß (7.3.10) beziehungsweise (7.3.11) rekonstruieren lässt.

iii.) Zeigen Sie umgekehrt, dass eine Norm, welche die Parallelogramm-Identität erfüllt, von einem Skalarprodukt kommt. Dies erfordert den Einsatz von etwas Analysis.

Hinweis: Definieren Sie $\langle \cdot, \cdot \rangle$ versuchsweise durch (7.3.10) beziehungsweise (7.3.11). Zeigen Sie, dass dann die Parallelogramm-Identität die Additivität von $\langle \cdot, \cdot \rangle$ in beiden Argumenten liefert. Folgern Sie aus der Additivität die $\mathbb{Q}$-Linearität. Zeigen Sie im komplexen Fall, dass $\langle \cdot, \cdot \rangle$ im zweiten Argument auch „i-linear" ist. Um die $\mathbb{K}$-Linearität im zweiten Argument zu folgern, müssen Sie eine geeignete Stetigkeitseigenschaft von $\langle \cdot, \cdot \rangle$ bezüglich der Norm $\|\cdot\|$ zeigen und entsprechend reelle Zahlen durch rationale approximieren.

Übung 7.8 (Nochmal Polarisierung). Seien V und W komplexe Vektorräume mit einer Abbildung $S \colon V \times V \longrightarrow W$. Ist S im ersten Argument antilinear und im zweiten linear, so heißt S sesquilinear. Dies verallgemeinert den uns bekannten Fall von $W = \mathbb{C}$.

i.) Zeigen Sie die Polarisierungsidentität

$$S(v, w) = \frac{1}{4} \sum_{k=0}^{3} \mathrm{i}^k S\big(v + \mathrm{i}^{-k}w, v + \mathrm{i}^{-k}w\big) \tag{7.11.8}$$

für eine sesquilineare Abbildung S.

ii.) Folgern Sie, dass eine sesquilineare Abbildung S genau dann verschwindet, $S = 0$, genau dann, wenn $S(v, v) = 0$ für alle $v \in V$ gilt.

iii.) Zeigen Sie (7.3.10).

Übung 7.9 (Maximumsnorm). Sei V ein reeller oder komplexer Vektorraum und B eine Basis. Dann definiert man

$$\|v\|_{\max} = \max_{b \in B} |v_b|, \tag{7.11.9}$$

wobei wie immer $v_b \in \mathbb{K}$ die Komponenten von v bezüglich der Basisvektoren $b \in B$ sind.

i.) Zeigen Sie, dass $\| \cdot \|_{\max}$ tatsächlich eine Norm ist. Wieso existiert das Maximum?

ii.) Zeigen Sie, dass die Maximumsnorm genau dann die Parallelogramm-Identität erfüllt, wenn $\dim V \leq 1$ gilt.

iii.) Vergleichen Sie für $V = \mathbb{R}^2$ die Maximumsnorm bezüglich der Standardbasis mit der euklidischen Norm des Standardskalarprodukts. Skizzieren Sie insbesondere die Normkreise bezüglich beider Normen, also die Teilmengen von $\mathbb{R}^2$ von Vektoren mit fester Norm $r > 0$.

Übung 7.10 (Orthogonalkomplement I). Sei V ein euklidischer oder unitärer Vektorraum.

i.) Zeigen Sie, dass für $U \subseteq V$ das Orthogonalkomplement durch

$$U^\perp = \bigcap_{v \in U} \ker v^\flat \tag{7.11.10}$$

gegeben ist, wobei $v^\flat = \langle v, \cdot \rangle \in V^*$ wie in Bemerkung 7.2, *iii.)*.

ii.) Zeigen Sie, dass $(U^\perp)^{\perp\perp} = (U^{\perp\perp})^\perp$ für jede Teilmenge $U \subseteq V$ gilt.

iii.) Seien nun $U, W \subseteq V$ Unterräume. Zeigen Sie, dass dann

$$(U^\perp + W^\perp)^{\perp\perp} = (U \cap W)^\perp. \tag{7.11.11}$$

Wie vereinfacht sich dies in endlichen Dimensionen?

Übung 7.11 (Rechenregeln für $\Theta_{v,w}$). Betrachten Sie euklidische oder unitäre Vektorräume V, W, U und X sowie für $v \in V$ und $w \in W$ die Abbildung $\Theta_{w,v} \colon V \longrightarrow W$ wie in Beispiel 7.67, *iii.*).

i.) Zeigen Sie dass $w \mapsto \Theta_{w,v}$ eine lineare Abbildung $W \longrightarrow \mathrm{Hom}(V,W)$ liefert.

ii.) Zeigen Sie entsprechend, dass $v \mapsto \Theta_{w,v}$ antilinear ist.

iii.) Seien nun $A \colon U \longrightarrow V$ adjungierbar und $B \colon W \longrightarrow X$ linear. Zeigen Sie

$$\Theta_{w,v} \circ A = \Theta_{w,A^*v} \qquad (7.11.12)$$

sowie

$$B \circ \Theta_{w,v} = \Theta_{Bw,v}. \qquad (7.11.13)$$

Bestimmen Sie damit explizit $\Theta_{x,w'} \circ \Theta_{w,v}$ für $x \in X$ und $w' \in W$.

iv.) Zeigen Sie $\mathrm{rank}\, \Theta_{w,v} = 1$ für $v, w \neq 0$.

v.) Seien V und W endlich-dimensional. Zeigen Sie, dass dann jede lineare Abbildung $A \colon V \longrightarrow W$ mit $\mathrm{rank}\, A = 1$ von der Form $A = \Theta_{w,v}$ ist.

Hinweis: Wählen Sie $w \in \mathrm{im}\, A \setminus \{0\}$ und zeigen Sie $A(v) = \alpha(v)w$ für ein eindeutig bestimmtes $\alpha \in V^*$.

vi.) Seien V und W endlich-dimensional. Zeigen Sie, dass der von den Abbildungen $\{\Theta_{w,v}\}_{v \in V, w \in W}$ aufgespannte Unterraum mit $\mathrm{Hom}(V,W)$ übereinstimmt.

Übung 7.12 (Pauli-Matrizen III). Betrachten Sie erneut die Pauli-Matrizen aus Übung 5.31.

i.) Zeigen Sie, dass die Pauli-Matrizen selbstadjungiert sind.

ii.) Bestimmen Sie die Eigenwerte und die Eigenvektoren der Pauli-Matrizen. Weisen Sie explizit nach, dass die Eigenvektoren zu verschiedenen Eigenwerten senkrecht stehen.

iii.) Bestimmen Sie den Positivteil und den Negativteil sowie den Absolutbetrag der Pauli-Matrizen explizit.

Übung 7.13 (Gerade und ungerade stetige Funktionen). Betrachten Sie die stetigen Funktionen $\mathscr{C}([-a,a], \mathbb{C})$ auf einem Intervall $[-a,a] \subseteq \mathbb{R}$. Definieren Sie das L²-Skalarprodukt gemäß Beispiel 7.20.

i.) Zeigen Sie, dass die geraden ebenso wie die ungeraden stetigen Funktionen einen Unterraum von $\mathscr{C}([-a,a], \mathbb{C})$ bilden.

Hinweis: Übung 4.22.

ii.) Zeigen Sie, dass die geraden auf die ungeraden stetigen Funktionen senkrecht stehen.

iii.) Folgern Sie, dass $\mathscr{C}([-a,a], \mathbb{C})$ die orthogonale direkte Summe der geraden und ungeraden stetigen Funktionen ist.

Übung 7.14 (Eine Ungleichung für Integrale). Betrachten Sie den komplexen Vektorraum $\mathscr{C}(I, \mathbb{C})$, wobei $I = [a, b] \subseteq \mathbb{R}$ ein kompaktes Intervall sein soll. Zeigen Sie, dass für alle $f, g \in \mathscr{C}(I, \mathbb{C})$

$$\left| \int_I \overline{f(x)} g(x) \mathrm{d}x \right| \le \int_I |f(x)|^2 \mathrm{d}x \int_I |g(x)|^2 \mathrm{d}x. \tag{7.11.14}$$

Übung 7.15 (Innere Produkte für Polynome). Sei $V_n \subseteq \mathbb{C}[x]$ der Unterraum der Polynome vom Grad $\le n$. Definieren Sie dann

$$\langle p, q \rangle = \sum_{k=0}^{n} \overline{p(k)} q(k) \tag{7.11.15}$$

für $p, q \in V_n$.

i.) Zeigen Sie, dass (7.11.15) ein Skalarprodukt auf V_n ist.

ii.) Starten Sie mit der Basis der Monome und führen Sie den Gram-Schmidt-Algorithmus durch, um eine Orthonormalbasis von V_4 bezüglich (7.11.15) zu finden.

Übung 7.16 (Orthogonalkomplement II). Betrachten Sie die Vektoren

$$v_1 = \begin{pmatrix} i \\ 0 \\ -1 \\ -2 \end{pmatrix} \quad \text{und} \quad v_2 = \begin{pmatrix} 2 \\ 2 \\ i \\ 0 \end{pmatrix} \tag{7.11.16}$$

in $\mathbb{C}^4$, versehen mit dem Standardskalarprodukt. Sei $U = \mathrm{span}\{v_1, v_2\}$. Bestimmen Sie eine Orthonormalbasis von U sowie von $U^\perp$.

Übung 7.17 (Gram-Schmidt-Verfahren). Betrachten Sie die Vektoren

$$v_1 = \begin{pmatrix} 1 \\ 0 \\ 0 \\ -1 \end{pmatrix}, \quad v_2 = \begin{pmatrix} 3 \\ -1 \\ -2 \\ -1 \end{pmatrix} \quad \text{und} \quad v_3 = \begin{pmatrix} 2 \\ 1 \\ 0 \\ -1 \end{pmatrix} \tag{7.11.17}$$

in $\mathbb{R}^4$, versehen mit dem Standardskalarprodukt.

i.) Führen Sie explizit das Gram-Schmidt-Verfahren durch, um eine Orthonormalbasis f_1, f_2, f_3 von $\mathrm{span}\{v_1, v_2, v_3\}$ zu gewinnen.

ii.) Ergänzen Sie f_1, f_2, f_3 um einen Vektor f_4 zu einer Orthonormalbasis von $\mathbb{R}^4$.

iii.) Bestimmen Sie explizit die Matrix des Basiswechsels O von der Standardbasis zur Basis f_1, f_2, f_3, f_4 sowie deren Inverses. Rechnen Sie explizit nach, dass O orthogonal ist.

Übung 7.18 (Unitär diagonalisieren). Betrachten Sie folgende komplexe 3×3-Matrizen

$$A = \begin{pmatrix} 2 & 1 & 1 \\ 1 & 2 & 1 \\ 1 & 1 & 2 \end{pmatrix}, \quad B = \begin{pmatrix} 4 & i & -i \\ -i & 4 & 1 \\ i & 1 & 4 \end{pmatrix} \quad \text{und} \quad C = \begin{pmatrix} 1+i & -i & 2 \\ i & 1+i & 2i \\ 2 & -2i & 1+i \end{pmatrix}.$$

$$\tag{7.11.18}$$

i.) Berechnen Sie A^*, B^* und C^*.

ii.) Bestimmen Sie die Eigenwerte von A, B und C.

iii.) Bestimmen Sie Orthonormalbasen von Eigenvektoren für A, B und C. Wieso muss es diese geben?

iv.) Bestimmen Sie unitäre Matrizen $U, V, W \in \mathrm{M}_3(\mathbb{C})$, sodass UAU^*, VBV^* und WCW^* diagonal sind. Können Sie zudem erreichen, dass diese Matrizen orthogonal sind?

Übung 7.19 (Adjungierbare Abbildungen). Betrachten Sie den Vektorraum der $\mathbb{C}$-wertigen, unendlich oft stetig differenzierbaren Funktionen $\mathscr{C}_0^\infty(\mathbb{R}, \mathbb{C})$ mit kompaktem Träger.

i.) Zeigen Sie, dass die Ableitung $P = -i\frac{\mathrm{d}}{\mathrm{d}x}$ ein Endomorphismus auf $\mathscr{C}_0^\infty(\mathbb{R}, \mathbb{C})$ ist.

ii.) Zeigen Sie, dass

$$\langle f, g \rangle = \int_{\mathbb{R}} \overline{f(x)} g(x) \mathrm{d}x \tag{7.11.19}$$

ein Skalarprodukt auf $\mathscr{C}_0^\infty(\mathbb{R}, \mathbb{C})$ definiert.

Hinweis: Die Sesquilinearität ist einfach, sobald Sie argumentiert haben, wieso das Integral überhaupt definiert ist. Für die Positivität müssen Sie sich an Beispiel 7.20 orientieren.

iii.) Zeigen Sie, dass die Abbildung P adjungierbar ist und bestimmen Sie P^*.

Hinweis: Hier müssen Sie partiell integrieren. Wieso gibt es keine störenden Randterme?

iv.) Betrachten Sie auch den Multiplikationsoperator

$$M_f \colon \mathscr{C}_0^\infty(\mathbb{R}, \mathbb{C}) \ni \psi \; \mapsto \; (x \mapsto f(x)\psi(x)) \in \mathscr{C}_0^\infty(\mathbb{R}, \mathbb{C}) \tag{7.11.20}$$

mit einer unendlich oft stetig differenzierbaren Funktion $f \in \mathscr{C}^\infty(\mathbb{R}, \mathbb{C})$. Zeigen Sie, dass M_f ebenfalls ein wohldefinierter Endomorphismus ist, welcher adjungierbar ist. Bestimmen Sie auch hier M_f^*.

v.) Sei schließlich $y \in \mathbb{R}$ fest gewählt. Für $\psi \in \mathscr{C}_0^\infty(\mathbb{R}, \mathbb{C})$ definiert man dann die Translation $\tau_y \psi$ um y durch

$$(\tau_y \psi)(x) = \psi(x - y), \tag{7.11.21}$$

wobei $x \in \mathbb{R}$. Zeigen Sie auch hier, dass $\tau_y \psi \in \mathscr{C}_0^\infty(\mathbb{R}, \mathbb{C})$ und τ_y eine lineare Abbildung ist. Zeigen Sie, dass τ_y ebenfalls adjungierbar ist und bestimmen Sie τ_y.

Hinweis: Hier müssen Sie eine einfache Variablensubstitution beim Integrieren durchführen.

vi.) Bestimmen Sie die Kommutatoren der Abbildungen M_f, τ_y und P.

Übung 7.20 (Die Hilbert-Schmidt-Norm). Für eine Matrix $A \in \mathrm{M}_n(\mathbb{K})$ definiert man die Hilbert-Schmidt-Norm durch

$$\|A\|_2 = \sqrt{\operatorname{tr}(A^*A)}. \tag{7.11.22}$$

i.) Zeigen Sie, dass die Hilbert-Schmidt-Norm wirklich eine Norm auf dem Vektorraum $\mathrm{M}_n(\mathbb{K})$ ist.

ii.) Zeigen Sie, dass es auf $\mathrm{M}_n(\mathbb{K})$ ein eindeutig bestimmtes Skalarprodukt $\langle \cdot, \cdot \rangle_{\mathrm{HS}}$ gibt, welches die Hilbert-Schmidt-Norm als zugehörige Norm liefert.

iii.) Finden Sie eine besonders einfache Orthonormalbasis von $\mathrm{M}_n(\mathbb{K})$ bezüglich $\langle \cdot, \cdot \rangle_{\mathrm{HS}}$.

iv.) Zeigen Sie, dass die Operatornorm und die Hilbert-Schmidt-Norm äquivalent sind, indem Sie explizit eine Abschätzung der Form

$$c_1 \|A\| \leq \|A\|_2 \leq c_2 \|A\| \tag{7.11.23}$$

mit $c_1, c_2 > 0$ finden.

Hinweis: Es ist nicht nötig, hier die optimalen Konstanten c_1 und c_2 zu finden. Grobe Abschätzungen sind völlig ausreichend.

Übung 7.21 (Normale Blockmatrizen). Betrachten Sie $n, m \in \mathbb{N}$ und eine Matrix $X \in \mathrm{M}_{n+m}(\mathbb{C})$ mit Blockstruktur

$$X = \begin{pmatrix} A & B \\ C & D \end{pmatrix} \tag{7.11.24}$$

mit entsprechenden Blöcken A, B, C und D.

i.) Bestimmen Sie die Blöcke von X^*.

ii.) Wann ist X selbstadjungiert, wann normal?

iii.) Zeigen Sie, dass für eine normale Matrix X mit $C = 0$ auch $B = 0$ gelten muss.

Übung 7.22 (Drehungen parametrisieren). Sei $R \in \mathrm{SO}(3)$ eine echte Drehung ungleich $\mathbb{1}$.

i.) Zeigen Sie, dass es einen eindeutig bestimmten Einheitsvektor $\vec{n} \in \mathbb{R}^3$, die *Drehachse* von R, sowie zwei weitere Einheitsvektoren $\vec{v}_1, \vec{v}_2 \in \mathbb{R}^3$

und einen eindeutigen Drehwinkel $\alpha \in (0, \pi]$ gibt, sodass die Vektoren $\vec{v}_1, \vec{v}_2, \vec{n}$ ein rechtshändiges Orthonormalsystem, also $\vec{n} = \vec{v}_1 \times \vec{v}_2$, im $\mathbb{R}^3$ bilden und

$$R\vec{v}_1 = \cos(\alpha)\vec{v}_1 - \sin(\alpha)\vec{v}_2, \quad \text{und} \quad R\vec{v}_2 = \sin(\alpha)\vec{v}_1 + \cos(\alpha)\vec{v}_2, \quad (7.11.25)$$

sowie $R\vec{n} = \vec{n}$ gilt. Welche Aussagen bleiben für $R = \mathbb{1}$ gültig?

Hinweis: Benutzen Sie die allgemeine Normalform für orthogonale Abbildungen. Wie erhalten Sie die zusätzliche Einschränkung an den Drehwinkel?

ii.) Zeigen Sie $\operatorname{tr} R = 1 + 2\cos(\alpha)$. Bleibt dies auch für $R = \mathbb{1}$ gültig? Auf diese Weise können Sie bei einer Drehung direkt und basisunabhängig den Drehwinkel bestimmen.

iii.) Zeigen Sie, dass

$$R\vec{x} = \cos(\alpha)\vec{x} + (1 - \cos(\alpha))\langle \vec{n}, \vec{x} \rangle \vec{n} + \sin(\alpha)\vec{n} \times \vec{x} \qquad (7.11.26)$$

für alle $\vec{x} \in \mathbb{R}^3$. Wie können Sie diese Formel auch für $R = \mathbb{1}$ verstehen?

iv.) Zeigen Sie umgekehrt, dass für jeden Einheitsvektor $\vec{n}$ und jede reelle Zahl α die durch (7.11.26) gegebene Abbildung eine echte Drehung ist. Wie kommen Sie zu den eindeutigen Parametern gemäß Teil *i.)*?

v.) Bestimmen Sie die Matrix der Drehung um die Achse durch

$$\vec{a} = \begin{pmatrix} 1 \\ 2 \\ 2 \end{pmatrix} \qquad (7.11.27)$$

um einen Winkel von $30°$ explizit. Verifizieren Sie durch Nachrechnen, dass $\vec{a}$ ein Eigenvektor der Drehmatrix ist.

Übung 7.23 (Unitäre 2×2-Matrizen). Betrachten Sie eine 2×2-Matrix $A = \begin{pmatrix} a & b \\ c & d \end{pmatrix} \in \mathrm{M}_2(\mathbb{C})$.

i.) Bestimmen Sie diejenigen $a, b, c, d \in \mathbb{C}$, für die A unitär ist. Bestimmen Sie in diesem Fall die zugehörige inverse Matrix. Verifizieren Sie durch eine explizite Rechnung, dass die unitären Matrizen eine Untergruppe von $\mathrm{GL}_2(\mathbb{C})$ bilden.

ii.) Für welche Werte der Parameter $a, b, c, d \in \mathbb{C}$ ist die Matrix A sogar speziell unitär? Bestimmen Sie auch in diesem Fall die inverse Matrix explizit und weisen Sie die Eigenschaft einer Untergruppen nach.

iii.) Betrachten Sie die Menge $\mathbb{S}^3$ der Vektoren $z \in \mathbb{C}^2$ mit Norm 1. Geometrisch entspricht dies einer dreidimensionalen Sphäre im $\mathbb{R}^4$. Zeigen Sie, dass Ihre obige Parametrisierung auf einfache Weise eine Bijektion von $\mathrm{SU}(2)$ nach $\mathbb{S}^3$ liefert.

Übung 7.24 (Positiv definite Matrix). Betrachten Sie die komplexen 3×3-Matrizen

$$A_1 = \begin{pmatrix} 5 & 2 & -1 \\ 2 & 2 & 2 \\ -1 & 2 & 5 \end{pmatrix}, \quad A_2 = \begin{pmatrix} 1 & 3 & -i \\ 0 & 3 & 4 \\ 0 & 0 & 2 \end{pmatrix} \quad \text{und} \quad A_3 = \begin{pmatrix} i & 1 & 0 \\ -1 & i & 0 \\ 0 & 0 & 3 \end{pmatrix}. \quad (7.11.28)$$

i.) Bestimmen Sie die Eigenwerte mit den zugehörigen Eigenvektoren der Matrizen A_1, A_2 und A_3.

ii.) Welche der Matrizen A_1, A_2, A_3 sind positiv, welche sogar positiv definit?

Übung 7.25 (Positiv definite 2×2-Matrizen). Zeigen Sie, dass $A = A^* \in M_2(\mathbb{C})$ genau dann positiv definit ist, wenn $\mathrm{tr}(A) > 0$ und $\det(A) > 0$ gilt.

Übung 7.26 (Das Lot fällen). Sei V ein endlich-dimensionaler euklidischer oder unitärer Vektorraum mit einem Unterraum $U \subseteq V$. Sei weiter $v \in V$. Definieren Sie den Abstand von v zu U durch

$$d(v, U) = \inf\{\|v - u\| \mid u \in U\}. \quad (7.11.29)$$

i.) Zeigen Sie, dass $d(v, U) = 0$ genau dann gilt, wenn $v \in U$.

ii.) Zeigen Sie, dass es einen eindeutig bestimmten Vektor $u \in U$ gibt, sodass das Infimum als Minimum realisiert wird, also $d(v, U) = \|v - u\|$ gilt. Wie können Sie u explizit bestimmen?

iii.) Lösen Sie nun die noch offenen Fragen aus Abschn. 1.4 hinsichtlich der geometrischen Interpretation der Ebenengleichung (1.4.16).

Übung 7.27 (Das Skalarprodukt auf dem Dualraum). Sei V ein endlich-dimensionaler euklidischer oder unitärer Vektorraum. Für $\alpha, \beta \in V^*$ definiert man dann

$$\langle \alpha, \beta \rangle^* = \overline{\alpha(\beta^\sharp)}, \quad (7.11.30)$$

wobei $\sharp \colon V^* \longrightarrow V$ der (inverse) musikalische Isomorphismus zum Skalarprodukt von V ist.

i.) Sei $e_1, \ldots, e_n$ eine Basis von V. Zeigen Sie, dass für die dualen Basisvektoren $e_i^* = e_i^\flat$ für alle $i = 1, \ldots, n$ genau dann gilt, wenn $e_1, \ldots, e_n$ eine Orthonormalbasis ist.

ii.) Sei $e_1, \ldots, e_n$ eine Orthonormalbasis von V. Zeigen Sie, dass

$$\langle \alpha, \beta \rangle^* = \sum_{i=1}^n \overline{\alpha(e_i)} \beta(e_i) \quad (7.11.31)$$

für alle $\alpha, \beta \in V^*$ gilt.

iii.) Zeigen Sie, dass $\langle \,\cdot\,, \,\cdot\, \rangle^*$ ein Skalarprodukt auf V^* definiert. Man nennt $\langle \,\cdot\,, \,\cdot\, \rangle^*$ auch das *duale Skalarprodukt* zu $\langle \,\cdot\,, \,\cdot\, \rangle$.

iv.) Bestimmen Sie $\langle v^\flat, w^\flat \rangle$ für $v, w \in V$. Finden Sie so eine weitere Charakterisierung des dualen Skalarprodukts.

Übung 7.28 (Erstellen von Übungen 8). Wieder einige Probleme aus dem Alltag einer Übungsgruppenleiterin:

i.) Finden Sie in Dimensionen $n = 2, 3$ und 4 unitäre Matrizen zu vorgegebenen Eigenwerten in $\mathbb{S}^1$, die kompliziert genug sind, damit man die Eigenvektoren nicht erraten kann.

Hinweis: Eine Möglichkeit ist es, komplizierte Produkte von besonders einfachen, nichtdiagonalen unitären Matrizen zu bilden: Sind U und V unitär, so ist UVU^* ebenfalls unitär und hat das gleiche Spektrum wie V (wieso?). Geben Sie nun interessante Matrizen U an, um neue unitäre Matrizen UVU^* aus einem vorgegebenen V zu konstruieren.

ii.) Geben Sie ein einfaches Verfahren an, um eine orthogonale Zerlegung der Eins zu konstruieren, wobei Sie in n Dimensionen den jeweiligen Rang der k Projektoren einzeln vorgeben wollen.

iii.) Geben Sie ein Verfahren an, mit dem Sie auf einfache Weise positive $n \times n$-Matrizen in $\mathrm{M}_n(\mathbb{K})$ erzeugen können, deren Rang Sie ebenfalls vorgeben können. Wie immer sollen die Einträge der Matrix kleine ganze Zahlen oder andere einfache komplexe Zahlen sein.

Hinweis: Zeigen Sie zunächst $\mathrm{rank}(A^*A) = \mathrm{rank}(A)$.

Übung 7.29 (Von Drehungen und Spiegelungen). Sei V ein euklidischer Vektorraum mit Dimension $\dim V \geq 2$. Für einen Vektor $v \in V \setminus \{0\}$ definiert man die Spiegelung R_v durch

$$R_v(w) = w - 2\frac{\langle v, w \rangle}{\langle v, v \rangle} v \tag{7.11.32}$$

für $w \in V$.

i.) Zeigen Sie, dass R_v eine lineare Abbildung ist, welche $R_v^2 = \mathrm{id}_V$ erfüllt.

ii.) Zeigen Sie $R_v(v) = -v$. Sei weiter w senkrecht zu v. Zeigen Sie, dass dann $R_v(w) = w$ gilt.

iii.) Zeigen Sie, dass es eine orthogonale Zerlegung

$$V = \mathbb{R}v \oplus v^\perp \tag{7.11.33}$$

gibt, und folgern Sie, dass beide Unterräume durch R_v in sich abgebildet werden.

iv.) Zeigen Sie, dass R_v eine Isometrie ist, indem Sie nachweisen, dass (7.11.33) die Zerlegung in die beiden Eigenräume von R_v sind. Was sind die zugehörigen Eigenwerte?

Sei nun V endlich-dimensional.

v.) Bestimmen Sie $\det R_v$.

vi.) Zeigen Sie, dass das Produkt von zwei Spiegelungen $R_v R_w$ mit $v, w \in V \setminus \{0\}$ eine echte Drehung ist.

vii.) Zeigen Sie, dass für dim $V = 2$ jede echte Drehung sich als Produkt von zwei Spiegelungen schreiben lässt.

viii.) Zeigen Sie nun den *Satz von Cartan-Dieudonné*: Jede orthogonale Abbildung $A \colon V \longrightarrow V$ ist das Produkt von höchstens dim V Spiegelungen.

> Hinweis: Hier ist der Spektralsatz natürlich sehr hilfreich.

> Der eigentliche Satz von Cartan-Dieudonné gilt in viel größerer Allgemeinheit für beliebige endlich-dimensionale Vektorräume über Körpern der Charakteristik ungleich 2 mit beliebigen inneren Produkten.

Übung 7.30 (Partielle Isometrien). Seien V und W endlich-dimensionale euklidische oder unitäre Vektorräume.

i.) Finden Sie ein Beispiel von zwei partiellen Isometrien U_1 und U_2 derart, dass $U_1 U_2$ keine partielle Isometrie mehr ist.

ii.) Zeigen Sie, dass für eine partielle Isometrie $U \colon V \longrightarrow W$ und für Isometrien $O \in \mathrm{End}(V)$ und $R \in \mathrm{End}(W)$ die Abbildung RUO wieder eine partielle Isometrie ist.

iii.) Zeigen Sie, dass ein Orthogonalprojektor $P \in \mathrm{End}(V)$ eine partielle Isometrie ist.

iv.) Seien $P, Q \in \mathrm{End}(V)$ Orthogonalprojektoren. Zeigen Sie, dass es genau dann eine partielle Isometrie $U \in \mathrm{End}(V)$ mit $U^*U = P$ und $UU^* = Q$ gibt, wenn dim im $P = $ dim im Q gilt.

v.) Zeigen Sie, dass zwei Orthogonalprojektoren $P, Q \in \mathrm{End}(V)$ genau dann unitär (orthogonal) konjugiert sind, also $Q = UPU^*$ für eine unitäre (orthogonale) Abbildung U gilt, wenn dim im $P = $ dim im Q.

vi.) Zeigen Sie, dass eine lineare Abbildung $U \colon V \longrightarrow W$ genau dann eine partielle Isometrie ist, wenn es Orthonormalbasen A und B von V und W gibt, sodass die zugehörige Matrix von U die Blockform

$$_B[U]_A = \begin{pmatrix} \mathbb{1}_k & 0 \\ 0 & 0 \end{pmatrix} \tag{7.11.34}$$

mit einer $k \times k$-Einheitsmatrix $\mathbb{1}_k$ hat. Welche Bedeutung hat k?

Übung 7.31 (Erstellen von Übungen 9). Es sollen nun noch einfache Beispiele für Polarzerlegungen gefunden werden.

i.) Sei $D \in \mathrm{M}_n(\mathbb{K})$ eine Diagonalmatrix. Was ist die Polarzerlegung von D?

ii.) Seien $A, B \in \mathrm{M}_n(\mathbb{K})$ mit $A = UBU^*$ für eine orthogonale beziehungsweise unitäre Matrix U. Bestimmen Sie die Polarzerlegung $A = U_A|A|$ bei bekannter Polarzerlegung $B = U_B|B|$.

iii.) Kombinieren Sie beide Resultate, um einfache Zahlenbeispiele für Matrizen A zu finden, deren Polarzerlegung Sie bestimmen können. Wieso erhalten Sie auf diese Weise nur normale A?

iv.) Betrachten Sie nun $A, B \in \mathrm{M}_{n \times m}(\mathbb{K})$ derart, dass es orthogonale beziehungsweise unitäre Matrizen U und V mit $A = UBV$ gibt. Welche Größe haben U und V dann? Bestimmen Sie nun die Polarzerlegung von A bei bekannter Polarzerlegung $B = U_B|B|$. Wieso erhalten Sie so interessantere Zahlenbeispiele? Konstruieren Sie explizite Beispiele für kleine n und m.

Übung 7.32 (Orthogonalität in unendlichen Dimensionen). Seien $a < b$ reelle Zahlen. Betrachten Sie dann den unitären Vektorraum $\mathscr{C}([a,b], \mathbb{C})$ der stetigen komplexwertigen Funktionen auf $[a,b]$ mit dem L²-Skalarprodukt wie in Beispiel 7.20. Sei weiter $c \in (a,b)$.

i.) Zeigen Sie, dass

$$U = \left\{ f \in \mathscr{C}([a,b], \mathbb{C}) \mid f(x) = 0 \text{ für } x \geq c \right\} \qquad (7.11.35)$$

ein Untervektorraum von $\mathscr{C}([a,b], \mathbb{C})$ ist.

ii.) Bestimmen Sie das Orthogonalkomplement $U^\perp$ von U explizit und charakterisieren Sie die darin enthaltenen Funktionen.

iii.) Zeigen Sie, dass $U^{\perp\perp} = U$ gilt.

iv.) Zeigen Sie, dass die konstante Funktion $f(x) = 1$ nicht in $U^{\perp\perp} \oplus U^\perp$ enthalten ist.

Dieses Beispiel zeigt, dass in unendlichen Dimensionen die Aussagen von Proposition 7.36 im Allgemeinen *nicht* gelten.

Übung 7.33 (Fourier-Analysis). In dieser Übung sollen diejenigen Aspekte der Fourier-Analysis vorbereitet werden, die mit Mitteln der linearen Algebra zu erreichen sind. Wir betrachten den Vektorraum $\mathscr{C}([-\pi, \pi], \mathbb{C})$ der komplexwertigen stetigen Funktionen auf dem kompakten Intervall $[-\pi, \pi]$ und versehen ihn mit dem üblichen L²-Skalarprodukt aus Beispiel 7.20. Weiter betrachten wir die Funktionen $c_n \in \mathscr{C}([-\pi, \pi], \mathbb{C})$, welche durch

$$c_n(x) = \cos(nx) \qquad (7.11.36)$$

für $n \in \mathbb{N}_0$ definiert sind, sowie die Funktionen $s_m \in \mathscr{C}([-\pi, \pi], \mathbb{C})$ mit

$$s_m(x) = \sin(mx) \qquad (7.11.37)$$

für $m \in \mathbb{N}$. Insbesondere ist also $c_0(x) = 1$.

i.) Zeigen Sie, dass die Funktionen c_n und s_m für $n \in \mathbb{N}_0$ und $m \in \mathbb{N}$ alle paarweise orthogonal stehen.

    Hinweis: Hier erspart Übung 4.22 einiges an Rechnung.

ii.) Bestimmen Sie die Normen $\|c_n\|$ und $\|s_m\|$, um so ein abzählbares Orthonormalsystem $\mathscr{F}$ von $\mathscr{C}([-\pi, \pi], \mathbb{C})$ durch geeignetes Reskalieren der c_n und s_m zu erhalten.

iii.) Geben Sie eine stetige Funktion $f \in \mathscr{C}([-\pi, \pi], \mathbb{C})$ an, die nicht im Spann des obigen Orthonormalsystems liegt. Damit zeigen Sie, dass die obigen Funktionen *keine* Basis bilden.

iv.) Die Skalarprodukte von f mit den Vektoren aus $\mathcal{F}$ heißen *Fourier-Koeffizienten* der Funktion f. Bestimmen Sie diese für die Funktion $f(x) = x$.

v.) Plotten Sie die *Fourier-Approximationen* der Funktion $f(x) = x$ für die ersten $n = 1, 2, 3, 4, 5, 6$ Beiträge, also die Linearkombination der ersten n Vektoren aus $\mathcal{F}$ mit den entsprechenden Fourier-Koeffizienten von f.

In der Fourier-Analysis wird nun allgemein untersucht, ob das analytische Analogon der Basisentwicklung wie in Proposition 7.48 dadurch gerettet werden kann, dass man eine (konvergente) Reihe anstelle der endlichen Summe (7.4.8) zulässt. Die Konvergenz dieser *Fourier-Reihe* ist dann ein nichttriviales Problem, welches nicht unerheblichen analytischen Aufwand erfordert, siehe auch [20, Chap. 5 und Chap. 9] oder [2, Kap. VI.7].

Übung 7.34 (Legendre-Polynome). Betrachten Sie den Vektorraum der komplexwertigen stetigen Funktionen $\mathscr{C}([-1, 1], \mathbb{C})$ auf $[-1, 1]$ mit dem üblichen L²-Skalarprodukt wie in Beispiel 7.20.

i.) Zeigen Sie, dass die Monome $\{x^n\}_{n \in \mathbb{N}_0}$, aufgefasst als Funktionen in $\mathscr{C}([-1, 1], \mathbb{C})$, linear unabhängig sind.

Hinweis: Vorsicht, dies ist nicht eine unmittelbare Folgerung aus Übung 4.14.

ii.) Berechnen Sie alle Skalarprodukte $\langle x^n, x^m \rangle$ der Monome für $n, m \in \mathbb{N}_0$.

iii.) Führen Sie das Gram-Schmidt-Verfahren für die Monome $\{x^n\}_{n \in \mathbb{N}_0}$ für die ersten 5 Monome explizit durch.

iv.) Zeigen Sie, dass das Gram-Schmidt-Verfahren neue Polynome $p_n \in \mathscr{C}([-1, 1], \mathbb{C})$ liefert, welche für n gerade nur gerade Potenzen von x enthalten und für n ungerade nur ungerade Potenzen.

Hinweis: Hier spart Übung 7.13 einiges an Arbeit.

v.) Reskalieren Sie die Polynome p_n zu Polynomen P_n derart, dass $P_n(1) = 1$ für alle $n \in \mathbb{N}_0$. Zeigen Sie dann, dass diese Polynome explizit durch

$$P_n(x) = \sum_{k=0}^{[n/2]} \frac{(-1)^k (2n - 2k)!}{(n - k)!(n - 2k)!k!2^n} x^{n-2k} \tag{7.11.38}$$

gegeben sind. Hier bezeichnet $[n/2]$ entweder $n/2$ für n gerade oder $(n-1)/2$ für n ungerade. Die Polynome P_n heißen *Legendre-Polynome*.

vi.) Berechnen Sie explizit $\langle P_n, P_m \rangle$ für $n, m \in \mathbb{N}_0$ und verifizieren Sie die Orthogonalität der Legendre-Polynome anhand der expliziten Formel (7.11.38).

Übung 7.35 ($\mathbb{S}^1$ und U(1)). Zeigen Sie, dass det: U(1) $\longrightarrow \mathbb{S}^1$ ein Gruppenisomorphismus ist.

Übung 7.36 (Satz von Fuglede). Sei V ein endlich-dimensionaler unitärer Vektorraum und $A \in \mathrm{End}(V)$ normal sowie $B \in \mathrm{End}(V)$ mit $[A, B] = 0$. Zeigen Sie, dass dann auch $[A^*, B] = 0$ gilt.

Hinweis: Was wissen Sie über die Beziehung der Spektralprojektoren von A und A^*?

Auch wenn diese Beobachtung recht trivial erscheint, hat sie doch eine höchst nichttriviale Verallgemeinerung für beliebige Hilbert-Räume und C^*-Algebren, wo eine solch einfache Spektralzerlegung nicht länger zur Verfügung steht.

Übung 7.37 (Eine Verallgemeinerung von Lemma 7.130). Betrachten Sie die Situation von Lemma 7.130 mit dem einzigen Unterschied, dass nun $B^* = zB$ und $C^* = zC$ mit demselben $z \in \mathbb{K}$ mit $|z| = 1$. Zeigen Sie, dass für diese etwas allgemeineren Voraussetzungen die Schlussfolgerungen des Lemmas richtig bleiben, und formulieren Sie die entsprechende Variante von Proposition 7.131.

Übung 7.38 (Polarzerlegung invertierbarer Matrizen). Betrachten Sie die Matrix

$$A = \begin{pmatrix} 1 & a \\ 0 & 1 \end{pmatrix} \tag{7.11.39}$$

für $a \in \mathbb{C}$.

i.) Bestimmen Sie die inverse Matrix A^{-1}.

ii.) Bestimmen Sie $|A|$ explizit und finden Sie die Eigenwerte und Eigenvektoren von $|A|$.

iii.) Bestimmen Sie auch die unitäre Matrix U mit $A = U|A|$ explizit. Für welche Werte von a ist diese Matrix orthogonal, speziell unitär, eine Drehung?

iv.) Bestimmen Sie die Kommutatoren $[A, |A|]$, $[A, U]$ und $[U, |A|]$.

Übung 7.39 (Polarzerlegung für normale Abbildungen). Sei $A \in \mathrm{End}(V)$ ein normaler Endomorphismus eines endlich-dimensionalen euklidischen oder unitären Vektorraums. Vergleichen Sie die beiden Phasen aus der Polarzerlegung $A = U|A|$ gemäß Satz 7.127 und Satz 7.129. Wann stimmen diese überein?

Übung 7.40 (Mehrdeutigkeit der Polarzerlegung). Sei $A \in \mathrm{End}(V)$ ein normaler Endomorphismus eines endlich-dimensionalen euklidischen oder unitären Vektorraums.

i.) Zeigen Sie, dass die unitäre Abbildung U mit $A = U|A|$ eindeutig bestimmt ist, wenn A invertierbar ist.

ii.) Sei nun A nicht invertierbar. Zeigen Sie, dass für jede unitäre Abbildung $W \in \mathrm{End}(\ker A)$ es genau eine unitäre Abbildung U_W mit $A = U_W|A|$ und $U_W\big|_{\ker A} = W$ gibt. Vertauschen die drei Abbildungen A, U_W und $|A|$?

Hinweis: Betrachten Sie erneut den Beweis von Satz 7.127 und argumentieren Sie mit der Spektralzerlegung von A und $|A|$.

iii.) Zeigen Sie, dass damit auch alle Mehrdeutigkeiten bei der Wahl der Phase von A ausgeschöpft werden. Welcher Wahl entspricht die Konstruktion im Beweis von Satz 7.127?

Übung 7.41 (Nochmals Positivität). Sei V ein endlich-dimensionaler euklidischer oder unitärer Vektorraum und $A \in \mathrm{End}(V)$ selbstadjungiert. Zeigen Sie, dass folgende Aussagen äquivalent sind:

i.) Die Abbildung A ist positiv.

ii.) Für alle $t \geq \|A\|$ gilt $\|t\mathbb{1} - A\| \leq t$.

iii.) Es gibt ein $t \geq \|A\|$ mit $\|t\mathbb{1} - A\| \leq t$.

Hinweis: Benutzen Sie Übung 6.45 und Satz 7.145 um die Spektren von A und $t\mathbb{1} - A$ in Verbindung zu setzen.

Übung 7.42 (Orthogonalprojektor). Betrachten Sie die reelle Matrix

$$P = \begin{pmatrix} \frac{5}{6} & \frac{1}{3} & -\frac{1}{6} \\ \frac{1}{3} & \frac{1}{3} & \frac{1}{3} \\ -\frac{1}{6} & \frac{1}{3} & \frac{5}{6} \end{pmatrix}. \tag{7.11.40}$$

i.) Zeigen Sie, dass P ein Orthogonalprojektor ist.

ii.) Bestimmen Sie den Rang von P.

iii.) Bestimmen Sie eine Orthonormalbasis des Bildes und des Kerns von P sowie den Basiswechsel O von der Standardbasis auf diese Basis.

iv.) Verifizieren Sie, dass O orthogonal ist. Können Sie erreichen, dass $\det O = 1$ gilt?

Übung 7.43 (Dichtematrix eines Vektorzustands). Sei $v \in \mathbb{C}^n$ ein Vektor ungleich null. Bestimmen Sie die Dichtematrix ρ_v zum Zustand E_v aus (7.8.16) gemäß Satz 7.113 explizit.

Hinweis: Es genügt, einen Einheitsvektor v zu betrachten.

Übung 7.44 (Die Heisenbergsche Unschärferelation). Betrachten Sie einen Zustand $\omega\colon \mathrm{M}_n(\mathbb{C}) \longrightarrow \mathbb{C}$. Dann definiert man die *Varianz* von $A \in \mathrm{M}_n(\mathbb{C})$ im Zustand ω durch

$$\mathrm{Var}_\omega(A) = \omega((A - \omega(A)\mathbb{1})^*(A - \omega(A)\mathbb{1})). \tag{7.11.41}$$

Dies ist als ein Maß dafür anzusehen, wie sehr die Observable A um ihren Erwartungswert $\omega(A)$ streut. In der Quantenmechanik wird dies eine zentrale Begriffsbildung sein.

i.) Zeigen Sie $\omega(A^*A) \geq |\omega(A)|^2$.

ii.) Seien $A, B \in \mathrm{M}_n(\mathbb{C})$ selbstadjungiert. Zeigen Sie die Heisenbergsche Unschärferelation

$$\mathrm{Var}_\omega(A)\,\mathrm{Var}_\omega(B) \geq \frac{1}{4}|\omega([A, B])|^2. \qquad (7.11.42)$$

Hinweis: Nehmen Sie zunächst an, dass $\omega(A) = 0 = \omega(B)$. Benutzen Sie dann nur die Positivität von ω, nicht die konkrete Form aus Satz 7.113. Wie können Sie anschließend auf den allgemeinen Fall kommen?

iii.) Für $A_1, \ldots, A_k \in \mathrm{M}_n(\mathbb{C})$ definiert man die *Kovarianzmatrix* $C = (\mathrm{Cov}_\omega(A_i^*, A_j)) \in \mathrm{M}_k(\mathbb{C})$ durch

$$\mathrm{Cov}_\omega(A_i^*, A_j) = \omega((A_i - \omega(A_i)\mathbb{1})^*(A_j - \omega(A_j)\mathbb{1})), \qquad (7.11.43)$$

wobei $i, j = 1, \ldots, k$. Zeigen Sie, dass C positiv ist. Welche Ungleichungen erhalten Sie aus dem Spezialfall $k = 2$ aus dieser Positivität?

Hinweis: Auch hier sollten Sie nicht die konkrete Form, sondern nur die Positivität von ω verwenden.

Übung 7.45 (Positiv- und Negativteil). Betrachten Sie die Matrizen

$$A_1 = \begin{pmatrix} 1 & -1 & -1 \\ -1 & 1 & -1 \\ -1 & -1 & 1 \end{pmatrix} \quad \text{und} \quad A_2 = \begin{pmatrix} 0 & 3 & 0 & 0 \\ 3 & 0 & 0 & 0 \\ 0 & 0 & 0 & -2\mathrm{i} \\ 0 & 0 & 2\mathrm{i} & 0 \end{pmatrix}. \qquad (7.11.44)$$

Bestimmen Sie den Positivteil $(A_i)_+$, den Negativteil $(A_i)_-$ und den Absolutbetrag $|A_i|$ für $i = 1, 2$.

Übung 7.46 (Vier unitäre Abbildungen). Sei V ein endlich-dimensionaler unitärer Vektorraum. Zeigen Sie, dass jeder Endomorphismus $A \in \mathrm{End}(V)$ sich als Linearkombination von vier unitären Abbildungen schreiben lässt.

Hinweis: Betrachten Sie zunächst $A = A^*$ mit $\|A\| \leq 1$. Versuchen Sie dann $f_\pm(A)$ für die Funktion $f_\pm(x) = x + \mathrm{i}\sqrt{1 - x^2}$ mittels der Spektralzerlegung zu definieren.

Übung 7.47 (Ordnungsrelation für selbstadjungierte Abbildungen). Sei V ein endlich-dimensionaler euklidischer oder unitärer Vektorraum. Sei weiter $\mathrm{End}_{\mathrm{sa}}(V) \subseteq \mathrm{End}(V)$ die Teilmenge der selbstadjungierten Endomorphismen von V. Für $A, B \in \mathrm{End}_{\mathrm{sa}}(V)$ definieren Sie $A \leq B$, falls $B - A$ ein positiver Endomorphismus ist.

i.) Zeigen Sie, dass $\mathrm{End}_{\mathrm{sa}}(V)$ ein reeller Unterraum von $\mathrm{End}(V)$ ist.

ii.) Zeigen Sie, dass für Zahlen $\lambda, \mu \geq 0$ und $A, B, C, D \in \mathrm{End}_{\mathrm{sa}}(V)$ mit $A \leq B$ und $C \leq D$ auch $\lambda A + \mu C \leq \lambda B + \mu D$ gilt.

iii.) Zeigen Sie, dass für $A \leq B$

$$CAC^* \leq CBC^* \qquad (7.11.45)$$

für alle $C \in \mathrm{End}(V)$ gilt.

iv.) Zeigen Sie, dass $(\mathrm{End}_{\mathrm{sa}}(V), \leq)$ eine gerichtete und partiell geordnete Menge ist.

> Hinweis: Welche selbstadjungierten Abbildungen A erfüllen sowohl $A \leq 0$ als auch $0 \leq A$?

v.) Sei $A \geq 0$. Zeigen Sie $A^2 \leq A \|A\|$ mit der Operatornorm $\|A\|$ von A.

> Hinweis: Verwenden Sie Übung 6.45 sowie die Lage des Spektrums von A.

vi.) Sei $0 \leq A \leq B$. Zeigen Sie, dass dann $\|A\| \leq \|B\|$ gilt.

vii.) Zeigen Sie, dass für $A \geq 0$ und $\lambda > 0$ der Endomorphismus $A + \lambda \mathbb{1}$ invertierbar ist.

viii.) Betrachten Sie $V = \mathbb{C}^2$ mit

$$A = \begin{pmatrix} 1 & 0 \\ 0 & 0 \end{pmatrix} \quad \text{und} \quad B = \begin{pmatrix} 2 & 1 \\ 1 & 1 \end{pmatrix}. \tag{7.11.46}$$

Zeigen Sie $0 \leq A \leq B$. Zeigen Sie, dass $A^2 \leq B^2$ *nicht* gilt.

Diese Ordnungsrelation auf den selbstadjungierten Abbildungen findet ihre wahre Bestimmung in der Theorie der C^*-Algebren. Es folgen dann viele weitere Verträglichkeiten von $\leq$ mit algebraischen Eigenschaften, die selbst in der endlich-dimensionalen Situation alles andere als offensichtlich sind. Beispielsweise gilt für $0 \leq A \leq B$ immer $\sqrt{A} \leq \sqrt{B}$ für die eindeutigen positiven Wurzeln, obwohl es für die entsprechende Ungleichung beim Quadrieren sofort leichte Gegenbeispiele wie in (7.11.46) gibt.

> Hinweis: Für die gesamte Übung ist der polynomiale Kalkül aus Übung 6.45 hilfreich.

Übung 7.48 (Parallelogramm-Identität II).
Finden Sie geeignete Beispiele von 2×2-Matrizen, die zeigen, dass die Operatornorm die Parallelogramm-Identität im allgemeinen nicht erfüllt.

Übung 7.49 (Operatornorm von $\Theta_{v,w}$).
Seien V und W endlich-dimensionale euklidische oder unitäre Vektorräume, und seien $v \in V$ und $w \in W$ gegeben. Bestimmen Sie die Operatornorm von $\Theta_{v,w}$. Bestimmen Sie auch die höheren Approximationszahlen $a_k(\Theta_{v,w})$.

Übung 7.50 (Pauli-Matrizen IV).
Bestimmen Sie die Operatornormen der Pauli-Matrizen.

Übung 7.51 (Dualraum von $\mathrm{M}_n(\mathbb{C})$).
Sei $n \in \mathbb{N}$.

i.) Zeigen Sie, dass jede Matrix $A \in \mathrm{M}_n(\mathbb{C})$ als Linearkombination von vier positiven Matrizen geschrieben werden kann.

ii.) Zeigen Sie, dass jedes lineare Funktional $\varphi \colon \mathrm{M}_n(\mathbb{C}) \longrightarrow \mathbb{C}$ als Linearkombination von vier positiven linearen Funktionalen geschrieben werden kann.

Übung 7.52 (Die Kommutante). Sei $\mathscr{A} \subseteq \mathrm{M}_n(\mathbb{K})$ eine nichtleere Teilmenge. Dann definiert man die *Kommutante* $\mathscr{A}'$ von $\mathscr{A}$ durch

$$\mathscr{A}' = \left\{ B \in \mathrm{M}_n(\mathbb{K}) \mid \text{für alle } A \in \mathscr{A} \text{ gilt } [A, B] = 0 \right\}. \qquad (7.11.47)$$

i.) Zeigen Sie, dass die Kommutante von $\mathscr{A}$ ein Unterraum von $\mathrm{M}_n(\mathbb{K})$ ist.

ii.) Zeigen Sie, dass die Kommutante von $\mathscr{A}$ ein Unterring von $\mathrm{M}_n(\mathbb{K})$ mit $\mathbb{1} \in \mathscr{A}'$ ist.

iii.) Sei nun zudem $\mathscr{A}$ unter Adjunktion abgeschlossen, also $A^* \in \mathscr{A}$ für alle $A \in \mathscr{A}$. Zeigen Sie, dass dann auch $\mathscr{A}'$ unter Adjunktion abgeschlossen ist.

iv.) Zeigen Sie $\mathscr{A} \subseteq \mathscr{A}''$.

v.) Sei $\mathscr{B}$ eine weitere Teilmenge von $\mathrm{M}_n(\mathbb{K})$ mit $\mathscr{A} \subseteq \mathscr{B}$. Zeigen Sie, dass dann $\mathscr{B}' \subseteq \mathscr{A}'$.

vi.) Zeigen Sie $\mathscr{A}''' = \mathscr{A}'$.

Übung 7.53 (Beweisen oder widerlegen). Beweisen oder widerlegen Sie folgende Aussagen:

i.) Auf jedem komplexen Vektorraum existiert eine Norm.

ii.) Eine Isometrie ist immer surjektiv.

iii.) Jeder selbstadjungierte Projektor ist eine partielle Isometrie.

iv.) Zu jeder Matrix $A \in \mathrm{M}_n(\mathbb{K})$ gibt es ein geeignetes Skalarprodukt auf $\mathbb{K}^n$, so dass A bezüglich dieses Skalarprodukts selbstadjungiert wird.

v.) Jede Matrix $P \in \mathrm{M}_n(\mathbb{C})$ mit $P^2 = P$ ist ein Orthogonalprojektor bezüglich des Standardskalarprodukts.

vi.) Jede Matrix $P \in \mathrm{M}_n(\mathbb{C})$ mit $P^2 = P$ ist ein Orthogonalprojektor bezüglich eines geeigneten Skalarprodukts auf V.

vii.) Eine invertierbare Matrix $A \in \mathrm{M}_n(\mathbb{R})$ ist orthogonal für ein geeignet gewähltes Skalarprodukt auf $\mathbb{R}^n$.

viii.) Ist U eine unitäre (orthogonale) Matrix, so gilt notwendigerweise $|U_{ij}| \leq 1$ für alle Matrixeinträge U_{ij} von U.

ix.) Eine unitäre Matrix $U \in \mathrm{M}_n(\mathbb{C})$ ist genau dann orthogonal, wenn $U = \overline{U}$ gilt.

x.) Eine obere Dreiecksmatrix ist nie orthogonal.

xi.) Für $n \in \mathbb{N}$ gibt es unendlich viele unitäre obere Dreiecksmatrizen in $\mathrm{M}_n(\mathbb{C})$.

xii.) Bei einer normalen Matrix ist die Spur gleich der Summe und die Determinante gleich dem Produkt der Eigenwerte (mit Multiplizität).

xiii.) Die Untergruppe $\mathrm{SU}(n) \subseteq \mathrm{GL}_n(\mathbb{C})$ ist normal.

xiv.) Gilt $|U_{ij}| \leq 1$ für alle Einträge einer Matrix $U \in \mathrm{M}_n(\mathbb{C})$ beziehungsweise $U \in \mathrm{M}_n(\mathbb{R})$, so ist U unitär beziehungsweise orthogonal.

xv.) Jede normale Matrix ist selbstadjungiert.

xvi.) Jede selbstadjungierte Matrix ist normal.

xvii.) Jede partielle Isometrie auf einem endlich-dimensionalen unitären Vektorräumen ist normal.

xviii.) Eine Matrix $A \in \mathrm{M}_n(\mathbb{C})$ ist genau dann normal, wenn UAU^* für eine (für alle) unitären Matrizen U normal ist.

xix.) Sei $A\colon \mathbb{R}^4 \longrightarrow \mathbb{R}^3$ linear mit Polarzerlegung $A = U|A|$. Dann ist U nie eine Isometrie.

xx.) Die Matrix

$$P = \begin{pmatrix} \frac{3}{4} & 1 & 0 & \frac{15}{16} \\ 1 & \frac{17}{16} & -\frac{1}{2} & \frac{3}{4}\mathrm{i} \\ 0 & -\frac{1}{2} & 0 & \frac{2}{7} \\ \frac{15}{16} & \frac{3}{4}\mathrm{i} & \frac{2}{7} & 1 \end{pmatrix} \tag{7.11.48}$$

ist ein Orthogonalprojektor bezüglich des Standardskalarprodukts in $\mathbb{C}^4$.

xxi.) Für einen Orthogonalprojektor P gilt $P = |P|$.

xxii.) Es gibt eine partielle Isometrie $U\colon \mathbb{R}^4 \longrightarrow \mathbb{R}^3$ bezüglich der Standardskalarprodukte, welche keine 1 als Eintrag besitzt und Rang 2 hat.

xxiii.) Seien $A, B \in \mathrm{M}_n(\mathbb{C})$ positiv (definit). Dann ist AB ebenfalls positiv (definit).

xxiv.) Eine Matrix $A \in \mathrm{M}_n(\mathbb{C})$ ist genau dann positiv, wenn alle ihre Eigenwerte größer oder gleich null sind.

xxv.) Für den Absolutbetrag von selbstadjungierten Matrizen $A, B \in \mathrm{M}_n(\mathbb{C})$ gilt $|A + B| \leq |A| + |B|$.

Anhang A
Grundbegriffe der Logik

Die Logik stellt die Regeln bereit, mit denen in der Mathematik Aussagen miteinander verknüpft werden können. In diesem kleinen Anhang wollen wir kurz einige grundlegende Überlegungen hierzu anstellen. Eine formale Definition, was Logik, Aussagen und dergleichen sind, soll hier nicht gegeben werden, auch wenn dies ein spannendes Kapitel der Mathematik ist. Bei Interesse sei hier auf die weiterführende Literatur wie etwa [6] verwiesen.

A.1 Aussagen und Junktoren

Aussagen in der Mathematik sind sprachliche Gebilde aus zuvor festgelegten Zeichenketten, von denen es sinnvoll ist zu sagen, sie seien wahr oder falsch. Als Beispiel seien etwa die Aussagen

- $1 + 1 = 2$.
- π ist eine ganze Zahl.
- Heute scheint die Sonne.

genannt. Sätze wie „Bringe bitte Du den Müll raus." sind hingegen keine Aussagen. Es sei hier jedoch angemerkt, dass eine echte mathematische Präzisierung offenbar festlegen muss, welche „Zeichen" und „Wörter" verwendet werden dürfen. Selbst dann kann es vorkommen, dass man Antinomien, also Widersprüche der Form „Ich bin ein Lügner." oder „Diese Aussage ist falsch." erhält. Schwierigkeiten treten insbesondere dann auf, wenn *selbstbezügliche Aussagen*, also Aussagen, die etwas über sich selbst aussagen, erlaubt sind. Wie damit umzugehen ist, wird in der formalen Logik studiert und soll uns zunächst nicht weiter belasten.

Die Grundaufgabe der Mathematik kann man so verstehen, dass ausgehend von einigen Grundannahmen, den *Axiomen* der jeweiligen Theorie, die Wahrheit von verschiedenen Aussagen innerhalb der Theorie geprüft und wenn möglich entschieden werden soll. Die Regeln und Konstruktionen, nach de-

© Springer-Verlag GmbH Deutschland, ein Teil von Springer Nature 2021
S. Waldmann, *Lineare Algebra 1*, https://doi.org/10.1007/978-3-662-63263-5

nen aus gegebenen Aussagen neue erhalten werden können, wollen wir nun vorstellen. Zuerst sind hier die *Junktoren* zu nennen:

Definition A.1 (Junktoren). Für zwei Aussagen p und q lassen sich folgende neue Aussagen bilden:

i.) Die Negation $\neg p$ von p ist genau dann wahr, wenn p falsch ist.

ii.) Die Konjunktion $p \wedge q$ von p und q ist genau dann wahr, wenn sowohl p als auch q wahr sind.

iii.) Die Disjunktion $p \vee q$ von p und q ist genau dann wahr, wenn p oder q wahr sind. Hier ist ein inklusives „oder" gemeint.

iv.) Die Implikation $p \implies q$ von p nach q ist genau dann wahr, wenn aus der Wahrheit von p die Wahrheit von q folgt.

v.) Die Äquivalenz $p \iff q$ von p und q ist genau dann wahr, wenn entweder sowohl p als auch q wahr sind oder wenn sowohl p als auch q falsch sind.

vi.) Der Scheffersche Strich $p|q$ von p und q ist genau dann wahr, wenn nicht beide Aussagen p und q wahr sind.

Weitere gebräuchliche Abkürzungen, insbesondere in der Informatik und Computertechnik, für diese Junktoren sind NON für die Negation, AND für die Konjunktion, OR für die Disjunktion und NAND für den Schefferschen Strich.

Die Junktoren sind offenbar nicht alle unabhängig voneinander. Vielmehr gibt es verschiedene Relationen zwischen ihnen. So gilt beispielsweise, dass der Scheffersche Strich $p|q$ äquivalent zur Aussage $\neg(p \wedge q)$ ist. Die Äquivalenz von p und q lässt sich als $(p \implies q) \wedge (q \implies p)$ verstehen. Schließlich lassen sich alle der obigen Junktoren durch Kombination von Schefferschen Strichen schreiben, so ist beispielsweise $\neg p$ äquivalent zu $p|p$.

Es ist nützlich, sich die Junktoren anhand einer *Wahrheitstabelle* zu verdeutlichen, siehe Tab. A.1. In komplizierteren Kombinationen der Junktoren

p	q	$\neg p$	$p \wedge q$	$p \vee q$	$p \implies q$	$p \iff q$	$p|q$
w	w	F	w	w	w	w	F
w	F	F	F	w	F	F	w
F	w	w	F	w	w	F	w
F	F	w	F	F	w	w	w

Tabelle A.1 Wahrheitstabelle für die Junktoren

ist es erforderlich, Klammern zu setzen, um eine eindeutige Reihenfolge bei der Verknüpfung zu erzielen: Es ist beispielsweise $\neg(p \wedge q)$ von $(\neg p) \wedge q$ zu unterscheiden, was man sich leicht anhand der Tab. A.1 klarmachen kann.

Wir sammeln nun einige Rechenregeln für die Junktoren, deren Nachweis anhand der Tab. A.1 durch entsprechende Fallunterscheidungen eine kleine Übung darstellt:

Proposition A.2. *Seien p, q und r Aussagen.*

i.) Die doppelte Verneinung ist eine Bejahung, also $\neg(\neg p) \iff p$.

ii.) Es gelten die de Morganschen Regeln

$$\neg(p \vee q) \iff (\neg p) \wedge (\neg q) \quad \text{sowie} \quad \neg(p \wedge q) \iff (\neg p) \vee (\neg q). \tag{A.1.1}$$

iii.) Es gelten die Kommutativgesetze

$$p \wedge q \iff q \wedge p \quad \text{sowie} \quad p \vee q \iff q \vee p. \tag{A.1.2}$$

iv.) Es gelten die Assoziativgesetze

$$p \wedge (q \wedge r) \iff (p \wedge q) \wedge r \quad \text{sowie} \quad p \vee (q \vee r) \iff (p \vee q) \vee r. \tag{A.1.3}$$

v.) Es gelten die Distributivgesetze

$$p \wedge (q \vee r) \iff (p \wedge q) \vee (p \wedge r) \quad \text{sowie} \quad p \vee (q \wedge r) \iff (p \vee q) \wedge (p \vee r). \tag{A.1.4}$$

vi.) Es gelten die Idempotenzgesetze

$$p \wedge p \iff p \quad \text{sowie} \quad p \vee p \iff p. \tag{A.1.5}$$

Mithilfe dieser Rechenregeln lassen sich nun auch kompliziertere Kombinationen von $\neg$, $\wedge$ und $\vee$ vereinfachen. In der theoretischen Informatik und bei computergestützten Beweisen werden diese Regeln in Computerprogrammen implementiert und systematisch ausgenutzt. Unser Zugang zum Beweisen wird von diesen Regeln selbstverständlich ebenfalls Gebrauch machen, allerdings meist ohne explizit darauf zu verweisen.

A.2 Beweisstrategien

Ein mathematischer Satz hat oftmals die Struktur, dass eine Aussage p eine andere Aussage q impliziert, also $p \implies q$, oder dass zwei Aussagen p und q äquivalent sind, also $p \iff q$. Man denke etwa an den (wahren) Satz, dass für eine natürliche Zahl n gilt

$$n \text{ ist gerade} \iff n^2 \text{ ist gerade.} \tag{A.2.1}$$

Hier müssen also beide Implikationen für $\iff$ nachgewiesen werden. Dabei ist es natürlich keineswegs ausreichend, seine Überredungskünste spielen zu lassen („Mein Vater hat gemeint, dass (A.2.1) richtig sei, und er muss es ja wissen.") oder an eine scheinbar offensichtliche Klarheit des Satzes zu appellieren („Das ist ja trivial."). In Lehrbüchern der Mathematik wird man oft letztere Formulierung finden. Dies bedeutet dann lediglich, dass der Beweis einfach genug ist, ihn dem Leser zu überlassen. Es handelt sich somit *keines-*

wegs um einen mathematischen Beweis, sondern vielmehr um eine freundliche Aufforderung, selbst Hand anzulegen und einen stimmigen Beweis zu liefern.

Wir wollen nun einige *Beweisstrategien* vorstellen, die immer wieder in der Mathematik Verwendung finden. Oftmals sind es auch Kombinationen aus diesen, die sich zu einem großen Beweis zusammenfügen:

- *Direkter Beweis:* Hier soll eine Aussage $p \implies q$ gezeigt werden. Man nimmt daher an, p sei wahr, und versucht zu zeigen, dass unter dieser Voraussetzung auch q wahr ist. Die Art, ob und wie dies erreicht werden kann, hängt natürlich stark von der konkreten Situation ab.
- *Indirekter Beweis:* Um die Aussage $p \implies q$ zu zeigen, kann man alternativ auch die dazu äquivalente Aussage $\neg q \implies \neg p$ zeigen. Anhand einer kleinen Fallunterscheidung mittels der Tab. A.1 sieht man die Äquivalenz

$$(p \implies q) \iff (\neg q \implies \neg p) \qquad (A.2.2)$$

  dieser beiden Aussagen. Man muss also zeigen, dass unter der Voraussetzung, dass q falsch ist, auch p falsch ist. Dies geschieht dann beispielsweise mit einem direkten Beweis, und die Äquivalenz in (A.2.2) zeigt dann die ursprüngliche Aussage $p \implies q$.
- *Widerspruch und Gegenbeispiel:* Ebenso kann man die Äquivalenz

$$(p \implies q) \iff \neg(p \wedge \neg q) \qquad (A.2.3)$$

  verwenden. Zunächst überlegt man sicher wieder anhand der Tab. A.1, dass die Äquivalenz (A.2.3) korrekt ist. Um (A.2.3) zu verwenden, nimmt man also an, dass p wahr und q falsch ist. Dann ist zu zeigen, dass dies zu einem Widerspruch führt, also nicht möglich sein kann. Ein derartiger Widerspruchsbeweis kann oft dadurch erreicht werden, dass man aus der Annahme $p \wedge \neg q$ eine Aussage folgert, zu der es ein Gegenbeispiel gibt, die also damit falsch ist. Dann muss auch die ursprüngliche Aussage $p \wedge \neg q$ falsch gewesen sein, womit die Richtigkeit von $\neg(p \wedge \neg q)$ folgt. Bei der Verwendung von Gegenbeispielen ist natürlich darauf zu achten, dass man durch das Finden noch so vieler positiver Beispiele noch keine allgemein gültige Aussage beweisen kann, aber durch das Finden *eines* Gegenbeispiels deren allgemeine Gültigkeit sehr wohl widerlegt hat. Zur Illustration sei hier folgender nicht ganz ernst gemeinter Satz bewiesen: *Alle natürlichen Zahlen sind interessant.* Hier ist also p die Aussage „n ist natürliche Zahl." und q ist die Aussage „n ist interessant.". Um $p \implies q$ zu zeigen, nehmen wir an, n sei eine natürliche Zahl, die *nicht* interessant ist, also $p \wedge \neg q$. Dann gibt es also nicht interessante natürliche Zahlen, nämlich insbesondere das uninteressante n. Wir betrachten nun die Menge aller natürlichen Zahlen, die uninteressant sind. Eine wesentliche Eigenschaft von nichtleeren Mengen natürlicher Zahlen ist nun, dass es immer eine kleinste natürliche Zahl in dieser Menge geben muss. In unserem Fall schließen wir, dass es eine kleinste uninteressante natürliche

Zahl gibt. Das ist der Widerspruch, den wir erreichen wollten, da diese Zahl natürlich schon allein deshalb interessant ist, weil sie die *kleinste* uninteressante Zahl ist. ☺

- *Ringschluss:* Oftmals tritt die Situation auf, dass man nicht nur eine Äquivalenz, sondern gleich mehrere Äquivalenzen

$$p_1 \iff p_2 \iff \cdots \iff p_n \qquad \text{(A.2.4)}$$

zeigen möchte. Anstatt alle $2(n-1)$ Implikationen in (A.2.4) einzeln zu zeigen, ist es daher ökonomischer, nur folgenden Ring

$$p_1 \implies p_2 \implies \cdots \implies p_n \implies p_1 \qquad \text{(A.2.5)}$$

von n Implikationen zu zeigen. Damit erhält man offenbar alle nötigen Implikationen für (A.2.4), indem man den Kreis entsprechend weiter durchläuft.

Man beachte aber, dass es sich hierbei *nicht* um einen (unsinnigen) Zirkelschluss handelt, da wir ja nur die Äquivalenz der Aussagen, aber nicht deren individuelle Gültigkeit zeigen wollen.

A.3 Quantoren

Viele Aussagen in der Mathematik handeln von vielen Situation auf einmal, etwa „Alle Primzahlen größer als 2 sind ungerade." oder „Für alle natürlichen Zahlen n ist $n(n+1)$ eine gerade Zahl.". Man möchte also nicht nur eine Aussage über eine einzelne Primzahl oder natürliche Zahl treffen, sondern eine Aussage für alle möglichen Kombinationen auf einmal. Das Symbol n tritt hier als eine Variable auf, die eine gewisse Wertemenge, hier die natürlichen Zahlen, durchlaufen soll. Den Begriff der Menge werden wir noch etwas genauer fassen müssen, für unsere Zwecke genügt hier jedoch eine naive Vorstellung.

Hat man also eine Menge von Aussagen p_i, die durch eine Variable i gekennzeichnet sind und deren Wertemenge eine Menge I ist, so schreiben wir $\{p_i\}_{i \in I}$. Wir sagen auch, dass die Menge der Aussagen durch I indiziert ist. Aus einer solchen Menge von Aussagen wollen wir folgende neuen Aussagen konstruieren:

Definition A.3 (Quantoren). Seien $\{p_i\}_{i \in I}$ durch eine Menge I indizierte Aussagen.

- *i.)* Die Aussage $\forall i \in I : p_i$ ist genau dann wahr, wenn p_i für alle i in I wahr ist.

- *ii.)* Die Aussage $\exists i \in I : p_i$ ist genau dann wahr, wenn es ein i in I gibt, für das die Aussage p_i wahr ist.

iii.) Die Aussage $\exists!i \in I \colon p_i$ ist genau dann wahr, wenn es genau ein i in I gibt, für das die Aussage p_i wahr ist.

Es sind auch leicht andere Schreibweisen üblich, etwa $(\forall i \in I)p_i$ etc. Wichtig ist nur, dass man durch etwaige Klammerung eine eindeutige Bedeutung erzielt. Weiter schreibt man auch oft $\forall i$ unter Auslassung der Wertemenge I, sofern diese aus dem Zusammenhang klar ist, sowie $\forall i, j \in I$ anstelle von $(\forall i \in I) \wedge (\forall j \in I)$ etc.

Das Symbol $\forall$ heißt auch der *Allquantor*, $\exists$ ist der *Existenzquantor* und $\exists!$ heißt *Quantor der eindeutigen Existenz*.

Zu Illustration geben wir nun einige elementare Beispiele:

Beispiel A.4 (Quantoren).

i.) Die Aussage „$\forall p \in$ Primzahlen: p ist ungerade." ist falsch, da 2 eine gerade Primzahl ist. Andererseits ist die Aussage „$\exists p \in$ Primzahlen: p ist gerade." eine richtige Aussage. Hier können wir $\exists$ sogar durch $\exists!$ ersetzen, da ja 2 die einzige gerade Primzahl ist.

ii.) Die Aussage „$\forall n \in \mathbb{N} \colon \exists k \in \mathbb{N} \colon k > n$" ist eine wahre Aussage, da zu einer gegebenen natürlichen Zahl n die Zahl $n + 1$ wieder eine natürliche Zahl ist, welche nun größer als n ist. Umgekehrt ist die Aussage „$\exists k \in \mathbb{N} \colon \forall n \in \mathbb{N} \colon k > n$" falsch. Die Reihenfolge ist daher beim Verwenden von Quantoren sorgfältig zu beachten.

Bemerkung A.5 (Verwendung von Quantoren). Während die Verwendung von Quantoren in Vorlesungen und auch bei der Bearbeitung von Aufgaben eine willkommene Kurzschreibweise darstellt, ist es in längeren Texten jedoch üblich, darauf zu verzichten. Mathematische Texte sind ohnehin meist kurz gehalten, sodass ein zu exzessiver Gebrauch von Quantoren anstelle umgangssprachlicher Formulierungen die Lesbarkeit unnötig erschwert. Wir werden daher außer in den beiden Anhängen weitgehend darauf verzichten.

A.4 Vollständige Induktion

Auch wenn wir noch über keine mathematisch ansprechende Definition der natürlichen Zahlen verfügen, wollen wir doch bereits an dieser Stelle eine ihrer wesentlichen Eigenschaften verwenden: Jede nichtleere Teilmenge $A \subseteq \mathbb{N}$ von natürlichen Zahlen hat ein kleinstes Element. Mit dieser Feststellung lässt sich ein mächtiges Werkzeug zum Beweisen mathematischer Aussagen finden:

Satz A.6 (Vollständige Induktion). *Für jedes $n \in \mathbb{N}$ sei eine Aussage p_n vorgegeben. Wir nehmen an, dass*

i.) die Aussage p_1 wahr ist,

ii.) für alle $n \in \mathbb{N}$ die Aussage p_{n+1} wahr ist, sofern p_n wahr ist.

In diesem Fall sind alle Aussagen p_n wahr.

Beweis. Sei nämlich $A \subseteq \mathbb{N}$ diejenige Teilmenge von natürlichen Zahlen n, für die p_n falsch ist. Ist $A = \emptyset$, so ist der Satz bewiesen. Wir nehmen daher an, dass $A \neq \emptyset$. Dann hat A ein Minimum $n_0 \in A$: Für dieses n_0 ist p_{n_0} falsch. Da nach *i.)* aber p_1 wahr ist, muss $n_0 \geq 2$ gelten. Insbesondere ist $n_0 - 1 \in \mathbb{N}$. Dann folgt aber, dass p_{n_0-1} eine wahre Aussage ist, da n_0 minimal ist. Nach Voraussetzung *ii.)* ist daher p_{n_0} wahr, ein Widerspruch. $\qquad\square$

Wir können mit diesem Induktionsprinzip viele Aussagen auf einmal beweisen, es müssen entsprechend nur die beiden Bedingungen *i.)* und *ii.)* gezeigt werden, was oftmals viel einfacher ist, als alle (unendlich vielen) Aussagen separat zu zeigen. Man nennt *i.)* den *Induktionsanfang* und *ii.)* den *Induktionsschritt*. Bei der Verwendung dieses Satzes ist aber sorgfältig darauf zu achten, nicht nur den Induktionsschritt nachzuweisen, sondern auch den Induktionsanfang: Ohne diese Voraussetzung ist die Schlussfolgerung des Satzes sicherlich falsch, da die Teilmenge A aus dem Beweis ja ganz $\mathbb{N}$ sein könnte und man daher keinen Widerspruch erhalten kann.

Ein Induktionsbeweis bietet sich immer dann an, wenn es zum einen um Aussagen geht, die durch natürliche Zahlen parametrisiert werden. Mit kleinen Modifikationen kann man natürlich auch endlich viele Aussagen betrachten. Zum anderen benötigt man meist eine gute Idee, wie die zu beweisenden, richtigen Aussagen aussehen könnten: Je mehr man beweisen will, also je stärker die zu zeigenden Aussagen p_n sind, desto mehr hat man auch im Beweis des Induktionsschritts von p_n nach p_{n+1} zur Verfügung. Daher ist für Induktionsbeweise Bescheidenheit meist eine schlechte Idee.

Eine andere Anwendung des Induktionsprinzips ist, dass wir mathematische Objekte induktiv definieren können: Man definiert ein mathematisches Objekt P_n zunächst für $n = 1$ und gibt dann eine Regel an, wie P_n definiert werden soll, sofern man P_{n-1} bereits definiert hat. Wir werden für diese rekursive Art der Definition noch verschiedene Beispiele sehen.

A.5 Übungen

Übung A.1 (Schefferscher Strich). Schreiben Sie die Junktoren aus Definition A.1 mithilfe geeigneter Kombinationen des Schefferschen Strichs.

Übung A.2 (Die Wahrheit). Verifizieren Sie durch entsprechende Fallunterscheidungen die Gültigkeit der Tab. A.1.

Übung A.3 (Über Pinguine). Ein Pinguin wird durch 4 Werte a_ℓ, a_r, f_ℓ, f_r aus $\{0, 1\}$ beschrieben. Diese beschreiben (in dieser Reihenfolge) die „Anzahl der Augen links", „Anzahl der Augen rechts", „Anzahl der Flügel links", „Anzahl der Flügel rechts". Wir nennen einen Pinguin „links-vollständig" wenn $a_\ell = 1$ und $f_\ell = 1$. Wir nennen ihn „symmetrisch" wenn $a_\ell = a_r$ und $f_\ell = f_r$. Schließlich heißt ein Pinguin „vollständig", wenn $a_\ell = a_r = f_\ell = f_r = 1$ gilt.

i.) Zeigen Sie, dass ein Pinguin genau dann vollständig ist, wenn er links-vollständig und symmetrisch ist.

ii.) Widerlegen Sie, dass ein symmetrischer Pinguin mindestens so viele Augen wie Flügel besitzt.

iii.) Zeigen oder widerlegen Sie, dass ein links-vollständiger und nicht symmetrischer Pinguin keinen rechten Flügel besitzt.

Übung A.4 (Induktionsbeweise). Es sollen nun einige einfache Beweise durch vollständige Induktion geführt werden.

i.) Sei $q \in \mathbb{R} \setminus \{1\}$ eine reelle Zahl ungleich 1. Dann gilt für alle $n \in \mathbb{N}$

$$1 + q + q^2 + \cdots + q^n = \frac{1 - q^{n+1}}{1 - q}. \tag{A.5.1}$$

ii.) Die *Fakultät* $n!$ von $n \in \mathbb{N}_0$ sei induktiv durch $0! = 1$ und $n! = n(n-1)!$ definiert. Zeigen Sie, dass

$$n! = 1 \cdot 2 \cdots (n-1) \cdot n \tag{A.5.2}$$

das Produkt der ersten n natürlichen Zahlen ist.

iii.) Untersuchen Sie, für welche n

$$2^n \leq n! \tag{A.5.3}$$

gilt. Hier sollte deutlich werden, dass der Induktionsanfang eine entscheidende Rolle spielt.

iv.) Betrachten Sie analog die Ungleichung

$$n^2 \leq 2^n, \tag{A.5.4}$$

und bestimmen Sie diejenigen n, für die (A.5.4) gültig ist. Auch hier ist ein Induktionsbeweis eine Option.

Anhang B
Mengen und Abbildungen

Kaum ein anderer Begriff der Mathematik hat eine so grundlegende Bedeutung wie der der *Menge*. Ebenfalls kaum ein anderer Begriff hat in der Geschichte der Mathematik zu solch hitzigen Debatten geführt: die ursprünglichen Versionen der Mengenlehre steckten voll von zum Teil subtil verborgenen Unklarheiten und Widersprüchen, welche nur mühsam bereinigt werden konnten. Der moderne Standpunkt einer axiomatischen Mengenlehre vermeidet und löst alle diese anfänglichen Schwierigkeiten, eignet sich allerdings wenig für eine Präsentation in den ersten Semestern. Der übliche Ausweg, der hier ebenfalls beschritten werden soll, ist daher, einen eher etwas naiven Standpunkt einzunehmen und lediglich die relevanten Konstruktionen zu erklären, welche man in der Mengenlehre vornehmen kann. Wir werden die Axiome zwar teilweise formulieren, aber auf eine stringente Beweisführung der behaupteten Aussagen in diesem Abschnitt weitgehend verzichten. Eine gut lesbare Einführung findet man in [8].

B.1 Der Begriff der Menge

Eine Menge ist eine Zusammenfassung von verschiedenen Dingen, die wir dann ihre *Elemente* nennen. Gelegentlich werden wir die Elemente von M auch die *Punkte* von M nennen. Für eine Menge M schreiben wir $x \in M$, wenn x ein Element von M ist. Gilt dies nicht, so schreiben wir $x \notin M$. Eine mathematisch akzeptable Definition ist dies natürlich noch nicht, da „Dinge" und „Zusammenfassung" etc. nicht definiert sind. Für unsere Zwecke wollen wir aber nur, wie bereits erläutert, einen intuitiven Zugang erzielen.

Eine Menge wird nun dadurch spezifiziert, dass wir angeben, welche Elemente sie enthält. Insbesondere sind zwei Mengen genau dann *gleich*, wenn sie die gleichen Elemente enthalten. Dies ist das *Extensionalitätsaxiom* der Mengenlehre.

Beispiel B.1 (Mengen). Wir illustrieren dies nun durch einige Beispiele.

© Springer-Verlag GmbH Deutschland, ein Teil von Springer Nature 2021
S. Waldmann, *Lineare Algebra 1*, https://doi.org/10.1007/978-3-662-63263-5

i.) Wir geben die Elemente in Form eine Aufzählung an, also etwa $M = \{a, b\}$ und $N = \{1, 2, 3\}$. Man beachte jedoch, dass die Mengen $\{a, a\}$ und $\{a\}$ gleich sind, da sie dieselben Elemente, nämlich a, enthalten. Zählen wir ein Element mehrmals auf, ändert sich die Menge nicht.

ii.) Ein wichtiges Beispiel einer Menge ist die *leere Menge* $\emptyset$. Dies ist diejenige Menge, die keine Elemente hat.

iii.) Die *natürlichen Zahlen* bezeichnen wir mit

$$\mathbb{N} = \{1, 2, 3, \ldots\} \tag{B.1.1}$$

und setzen

$$\mathbb{N}_0 = \{0, 1, 2, 3, \ldots\}. \tag{B.1.2}$$

Man beachte, dass in der Literatur auch andere Konventionen für die Bezeichnung der natürlichen Zahlen verwendet werden.

iv.) Weiter benötigen wir auch die Mengen der *ganzen Zahlen*

$$\mathbb{Z} = \{0, 1, -1, 2, -2, \ldots\} \tag{B.1.3}$$

und der *rationalen Zahlen*

$$\mathbb{Q} = \left\{ \tfrac{n}{m} \text{ wobei } n \in \mathbb{Z}, m \in \mathbb{N} \right\}. \tag{B.1.4}$$

Man beachte, dass bei der Aufzählung der rationalen Zahlen eine gewisse Redundanz besteht, da ja $\frac{nk}{mk} = \frac{n}{m}$ für $k \neq 0$.

v.) Schließlich werden wir auch die Menge der *reellen Zahlen* verwenden. Diese bezeichnen wir mit $\mathbb{R}$. Eine mathematisch präzise Definition der reellen Zahlen erfordert erheblich mehr Aufwand als bei den rationalen Zahlen: Es gibt hier verschiedene Varianten, die alle in der Analysis besprochen werden, siehe beispielsweise [1, Kap. 10].

Neben dem Extensionalitätsaxiom, welches eine Menge anhand ihrer Elemente charakterisiert, ist das *Aussonderungsaxiom* von entscheidender Bedeutung bei der Konstruktion neuer Mengen aus bereits vorhandenen: Sei M eine gegebene Menge und $p(x)$ eine Aussage, die wir für jedes $x \in M$ treffen können. Dann erhalten wir eine neue Menge N aus denjenigen Elementen $x \in M$, für welche die Aussage $p(x)$ wahr ist. Wir schreiben für diese Menge dann

$$N = \{x \in M \mid p(x) \text{ ist wahr}\} \tag{B.1.5}$$

oder auch $N = \{x \in M : p(x)\}$. Es werden also die Elemente von M ausgesondert, für welche $p(x)$ gilt.

Wir sehen in dieser Konstruktion, dass alle Elemente von N auch in M liegen. Im Allgemeinen nennen wir eine Menge N eine *Teilmenge* von M, wenn jedes Element von N auch Element von M ist. Wir schreiben dies als $N \subseteq M$, also

$$N \subseteq M \iff \forall x \in N : x \in M. \tag{B.1.6}$$

Wollen wir betonen, dass N eine *echte* Teilmenge von M ist, es also Elemente von M gibt, die nicht in N liegen, so schreiben wir $N \subsetneq M$. Ebenfalls gebräuchlich, aber oft etwas missverständlich ist $N \subset M$.

Beispiel B.2 (Aussonderung und Teilmengen). Wir geben nun einige weitere Beispiele für Aussonderung und Teilmengen:

i.) Die natürlichen Zahlen $\mathbb{N}$ sind eine Teilmenge von $\mathbb{N}_0$, was wiederum eine Teilmenge von den ganzen Zahlen $\mathbb{Z}$ darstellt. Es gilt also

$$\mathbb{N} \subseteq \mathbb{N}_0 \subseteq \mathbb{Z}. \tag{B.1.7}$$

Hier sind offenbar beide Inklusionen sogar echt: $\mathbb{N} \subsetneq \mathbb{N}_0 \subsetneq \mathbb{Z}$.

ii.) Identifizieren wir $n \in \mathbb{Z}$ mit $\frac{n}{1} \in \mathbb{Q}$, so wird $\mathbb{Z}$ eine Teilmenge von $\mathbb{Q}$, also

$$\mathbb{Z} \subseteq \mathbb{Q}. \tag{B.1.8}$$

iii.) Die leere Menge ist eine Teilmenge einer jeden Menge M, es gilt also

$$\emptyset \subseteq M \tag{B.1.9}$$

für eine beliebige Menge M.

iv.) Die geraden Zahlen und die Primzahlen erhalten wir durch Aussonderung

$$2\mathbb{Z} = \big\{ n \in \mathbb{Z} \mid n \text{ ist gerade} \big\} \tag{B.1.10}$$

und

$$\mathbb{P} = \big\{ n \in \mathbb{N} \mid n \text{ ist Primzahl} \big\}. \tag{B.1.11}$$

Die relevante Aussage im ersten Fall ist $p(n) = \exists m \in \mathbb{Z}\colon n = 2m$. Im zweiten Fall können wir die Eigenschaft, prim zu sein, durch

$$p(n) = (n \neq 1) \wedge ((\exists m, k \in \mathbb{N}\colon n = mk) \implies ((m = 1) \vee (k = 1))) \tag{B.1.12}$$

beschreiben.

Bemerkung B.3 (Die Menge aller Mengen). Wir können nun als Aussage auch $p(x) = (x \in x)$ betrachten, also „x enthält sich selbst als Element.". Sei nun M eine Menge, dann betrachten wir durch Aussonderung die Teilmenge

$$N = \big\{ x \in M \mid x \notin x \big\}. \tag{B.1.13}$$

Wir behaupten $N \notin M$. Man beachte, dass als Teilmenge natürlich $N \subseteq M$ gilt. Wir nehmen das Gegenteil an und behaupten $N \in M$. Zunächst gilt entweder $N \in N$ oder $N \notin N$. Wäre nun $N \in N$, so wäre dies im Widerspruch zur Definition der Menge N, da N nur diejenigen Elemente von M enthält, die sich selbst nicht enthalten. Wäre andererseits $N \notin N$, so müsste nach Definition von N die Teilmenge N ein Element von N sein, was ebenfalls einen Widerspruch, nämlich zu $N \notin N$ liefert. Daher kann $N \in M$ nicht

gelten, und wir haben unsere Behauptung durch einen Widerspruchsbeweis
gezeigt. Dies ist zunächst noch nicht weiter interessant. Da aber die Menge
M beliebig war, können wir aus dieser Überlegung schließen, dass es keine
Menge aller Mengen geben kann. Diese würde die gemäß (B.1.13) gebilde-
te Teilmenge ja als Element enthalten müssen, da sie *alle* Mengen enthält,
was wir aber gerade widerlegt haben. Als Fazit ist daher festzuhalten, dass
beim Aussonderungsaxiom sehr genau spezifiziert werden muss, dass es eine
umgebende Menge gibt, aus der ausgesondert werden soll.

Als Nächstes benötigen wir Regeln, die es uns erlauben, eine gewisse Reich-
haltigkeit der Mengenlehre sicherzustellen. Dazu dienen das Paarbildungsaxiom, das Vereinigungsaxiom sowie das Potenzmengenaxiom.

Das *Paarbildungsaxiom* fordert, dass es zu je zwei Mengen M und N eine
weitere Menge gibt, welche M und N als Elemente enthält. Mit anderen
Worten, $\{M, N\}$ ist wieder eine Menge.

Angewandt auf $M = N$ liefert dies eine Menge $\{M\}$ mit einem Element,
nämlich der Menge M. Man beachte, dass diese Menge von M verschieden
ist. Insbesondere können wir $M = \emptyset$ betrachten und erhalten mit $\{\emptyset\}$ eine
Menge mit einem Element, gegeben durch die leere Menge. Iteriert man dies,
so erhält man Mengen $\emptyset, \{\emptyset\}, \{\emptyset, \{\emptyset\}\}$, etc., welche alle verschieden sind.

Hat man nun eine Menge I gegeben, sowie Mengen M_i für jedes Element
$i \in I$, so nennt man $\{M_i\}_{i \in I}$ ein *Mengensystem* (oder auch eine Familie von
Mengen) mit der *Indexmenge* I. Das *Vereinigungsaxiom* fordert nun, dass es
zu jedem solchen Mengensystem $\{M_i\}_{i \in I}$ eine Menge M gibt, die *Vereinigung*
aller M_i, sodass M genau alle Elemente der einzelnen M_i enthält. Für dieses
M schreiben wir

$$M = \bigcup_{i \in I} M_i, \tag{B.1.14}$$

oder $M = M_1 \cup \cdots \cup M_n$, falls es sich nur um endlich viele Mengen handelt.
Es gelten nun folgende einfache Rechenregeln

$$M \cup \emptyset = M, \tag{B.1.15}$$

$$M \cup N = N \cup M, \tag{B.1.16}$$

$$M \cup (N \cup O) = (M \cup N) \cup O, \tag{B.1.17}$$

und

$$M \cup M = M \tag{B.1.18}$$

für die Vereinigung von Mengen M, N und O.

Das *Potenzmengenaxiom* sichert nun, dass die Gesamtheit aller Teilmengen einer Menge wieder eine Menge bilden, die *Potenzmenge* 2^M von M. Eine
andere Schreibweise für die Potenzmenge ist $\mathcal{P}(M)$. Die Bezeichnung 2^M rührt
daher, dass für eine endliche Menge M mit n Elementen die Potenzmenge 2^n
Elemente besitzt. Dies ist eine einfache kombinatorische Überlegung, welche
mit vollständiger Induktion bewiesen wird, siehe Übung B.9.

Es gibt nun noch einige weitere Axiome der Mengenlehre, welche unter anderem die Existenz und die Eigenschaften unendlicher Mengen betreffen. Zu erwähnen ist insbesondere noch das *Auswahlaxiom*, welches in verschiedenen Varianten formuliert werden kann. Seine Rolle gilt als umstritten bis mysteriös, lassen sich doch einige eher kontraintuitive Sachverhalte in der Mathematik mit seiner Hilfe zeigen. Wir werden einen recht pragmatischen Standpunkt einnehmen und das Auswahlaxiom in Form des Zornschen Lemmas an einigen Stellen bemühen. Eine schöne Darstellung der Rolle des Auswahlaxioms an verschiedensten Stellen in der Mathematik findet man in [9].

B.2 Operationen mit Mengen

Indem wir die Regeln der Aussonderung und der Vereinigung geschickt kombinieren, können wir neue Konstruktionen von Mengen angeben.

Definition B.4 (Komplement). Sei M eine Menge und $N \subseteq M$ eine Teilmenge. Dann ist das Komplement von N in M durch

$$M \setminus N = \left\{ x \in M \mid x \notin N \right\} \tag{B.2.1}$$

definiert. Alternativ schreibt man auch N^c, wenn klar ist, innerhalb welcher umgebenden Menge man das Komplement von N betrachtet.

Definition B.5 (Durchschnitt). Sei $\{M_i\}_{i \in I}$ ein Mengensystem. Dann ist der Durchschnitt von allen M_i durch

$$\bigcap_{i \in I} M_i = \left\{ x \mid \forall i \in I \colon x \in M_i \right\} \tag{B.2.2}$$

definiert.

Es gilt offenbar $M \setminus N \subseteq M$ ebenso wie

$$\bigcap_{i \in I} M_i \subseteq M_j \tag{B.2.3}$$

für alle Indizes $j \in I$. Für endlich viele Mengen schreiben wir auch $M_1 \cap \cdots \cap M_n$. Man beachte, dass die Aussonderung in der Definition des Durchschnitts innerhalb jeder der beteiligten Mengen M_i stattfinden kann. Daher benötigen wir für die Komplementbildung und den Durchschnitt kein neues Axiom der Mengenlehre.

Grafisch lassen sich Schnitte, Komplemente und Vereinigungen leicht visualisieren. Wir geben einige Beispiele in Abb. B.1.

Mithilfe des Paarbildungsaxioms können wir nun auch das kartesische Produkt von Mengen konstruieren. Dazu definieren wir für $x \in M$ und $y \in N$ das *geordnete Paar*

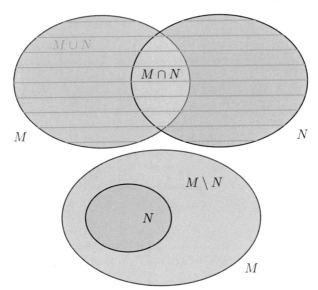

Abb. B.1 Mengentheoretische Operationen: Vereinigung, Schnitt und Komplement

$$(x, y) = \{x, \{x, y\}\}. \tag{B.2.4}$$

Der Grund für diese etwas umständlich erscheinende Definition ist, dass wir selbst für den Fall, dass $x = y$ gilt, das geordnete Paar als eine Menge mit *zwei* Elementen definieren wollen. Ein erster Versuch mit $\{x, y\}$ könnte dies nicht leisten, da für $x = y$ ja $\{x, x\} = \{x\}$ gilt. Für geordnete Paare gilt nun

$$(x, y) = (x', y') \iff x = x' \text{ und } y = y'. \tag{B.2.5}$$

Mittels des Vereinigungsaxioms können wir nun zuerst für ein festes $x \in M$ die Vereinigung aller geordneten Paare (x, y) für alle $y \in N$ bilden. Anschließend bilden wir noch die Vereinigung über alle $x \in M$. Dies liefert dann das *kartesische Produkt*

$$M \times N = \big\{ (x, y) \mid x \in M, y \in N \big\} \tag{B.2.6}$$

der Mengen M und N. Iterativ können wir auch größere kartesische Produkte bilden. Dazu definiert man das geordnete n-Tupel

$$(x_1, \ldots, x_n) = (x_1, (x_2, \ldots, x_{n-1})) \tag{B.2.7}$$

von $x_1 \in M_1, \ldots, x_n \in M_n$ iterativ für $n \geq 3$ und schreibt

$$M_1 \times \cdots \times M_n = \big\{ (x_1, \ldots, x_n) \mid x_1 \in M_1, \ldots, x_n \in M_n \big\}. \tag{B.2.8}$$

Streng genommen gilt $M_1 \times (M_2 \times M_3) \neq (M_1 \times M_2) \times M_3$, womit wir in (B.2.8) eigentlich Klammern setzen müssten. Unter Verwendung einer geeigneten Abbildung, deren allgemeine Natur wir in Abschn. B.4 diskutieren wollen, kann man aber sehen, dass beide Möglichkeiten auf natürliche Weise miteinander identifiziert werden können. Dies rechtfertigt die vereinfachte und durchaus übliche Schreibweise in (B.2.8). Gilt zudem $M_1 = \cdots = M_n = M$, so schreiben wir

$$M^n = M \times \cdots \times M \qquad (B.2.9)$$

für das n-fache kartesische Produkt der Menge M mit sich selbst. Die folgenden einfachen Beispiele illustrieren den Gebrauch des kartesischen Produkts:

Beispiel B.6 (Kartesisches Produkt).

i.) Wir betrachten die beiden Mengen $M = \{a, b\}$ und $N = \{1, 2, 3\}$. Dann gilt

$$M \times N = \{(a, 1), (a, 2), (a, 3), (b, 1), (b, 2), (b, 3)\}, \qquad (B.2.10)$$

womit das Produkt also $2 \cdot 3 = 6$ Elemente besitzt. Eine elementare kombinatorische Überlegung zeigt, dass für zwei endliche Mengen mit m und n Elementen das kartesische Produkt mn Elemente besitzt.

ii.) Die Zahlenebene

$$\mathbb{R}^2 = \left\{ (x, y) \mid x, y \in \mathbb{R} \right\} \qquad (B.2.11)$$

ist die Arena der ebenen Geometrie. Allgemein werden wir ein kartesisches Produkt $M \times N$ immer als „Ebene" darstellen, wobei die Elemente der Mengen entlang der jeweiligen Achsen aufgetragen werden. Diese Darstellung ist selbstverständlich nur symbolisch gemeint, da im Allgemeinen weder M noch N Teilmengen von $\mathbb{R}$ sein müssen, siehe auch Abb. B.2.

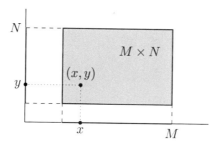

Abb. B.2 Symbolische Darstellung des kartesischen Produkts von M und N

iii.) Der Anschauungsraum

$$\mathbb{R}^3 = \left\{ (x, y, z) \mid x, y, z \in \mathbb{R} \right\} \qquad (B.2.12)$$

wird entsprechend zur Ebene für die dreidimensionale Geometrie genutzt. Er stellt auch ein mathematisches Modell des physikalischen Raumes in der Newtonschen Mechanik dar.

Wir tragen nun einige elementare Rechenregeln zusammen, die die Beziehungen von $\cup$, $\cap$ und $\setminus$ klären. Die Verifikation der behaupteten Beziehungen ist dabei eine kleine Übung.

Proposition B.7. *Sei M eine Menge und $N \subseteq M$. Dann gilt*

$$M \setminus (M \setminus N) = N, \tag{B.2.13}$$

$$M \setminus \emptyset = M \tag{B.2.14}$$

und

$$M \setminus M = \emptyset. \tag{B.2.15}$$

Proposition B.8. *Seien M, N, O Mengen. Dann gilt*

$$M \cap \emptyset = \emptyset, \tag{B.2.16}$$

$$M \cap N = N \cap M, \tag{B.2.17}$$

$$M \cap (N \cap O) = (M \cap N) \cap O \tag{B.2.18}$$

und

$$M \cap M = M. \tag{B.2.19}$$

Proposition B.9. *Seien I und J nichtleere Indexmengen sowie M, $\{M_i\}_{i \in I}$ und $\{N_j\}_{j \in J}$ Mengen. Dann gilt*

$$\left(\bigcap_{i \in I} M_i \right) \cup \left(\bigcap_{j \in J} N_j \right) = \bigcap_{i \in I, j \in J} (M_i \cup N_j), \tag{B.2.20}$$

$$\left(\bigcup_{i \in I} M_i \right) \cap \left(\bigcup_{j \in J} N_j \right) = \bigcup_{i \in I, j \in J} (M_i \cap N_j), \tag{B.2.21}$$

$$M \setminus \left(\bigcup_{i \in I} M_i \right) = \bigcap_{i \in I} (M \setminus M_i) \tag{B.2.22}$$

und

$$M \setminus \left(\bigcap_{i \in I} M_i \right) = \bigcup_{i \in I} (M \setminus M_i). \tag{B.2.23}$$

Hierbei ist es illustrativ, einige Spezialfälle für wenige Mengen aufzuschreiben. So gilt beispielsweise

$$M \cup (N \cap O) = (M \cup N) \cap (N \cup O) \tag{B.2.24}$$

und

$$M \cap (N \cup O) = (M \cap N) \cup (M \cap O), \tag{B.2.25}$$

siehe auch Abb. B.3.

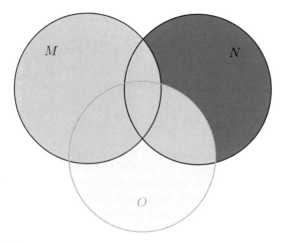

Abb. B.3 Grafische Illustration der Rechenregel $M \cup (N \cap O) = (M \cup N) \cap (M \cup O)$

B.3 Relationen

Relationen spielen in der Mathematik eine zentrale Rolle. Ein bekanntes Beispiel ist etwa die „kleiner gleich" Relation $\leq$ für natürliche Zahlen. Es sind aber auch deutlich kompliziertere Relationen denkbar: Man betrachte eine Landkarte als Teilmenge der Zahlenebene mit Seen und Inseln. Dann ist „trockenen Fußes erreichbar" eine Relation zwischen den Punkten der Inseln, welche eine anschauliche Definition der „Zusammenhangskomponenten" der Landmasse liefert.

Während diese Beispiele zweistellige Relationen darstellen, sind natürlich auch mehrstellige Relationen denkbar: etwa die Relation, dass drei Punkte der Ebene ein gleichseitiges Dreieck bilden. Um nun diese Beispiele genauer fassen zu können, wollen wir einen möglichst allgemeinen Standpunkt einnehmen. Charakteristisch für die obigen Beispiele von zweistelligen Relationen ist, dass Elemente $x \in M$ und $y \in N$ von zwei Mengen „in Relation" gebracht werden. Es müssen offenbar nicht alle x oder alle y überhaupt in Relation zu etwas stehen. Wichtig bei einer Relation ist zudem, dass sie sich auf zwei vorher festgelegte Mengen M und N bezieht: Die Relation $\leq$ kann man für natürliche Zahlen, reelle Zahlen oder noch kompliziertere Objekte in der Mathematik verwenden (etwa für selbstadjungierte Abbildungen auf einen euklidischen oder unitären Vektorraum etc.). Es ist dann natürlich immer eine andere Relation, obwohl man dasselbe Symbol verwendet. Diese Vorüberlegungen münden daher in folgende Definition:

Definition B.10 (Relation). Seien M und N Mengen. Eine Relation über M und N ist eine Teilmenge $R \subseteq M \times N$.

Um zu betonen, dass sich die Relation R auf M und N bezieht, kann man eine Relation auch als Tripel (M, N, R) von drei Mengen auffassen, wobei $R \subseteq M \times N$ gilt. Stehen nun zwei Elemente $x \in M$ und $y \in N$ in Relation R, gilt also $(x, y) \in R$, so schreiben wir oft kurz xRy.

Zur Illustration ist es nützlich, das Beispiel der Relation $\leq$ für reelle Zahlen nochmals grafisch aufzugreifen und als Teilmenge des kartesischen Produkts $\mathbb{R} \times \mathbb{R}$ aufzuzeichnen, siehe Abb. B.4.

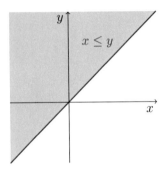

Abb. B.4 $\leq$-Relation als Teilmenge von $\mathbb{R} \times \mathbb{R}$

Relationen können offenbar sehr vielfältige Eigenschaften besitzen. Wir erwähnen hier nur einige oft auftretende:

Definition B.11 (Rechts- und linkseindeutige Relation). Seien M und N Mengen, und sei $R \subseteq M \times N$ eine Relation.

i.) Die Relation R heißt rechtseindeutig, falls

$$\forall x \in M \, \exists! y \in N : xRy. \tag{B.3.1}$$

ii.) Die Relation R heißt linkseindeutig, falls

$$\forall y \in N \, \exists! x \in M : xRy. \tag{B.3.2}$$

Gilt $M = N$, so gibt es weitere Eigenschaften von Relationen:

Definition B.12 (Äquivalenzrelation und partielle Ordnung). Sei M eine Menge und $R \subseteq M \times M$ eine Relation.

i.) Die Relation R heißt reflexiv, falls $\forall x \in M : xRx$.

ii.) Die Relation R heißt symmetrisch, falls $\forall x, y \in M : xRy \implies yRx$.

iii.) Die Relation R heißt transitiv, falls $\forall x, y \in M : (xRy \wedge yRz) \implies xRz$.

iv.) Die Relation R heißt Äquivalenzrelation, falls R reflexiv, symmetrisch und transitiv ist.

v.) Die Relation R heißt Präordnung (oder Quasiordnung), falls R reflexiv und transitiv ist.

vi.) Die Relation R heißt partielle Ordnung, falls R eine Präordnung mit der zusätzlichen Eigenschaft $\forall x, y \in M: (xRy \wedge yRx) \implies x = y$ ist.

vii.) Eine Präordnung R heißt Richtung und entsprechend (M, R) gerichtete Menge, falls es zu $x, y \in M$ ein $z \in M$ mit xRz und yRz gibt.

viii.) Eine partielle Ordnung R heißt total (oder linear), falls für alle $x, y \in M$ eine Relation xRy oder yRx besteht.

Beispiel B.13 (Relationen).

i.) Die Relation $\leq$ auf $\mathbb{N}$, $\mathbb{Q}$ oder auch auf $\mathbb{R}$ ist reflexiv, da $x \leq x$ für alle Zahlen gilt. Sie ist auch transitiv, da $x \leq y$ und $y \leq z$ impliziert, dass auch $x \leq z$ gilt. Allerdings ist $\leq$ nicht symmetrisch, da $x \leq x + 1$ aber $x + 1 \not\leq x$. Da es immer mehrere Zahlen gibt, die kleiner/größer als eine fest gewählte Zahl x sind, ist $\leq$ weder links- noch rechtseindeutig. Die Relation $\leq$ ist allerdings eine partielle Ordnung, ja sogar eine totale Ordnung.

ii.) Die (anschaulich definierte) Relation „trockenen Fußes erreichbar" ist eine Äquivalenzrelation.

iii.) Sei $p \in \mathbb{N}$ fest gewählt. Dann definieren wir eine Relation „äquivalent modulo p" oder auch „kongruent modulo p" auf $\mathbb{Z} \times \mathbb{Z}$ durch

$$n \equiv m \bmod p \iff n - m \in p\mathbb{Z}. \tag{B.3.3}$$

Die beiden Zahlen n und m stehen also in der Relation „äquivalent modulo p" genau dann, wenn ihre Differenz ein ganzzahliges Vielfaches von p ist. Für $p = 0$ bedeutet dies einfach, dass $n = m$ gilt. Für $p \neq 0$ ist die Situation komplizierter, aber man überzeugt sich leicht davon, dass „mod p" eine Äquivalenzrelation ist: Die Reflexivität ist klar, da $n - n = 0$ ein ganzzahliges Vielfaches von p ist. Ist nun $n - m = kp$ mit $k \in \mathbb{Z}$, so ist auch $m - n = (-k)p$ mit $-k \in \mathbb{Z}$, was die Symmetrie zeigt. Schließlich betrachten wir $n - m = kp$ und $m - \ell = rp$ mit $k, r \in \mathbb{Z}$. Dann ist $n - \ell = (k + r)p$ mit $k + r \in \mathbb{Z}$ wieder ein ganzzahliges Vielfaches von p. Also gilt auch die Transitivität.

iv.) Sei M eine Menge und 2^M ihre Potenzmenge. Auf 2^M definieren wir eine Relation über „Teilmenge sein", also $\subseteq$. Eine einfache Verifikation zeigt, dass $\subseteq$ reflexiv und transitiv, aber nicht symmetrisch ist. Es gilt beispielsweise immer $\emptyset \subseteq M$ aber im Allgemeinen $M \not\subseteq \emptyset$, außer wenn $M = \emptyset$. Damit ist $\subseteq$ eine Präordnung. Da Teilmengen $N, O \in 2^M$ durch ihre Elemente festgelegt sind, folgt aus $N \subseteq O$ und $O \subseteq N$ sofort $N = O$. Daher ist $\subseteq$ sogar eine partielle Ordnung. Da wir zu je zwei Teilmengen $N, O \subseteq M$ immer eine Teilmenge von M finden, die N und O enthält, beispielsweise $N \cup O$, sehen wir, dass $\subseteq$ auch eine Richtung ist. Damit ist die Potenzmenge also eine gerichtete Menge. Man sieht aber auch, dass hier keine totale Ordnung besteht, da zwei Teilmengen U und V von M im Allgemeinen nicht vergleichbar bezüglich $\subseteq$ sind.

Sei $(M, \leq)$ eine partiell geordnete Menge. Ein Element $p \in M$ heißt minimales Element oder *Infimum* (beziehungsweise maximales Element oder *Supremum*), falls aus $q \leq p$ (oder entsprechend $q \geq p$) folgt, dass $q = p$ gilt. Ein *Minimum* (beziehungsweise *Maximum*) ist ein Punkt $p \in M$ mit der Eigenschaft, dass für alle $q \in M$ gilt, dass $p \leq q$ (beziehungsweise $q \leq p$), siehe auch Übung B.5. Wir können nun das Lemma von Zorn formulieren, welches letztlich zum Auswahlaxiom der Mengenlehre äquivalent ist. Wir verzichten daher auf einen Beweis und verweisen auf die weiterführende Literatur wie beispielsweise [8,9].

Satz B.14 (Zornsches Lemma). *Sei $(M, \leq)$ eine nichtleere partiell geordnete Menge mit der Eigenschaft, dass jede bezüglich $\leq$ linear geordnete Teilmenge $N \subseteq M$ ein Supremum besitzt. Dann besitzt $(M, \leq)$ auch ein Supremum.*

Man beachte jedoch, dass ein Supremum nicht notwendigerweise eindeutig ist. Das Zornsche Lemma macht auch keinerlei Aussagen, wie ein Supremum gegebenenfalls zu finden ist: Es ist eine reine Existenzaussage.

B.4 Abbildungen

In der Schule ist eine Funktion immer an eine „Rechenvorschrift" geknüpft, also etwa von der Form $f(x) = x^2$, wobei jedem $x \in \mathbb{R}$ sein Quadrat zugeordnet wird. In der wissenschaftlichen Mathematik benötigen wir erheblich allgemeinere Funktionen und Abbildungen als derartige Rechenvorschriften. Wir wollen nun definieren, was eine Funktion von einer Menge in eine andere ist. Wir werden die Begriffe „Funktion" und „Abbildung" im Wesentlichen synonym verwenden. Oft wird jedoch „Funktion" für eine Abbildung mit Werten in den reellen oder komplexen Zahlen reserviert, während „Abbildung" der allgemeinere Begriff ist.

Die Vorstellung ist nun, dass eine Abbildung f jedem Element x einer Menge M ein Element $y = f(x)$ einer anderen Menge N zuordnet. Dies ist aber gleichbedeutend damit, dass die Teilmenge

$$\mathrm{graph}(f) = \big\{(x, f(x)) \mid x \in M\big\} \subseteq M \times N \qquad (\text{B.4.1})$$

eine rechtseindeutige Relation auf M und N ist. Ist umgekehrt eine rechtseindeutige Relation $R \subseteq M \times N$ gegeben, so können wir hieraus eine Abbildung rekonstruieren, indem wir $x \in M$ dasjenige eindeutig bestimmte $y \in N$ zuordnen, für welches xRy gilt. Beide Standpunkte sind daher äquivalent. Wir fassen diese Vorüberlegungen in folgender Definition zusammen:

Definition B.15 (Abbildung). Seien M und N zwei Mengen. Eine Abbildung f von M nach N ist eine rechtseindeutige Relation $(M, N, \mathrm{graph}(f))$. Die Teilmenge $\mathrm{graph}(f) \subseteq M \times N$ heißt dabei der Graph der Abbildung.

Als Schreibweise für eine Abbildung verwenden wir auch

$$f \colon M \longrightarrow N \tag{B.4.2}$$

oder

$$f \colon M \ni x \mapsto f(x) \in N, \tag{B.4.3}$$

wenn wir betonen wollen, welches Element x auf welchen *Wert* $f(x)$ abgebildet wird. Die Menge M heißt nun der *Definitionsbereich* oder *Urbildbereich* der Abbildung, die Menge N der *Bildbereich*. Man beachte, dass bei dieser Definition einer Abbildung der Definitionsbereich ebenso wie der Bildbereich Teil der Daten einer Abbildung sind. So sind die Abbildungen

$$f_1 \colon \mathrm{N} \ni x \mapsto x^2 \in \mathrm{N}, \tag{B.4.4}$$

$$f_2 \colon \mathrm{N} \ni x \mapsto x^2 \in \mathbb{Z}, \tag{B.4.5}$$

$$f_3 \colon \mathbb{Z} \setminus \{0\} \ni x \mapsto x^2 \in \mathrm{N} \tag{B.4.6}$$

alle als verschieden anzusehen.

Der Begriff „Graph" ist naheliegend, wenn wir die Relation wieder in das kartesische Produkt „einzeichnen", siehe Abb. B.5. Insbesondere wird die Bedeutung der Forderung, rechtseindeutig zu sein, in der grafischen Darstellung besonders transparent.

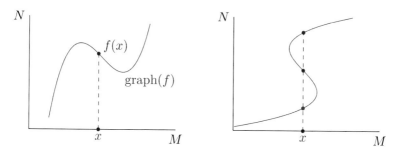

Abb. B.5 Die linke Relation ist ein Graph, die rechte nicht.

Einige Beispiele und Konstruktionen von Abbildungen treten immer wieder auf, sodass sie eigene Namen verdienen:

Beispiel B.16 (Spezielle Abbildungen).

i.) Für eine Menge M ist die *Identität* auf M die Abbildung

$$\mathrm{id}_M \colon M \ni x \mapsto x \in M. \tag{B.4.7}$$

Der Graph der Identität ist die *Diagonale*

$$\text{graph}(\text{id}_M) = \Delta_M = \big\{(x,x) \mid x \in M\big\}. \qquad (\text{B.4.8})$$

ii.) Für zwei Mengen M und N und ein fest gewähltes Element $p \in N$ ist die *konstante Abbildung* mit Wert p durch $M \ni x \mapsto p \in N$ gegeben. Diese Abbildung hat den Graphen $\{(x,p) \mid x \in M\}$.

iii.) Ist $N \subseteq M$ eine Teilmenge, so erhält man die *Inklusionsabbildung*

$$\iota_N \colon N \ni x \mapsto x \in M \qquad (\text{B.4.9})$$

mit dem Graphen

$$\text{graph}(\iota_N) = \big\{(x,x) \mid x \in N\big\} \subseteq N \times M. \qquad (\text{B.4.10})$$

Man beachte, dass dies *nicht* die Identitätsabbildung auf N ist, da der Bildbereich nicht N, sondern M ist.

iv.) Für ein kartesisches Produkt $M = M_1 \times \cdots \times M_n$ und $i \in \{1, \ldots, n\}$ definiert man die *Projektion auf die i-te Komponente* durch

$$\text{pr}_i \colon M_1 \times \cdots \times M_n \ni (x_1, \ldots, x_n) \mapsto x_i \in M_i. \qquad (\text{B.4.11})$$

Der Graph von pr_i ist dann entsprechend

$$\text{graph}(\text{pr}_i) = \big\{(x_1, \ldots, x_n, x_i) \mid x_1 \in M_1, \ldots, x_n \in M_n\big\}. \qquad (\text{B.4.12})$$

Ist $f \colon M \longrightarrow N$ eine Abbildung und ist $A \subseteq M$ eine Teilmenge, so können wir f auf A einschränken: Die *Einschränkung* von f auf A ist durch

$$f\big|_A \colon A \ni x \mapsto f(x) \in N \qquad (\text{B.4.13})$$

definiert. Umgekehrt wollen wir auch eine Einschränkung auf einen Teil des Bildbereichs definieren. Dazu nehmen wir zusätzlich an, $B \subseteq N$ sei eine Teilmenge mit der Eigenschaft $f(x) \in B$ für alle $x \in M$. Dann ist die *Koeinschränkung* von f auf B durch

$$f\big|^B \colon M \ni x \mapsto f(x) \in B \qquad (\text{B.4.14})$$

definiert. Dies ist offenbar nur dann möglich, wenn f seine Werte in B annimmt. Als Beispiel können wir die Abbildungen f_1, f_2 und f_3 aus (B.4.4), (B.4.5) und (B.4.6) betrachten. Es gilt

$$f_1 = f_2\big|^{\mathbb{N}} = f_3\big|_{\mathbb{N}}. \qquad (\text{B.4.15})$$

Für eine weitere wichtige Konstruktion betrachten wir erneut eine Abbildung $f \colon M \longrightarrow N$. Daraus lassen sich zwei neue Abbildungen konstruieren: Zuerst definieren wir für eine Teilmenge $A \subseteq M$ die Teilmenge

$$f(A) = \big\{ y \in N \mid \exists x \in A \colon y = f(x) \big\} \tag{B.4.16}$$

und nennen $f(A) \subseteq N$ das *Bild* von A unter der Abbildung f. Dies liefert eine Abbildung

$$f \colon 2^M \longrightarrow 2^N, \tag{B.4.17}$$

wobei wir dasselbe Symbol f erneut verwenden. Insbesondere gilt $f(\emptyset) = \emptyset$. Die Teilmenge $f(M) \subseteq N$ nennt man auch einfach das *Bild von f* und bezeichnet sie mit

$$\operatorname{im} f = f(M) \subseteq N. \tag{B.4.18}$$

Eine allzu große Verwirrung durch die Verwendung desselben Symbols ist nicht zu erwarten, da $f(\{x\}) = \{f(x)\}$ für die einelementige Teilmenge $\{x\} \subseteq M$ mit $x \in M$ gilt.

Die zweite Möglichkeit ist letztlich die wichtigere: Für eine Teilmenge $B \subseteq N$ definieren wir die Teilmenge

$$f^{-1}(B) = \big\{ x \in M \mid f(x) \in B \big\}, \tag{B.4.19}$$

womit also $x \in f^{-1}(B) \iff f(x) \in B$. Man nennt $f^{-1}(B)$ das *Urbild* der Teilmenge B unter der Abbildung f. Dies liefert daher eine Abbildung

$$f^{-1} \colon 2^N \longrightarrow 2^M. \tag{B.4.20}$$

Wieder gilt $f^{-1}(\emptyset) = \emptyset$. Weiter gilt nun

$$f^{-1}(N) = M, \tag{B.4.21}$$

da jeder Punkt von M nach N abgebildet wird. Man beachte jedoch, dass für eine einelementige Teilmenge $\{y\} \subseteq N$ die Teilmenge $f^{-1}(\{y\})$ nicht notwendigerweise nur ein Element enthält. Vielmehr kann sie gänzlich leer sein oder aber mehr als ein Element enthalten. Für die Abbildung f_3 aus (B.4.6) gilt etwa

$$f_3^{-1}(\{1\}) = \{1, -1\} \quad \text{und} \quad f_3^{-1}(\{2\}) = \emptyset, \tag{B.4.22}$$

da $(-1)^2 = 1^2 = 1$ gilt und 2 sich nicht als Quadrat einer ganzen Zahl schreiben lässt. Die Elemente von $f^{-1}(\{y\})$ nennt man allgemein auch die *Urbilder* von $y \in N$.

Wir schließen diesen Abschnitt mit einer Bemerkung zum Verhalten der mengentheoretischen Operationen $\setminus$, $\cap$ und $\cup$ unter Abbildungen. Wir beginnen mit dem Bild von Teilmengen:

Proposition B.17. *Sei $f \colon M \longrightarrow N$ eine Abbildung und seien $\{A_i\}_{i \in I}$ Teilmengen von M. Dann gilt*

$$f\left(\bigcap_{i \in I} A_i \right) \subseteq \bigcap_{i \in I} f(A_i) \tag{B.4.23}$$

und

$$f\left(\bigcup_{i \in I} A_i\right) = \bigcup_{i \in I} f(A_i). \tag{B.4.24}$$

Die Inklusion in (B.4.23) kann dabei durchaus echt sein: Gibt es nämlich $x_1, x_2 \in M$ mit $x_1 \neq x_2$ aber $y = f(x_1) = f(x_2)$, so ist für $A_1 = \{x_1\}$ und $A_2 = \{x_2\}$ der Schnitt leer, also auch $f(A_1 \cap A_2) = \emptyset$. Andererseits ist $f(A_1) \cap f(A_2) = \{y\} \cap \{y\} = \{y\}$ nicht leer.

Für das Komplement einer Teilmenge $A \subseteq M$ gibt es im Allgemeinen keine einfache Beziehung zwischen $f(M \setminus A)$ und $N \setminus f(A)$: Zum einen kann es Punkte geben, die nicht im Bild von f liegen, also $y \in N \setminus f(M)$. Dann gilt $y \in N \setminus f(A)$ für jede Teilmenge $A \subseteq M$, aber $f(M \setminus A)$ enthält y ebenfalls nicht. Umgekehrt kann es Punkte $x_1 \in A$ und $x_2 \in M \setminus A$ geben, die auf denselben Punkt $y = f(x_1) = f(x_2)$ abgebildet werden. Dann ist $y \in f(M \setminus A)$, da $y = f(x_2) \in f(M \setminus A)$. Andererseits ist $y \notin N \setminus f(A)$, da $y \in f(A)$, wegen $y = f(x_1)$.

Für das Urbild von Teilmengen ist die Situation dagegen sehr viel übersichtlicher:

Proposition B.18. *Sei $f \colon M \longrightarrow N$ eine Abbildung, und seien $B \subseteq N$ und $\{B_i\}_{i \in I}$ Teilmengen von N. Dann gilt*

$$f^{-1}(N \setminus B) = M \setminus f^{-1}(B), \tag{B.4.25}$$

$$f^{-1}\left(\bigcap_{i \in I} B_i\right) = \bigcap_{i \in I} f^{-1}(B_i) \tag{B.4.26}$$

und

$$f^{-1}\left(\bigcup_{i \in I} B_i\right) = \bigcup_{i \in I} f^{-1}(B_i). \tag{B.4.27}$$

Beweis. Da dieser Sachverhalt tatsächlich sehr wichtig ist, wollen wir nun einen ausführlichen Beweis geben. Für den ersten Teil findet man

$$\begin{aligned}
x \in f^{-1}(N \setminus B) &\Longleftrightarrow f(x) \in N \setminus B \\
&\Longleftrightarrow f(x) \notin B \\
&\Longleftrightarrow x \notin f^{-1}(B) \\
&\Longleftrightarrow x \in M \setminus f^{-1}(B).
\end{aligned}$$

Der zweite Teil folgt aus

$$\begin{aligned}
x \in f^{-1}\left(\bigcap_{i \in I} B_i\right) &\Longleftrightarrow f(x) \in \bigcap_{i \in I} B_i \\
&\Longleftrightarrow \forall i \in I \colon f(x) \in B_i \\
&\Longleftrightarrow \forall i \in I \colon x \in f^{-1}(B_i) \\
&\Longleftrightarrow x \in \bigcap_{i \in I} f^{-1}(B_i),
\end{aligned}$$

und den dritten Teil erhalten wir durch

$$x \in f^{-1}\left(\bigcup_{i \in I} B_i\right) \iff f(x) \in \bigcup_{i \in I} B_i$$
$$\iff \exists i \in I : f(x) \in B_i$$
$$\iff \exists i \in I : x \in f^{-1}(B_i)$$
$$\iff x \in \bigcup_{i \in I} f^{-1}(B_i),$$

womit alle Behauptungen bewiesen sind. $\square$

B.5 Verkettungen von Abbildungen

Wir wollen nun aus gegebenen Abbildungen neue Abbildungen generieren. Hier ist das Verketten von Abbildungen von fundamentaler Bedeutung:

Definition B.19 (Verkettung). Seien $f : M \longrightarrow N$ und $g : N \longrightarrow O$ Abbildungen. Dann definiert man die Verkettung von g nach f als die Abbildung $g \circ f : M \longrightarrow O$ mit

$$(g \circ f)(x) = g(f(x)) \tag{B.5.1}$$

für alle $x \in M$.

Dies stellt offenbar tatsächlich eine Abbildung von M nach O dar, da jedem $x \in M$ ein eindeutig bestimmtes Element $g(f(x)) \in O$ zugeordnet wird. Die Verkettung ist insbesondere nur dann möglich, wenn der Bildbereich der ersten Abbildung f im Definitionsbereich der zweiten enthalten ist.

Beispiel B.20 (Verkettung). Wir betrachten die folgenden beiden Abbildungen

$$f : \mathbb{N} \ni x \mapsto 2x \in \mathbb{N} \quad \text{und} \quad g : \mathbb{N} \ni x \mapsto x^2 \in \mathbb{N}. \tag{B.5.2}$$

Da für beide Abbildungen der Bildbereich und der Definitionsbereich übereinstimmen, können wir beide Verkettungen $f \circ g$ und $g \circ f$ bilden. Wir erhalten

$$(f \circ g)(x) = f(g(x)) = f(x^2) = 2x^2 \text{ und } (g \circ f)(x) = g(f(x)) = g(2x) = 4x^2. \tag{B.5.3}$$

Insbesondere sehen wir, dass $f \circ g \neq g \circ f$ gilt. Die Verkettung von Abbildungen ist also typischerweise *nicht* kommutativ.

Auch wenn die Verkettung im Allgemeinen nicht kommutativ ist, erfüllt sie dennoch einige schöne algebraische Eigenschaften:

Proposition B.21 (Verkettung). *Seien M, N, O, P Mengen und $f : M \longrightarrow N$, $g : N \longrightarrow O$ und $h : O \longrightarrow P$ Abbildungen.*

i.) Es gilt $\mathrm{id}_N \circ f = f = f \circ \mathrm{id}_M$.

ii.) Es gilt $h \circ (g \circ f) = (h \circ g) \circ f$.

Beweis. Zunächst macht man sich klar, dass alle auftretenden Verkettungen tatsächlich definiert sind. Für $x \in M$ rechnet man nach, dass

$$(\mathrm{id}_N \circ f)(x) = \mathrm{id}_N(f(x)) = f(x) \quad \text{und} \quad (f \circ \mathrm{id}_M)(x) = f(\mathrm{id}_M(x)) = f(x),$$

was den ersten Teil zeigt. Weiter gilt

$$(h \circ (g \circ f))(x) = h((g \circ f)(x)) = h(g(f(x))) = (h \circ g)(f(x)) = ((h \circ g) \circ f)(x). \square$$

Proposition B.22. *Seien* $f \colon M \longrightarrow N$ *und* $g \colon N \longrightarrow O$ *Abbildungen. Für die Urbild-Abbildungen* $f^{-1} \colon 2^N \longrightarrow 2^M$ *und* $g^{-1} \colon 2^O \longrightarrow 2^N$ *gilt*

$$f^{-1} \circ g^{-1} = (g \circ f)^{-1}. \tag{B.5.4}$$

Beweis. Zunächst ist wieder zu bemerken, dass die Verkettung auf der linken Seite tatsächlich definiert ist und eine Abbildung $2^O \longrightarrow 2^M$ liefert. Daher kann sie sinnvoll mit der rechten Seite verglichen werden. Sei also $A \subseteq O$ eine Teilmenge von O. Es gilt $x \in (g \circ f)^{-1}(O)$ genau dann, wenn $(g \circ f)(x) \in O$, also $g(f(x)) \in O$. Dies ist aber gleichbedeutend mit $f(x) \in g^{-1}(O)$, was gleichbedeutend mit $x \in f^{-1}(g^{-1}(O))$ ist. $\square$

Wir wollen nun Kriterien finden, wann wir eine Abbildung $f \colon M \longrightarrow N$ wieder „rückgängig" machen können. Mit anderen Worten, wir wollen verstehen, welche Information über das Urbild x im Bild $f(x)$ enthalten ist. Im Allgemeinen ist hier nicht allzu viel zu erwarten: Die konstante Abbildung aus Beispiel B.16, *ii.)*, „vergisst" die Information über $x \in M$ völlig, da alle Elemente aus M auf dasselbe Element in N abgebildet werden. Die in gewisser Hinsicht umgekehrte Fragestellung ist, wie viel Information über den Bildbereich N wir durch f erreichen können: Welche Elemente von N treten tatsächlich als Bilder auf? Wir haben gesehen, dass im Allgemeinen das Bild $f(M) \subseteq N$ eine echte Teilmenge sein kann. Die folgenden Begriffe beschreiben nun die auftretenden Situationen:

Definition B.23 (Injektiv, surjektiv und bijektiv). Sei $f \colon M \longrightarrow N$ eine Abbildung.

i.) Die Abbildung f heißt injektiv, falls

$$\forall x, x' \in M \colon f(x) = f(x') \implies x = x'. \tag{B.5.5}$$

ii.) Die Abbildung f heißt surjektiv, falls

$$\forall y \in N \, \exists x \in M \colon f(x) = y. \tag{B.5.6}$$

iii.) Die Abbildung f heißt bijektiv, falls f injektiv und surjektiv ist.

Bemerkung B.24. Injektivität bedeutet also, dass jedes Bild von f genau ein Urbild besitzt. Surjektivität heißt, dass jeder Punkt im Bildbereich auch ein Bild ist, also $f(M) = N$. Bijektivität schließlich bedeutet, dass jedes Element $y \in N$ genau ein Urbild in M besitzt. Eine weitere nützliche Umformulierung ist nun die folgende: Wir wählen ein Element $y \in N$ und betrachten die Gleichung

$$y = f(x), \tag{B.5.7}$$

welche wir lösen wollen. Wir suchen also diejenigen $x \in M$ mit der Eigenschaft (B.5.7). Dann gilt offenbar:

i.) Die Gleichung (B.5.7) hat für jedes $y \in N$ genau dann höchstens eine Lösung, wenn f injektiv ist.

ii.) Die Gleichung (B.5.7) hat für jedes $y \in N$ genau dann eine Lösung, wenn f surjektiv ist.

iii.) Die Gleichung (B.5.7) hat für jedes $y \in N$ genau dann eine eindeutige Lösung, wenn f bijektiv ist.

Die Eigenschaften aus Definition B.23 lassen sich nun auch mittels der Verkettung von Abbildungen beschreiben:

Proposition B.25. *Sei $f\colon M \longrightarrow N$ eine Abbildung zwischen nichtleeren Mengen.*

i.) Die Abbildung f ist genau dann injektiv, wenn es eine Abbildung $g\colon N \longrightarrow M$ gibt, sodass

$$g \circ f = \mathrm{id}_M. \tag{B.5.8}$$

ii.) Die Abbildung f ist genau dann surjektiv, wenn es eine Abbildung $g\colon N \longrightarrow M$ gibt, sodass

$$f \circ g = \mathrm{id}_N. \tag{B.5.9}$$

iii.) Die Abbildung f ist genau dann bijektiv, wenn es eine Abbildung $g\colon N \longrightarrow M$ gibt, sodass

$$f \circ g = \mathrm{id}_N \quad und \quad g \circ f = \mathrm{id}_M. \tag{B.5.10}$$

In diesem Fall ist g eindeutig bestimmt.

Beweis. Sei f injektiv und $y \in N$. Dann ist entweder $y \in f(M)$ oder $y \notin f(M)$. Im ersten Fall ist $y = f(x)$ mit einem eindeutig bestimmten $x \in M$. Wir definieren in diesem Fall $g(y) = x$. Im zweiten Fall wählen wir irgendein beliebiges Element $x_0 \in M$ und setzen $g(y) = x_0$. Ist nun $x \in M$, so gilt für diese Abbildung g nach Konstruktion $g(f(x)) = x$, also (B.5.8). Sei umgekehrt ein g mit (B.5.8) gefunden. Für $x, x' \in M$ mit $f(x) = f(x')$ folgt dann durch Anwenden von g die Gleichung $x = g(f(x)) = g(f(x')) = x'$, womit die Injektivität von f folgt. Dies zeigt den ersten Teil. Für Teil *ii.)* betrachten wir zunächst eine surjektive Abbildung f. Für jedes $y \in N$ gibt es daher ein $x \in M$ mit $f(x) = y$. Wir wählen zu jedem $y \in N$ (willkürlich) ein derartiges $x = g(y)$ aus (in diesem unschuldig erscheinenden Schritt haben wir eigentlich das Auswahlaxiom verwenden müssen). Dies definiert die Funktion g, für welche dann (B.5.9) folgt. Sei umgekehrt ein derartiges g gegeben. Dann gilt für $y \in N$ die Eigenschaft $y = f(g(y))$, womit $y \in f(M)$ ein Bild ist. Also ist f surjektiv. Für den dritten Teil wissen wir bereits, dass die Existenz einer Abbildung g mit (B.5.10) die Bijektivität von f impliziert, indem wir den ersten und zweiten Teil verwenden. Sei umgekehrt f bijektiv.

Dann gibt es eine Abbildung g mit (B.5.8) nach *i.)* und eine Abbildung g' mit (B.5.9) nach *ii.)*. Mit den Regeln für die Verkettung nach Proposition B.21 gilt

$$g = g \circ \mathrm{id}_N = g \circ (f \circ g') = (g \circ f) \circ g' = \mathrm{id}_M \circ g' = g',$$

womit gezeigt ist, dass die beiden Abbildungen g und g' notwendigerweise übereinstimmen. Damit gibt es aber *eine* Abbildung g mit (B.5.10). Diese ist notwendigerweise eindeutig.   □

Definition B.26 (Inverse Abbildung). Sei $f\colon M \longrightarrow N$ eine bijektive Abbildung. Die eindeutig bestimmte Abbildung $f^{-1}\colon N \longrightarrow M$ mit $f^{-1} \circ f = \mathrm{id}_M$ und $f \circ f^{-1} = \mathrm{id}_N$ heißt Umkehrabbildung oder inverse Abbildung von f.

Definition B.27 (Isomorphie von Mengen). Zwei Mengen M und N heißen isomorph, wenn es eine bijektive Abbildung $f\colon M \longrightarrow N$ gibt.

Bemerkung B.28. Hier ist nun tatsächlich eine missverständliche Notation üblich: Die Umkehrabbildung

$$f^{-1}\colon N \longrightarrow M \tag{B.5.11}$$

gibt es ausschließlich für den Fall einer *bijektiven* Abbildung f. Die Urbild-Abbildung

$$f^{-1}\colon 2^N \longrightarrow 2^M \tag{B.5.12}$$

gibt es dagegen immer, egal, ob f bijektiv ist oder nicht. Verständlicherweise führt diese Bezeichnungsweise zu Verwirrung, leider ist sie jedoch durchweg gebräuchlich, sodass es keine einfache Lösung dieses Notationskonflikts zu geben scheint. Ist nun f bijektiv, so lässt sich (B.5.12) wie folgt beschreiben: Für eine Teilmenge $B \subseteq N$ gilt

$$f^{-1}(B) = \big\{ f^{-1}(y) \bigm| y \in B \big\}, \tag{B.5.13}$$

was mit den Bezeichnungen aus (B.4.16) konsistent ist.

Als erste kleine Anwendung können wir den Begriff der Abbildung nun dazu verwenden, kartesische Produkte mit mehr als endlich vielen Faktoren zu definieren. Wir benutzen dazu die Menge der ersten n natürlichen Zahlen

$$\boldsymbol{n} = \{1, 2, \dots, n\}, \tag{B.5.14}$$

mit denen wir folgendes Resultat formulieren können:

Proposition B.29. *Seien $M_1, \dots, M_n$ endlich viele Mengen, und sei $\mathcal{M} = M_1 \cup \dots \cup M_n$ deren Vereinigung. Dann ist ihr kartesisches Produkt $M_1 \times \dots \times M_n$ zur Menge*

$$M = \big\{ f \in \mathrm{Abb}(\boldsymbol{n}, \mathcal{M}) \bigm| f(i) \in M_i \text{ für alle } i \in \boldsymbol{n} \big\} \tag{B.5.15}$$

isomorph, wobei das n-Tupel $(x_1, \ldots, x_n) \in M_1 \times \cdots \times M_n$ *mit der Abbildung* $f \colon i \mapsto x_i$ *identifiziert wird.*

Beweis. Der Beweis wird in Übung B.8 diskutiert.   □

Aufgrund dieser Beobachtung erhebt man die Charakterisierung (B.5.15) nun zur Definition, wenn man mehr als endlich viele Faktoren hat:

Definition B.30 (Kartesisches Produkt). Sei I eine nichtleere Indexmenge, und seien $\{M_i\}_{i \in I}$ Mengen. Dann definiert man ihr kartesisches Produkt M als

$$M = \prod_{i \in I} M_i = \big\{ f \in \mathrm{Abb}(I, \mathcal{M}) \mid f(i) \in M_i \text{ für alle } i \in I \big\}, \qquad \text{(B.5.16)}$$

wobei $\mathcal{M} = \bigcup_{i \in I} M_i$.

Ob es zu nichtleeren Mengen M_i überhaupt eine Abbildung f mit der Eigenschaft $f(i) \in M_i$ gibt, ist für unendliche Indexmengen keineswegs trivial: Es stellt sich heraus, dass dies axiomatisch gefordert werden muss und genau das *Auswahlaxiom* der Mengenlehre liefert.

Für das kartesische Produkt $M = \prod_{i \in I} M_i$ können wir immer noch von der j-ten Komponente eines Elements sprechen, indem wir

$$\mathrm{pr}_j \colon \prod_{i \in I} M_i \ni f \ \mapsto \ \mathrm{pr}_j(f) = f(j) \in M_j \qquad \text{(B.5.17)}$$

definieren. Dank des Auswahlaxioms stellen sich diese Projektionen als surjektive Abbildungen dar, wie dies bereits für endliche kartesische Produkte der Fall ist. Umgekehrt ist $f \in \prod_{i \in I} M_i$ durch die Gesamtheit seiner Projektionen $f(i)$ eindeutig bestimmt.

B.6 Mächtigkeit von Mengen

Es stellt sich nun die Frage, wie wir Mengen der Größe nach vergleichen können. Bis jetzt tragen die Mengen ja keine zusätzliche Struktur, außer dass sie durch die Gesamtheit ihrer Elemente festgelegt sind. Bei endlichen Mengen mit endlich vielen Elementen können wir daher einen Größenvergleich dadurch erzielen, dass wir die Anzahl der Elemente bestimmen. Auch wenn wir ein intuitives Verständnis für die natürlichen Zahlen seit Kindestagen besitzen, verfügen wir mathematisch gesehen noch nicht über eine belastbare Definition. Es ist tatsächlich so, dass man die natürlichen Zahlen mithilfe der Axiome der Mengenlehre konstruieren kann. Wir wollen dies hier nicht skizzieren, sondern an unser naives Zahlenverständnis anknüpfen: Wir gehen davon aus, dass wir über die Mengen $\boldsymbol{n}$ der ersten n natürlichen Zahlen verfügen. Die Menge $\boldsymbol{n}$ besitzt demnach genau n Elemente. Wie schon kleine

Kinder können wir damit für eine andere Menge M deren Elemente *abzählen*:
Die Elemente der Menge M werden nun nicht mehr den Fingern der Hand
zugeordnet, sondern den Elementen der Menge n. Erreichen wir dann eine
Bijektion, so können wir sagen, dass die Menge M gerade n Elemente besitzt.
Diese frühkindliche Art des Zählens mit den Fingern erweist sich dabei als
erstaunlich leistungsfähig, sodass das Finden einer Bijektion zum Ausgangspunkt auch für unendliche Mengen gemacht wird:

Definition B.31 (Mächtigkeit von Mengen). Seien M und N zwei Mengen.

i.) Die Menge M heißt gleich mächtig wie N, wenn es eine Bijektion
   $\phi\colon M \longrightarrow N$ gibt.

ii.) Gibt es eine injektive Abbildung $\phi\colon M \longrightarrow N$, so heißt M weniger mächtig als N.

Gleich mächtig zu sein, ist offenbar eine Äquivalenzrelation, da die inverse
Abbildung einer Bijektion ebenfalls eine Bijektion ist und die Verkettung
von Bijektionen wieder bijektiv ist. Weniger mächtig zu sein, wird hier wie
immer im schwachen Sinne, also *weniger oder gleich mächtig*, und nicht im
starken Sinne von *echt weniger mächtig* verwendet. Es ist an dieser Stelle
jedoch etwas Vorsicht geboten, da wir Relationen nur innerhalb einer Menge
definiert haben. Wenn wir nun *alle* Mengen vergleichen wollen, so verlassen
wir dabei den sicheren Boden von Definition B.10. Der Ausweg besteht nun
darin, für die Äquivalenzklasse einen speziellen Repräsentanten zu wählen,
eine wohlgeordnete Menge mit der erforderlichen Mächtigkeit. Wir wollen
diese Schwierigkeit an dieser Stelle aber ignorieren und schreiben für die
entsprechende Äquivalenzklasse, die *Mächtigkeit*, einer Menge M nun $\#M$.
Zwei Mengen sind also gleich mächtig, wenn $\#M = \#N$ gilt. Entsprechend
verwenden wir bei Bezeichnung $\#M \leq \#N$, wenn M weniger mächtig als N
ist.

Es stellt sich nun die Frage, ob wir je zwei Mengen überhaupt ihrer Größe
nach vergleichen können. Weiter ist zu klären, ob die Präordnung $\leq$ sogar
eine partielle Ordnung ist. Auf beide Fragen gibt es eine positive Antwort,
deren Beweis aber unseren naiven Zugang zur Mengenlehre überfordert:

Satz B.32 (Vergleichsatz von Zermelo). *Für je zwei Mengen M und N
gilt $\#M \leq \#N$ oder $\#N \leq \#M$.*

Satz B.33 (Äquivalenzsatz von Cantor-Bernstein-Schröder). *Gilt für
zwei Mengen M und N sowohl $\#M \leq \#N$ als auch $\#N \leq \#M$, so sind M
und N gleich mächtig.*

Der Vergleichsatz ist letztlich zum Auswahlaxiom der Mengenlehre äquivalent.
Der Beweis des Äquivalenzsatzes erfordert eine trickreiche und nicht explizite
Konstruktion einer Bijektion aus den wechselseitigen Injektionen von M nach
N und umgekehrt.

Eine Menge M ist nun also endlich, wenn sie gleich mächtig zu einer der Mengen $\boldsymbol{n}$ ist. In diesem Fall schreiben wir einfach

$$\#M = n \tag{B.6.1}$$

mit der entsprechenden natürlichen Zahl n. Die leere Menge $\emptyset$ hat die Mächtigkeit $\#\emptyset = 0$. Für unendliche Mengen unterscheiden wir verschiedene Arten von *unendlich*:

Definition B.34 (Abzählbarkeit). Eine Menge M heißt abzählbar, wenn entweder M endlich ist oder $\#M = \#\mathbb{N}$ gilt. Eine nicht abzählbare unendliche Menge heißt überabzählbar.

Beispiel B.35 (Abzählbare Mengen). Die natürlichen Zahlen $\mathbb{N}$ sind abzählbar unendlich, aber auch $\mathbb{N}_0$ und $\mathbb{Z}$ sind abzählbar unendlich. Es gilt sogar, dass eine abzählbare Vereinigung von abzählbaren Mengen wieder abzählbar ist, siehe Übung B.10.

Angesichts dieser Resultate stellt sich natürlich sofort die Frage, ob nicht vielleicht alle Mengen abzählbar sind: Dies ist nicht der Fall, wie folgender Satz von Cantor zeigt:

Satz B.36 (Cantorsches Diagonalargument). *Sei M eine Menge. Dann gilt $\#M < \#2^M$.*

Beweis. Der Beweis ist tatsächlich sehr einfach, wenn auch raffiniert: Zunächst ist klar, dass es immer eine Injektion von M nach 2^M gibt. Man kann etwa die Elemente $p \in M$ mit den einpunktigen Teilmengen $\{p\} \in 2^M$ identifizieren. Wir nehmen nun an, es gäbe eine Bijektion $\phi\colon M \longrightarrow 2^M$. Insbesondere gibt es für jede Teilmenge $A \subseteq M$ einen Punkt $p \in M$ mit $\phi(p) = A$. Wir betrachten nun die Teilmenge

$$X = \big\{ q \in M \mid q \notin \phi(q) \big\}.$$

Zu diesem X finden wir also ein $p \in M$ mit $X = \phi(p)$. Dies liefert einen Widerspruch: Es gilt nämlich entweder $p \in X$, dann ist nach Definition von X aber $p \notin \phi(p) = X$, oder es gilt $p \notin X = \phi(p)$, dann ist nach Definition von X aber $p \in X$. $\qquad\square$

Es gibt daher eine Fülle von verschiedenen Begriffen von „unendlich" in der Mengenlehre. Insbesondere sehen wir, dass die Potenzmenge von $\mathbb{N}$ bereits *überabzählbar* ist. Es gilt

$$\#\mathbb{N} < \#2^{\mathbb{N}}. \tag{B.6.2}$$

B.7 Übungen

Übung B.1 (Operationen mit Relationen). Seien M und N Mengen und $R \subseteq M \times N$ eine Relation. Dann definiert man die *umgekehrte Relation*

$R^{\mathrm{opp}} \subseteq N \times M$ durch

$$R^{\mathrm{opp}} = \big\{(y, x) \in N \times M \mid xRy\big\}. \qquad (\text{B.7.1})$$

Für eine weitere Relation $S \subseteq N \times O$ mit einer weiteren Menge O definiert man die *Verknüpfung* $S \circ R \subseteq M \times O$ der Relationen R und S durch

$$S \circ R = \big\{(x, z) \in M \times O \mid \text{es gibt ein } y \in N \text{ mit } xRy \text{ und } ySz\big\}. \quad (\text{B.7.2})$$

i.) Zeigen Sie, dass $(R^{\mathrm{opp}})^{\mathrm{opp}} = R$ gilt.

ii.) Untersuchen Sie, wie sich die Begriffe links- und rechtseindeutig, reflexiv, symmetrisch und transitiv unter dem Übergang $R \mapsto R^{\mathrm{opp}}$ verhalten.

iii.) Zeigen Sie, dass die Verknüpfung von Relationen assoziativ ist: Formulieren Sie zunächst genau, was mit dieser Aussage gemeint ist.

iv.) Zeigen Sie, dass $R \circ \Delta_M = R$ für die Diagonale $\Delta_M \subseteq M \times M$ und jede Relation R. Zeigen Sie ebenso $\Delta_N \circ R = R$.

v.) Betrachten Sie nun Abbildungen $f \colon M \longrightarrow N$ und $g \colon N \longrightarrow O$. Zeigen Sie, dass

$$\mathrm{graph}(g \circ f) = \mathrm{graph}(g) \circ \mathrm{graph}(f). \qquad (\text{B.7.3})$$

vi.) Wann ist $\mathrm{graph}(f)^{\mathrm{opp}}$ wieder der Graph einer Abbildung?

Übung B.2 (Äquivalenzrelationen und Partitionen). Sei M eine Menge mit einer Menge $\{M_i\}_{i \in I}$ von nichtleeren Teilmengen von M. Es gelte $M_i \cap M_j = \emptyset$ für $i \neq j$ sowie $\bigcup_{i \in I} M_i = M$. In diesem Fall nennt man die $\{M_i\}_{i \in I}$ eine Zerlegung oder *Partition* von M.

i.) Sei $n \in \mathbb{N}$. Bestimmen Sie alle möglichen Zerlegungen von $\boldsymbol{n}$ in k disjunkte Teilmengen.

Hinweis: Betrachten Sie zunächst kleine k und finden Sie eine explizite kombinatorische Beschreibung. Den allgemeinen Fall können Sie dann durch Induktion beweisen.

ii.) Zeigen Sie, dass eine Zerlegung eine Äquivalenzrelation $\sim$ auf M induziert, wobei $x \sim y$, falls $x, y \in M_i$ für ein $i \in I$.

Übung B.3 (Induzierte Äquivalenzrelation). Sei $(M, \leq)$ eine prägeordnete Menge. Definieren Sie $x \equiv y$ für $x, y \in M$ durch $x \leq y$ und $y \leq x$. Zeigen Sie dann, dass $\equiv$ eine Äquivalenzrelation auf M ist.

Übung B.4 (Partielle Ordnungen). Betrachten Sie die natürlichen Zahlen $\mathbb{N}$ mit der üblichen Ordnungsrelation $\leq$ sowie der Relation $\preccurlyeq$, welche durch $n \preccurlyeq m$, falls n ein Teiler von m ist, definiert sei.

i.) Zeigen Sie, dass $(\mathbb{N}, \preccurlyeq)$ eine partiell geordnete und gerichtete Menge ist.

ii.) Ist $\preccurlyeq$ auch eine totale Ordnung?

iii.) Zeigen Sie, dass $\mathrm{id} \colon (\mathbb{N}, \preccurlyeq) \longrightarrow (\mathbb{N}, \leq)$ eine ordnungserhaltende Abbildung ist: Für $n \preccurlyeq m$ gilt auch $n \leq m$. Gilt dies auch für die Umkehrabbildung?

iv.) Finden Sie eine injektive Abbildung $\phi\colon (\mathbb{N}, \leq) \longrightarrow (\mathbb{N}, \preccurlyeq)$, welche ordnungserhaltend ist.

Übung B.5 (Infimum und Supremum). Sei $(M, \leq)$ eine partiell geordnete Menge.

i.) Zeigen Sie, dass ein Minimum (beziehungsweise Maximum) immer ein Infimum (beziehungsweise Supremum) ist.

ii.) Zeigen Sie, dass ein Minimum (beziehungsweise Maximum) eindeutig bestimmt ist, wenn es denn überhaupt existiert.

iii.) Sei nun M eine nichtleere Menge und 2^M ihre Potenzmenge, welche durch $\subseteq$ partiell geordnet sei. Bestimmen Sie Minimum und Maximum von $(2^M, \subseteq)$.

iv.) Betrachten Sie nun die Teilmenge $X \subseteq 2^M$ der Potenzmenge von M, die aus nichtleeren Teilmengen ungleich M von M besteht. Bestimmen Sie nun die Infima und Suprema der partiell geordneten Menge $(X, \subseteq)$. Gibt es immer noch ein Minimum oder Maximum?

Es zeigt sich, dass der Begriff des Infimums beziehungsweise des Supremums einer partiell geordneten Menge letztlich der wichtigere ist: Minima und Maxima existieren in vielen typischen Beispielen nicht, während es durchaus (nicht eindeutige) Infima und Suprema geben kann.

Übung B.6 (Verkettung von Abbildungen). Zeigen Sie, dass die Verkettung von injektiven (surjektiven, bijektiven) Abbildungen wieder injektiv (surjektiv, bijektiv) ist.

Übung B.7 (Linkskürzbare Abbildungen). Sei $f\colon M \longrightarrow N$ eine Abbildung zwischen nichtleeren Mengen. Dann heißt f *linkskürzbar*, wenn für alle Abbildungen $g_1, g_2\colon X \longrightarrow M$ aus $f \circ g_1 = f \circ g_2$ folgt, dass $g_1 = g_2$ gilt. Zeigen Sie, dass f genau dann linkskürzbar ist, wenn f injektiv ist.

Übung B.8 (Endliche kartesische Produkte). Beweisen Sie Proposition B.29.

Hinweis: Da das n-fache kartesische Produkt induktiv definiert ist, bietet sich hier ein induktiver Beweis an. Weisen Sie dann nach, dass die vorgeschlagene Identifikation tatsächlich eine Bijektion liefert.

Übung B.9 (Mächtigkeit endlicher Mengen). Zeigen Sie, dass für alle $n \in \mathbb{N}_0$

$$\#2^{\boldsymbol{n}} = 2^n. \tag{B.7.4}$$

Hinweis: Vergessen Sie nicht die leere Teilmenge $\emptyset \subseteq \boldsymbol{n}$.

Übung B.10 (Hilberts Hotel). In Hilberts Hotel ist immer Platz für Gäste.

i.) Zeigen Sie zunächst, dass $\mathbb{N}_0$ und $\mathbb{Z}$ abzählbar unendlich sind, indem Sie explizite Bijektionen zu $\mathbb{N}$ angeben.

ii.) Zeigen Sie weiter, dass die Menge der ungeraden natürlichen Zahlen ebenfalls abzählbar unendlich ist.

iii.) Zeigen Sie, dass $\mathbb{Q}^+$ auch abzählbar ist.

> Hinweis: Zunächst ist klar, dass $\#\mathbb{N} \leq \#\mathbb{Q}$ gilt (wieso?). Ordnen Sie nun die Brüche $\frac{n}{m} \in \mathbb{Q}^+$ in einem Rechteckschema an, wobei Sie die Zähler nach rechts, die Nenner nach unten auftragen. Wie finden Sie nun eine Abzählung?

iv.) Zeigen Sie schließlich, dass $\#\mathbb{N} = \#\mathbb{Q}$ gilt.

v.) Seien nun abzählbar viele abzählbare Mengen $\{M_n\}_{n \in \mathbb{N}}$ gegeben. Zeigen Sie, dass deren Vereinigung $M = \bigcup_{n \in \mathbb{N}} M_n$ ebenfalls abzählbar ist.

> Hinweis: Dies ist Hilberts Hotel: Das Hotel hat abzählbar unendlich viele Zimmer, die bereits alle belegt sind. Dann kommen abzählbar unendlich viele Busse mit je abzählbar unendlich vielen Gästen beim Hotel an. Trotzdem bekommen alle ein Zimmer, nachdem die Rezeption die Zimmer etwas neu verteilt hat (wie?).

Übung B.11 (Beweisen oder widerlegen).   Beweisen oder widerlegen Sie folgende Aussagen:

i.) Es gibt eine injektive Abbildung $\mathbb{Q} \longrightarrow \mathbb{N}$.

ii.) Es gibt eine surjektive Abbildung $\mathbb{N} \longrightarrow \mathbb{Z} \times \mathbb{Z}$.

iii.) Es gibt eine Bijektion $(0, 1) \longrightarrow \mathbb{R}$.

iv.) Es gibt eine injektive Abbildung $\mathbb{R} \longrightarrow \mathbb{R} \times \mathbb{R}$.

v.) Das Urbild $f^{-1}(\{y\})$ eines Punktes ist eine Teilmenge.

vi.) Das Urbild $f^{-1}(\{y\})$ eines Punktes ist genau dann leer, wenn f nicht surjektiv ist.

vii.) Das Urbild $f^{-1}(\{y\})$ eines Punktes ist genau dann leer, wenn y nicht im Bild von f liegt.

viii.) Das Urbild $f^{-1}(\{y\})$ eines Punktes besteht aus mehreren Punkten.

ix.) Es gibt eine surjektive Abbildung $\mathbb{Q} \longrightarrow \mathbb{Q} \times \mathbb{Q}$.

x.) Für jede nichtleere Menge M gibt es eine injektive Abbildung $M \longrightarrow M \times M$.

xi.) Für jede nichtleere Menge M gibt es eine surjektive Abbildung $M \longrightarrow M \times M$.

xii.) Es gibt eine nichtleere Menge M mit einer Bijektion $M \longrightarrow M \times M$.

xiii.) Es gibt abzählbar viele, abzählbar unendliche $A_n \subseteq \mathbb{N}$ mit $A_n \cap A_m = \emptyset$ und $\bigcup_{n \in \mathbb{N}} A_n = \mathbb{N}$.

Literaturverzeichnis

[1] H. Amann and J. Escher. *Analysis I*. Grundstudium Mathematik. Birkhäuser Verlag, Basel, 3 edition, 2006. 13, 55, 60, 408

[2] H. Amann and J. Escher. *Analysis II*. Grundstudium Mathematik. Birkhäuser Verlag, Basel, 2 edition, 2006. 391

[3] Christian Bär. *Lineare Algebra und analytische Geometrie*. Springer Spektrum, Wiesbaden, 2018. vii

[4] A. Beutelspacher. *Lineare Algebra*. Springer-Verlag, Heidelberg, 8th updated ed. edition, 2014. Eine Einführung in die Wissenschaft der Vektoren, Abbildungen und Matrizen. vii

[5] S. Bosch. *Lineare Algebra*. Springer-Verlag, Heidelberg, 5 edition, 2014. vii

[6] H.-D. Ebbinghaus, J. Flum, and W. Thomas. *Einführung in die mathematische Logik*. Spektrum Akademischer Verlag, Heidelberg, Berlin, 4 edition, 1998. 399

[7] L. Gerritzen. *Grundbegriffe der Algebra*. Vieweg, Braunschweig, Wiesbaden, 1994. 30

[8] P. R. Halmos. *Naive Mengenlehre*. Vandenhoeck & Ruprecht, Göttingen, 4 edition, 1976. 407, 418

[9] Horst Herrlich. *Axiom of choice*, volume 1876 of *Lecture Notes in Mathematics*. Springer-Verlag, Berlin, 2006. 411, 418

[10] N. Jacobson. *Basic Algebra I*. Freeman and Company, New York, 2 edition, 1985. 30

[11] N. Jacobson. *Basic Algebra II*. Freeman and Company, New York, 2 edition, 1989. 30

[12] K. Jänich. *Lineare Algebra*. Springer-Verlag, Heidelberg, Berlin, 11 edition, 2008. vii

[13] W. Klingenberg. *Lineare Algebra und Geometrie*. Springer-Verlag, Berlin, Heidelberg, New York, 1984. vii

[14] P. Knabner and W. Barth. *Lineare Algebra*. Springer-Verlag, Heidelberg, 2013. Grundlagen und Anwendungen. vii

© Springer-Verlag GmbH Deutschland, ein Teil von Springer Nature 2021
S. Waldmann, *Lineare Algebra 1*, https://doi.org/10.1007/978-3-662-63263-5

[15] M. Koecher. *Lineare Algebra und analytische Geometrie.* Springer-Verlag, Heidelberg, Berlin, New York, 4 edition, 1997. vii

[16] H.-J. Kowalsky and G. Michler. *Lineare Algebra.* Walter de Gruyter, Berlin, 12 edition, 2003. vii

[17] S. Lang. *Introduction to Linear Algebra.* Undergraduate Texts in Mathematics. Springer-Verlag, Berlin, Heidelberg, New York, 2 edition, 1986. vii

[18] S. Lang. *Algebra.* Addison-Wesley Publishing Company, Inc., Reading, Massachusetts, 3 edition, 1997. 30

[19] R. Remmert. *Funktionentheorie I*, volume 5 of *Grundwissen Mathematik.* Springer-Verlag, Berlin, Heidelberg, New York, 2 edition, 1989. 60, 61

[20] W. Rudin. *Real and Complex Analysis.* McGraw-Hill Book Company, New York, 3 edition, 1987. 297, 303, 321, 391

[21] W. Rudin. *Functional Analysis.* McGraw-Hill Book Company, New York, 2 edition, 1991. 359

[22] R. Walter. *Einführung in die Lineare Algebra.* Vieweg-Verlag, Braunschweig, 3 edition, 1990. vii

[23] D. Werner. *Funktionalanalysis.* Springer-Verlag, Berlin, Heidelberg, New York, 4 edition, 2002. 303, 321, 359, 363

Sachverzeichnis

© Springer-Verlag GmbH Deutschland, ein Teil von Springer Nature 2021
S. Waldmann, *Lineare Algebra 1*, https://doi.org/10.1007/978-3-662-63263-5

Printed in the United States
by Baker & Taylor Publisher Services